D1657968

James M. Feagin

Methoden der Quantenmechanik mit Mathematica®

James M. Feagin

Methoden der Quantenmechanik mit Mathematica®

Übersetzt von Felix Pahl

Mit einem Geleitwort von S. Brandt und H.D. Dahmen

Mit 80 Abbildungen, zahlreichen Übungen
und einer $3^1/_2$"-Diskette für IBM®-kompatible Systeme
sowie für Macintosh® und UNIX®

Springer

Professor James M. Feagin
Department of Physics
California State University
Fullerton, CA 92634
USA

Übersetzer
Felix Pahl
Schopenhauer Straße 63
D-14129 Berlin

Umschlagbild: Wahrscheinlichkeitsverteilung zu einer Lösung des Wasserstoffproblems in parabolischen Koordinaten (s. Abb. 21.3).

Titel der amerikanischen Originalausgabe:
Feagin: *Quantum Methods with Mathematica®*

ISBN 3-540-58544-3 Springer-Verlag Berlin Heidelberg New York

Die Deutsche Bibliothek - CIP-Einheitsaufnahme
Methoden der Quantenmechanik mit Mathematica®/James M. Feagin.
Übers. von Felix Pahl. Geleitw. von S. Brandt u. H.D. Dahmen. -
Berlin; Heidelberg: Springer.
Engl. Ausg. u. d. T.: Quantum methods with Mathematica®. - Medienkombination
ISBN 3-540-58544-3
NE: Feagin, James M. Buch. - 1995

Redaktion: Jacqueline Lenz
Herstellung: Claus-Dieter Bachem
Einbandgestaltung: Konzept + Design, D-68549 Ilvesheim
Satz: Reproduktionsfertige Vorlage vom Übersetzer mit Springer LATEX-Makros

SPIN 10471499 56/3144-5 4 3 2 1 0 - Gedruckt auf säurefreiem Papier

Hi David, Jenna, Michael, Birgit!

Geleitwort zur deutschen Ausgabe

Wie andere instrumentelle Hilfsmittel, ja vielleicht mehr als viele andere Instrumente, haben Computer Forschung und Lehre in der Physik verändert. Insbesondere können komplizierte numerische Rechnungen rasch und billig ausgeführt, die Ergebnisse für ganze Parameterscharen graphisch dargestellt und so auf einen Blick erfaßt werden.

In der Lehre oder beim Selbststudium der Quantenmechanik sind Computer deswegen so nützlich, weil praktisch alle nichttrivialen Aufgaben nur numerisch bearbeitet werden können. Allerdings muß die Aufgabe computergerecht, also in einer Programmiersprache formuliert werden. Bei ihrer ersten Begegnung mit der Quantenmechanik möchten sich viele Studenten noch nicht um diese Formulierung kümmern. Sie können auf fertige Programme zurückgreifen, die eine Reihe wichtiger Aufgaben bearbeiten, und sie können zum Beispiel Parameter verändern und die Auswirkung dieser Veränderung auf das physikalische System untersuchen. Solche Programme stellen mit ihrem Begleittext gewissermaßen ein *Praktikum zur Quantenmechanik* dar, das aus einer Reihe von Computerexperimenten besteht, von denen jedes vom Praktikanten innerhalb eines weiten Rahmens verändert werden kann.

Fortgeschrittene Studenten aber wollen und sollen ihre quantenmechanischen Probleme selbst für den Computer formulieren. Nur so können sie beliebige, sie insbesondere interessierende Aufgaben lösen. Genau dazu verhilft ihnen dieses Buch.

James Feagin führt den Leser durch viele interessante Teilgebiete der Quantenmechanik aus dem Bereich der Grundlagen und der modernen Anwendungen. Statt in der herkömmlichen mathematischen Notation sind die Formeln und Prozeduren direkt in *Mathematica* geschrieben, einer in den Naturwissenschaften inzwischen weit verbreiteten Programmiersprache, die nicht nur logische und numerische, sondern auch algebraische und graphische Operationen ausführt. Durch die Mächtigkeit von *Mathematica* wird die Formulierung der Programme kompakt und ähnlich der mathematischen Notation. Eine dem Buch beigegebene Diskette enthält alle Programme aus dem Text. Sie laufen auf jedem Rechner, auf dem *Mathematica* installiert ist. Das Buch von James Feagin ist gewissermaßen ein *Werkzeugkasten zur Quantenmechanik*, mit dessen vielfältigen Werkzeugen sowohl einfache und grundlegende, aber auch komplizierte angewandte Aufgaben erfolgreich bearbeitet werden können.

Wer sich die Mühe macht, James Feagins Buch durchzuarbeiten, der wird auf doppelte Weise belohnt und lernt, quantenmechanische Probleme selbständig mit dem Computer zu bearbeiten; erst dadurch gewinnt er die Fähigkeit, in viele Teilbereiche der modernen Quantenmechanik vorzudringen, von denen James Feagins Buch ein erstaunlich breites Spektrum bietet.

Siegen, Januar 1995

Siegmund Brandt
Hans Dieter Dahmen

Geleitwort zur amerikanischen Ausgabe

Lehre und Studium der nichtrelativistischen Quantenmechanik wurden in den letzten Jahren von zwei weitreichenden Entwicklungen beeinflußt. Erstens wurde aus vielen quantenmechanischen Phänomenen und Gedankenexperimenten, die zuvor lediglich als Prüfsteine hypothetischer Schlußfolgerungen dienten, durch Fortschritte in den experimentellen Methoden, insbesondere in der Quantenoptik, der Elektronik und der Neutroneninterferometrie, experimentelle Realität. Der andere wesentliche Fortschritt war, nach vielen verfrühten Ankündigungen, der Aufstieg der Computer zu Handwerkszeugen der Physik, die in den Werkzeugkasten eines jeden Studenten gehören und auch passen.

Quantenmechanik mit Mathematica paßt in unsere Zeit, da es das große Potential von *Mathematica* als pädagogische Umgebung nutzt. Ich gebe zu, daß ich das Manuskript des Buches mit einiger Besorgnis in die Hand nahm; da ich zuvor noch keinen Kontakt mit *Mathematica* hatte und weit über das Alter hinaus bin, in dem man behende über Zäune klettert, fürchtete ich, schnell frustriert zu werden. Da ich dies schreibe, habe ich den Kurs überstanden und sowohl die Wunder (und einige der Schwächen) von *Mathematica* kennengelernt als auch einige neue Einsichten über die Quantenmechanik gewonnen. Und unter James Feagins geschickter Führung hat diese Erfahrung mir Spaß gemacht.

„Praktikum der Quantenmechanik" hätte der Titel dieses Buches sein können, das das Potential von *Mathematica* zu symbolischer Umformung, numerischer Berechnung und graphischer Darstellung voll ausnutzt. Die Diskussion der Begriffe wird auf das Minimum beschränkt, das zum Durcharbeiten der Übungen und Aufgaben auf dem Rechner notwendig ist. Diese Strategie wird diejenigen von uns ansprechen, die es vorziehen, den Anfängern in der Quantenmechanik ihr eigenes Verständnis der Ideen und der Bedeutung der Theorie zu vermitteln. Der Lohn ist die Freiheit von langwierigen und ablenkenden Herleitungen des mathematischen Apparats sowie die Möglichkeit, Situationen zu behandeln, die realistischer und interessanter sind als die üblichen schematischen Lehrbuchbeispiele. Akribische Fehlersuche in den Programmen, die wir schreiben, ist der Preis, den wir dafür zahlen.

James Feagin hat der Versuchung eines Rundumschlags widerstanden; er hat seine Themen auf eine Auswahl beschränkt, die eine eingehende Behandlung erlaubt und einen roten Faden erkennen läßt. Das Buch erreicht seinen Höhepunkt in einer bemerkenswert frischen Analyse des Wasserstoffatoms, die einiges aus der eigenen Forschung des Autors über die Quantenmechanik einfacher Atome und Moleküle mit oder ohne äußere Felder enthält.

Mit zunehmender Integration des Computers in das Physikstudium wird dieses Buch zweifelsohne als Modell für künftige Neuerungen in der Lehre dienen. Wer James Feagins Führung folgt, läßt sich von seinem ansteckenden Enthusiasmus ebenso wie von seiner wichtigen Botschaft leiten.

Chapel Hill, North Carolina
Juli 1993

Eugen Merzbacher

Vorwort zur amerikanischen Ausgabe

Dieses Buch beruht auf den zunehmenden Möglichkeiten der Computeralgebra und auf unserer sich ständig erweiternden Vorstellung davon, was Physik auf dem Rechner bedeuten kann. Das Buch soll Ihnen zeigen, daß Quantenphysik auf dem Computer nicht darauf beschränkt ist, numerische Lösungen der Schrödinger-Gleichung zu finden. Auf dem Computer kann man Größen, z.B. Matrixelemente, sowohl symbolisch auswerten als auch auf einem Gitter numerisch berechnen. Dieses Buch ist sowohl für Studenten gedacht, die sich die Quantenmechanik neu aneignen, als auch für erfahrene Quantenmechaniker, die Abläufe auf modernen Maschinen automatisieren wollen. Um beim Übergang zum Computer zu helfen, stelle ich einige Standardthemen auf konventionelle Art dar, z.B. die Lösung der Schrödinger-Gleichung für den harmonischen Oszillator durch einen Reihenansatz. Ich betrachte jedoch auch Probleme, deren Lösung von Hand so langwierig ist, daß man sich ohne Computer ungern mit ihnen beschäftigt; dazu gehört die Zeitentwicklung von Wellenpaketen für freie Teilchen und für den harmonischen Oszillator. Der Computer wird dabei als Werkzeug betrachtet. Aus einer Reihe möglicher Alternativen habe ich *Mathematica* aufgrund seiner Flexibilität und Eleganz ausgewählt. Dies ist daher auch ein Buch über *Mathematica*.

Die Physik in diesem Buch ist geeignet für Vorlesungen über nichtrelativistische Quantenmechanik nach dem Vordiplom. Ich wollte nicht noch ein Lehrbuch über Quantenmechanik schreiben; dieses Buch sollte daher in Verbindung mit einem Vorlesungsskript oder mit einem Lehrbuch Ihrer Wahl benutzt werden. Ich versuche auch nicht, mit konventionellen Büchern über Computer in der Physik zu wetteifern, die eine rein numerische Herangehensweise wählen. Nichtsdestoweniger habe ich versucht, das Buch in sich abzuschließen und Anwendungen miteinander zu verknüpfen.

Das Buch besteht aus zwei Teilen: *Eindimensionale Systeme* und *Quantendynamik*. Teil I betont Themen aus Einführungsvorlesungen zur Quantenmechanik, während Teil II auf fortgeschrittenere Themen eingeht. Teil II ist jedoch keineswegs nur für Spezialisten geeignet. Ganz im Gegenteil gehören Kommutatoren, Drehimpuls und das Wasserstoffatom zu den grundlegenden Elementen einer Ausbildung in Quantenmechanik. Um die Anwendungen durchweg auch für Anfänger verständlich zu halten, habe ich mich auf spezifische Beispiele konzentriert und Verallgemeinerungen vermieden. Zum

Beispiel diskutiere ich die Matrixdarstellung des Drehimpulses explizit anhand eines Spin-1-Teilchens. Ich habe das meiste aus Teil I und ausgewählte Themen aus Teil II in einer einsemestrigen Vorlesung über Quantenmechanik gelehrt. Dabei haben wir etwa die Hälfte der Zeit mit interaktiver Arbeit am Computer verbracht.

Die ersten Abschnitte des Buches betonen die Notation und Syntax von *Mathematica*, um Anfängern einen direkten Einstieg in die Physik zu ermöglichen. Bei längeren oder wiederholten Anwendungen von *Mathematica* wird auf die Anhänge verwiesen; diese sind zum Nachschlagen gedacht, bieten aber auch allen, die gerade erst anfangen, sich mit *Mathematica* oder gar mit Computern zu beschäftigen, eine systematische Herangehensweise. Anhang E bietet eine Einführung in die Vektoranalysis in krummlinigen Koordinaten und legt das Fundament für den in Teil II, insbesondere in Kap. 18 und späteren Kapiteln eingeführten Operatorformalismus. Es sind viele Aufgaben und Übungen in das Buch eingearbeitet. Die Übungen beziehen sich auf Themen aus dem Text und haben eher kurze Lösungen, während die Aufgaben zu weiterem Studium anregen sollen und im allgemeinen etwas mehr Aufwand erfordern. In beiden Fällen gebe ich Hinweise, insbesondere wenn es um *Mathematica* geht. Ich schlage manchmal vor, Papier und Bleistift zu verwenden, wenn die Aufgaben sich nicht für den Computer eignen (meist weil sie sich durch einfache formale Umformungen lösen lassen); dennoch tragen diese Aufgaben zur Vollständigkeit des Buches bei.

Ich halte die *Notebook-Schnittstelle* für unverzichtbar zur Minimierung des Aufwandes, den man bei der Aufstellung und Bearbeitung von Problemen auf dem Computer betreiben muß. Neue Benutzer geben dieser Schnittstelle fast immer gegenüber anderen Schnittstellen den Vorzug, selbst wenn diese auf besseren Rechnern laufen; ich habe daher diese Schnittstelle für das Format dieses Buches verwendet. Sogar *Mathematica*-Notebooks der Version 2.2 unterstützen jedoch nicht die Verwendung von Symbolen und griechischen Buchstaben in Ein- und Ausgabe. Integration und Summation wird z.B. durch expliziten Aufruf der eingebauten Funktionen **`Integrate`** bzw. **`Sum`** ausgeführt, und eine Wellenfunktion wie $\psi(x)$ muß ausgeschrieben werden, z.B. **`psi[x]`**. Um beim Wechsel zwischen der Diskussion im Buch und der Ein- und Ausgabe in *Mathematica* zu helfen, habe ich daher durchweg *Mathematica*-Syntax verwendet und weitestgehend auf Symbole und herkömmlich gesetzte Formeln verzichtet.

Trotz des (zweifellos temporären) Mangels an griechischen Buchstaben ist die Eingabe von Worten für mathematische Operationen im allgemeinen immer noch effizienter als die Textverarbeitung konventioneller Formeln. Obwohl Studenten damit keine Schwierigkeiten zu haben scheinen, stelle ich oft fest, daß Physiker, die Papier und Bleistift gewohnt sind, diesen Mangel an herkömmlichen Formeln als Einschränkung ansehen. Man sollte jedoch bedenken, daß *Mathematica* sich recht gut den individuellen Bedürfnissen anpassen läßt, wenn man die Möglichkeiten der Mustererkennung voll ausnutzt.

Viele Operationen mit *Mathematica* in diesem Buch beinhalten daher Mustervergleiche und Anwendungen von eingebauten Funktionen wie **`Expand`** und **`Factor`**, die in der konventionellen Mathematik keine symbolische Darstellung haben. Funktionen wie **`Integrate`** und **`Sum`**, die solche Darstellungen besitzen, werden selten gebraucht. Des weiteren entfaltet *Mathematica* seine Eleganz gerade bei der Verschachtelung von Operationen, die bei Verwendung konventioneller Symbole für Integrale und Summen schnell unhandlich wird. Obwohl Algebra mit Mustervergleich der Gewöhnung bedarf, kann das Ergebnis kompakt und effektiv sein. Sie sollten sich dadurch ermutigt fühlen, daß alle Herleitungen in diesem Buch sämtliche Schritte enthalten, da dies auf dem Computer unumgänglich ist. Im Gegensatz zu konventionellen Lehrbüchern können Sie daher jede Herleitung in Schritte zerlegen und jeden Schritt einzeln betrachten – natürlich nur auf dem Computer.

Dieses Buch verdankt vieles dem aufmerksamen Lesen und der Kritik einiger Kollegen, die mit den Schwierigkeiten vertraut sind, welche auftreten, wenn man Physik auf dem Computer lehrt. Besonderen Dank schulde ich David Cook, Paul Abbott, Alec Schramm, Eugen Merzbacher und Markus van Almsick für ihre eingehenden Kommentare und Vorschläge. Ich schätze auch die Beiträge und die langfristige Unterstützung von Volker Engel, Ladislav Kocbach und Richard Stevens. Mehrere Studenten haben frühe Versionen des Manuskripts durchgearbeitet und zahlreiche Verbesserungen vorgeschlagen; ich möchte insbesondere Karen Poelstra, Alex Tosheff und Richard Belansky danken. Alex Tosheff half mir auch mit den Abbildungen. Mit besonderer Freude danke ich Joe Kaiping für die Übersetzung der *Mathematica*-Notebooks in LaTeX und für seinen kompetenten Beitrag zur Formatierung des Buches. Ich möchte außerdem Paul Visinger für zahlreiche Vorschläge zur Organisation des Buches und für die Zusammenstellung der Diskette danken.

Ich schätze das Interesse von Eugen Merzbacher, John Briggs, Willis Lamb, David Park, Wolfgang Christian, Patrick Tam und Bill Thompson an diesem Projekt sehr. Die Ermutigung und Unterstützung meiner Kollegen hier zu Hause, insbesondere von Heidi Fearn, hat mir sehr geholfen.

Fullerton, Herbst 1993 Jim Feagin

Vorwort des Übersetzers

> Nicht minder voller Wunder wie die himmlischen Vorgänge selbst erscheinen mir die Umstände, unter denen die Menschen zu ihrer Erkenntnis gelangten.
>
> *Johannes Kepler*

James Feagin zeigt in diesem Buch, wie man auf dem Computer mit Hilfe von *Mathematica* in Sekundenschnelle quantenmechanische Rechnungen durchführen kann, die von Hand langwierig oder schlichtweg unmöglich wären. Besonders beeindruckend ist die Behandlung des Wasserstoffatoms. Der Autor zeigt neben der in herkömmlichen Lehrbüchern behandelten Lösung in Kugelkoordinaten weitere Lösungsmöglichkeiten auf und demonstriert, wie man auf dem Rechner leicht zwischen den verschiedenen Lösungen hin- und hertransformieren und sich diese veranschaulichen kann. Dabei wird deutlich, daß verschiedene, zunächst äquivalente Sichtweisen eines Problems sich bei Erweiterung des betrachteten Systems (in diesem Fall um äußere Felder oder um weitere Teilchen) als verschieden günstig erweisen können – eine Einsicht, die sich schon oft als essentiell bei der Suche nach neuen, allgemeineren Theorien erwiesen hat. Kepler hätte sich wohl in seiner oben zitierten Ansicht bestätigt gefühlt, wenn er gewußt hätte, unter welchen Umständen die Menschen vier Jahrhunderte später zu Erkenntnissen über das Wasserstoffatom, die mikroskopische Version des nach ihm benannten Kepler-Problems, gelangen würden.

Diese Übersetzung folgt dem soeben erschienenen ersten Nachdruck der amerikanischen Ausgabe. Die in *Mathematica* eingebauten Bezeichnungen mußte ich in englischer Sprache belassen, da keine deutsche Version von *Mathematica* allgemein erhältlich ist. Um in den *Mathematica*-Eingaben kein Sprachgemisch zu erzeugen und die absichtlichen Ähnlichkeiten zwischen eingebauten und selbstdefinierten Bezeichnungen nicht zu zerstören, habe ich auch die letzteren nicht übersetzt.

Herzlich danken möchte ich an dieser Stelle Christopher Jung, auf dessen Computer diese Übersetzung entstanden ist, Mike Duda, der mich in dieser Zeit mit Suppen und Nudeln am Leben gehalten hat, und auch allen anderen, die Verständnis dafür hatten, daß für andere Dinge nicht viel Zeit blieb. Und natürlich Dir, Daniel.

Berlin-Lichterfelde, Herbst 1994 Felix Pahl

Wie man dieses Buch interaktiv benutzt

Die mit diesem Buch mitgelieferte Diskette enthält sämtliche *Mathematica*-Eingaben aus dem Text und die verwendeten Pakete und erleichtert es dadurch, das Buch auf dem Computer durchzuarbeiten. Die Diskette ist für DOS formatiert; wenn Ihr Rechner ein anderes Betriebssystem verwendet, müssen Sie sie möglicherweise zuerst in das entsprechende Format konvertieren. Sowohl *Mathematica*-Notebooks als auch ASCII-Text stehen für jedes Kapitel zur Verfügung. Da das Buch mit der *Mathematica*-Version 2.0 entwickelt wurde, bietet die Diskette auch eine leicht abgewandelte Fassung der Eingaben für Version 2.2. Öffnen Sie am besten die Dateien auf der Diskette von *Mathematica* aus, und lesen Sie die Datei *Info*.

Die in Anhang D dieses Buches abgedruckten Pakete befinden sich auf der Diskette in dem Verzeichnis bzw. dem Ordner **`Quantum`**. Damit die Aufrufe dieser Pakete (die Befehle **`Get`** und **`Needs`**) richtig funktionieren, muß dieses Verzeichnis in das Verzeichnis bzw. den Ordner für *Mathematica*-Pakete kopiert werden. Macintosh-Benutzer müssen außerdem die Dateinamen in **`Quantum`** entsprechend den Anweisungen in der Datei *Info* ändern.

Die Diskette wurde auf Macintoshs, IBM-PCs und UNIX-Rechnern getestet; dabei wurden keine Unterschiede in der Ausgabe von *Mathematica* festgestellt. Um Ihnen einen Eindruck zu vermitteln, wie lange die Ausführung der Schritte in diesem Buch dauert, werden für Eingaben, deren Auswertung auf einem Macintosh mit 68030-Prozessor, 16 MHz und 8 MB länger als zwei Minuten dauert, geschätzte Zeiten angegeben. Wie im Text angegeben, beziehen sich jedoch die Zeitangaben in Kap. 12 und auch einige der Zeiten in den Bildunterschriften auf einen NeXT-Rechner mit 68040-Prozessor, 33 MHz und 16 MB.

Inhaltsverzeichnis

Teil I

Eindimensionale Systeme

In den ersten sechs Kapiteln betrachten wir zwei einleitende Beispiele aus der Quantentheorie, ein Teilchen im Potentialtopf und den harmonischen Oszillator, und betonen dabei die Übertragung auf den Computer und die Transkription in *Mathematica.* Obwohl ein wesentlicher Teil der Physik in die Aufgaben und Übungen verlegt wurde, sind die Diskussionen und Literaturangaben im Text darauf ausgerichtet, Sie durch die zugrundeliegende Physik zu führen. In den Kapiteln 7, 9, 11 und 12 werden zusätzliche grundlegende Werkzeuge eingeführt, darunter Näherungsmethoden und Matrix-, Impuls- und Gitterdarstellungen. Die übrigen Kapitel in Teil I enthalten Anwendungen und Erweiterungen dieser Werkzeuge.

Wenn dies Ihre erste Begegnung mit *Mathematica* oder überhaupt mit Computern ist, sollten Sie erst einmal Anhang A und B und die ersten neun Übungen aus Anhang C durcharbeiten. Wenn Sie dann das Buch durcharbeiten, können Sie sich den restlichen Übungen in Anhang C zuwenden, sobald diese im Text erwähnt werden. Beachten Sie, daß nahezu alle im Text vorkommenden Berechnungen alle Schritte enthalten, da dies für den Computer notwendig ist. Solange Sie am Computer arbeiten, und dafür ist dieses Buch gedacht, können Sie jeden Ausdruck zerlegen und untersuchen, was *Mathematica* mit den einzelnen Befehlen macht. Denken Sie an die Maxime: *Teile und herrsche!*

Zur Betonung und zum Nachschlagen wurden bestimmte mathematische Beziehungen numeriert und kursiv gedruckt, z.B. die Schrödinger-Gleichung. Diese Ausdrücke, die im allgemeinen nicht als *Mathematica*-Eingabe geeignet sind, sollen die *Mathematica*-Syntax vor Augen führen und den Abgrund zwischen konventioneller mathematischer Notation und *Mathematica*-Eingabe überbrücken.

Einige Operationen werden sich häufig wiederholen, so daß es sich lohnt, sie zu automatisieren. Dazu werden in Abschn. C.2 einige Funktionen entwickelt, die in den Paketen im Verzeichnis **`Quantum`** auf der mitgelieferten Diskette enthalten sind. Zum Beispiel benötigen wir häufig eine Erweiterung der eingebauten Funktion **`Conjugate`** auf symbolische komplexe Argumente, die wir durch Eingabe von

```
<<Quantum`QuickReIm`
```

definieren. Dieses Paket erweitert außerdem die eingebauten Funktionen **`Re`** und **`Im`** auf symbolische Argumente.

Wenn möglich werden *Mathematica*-Befehle und -Operatoren als Suffix an die rechte Seite eines Ausdrucks angehängt, wie z.B. in *expr* **`//Expand`** statt **`Expand[`***expr***`]`** (s. Übg. C.1.8). Dies hilft, die Physik hervorzuheben und die Verstrickung mit *Mathematica* zu minimieren. Falls es nötig sein sollte, eine Option anzugeben, können wir immer noch die Suffixform verwenden, indem wir eine *reine Funktion* einführen, z.B. *expr* **`//Expand[#,Trig -> True]&`**. Dabei markiert der Platzhalter **`#`** die Stelle, an der der Ausdruck in die Argumentliste des Operators eingesetzt werden soll; das Zeichen **&** markiert das Ende des Operators. Aus Platzgründen wurden die normalen *Mathematica*-Bezeichnungen **In** und **Out** aus dem Text entfernt. Statt dessen sind Eingaben fettgedruckt und eingerückt, um sie vom gewöhnlichen Text abzusetzen; Ausgaben sind normal gedruckt und relativ zu den Eingaben noch weiter eingerückt. Außerdem wurden die meisten *Mathematica*-Warnungen herausgenommen.

Wir verwenden zur Darstellung des durch **2Pi** geteilten Planckschen Wirkungsquantums, also $\hbar$, das Symbol **h** anstatt einer längeren Version wie **hQuer**. Obwohl dies einiger Gewöhnung bedarf, ist ein einfaches **h** aufgrund der resultierenden Kompaktheit in der *Mathematica*-Eingabe und -Ausgabe gerechtfertigt.

1. Grundlegende Wellenmechanik

Als erstes geben wir den quantenmechanischen Hamilton-Operator ein, der ein Teilchen der Masse **m** beschreibt, das sich entlang der x-Achse in einem eindimensionalen Potential bewegt. Es ist sinnvoll, diesen Operator mit einem beliebigen Potential **V_** aufzustellen und auf eine beliebige Wellenfunktion **psi_** wirken zu lassen (s. Übg. C.1.4):

```
hamiltonian[V_] @ psi_ := -h^2/(2m) D[psi,{x,2}] + V psi
```

Der Term mit der Ableitung *zweiter Ordnung* auf der rechten Seite repräsentiert die kinetische Energie des Teilchens. Um deutlich zu machen, daß der Hamilton-Operator als Operator auf die Wellenfunktion wirkt, verwenden wir die Präfixform **Q @ psi = Q[psi]**, um ihn auf **psi** anzuwenden (s. Übg. C.1.8).

Betrachten wir beispielsweise ein konstantes Potential **Vo** und als Wellenfunktion eine ebene Welle **E^(I k x)**. Wenn wir den Hamilton-Operator anwenden und das Ergebnis vereinfachen (s. Übg. C.2.1),

```
hamiltonian[Vo] @ (E^(I k x)) //Collect[#,E^(I k x)]&
```

```
              2  2
  I k x      h  k
 E        (------- + Vo)
              2 m
```

erhalten wir eine Konstante mal der ebenen Welle. Wenn ein Differentialoperator **Q**, der auf eine Funktion **f** wirkt, eine Konstante **q** mal der Funktion ergibt, also **Q @ f = q f**, so bezeichnet man die Funktion als *Eigenfunktion* und die Konstante als den zugehörigen *Eigenwert*. Folglich ist die ebene Welle eine Eigenfunktion des Hamilton-Operators für ein freies Teilchen (konstantes Potential). Wenn wir **2Pi/k** mit der *De-Broglie-Wellenlänge* des Teilchens und **k** mit seiner *Wellenzahl* identifizieren, so daß **h k** den Impuls des Teilchens darstellt und **(h k)^2/(2m)** seine kinetische Energie, erkennen wir, daß der Eigenwert des Hamilton-Operators gleich der Gesamtenergie des Teilchens ist. Wie wir bald sehen werden, haben wir soeben eine Lösung für die zeitunabhängige *Schrödinger-Gleichung* für ein freies Teilchen gefunden.

Wir überzeugen uns leicht davon, daß der Hamilton-Operator eine für die Quantenmechanik grundlegende Eigenschaft besitzt: er ist linear. Dies ergibt sich daraus, daß für zwei beliebige Funktionen **f[x]** und **g[x]** und zwei beliebige komplexe Zahlen **a** und **b** gilt:

```
hamiltonian[V] @ (a f[x] + b g[x]) ==
    a hamiltonian[V] @ f[x] + b hamiltonian[V] @ g[x] //
        ExpandAll

True
```

Hier bedeutet das Symbol **==** *logische* Gleichheit und wird verwendet, um zu prüfen, ob die *Muster* auf der rechten und linken Seite der Gleichung identisch sind; ist dies der Fall, so wird **True** ausgegeben, andernfalls die Gleichung selbst (vgl. Übg. C.1.7).

1.1 Bewegungsgleichungen

Die *zeitabhängige Schrödinger-Gleichung* oder *Wellengleichung* hat die Form

```
I h D[psi[x,t],t] == hamiltonian[V] @ psi[x,t]
```
(1.1.1)

Es wird vorausgesetzt, daß die Wellenfunktion **psi[x,t]** sämtliche Informationen über den Zustand des Systems zum Zeitpunkt **t** enthält, und die Begriffe *Wellenfunktion* und *Zustand* werden gleichbedeutend verwendet.

Das explizite Auftreten von **I == Sqrt[-1]** führt dazu, daß die Lösungen **psi[x,t]** der Wellengleichung im allgemeinen *komplexe* Funktionen sind. Eine grundlegende Annahme der Quantenmechanik ist, daß das Absolutquadrat der Wellenfunktion **Conjugate[psi] psi == Abs[psi]^2** die *Wahrscheinlichkeitsdichte* ist, das Teilchen bei **x** zu finden, wenn die Funktion gemäß

```
Integrate[Conjugate[psi] psi,{x,-Infinity,Infinity}] == 1
```
(1.1.2)

normiert ist. Die Wellenfunktion **psi** wird daher auch als *Wahrscheinlichkeitsamplitude* bezeichnet. Hier bedeutet **Conjugate** *konjugiert-komplex* und kann mit Hilfe der Regel aus dem Paket **Quantum`QuickReIm`**, die in Übg. C.2.4 entwickelt wird, symbolisch ausgewertet werden. Wir werden in Kürze damit arbeiten.

Auf Beziehungen wie (1.1.1) und (1.1.2) werden wir öfters Bezug nehmen; sie sollen die *Mathematica*-Syntax nahelegen, sind aber im allgemeinen nicht als *Mathematica*-Eingabe geeignet. Ihre Form soll vielmehr bei der Transkription herkömmlicher mathematischer Formeln in *Mathematica*-Ausdrücke behilflich sein.

Aus der Wahrscheinlichkeitsdichte in Abhängigkeit von **x** können wir beispielsweise die mittlere Position des Teilchens berechnen, die durch den *Erwartungswert* von **x** gegeben ist:

```
xExp ==
    Integrate[x Conjugate[psi] psi,{x,-Infinity,Infinity}]
```
(1.1.3)

Diese Größe läßt sich mit dem klassischen Ort des Teilchens vergleichen. Beachten Sie, daß der Erwartungswert einer Größe **Q** normalerweise als **<Q>** ausgedrückt wird, eine Notation, die wir oft im Text verwenden werden, die aber als *Mathematica*-Eingabe sehr umständlich ist. (Versuchen Sie es selbst.)

Tatsächlich ist es eine grundlegende Annahme der Quantenmechanik, daß Erwartungswerte von physikalisch beobachtbaren Größen die Gesetze der klassischen Mechanik erfüllen. Zumindest werden diese Werte als reell angenommen, d. h. **<Q> == Conjugate[<Q>]**. Damit dies jedoch allgemein gilt, müssen wir physikalische Größen durch Operatoren repräsentieren, die auf die Wellenfunktion wirken, und ihre Erwartungswerte durch Integration von **Conjugate[psi] Q @ psi** berechnen. Ein wichtiges Beispiel ist der Impuls entlang der x-Achse, den wir als

```
p @ psi_ := -I h D[psi, x]
```

eingeben. Damit stellen wir sicher, daß der Erwartungswert von **p**,

```
pExp ==
    Integrate[Conjugate[psi] p @ psi,{x,-Infinity,Infinity}]
```
(1.1.4)

den klassischen Impuls des Teilchens repräsentiert und reell ist. Das Auftreten von **-I** in der Definition von **p** verdient Beachtung.

Einen Operator, der **<Q> == Conjugate[<Q>]** erfüllt, nennt man *hermitesch* (s. auch Aufg. 1.1.1); wir verlangen also, daß physikalisch beobachtbare Größen in der Quantenmechanik von hermiteschen Operatoren repräsentiert werden. Es ist außerdem offensichtlich, daß hermitesche Operatoren reelle Eigenwerte haben. Fürs erste brauchen wir uns nicht mehr viel mit quantenmechanischen Operatoren zu beschäftigen, außer daß wir ihre Erwartungswerte berechnen; wir verschieben eine detailliertere Untersuchung auf Teil II.

Die Form des Impulsoperators rechtfertigt auch die Form des Operators der kinetischen Energie in **hamiltonian[V]**. Da die kinetische Energie klassisch durch **K = p^2/(2m)** gegeben ist, drücken wir sie quantenmechanisch folgendermaßen aus:

```
1/(2m) p @ p @ psi[x]

    2
-(h  psi''[x])
--------------
     2 m
```

was wir mit **hamiltonian[V]** für **V = 0** vergleichen können:

```
hamiltonian[0] @ psi[x] == %

True
```

Man prüft leicht nach, daß sowohl der Operator der kinetischen Energie als auch der Hamilton-Operator (bei reellem Potential) hermitesche Operatoren sind.

Übung 1.1.1. Zeigen Sie, daß die *Wellenfunktionen freier Teilchen*, die ebenen Wellen **E^(I k x)**, Eigenfunktionen des Impulses und der kinetischen Energie zu den Eigenwerten **h k** bzw. **(hk)^2/(2m)** sind. Folglich läuft die Welle **E^(I k x)** in Richtung der positiven x-Achse, **E^(-I k x)** dagegen in Richtung der negativen x-Achse. Zeigen Sie, daß **Sin[k x]** und **Cos[k x]** auch Eigenfunktionen der kinetischen Energie sind, aber nicht Eigenfunktionen des Impulses (s. auch Übg. 18.1.1).

Übung 1.1.2. a) Zeigen Sie, daß der Impuls **p** ein linearer Operator ist, eine Eigenschaft vieler Operatoren, die in der Quantenmechanik eine Rolle spielen. (Ein wichtiges Beispiel eines nichtlinearen Operators ist **Conjugate**.)

b) Eine grundlegende Größe in der Quantenmechanik ist der *Kommutator* von **x** und **p** , der üblicherweise mit **[x,p]** bezeichnet wird und formal durch **[x,p] = x p - p x** definiert ist. Beweisen Sie, daß **[x,p]** äquivalent zu **I h** ist. Geben sie z.B. ein:

```
x p @ psi[x] - p @ (x psi[x]) == I h psi[x] //ExpandAll
```

In Kapitel 18 werden wir darauf näher eingehen.

Aufgabe 1.1.1. Die folgenden zwei Aufgaben sind zu wichtig, um ausgelassen zu werden; man löst sie jedoch vielleicht besser mit Papier und Bleistift als auf dem Rechner.

a) Beweisen Sie **<p> == Conjugate[<p>]** durch partielle Integration unter der Annahme, daß **psi -> 0** mit **x ->** ±**Infinity**. Diese Bedingung an die Wellenfunktion bedeutet physikalisch, daß die Wahrscheinlichkeit, das Teilchen anzutreffen, im Unendlichen verschwindet. Beweisen Sie, daß der

Operator der kinetischen Energie und der Hamilton-Operator ebenfalls hermitesch sind.

b) Zeigen Sie allgemein

```
Integrate[Conjugate[f] Q @ g,{x,-Infinity,Infinity}] ==
    Conjugate[
        Integrate[Conjugate[g] Q @ f,{x,-Infinity,Infinity}]
    ]
```

(1.1.5)

für einen hermiteschen Operator **Q** und zwei beliebige Funktionen **f[x]** und **g[x]**, die im Unendlichen verschwinden. Hinweis: Bilden Sie die Linearkombination **f + c g** mit einer komplexen Konstante **c**.

1.2 Stationäre Zustände

Wenn das Potential konservativ ist, ist die durch den Erwartungswert des Hamilton-Operators definierte Energie des Systems wie in der klassischen Mechanik eine zeitunabhängige Konstante. Da der Hamilton-Operator hermitesch ist, ist die Energie reell. Man kann daher leicht die Variablen **x** und **t** in der Wellengleichung (1.1.1) separieren und die zeitunabhängige *Schrödinger-Gleichung* für die *zeitunabhängige* Wellenfunktion **psi[x]** herleiten (s. Übg. 1.2.1):

```
hamiltonian[V] @ psi[x] == Energy psi[x]
```

(1.2.1)

Die entsprechende Lösung der Wellengleichung lautet **psi[x,t] == E^(-I Energy t/h) psi[x]**. Demnach ist die Wahrscheinlichkeitsdichte **Conjugate[psi[x,t]] psi[x,t] == Conjugate[psi[x]] psi[x]** zeitunabhängig; Lösungen der Schrödinger-Gleichung bezeichnet man daher auch als *stationäre Zustände.*

Vergleichen wir Beziehung (1.2.1) mit unserem früheren Beispiel, so stellen wir fest, daß ebene Wellen **E^(I k x)** Lösungen der Schrödinger-Gleichung für freie Teilchen (konstantes Potential) sind, wobei sich als Energie die kinetische Energie des Teilchens, **(h k)^2/(2m)**, ergibt.

Übung 1.2.1. Nehmen Sie eine Wellenfunktion der Form **psi[x,t] == f[t] psi[x]** an, und separieren Sie die Variablen in der Wellengleichung. Zeigen Sie **f[t] = E^(-I w t)**, wobei **h w** die Separationskonstante ist. Probieren Sie die eingebaute Funktion **DSolve** aus. Setzen Sie **h w** mit **Energy** gleich; werten Sie dazu den Erwartungswert von **hamiltonian[V]** im Zustand **psi[x,t]** aus.

1.3 Ein korrekt gestelltes Problem

Bei gegebenem Potential werden wir unter bestimmten *Randbedingungen* an die Wellenfunktion Lösungen für die Wellengleichung suchen. Dies ist das Hauptziel der nichtrelativistischen Quantenmechanik. Die resultierende Schrödinger-Gleichung ist eine Eigenwertgleichung; Lösungen, die den Randbedingungen genügen, nennt man *Energieeigenfunktionen*, die entsprechenden Eigenwerte sind die *Eigenenergien*. In einem konservativen Potential definiert dies die *Energieniveaus* oder das *Energiespektrum* des Systems.

Wie wir sehen werden, ist das Energiespektrum für ein gebundenes System diskret, für ein ungebundenes System dagegen kontinuierlich. Die Wellenfunktion eines gebundenen Systems verschwindet außerhalb der Grenzen des Systems, so daß die Wahrscheinlichkeit, dort ein Teilchen vorzufinden, Null ist. Eigenfunktionen, die zum diskreten Teil des Energiespektrums gehören, beschreiben somit *gebundene Zustände*, während solche, die zum kontinuierlichen Teil gehören, freie oder *Kontinuumszustände* beschreiben.

Die Wellenfunktion muß überall endlich sein, da unendliche Wahrscheinlichkeiten physikalisch unsinnig sind. (Genaugenommen fordern wir nur, daß beobachtbare Größen von hermiteschen Operatoren repräsentiert werden, so daß wir wir in manchen Fällen schwache Singularitäten tolerieren können, solange alle Erwartungswerte definiert bleiben. Siehe Übg. 20.2.1 und die Diskussionen in Park [51], Kap. 6.) Wir werden solche Lösungen als *regulär* bezeichnen. Darüber hinaus muß die Wellenfunktion stetig sein und eine stetige erste Ableitung besitzen, um eine Lösung der Schrödinger-Gleichung zu sein. Dies ist notwendig, da die kinetische Energie eine zweite Ableitung beinhaltet. Wäre der Wert oder die Steigung der Wellenfunktion an einem Punkt unstetig, an dem das Potential endlich ist, so würde daher die Wellenfunktion an diesem Punkt nicht die Schrödinger-Gleichung erfüllen.

Im folgenden wird es nützlich sein, den Differentialoperator

```
schroedingerD[V_] @ psi_ :=
    hamiltonian[V] @ psi - Energy psi
```

zu definieren, aus dem man durch Nullsetzen die Schrödinger-Gleichung erhält:

```
schroedingerD[V[x]] @ psi[x] == 0

                                          2
                                         h  psi''[x]
-(Energy psi[x]) + psi[x] V[x] - ----------- == 0
                                            2 m
```

Sowohl die Wellengleichung als auch die Schrödinger-Gleichung sind lineare Differentialgleichungen, so daß jegliche Linearkombination von Lösungen einer dieser Gleichungen wiederum eine Lösung derselben Gleichung ist. Dies bezeichnet man als das *Superpositionsprinzip.* Da die Schrödinger-Gleichung außerdem eine reelle Differentialgleichung ist (solange das Potential reell ist), kann eine Lösung **psi[x]** durch geeignete Wahl der Phase als reell angenommen werden, obwohl die entsprechende Lösung der Wellengleichung **psi[x,t]** im allgemeinen komplex ist.

1.4 Zeitentwicklungsoperator

Für beliebige Ausgangswellenfunktionen **psi[x,0]** findet man bei zeitunabhängigem Hamilton-Operator die folgende einfache formale Lösung der Wellengleichung:

```
psi[x,t] == E^(-I hamiltonian[V] t/h) @ psi[x,0]        (1.4.1)
```

Dieses nützliche Ergebnis weist man leicht nach, indem man beide Seiten nach **t** ableitet. Die rechte Seite definiert den *Zeitentwicklungsoperator* **E^(-I hamiltonian[V] t/h)**. Obwohl das Auftreten eines Operators in einem Exponenten zunächst etwas mysteriös erscheinen mag, können wir diesen Ausdruck leicht als etwas im Prinzip Berechenbares definieren, und zwar als eine Potenzreihe der Form

```
E^Q == 1 + Q/1! + Q @ Q/2! + Q @ Q @ Q/3! + ...        (1.4.2)
```

Wenn **psi[x,0] = psi[x]** eine Lösung der Schrödinger-Gleichung ist, dann ist mit dieser Definition der Zeitentwicklungsoperator aufgrund von **(hamiltonian[V] @ psi[x])^n == (Energy @ psi[x])^n** gleich der Phase **E^(-I Energy t/h)** aus Übg. 1.2.1. Des weiteren ist der Zeitentwicklungsoperator offensichtlich ein linearer Operator, da der Hamilton-Operator selbst linear ist.

Die Wellenfunktion wird für alle **t** durch ihren Wert (für alle **x**) zu einer bestimmten Zeit festgelegt, z.B. durch **psi[x,0]** bei **t = 0**; dies ist eine Folge der Tatsache, daß die Wellenfunktion eine Differentialgleichung *erster Ordnung* in **t** ist.

1.5 Höhere Dimensionen

Obwohl wir in Teil I in erster Linie mit eindimensionalen Modellen arbeiten werden, kann man den Hamilton-Operator und die Bewegungsgleichungen leicht auf höhere Dimensionen verallgemeinern, indem man den Laplace-Operator einführt und die kinetische Energie umschreibt. Wenn wir z.B. auf drei Dimensionen verallgemeinern, wird die kinetische Energie zu **-h^2/(2m) laplacian[psi]**. Dies ist die Form, die benötigt wird, um einen hermiteschen Operator in krummlinigen Koordinaten, z.B. in Kugelkoordinaten, zu definieren. Ist das Potential jedoch kugelsymmetrisch, so ist das System effektiv eindimensional, da der nichttriviale Teil des Problems nur die Radialkoordinate enthält. Wir werden solche Systeme zunächst als eindimensional bezeichnen und dieses Problem in Teil II systematischer untersuchen (s. auch Abschn. 13.0 und 14.4).

2. Ein Teilchen in einem Kasten

Als einfaches Beispiel betrachten wir ein Teilchen, das sich ein einem eindimensionalen Kasten der Länge **L** bewegt. Zur Vereinfachung nehmen wir an, daß das Potential im Innern des Kastens konstant gleich Null ist und an den Wänden unendlich wird, so daß der Kasten unendlich hohe und harte Wände hat. Unsere Randbedingung ist dann, daß die Wellenfunktion an den Wänden verschwindet: **psi[0] = psi[L] = 0**.

2.1 Analytische Eigenfunktionen

Wir zeigen nun, daß die Eigenfunktionen des Hamilton-Operators, die diesen Randbedingungen genügen, von der Form

```
phi[n_,x_] := norm[n] Sin[n Pi x/L]
```

sind, wobei **n** eine zu bestimmende Zahl und **norm[n]** eine Normierungskonstante ist (s. auch Übg. 2.1.1). Als erstes stellen wir fest, daß dies Lösungen der Schrödinger-Gleichung sind, falls

```
schroedingerD[0] @ phi[n,x]/phi[n,x] == 0 //ExpandAll

                2  2   2
               h  n  Pi
  -Energy + ------------ == 0
                   2
               2 L  m
```

Dieser Ausdruck setzt die Eigenenergien **Energy -> e[n]** mit der Zahl **n** in Beziehung:

```
e[n_] = Energy /. Solve[ %, Energy ][[1]]

  2  2   2
 h  n  Pi
----------
      2
  2 L  m
```

Da **Solve** auch dann ein Liste von Lösungen liefert, wenn nur eine einzige Lösung existiert, haben wir den Index **[[1]]** zum Herausgreifen der Lösung verwendet (s. Übg. C.1.3). Offenbar gilt am linken Rand **phi[n,0] = 0**. Auch am rechten Rand haben wir **phi[n,L] = 0**, falls **n** eine ganze Zahl ist. Für **n = 0** ergibt sich jedoch die triviale Lösung **phi[0,x] = 0** für alle **x**, und **n < 0** ergibt keine neuen Lösungen, da **phi[-n,x] == -phi[n,x]**. Wir schließen daraus, daß **n** eine positive ganze Zahl ist und daß **n = 1** dem Grundzustand, **n > 1** dagegen angeregten Zuständen entspricht.

Wir sagen daher, das System und seine Energien seien *quantisiert* und sprechen von einem *Spektrum diskreter Energieniveaus* für das unendliche Kastenpotential. Die Werte von **Energy** und **n**, die die Schrödinger-Gleichung und die Randbedingungen erfüllen, nennt man *Eigenwerte*, die zugehörigen Lösungen *Eigenfunktionen*. Der Eigenwert **n** wird auch als Quantenzahl bezeichnet. Die Energieniveaus sind diskret, weil das System bei allen Energien gebunden ist. Wenn wir die Länge **L** des Kastens erhöhen, rücken die Energieniveaus immer näher zusammen und werden *quasi-kontinuierlich*. Im Grenzfall eines unendlich langen Kastens ist das Teilchen frei, und das Energiespektrum ist ein *Kontinuum*.

Eine wichtige Eigenschaft dieses idealisierten Systems, die allen quantenmechanischen Systemen gemeinsam ist, ist die *endliche* minimale Eigenenergie in Bezug auf den Boden des Potentials. Die Energie des Grundzustands ist für jedes Potential größer als das Minimum des Potentials, selbst wenn das System in der Nähe des absoluten Temperaturnullpunkts gehalten wird. Diese sogenannte Nullpunktsbewegung ist eine Folge des Heisenbergschen Unschärfeprinzips (s. Kap. 5 und Merzbacher [46], Kap. 5).

Übung 2.1.1. Prüfen Sie die oben angegebenen Eigenfunktionen und Eigenenergien nach, indem Sie von einer linearen Überlagerung unabhängiger ebener Wellen **A E^(I k x) + B E^(-I k x)** ausgehen, wobei **A** und **B** Konstanten sind. Zeigen Sie, daß diese Überlagerung die Schrödinger-Gleichung löst und daß sich aus den Randbedingungen **k -> n Pi/L** ergibt. Transformieren Sie **E^(±I k x)** mit der eingebauten Funktion **ComplexExpand** oder der Funktion **ComplexToTrig** aus dem Paket **Algebra`Trigonometry`** in **Cos[k x] ± I Sin[k x]** (s. Übg. C.2.4 und Abschn. 2.5).

Interessanterweise sind die Eigenfunktionen des eindimensionalen Kastens auch die klassischen Eigenfunktionen einer gespannten Saite. Während jedoch die quantenmechanischen Energien mit **n^2** gehen, sind die klassischen Eigenfrequenzen der Eigenschwingungen der Saite linear in **n**. Das liegt daran, daß die klassische Wellengleichung *zweiter Ordnung* in der Zeit ist, die quantenmechanische Wellengleichung dagegen *erster Ordnung*.

Wir bestimmen die Normierungskonstante, indem wir verlangen, daß die Wahrscheinlichkeit, das Teilchen irgendwo in dem Kasten vorzufinden, Eins beträgt. Da die Eigenfunktionen reell sind, haben wir

```
norm[n_] = norm[n] /.
    Solve[
        Integrate[ phi[n,x]^2, {x,0,L} ] == 1 /.
                Sin[m_Integer n Pi] -> 0,
        norm[n]
    ][[1]]
```

```
 Sqrt[2]
 -------
 Sqrt[L]
```

wobei wir ausgenutzt haben, daß **Sin[m n Pi]** für ganzzahlige **m** und **n** verschwindet.

Die ersten drei Eigenfunktionen und Eigenenergien des Kastens sind in Abb. 2.1 gezeigt, wobei der Einfachheit halber **h = m = L = 1** gesetzt wurde. Das **n^2**-Verhalten der Energien wird deutlich. Man sieht auch, daß **n-1** die Anzahl der Knoten der Wellenfunktion im Innern des Kastens angibt, angefangen mit dem Grundzustand, der *keinen Knoten aufweist*. Dieser Zusammenhang gilt allgemein für Wellenfunktionen, die der Schrödinger-Gleichung genügen; man kann ihn beispielsweise als Kriterium bei der numerischen Erzeugung und Einordnung von Wellenfunktionen verwenden.

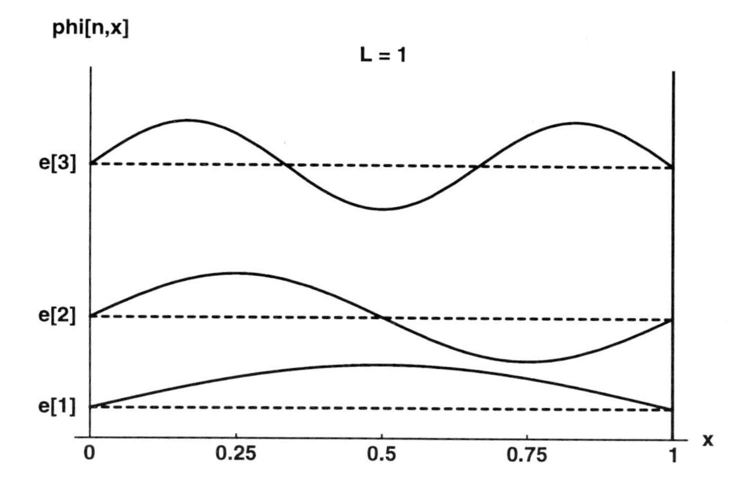

Abb. 2.1. Eigenfunktionen und Eigenenergien des Kastens mit **h = m = L = 1**.

Übung 2.1.2. Erzeugen Sie Abb. 2.1 mit mehr Eigenfunktionen. Beachten Sie, daß diese Darstellung schematisch ist, da die Eigenfunktionen willkürlich skaliert und um die entsprechende Eigenenergie verschoben sind. Erzeugen Sie ähnliche Graphen der Wahrscheinlichkeitsverteilungen **phi[n,x]^2**.

Übung 2.1.3. Berechnen Sie die Erwartungswerte **<x>** und **<p>** des Ortes und des Impulses eines Teilchens in einem Eigenzustand des Kastens. Interpretieren Sie Ihre Ergebnisse klassisch (vgl. Abschn. 2.5).

2.2 Numerische Eigenfunktionen

Für eindimensionale Systeme ist das direkteste und im allgemeinen effizienteste Verfahren zur *Berechnung* der Wellenfunktion die numerische Integration der Schrödinger-Gleichung. Um diese Methode kennenzulernen, werden wir nun eine Eigenfunktion des Kastenpotentials mit Hilfe des eingebauten Differentialgleichungslösers **NDSolve** (s. Anhang B) berechnen.

Dazu müssen wir die Schrödinger-Gleichung skalieren oder numerische Werte für die darin auftretenden Parameter angeben. Verwenden wir weiterhin **h = m = L = 1**, so ergibt sich

```
schroedingerD[0] @ phi[x] == 0 /.{h -> 1, m -> 1}

                             phi''[x]
-(Energy phi[x]) - -------- == 0
                                2
```

Da dies eine Differentialgleichung *zweiter Ordnung* ist, benötigt **NDSolve** Anfangswerte für **phi[x]** und die Ableitung **phi'[x]** an irgendeinem Punkt im Innern des Kastens. Wir integrieren daher vom Ursprung bei **x = 0** zur rechten Wand des Kastens bei **x = L** und wählen als Anfangswerte **phi[0] == 0** und **phi'[0] == *constant***. Da die Wellenfunktion ohnehin normiert werden muß, können wir ***constant*** gleich Eins setzen.

Nun müssen wir nur noch einen Wert für **Energy** spezifizieren. Unsere Wahl wird festlegen, welcher Wert sich am Ende der Integration an der rechten Wand ergibt. Wenn wir die richtige Grundzustandsenergie raten, wird die numerische Wellenfunktion keine Knoten haben und an der rechten Wand verschwinden, wie es die Randbedingung **phi[L] == 0** verlangt. Wenn wir nicht gerade außergewöhnliches Glück haben, werden wir jedoch nicht die richtige Energie raten, und die Wellenfunktion wird die Randbedingung auf der rechten Seite verfehlen. Im allgemeinen wird sie aber umso weniger am Ziel vorbeischießen, je besser wir raten.

Fangen wir mit dem Wert **Energy -> 4.0** an, der etwas niedriger als die Grundzustandsenergie **e[1]** liegt, und lassen **NDSolve** bis kurz hinter die rechte Wand des Kastens integrieren:

```
NDSolve[
    {schroedingerD[0] @ phi[x] == 0,
        phi[0] == 0, phi'[0] == 1} /.
            {h -> 1, m -> 1, Energy -> 4.0},
    phi, {x,0,1.1}
]
```

```
{{phi -> InterpolatingFunction[{0., 1.1}, <>]}}
```

Das Ergebnis ist eine Ersetzungsregel zur Auswertung von **phi** im Intervall {**x, 0, 1.1**}. Die numerische Integration liefert zwar eine Liste diskreter Datenpunkte; **NDSolve** interpoliert jedoch automatisch zwischen diesen Punkten (s. Anhang B und Übg. C.3.5). Wir können daher unsere numerische Wellenfunktion wie jede andere stetige Funktion von **x** darstellen (Abb. 2.2).

```
Plot[
    phi[x] /.%, {x,0,1.1},
    PlotRange -> {0,0.5},
    AxesLabel -> {" x","phi[e, x]"},
    PlotLabel -> "e = 4.0",
    Ticks ->
        {{{0,0},{.25,0.25},{.5,0.5},{.75,0.75},{1,1}},
         {{0,0},{.25,0.25},{.5,0.5}}},
    Epilog -> {{Line[{{1,0},{1,2}}]}}
];
```

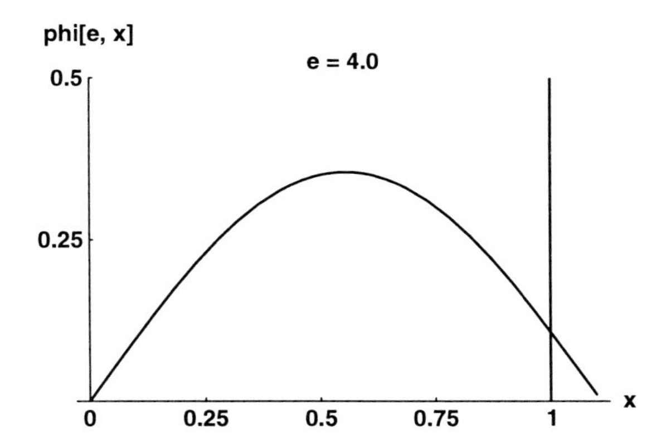

Abb. 2.2. Numerische Näherung für die Wellenfunktion des Grundzustands im Kasten.

Offenbar lagen wir mit unserer Schätzung für die Eigenenergie etwas daneben, denn die Wellenfunktion verschwindet an der rechten Wand nicht. Wir müssen daher noch einmal raten und integrieren und diesen Prozeß solange fortsetzen, bis wir mit dem Ergebnis zufrieden sind. Auf diese Weise nähern wir uns der Eigenenergie, bis wir die gewünschte Genauigkeit erreichen, vorausgesetzt, daß wir uns auf **NDSolve** verlassen können. (Im allgemeinen muß man die Optionen **AccuracyGoal** und **MaxSteps** einstellen, um die gewünschte Genauigkeit zu erreichen. Siehe **??NDSolve** und auch Abschn. 14.1.) Diese numerische Methode zur Berechnung der Eigenfunktionen der eindimensionalen Schrödinger-Gleichung wird vielfach verwendet und ist als *Schießverfahren* bekannt. Obwohl viele Verfeinerungen möglich sind, die die Genauigkeit und Verläßlichkeit der Methode sicherstellen, wird für uns in diesem Buch meist die hier beschriebene direkte Anwendung ausreichen. An Allgemeinheit interessierte Leser können in Koonin [38], Kap. 3 und in dem beliebten Werk von Johnson [36] nachschlagen.

Übung 2.2.1. Verwenden Sie das Schießverfahren, um die ersten fünf Eigenenergien des Kastens auf vier signifikante Stellen nachzurechnen. Setzen Sie der Einfachheit halber **h = m = L = 1**.

2.3 Zwei grundlegende Eigenschaften

Zurück zu den analytischen Lösungen: Wir stellen fest, daß die Eigenfunktionen des Kastens *orthogonal* sind in dem Sinne, daß für **m** $\neq$ **n** das *Überlappungsintegral*

```
Integrate[ phi[m,x] phi[n,x], {x,0,L} ]

2 n Cos[n Pi] Sin[m Pi]   2 m Cos[m Pi] Sin[n Pi]
----------------------- + -----------------------
       2    2                    2    2
     (m  - n ) Pi              (-m  + n ) Pi
```

für ganze **m** und **n** verschwindet, da **Sin[m Pi]** und **Sin[n Pi]** verschwinden. Diese Orthogonalität ist eine direkte Folge der Hermitezität des Hamilton-Operators. Einen Satz normierter, orthogonaler Eigenfunktionen bezeichnet man als *orthonormal.*

Übung 2.3.1. Zeigen Sie mit Papier und Bleistift, daß zwei beliebige Eigenfunktionen **phi[m,x]** und **phi[n,x]** eines hermiteschen Operators **Q**, die zu verschiedenen Eigenwerten **q[m]** und **q[n]** gehören, auf dem Intervall {**x,a,b**} *orthogonal* sind, d.h.

```
Integrate[ Conjugate[phi[m,x]] phi[n,x], {x,a,b} ] == 0
```

Beachten Sie, daß im allgemeinen Fall **Conjugate** steht, was für die reellen Eigenfunktionen des Kastens nicht nötig war.

Eine weitere wichtige Eigenschaft der Eigenfunktionen ist, daß sie einen *vollständigen Satz* bilden. Das bedeutet, daß sich jede reguläre Wellenfunktion mit beliebiger Genauigkeit in eine Reihe nach den Eigenfunktionen entwickeln läßt. In unserem Beispiel ist diese Reihenentwicklung natürlich eine *Fourier-Reihe.* Wir können daher die *Partialsumme* (vgl. Übg. C.1.4)

```
psi[x_][nmax_] := Sum[ c[n] phi[n,x], {n,1,nmax} ]
```

verwenden, um eine Wellenfunktion mit einer Genauigkeit, die durch die Anzahl **nmax** mitgeführter Terme bestimmt wird, darzustellen. Wir wir später sehen werden, folgt diese *Vollständigkeit* aus der Schrödinger-Gleichung, doch in unserem Fall folgt sie auch direkt aus den Sätzen über Fourier-Reihen (vgl. die *Dirichletschen Bedingungen* in Arfken [4], Kap. 14 und in Boas [9], Kap. 7).

Zur Bestimmung der Entwicklungskoeffizienten **c[n]** nutzen wir die Orthogonalität der Eigenfunktionen aus. Durch Multiplikation beider Seiten mit **phi[m,x]** und Integration (s. Übg. 2.3.1) erhalten wir

```
c[n_] := Integrate[ phi[n,x] psi[x], {x,0,L} ]          (2.3.1)
```

2.4 Rechteckwelle

Um das Beispiel einfach zu halten, wollen wir die Entwicklung einer Funktion **psi[x]** betrachten, die auf einem kurzen Intervall im Kasten, sagen wir für **L/4** $\leq$ **x** $\leq$ **3L/4**, konstant ist und ansonsten verschwindet. Der Wert der Konstanten ergibt sich aus der Normierung zu **Sqrt[2/L]**. Diese Funktion ist in Abb. 2.3 dargestellt. Eine solche räumlich lokalisierte Welle bezeichnet man als Wellenpaket.

Wir berechnen nun die Fourier-Koeffizienten gemäß (2.3.1):

```
c[n_] = Integrate[Sqrt[2/L] phi[n,x],{x,L/4,3L/4}]

          n Pi              3 n Pi
  2 Cos[----]       2 Cos[------]
          4                 4
  -------------  -  ---------------
      n Pi              n Pi
```

Wir können diese Koeffizienten mit Hilfe einer **BarChart** (aus dem Paket **Graphics`Graphics`**) als Funktion von **n** darstellen. Abbildung 2.4 macht z.B. deutlich, daß die Koeffizienten für gerades **n** verschwinden und daß die Reihe ab **c[1]** nach je zwei Termen im *Vorzeichen* alterniert.

Wir können nun leicht die ersten Terme der Fourier-Reihe berechnen:

```
psi[x][8]

          Pi x               3 Pi x              5 Pi x              7 Pi x
 4 Sin[----]         4 Sin[------]       4 Sin[------]       4 Sin[------]
          L                   L                   L                   L
 ------------   -   --------------   -  --------------   +  --------------
 Sqrt[L] Pi         3 Sqrt[L] Pi        5 Sqrt[L] Pi        7 Sqrt[L] Pi
```

Übung 2.4.1. Erklären Sie mit Bezug auf die Symmetrie der Eigenfunktionen, warum die geraden Terme fehlen. Erklären Sie qualitativ, warum **c[1]** bei weitem der größte Koeffizient ist (vgl. Abb. 2.3 und Übg. 2.4.2).

Obwohl die Rechteckwelle vom Standpunkt der Fourier-Reihen lehrreich ist, sollten wir sie nicht als repräsentativen Zustand des Teilchens ansehen, da sie Unstetigkeiten enthält. Das würde z.B. bedeuten, daß die Wahrscheinlichkeit unstetig ist, was ungewöhnlich ist. Man kann im allgemeinen erwarten, daß die Wahrscheinlichkeit, ein Teilchen an einer bestimmten Stelle in einem glatten Kasten anzutreffen, eine glatte Funktion der Ortskoordinate des Teilchens in dem Kasten ist. In jedem Fall genügt diese Funktion an den Unstetigkeiten nicht der Schrödinger-Gleichung (s. Abschn. 1.3). Andererseits ergibt jede Partialsumme der Fourier-Reihe eine Wellenfunktion mit ähnlicher Form, die der Schrödinger-Gleichung und den Randbedingungen genügt.

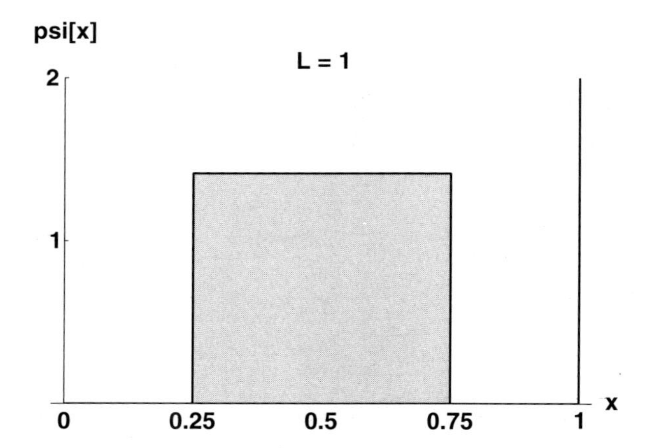

Abb. 2.3. Eine normierte Rechteckfunktion im Kasten.

```
<<Graphics`Graphics`

BarChart[
    Table[c[n], {n,14}],
    PlotRange -> {-.5,1},
    AxesLabel -> {" n", "c[n]"},
    Ticks -> {Automatic,{{-1,-1},{-.5,-0.5},{.5,0.5},{1,1}}}
];
```

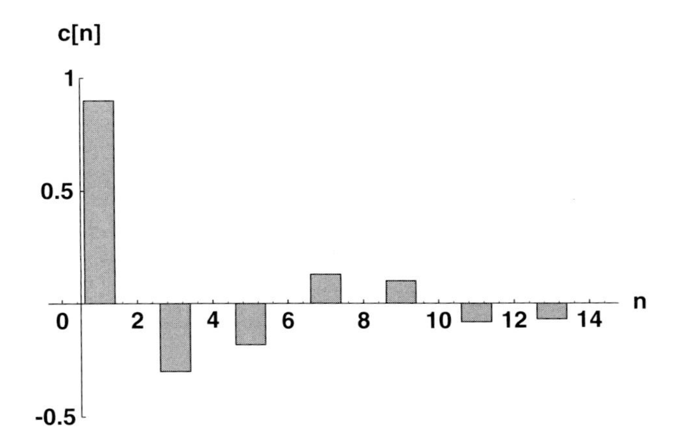

Abb. 2.4. Entwicklungskoeffizienten der Rechteckwelle im Kasten.

Es bietet sich an, die Konvergenz der Fourier-Reihe zu untersuchen, indem wir die Partialsummen für verschiedene Werte von **nmax** darstellen und sie mit der exakten Rechteckwelle vergleichen. Um mit Abb. 2.3 zu vergleichen, wählen wir als Kastenlänge wieder **L = 1**.

Wir verwenden **GraphicsArray**, um die verschiedenen Graphen darzustellen. Auf diese Weise erzeugen wir eine statische Wiedergabe einer Animation; viele Graphiken in diesem Buch verwenden dieses Format. Wir definieren also eine Funktion **psiSeriesPlot**, um **psi[x][nmax]** für gegebenes **nmax** aufzutragen und zu beschriften. Dann erzeugen wir eine Tabelle aus **psiSeriesPlot**, die wir als Argument an **GraphicsArray** geben. Auf das Ergebnis wenden wir schließlich **Show** an. Damit nicht jeder Graph zweimal gezeichnet wird, unterdrücken wir das Zeichnen in **psiSeriesPlot** mit der Option **DisplayFunction -> Identity** und geben dann in **Show** die Option **DisplayFunction -> $DisplayFunction** an.

Die Rechteckwelle wird im **Epilog** von **psiSeriesPlot** gezeichnet, indem die Ecken des Rechtecks mit **Line** verbunden werden. Die Beschriftung mit den Werten von **nmax** erfolgt mit der Funktion **Text**, mit **ToString[nmax]** und dem Operator **<>** (**StringJoin**) im **Epilog**.

```
psiSeriesPlot[nmax_] :=
    Plot[
        Evaluate[ psi[x][nmax] /. L -> 1 //N ],
        {x,0,1},
        PlotRange -> {-.2,2},
        AxesLabel -> {" x",""}, PlotPoints -> 50,
        Ticks -> {{{.25,0.25},{.5,0.5},{.75,0.75}},
                  {{0,0},{1,1},{2,2}}},
        Epilog ->
            {Text[
                "nmax = " <> ToString[nmax],
                {0.35,1.9},{-1,0}
             ],
             {Dashing[{.01,.01}],
             Line[{{0.25,0},{0.25,1.414},
                   {0.75,1.414},{0.75,0}}]},
            {Line[{{1,0},{1,2}}]}},
        DisplayFunction -> Identity
    ];

Show[
    GraphicsArray[
        Table[
            {psiSeriesPlot[n], psiSeriesPlot[n+10]},
            {n,10,30,20}
        ]
    ],
    GraphicsSpacing -> {0.1,0.3},
    DisplayFunction -> $DisplayFunction
];
```


Abb. 2.5. Fourier-Partialsummen `psi[x][nmax]`, die gegen eine Rechteckwelle konvergieren.

Die Konvergenz der Partialsummen gegen die Rechteckwelle mit steigendem **nmax** wird in Abb. 2.5 deutlich. Das Überschwingen in diesen Reihennäherungen, insbesondere in der Nähe der Ecken oder Unstetigkeiten der Rechteckwelle, ist eine bekannte Eigenschaft von Fourier-Reihen. Erstaunlicherweise verschwindet es nicht mit steigendem **nmax**. Es wird nur immer schmaler, mit einer Höhe von ungefähr 9% des Sprunges. Dieses Artefakt von Fourier-Reihen ist als *Gibbssches Phänomen* bekannt; die überschwingenden Teile der Funktion bezeichnet man bisweilen als „Gibbssche Hörner". Durch Einführung sogenannter *Lanczosscher Sigmafaktoren* lassen sich die Gibbsschen Hörner stark reduzieren, wodurch sich die Konvergenz der Fourier-Reihe erheblich verbessert (s. Aufg. 2.4.3).

Oft können die Fourier-Koeffizienten nicht einfach oder überhaupt nicht analytisch berechnet werden. In solchen Fällen kann man auf numerische Integration zurückgreifen. Diesen Ansatz verfolgen wir in Aufg. 2.4.2. Wenn wir uns damit begnügen, die Wellenfunktion an einer endlichen Anzahl Stellen auf einem diskreten Gitter zu betrachen, können wir die Koeffizienten mit Hilfe von *FFT*-Routinen bestimmen, z.B. mit Hilfe der eingebauten Funktion **Fourier**. Diese Methode betrachten wir später in Abschn. 12.3 und Aufg. 12.3.1 und 12.3.2.

Übung 2.4.2. Erzeugen Sie mit Hilfe der Eigenfunktionen des Kastens eine Reihe für eine weitere konstante, jedoch asymmetrische Wellenfunktion, die für **L/4** $\leq$ **x** $\leq$ **L/2** von Null verschieden ist. Beachten Sie, daß sowohl gerade als auch ungerade Terme in der Reihe auftreten. Erzeugen Sie eine Darstellung ähnlich der in Abb. 2.5. Dieses Wellenpaket ist schärfer begrenzt als das in Abb. 2.3. Welchen Einfluß hat das auf die Konvergenz der Reihe?

Aufgabe 2.4.1. Entwickeln Sie eine dreieckige Wellenfunktion mit einer Spitze in der Mitte des Kastens nach den Eigenfunktionen des Kastens. Bestimmen Sie die Höhe der Spitze, indem Sie fordern, daß die Wellenfunktion normiert ist. Zeigen Sie, daß die Entwicklungskoeffizienten durch

```
                 n Pi
Sqrt[96] Sin[----]
                  2
-------------------
         2   2
        n  Pi
```

gegeben sind, unabhängig von **L**. Erzeugen Sie eine Darstellung ähnlich der in Abb. 2.5. Dies ist das quantenmechanische Gegenstück zu einer klassischen gezupften Saite.

Aufgabe 2.4.2. Entwickeln Sie die Gaußsche Wellenfunktion

```
psi[x_] = (w/Pi)^(1/4) E^(-w (x-L/2)^2/2)
```

nach den Eigenfunktionen eines Kastens mit Länge **L = 1**. Wählen Sie **w = 40** und zeigen Sie mit Hilfe der eingebauten Funktion **NIntegrate**, daß **psi[x]** im Innern des Kastens auf fünf signifikante Stellen genau normiert ist. (**psi[x]** verschwindet an den Wänden des Kastens nur näherungsweise.) Verwenden Sie **NIntegrate**, um die Entwicklungskoeffizienten zu berechnen.

Aufgabe 2.4.3. Lanczos [41], Kap. 4, hat gezeigt, daß das Überschwingen beim Gibbsschen Phänomen beinahe vollständig vermieden wird, wenn man bestimmte Faktoren einführt, die sich durch lokale Mittelung über die Schwingungen herleiten lassen. Es stellt sich jedoch heraus, daß die Methode auch in Abwesenheit von Unstetigkeiten nicht nur die langsame Konvergenz der Fourier-Reihen beschleunigt, sondern auch divergente Fourier-Reihen in konvergente verwandelt (s. auch Hamming [32]).

Die Vorgehensweise ist recht einfach. Zu gegebener Fourier-Partialsumme mit **nmax** Termen, z.B.

```
a[0]/2 + Sum[a[n] Cos[n z] + b[n] Sin[n z],{n,1,nmax}]
```

mit den Entwicklungskoeffizienten **a[n]** und **b[n]**, multipliziert man einfach jeden Koeffizienten in der Summe mit dem durch

```
lanczos[0] := 1
lanczos[n_] := Sin[n Pi/nmax]/(n Pi/nmax)
```

definierten *Lanczosschen Sigmafaktor*. Dadurch ergibt sich die Summe

```
a[0]/2 +
    Sum[lanczos[n] (a[n] Cos[n z] + b[n] Sin[n z]),{n,1,nmax}]
```

Führen Sie die Sigmafaktoren in unsere Entwicklung der Rechteckwelle nach Kasteneigenfunktionen ein, und stellen Sie Ihre Ergebnisse wie in Abb. 2.5 dar. Vergleichen Sie Ihre Darstellung für **nmax = 40** mit Abb. 2.6.

2.5 Quantenrassel

Wir wollen nun die Zeitentwicklung eines einfachen Wellenpakets untersuchen. Wir betrachten ein Teilchen, das sich zur Zeit **t = 0** in einem Zustand befindet, der durch eine lineare Überlagerung des Grundzustands und des ersten angeregten Zustands mit gleichem Gewicht beschrieben wird. Wir erhalten die Wellenfunktion zu einem späteren Zeitpunkt durch Anwendung des Zeitentwicklungsoperators aus (1.4.1). Da dies ein linearer Operator ist, können wir seine Wirkung auf jede Eigenfunktion **phi[n,x]** einzeln betrachten und erhalten für jede Komponente einen zeitabhängigen Phasenfaktor, der sich aus der jeweiligen Eigenenergie **e[n]** ergibt (s. Übg. 2.5.1):

```
a[n_] := 1/Sqrt[2]
a[n_,t_] := a[n] E^(-I e[n] t/h)

psi[x_,t_] = Sum[a[n,t] phi[n,x],{n,1,2}]

           2       2
  (-I/2 h Pi  t)/(L  m)      Pi x
 E                       Sin[----]
                              L
 ------------------------------------- +
               Sqrt[L]

             2       2
    (-2 I h Pi  t)/(L  m)      2 Pi x
   E                       Sin[------]
                                 L
   ---------------------------------------
                 Sqrt[L]
```

Wie wir gleich zeigen werden, sorgt die Konstante **1/Sqrt[2]** in der Definition von **a[n]** dafür, daß **psi[x,t]** normiert ist, wenn die **phi[n,x]**

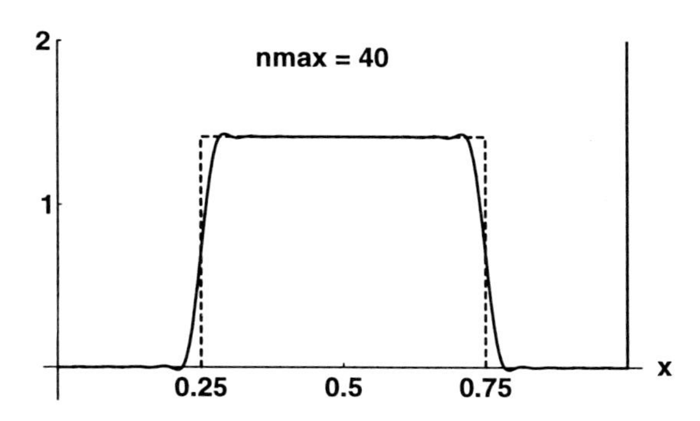

Abb. 2.6. Eine Fourier-Partialsumme mit Lanczosschen Sigmafaktoren, die gegen eine Rechteckwelle konvergiert.

es sind. Wir können leicht nachprüfen, daß diese Wellenfunktion eine Lösung der Wellengleichung (1.1.1) ist

```
I h D[psi[x,t], t] == hamiltonian[0] @ psi[x,t] //
   ExpandAll

  True
```

und zu allen Zeiten die Randbedingungen des Kastens erfüllt:

```
psi[0,t] == psi[L,t] == 0

  True
```

Da diese Wellenfunktion kein Eigenzustand des Kastens ist, ist die Wahrscheinlichkeitsdichte *zeitabhängig*:

```
Needs["Quantum`QuickReIm`"]

psisq[x_,t_] = Conjugate[psi[x,t]] psi[x,t] //
                    Expand //ComplexExpand

                                 2
                        3 h Pi  t       Pi x       2 Pi x
     Pi x 2        2 Cos[---------] Sin[----] Sin[------]         2 Pi x 2
  Sin[----]                   2          L          L          Sin[------]
       L                 2 L  m                                     L
  ----------- + ------------------------------------------- + -----------
       L                          L                                 L
```

Hier haben wir mit Hilfe von **Conjugate** aus dem Paket **Quantum`Quick-ReIm`** das konjugiert Komplexe *symbolisch* berechnet, und wir haben die eingebaute Funktion **ComplexExpand** verwendet, um die komplexen Exponentialfunktionen aus der Zeitentwicklung in **Sin** und **Cos** zu verwandeln (s. Übg. C.2.4).

Übung 2.5.1. Die Phasenfaktoren der Zeitentwicklung kann man auch durch Separation der Variablen in der Wellengleichung erhalten, ähnlich unserem Vorgehen in Übg. 1.2.1. Setzen Sie eine allgemeine Linearkombination der Form

```
psi == Sum[a[n,t] phi[n,x],{n,nmin,nmax}]
```

in die Wellengleichung ein, und lösen Sie nach den zeitabhängigen Koeffizienten **a[n,t]** auf. Vergleichen Sie mit Übg. 1.2.1, nutzen Sie jedoch diesmal die Orthogonalität der Eigenfunktionen **phi[n,x]** und die Tatsache, daß dies Lösungen der Schrödinger-Gleichung sind, um die Eigenenergien **e[n]** einzuführen.

Die Wellenfunktion ist zu allen Zeiten normiert. Die Wahrscheinlichkeit, das Teilchen irgendwo in dem Kasten zu finden, ist daher Eins:

```
Integrate[ psisq[x,t], {x,0,L} ]

   1
```

Aufgrund der Orthogonalität der Eigenfunktionen **phi[n,x]** führt dies zu der Bedingung

```
Sum[Conjugate[a[n,t]] a[n,t],{n,1,2}]

   1
```

die die Erhaltung der Wahrscheinlichkeit ausdrückt. Die Wahrscheinlichkeitsdichte oszilliert dennoch zwischen dem Grundzustand und dem ersten angeregten Zustand. (Denken Sie daran, daß **psi[x,t]** eine Überlagerung nur dieser beiden Zustände ist.) Die Wahrscheinlichkeit, das Teilchen in einer Hälfte des Kastens anzutreffen, ist z.B. durch

```
Integrate[ psisq[x,t], {x,0,L/2} ]

                    2
             3 h Pi   t
       4 Cos[-----------]
                   2
   1            2 L   m
   - + ------------------
   2          3 Pi
```

gegeben und beträgt *im zeitlichen Mittel* 1/2. Der Erwartungswert des Hamilton-Operators im Zustand **psi[x,t]** ist eine gewichtete Summe über die Eigenenergien:

```
Integrate[
    Conjugate[psi[x,t]] hamiltonian[0] @ psi[x,t],
    {x,0,L}
] ==
    Sum[Conjugate[a[n,t]] a[n,t] e[n],{n,1,2}] ==
        (e[1] + e[2])/2

   True
```

Dies folgt aus der Orthogonalität der Eigenfunktionen **phi[n,x]**. Da die Zeitabhängigkeit in Form von Phasenfaktoren auftritt, sind die Gewichte und damit auch die Summe zeitunabhängig:

```
Sum[Conjugate[a[n,t]] a[n,t] e[n],{n,1,2}] ==
    Sum[a[n]^2 e[n],{n,1,2}]

  True
```

Der Erwartungswert der Gesamtenergie ist also zeitunabhängig und erhalten. Natürlich ist der Erwartungswert der Energie reell, wie alle Erwartungswerte physikalischer Größen. Beachten Sie aber, daß die Entwicklungskoeffizienten im allgemeinen komplex sind, so daß wir **a[n]^2** durch **Conjugate[a[n]] a[n] == Abs[a[n]]^2** ersetzen müssen.

Übung 2.5.2. Zeigen Sie, daß die Oszillationsfrequenz **(e[2] - e[1])/h** beträgt. Wenn wir also **h = m = L = 1** setzen, ist die *Schwingungsdauer* ungefähr 0.42 (s. Abb. 2.7).

Wir können die Bewegung des Wellenpakets untersuchen, indem wir eine Reihe von Graphen der Wahrscheinlichkeitsdichte zu verschiedenen Zeiten erzeugen. Auf dem Computer könnten wir daraus eine Animation machen, aber wir können auch wie bei der Erzeugung von Abb. 2.5 vorgehen. Wir setzen wieder **h = m = L = 1** und zeigen in Abb. 2.7 ungefähr eine halbe Periode der Schwingung (s. Übg. 2.5.2).

Der Schwerpunkt des Wellenpakets, der näherungsweise der Position des Maximums entspricht, ist durch den Erwartungswert von **x** gegeben:

```
xExp[t_] = Integrate[ x psisq[x,t], {x,0,L} ]

                         2
                  3 h Pi  t
         16 L Cos[---------]
                       2
L                   2 L  m
- - ---------------------
2                 2
              9 Pi
```

Die Breite des Wellenpakets ist ungefähr durch den Erwartungswert von **x^2** gegeben:

```
xsqExp[t_] = Integrate[ x^2 psisq[x,t], {x,0,L} ]

                                           2
                        2         3 h Pi  t
                   16 L   Cos[-----------]
 2        2                          2
L       5 L                    2 L  m
-- - -------- - ----------------------
3          2                    2
     16 Pi                9 Pi
```

```
psisqPlot[t_] :=
    Plot[
        Evaluate[psisq[x,t] /.{h -> 1, L -> 1, m -> 1} //N],
        {x,0,1},
        PlotRange -> {0,4},
        AxesLabel -> {" x",""},
        Ticks -> {{{0,0},{.5,0.5},{1,1}}, {{0,0},{2,2},{4,4}}},
        Epilog -> {Text["t = " <> ToString[t],{.5,3.7},{-1,0}],
                  {Line[{{1,0},{1,4}}]}},
        DisplayFunction -> Identity
    ];

Show[
    GraphicsArray[
        Table[{psisqPlot[t],psisqPlot[t+0.04]},{t,0,0.2,0.08}]
    ],
    GraphicsSpacing -> {0., 0.2},
    DisplayFunction -> $DisplayFunction
];
```

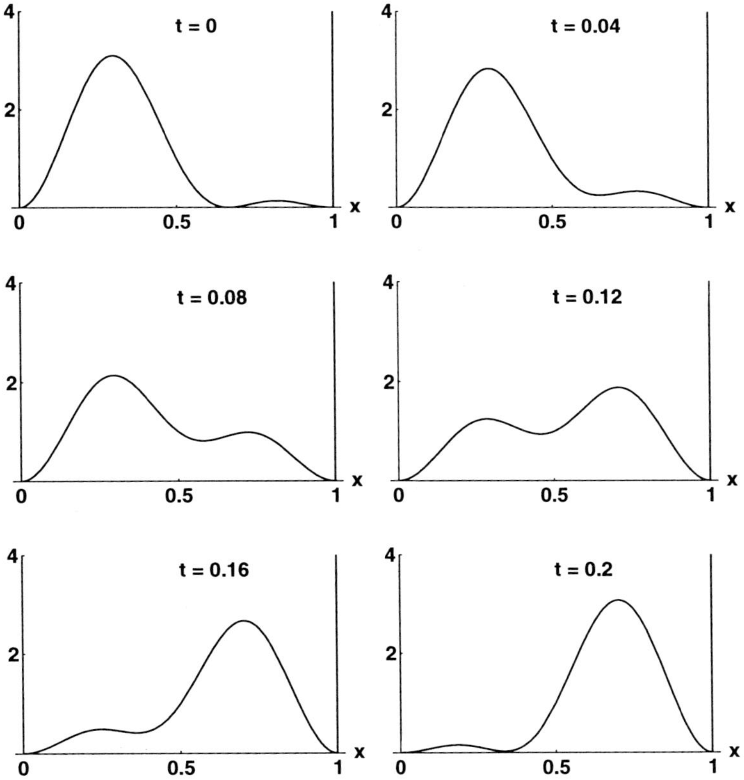

Abb. 2.7. Wahrscheinlichkeitsdichte **psisq[x,t]** des Wellenpakets aus zwei Zuständen in Abhängigkeit von der Zeit.

Wir werden diesen Erwartungswert im nächsten Kapitel zur Definition der Ortsunschärfe verwenden. Der Impuls des Schwerpunktes des Wellenpakets ist durch den Erwartungswert des Impulsoperators **p** gegeben:

```
p @ psi_ := -I h D[psi, x]
pExp[t_] =
    Integrate[ Conjugate[psi[x,t]] p @ psi[x,t], {x,0,L}] //
        Expand //ComplexExpand
```

```
                 2
         3 h Pi   t
8 h Sin[─────────]
              2
           2 L  m
──────────────────
        3 L
```

Klassisch ergibt die zeitliche Ableitung der Ortskoordinate **x** die Geschwindigkeit des Teilchens, d.h. den Impuls geteilt durch die Masse, **p/m**. In der Quantenmechanik erwarten wir eine analoge Beziehung zwischen den Erwartungswerten. In der Tat gilt

```
D[ xExp[t], t ] == pExp[t]/m
```

```
True
```

Dies ist ein Beispiel für das *Ehrenfestsche Theorem* (s. Aufg. 18.2.2). Ein ähnliches Ergebnis gilt normalerweise auch für die Newtonsche Bewegungsgleichung, die in der Quantenmechanik die Form **D[pExp,t] == <-D[V,x]>** annimmt. Der Kasten mit unendlich hohen Wänden ist jedoch zu pathologisch, um die Voraussetzungen des Theorems zu erfüllen. Das Wellenpaket eines freien Teilchens, das wir in Kap. 4 betrachten werden, wird sich in dieser Hinsicht als besseres Beispiel erweisen (s. auch Abschn. 8.3 und 11.11).

Der Erwartungswert von **p^2** bestimmt die kinetische Energie

```
psqExp[t_] =
    Integrate[Conjugate[psi[x,t]] p @ p @ psi[x,t],{x,0,L}] //
        Expand //ComplexExpand
```

```
   2   2
5 h  Pi
────────
     2
  2 L
```

und damit die Gesamtenergie des Wellenpakets, da die potentielle Energie im Innern des Kastens verschwindet. Damit gilt

```
psqExp[t]/(2m) == (e[1] + e[2])/2

  True
```

2.6 Messungen

Offenbar können wir den Erwartungswert jedes hermiteschen Operators **Q** in einem beliebigen Zustand **psi** berechnen, indem wir **psi[x]** nach den Eigenzuständen **phi[n]** von **Q** entwickeln und die Absolutquadrate **Abs[a[n]]^2** der resultierenden Entwicklungskoeffizienten als Gewichte in einer Summe über die Eigenwerte **q[n]** von **Q** verwenden:

```
QExp == Sum[ Abs[a[n]]^2 q[n], {n,nmin,nmax} ]          (2.6.1)
```

Ein Beispiel für diese Vorgehensweise ist die Berechnung der Energie des Wellenpakets im vorangehenden Abschnitt.

Diese einfache Regel führt uns zu einer fundamentalen Interpretation der Quantenmechanik. Diese besagt, daß *die Eigenwerte* **q[n]** *die einzigen Werte sind, die bei einer Messung der durch* **Q** *repräsentierten Größe gemessen werden können.* (Eine Messung könnte z.B. die Bestimmung der Energie eines Teilchens durch Ablenkung an einer verstellbaren Potentialbarriere sein.) Daraus folgt, daß das Absolutquadrat des Entwicklungskoeffizienten, **Abs[a[n]]^2**, das durch den Zustand **psi** festgelegt ist, die Wahrscheinlichkeit angibt, bei einer Messung von **Q** den Wert **q[n]** zu erhalten (vgl. Park [51], Kap. 5 und Merzbacher [46], Kap. 8). Ist der Zustand **psi** bereits einer der Eigenzustände **phi[n]** von **Q** ist, so gilt **Abs[a[n]]^2 == 1** und **Abs[a[m≠ n]]^2 == 0**. In jedem Fall ist jedoch unmittelbar nach der Messung der Zustand des Systems der Eigenzustand **phi[n,x]** von **Q**, der dem gemessenen Eigenwert **q[n]** entspricht. Diesen Übergang der Wellenfunktion von **psi** in einen Eigenzustand **phi[n]** infolge einer Messung bezeichnet man als *Kollaps der Wellenfunktion.*

Wir bemerken am Rande, daß viele Kritiker, die die Grundlagen der Quantenmechanik eingehend untersucht haben, die Interpretation im vorangehenden Absatz für zu idealistisch halten. Der Kern des Problems ist der Begriff einer quantenmechanischen Messung. Der Artikel von Fearn und Lamb [22] bietet eine interessante Einführung in die vielfältige Literatur zu diesem offenen Thema. Die Autoren haben ein Modellpotential und den sogenannten *quantenmechanischen Zeno-Effekt* mit der Zeitentwicklungsmethode untersucht, die wir in Kap. 12 betrachten werden. (Siehe Aufg. 12.6.10 und auch Home und Whitaker [34] und Fearn und Lamb [23].)

Übung 2.6.1. a) Beweisen Sie die Beziehung (2.6.1) mit Papier und Bleistift.

b) Zeigen Sie, daß sich die Erwartungswerte **xExp[t]** und **pExp[t]** für die Überlagerung aus zwei Eigenzuständen des Kastens auch als Summe über **n** und **np** von Integralen der Form

```
Integrate[phi[n,x]] x   phi[np,x],{x,0,L}]
Integrate[phi[n,x]] p @ phi[np,x],{x,0,L}]
```

berechnen lassen. Diese Integrale nennt man *Matrixelemente* von **x** und **p** (s. Kap. 9).

3. Unschärfeprinzip

Die Wellenfunktion eines Teilchens hat eine inhärente Breite, die in natürlicher Weise zu einer *Unschärfe* nicht nur im Ort des Teilchens, sondern allgemein in jeder beobachtbaren Größe **Q** führt, z.B. im Impuls. Die *Unschärfe* Δ**Q** definiert man zweckmäßigerweise als quadratisch gemittelte Abweichung vom Mittelwert, Δ**Q = Sqrt[<(Q - <Q>)^2>] = Sqrt[<Q^2> - <Q>^2]**, wobei der Mittelwert durch den Erwartungswert **<Q>** gegeben ist. Unschärfen spielen in der Quantenmechanik aufgrund der *Heisenbergschen Unschärferelationen* eine besondere Rolle. Diese besagen, daß z.B. das Produkt der Unschärfen des Ortes und des Impulses größer als ein durch das Plancksche Wirkungsquantum bestimmter Wert ist: Δ**x** Δ**p** $\geq$ **h/2**. (Denken Sie daran, daß **h** für das durch **2Pi** geteilte Plancksche Wirkungsquantum steht.)

Physikalisch bedeutet dies natürlich, daß **x** und **p** nicht gleichzeitig mit Sicherheit gemessen werden können, was in scharfem Gegensatz zur klassischen Beschreibung steht (s. auch Abschn. 15.1 und vgl. Park [51], Abschn. 3.5 und Merzbacher [46], Abschn. 8.6).

In der nächsten Übung berechnen wir die Unschärfen im Ort und im Impuls, Δ**x = delx[t]** bzw. Δ**p = delp[t]**, des in Abschn. 2.5 aufgestellten zeitabhängigen Wellenpakets **psi[x,t]**. Wir erhalten als Unschärfeprodukt **delx[t] delp[t] ==**

```
                                               2
                                       3 h Pi   t 2
                              256 Cos[-----------]
                                             2
           1       5                      2 L   m
h Sqrt[(-- - -------- - ------------------------)
          12        2                       4
               16 Pi                   81 Pi

                                   2
                           3 h Pi   t 2
                   64 Sin[-----------]
         2                       2
    5 Pi                    2 L   m
   (----- - --------------------------)]
      2                 9
```

```
<<Graphics`FilledPlot`

FilledPlot[
    Evaluate[
        {0.5, delx[t] delp[t] /.
        {h->1, L->1, m->1} //N}
    ],
    {t,0,2}, PlotRange -> {0,1}, PlotPoints -> 100,
    AxesLabel -> {" t","delx[t] delp[t]"}
];
```

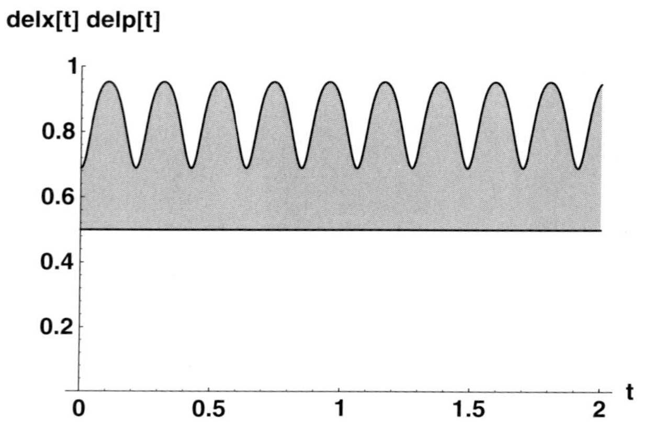

Abb. 3.1. Unschärfeprodukt Δ**x** Δ**p = delx[t]delp[t]** als Funktion der Zeit für das zweikomponentige Wellenpaket **psi[x,t]**.

In Abbildung 3.1 zeigen wir diese Größe als Funktion der Zeit für den Fall **h = m = L = 1**, wobei wir **FilledPlot** (aus dem Paket **Graphics `FilledPlot`**) verwenden, um die Fläche zwischen dem Unschärfeprodukt und dem minimalen Wert **h/2 -> 1/2** zu schattieren.

Übung 3.0.1. Berechnen Sie die quadratisch gemittelten Abweichungen von den Mittelwerten des Ortes und des Impulses, Δ**x = delx[t]** bzw. Δ**p = delp[t]**, für das zweikomponentige Wellenpaket **psi[x,t]**. Leiten Sie das im Text angegebene und in Abb. 3.1 dargestellte Unschärfeprodukt her. Erzeugen Sie diese Abbildung für verschiedene Kastenlängen **L**.

Wir können das Auftreten der Unschärferelation anhand eines einfachen Beispiels verstehen. Sie wissen wahrscheinlich, daß die Überlagerung zweier ebener Wellen **E^(I k x)** mit Wellenzahlen **kmin** und **kmax**, die sich nur geringfügig unterscheiden, zu einer *Schwebung* führt. Diese weist äquidistante Minima auf, deren Abstand Δ**x** durch **2Pi/**Δ**k** mit Δ**k = kmax - kmin** gegeben ist. Damit ist Δ**x** Δ**k = 2Pi**, oder, da der Impuls der Wellen durch **p = h k** gegeben ist, Δ**x** Δ**p = 2Pi h > h/2**. (Wir werden bald zeigen, daß ein *Gaußsches* Wellenpaket zum minimalen Unschärfeprodukt Δ**x** Δ**p = h/2** führt.)

Wenn wir nun eine dritte ebene Welle mit einer Wellenzahl zwischen **kmin** und **kmax** hinzufügen, passiert etwas Bemerkenswertes. Die Schwebung entwickelt Maxima, die durch ausgeprägte Minima getrennt sind. Die Breiten Δ**x** sind jedoch immer noch ungefähr durch **2Pi/**Δ**k** mit Δ**k = kmax - kmin** gegeben. Wenn wir immer mehr Wellen zwischen **kmin** und **kmax** hinzufügen, behalten die Maxima ungefähr ihre Form bei, rücken aber immer weiter auseinander, bis wir im Grenzfall sehr vieler Wellen ein Wellenpaket mit nur einem Maximum der Breite Δ**x** am Ursprung haben. Das kommt daher, daß überall außer am Ursprung die Phasen der Teilwellen nahezu gleichmäßig zwischen **0** und **2Pi** verteilt sind und die Wellen destruktiv interferieren. Vielleicht erinnern Sie sich, daß man einen ähnlichen Effekt beobachtet, wenn man bei Interferenzexperimenten mit Licht die Anzahl der Spalte erhöht.

Wir wollen diese Betrachtungen veranschaulichen, indem wir die Überlagerung von **n** ebenen Wellen mit gleichem Gewicht und äquidistant im Intervall **2.4** $\leq$ **k** $\leq$ **2.6** verteilten Wellenzahlen darstellen. Betrachten wir also

```
psiPW[n_] := Sum[E^(I k x),{k,2.4,2.6,(2.6-2.4)/(n-1)}]/n
```

Für **n = 2** und **n = 3** ergibt dies

```
{psiPW[2],psiPW[3]}
```

```
  2.4 I x    2.6 I x    2.4 I x    2.5 I x    2.6 I x
 E        + E          E        + E        + E
{--------------------, ---------------------------------}
          2                          3
```

Der Faktor **1/n** normiert die Maxima auf Eins, was für die graphische Darstellung günstig ist. Abbildung 3.2 zeigt **Abs[psiPW[n]]^2** als Funktion von **x** für zunehmendes **n**. Die Schwebung für **n = 2** und die Tendenz zur Bildung eines einzigen Maximums mit zunehmendem **n** sind deutlich zu erkennen. In diesem Beispiel ist Δ**k = 0.2**, und damit Δ**x** $\approx$ **30**.

Die Gewichte oder Amplituden der Teilwellen als Funktion von **k** bezeichnet man als *Spektralverteilung* des Wellenpakets; sie hängt über **p = h k** mit der *Impulsverteilung* des Wellenpakets zusammen. In diesem Beispiel haben wir der Einfachheit halber die diskrete Gleichverteilung **1/n** angenommen. Im nächsten Kapitel betrachten wir eine kontinuierliche *Gauß-Verteilung*, und in Aufg. 4.2.3 können Sie mit einer diskreten Gauß-Verteilung experimentieren.

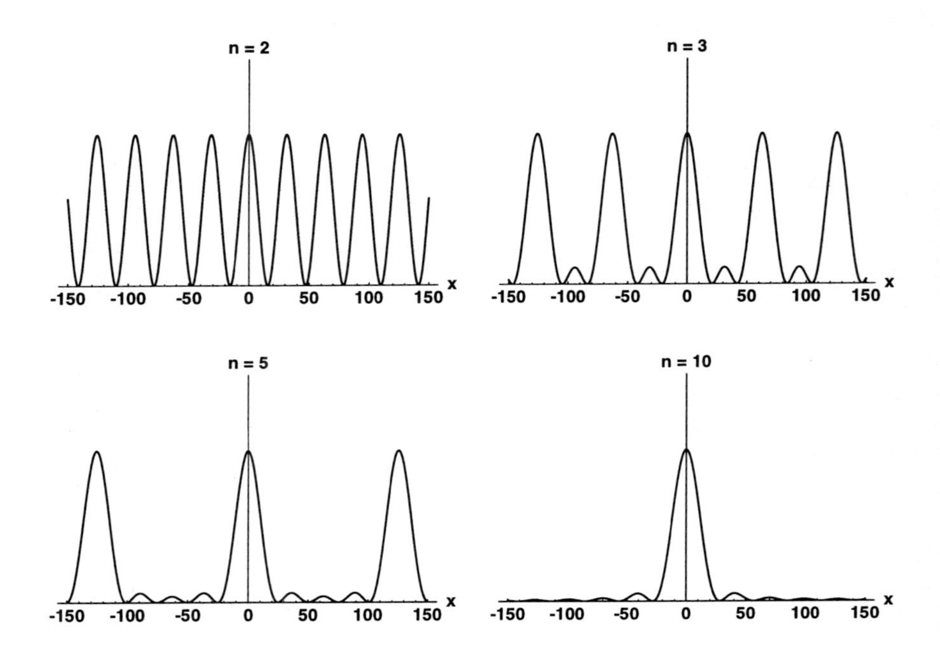

Abb. 3.2. Überlagerungen von `n` ebenen Wellen `E^(I k x)` mit gleichem Gewicht `1/n` und äquidistanten Wellenzahlen im Intervall `2.4` $\leq$ `k` $\leq$ `2.6`. Dargestellt ist jeweils `Abs[psiPW[n]]^2`.

Übung 3.0.2. Stellen Sie Real- und Imaginärteil von `psiPW[n]` wie in Abb. 3.2 dar.

---

4. Wellenpaket für ein freies Teilchen

Nachdem wir nun die Überlagerung einiger diskreter ebener Wellen untersucht haben, wollen wir den allgemeineren Fall einer Überlagerung ebener Wellen **E^(I k x)** mit Wellenzahlen **k** aus einem kontinuierlichen Spektrum betrachten. Als einfaches, aber lehrreiches Beispiel betrachten wir eine *Gauß-sche* Spektralverteilung, die für alle {**k,-Infinity,Infinity**} durch

```
phi[k_] = (Pi w)^(-1/4) E^(-k^2/(2w))

           1
 ------------------------
   2
  k /(2 w)        1/4
 E          (Pi w)
```

gegeben ist. Diese Funktion ist gemäß

```
<<Quantum`integGauss`

integGauss[phi[k]^2,{k,-Infinity,Infinity}]

 1
```

normiert. Die Funktion **integGauss** enthält eine kurze Liste unserer eigenen Regeln zur Berechnung von Integralen, die Gauß-Funktionen und Potenzen enthalten. Ihre Anwendung wird durch

```
?integGauss

  integGauss[integrand,{x,-Infinity,Infinity}] integrates linear
     combinations of patterns of the form x^n E^(-a x^2 + b x + c)
     for Re[a] > 0 and integer n >= 0. WARNING: The requirements
     Re[a] > 0 and integer n >= 0 must be enforced by the user.
```

zusammengefaßt. Die Regeln werden in Übg. C.2.7 entwickelt.

4.1 Stationäres Wellenpaket

Wir werten also die folgende Linearkombination ebener Wellen aus:

```
Needs["Quantum`PowerTools`"]
```

```
psi[x_] = 1/Sqrt[2Pi] *
        integGauss[phi[k] E^(I k x),{k,-Infinity,Infinity}] //
            PowerExpand //PowerContract
```

```
  w  1/4
 (--)
  Pi
---------
      2
 (w x )/2
E
```

Um einen etwas einfacheren Ausdruck zu erhalten, haben wir die eingebaute Funktion **PowerExpand** und die Funktion **PowerContract** aus dem Paket **Quantum`PowerTools`** als Umkehrfunktion zu **PowerExpand** benutzt. (**PowerContract** wird in Übg. C.2.8 entwickelt.) Der Faktor **1/Sqrt[2Pi]** bewirkt, daß **psi[x]** wie üblich gemäß

```
integGauss[psi[x]^2,{x,-Infinity,Infinity}] //PowerExpand
```

```
1
```

normiert ist.

Wir stellen also fest, daß eine kontinuierliche Spektralverteilung endlicher Breite in **k** zu einem Wellenpaket mit endlicher Breite in **x** führt. Wir werden diese Breiten gleich berechnen. Da jede ebene Teilwelle eine Lösung der Schrödinger-Gleichung für ein freies Teilchen ist, beschreibt die Überlagerung **psi[x]** ein freies Teilchen. Daß **psi[x]** wiederum eine Gauß-Verteilung ist, ist eine besondere Eigenschaft von Gauß-Funktionen.

Vielleicht haben Sie bemerkt, daß **psi[x]** die Fourier-Transformierte von **phi[k]** ist. In der Tat bilden diese beiden Funktionen ein Paar von Fourier-Transformierten; diese Beziehung werden wir in Kap. 11 bei der Betrachtung der Impulsdarstellung genauer untersuchen. Mathematisch betrachtet ist diese Überlagerung ein weiteres Beispiel für die Entwicklung einer Funktion nach einem vollständigen Satz von Eigenfunktionen, in diesem Fall nach den ebenen Wellen des freien Teilchens. Da **psi[x]** sich auf den ganzen Raum erstreckt, ist die zu betrachtende Überlagerung ein Integral über alle Werte der kontinuierlichen Wellenzahl **k**, also ein Fourier-Integral. Wenn **psi[x]** auf ein endliches Gebiet beschränkt wird, z.B. durch die Wände des Kastens, nimmt die Wellenzahl **k** nur diskrete Werte an, und das Integral wird durch eine Summe, eine Fourier-Reihe, ersetzt.

Daß **psi[x]** normiert ist, wenn **phi[k]** es ist, führt uns zu der Annahme, daß **Conjugate[phi[k]] phi[k]** die Wahrscheinlichkeitsdichte ist, das

Teilchen mit der Wellenzahl **k** anzutreffen, so wie **Conjugate[psi[x]] psi[x]** die Wahrscheinlichkeitsdichte ist, das Teilchen am Ort **x** anzutreffen. Da **p = h k** der Impuls des Teilchens ist, ist **Conjugate[phi[p/h]] phi[p/h]/h** die Wahrscheinlichkeitsdichte, das Teilchen mit Impuls **p** anzutreffen. (Der Faktor **1/h** dient der Normierung; s. Übg. 4.1.1.) Es folgt, daß wir Erwartungswerte von Potenzen von **k** oder **p** als Integrale über **phi[k]^2** oder **phi[p/h]^2/h** berechnen können, da wir in unserem Beispiel **phi[k]** reell gewählt haben. Wir können jedoch solche Erwartungswerte auch in der üblichen Weise berechnen, indem wir den Differentialoperator **p @ psi = -Ih D[psi,x]** auf die Wellenfunktion **psi[x]** anwenden, mit **Conjugate[psi[x]]** multiplizieren und über alle **x** integrieren. Wir werden in Abschn. 11.2 sehen, daß dies (und auch die Tatsache, daß mit **phi[k]** auch **psi[x]** normiert ist) damit zusammenhängt, daß **psi[x]** und **phi[k]** durch eine Fourier-Transformation miteinander verknüpft sind.

Übung 4.1.1. Zeigen Sie, daß die Amplitude im *Impulsraum* **phi[p/h]/ Sqrt[h]** normiert ist.

Wir sehen also, daß der Erwartungswert von **k** verschwindet, da **phi[k]** eine gerade Funktion von **k** ist, wie auch der Erwartungswert von **x** verschwindet (vgl. die Diskussion am Ende des nächsten Kapitels über Parität). Daher beschreibt **psi[x]** ein freies Teilchen im Ursprung. Die Unschärfen in **x** und **k** ergeben sich damit zu

```
{ delx = Sqrt[integGauss[x^2 psi[x]^2,{x,-Infinity,Infinity}]] //
               PowerExpand //PowerContract,
  delk = Sqrt[integGauss[k^2 phi[k]^2,{k,-Infinity,Infinity}]] }
```

```
           1              Sqrt[w]
{--------------------, ---------}
 Sqrt[2] Sqrt[w]        Sqrt[2]
```

Das Unschärfeprodukt von Orts- und Impulsunschärfe ist damit

```
delx (h delk)
```

```
h
-
2
```

also der kleinste durch die Heisenbergsche Unschärferelation erlaubte Wert. Man kann zeigen, daß dieser Wert nur bei Gaußschen Wellenpaketen erreicht wird (s. z.B. Merzbacher [46], Abschn. 8.6).

Übung 4.1.2. Prüfen Sie die Erwartungswerte von **p** und **p^2** nach, indem Sie den Differentialoperator **p @ psi = -I h D[psi,x]** auf die Ortswellenfunktion **psi[x]** anwenden.

4.2 Ausbreitung des Wellenpakets

Untersuchen wir nun die Zeitentwicklung von **psi[x]**. Zunächst stellen wir fest, daß wir das Maximum des Wellenpakets vom Ursprung nach **x = xP** verschieben können, indem wir die Phasen der Teilwellen verschieben:

```
integGauss[
    phi[k] E^(I k (x-xP))/Sqrt[2Pi],{k,-Infinity,Infinity}
] //Simplify //PowerExpand //PowerContract
```

```
         w  1/4
        (—)
         Pi
   ──────────────────
                  2
    (w (-x + xP) )/2
   E
```

Dies ist nichts anderes als **psi[x-xP]**. Ebenso können wir den Impuls des Wellenpakets von **k = 0** nach **k = kP** verschieben, indem wir das Maximum von **phi[k]** verschieben. Betrachten wir also als ursprüngliches Wellenpaket

```
psi[x_,0] = 1/Sqrt[2Pi] *
    integGauss[
        phi[k-kP] E^(I k x),{k,-Infinity,Infinity}
    ] /. E^m_ :> E^Expand[m] //
        PowerExpand //PowerContract
```

```
                     2
    I kP x - (w x )/2  w  1/4
   E                  (—)
                       Pi
```

Dieses Ergebnis erkennen wir als **E^(I kP x) psi[x]** wieder; wir zeigen in Übg. 4.2.1, daß es das gleiche im Ursprung lokalisierte Wellenpaket minimaler Unschärfe beschreibt, das sich jedoch nunmehr mit dem Impuls **h kP** nach rechts bewegt.

Eine Ersetzungsregel wie **E^m_ :> E^Expand[m]**, die hier zur Vereinfachung von **psi[x,0]** eingeführt wurde, ist eine bequeme Art, die algebraischen Umformungen zu steuern; meistens kommt man damit schneller zum Ziel als z.B. mit **ExpandAll** oder **Simplify**. Jeder Befehl wie **Together** und **Factor** kann auf diese Art angewandt werden. Beachten Sie jedoch, daß hier **RuleDelayed** (**:>**) und nicht **Rule** (**->**) stehen muß. Bei **Rule** würde das System **Expand** anwenden, bevor der Exponent für **m** eingesetzt wird, und es würde gar nichts passieren (s. Übg. C.2.2).

Übung 4.2.1. a) Zeigen Sie für das soeben hergeleitete Wellenpaket **`E^( I kP x)psi[x]`**, daß der Erwartungswert des Impulses **`h kP`** beträgt. Zeigen Sie außerdem, daß der Erwartungswert des Ortes und die Unschärfen in Ort und Impuls dieselben wie die für **`psi[x]`** berechneten sind, und daß der Erwartungswert der kinetischen Energie durch

```
 2   2     2
h  kP     h  w
------ + ----
 2 m      4 m
```

gegeben ist.

Berechnen Sie die nötigen Impulserwartungswerte auf zwei verschiedene Weisen: zuerst als Integrale über **`h k`**, dann als Integrale über **`x`** mit Hilfe des Impulsoperators **`p @ psi_ := -I h D[psi,x]`**. (Laden Sie das Paket **``Quantum`QuickReIm` ``**, und verwenden Sie unsere symbolische Regel **`Conjugate`** aus Übg. C.2.4.)

b) Verallgemeinern Sie die Ergebnisse von Teil (a) auf ein beliebiges Wellenpaket **`E^(I kP x)psi[x]`**.

Wir untersuchen die Entwicklung unseres Wellenpakets **`psi[x,t]`** zu späteren Zeiten, indem wir den Zeitentwicklungsoperator auf das ursprüngliche Wellenpaket **`psi[x,0]`** anwenden. Dadurch werden die einzelnen Teilwellen mit zeitabhängigen Phasenfaktoren **`E^(-I e[k] t/h)`** multipliziert, wobei **`e[k] = (h k)^2/(2m)`** die Eigenenergie der jeweiligen ebenen Welle ist:

```
phi[k_,t_] := phi[k-kP] E^(-I h k^2/(2m) t)

psi[x_,t_] =
    integGauss[
        phi[k,t] E^(I k x)/Sqrt[2Pi],{k,-Infinity,Infinity}
    ] //ExpandAll //MapAll[Together,#]& //
        PowerExpand //PowerContract
```

```
                                                     I      2
                          2                          - m w x
                -(h kP  t)          kP m x           2              w  1/4
Power[E, ---------------- + ---------------- + --------------] (--)
         2 (-I m + h t w)   -I m + h t w      -I m + h t w      Pi

             m
  Sqrt[-----------]
       m + I h t w
```

Aufgabe 4.2.1. Zeigen Sie durch direktes Einsetzen, daß unser Ausdruck für **`psi[x,t]`** eine Lösung der Wellengleichung ist.

Die entsprechende zeitabhängige Wahrscheinlichkeitsdichte **psisq[x,t]** ist dann (das Paket **Quantum`QuickReIm`** enthält unsere symbolische Regel **Conjugate** aus Übg. C.2.4)

```
Needs["Quantum`QuickReIm`"]

psisq[x_,t_] = Conjugate[psi[x,t]] psi[x,t] /.
               E^m_ :> E^Together[m] //
               PowerContract //ExpandAll //
               MapAll[Factor,#]&
```

```
                      2
                     m  w
         Sqrt[---------------------]
                   2    2  2  2
              Pi (m  + h  t  w )
----------------------------------------------
                      2      2     2  2  2
 (w (-(h kP t) + m x) )/(m  + h  t  w )
E
```

Diese Funktion beschreibt ein Gaußsches Wellenpaket, dessen Maximum sich mit der klassischen Geschwindigkeit **h kP/m** gleichförmig nach rechts bewegt, d.h. die Position des Maximums liegt zur Zeit **t** bei **h kP t/m**. Dieses Wellenpaket illustriert daher das quantenmechanische Gegenstück zur Newtonschen Bewegungsgleichung, nämlich das Ehrenfestsche Theorem, das wir im Zusammenhang mit dem Wellenpaket im Kasten erwähnt haben (s. auch Aufg. 4.2.2 und Abschn. 8.3).

Impuls und Energie sind offenbar erhalten, da die Impulsverteilung nicht von der Zeit abhängt:

```
Conjugate[phi[k,t]] phi[k,t] == phi[k-kP]^2

    True
```

Die Erwartungswerte von **k** und **(h k)^2/(2 m)** hängen daher nicht von der Zeit ab und sind gleich ihren ursprünglichen Werten aus Übg. 4.2.1.

Auch die Impulsunschärfe **delp** ist zeitunabhängig. Die Ortsunschärfe des Wellenpakets nimmt jedoch mit der Zeit zu, und das Wellenpaket verbreitert sich, während es sich bewegt. In Aufg. 4.2.2 zeigen wir, daß das Produkt **delx delp** der Unschärfen von Ort und Impuls mit der Zeit gemäß

```
                 2  2  2
                h  t  w
h Sqrt[1 + ------------]
                  2
                 m
-------------------------
           2
```

zunimmt, so daß das Teilchen für **t > 0** nicht mehr durch ein Wellenpaket minimaler Unschärfe beschrieben wird. Die Ausbreitung des Wellenpakets ist in Abb. 4.1 durch eine Reihe von Graphen dargestellt, die mit der Funktion **StackGraphics** aus dem Paket **Graphics`Graphics3D`** zusammengestellt wurden.

Die Verbreiterung des Wellenpakets ist eine unausweichliche Folge der Tatsache, daß jede Teilwelle **E^(I(k x - e[k] t/h))** eine *Phasengeschwindigkeit* **h k/(m)** hat, die sich von der *Gruppengeschwindigkeit* **h kP/m** des Wellenpakets unterscheidet (vgl. [51], Kap. 2). Daher geht die Kohärenz des ursprünglichen Wellenpakets verloren, und die Wellenfunktion wird breiter.

```
Needs["Graphics`Graphics3D`"]
Show[
    StackGraphics[
        Table[
            Plot[
                Evaluate[psisq[x,t] /.{h->1,m->1,w->1,kP->2}],
                {x,-5,35},
                DisplayFunction -> Identity
            ],
            {t,0,11,1}
        ]
    ],
    PlotRange -> {0,0.6},
    BoxRatios -> {1,1,0.5}, Boxed -> False,
    Axes -> {Automatic,None,None}, AxesLabel -> {"x","",""}
];
```

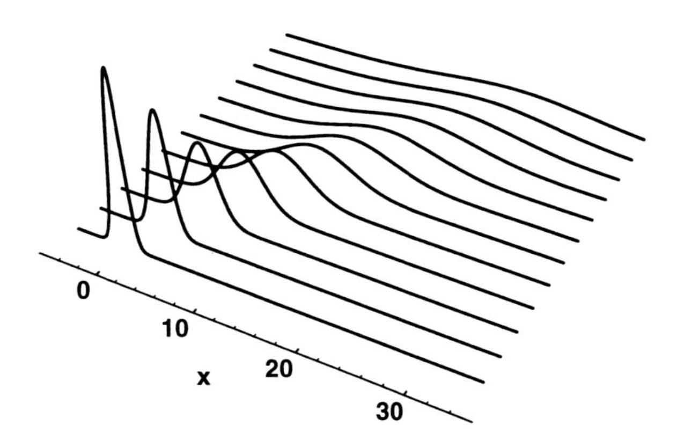

Abb. 4.1. Zeitentwicklung des Wellenpakets **psisq[x,t]** für ein freies Teilchen mit **h = m = w = 1** und **kP = 2**. Die Zeit nimmt von vorne nach hinten von **t = 0** in Schritten von **dt = 1** zu. Da das Wellenpaket symmetrisch bleibt, gibt das sich gleichförmig bewegende Maximum den Ort des entsprechenden klassischen Teilchens an.

Dieses Phänomen ist nicht spezifisch quantenmechanisch; man kann es bei der Fortpflanzung jedes klassischen (z.B. elektromagnetischen) Wellenpakets in einem dispersiven Medium beobachten, in dem keine Proportionalität zwischen Frequenz und Wellenzahl besteht (vgl. [30], Kap. 8 und [35], Kap. 7). Im Fall des Wellenpakets für ein freies Teilchen ist die Wellenfrequenz durch **e[k]/h** gegeben und steigt daher mit **k^2**.

In Kapitel 8 und Abschn. 11.11 werden wir das Wellenpaket eines sogenannten *kohärenten Zustands* betrachten, das im Potential eines harmonischen Oszillators oszilliert, ohne seine Form zu verändern.

Aufgabe 4.2.2. a) Zeigen Sie, daß der Ortserwartungswert **xExp** und die Ortsunschärfe **delx** im Wellenpaket **psisq[x,t]** des freien Teilchens durch

```
                        2  2  2
                       h  t  w
               Sqrt[1 + --------]
                           2
 h kP t                   m
{------,  ---------------------}
   m        Sqrt[2] Sqrt[w]
```

gegeben sind. Die Bewegung des Maximums des Wellenpakets genügt daher der Newtonschen Bewegungsgleichung.

b) Prüfen Sie den Impulserwartungswert **pExp = h kP** nach. Zeigen Sie dann, daß das Unschärfeprodukt von Orts- und Impulsunschärfe des Wellenpakets durch

```
                 2  2  2
                h  t  w
 h Sqrt[1 + --------]
                   2
                  m
 ------------------
          2
```

gegeben ist.

Natürlich ist es am einfachsten, zur Berechnung von **pExp** und **delp** die entsprechenden Erwartungswerte von **k** mit Hilfe von **phi[k-kP]^2** zu bestimmen. Wenn Ihnen danach ist, können Sie aber auch dieselben Ergebnisse bekommen, indem Sie den Impulsoperator auf die Ortswellenfunktion **psi[x,t]** anwenden. Sie können die Ergebnisse verwenden, um die Energieerhaltung anhand der Ortswellenfunktion zu überprüfen. Hinweis: Ersetzungsregeln wie z.B.

```
1/(a_ + I b_) -> (a - I b)/(a^2 + b^2)
Sqrt[a_] :> Sqrt[Expand[a]]
```

könnten sich als hilfreich erweisen (vgl. die Untersuchung in Kap. 8).

Aufgabe 4.2.3. Die kleinen Nebenmaxima zwischen den Hauptmaxima in Abb. 3.2 treten auf, weil wir eine endliche Anzahl von Teilwellen mit gleichen Amplituden überlagert haben. Bei gegebenem **n** können wir dieses „Gekräusel" stark unterdrücken, indem wir den Teilwellen nahe bei **kmin** und **kmax** kleinere Amplituden zuweisen als denen um **kP = (kmin + kmax)/2**.

a) Untersuchen Sie diesen Effekt, indem Sie jeder Teilwelle von **psiPW[n]** einen Koeffizienten zuweisen, der durch die Gauß-Verteilung

```
f[k_] = E^(-(k-kP)^2/(2w))/nrm
```

mit **kP = 2.5** und dem Breitenparameter **w = 0.002** bestimmt wird. Dabei ist **nrm** eine Normierungskonstante, die wir mit

```
nrm = Sum[f[k]^2,{k,2.4,2.6,(2.6-2.4)/(n-1)}]
```

berechnen können. Erzeugen Sie das Gegenstück von Abb. 3.2 für die so definierte Partialsumme **phi[n]**.

b) Wiederholen Sie Teil (a), verringern Sie aber die Breiten in **x** ungefähr um den Faktor fünf.

Aufgabe 4.2.4. Nehmen Sie die in Abb. 2.5 dargestellten Partialsummen als einen Satz ursprünglicher Wellenpakete **psi[x,0]** im Kasten, wenden Sie den Zeitentwicklungsoperator an, und berechnen Sie die entsprechenden zeitabhängigen Wellenpakete **psisq[x,t]**. Berechnen Sie die Erwartungswerte von Ort und Impuls, und prüfen Sie die Unschärferelation für jedes der Wellenpakete nach. Machen Sie eine Reihe von Graphen der Wellenpakete, und erzeugen Sie daraus eine Animation.

Aufgabe 4.2.5. Analysieren Sie die Bewegung eines Wellenpakets für ein freies Teilchen, dessen Spektralverteilung

```
                2  2                  2  2
 -((k - kP)   L )/2     -((k + kP)   L )/2
E                    + E
```

proportional ist. Zeigen Sie, daß die ursprüngliche Wellenfunktion der Gauß-modulierten Welle

```
Cos[kP x]
----------
  2     2
 x /(2 L )
E
```

proportional ist und daß die Zeitentwicklung durch zwei Pulse beschrieben wird, die sich in entgegengesetzter Richtung vom Ursprung fortbewegen. Erzeugen Sie eine Animation der Bewegung.

5. Parität

Bei der Lösung eines physikalischen Problems kann es sehr vorteilhaft sein, von Anfang an die Symmetrien des Systems zu erkennen. Als Einführung in die Behandlung von Symmetrien in der Quantenmechanik wollen wir die Auswirkungen einer *Reflexion* am Ursprung in einem eindimensionalen System betrachten. Dies ist das Analogon einer *Koordinateninversion* in drei Dimensionen.

In Übg. 5.0.6 untersuchen wir eine weitere einfache Symmetrie, nämlich die *Zeitumkehr*.

Ein System mit Reflexionssymmetrie ist eines, dessen Potential eine gerade Funktion von **x** ist, d.h. **vEven[-x] == vEven[x]**. Das Potential eines harmonischen Oszillators, das proportional zu **x^2** ist, ist z.B. offenbar eine gerade Funktion von **x**; in Abb. 5.1 sieht man die Symmetrie um den Ursprung. (Die Funktion **FilledPlot** wurde in Abb. 3.1 eingeführt.) Wir können diese Eigenschaft allgemein so ausdrücken:

```
vEven[a_. x_?Negative] := vEven[-a x]
```

Damit gilt

```
vEven[-x] == vEven[x]

  True
```

Die Syntax **?Negative** schränkt hier die Blank-Variable auf negative Werte ein (s. Übg. C.1.11). Die Ersetzung **x -> -x** (in drei Dimensionen **rvec = {x,y,z} -> -rvec**, s. Abschn. 20.3) nennt man *Paritätstransformation*, und eine gerade Funktion von **x** (oder von **rvec**) nennt man *paritätsinvariant*; man sagt, sie habe *gerade Parität.* Eine ungerade Funktion genügt **vOdd[-x] == -vOdd[x]**; sie wechselt unter der Paritätstransformation das Vorzeichen und hat daher *ungerade Parität.* Eine ungerade Funktion wird auch als *antisymmetrisch* um **x = 0** bezeichnet. Es folgt **vOdd[0] = 0**, während für die Ableitung **vEven'[0] = 0** gilt.

```
FilledPlot[ x^2/2, {x,-5,5}, AxesLabel -> {" x","x^2/2"} ];
```

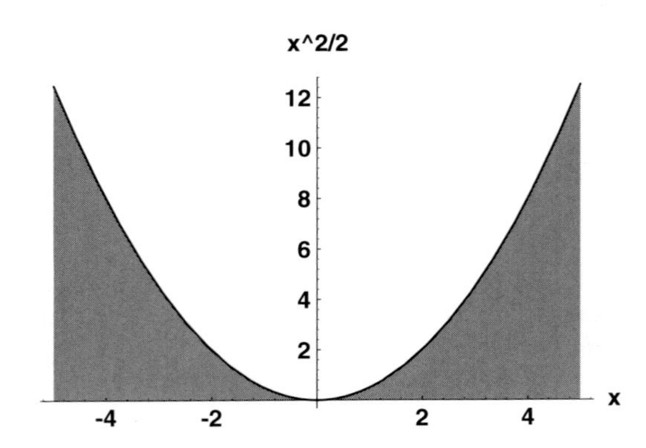

Abb. 5.1. Potential des harmonischen Oszillators mit Federkonstante **k = 1**.

Übung 5.0.1. Prüfen Sie die obigen Aussagen anhand von Beispielen und Graphen der wichtigsten trigonometrischen und hyperbolischen Funktionen nach. Beachten Sie, daß eine Funktion keine definierte Parität haben muß. Geben Sie einige Beispiele und stellen Sie sie graphisch dar.

Die Bedeutung der Symmetrie liegt darin, daß sie es uns im allgemeinen ermöglicht, die Lösungen der Schrödinger-Gleichung auch dann zu charakterisieren und zu klassifizieren, wenn diese nur schwierig oder gar nicht zu bestimmen sind. Betrachten wir z.B. ein Potential mit positiver Parität und ein *nichtentartetes* Energieniveau, dem eine einzige Eigenfunktion **psi[x]** entspricht. (Ein *entartetes* Energieniveau entspricht zwei oder mehr unabhängigen Eigenfunktionen mit derselben Energie.) Wenn wir das Vorzeichen von **x** in der Schrödinger-Gleichung ändern, finden wir, daß **psi[-x]** eine Lösung derselben Gleichung

```
schroedingerD[vEven[-x]] @ psi[-x] == 0

                                                2
                                               h  psi''[-x]
-(Energy psi[-x]) + psi[-x] vEven[x] - ------------- == 0
                                                  2 m
```

mit derselben Eigenenergie ist.

Da das Niveau nicht entartet ist, können wir schließen, daß **psi[-x]** proportional zu **psi[x]** ist. Es folgt **psi[-x] =** $\pm$**psi[x]**, was bedeutet, daß jede nichtentartete Wellenfunktion entweder positive oder negative Parität hat.

Übung 5.0.2. Beweisen Sie die obige Aussage.

Diese Argumentation greift nicht, wenn die Energieniveaus entartet sind, aber wie wir gleich sehen werden, ist es dennoch immer möglich, die Zustände anhand ihrer Parität zu klassifizieren.

Beachten Sie auch, daß die kinetische Energie, die eine zweite Ableitung enthält, ein paritätsinvarianter Operator ist:

```
(D[psi[-x],{x,2}] /.-x -> x) == D[psi[x],{x,2}]

  True
```

Übung 5.0.3. Zeigen Sie, daß der Impulsoperator **px @ psi == -I h D[psi,x]** dagegen *ungerade* Parität hat.

Es ist manchmal günstig, einen Operator zu haben, der die Paritätstransformation auf Ortswellenfunktionen anwendet. Wir definieren also

```
Parity @ psi_ := psi /.{x->-x, y->-y, z->-z} //ExpandAll
```

und erhalten z.B.

```
{Parity @ psi[x], Parity @ vEven[x], Parity @ x^2}

                            2
  {psi[-x], vEven[x], x }
```

Wir haben gesehen, daß eine entartete Wellenfunktion nicht unbedingt eine definierte Parität aufweist. Wenn wir jedoch eine beliebige Lösung **psi[x]** der Wellenfunktion haben, können wir immer ein Paar unabhängiger Lösungen definierter Parität aus den geraden und ungeraden Anteilen von **psi[x]** definieren:

```
psiEven[x_] := (psi[x] + psi[-x])/2
psiOdd[ x_] := (psi[x] - psi[-x])/2
```

Daß dies ebenfalls Lösungen sind, folgt aus der Linearität der Schrödinger-Gleichung. Es ist klar, daß dieses Paar entartet ist. Durch Anwendung des Paritätsoperators erhalten wir

```
{Parity @ psiEven[x] ==  psiEven[x],
 Parity @ psiOdd[x]  == -psiOdd[x]} //ExpandAll

  {True, True}
```

Damit sind **psiEven** und **psiOdd** Eigenfunktionen des Paritätsoperators zu den Eigenwerten $\pm$**1**.

Paritätsargumente kann man auch verwenden, um ohne explizite Integration vorherzusagen, daß bestimmte Integrale verschwinden. Dabei nutzt man aus, daß das Integral über einen ungeraden Integranden **g[x]** auf einem symmetrischen Intervall {**x,-xo,xo**} verschwindet. Betrachten wir den Erwartungswert von **x^n** für eine Funktion **f[x]** definierter Parität auf einem symmetrischen Intervall. Die Variablensubstitution **x -> -x** ergibt

```
Integrate[x^n f[x]^2,{x,-xo,xo}] ==
     (-1)^n Integrate[x^n f[x]^2,{x,-xo,xo}]          (5.0.1)
```

Der Erwartungswert von **x^n** *auf einem symmetrischen Intervall* verschwindet also für ungerades **n**. Allgemeiner stellen wir fest, daß **Integrate[x^n f[x] g[x],**{**x,-xo,xo**}**]** verschwindet, wenn **n** ungerade ist und **f** und **g** dieselbe Parität haben und wenn **n** gerade ist und **f** und **g** entgegengesetzte Parität haben.

Übung 5.0.4. a) Wenden Sie den Paritätsoperator auf Ihre Beispiele aus Übg. 5.0.1 an.

b) Bestimmen Sie mit Hilfe des Paritätsoperators die geraden und ungeraden Anteile der Funktion **(1+x)/(1+x^2)**. Vergleichen Sie die Graphen der beiden Anteile.

Übung 5.0.5. Beweisen Sie allgemein, daß der Impulserwartungswert in einem Zustand definierter Parität verschwindet (s. Übg. 5.0.3).

Übung 5.0.6. Es gibt eine weitere Symmetrie, die für beliebige reelle Potentiale gilt. (Komplexe Potentiale spielen bei der Behandlung von Quellen und Senken, also bei Emission und Absorption, eine Rolle). Zeigen Sie, daß zu gegebener Lösung **psi[x,t]** der Wellengleichung bei reellem Potential **Conjugate[psi[x,-t]]** ebenfalls eine Lösung ist. Man sagt, die Wellengleichung sei *invariant unter Zeitumkehr* und spricht von einer *Zeitumkehrsymmetrie.*

Das bedeutet, daß zu gegebenem stationären Zustand **psi[e,x]** der Schrödinger-Gleichung **Conjugate[psi[e,x]]** ebenfalls ein stationärer Zustand mit derselben Energie **e** ist. Was folgt daraus, falls **psi[e,x]** ein *nichtentarteter* stationärer Zustand ist?

Betrachten Sie als Beispiel den Zustand, der durch Zeitumkehr aus dem Wellenpaket **psi[x,t]** für ein freies Teilchen hervorgeht, dessen Ausbreitung wir in Abschn. 4.2 betrachtet haben. Ein Vergleich von Animationen des ursprünglichen und des zeitumgekehrten Zustands auf einem symmetrischen Intervall {**t,-to,to**} um den Anfangszustand **psi[x,0]** macht die Zeitumkehrsymmetrie deutlich. Stellen Sie außerdem ein zeitumgekehrtes Wellenpaket zum Anfangszustand **Conjugate[psi[to > 0]]** aus der Zukunft von **psi[x,t]** auf, und erzeugen Sie eine Animation der Bewegung. (Hinweis: Schauen Sie sich die Zeitentwicklungsoperatoren an, und führen Sie eine Zeitverschiebung um **to** durch. Verwenden Sie außerdem unsere im Paket **Quantum`QuickReIm`** definierte symbolische Regel **Conjugate** aus Übg. C.2.4.)

Aufgabe 5.0.1. Betrachten Sie ein Teilchen in dem unendlich hohen Kasten aus Kap. 2. Verschieben Sie den Koordinatenursprung in die Mitte des Kastens, so daß nunmehr **-L/2** $\leq$ **x** $\leq$ **L/2** gilt und das Potential gerade Parität besitzt. Zeigen Sie, daß die Eigenfunktionen definierter Parität von der Form **Cos[k x]** und **Sin[kp x]** sind. Fordern Sie als Randbedingung, daß die Wellenfunktionen an den Wänden des Kastens verschwinden, und zeigen Sie **k -> (2n+1) Pi/L** und **kp -> 2n Pi/L**, wobei **n** für **k** eine nichtnegative, für **kp** eine positive ganze Zahl ist. Zeigen Sie, daß das Eigenenergiespektrum dasselbe ist wie zuvor. Die Eigenfunktionen des Kastenpotentials sind also jetzt auch Eigenfunktionen des Paritätsoperators zu den Eigenwerten $\pm$**1**. Dies sind allgemeine Eigenschaften nichtentarteter Zustände definierter Parität.

6. Harmonischer Oszillator

Wir wenden uns nun einem Problem zu, das die ganze Physik durchzieht: der Antwort eines Systems auf kleine Auslenkungen aus einem stabilen Gleichgewicht. Wir betrachten ein eindimensionales Potential **V[x]** für ein Teilchen der Masse **m** und nehmen an, daß bei **x = xo** ein lokales Minimum mit dem Wert **Vo** vorliegt. Dieses Minimum läst sich durch eine Taylor-Entwicklung beschreiben:

```
Series[V[x], {x,xo,2}] /.
    {V[xo] -> Vo, V'[xo] -> 0, V''[xo] -> k}
```

```
                   2
         k (x - xo)                 3
Vo + ------------- + O[x - xo]
              2
```

Dabei definiert **V' [xo] -> 0** ein Extremum und **V'' [xo] -> k > 0** ein Minimum. Für genügend kleine Auslenkungen aus der Gleichgewichtslage können wir daher die Kraft fast immer durch eine lineare Rückstellkraft **-k(x - xo)** annähern, wobei die *Federkonstante* **k** durch die Krümmung **V'' [xo]** des Potentials im Minimum gegeben ist. (Beachten Sie, daß wir hier **V'' [xo] > 0** annehmen, was nicht immer der Fall ist; vgl. den anharmonischen Oszillator in Aufg. 7.3.2.)

Die Federkonstante bestimmt die klassische Schwingungsfrequenz **w = Sqrt[k/m]**, also **k = m w^2**. Ohne Einschränkung der Allgemeinheit verschiebt man üblicherweise den Koordinatenursprung und den Energienullpunkt zum Potentialminimum und verwendet das Potential (s. Abb. 5.1)

```
VHO = % /.{xo -> 0, Vo -> 0, k -> m w^2} //Normal
```

```
   2  2
m w  x
------
  2
```

Die eingebaute Funktion **Normal** wurde hier angewendet, um die Reihe in einen normalen algebraischen Ausdruck zu verwandeln.

Lösungen der Schrödinger-Gleichung für dieses Potential finden in allen Bereichen der Physik Anwendung. Der quantenmechanische harmonische Oszillator (HO) hat zwar einige Eigenheiten, z.B. äquidistante Energieniveaus, erlaubt aber eine vollständige Lösung, mit der man gut arbeiten kann. Insbesondere bietet der HO einen guten Ausgangspunkt zur Untersuchung komplizierterer Systeme. Wir werden den HO als Paradigma der nichtrelativistischen Quantentheorie verwenden und daran einige der wichtigsten Handgriffe demonstrieren, die man als guter Quantenmechaniker beherrschen sollte. Unsere Herangehensweise wird größtenteils konventionell, dennoch aber auf eine Implementierung auf dem Computer ausgerichtet sein.

6.1 Skalierte Schrödinger-Gleichung

Wir gehen von der Schrödinger-Gleichung für den harmonischen Oszillator aus:

```
schroedingerD[V_] @ psi_ :=
    -h^2/(2m) D[psi,{x,2}] + V psi - Energy psi

schroedingerD[VHO] @ psi[x] == 0
```

```
                         2  2           2
                     m w   x  psi[x]   h  psi''[x]
-(Energy psi[x]) + ---------------- - ----------- == 0
                          2              2 m
```

Der Operator **schroedingerD** wurde in Abschn. 1.3 eingeführt. Diese Gleichung läßt sich durch Skalierung der Koordinate **x** und der Energie vereinfachen. Wir führen also eine dimensionslose Koordinate **z = a x** ein und suchen einen sinnvollen Wert für die Konstante **a**:

```
-2m/(a h)^2 schroedingerD[VHO] @ psi[a x] == 0 //
    ExpandAll
```

```
                          2  2  2
2 Energy m psi[a x]     m   w  x  psi[a x]
-------------------- - ------------------- + psi''[a x] == 0
        2  2                  2  2
       a  h                  a  h
```

Der zweite Term legt nahe, daß der Wert **a = Sqrt[m w/h]** zu einer Vereinfachung führt:

```
% /. x -> z/a /. a -> Sqrt[m w/h]
```

```
2 Energy psi[z]     2
--------------- - z  psi[z] + psi''[z] == 0
      h w
```

Da **h w** die Dimension einer Energie hat, können wir die Gleichung in dimensionslose Form bringen, indem wir **Energy = h w (n + 1/2)** setzen, wobei **n** eine zu bestimmende Zahl ist. Die Form **n + 1/2** führt zu einer weiteren Vereinfachung der Ergebnisse, da sich **n** als ganze Zahl herausstellen wird. Die HO-Schrödinger-Gleichung vereinfacht sich damit zu

```
(%[[1]] /. Energy -> h w (n + 1/2) //
    Expand //Collect[#,psi[z]]&) == 0
```

```
                 2
(1 + 2 n - z ) psi[z] + psi''[z] == 0
```

wobei **psi[z]** mit **Collect** ausgeklammert wurde (s. Übg. C.2.1). Diese Gleichung bezeichnen wir als *skalierte* HO-Schrödinger-Gleichung.

6.2 Lösungsmethode

Ein Potenzreihenansatz erweist sich als besonders nützlich bei der Lösung einer Differentialgleichung, wenn die Koeffizienten der Funktion und ihrer Ableitungen Polynome sind, obwohl ein solcher Ansatz auch in anderen Fällen anwendbar ist. Wir suchen also eine Lösung der skalierten Schrödinger-Gleichung von der Form

```
psi[z] == Sum[c[k] z^k, {k,0,Infinity}]                    (6.2.1)
```

Die Enwicklungskoeffizienten **c[k]** hängen dabei nicht von **z** ab. Beachten Sie, daß wir negative Potenzen von **z** ausschließen, da **psi[z]** als Wahrscheinlichkeitsamplitude bei **z = 0** endlich sein muß (s. Abschn. 1.3).

Es ist immer eine gute Idee, zuerst die *asymptotische* Form der Schrödinger-Gleichung für große **x** weit entfernt vom Kraftzentrum zu betrachten. Im allgemeinen kann das Potential hier vernachlässigt werden, und die Lösung der Schrödinger-Gleichung ergibt die asymptotische Form der Wellenfunktion. Wie groß **x** werden muß, hängt von der Reichweite des Potentials ab. Im Falle des Oszillators geht das Potential mit **z ->** $\pm$**Infinity** gegen Unendlich, aber die Schrödinger-Gleichung vereinfacht sich dennoch. Für große positive oder negative **z** überwiegt der Term **z^2 psi**, und der Term **(1 + 2n) psi** kann vernachlässigt werden. Man prüft leicht nach, daß dann **psi -> E^(-z^2/2)** eine asymptotische Lösung ist, da

```
-z^2 psi + Dt[psi,{z,2}] /.psi -> E^(-z^2/2) //Factor
```

```
      2
   -z /2
-E
```

im Limes **z -> ±Infinity** verschwindet. Ihnen ist wahrscheinlich nicht entgangen, daß diese Analyse eine Lösung der Form **E^(+z^2/2)** nicht ausschließt. Wir verwerfen diese Lösung jedoch wiederum, da eine unendliche Wahrscheinlichkeit physikalisch nicht sinnvoll ist.

Wir kehren nun zur Lösung für alle **z** zurück. Wir schreiben die Wellenfunktion in der Form **psi[z] -> E^(-z^2/2)H[z]** und transformieren die Schrödinger-Gleichung in eine Differentialgleichung für **H[z]**. Wie wir bald sehen werden, hat dies den zusätzlichen Vorteil, daß die Koeffizienten in der Potenzreihe für **H[z]** einer *Rekursionsformel* zweiter Ordnung genügen, während die Koeffizienten der Reihe für **psi[z]** einer Rekursionsformel dritter Ordnung genügen (s. Übg. 6.3.1).

Entschuldigung an den Leser. Der Autor hofft, daß Sie nicht allzu frustriert sind von den Substitutionen und Transformationen, die im Buch hin und wieder angewandt werden, z.B. bei der Lösung von Differentialgleichungen. Diese Methoden sind oft nur clevere Tricks, die sich meistens irgend jemand mit viel Mühe durch Versuch und Irrtum ausgedacht hat. Sie besser darauf vorzubereiten würde die Darlegungen sehr in die Länge ziehen und wäre nur ein schlechter Ersatz für das, was Sie anderswo finden, z.B. in den im Literaturverzeichnis angegebenen Büchern über Quantentheorie (vgl. auch Arfken [4] oder Boas [9], und auf einem fortgeschritteneren Niveau Morse und Feshbach [50]).

Aufgabe 6.2.1. Verwenden Sie das *Schießverfahren* aus Abschn. 2.2, um die gebundenen Zustände eines *endlichen* rechteckigen Potentialtopfes zu berechnen. Nehmen Sie als Potential **-Vo** für **-L < x < L** und Null sonst, und setzen Sie **h = m = L = 1** und **Vo -> 15**.

Man kann zeigen, daß die gebundenen Niveaus mit **Energy < 0** durch die Lösungen von

```
k Tan[k L] ==  K
k Cot[k L] == -K
```

gegeben sind, mit **h k = Sqrt[2m(Energy + Vo)]** und **h K = Sqrt[-2m Energy]**. Verwenden Sie die eingebaute Funktion **FindRoot**, um diese transzendenten Gleichungen zu lösen, und zeigen Sie, daß der Potentialtopf *vier* gebundenen Zustände enthält (s. **?FindRoot**).

a) Zeigen Sie, daß die asymptotischen Lösungen von der Form **E^(-K Abs[x])** sind und daß daher die Wellenfunktionen die Wände des Potentialtopfes durchdringen. Die oben angegebenen transzendenten Gleichungen für die Eigenenergien lassen sich durch Anpassen der asymptotischen Lösung und ihrer Ableitung an den Wänden des Potentialtopfes an die inneren Lösungen definierter Parität der Form **Cos[k x]** und **Sin[k x]** herleiten (s. Abschn. 1.3 und Aufg. 5.0.1 und vgl. Park [51], Kap. 4, und Merzbacher [46], Kap. 6).

b) Für die numerische Integration können Sie einfach **phi[±xo] = 0** als Randbedingung wählen, wobei **xo** erheblich größer sein sollte als **L**. (Beachten Sie, daß die Wellenfunktionen der höheren Niveaus ausgedehnter sind; möglicherweise müssen Sie mit **xo** weiter nach außen gehen, um die Wellenfunktion auf drei signifikante Stellen genau zu bestimmen. Sehen Sie sich die Wellenfunktionen des harmonischen Oszillators in Abb. 6.1 und 6.2 an.) Verwenden Sie **NDSolve**, und nehmen Sie als Potential

```
v[x_] := -15 /; Abs[x] <  1
v[x_] :=   0 /; Abs[x] >= 1
```

c) Verwenden Sie die eingebaute Funktion **NIntegrate**, um die numerischen Wellenfunktionen zu normieren. Stellen Sie die normierten Eigenfunktionen graphisch dar, und überzeugen Sie sich davon, daß sie die richtige Anzahl Knoten haben. Zeigen Sie, daß die Eigenfunktionen orthogonal zueinander sind.

6.3 Energiespektrum

Wir setzen nun **psi[z] -> E^(-z^2/2)H[z]** in die skalierte HO-Schrödinger-Gleichung ein und erhalten den Hermiteschen Differentialoperator. Um einen Ausdruck zu erhalten, mit dem wir bei nicht näher bestimmter Funktion **H** arbeiten können, verwenden wir totale Ableitungen (vgl. Abschn. E.2.1):

```
hermiteDt[H_] =
    (Dt[psi,{z,2}] + (1 + 2n - z^2) psi) E^(z^2/2) /.
        psi -> E^(-z^2/2) H //Expand

  2 H n - 2 z Dt[H, z] + Dt[H, {z, 2}]
```

Wenn wir diesen Ausdruck gleich Null setzen, erhalten wir die *Hermitesche Differentialgleichung* für **H[z]**,

```
hermiteDt[H[z]] == 0

  2 n H[z] - 2 z H'[z] + H''[z] == 0
```

deren *reguläre*, im Ursprung endliche Lösungen die eingebauten *Hermite-Polynome* **HermiteH[n,z]** sind. Ihrer Konstruktion wollen wir uns nun zuwenden.

Wie wir in Kap. 5 gesehen haben, können wir uns darauf beschränken, die Lösungen gerader und ungerader Parität für **psi[z]** zu finden. Da der Faktor **E^(-z^2/2)** gerade Parität hat, suchen wir also nach Reihenlösungen

H[z] mit gerader oder ungerader Parität. Da die Terme der Reihe (6.2.1) unabhängig sind, können wir uns auf einen allgemeinen Term **c[k] z^k** beschränken und *die Summe weglassen*. Wir setzen diesen Ausdruck in die Differentialgleichung ein, sammeln gleiche Potenzen von **z** und setzen die Koeffizienten der einzelnen Potenzen gleich Null, da die rechte Seite der Differentialgleichung verschwindet. Dadurch erhalten wir eine Rekursionsformel für die Entwicklungskoeffizienten.

Wir arbeiten also mit **c[k] z^k**, deklarieren **c** und **k** als von **z** unabhängige Konstanten und erhalten

```
SetAttributes[{c,k}, Constant]

hermiteDt[H] /. H -> c[n,k] z^k //ExpandAll

       -2 + k                 2  -2 + k                 k
 -(k z         c[n, k]) + k  z          c[n, k] - 2 k z  c[n, k] +

        k
   2 n z  c[n, k]
```

Wir betrachten nun **k** als Summationsindex, den wir ändern können, um gleiche Potenzen von **z** zu sammeln. Wir nutzen also die Äquivalenz

```
(z^(-2+k) /.k -> k+2) == z^k

  True
```

ordnen die Koeffizienten von **z^(-2+k)** im vorangehenden Ausdruck (in *Mathematica* **%%**) um und addieren die gemeinsamen Terme, die jetzt alle proportional zu **z^k** sind:

```
Coefficient[%%,z^k] +
    (Coefficient[%%,z^(-2+k)] /.k -> k+2) //
        Collect[#,{c[n,k],c[n,k+2]}]& //Map[Factor,#]&

  2 (-k + n) c[n, k] + (1 + k) (2 + k) c[n, 2 + k]
```

Wir erzielen dasselbe Ergebnis durch Mustervergleich mit einem Paar von Ersetzungsregeln (dabei lassen wir den gemeinsamen Faktor **z^k** weg):

```
%%% /.
    {k^m_. c[n,k] z^(k+q_.) -> (k-q)^m c[n,k-q],
           c[n,k] z^(k+q_.) ->         c[n,k-q]} //
    Collect[#,{c[n,k],c[n,k+2]}]& // Map[Factor,#]&

  2 (-k + n) c[n, k] + (1 + k) (2 + k) c[n, 2 + k]
```

Nullsetzen dieses Ausdrucks ergibt eine Rekursionsformel mit zwei Termen, die sich nach den Koeffizienten auflösen läßt. Wir können dazu eine Ersetzungsregel aufstellen:

```
cRep = Solve[ % == 0, c[n,k+2] ][[1,1]] /.
    k -> k-2 //ExpandAll //MapAll[Factor,#]&

                 2 (2 - k + n) c[n, -2 + k]
c[n, k] -> ------------------------------
                      (1 - k) k
```

Der Index `[[1,1]]` wählt dabei das gewünschte Element aus der Lösungsliste aus und entfernt effektiv die Listenklammern (s. Übg. C.1.3).

Übung 6.3.1. Konstruieren Sie eine Reihenlösung der skalierten Schrödinger-Gleichung

```
(1 + 2n - z^2) psi[z] + psi''[z] == 0
```

und zeigen Sie, daß die Entwicklungskoeffizienten einer Rekursionsformel mit *drei* Termen genügen.

Wir stellen fest, daß die Rekursionsformel jeweils jeden zweiten Koeffizienten bestimmt. Wenn wir also `c[n,1] = 0` wählen, so verschwinden sämtliche *ungeraden* Koeffizienten, und wir erhalten eine Reihenlösung *gerader* Parität. Ebenso erhalten wir eine Lösung *ungerader* Parität, wenn wir `c[n,0] = 0` wählen. Wir schreiben mit Hilfe von `cRep` eine Prozedur, die die Koeffizienten `cEven` oder `cOdd` als *dynamische* Funktionen implementiert, die sich selbst aufrufen (vgl. Übg. C.3.1):

```
cEven[n_,0]   := 1
cEven[n_,1]   := 0
cEven[n_,k_] := c[n,k] /.cRep /.c->cEven //Evaluate
cOdd[n_,1]   := 1
cOdd[n_,0]   := 0
cOdd[n_,k_] := c[n,k] /.cRep /.c->cOdd //Evaluate
```

Wir haben den ersten Koeffizienten jeweils gleich Eins gesetzt. `Evaluate` sorgt hier dafür, daß die Ersetzung mit `cRep` (aus Effizienzgründen) durchgeführt wird, obwohl wir in dem dynamischen Programm `SetDelayed` (`:=`) verwenden. Damit rufen sich `cEven` und `cOdd` selbst auf, wovon Sie sich überzeugen können, indem Sie `?cEven` oder `?cOdd` eingeben.

Wir berechnen also die ersten Terme der Reihe mit gerader Parität

```
Sum[ cEven[n,k] z^k, {k,0,7} ]
```

$$1 - n z^2 + \frac{(-2 + n)\, n\, z^4}{6} - \frac{(-4 + n)\,(-2 + n)\, n\, z^6}{90}$$

sowie der Reihe ungerader Parität:

```
Sum[ cOdd[n,k] z^k, {k,0,7} ]
```

$$z - \frac{(-1 + n)\, z^3}{3} + \frac{(-3 + n)\,(-1 + n)\, z^5}{30} - \frac{(-5 + n)\,(-3 + n)\,(-1 + n)\, z^7}{630}$$

Man zeigt leicht (s. Übg. 6.3.2), daß diese beiden Reihen für große **z** *asymptotisch* wie **E^(+z^2)** divergieren. Die entsprechende Wellenfunktion **psi[z] = E^(-z^2/2) H[z]** würde daher wie **E^(+z^2/2)** divergieren; das können wir nicht zulassen, da **psi[z]** eine Wahrscheinlichkeitsamplitude darstellen soll. Die Reihen müssen daher noch modifiziert werden.

Übung 6.3.2. Zeigen Sie, daß beide Reihen für große **z** wie **E^(+z^2)** divergieren. Beachten Sie, daß für große **z** die Terme mit großem **k** dominieren. Betrachten Sie das Verhältnis der Koeffizienten von **z^k** und **z^(k-2)** für große **k**, und vergleichen Sie es mit dem entsprechenden Verhältnis für **E^(+z^2)** für große **k** (s. auch Aufg. 6.5.2).

Bis jetzt ist **n** eine beliebige Zahl. Man sieht jedoch leicht anhand von **cRep**, daß der Koeffizient **cEven[k]** für alle **k > n** verschwindet, wenn **n** *eine nichtnegative gerade Zahl* ist. Ebenso verschwindet der Koeffizient **cOdd[k]** für alle **k > n**, wenn **n** *eine positive ungerade Zahl* ist. Zum Beispiel erhalten wir für **n = 4** bei Summation über **k = 4** hinaus

```
Sum[ cEven[4,k] z^k, {k,0,7} ]
```

$$1 - 4 z^2 + \frac{4 z^4}{3}$$

Beide Reihen brechen also in diesen Fällen ab und liefern Polynome **n**-ten Grades, so daß **psi[z]** nunmehr eine reguläre Lösung ist. Effektiv haben wir Randbedingungen an die Wellenfunktion gestellt. Des weiteren stellen wir fest, daß die Parität der Wellenfunktion davon abhängt, ob **n** gerade oder ungerade ist. Diese Lösungen der Hermiteschen Differentialgleichung sind den Hermite-Polynomen **H[n,z]** proportional.

Wir folgern, daß die Energie nur diskrete positive Werte **Energy -> eHO[n] = h w (n+1/2)** annimmt, d.h. **h w/2**, **3h w/2** usw. Man sagt daher, das System und seine Energie seien *quantisiert* und spricht von einem *Spektrum diskreter Energieniveaus* des harmonischen Oszillators. Beachten Sie, daß die Energieniveaus äquidistant sind mit dem Abstand **h w**; dies ist eine Eigenheit des harmonischen Oszillators. Insbesondere gibt es keine Kontinuumszustände, da das System bei allen Energien gebunden ist.

Es ist eine der bemerkenswerten Subtilitäten der Natur, daß das Energiespektrum des Wasserstoffatoms sich durch eine Transformation der Schrödinger-Gleichung aus dem eines harmonischen Oszillators herleiten läßt, und zwar aus dem des zweidimensionalen isotropen Oszillators. Wir werden dieses System in Aufg. 18.7.2 und 20.5.3 untersuchen und seine Verbindung zum Wasserstoffatom in Aufg. 20.5.4 beleuchten.

Aufgabe 6.3.1. Betrachten Sie noch einmal das Problem eines Teilchens in einem unendlichen Kastenpotential aus Kap. 2. Verschieben Sie den Koordinatenursprung wie in Aufg. 5.0.1 in die Mitte des Kastens, so daß das Potential gerade Parität hat. Konstruieren Sie die Reihenlösungen gerader und ungerader Parität, und zeigen Sie, daß sie den Lösungen **Cos[k x]** und **Sin[kp x]** aus Aufg. 5.0.1 äquivalent sind. (Verwenden Sie die eingebaute Funktion **Series** zur Bestimmung der Entwicklungen von **Cos** und **Sin**.)

6.4 Hermite-Polynome

Per Konvention sind die Hermite-Polynome so normiert, daß der Koeffizient der höchsten Potenz von **z** gerade **2^n** ist. Wir renormieren also die obigen Summen, indem wir durch den Koeffizienten **c[n]** von **z^n** dividieren und mit **2^n** multiplizieren, und definieren eine Funktion zur Berechnung der Hermite-Polynome:

```
H[n_,z_] :=
    If[EvenQ[n],
        2^n/cEven[n,n]  Sum[cEven[n,k] z^k,{k,0,n}] //Expand,
        2^n/cOdd[n,n]   Sum[ cOdd[n,k] z^k,{k,0,n}] //Expand
    ]
```

Für die ersten vier Polynome ergibt sich z.B.

```
{H[0,z], H[1,z], H[2,z], H[3,z]}
```

```
                      2             3
  {1, 2 z, -2 + 4 z , -12 z + 8 z }
```

Wir überprüfen dieses Ergebnis anhand der eingebauten Funktionen:

```
% ==
  {HermiteH[0,z],HermiteH[1,z],HermiteH[2,z],HermiteH[3,z]}

  True
```

Die Syntax der obigen **If**-Anweisung können Sie sich durch **?If** erklären lassen.

Übung 6.4.1. Tragen Sie einige Hermite-Polynome auf, und überzeugen Sie sich davon, daß **n** die Anzahl der Knoten in diesen Funktionen angibt. Beobachten Sie, wie die Parität mit der Symmetrie oder Antisymmetrie der Graphen um **x = 0** zusammenhängt.

Die Hermite-Polynome gehören zu der Klasse der *orthogonalen Funktionen*, die sich in natürlicher Weise bei der Lösung der Differentialgleichungen der mathematischen Physik ergeben. Ihre Eigenschaften erhält man durch eine als *Sturm-Liouvillesche Theorie* bekannte Behandlung der Eigenwertprobleme zu hermiteschen Differentialoperatoren zweiter Ordnung (s. Aufg. 6.4.1). Zwei der wichtigeren Ergebnisse haben wir bereits anhand der Kasteneigenfunktionen in Kap. 2 demonstriert. Da die Hermite-Polynome jedoch den allgemeinen Fall besser repräsentieren, schauen wir uns diese beiden Eigenschaften hier noch einmal genauer an.

Orthogonalität. Zwei Polynome sind *orthogonal* bezüglich einer *Gewichtsfunktion*, in diesem Fall **E^(-z^2)**, wenn für **m** $\neq$ **n** gilt

```
Integrate[
     E^(-z^2) H[m,z] H[n,z],
     {z,-Infinity,Infinity}
] == 0                                                    (6.4.1)
```

Vollständigkeit. Die Hermite-Polynome bilden einen vollständigen Satz, d.h. jede reguläre Funktion **F[z]** läßt sich durch eine Partialsumme der Form

```
F[z] == Sum[a[n] H[n,z],{n,0,nmax}]                       (6.4.2)
```

mit beliebiger Genauigkeit annähern, indem man **nmax** genügend groß wählt. Eine solche Entwicklung bezeichnet man im Limes **nmax -> Infinity** als *verallgemeinerte Fourier-Reihe*. Die Entwicklungskoeffizienten **a[n]** kann man formal mit Hilfe der Orthogonalitätsbedingung bestimmen.

Die Gewichtsfunktion **E^(-z^2)** für die Hermite-Polynome ist das Quadrat der asymptotischen Wellenfunktion **psi[z]**, die wir zur Transformation der skalierten Wellengleichung in die Hermitesche Differentialgleichung verwendet haben. Die Orthogonalität der Hermite-Polynome zeigt man leicht mit Hilfe der Differentialgleichung (s. Übg. 2.3.1 und auch Park [51]). Die Orthogonalität zweier Funktionen entgegengesetzter Parität folgt auch schon aus der Tatsache, daß das Produkt ungerade Parität hat (s. Kap. 5).

Die Vollständigkeit ist schwieriger zu zeigen; wir können sie aber mit dem folgenden Argument für den Fall, daß **F[z]** *analytisch* ist, plausibel machen. Eine analytische Funktion ist per Definition eine Funktion, die sich in eine Potenzreihe entwickeln läßt. Offensichtlich können wir jede Potenz **z^n** als endliche Linearkombination von Hermite-Polynomen **H[k,z]** mit {**k,0,n**} darstellen (s. Aufg. 6.4.1). Es leuchtet also ein, daß sich eine analytische Funktion **F[z]** nach den Polynomen **H[n,z]** entwickeln läßt. (Ein schöner Beweis der Vollständigkeit findet sich in dem Buch *More Surprises In Theoretical Physics* von R. Peierls [54].) Eigenfunktionen, die einen vollständigen Satz bilden, bezeichnet man oft als *Basiszustände*, in Analogie zu den Basisvektoren, die einen endlichdimensionalen Vektorraum aufspannen.

Im Zusammenhang mit der Orthogonalitätsbedingung steht das Normierungsintegral

```
Integrate[E^(-z^2) H[n,z]^2,{z,-Infinity,Infinity}] ==
    2^n n! Sqrt[Pi]                                          (6.4.3)
```

das wir in Übg. 6.4.2 für beliebiges **n** herleiten. Für *gegebene explizite Werte von* **n** lassen sich solche Integrale jedoch leicht berechnen. Wir laden dazu wieder unseren eigenen Regelsatz **integGauss**, der in Abschn. 4.0 zur Integration von Gauß- und Potenzfunktionen eingeführt wurde. Wir überprüfen z.B. das Integral (6.4.3) für **n = 3** durch

```
Needs["Quantum`integGauss`"]

integGauss[E^(-z^2) H[3,z]^2,{z,-Infinity,Infinity}] ==
    2^3 3! Sqrt[Pi]

True
```

Ebenso können wir die Orthogonalität in speziellen Fällen nachprüfen.

Wenn wir Gleichung (6.4.2) mit **E^(-z^2) H[m,z]** durchmultiplizieren und über alle **z** integrieren, erhalten wir einen Ausdruck für die Entwicklungskoeffizienten **a[n]**. Aufgrund der Orthonormalität bleibt auf der rechten Seite von (6.4.2) nur **a[m] 2^m m! Sqrt[Pi]** stehen. Es gilt also

```
a[n] ==
  Integrate[ E^(-z^2) H[n,z] F[z], {z,-Infinity,Infinity} ]/
    (2^n n! Sqrt[Pi])
```
(6.4.4)

Wie wir sehen werden, erlauben es uns diese Formeln, eine beliebige Wellenfunktion als Linearkombination von HO-Eigenfunktionen darzustellen. Das bedeutet unter anderem, daß sich beliebige Wellenpakete, und damit im Prinzip der Ausgang eines beliebigen Experiments mit dem Oszillator, anhand der HO-Eigenfunktionen analysieren lassen (vgl. Abschn. 2.6 und auch Kap. 8).

Übung 6.4.2. Es gibt einige Formeln für die Hermite-Polynome, die sich in einer ganzen Reihe von Anwendungen als nützlich erweisen. Drei dieser Ausdrücke sind (i) die *Rodriguessche Formel*

```
H[n,z] == (-1)^n E^(z^2) D[E^(-z^2),{z,n}]
```

(ii) die *Rekursionsformel*

```
H[n+1,z] - 2z H[n,z] + 2n H[n-1,z] == 0
```

und (iii) die *erzeugende Funktion*

```
E^(-t^2 + 2t z) == Sum[ H[n,z] t^n/n!, {n,0,Infinity} ]
```

Analoge Beziehungen gelten für andere orthogonale Polynome.

a) Überprüfen Sie die Rodriguessche Formel und die Rekursionsformel anhand einiger expliziter Werte von `n`. Überprüfen Sie die erzeugende Funktion *numerisch* für einige Werte von `t` und `z`, indem Sie die Summe für `{n,0,nmax}` durchführen und `nmax` erhöhen, bis sich Konvergenz einstellt, und dann mit der eingebauten Funktion `NSum` für `{n,0,Infinity}` vergleichen. Für `t`, `z < 1` ist dies relativ einfach, für `t`, `z > 1` dagegen etwas schwieriger.

b) Verwenden Sie die Rodriguessche Formel und partielle Integration `n`-mal, um die Normierung (6.4.3) herzuleiten.

c) Überprüfen Sie die erzeugende Funktion anhand der Taylor-Entwicklung von `E^(-t^2 + 2t z)` nach Potenzen von `t` unter Verwendung der Rodriguesschen Formel.

Wir werden die Rodriguessche Formel in Aufg. 6.7.2 herleiten und die erzeugende Funktion in Aufg. 8.4.1 zur Konstruktion eines Gaußschen Wellenpakets für einen kohärenten Zustand verwenden. Rekursionsformeln stellen die effizienteste und numerisch stabilste Methode zur Berechnung orthogonaler Polynome dar (vgl. *Numerical Recipes* [55], Kap. 5).

Aufgabe 6.4.1. Das Problem, die Schrödinger-Gleichung in einer Dimension zu lösen, gehört zu der Klasse von Problemen, die die *Sturm-Liouvillesche Theorie* behandelt. Allgemein werden in dieser Theorie lineare Differentialgleichungen zweiter Ordnung der Form

```
D[p[z] u'[z], z] + q[z] u[z] == la w[z] u[z]
```

mit (reellen) Randbedingungen an die Lösungen **u[z]** auf einem Intervall **a** $\leq$ **z** $\leq$ **b** behandelt. Diese Gleichung definiert einen *hermiteschen* Differentialoperator zweiter Ordnung mit reellem Eigenwert **la**. Die Funktion **w[z]** bezeichnet man als *Dichte-* oder *Gewichtsfunktion*; **p**, **q** und **w** sind beliebige reelle Funktionen von **z**, mit der Bedingung **p > 0** für **a < z < b**. (Sowohl **p[a]** als auch **p[b]** dürfen jedoch verschwinden.) Für bestimmte Werte von **la** sind die resultierenden Eigenfunktionen **u[la,z]** regulär und bilden einen orthogonalen und vollständigen Satz.

Für zwei beliebige Eigenfunktionen zu verschiedenen Eigenwerten **la[m]** und **la[n]** gilt also

```
Integrate[ w[z] u[m,z] u[n,z], {z,a,b} ] == 0
```

und für jede reguläre Funktion **F[z]** nähert

```
F[z] == Sum[ a[n] u[n,z], {n,0,nmax} ]
```

F[z] beliebig genau an, wenn man **nmax** entsprechend groß wählt.

Wir untersuchen die Sturm-Liouvillesche Theorie am Beispiel der Hermite-Polynome:

a) Transformieren Sie die Hermitesche Differentialgleichung in die Sturm-Liouvillesche Form, und zeigen Sie, daß die Gewichtsfunktion durch **w[z] = E^(-z^2)** gegeben ist. Welche Form haben **p[z]**, **q[z]** und **la**?

b) Überzeugen Sie sich explizit für **0** $\leq$ **m**, **n** $\leq$ **4** davon, daß die Hermite-Polynome orthogonal sind, und rechnen Sie das Normierungsintegral (6.4.3) nach.

c) Entwickeln Sie **z^4** nach Hermite-Polynomen.

Die Sturm-Liouvillesche Theorie und ihre Beziehung zu hermiteschen Operatoren werden in Arfken [4], Kap. 9 und in Morse und Feshbach [50], Kap. 6 diskutiert. Orthogonale Polynome sind in Abramowitz und Stegun [1], Kap. 22, gut zusammengefaßt.

6.5 Hypergeometrische Funktionen

Unsere Herleitung der Hermite-Polynome läßt sich unter einem allgemeineren Gesichtspunkt zusammenfassen. Wir werden gleich zeigen, daß die Hermitesche Differentialgleichung ein Spezialfall der *konfluenten hypergeometrischen* oder *Kummerschen Differentialgleichung*

```
kummerDt[f_] = z Dt[f,{z,2}] + (b - z) Dt[f,z] - a f;

kummerDt[f[z]] == 0

   -(a f[z]) + (b - z) f'[z] + z f''[z] == 0
```

ist, deren *reguläre* Lösungen durch die eingebaute *konfluente hypergeometrische* oder *Kummersche Funktion* **Hypergeometric1F1[a,b,z]** gegeben sind. (Im Text werden wir die Kummersche Funktion einfach mit **1F1[a,b,z]** bezeichnen.) Diese Lösungen und die eng mit ihnen verwandten *hypergeometrischen* Funktionen sind sehr wichtig in der mathematischen Physik und werden in verschiedenen Anwendungen in diesem Buch auftreten. Die meisten Lösungen, die sich durch eine Separation der Variablen in der Laplace-Gleichung, in der Diffusionsgleichung, in der klassischen Wellengleichung und in der Schrödinger-Gleichung ergeben, können mit diesen Funktionen in Verbindung gebracht und so auf einheitliche Weise untersucht werden.

Die Kummersche Funktion ist durch ihre Reihenentwicklung am Ursprung, die konfluente hypergeometrische Reihe

```
Hypergeometric1F1[a,b,z] + O[z]^4

                       2                     3
         a z    a (1 + a) z     a (1 + a) (2 + a) z          4
    1 + ----- + ------------- + --------------------- + O[z]
          b     2 b (1 + b)     6 b (1 + b) (2 + b)
```

definiert, die für alle Werte von **a** und **b** und alle endlichen Werte von **z** konvergiert (s. Abramowitz und Stegun [1], Kap. 13). Per Konvention werden diese Funktionen bei **z = 0** auf Eins „normiert“. (Die Eingabe **f[z] + O[z]^4** ist äquivalent zu **Series[f[z],{z,0,3}]**.)

Aufgabe 6.5.1. a) Überzeugen Sie sich davon, daß die konfluente hypergeometrische Reihe die Kummersche Differentialgleichung löst, indem Sie zeigen, daß für die Entwicklungskoeffizienten gilt

```
              (-1 + a + k) c[-1 + k]
    c[k] -> ------------------------
                k (-1 + b + k)
```

b) Berechnen Sie für **a = b**, ausgehend von **c[0] = 1**, explizit die Koeffizienten **c[k]**, und setzen Sie **1F1[a,a,z]** mit einer bekannten, einfachen Funktion in Verbindung.

Es ist klar, daß für **a = -n** mit nichtnegativem ganzzahligem **n** die Reihenkoeffizienten **c[k]** für alle **k** $\geq$ **n + 1** verschwinden, so daß **1F1[-n,b,z]** ein Polynom **n**-ten Grades ist. Daher rührt die Verbindung mit vielen der bekannten Funktionen der mathematischen Physik, z.B. mit den Hermite-Polynomen.

Wir transformieren die Hermitesche Differentialgleichung durch Einführung einer Funktion der Form **f[z^2]** in die Kummersche Differentialgleichung. Wir sehen sofort, daß der Zusammenhang von der Parität der Hermite-Polynome abhängt. Wir setzen also ein gerades **n**, d.h. **n -> 2n**, in die Hermitesche Differentialgleichung ein und erhalten mit **y = z^2**

```
hermiteDt[f[z^2]]/4 == 0 /.
    n -> 2n /. z -> Sqrt[y] //
        ExpandAll //Map[ Collect[#,{f[y],f'[y]}]&, #]&
```

```
                 1
    n f[y] + (- - y) f'[y] + y f''[y] == 0
                 2
```

Dies ist die Kummersche Differentialgleichung mit den Parametern **a = -n** und **b = 1/2** (vgl. Übg. C.2.1; dort ist die Anwendung von **Map** und **Collect** als reine Funktionen erklärt). Wir schließen also, daß **HermiteH[2n,z]** proportional zu **1F1[-n,1/2,z^2]** ist.

Übung 6.5.1. a) Bestimmen Sie die Proporionalitätskonstante, die **HermiteH[2n,z]** und **1F1[-n,1/2,z^2]** verbindet.

b) Leiten Sie den Zusammenhang von **HermiteH** und **1F1** für ungerades **n** her.

Es läßt sich leicht eine zweite, linear unabhängige Lösung aufstellen, mit der wir die allgemeine Lösung der Kummerschen Differentialgleichung konstruieren können. (Erinnern Sie sich, daß jede lineare Differentialgleichung *zweiter Ordnung* zwei linear unabhängige Lösungen hat.) Betrachten wir eine Funktion der Form **z^nu f[z]**, wobei **nu** eine noch zu bestimmende Konstante ist:

```
SetAttributes[nu, Constant]

kummerDt[ z^nu f[z] ]/z^nu == 0 //
    ExpandAll //Map[Collect[#,{f[z],f'[z]}]&, #]&
```

```
                                    2
                 nu      b nu     nu
(-a - nu - -- + ---- + --) f[z] + (b + 2 nu - z) f'[z] +
                 z        z       z

   z f''[z] == 0
```

Dies ergibt wiederum die Kummersche Differentialgleichung, wenn wir **`nu -> 1 - b`** setzen, so daß der Koeffizient von **`f[z]`** nicht von **`z`** abhängt:

```
% /.nu -> 1-b //ExpandAll //
    Map[ Collect[#,{f[z],f'[z]}]&, #]&
```

```
(-1 - a + b) f[z] + (2 - b - z) f'[z] + z f''[z] == 0
```

Folglich ist **`z^(1-b) 1F1[1+a-b,2-b,z]`** eine zweite, linear unabhängige Lösung, die jedoch für **`b > 1`** bei **`z = 0`** singulär (unendlich) ist. Jede Linearkombination aus dieser Funktion und **`1F1[a,b,z]`** ist eine Lösung; auf diese Weise ist die eingebaute Funktion **`HypergeometricU[a,b,z]`** definiert. Die spezielle Wahl der Linearkombinationen in *Mathematica* folgt der Konvention.

Übung 6.5.2. a) Leiten Sie die Beziehung zwischen den eingebauten Funktionen **`U[a,b,z]`** und **`1F1[a,b,z]`** her, indem Sie die Reihenentwicklung von **`U[a,b,z]`** um **`z = 0`** betrachten.

b) Suchen Sie Linearkombinationen **`c1 1F1[a,b,z] + c2 U[a,b,z]`** mit Konstanten **`c1`** und **`c2`**, die die Hermite-Polynome ergeben.

Übung 6.5.3. Erzeugen Sie beide unabhängigen Lösungen der Kummerschen Differentialgleichung, indem Sie eine *verallgemeinerte Potenzreihenlösung* der Form

```
Sum[c[k] z^(nu+k),{k,0,Infinity}]
```

ansetzen. Dieser Ansatz ist als *Methode von Frobenius* bekannt (s. z.B. Boas [9], Kap. 12).

Übung 6.5.4. Bringen Sie die Kummersche Differentialgleichung in die Sturm-Liouvillesche Form

```
D[z^b E^-z 1F1'[a,b,z], z] == a z^(b-1) E^-z 1F1[a,b,z]
```

Nach Aufg. 6.4.1 ist dann bei Angabe von Randbedingungen **`a`** der Eigenwert und **`z^(b-1) E^-z`** die Gewichtsfunktion, über die die Orthogonalität der Eigenfunktionen **`1F1[a,b,z]`** definiert ist.

Übung 6.5.5. a) Es gibt viele nützliche Beziehungen zwischen den konfluenten hypergeometrischen Funktionen. *Mathematica* drückt z.B. automatisch die **n**-te Ableitung von **1F1[a,b,z]** durch **1F1** mit anderen Parametern aus. Leiten Sie den expliziten Zusammenhang her.
b) Verwenden Sie die Kummersche Differentialgleichung, um die Rekursionsformel

```
b(1-b+z) 1F1[a,b,z] + b(b-1) 1F1[a-1,b-1,z] -
     a z 1F1[a+1,b+1,z] == 0
```

herzuleiten (vgl. Abramowitz und Stegun [1], Gl. 13.4.7).

Aufgabe 6.5.2. a) Zeigen Sie durch Vergleich der Koeffizienten von **z^k** für große **k** in den Reihenentwicklungen von **1F1[a,b,z]** und **z^(a-b) E^z**, daß für **z -> +Infinity** gilt

```
1F1[a,b,z] ~ Gamma[b]/Gamma[a] z^(a-b) E^z
```

(Die Gammafunktion wird in Aufg. 6.5.4 diskutiert.)

b) Zeigen Sie **1F1[a,b,z] = E^z 1F1[b-a,b,-z]**, und überprüfen Sie diese Identität durch Reihenentwicklung um **z = 0** und Reihenmultiplikation. Daraus ergibt sich **1F1[a,b,z]** $\sim$ **Gamma[b]/Gamma[b-a] (-z)^-a** für **z -> -Infinity**.

Vergleichen Sie die Ergebnisse in (a) und (b) mit **Series[1F1[a,b,z], {z,±Infinity,1}]**.

Eng verwandt mit der konfluenten hypergeometrischen Reihe sind die wichtigen *hypergeometrischen Funktionen*, die als **Hypergeometric2F1[a,b,c,z]** eingebaut sind (s. Arfken [4], Kap. 13). Sie sind ebenfalls durch ihre (hypergeometrische) Reihenentwicklung definiert:

```
Hypergeometric2F1[a,b,c,z] + O[z]^3

                                       2
         a b z   a (1 + a) b (1 + b) z          3
    1 + ----- + --------------------- + O[z]
          c         2 c (1 + c)
```

Die Differentialgleichung, der sie genügen, hat singuläre Punkte bei **z -> 1** und **z -> Infinity**, die in dem Grenzfall, der auf die *konfluente* hypergeometrische Differentialgleichung führt, zusammenfallen[1] (s. Aufg. 6.5.5 und vgl. Morse und Feshbach [50], S. 542 und Abramowitz und Stegun [1],

---

[1] lat. confluere: zusammenfließen

Kap. 15). Offenbar ergeben auch diese Funktionen Polynome **n**-ten Grades für **a** oder **b = -n** mit nichtnegativem ganzzahligem **n**.

Hypergeometrische Reihen lassen sich auf Funktionen mit beliebig vielen Parametern verallgemeinern, die bei Bedarf durch die eingebaute Funktion **HypergeometricPFQ** gegeben sind:

```
?HypergeometricPFQ
```

```
HypergeometricPFQ[numlist, denlist, z] gives the generalized
   hypergeometric function pFq where numlist is a list of the p
   parameters in the numerator  and denlist is a list of the q
   parameters in the denominator.
```

Aufgabe 6.5.3. Die eingebauten Funktionen **Hypergeometric2F1[a, b,c,z]** genügen der *hypergeometrischen Differentialgleichung*

```
a b f[z] + ((a + b + 1)z - c) f'[z] + z(z-1) f''[z] == 0
```

a) Leiten Sie eine Reihenentwicklung für **2F1[a,b,c,z]** um **z = 0** her, und überprüfen Sie Ihr Ergebnis mit **Series**. Per Konvention ist der erste Koeffizient in der Reihe gleich Eins. Aufgrund der Singularität in der Differentialgleichung bei **z -> 1** konvergiert die Reihe nur für **Abs[z] < 1**. Überzeugen Sie sich anhand einiger Beispiele davon, daß diese Funktionen für **a** oder **b = -n** mit nichtnegativem ganzzahligem **n** ebenfalls Polynome **n**-ten Grades ergeben.

b) Finden Sie eine zweite, unabhängige Lösung.

Aufgabe 6.5.4. a) Hypergeometrische Reihen werden häufig wie folgt durch *Pochhammer-Symbole* ausgedrückt:

```
1F1[a,b,z] ==
    Sum[Pochhammer[a,n]/Pochhammer[b,n] z^n/n!,{n,0,Infinity}]

2F1[a,b,c,z] ==
    Sum[Pochhammer[a,n] Pochhammer[b,n]/Pochhammer[c,n] z^n/n!,
        {n,0,Infinity}
    ]
```

Überprüfen Sie diese Ausdrücke anhand einiger Beispiele und eines Vergleichs mit **Series**. Die eingebaute Funktion **Pochhammer[z,n]** ist über die eingebaute Funktion **Gamma[z]** durch **Pochhammer[z,n] == Gamma[z+n]/ Gamma[z]** definiert.

b) Die Gammafunktion tritt in einer Vielfalt von Anwendungen in der theoretischen Physik auf. Sie hat viele interessante Eigenschaften (s. Abramowitz und Stegun [1], Kap. 6), doch man benötigt meist nur einige davon. Dazu gehört z.B. die Rekursionsformel **Gamma[z+1] == z Gamma[z]**, so daß für nichtnegative ganze Zahlen gilt **Gamma[n+1] == n!**. Die Gammafunktion ist für alle komplexen Werte **z** analytisch außer an den einfachen Polen **z = -n** für **n = 0**, **1**, **2**, ..., d.h. es gilt **1/Gamma[-n] = 0**. Überzeugen Sie sich anhand einiger Beispiele von diesen Eigenschaften. Beachten Sie die speziellen Werte **Gamma[1/2]** und **Gamma[3/2]**, die mit Integralen über Gauß-Funktionen zusammenhängen. Drücken Sie schließlich **1F1** und **2F1** durch Gammafunktionen aus.

Es ist nützlich zu wissen, daß die eingebaute Fakultätsfunktion auch nichtganzzahlige Argumente annimmt und in diesem Fall durch **n! == Gamma[n+1]** definiert ist. Überprüfen Sie diese Beziehung anhand einiger Beispiele.

c) Der Grund für die Einführung der Pochhammer-Symbole liegt darin, daß diese definiert und endlich sind, wenn **z** eine negative ganze Zahl oder Null wird, obwohl es scheint, daß **Gamma[z+n]/Gamma[z]** in diesem Fall nicht definiert oder unendlich ist. Beweisen Sie dies, indem Sie folgende Beziehung herleiten:

```
Pochhammer[z,n] == Product[z+q,{q,0,n-1}] ==
        z(z+1)(z+2)...(z+n-1)
```

Es folgt **Pochhammer[-n,n] == n!(-1)^n**, wovon Sie sich anhand einiger Beispiele überzeugen sollten. Versuchen Sie, **Gamma[a+n]/Gamma[a]** durch Ersetzungen, z.B. **/. a -> -n /. n -> m** oder **/.{a -> -m, n -> m}**, für verschiedene (positive) ganze Zahlen **m** auszuwerten.

Der Wert **1/Gamma[-n] = 0** für (positives) ganzzahliges **n** bedeutet, daß **Pochhammer[-n,m]** für **m > n** verschwindet; prüfen Sie dies nach. Somit brechen die Reihen für **1F1[-n,b,z]** und **2F1[-n,b,c,z]** ab und ergeben wie erwartet Polynome **n**-ten Grades.

Aufgabe 6.5.5. a) Zeigen Sie, daß im Limes **b -> Infinity** gilt **2F1[a, b,c,z/b] -> 1F1[a,c,z]** (vgl. Aufg. 6.5.4). Untersuchen Sie diesen Grenzfall numerisch anhand von Graphen.

b) Durch *analytische Fortsetzung* kann man eine Reihe nützlicher Formeln zur Auswertung der hypergeometrischen Funktionen außerhalb des Konvergenzkreises **Abs[z] = 1** ihrer Reihen herleiten. Dazu gehören die folgenden beiden Beziehungen:

```
2F1[a,b,c,z] ==
    Gamma[c] Gamma[b-a]/(Gamma[b] Gamma[c-a]) *
        (-z)^-a 2F1[a,1-c+a,1-b+a,1/z] +
    Gamma[c] Gamma[a-b]/(Gamma[a] Gamma[c-b]) *
        (-z)^-b 2F1[b,1-c+b,1-a+b,1/z]

2F1[a,b,c,z] ==
    Gamma[c] Gamma[c-a-b]/(Gamma[c-a] Gamma[c-b]) *
        2F1[a,b,a+b-c+1,1-z] +
    Gamma[c] Gamma[a+b-c]/(Gamma[a] Gamma[b]) *
        (1-z)^(c-a-b) 2F1[c-a,c-b,c-a-b+1,1-z]
```

Die erste Formel setzt **z** und **1/z** in Beziehung und ist z.B. bei Randbedinungen für **z -> ±Infinity** nützlich. Die zweite Formel setzt **z** und **1 - z** in Beziehung und ist für **z -> ±1** nützlich. Überprüfen Sie diese Formeln anhand einiger Beispiele (vgl. Landau und Lifschitz [42], Mathematische Anhänge und Abramowitz und Stegun [1], Abschn. 15.3).

Aufgabe 6.5.6. Der Umfang einer durch **(x/a)^2 + (y/b)^2 == 1** beschriebenen Ellipse beträgt

```
Pi(a+b) Hypergeometric2F1[-1/2,-1/2,1,((a-b)/(a+b))^2]
```

Berechnen Sie die Strecke, die die Erde um die Sonne zurücklegt; verwenden Sie **a = 1 AE** und **b = Sqrt[1-e^2] a**, wobei **e = 0.0167** die *Exzentrizität* der elliptischen Bahn der Erde ist. Die astronomische Einheit **AE** beträgt ungefähr 150 000 000 Kilometer. (Der Erdumfang beträgt im Vergleich ungefähr 40 000 Kilometer.) Vergleichen Sie dies mit der Länge der Bahn des Halleyschen Kometen mit **a = 18 AE** und **e = 0.967**.

6.6 Normierte HO-Wellenfunktionen

Wir kehren zum harmonischen Oszillator zurück und sammeln unsere Ergebnisse. Die Energieeigenfunktionen geben wir als Funktionen der skalierten Koordinate **z** ein:

```
psiHOz[n_,z_] := psiHOz[n,z] =
    znorm[n] E^(-z^2/2) HermiteH[n,z]
```

Dabei ist **znorm[n]** eine Normierungskonstante, die wir gleich berechnen werden. Die Konstruktion **f[x_] := f[x] =** *expr* ist ein Beispiel für *dynamische Programmierung* (s. Übg. C.3.1); wir haben sie hier verwendet, um die **psiHOz[n,z]** abzuspeichern, wenn sie berechnet werden. Dadurch können wir bereits vorhandene Ergebnisse aus dem Speicher abrufen, anstatt sie noch einmal zu berechnen.

Per Konvention wird die Phase so gewählt, daß die Eigenfunktionen reell sind. Wir normieren sie, indem wir fordern, daß

```
psiHOz[n,z]^2
```

```
                 2            2
HermiteH[n, z]   znorm[n]
-----------------------------
                2
               z
              E
```

über alle **z** integriert Eins ergibt. Damit ist sichergestellt, daß die Wahrscheinlichkeit, das Teilchen irgendwo zu finden, Eins ist. Anstatt diesen Ausdruck explizit zu integrieren, führen wir das Normierungsintegral (6.4.3) als Ersetzungsregel ein, um die Normierungskonstante zu berechnen. Der explizite Aufruf **Integrate[** *integrand*, {**z,-Infinity,Infinity**}**]** ist nicht nötig, da wir das Ergebnis bereits kennen; wir brauchen nur eine Regel der Form **/.** ***integrand*** **->** ***integral*** (s. auch Übg. C.2.7). Wir erhalten somit

```
% == 1 /. f_. E^(-z^2) HermiteH[n,z]^2 -> f 2^n n! Sqrt[Pi]
```

```
 n                          2
2  Sqrt[Pi] n! znorm[n]  == 1
```

als ob wir explizit integriert hätten. Dieses Ergebnis bestimmt die Normierungskonstante für beliebiges **n**:

```
znorm[n_] = znorm[n] /. Solve[ %, znorm[n] ][[1]]
```

```
           1
-------------------------
 n/2   1/4
2    Pi     Sqrt[n!]
```

Wir erhalten mit **z = Sqrt[m w/h] x** auch die normierten Eigenfunktionen in Abhängigkeit von der Auslenkung **x** des Teilchens:

```
Needs["Quantum`PowerTools`"]

psiHO[n_,x_] := psiHO[n,x] =
     (m w/h)^(1/4) psiHOz[n,z] /.z -> Sqrt[m w/h] x //
         PowerContract
```

(Die Funktion **PowerContract** wurde in Abschn. 4.1 als Umkehrung der eingebauten Funktion **PowerExpand** eingeführt.) Zum Beispiel berechnen wir leicht die normierten Wellenfunktionen des Grundzustands und des ersten angeregten Zustands als Funktionen der skalierten Koordinate **z** oder der Auslenkung **x**:

```
{psiHOz[0,z],psiHOz[1,z],psiHO[0,x],psiHO[1,x]}
```

```
                                       m w  1/4                  m w 3/4
                                       (---)               Sqrt[2] (---)     x
         1             Sqrt[2] z       h Pi                         h
{-------------, --------------, -----------------, ---------------------------}
    2              2                  2                 2
  z /2   1/4     z /2   1/4     (m w x )/(2 h)     (m w x )/(2 h)    1/4
 E     Pi       E     Pi       E                  E                Pi
```

Wir können auch direkt nachprüfen, daß dies Lösungen der ursprünglichen Schrödinger-Gleichung für den harmonischen Oszillator sind. Für **n = 2** erhalten wir z.B.:

```
hamiltonian[VHO] @ psiHO[2,x] == eHO[2] psiHO[2,x] //
    ExpandAll

True
```

(Der Operator **hamiltonian** wurde in Abschn. 1.0 definiert.) Da diese Funktionen Gauß-Funktionen beinhalten, überprüfen wir ihre Normierung mit **integGauss**. Unter Anwendung von **PowerExpand** erhalten wir wie gewünscht

```
Needs["Quantum`integGauss`"]

{integGauss[psiHO[0,x]^2,{x,-Infinity,Infinity}],
 integGauss[psiHO[1,x]^2,{x,-Infinity,Infinity}]} //
    PowerExpand

{1, 1}
```

Außerdem sind verschiedene Eigenfunktionen *orthogonal* in dem Sinn, daß ihre *Überlappungsintegrale* verschwinden. Zum Beispiel gilt:

```
integGauss[psiHO[0,x] psiHO[2,x],{x,-Infinity,Infinity}]

0
```

was nicht allein aufgrund der Parität zu schließen ist. Die Vollständigkeit der HO-Eigenfunktionen folgt aus der Vollständigkeit der Hermite-Polynome. Wir sprechen daher von der *HO-Basis*.

Übung 6.6.1. Erklären Sie die Normierung von `psiHO[n,x]`, insbesondere den Faktor `(m w/h)^(1/4)`.

Aufgabe 6.6.1. Berechnen Sie mit dem Schießverfahren die ersten fünf Eigenfunktionen des harmonischen Oszillators. Integrieren Sie der Einfachheit halber die skalierte HO-Schrödinger-Gleichung aus Abschn. 6.1. Verwenden Sie der höheren Genauigkeit halber die asymptotischen Werte `psi[-zo] = E^(-zo^2/2)` und `psi'[-zo] = +zo psi[-zo]` für genügend großes `zo` (vgl. Abschn. 2.2 und Aufg. 6.2.1).

Aufgabe 6.6.2. Entwickeln Sie die Rechteckwelle in Abb. 2.3 in eine verallgemeinerte Fourier-Reihe nach `psiHOz[n,z]`. Berechnen Sie mehrere Partialsummen, und verwenden Sie `NIntegrate` zur Bestimmung der Entwicklungskoeffizienten. Verschieben Sie den Koordinatenursprung, so daß die Welle gerade Parität hat. Diese Wellenform ist im Vergleich zu den HO-Funktionen sehr scharf; die Konvergenz ist daher langsam. Verbessern Sie die Konvergenz, indem Sie als Breite der Rechteckwelle `2` wählen; dieser Wert liegt näher an den Breiten der Basisfunktionen `psiHOz` (s. Abb. 6.1 und 6.2). Erzeugen Sie Darstellungen ähnlich denen in Abb. 2.4 und 2.5, um die Konvergenz zu untersuchen.

Die dimensionslosen Funktionen `psiHOz` eignen sich besonders gut zur graphischen Darstellung. In Abbildung 6.1 zeigen wir sechs Eigenfunktionen mit Hilfe von `GraphicsArray`, wie in Abb. 2.5 und 2.7. Die Wellenfunktionen sind um die jeweilige Eigenenergie verschoben und zusammen mit dem Potential dargestellt. In ähnlicher Weise, aber in einem einzigen Graphen, zeigen wir in Abb. 6.2 die ersten vier Wahrscheinlichkeitsdichten. Der konstante Abstand `h w` zwischen den Niveaus, eine Eigenheit des harmonischen Oszillators, wird deutlich.

Diese Abbildungen verdeutlichen einige allgemeine Eigenschaften. Die Quantenzahl `n` gibt die Anzahl der Knoten an, angefangen mit dem Grundzustand, der keine Knoten aufweist. Wellenfunktionen zu geradem `n` sind symmetrisch um `z = 0` und haben daher gerade Parität. Wellenfunktionen zu ungeradem `n` sind antisymmetrisch und haben ungerade Parität; allgemein ist die Parität des `n`-ten Niveaus `(-1)^n`. Dies ist eine Folge der definierten Parität des Potentials. Die Wellenfunktionen dringen in den klassisch verbotenen Bereich außerhalb des Potentialtopfes ein, d.h. sie verschwinden nicht jenseits der klassischen Umkehrpunkte. Quantenmechanisch bedeutet das, daß eine endliche Wahrscheinlichkeit besteht, das Teilchen jenseits der Wände des Topfes anzutreffen. Wir haben ähnliche Effekte im Falle rechteckiger Potentialtöpfe gesehen; die Wellenfunktionen des unendlichen Kastenpotentials verschwinden jedoch außerhalb des Kastens (s. Aufg. 5.0.1 und 6.2.1).

An den klassischen Umkehrpunkten verschwindet die kinetische Energie, und jenseits der Umkehrpunkte, im klassisch verbotenen Bereich, wird sie

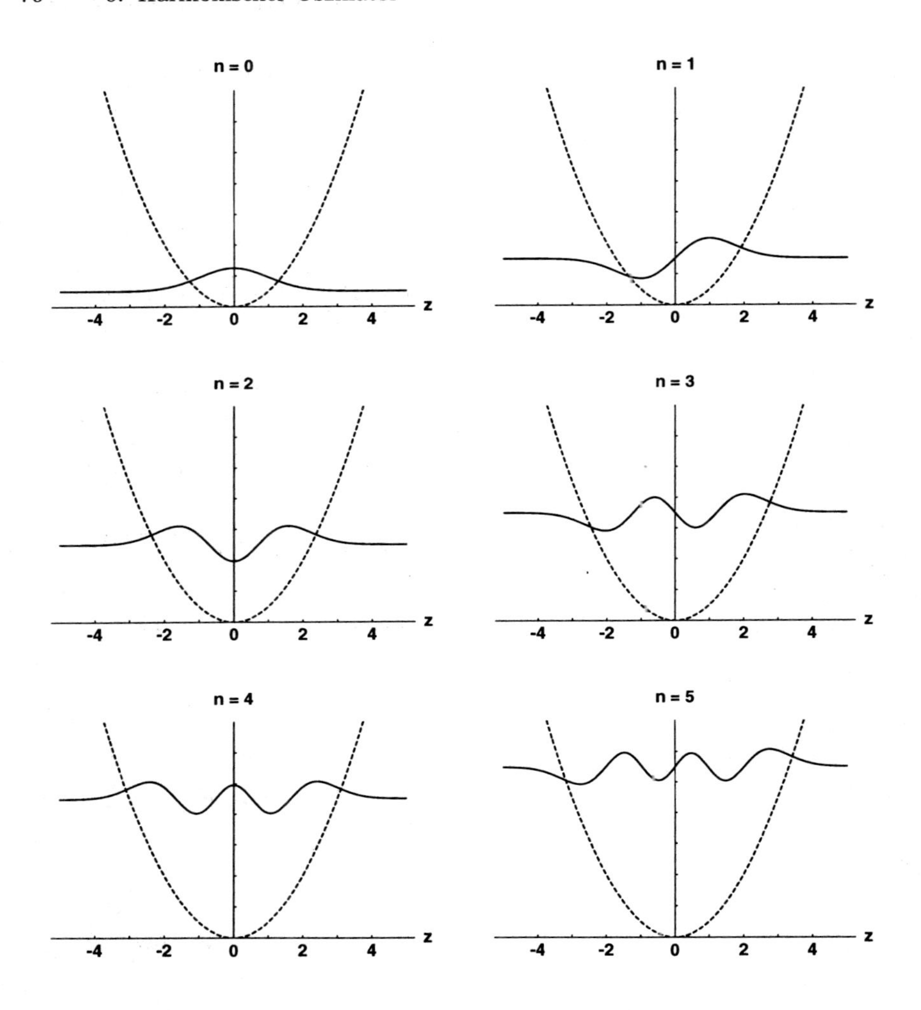

Abb. 6.1. Dimensionslose HO-Eigenfunktionen **phiHOz[n,z]**.

negativ. Das geschieht an den Stellen, an denen die zweite Ableitung der Wellenfunktion verschwindet, also an den beiden *Wendepunkten* der Wellenfunktion, die mit den klassischen Umkehrpunkten zusammenfallen. Dies sind die Punkte, an denen die Krümmung der Wellenfunktion das Vorzeichen wechselt. Mit steigendem **n** wird die Wahrscheinlichkeitsdichte in der Nähe der klassischen Umkehrpunkte besonders groß; dies entspricht der Tatsache, daß das Teilchen klassisch am wahrscheinlichsten dort anzutreffen ist, wo es am langsamsten ist. Dieser Effekt wird in Aufg. 6.6.4 und Abb. 6.3 illustriert.

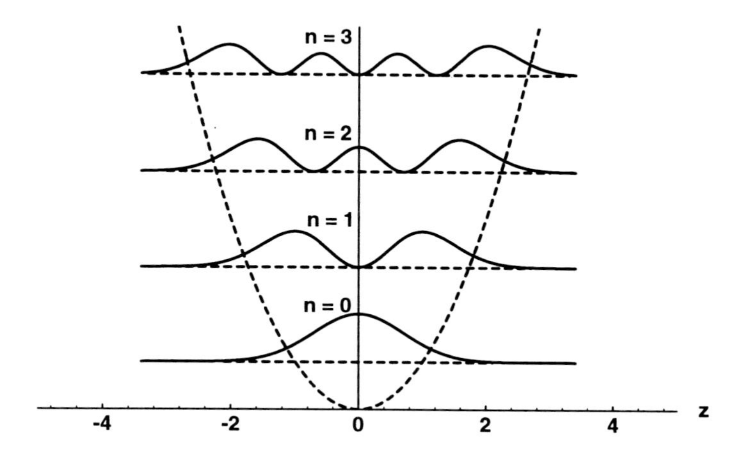

Abb. 6.2. Energieniveaus und Wahrscheinlichkeitsdichten des harmonischen Oszillators.

Übung 6.6.2. Erzeugen Sie Abb. 6.2.

Übung 6.6.3. Da die HO-Eigenfunktionen auch in anderen Zusammenhängen Anwendung finden, ist es günstig, durch **x -> a x** einen Skalierungsparameter einzuführen und mit normierten Funktionen **psiHO[n,a,x]** zu arbeiten. Überzeugen Sie sich davon, daß die Definition

```
psiHO[n_,a_,x_] := Sqrt[a] psiHOz[n,z] /.z -> a x
```

korrekt ist. Zeigen Sie insbesondere, daß **psiHO[n,a,x]** eine Eigenfunktion von **hamiltonian[k x^2/ 2]** zum Eigenwert **h w (n + 1/2)** ist, wenn die Federkonstante **k** und damit die Frequenz **w** mit **a** wie folgt verknüpft sind:

```
        4  2          2
       a  h          a  h
{k -> -------, w -> ------}
         m             m
```

Aufgabe 6.6.3. Machen Sie eine HO-Näherung, um die Grundzustandsenergie eines Teilchens der Masse **m** in dem *Lennard-Jones-Potential*

```
          6       12
     -2 xo      xo
Vo (-------- + ------)
        6        12
       x        x
```

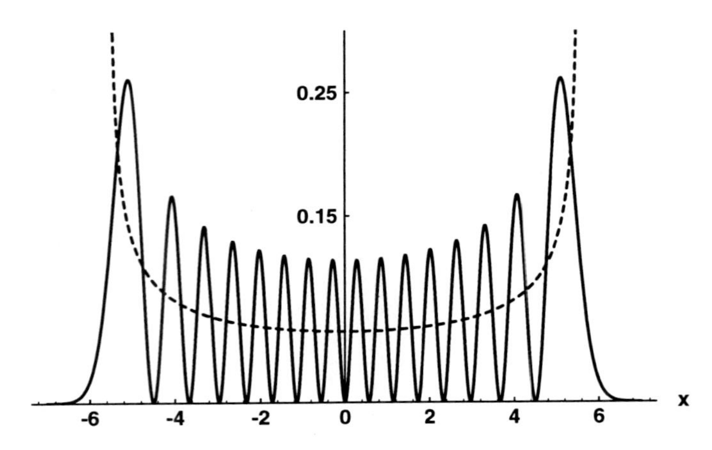

Abb. 6.3. HO-Wahrscheinlichkeitsverteilung für **n = 15**. Die gestrichelte Kurve ist die klassische Verteilung.

abzuschätzen. Verwenden Sie die Ergebnisse aus Übg. 6.6.3, um eine genäherte Wellenfunktion aufzuschreiben. Tragen Sie **V** zusammen mit dem entsprechenden HO-Potential auf. Zeigen Sie, daß **h/2 Sqrt[72Vo/ (m xo^2)]** eine Näherung für die Grundzustandsenergie ist (vgl. Abschn. 7.4).

Aufgabe 6.6.4. Leiten Sie einen Ausdruck für die *klassische* Wahrscheinlichkeitsverteilung des harmonischen Oszillators her, indem Sie berechnen, welchen Bruchteil einer *halben* Periode der klassische Oszillator in einem kleinen Intervall **dx** zwischen **-A** und **A** verbringt, wobei **A** die Amplitude ist. Vergleichen Sie einen Graphen Ihres Ergebnisses mit dem der quantenmechanischen Verteilung für **n = 15**, und erzeugen Sie Abb. 6.3. Wählen Sie **Sqrt[m w/h] = 1**, um **A** aus der Energie zu berechnen.

Aufgabe 6.6.5. Bestimmen Sie für die ersten Eigenfunktionen des harmonischen Oszillators die Wahrscheinlichkeit, das Teilchen in den klassisch verbotenen Bereichen anzutreffen. Verwenden Sie **NIntegrate**, und setzen Sie **Sqrt[m w/h] = 1**.

6.7 Auf- und Absteigeoperatoren

Wir bemerken schließlich noch, daß das Eigenwertproblem für den harmonischen Oszillator sich in eleganter und rein algebraischer Weise durch Einführung sogenannter *Auf- und Absteigeoperatoren* lösen läßt, die sich wie folgt durch den Ort **x** und den Impulsoperator **p** ausdrücken lassen:

```
p @ psi_ := -I h D[psi,x]
aR @ psi_ := Sqrt[m w/(2h)] (x psi - I p @ psi/(m w))
aL @ psi_ := Sqrt[m w/(2h)] (x psi + I p @ psi/(m w))
```

Wir werden diese Lösung in Abschn. 15.4 genauer behandeln und betrachten daher hier nur einige Eigenschaften dieser Operatoren.

Wir können beispielsweise den Aufsteigeoperator **aR** auf den Grundzustand anwenden, um den ersten angeregten Zustand zu erzeugen:

```
aR @ psiHO[0,x] == psiHO[1,x] //
    PowerExpand //Map[Together,#]&

  True
```

Mit dem Absteigeoperator erhalten wir wieder den Grundzustand:

```
aL @ psiHO[1,x] == psiHO[0,x] //
    PowerExpand //Map[Together,#]&

  True
```

Indem wir diese Operatoren wiederholt auf **psiHO[n,x]** anwenden, können wir im Prinzip alle anderen Eigenzustände erzeugen. Diese Vorgehensweise, die an das Auf- und Absteigen auf einer Leiter erinnert, wird als *Leitermethode* bezeichnet. Der Grundzustand stellt die unterste Stufe der Leiter dar, und eine Anwendung von **aL** ergibt Null:

```
aL @ psiHO[0,x]

  0
```

Diese Eigenschaft kann man umgekehrt zur Definition des Grundzustands verwenden. Die Schrödinger-Gleichung wird damit effektiv durch eine Differentialgleichung erster Ordnung ersetzt, da **aL** ein Differentialoperator erster Ordnung ist. Wir können uns den Hamilton-Operator des harmonischen Oszillators wie folgt faktorisiert denken:

```
hamiltonian[VHO] @ psi[x] ==
    h w aL @ aR @ psi[x] - h w/2 psi[x] ==
    h w aR @ aL @ psi[x] + h w/2 psi[x] //
        ExpandAll //PowerExpand //PowerContract

  True
```

Die Auf- und Absteigeoperatoren sind nicht hermitesch und haben daher nicht nur reelle Eigenwerte. Wir werden jedoch später sehen (Abschn. 8.4), daß der Absteigeoperator **aL** normierbare Eigenzustände zu komplexen Eigenwerten hat, die als *kohärente Zustände* bezeichnet werden. Der Aufsteigeoperator hat dagegen keine normierbaren Eigenzustände.

Wegen ihrer Rolle in der Quantenelektrodynamik und in der Theorie der Emission und Absorption von Photonen werden die Auf- und Absteigeoperatoren auch als *Erzeugungs-* bzw. *Vernichtungsoperatoren* bezeichnet.

Aufgabe 6.7.1. a) Bestimmen Sie die HO-Grundzustandswellenfunktion, indem Sie `aL @ psi[x] == 0` als Differentialgleichung erster Ordnung lösen. Versuchen Sie, die eingebaute Funktion `DSolve` zu verwenden.

b) Erzeugen Sie die ersten angeregten Zustände des harmonischen Oszillators durch wiederholte Anwendung des Aufsteigeoperators auf Ihr normiertes Ergebnis aus Teil (a). Leiten Sie die von **n** abhängige Konstante her, die dabei zur Normierung des **n**-ten Zustands eingeführt werden muß.

Aufgabe 6.7.2. Verwenden Sie das vorangehende Ergebnis zur Herleitung der in Übg. 6.4.2 eingeführten Rodriguesschen Formel für Hermite-Polynome.

---

7. Variationsmethode und Störungstheorie

Angenommen, wir wären mit der Vorgehensweise im letzten Kapitel nicht vertraut, oder wir wollten einfach eine Grundzustandswellenfunktion für den harmonischen Oszillator raten. Wie könnten wir dann, ausgehend von einer sinnvollen Testfunktion mit einem oder wenigen freien Parametern, die besten Werte für diese Parameter bestimmen? Das *Variationsprinzip* gibt uns eine eindeutige Antwort auf diese Frage, wenn es uns nur darum geht, der Grundzustandsenergie möglichst nahe zu kommen. Es besagt, daß wir lediglich den Erwartungswert des Hamilton-Operators mit der Testfunktion berechnen und diesen dann bezüglich aller freien Parameter minimieren müssen.

Es läßt sich zeigen, daß der so erhaltene Energieerwartungswert eine obere Schranke für die Grundzustandsenergie darstellt (s. Park [51], Abschn. 7.8 und Merzbacher [46], Abschn. 4.6). Außerdem zeigt sich, daß sich bei sinnvoller Wahl der Testfunktion eine gute Abschätzung der Grundzustandsenergie ergibt. Wenn die Differenz zwischen der Testfunktion und der Eigenfunktion von der Ordnung δ ist, so ist der Fehler im Energieerwartungswert nur von der Ordnung δ^2. Außerdem müssen Testfunktion und Eigenfunktion nur in dem Gebiet gut übereinstimmen, das signifikant zum Energieintegral beiträgt.

Wenn die Testfunktion orthogonal zur Wellenfunktion des Grundzustandes ist, z.B. aus Symmetriegründen, dann liefert ihr Energieerwartungswert eine obere Schranke für die Energie des ersten angeregten Zustands.

7.1 Grundzustand des HO durch Variation

Wir wollen die Methode an einem einfachen Beispiel ausprobieren. Wir lassen uns bei der Aufstellung der Testfunktion für den harmonischen Oszillator von den asymptotischen Überlegungen in Abschn. 6.2 leiten und wählen eine normierte Gauß-Funktion mit einem freien Parameter:

```
psi[0,a_,x_] = Sqrt[a] Pi^(-1/4) E^(-a^2 x^2/2)

       Sqrt[a]
  ------------------
      2  2
    (a  x )/2   1/4
  E           Pi
```

Der Parameter **a** hängt mit dem Kehrwert der Breite der Funktion zusammen. Betrachten wir zuerst die Erwartungswerte des Ortsquadrates **x^2** und des Impulsquadrates **p^2**. Wir verwenden wieder das Paket **Quantum`integGauss`** zur Integration der Gauß-Funktionen und erhalten

```
Needs["Quantum`integGauss`"]

xsq[0] =
    integGauss[x^2 psi[0,a,x]^2,{x,-Infinity,Infinity}] //
        PowerExpand

  1
 ----
    2
 2 a
```

und

```
p @ psi_ := -I h D[psi,x]

psq[0] =
    integGauss[
        psi[0,a,x] p @ p @ psi[0,a,x],
        {x,-Infinity,Infinity}
    ] //PowerExpand

  2  2
 a  h
 -----
   2
```

Mit diesen Größen können wir den Erwartungswert des Hamilton-Operators als Summe der kinetischen und potentiellen Energie aufschreiben:

```
eTrial[0] = psq[0]/(2m) + m w^2/2 xsq[0]

  2  2       2
 a  h     m w
 ----- + ----
  4 m       2
         4 a
```

Durch Minimierung erhalten wir den optimalen Wert für **a**, den wir zur Auswertung des Energieerwartungswertes verwenden:

```
Needs["Quantum`PowerTools`"]

Solve[ D[eTrial[0],a] == 0, a][[1,1]] //PowerContract
```

```
            m w
a -> Sqrt[ --- ]
            h
```

```
eTrial[0] /.%
```

```
h w
---
 2
```

Der Index **[[1,1]]** wählt dabei das gewünschte Unterelement aus der Lösungsliste und entfernt damit effektiv die Listenklammern (s. Übg. C.1.3). Es ist nicht sehr überraschend, daß wir die exakte Grundzustandswellenfunktion und -energie (s. Übg. 6.6.3) erhalten haben. Das ist immer der Fall, wenn die Menge der betrachteten Testfunktionen die Grundzustandswellenfunktion enthält. Die Variationsmethode ist jedoch von größtem Nutzen, wenn wir, wie in den meisten Fällen, die richtige Wellenfunktion nicht kennen.

An dieser Stelle sollten wir betonen, daß eine gute Abschätzung der Energie nicht notwendigerweise bedeutet, daß die Testfunktion überall gut mit der richtigen Wellenfunktion übereinstimmt. In Gebieten, die für das Energieintegral nicht entscheidend sind, können große Unterschiede zwischen den beiden Funktionen bestehen. Das bedeutet, daß wir bei manchen Berechnungen, z.B. bei der Bestimmung der Erwartungswerte von physikalischen Größen, für die diese Gebiete wesentlich sind, Gefahr laufen, ungenaue Ergebnisse zu erhalten. Da wir die richtige Wellenfunktion im allgemeinen nicht kennen, müssen wir uns oft auf physikalische Intuition verlassen, um diese Gefahr zu meiden.

Aufgabe 7.1.1. Verwenden Sie zur Abschätzung der HO-Grundzustandsenergie als Testfunktion eine Lorentz-Funktion **nrm/(a^2 + x^2)**, wobei **nrm** eine Normierungskonstante ist. Werten Sie die auftretenden Integrale mit der eingebauten Funktion **Integrate** aus.

7.2 Angeregter Zustand des HO durch Variation

Wir wollen fürs erste bei Gaußschen Testfunktionen bleiben und den ersten angeregten Zustand des harmonischen Oszillators durch Variation abschätzen. Dazu muß unsere Testfunktion zur Grundzustandswellenfunktion orthogonal sein. Aus allgemeinen Überlegungen heraus verlangen wir, daß die Testfunktion ungerade Parität und einen einzigen Knoten hat. Die ungerade Parität stellt die Orthogonalität sicher, da **psi[0,a,x]** gerade Parität besitzt. Die einfachste Gauß-Funktion, die diese Forderungen erfüllt, ist eine mit **x** multiplizierte. Wir wählen daher, einschließlich Normierung (s. wiederum Übg. 6.6.3)

```
psi[1,a_,x_] = Sqrt[2a] Pi^(-1/4) a x E^(-a^2 x^2/2)
```

```
                 3/2
  Sqrt[2] a      x
 ─────────────────────
       2  2
   (a  x )/2   1/4
 E           Pi
```

Wir berechnen den Energieerwartungswert diesmal in einem Schritt:

```
eTrial[1] =
    integGauss[
        psi[1,a,x] (p @ p @ psi[1,a,x]/(2m) +
            m (w x)^2/2 psi[1,a,x]),
        {x,-Infinity,Infinity}
    ] //PowerExpand
```

```
   2  2          2
 3 a  h    3 m w
 ─────── + ──────
  4 m         2
           4 a
```

und minimieren wieder:

```
Solve[ D[eTrial[1],a] == 0, a][[1,1]] //PowerContract
```

```
                m w
 a -> Sqrt[───]
                 h
```

```
eTrial[1] /.%
```

```
 3 h w
 ─────
   2
```

Wie wir inzwischen schon erwartet haben, ist dies die exakte Energie des ersten angeregten Zustands.

Aufgabe 7.2.1. Schätzen Sie die Energie des ersten angeregten Zustands des harmonischen Oszillators ab; modifizieren Sie dazu die Lorentz-Funktion **nrm/(a^2 + x^2)** aus Aufg. 7.1.1. Berechnen Sie das Unschärfeprodukt für diesen Zustand und den Grundzustand aus Aufg. 7.1.1. Hinweis: Hier ist Sorgfalt geboten. Sie müssen nicht nur sicherstellen, daß die Testfunktion orthogonal zur Grundzustandswellenfunktion ist, sondern auch, daß alle auftretenden Integrale konvergent sind.

```
Plot[
    {VHO, V},
    {z,-10,10},
    PlotRange -> {-2,2}, AxesLabel -> {" z","V[z]"},
    PlotStyle ->
        {{Dashing[{.01,.01}]},{GrayLevel[0.0]}}
];
```

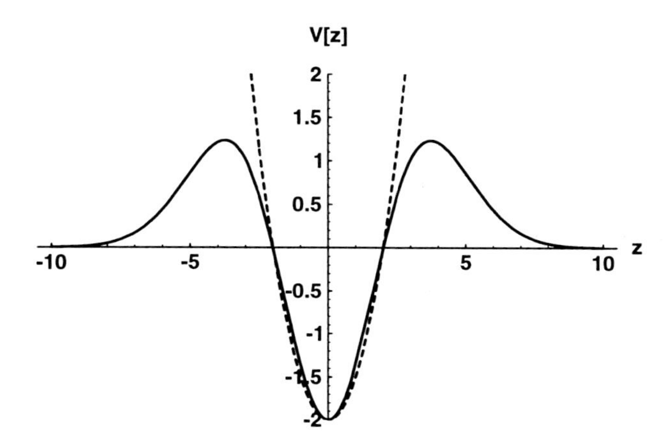

Abb. 7.1. Modellpotential mit endlichen Barrieren. Die gestrichelte Kurve zeigt ein HO-Potential.

7.3 Modellpotential

Um ein nützliches Modell einzuführen, wollen wir nun durch Variation den Grundzustand des folgenden Hamilton-Operators näherungsweise bestimmen:

```
hamiltonian[V_] @ psi_ := -1/2 D[psi,{z,2}] + V psi

V   = VHO E^(-b z^2);      b  =  0.1;
VHO = Vo + z^2/2;          Vo = -2.0;
```

Dabei ist **VHO** ein HO-Potential, dessen Minimum um **Vo** abgesenkt ist. Wir benutzen wiederum die skalierte Koordinate **z** und drücken alle Energien in Einheiten von **h w** aus. (Effektiv setzen wir **h = m = w = 1**.) Diese Potentiale sind in Abb. 7.1 zusammen dargestellt.

Aufgrund der endlichen Potentialbarrieren, die durch die Wahl des Minimums **Vo** und des Breitenparameters **b** festgelegt werden, ist dieses Modell relevant für eine ganze Reihe physikalischer Systeme. Klassisch gibt es in dem Potential für Energien unterhalb der Potentialschwellen gebundene Zustände, während quantenmechanisch nur Zustände mit **Energy < 0** gebunden sind. Zustände mit **Energy** $\geq$ **0** durchtunneln auch dann das Potential, wenn ihre

Energie unterhalb der Schwellen liegt. Das Spektrum ist also für negative Energien diskret, für positive Energien dagegen kontinuierlich. Außerdem gibt es, im Gegensatz zum harmonischen Oszillator, nur endlich viele gebundene Zustände (s. Aufg. 7.3.1).

Das Modellpotential ist offenbar für negative Energien dem HO-Potential sehr ähnlich, so daß die gebundenen Zustände des betrachteten Hamilton-Operators denen des harmonischen Oszillators ähnlich sein sollten. Insbesondere ist zu vermuten, daß die Grundzustandsenergie in Einheiten von **h w** nahe bei **Vo + 1/2 = -3/2** liegt. Diese Idee liegt der Störungstheorie zugrunde, die wir im nächsten Abschnitt kurz betrachten werden. Da das Modellpotential **V** aus Gauß-Funktionen und Potenzen besteht, können wir die Erwartungswerte des betrachteten Hamilton-Operators für Gaußsche Testfunktionen immer noch mit **integGauss** berechnen.

Mit der Testwellenfunktion **psi[0,a,z]** aus unserem letzten Beispiel, jetzt als Funktion von **z** (s. auch Übg. 6.6.3), können wir den Energieerwartungswert in einem Schritt berechnen:

```
eTrial[0] =
    integGauss[
        psi[0,a,z] hamiltonian[V] @ psi[0,a,z],
        {z,-Infinity,Infinity}
    ] //PowerExpand
```

```
 2
a            a                  2. a
-- + ---------------- - ----------------
4                 2 3/2                2
       4 (0.1 + a )      Sqrt[0.1 + a ]
```

Jetzt sind **eTrial[0]** und damit auch **D[eTrial[0],a]** so kompliziert, daß wir das Minimum bezüglich **a** numerisch bestimmen. Ein erster Schritt in diese Richtung besteht darin, **eTrial[0]** als Funktion von **a** aufzutragen (Abb. 7.2).

Offenbar liegt in der Nähe von **a = 1** ein Minimum, das wir mit Hilfe der eingebauten Funktion **FindMinimum** genauer bestimmen können:

```
FindMinimum[ eTrial[0], {a,1} ]
```

```
{-1.44084, {a -> 1.02603}}
```

Das erste Listenelement gibt das Minimum des Energieerwartungswertes an (in Einheiten von **h w**), das wie erwartet nahe bei **Vo + 1/2 = -3/2** liegt.

```
Plot[eTrial[0],{a,0,5}, AxesLabel -> {" a","eTrial[0]"}];
```

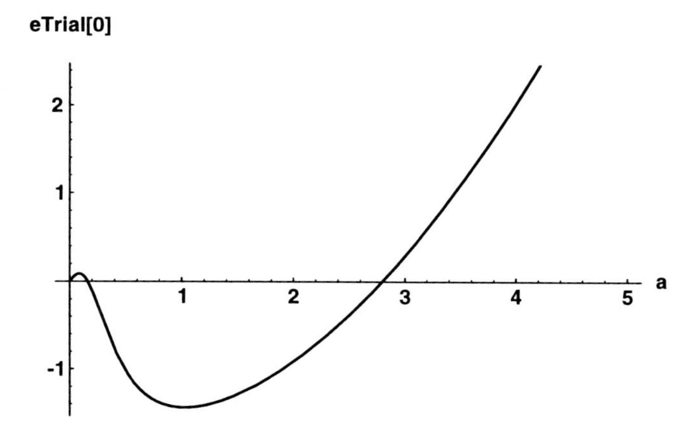

Abb. 7.2. Abhängigkeit des Energieerwartungswertes vom Variationsparameter **a**.

Übung 7.3.1. Woher wissen wir, daß **eTrial[0]** in Abb. 7.2 nicht bei großem **a** ein weiteres, tieferes Minimum hat?

Übung 7.3.2. Bestimmen Sie das Minimum des Energieewartungswertes, indem Sie die *geeignete* Wurzel von **D[eTrial[0], a] == 0** mit Hilfe der eingebauten Funktion **FindRoot** finden (s. **?FindRoot**). Versuchen Sie es auch mit der eingebauten Funktion **NSolve**.

Aufgabe 7.3.1. Schätzen Sie die Energie des ersten angeregten Zustands im Modellpotential ab, indem Sie die Gaußsche Testfunktion **psi[1,a,z]** aus dem HO-Beispiel im Text (und Übg. 6.6.3) verwenden. Zeigen Sie, daß das Modellpotential wahrscheinlich keine weiteren gebundenen Zustände aufweist, indem Sie zunächst eine Gaußsche Wellenfunktion **psi[2,a,z]** konstruieren, die orthogonal sowohl zu **psi[0,a,z]** als auch zu **psi[1,a,z]** ist, und dann zeigen, daß sie für alle Werte von **a** zu einem *positiven* Energieerwartungswert führt (vgl. Übg. 7.4.2 und s. Kap. 10).

Aufgabe 7.3.2. a) Schätzen Sie mit Hilfe der Gaußschen Testfunktionen **psi[n,a,z]** aus dem Text die Energien des Grundzustands und des ersten angeregten Zustands eines *anharmonischen Oszillators* mit dem Potential **V[x] = b x^4** ab. Passen Sie für beide Fälle die Breite an, und zeigen Sie (s. Park [51], Abschn. 7.8):

```
eTrial[0] = 1.082 (h^2 Sqrt[b]/(2m))^(2/3)
eTrial[1] = 3.847 (h^2 Sqrt[b]/(2m))^(2/3)
```

b) Zeigen Sie mit dem Schießverfahren, daß die exakten Werte der Koeffizienten **1.060** und **3.800** sind. Arbeiten Sie mit einer skalierten Schrödinger-Gleichung, um von **b** unabhängige Ergebnisse zu erzielen.

c) Ein anharmonisches Potential könnte folgendermaßen als Störung auftreten. Stellen Sie sich drei Teilchen auf einer Geraden im Gleichgewicht vor, deren Kräfte aufeinander von ihrem Abstand abhängen. Das mittlere Teilchen wird nun senkrecht zur Geraden geringfügig um **x** ausgelenkt. Zeigen Sie, daß die Änderung in der potentiellen Energie durch diese Auslenkung proportional zu **x^4** ist (vgl. Marion und Thornton [45], Beispiel 3.5).

7.4 Störungstheoretische Energie erster Ordnung

Wir können das Variationsprinzip verwenden, um den Zusammenhang zur quantenmechanischen Störungstheorie herzustellen. Nehmen wir an, wir könnten die Schrödinger-Gleichung für ein Potential **V** nicht lösen, wohl aber für ein ähnliches Potential **Vo**, das von **V** nur geringfügig abweicht: **V -> Vo + (V - Vo)**. Man bezeichnet die Differenz **VP = V - Vo** als eine *Störung* des *ungestörten* Potentials **Vo**. Wir nehmen also an, wir könnten aus **hamiltonian[Vo] @ psio[n,x] == eo[n] psio[n,x]** die ungestörten Eigenenergien und Eigenfunktionen **eo[n]** bzw. **psio[n,x]** bestimmen.

Wenn wir nun diese Funktionen *nullter Ordnung* **psio[n,x]** als Testfunktionen einsetzen und **V -> Vo + VP** betrachten, liefert uns das Variationstheorem eine obere Schranke für die Eigenenergien **e[n]** des gestörten Hamilton-Operators **hamiltonian[V] == hamiltonian[Vo] + VP**. Offensichtlich gilt **e[n]** $\leq$ **eo[n] + <VP>**, wobei der Erwartungswert im ungestörten Zustand **psio[n,x]** berechnet wird. Dieser Schätzwert stimmt mit dem einfachsten Ergebnis der Störungstheorie überein und findet breite Anwendung. Die Differenz Δ**e = <VP>** bezeichnet man als *Korrektur erster Ordnung* der ungestörten Energien **eo[n]** (vgl. Park [51], Kap. 7 und Merzbacher [46], Abschn. 4.6).

Als Beispiel betrachten wir noch einmal unser in Abb. 7.1 gezeigtes Modellpotential. Offenbar definiert das HO-Potential **VHO** einen geeigneten ungestörten Hamilton-Operator mit den ungestörten Eigenfunktionen **psiHOz[n,z]** und Eigenenergien **-3/2 + n** (in Einheiten von **h w**). Relativ zu **VHO** enthält das Modellpotential also die Störung

```
VP = V - VHO;
```

In Übg. 7.4.1 zeigen wir, daß **VP** mit **b -> 0** verschwindet; wir können daher **b** auch als *Störungsparameter* bezeichnen. Erinnern Sie sich, daß wir

b = 0.1 gewählt haben. Für den Erwartungswert von **VP** im ungestörten Grundzustand erhalten wir

```
VPExp[0] =
    integGauss[
        VP psiHOz[0,z]^2,
        {z,-Infinity,Infinity}
    ] //PowerExpand //N

  0.0597709
```

Wir erhalten die störungstheoretische Energie erster Ordnung für den Grundzustand, indem wir diesen Erwartungswert zur ungestörten Grundzustandsenergie addieren:

```
-3/2 + %

  -1.44023
```

Wie erwartet liegt dieses Ergebnis nahe bei, aber über unserem vorherigen, durch Variation gewonnenen Schätzwert **FindMinimum[eTrial[0]]**.

Wir bemerken am Rande, daß **VP** zwar für große **z** und einen festen Wert von **b** wie **-VHO** divergiert, daß wir aber nur verlangen, daß **VP** innerhalb der Reichweite der Wellenfunktion, deren Energie abgeschätzt werden soll, klein ist; nur dieser Bereich trägt wesentlich zum Erwartungswert **VPExp[0]** bei.

Wie kehren in Kap. 10, 12 und 14 zu unserem Modellpotential zurück; dort werden wir eingehend das Eigenwertspektrum und die Streueigenschaften des Hamilton-Operators untersuchen.

Übung 7.4.1. Tragen Sie **VP** zusammen mit **VHO** auf. Zeigen Sie mit Hilfe von **Series**, daß für **b -> 0** gilt **VP -> 2b z^2 (1 - z^2/4)**. Berechnen Sie die Korrektur erster Ordnung zur Grundzustandsenergie, indem Sie in diesem Ausdruck **b = 0.1** setzen, und vergleichen Sie sie mit dem im Text berechneten Erwartungswert **VPExp[0]**.

Übung 7.4.2. Schätzen Sie das Spektrum der angeregten gebundenen Zustände in unserem Modellpotential durch Störungstheorie erster Ordnung ab (vgl. Aufg. 7.3.1).

Aufgabe 7.4.1. Betrachten Sie einen harmonischen Oszillator der Masse **m** mit der Federkonstante **k** im Grundzustand. Um wieviel erhöht sich die Grundzustandsenergie, wenn eine zweite Feder mit der Federkonstante **kp** zusätzlich zur ursprünglichen Feder angehängt wird?

a) Berechnen Sie unter der Annahme **kp << k** die Energieverschiebung in erster Ordnung der Störungstheorie.

b) Berechnen Sie die exakte Energieverschiebung, indem Sie in der Grundzustandsenergie des harmonischen Oszillators die Ersetzung `k -> k + kp` vornehmen. Entwickeln Sie Ihr Ergebnis nach Potenzen von `kp`, und überprüfen Sie so Ihren Schätzwert aus Teil (a).

8. Gestauchte Zustände

Um die Vollständigkeit der HO-Basis zu veranschaulichen, untersuchen wir nun die Bewegung eines Wellenpakets im Potentialtopf des harmonischen Oszillators. Bei diesem Verfahren wird das Wellenpaket in eine verallgemeinerte Fourier-Reihe nach HO-Eigenzuständen entwickelt, ähnlich der in Kap. 4 durchgeführten Entwicklung eines Wellenpakets für ein freies Teilchen nach ebenen Wellen. Da jede Eigenfunktion eine Lösung der HO-Schrödinger-Gleichung ist, beschreibt die Superposition ein harmonisch schwingendes Teilchen. Wenn wir annehmen, daß das Wellenpaket ursprünglich durch eine Gauß-Funktion gegeben ist, erhalten wir ein bemerkenswert einfaches Ergebnis für die zeitabhängige Wahrscheinlichkeitsdichte; sie ist wiederum eine Gauß-Verteilung. In Analogie zur Anregung eines klassischen Oszillators können wir das Maximum des Wellenpakets vom Ursprung verschieben und ihm eine Geschwindigkeit verleihen. Außerdem können wir für das Wellenpaket eine Breite wählen, die sich von der der HO-Grundzustandswellenfunktion unterscheidet.

Das Interesse an diesen Zuständen reicht bis in die frühen Tage der Quantenmechanik zurück. Schrödinger [61] versuchte in einem Artikel von 1926, Wellenfunktionen zu konstruieren, die der klassischen Bewegung eines Teilchens so genau wie möglich folgen. In letzter Zeit hat sich gezeigt, daß diese Wellenpakete von großem Interesse für die Theorie der Messung schwacher Signale sind, insbesondere in der Quantenoptik und sogar beim Nachweis von Gravitationswellen. In Anbetracht der Einsicht, die diese Zustände in die Heisenbergsche Unschärferelation ermöglichen, ist es interessant, daß Schrödingers Arbeit erschien, bevor Heisenberg 1927 seine Ideen publizierte.

Obwohl unsere Endergebnisse einfach sein werden, ist ihre Herleitung langwierig; es ist hilfreich, Konstanten wie bei der Definition der dimensionslosen Eigenfunktionen **psiHO[n,z]** durch geeignete Skalierung zu unterdrücken. Wir werden einfach **h = 1** setzen, aber die Masse **m** explizit beibehalten, um den Vergleich mit der klassischen Bewegung zu vereinfachen. In diesen Einheiten ist die Wellenzahl **k** identisch mit dem Impuls **p**, so daß **k/m** eine Geschwindigkeit ist. Wir definieren daher HO-Eigenfunktionen mit **h = 1** durch folgende Eingabe:

```
psiHOw[n_,x_] = psiHO[n,x] /.h -> 1
```

```
 m w 1/4
(───)     HermiteH[n, Sqrt[m w] x]
 Pi
──────────────────────────────────────
                        2
      n/2   (m w x )/2
     2     E              Sqrt[n!]
```

Wie in Abschn. 4.2 stellen wir ein Gaußsches Anfangspaket **psi[x,0]** mit Impuls **kPo** auf, versetzen es aber vom Ursrpung nach **x = xPo**. Es bietet sich an, dazu einfach die HO-Grundzustandswellenfunktion **psiHOw[0,x]** zu verschieben und einen Impulsboost darauf anzuwenden. Wir können auch eine andere Breite als die des Grundzustands wählen, indem wir die Grundfrequenz **w** des Oszillators durch eine effektive Frequenz **wPo** ersetzen:

```
psi[x_,0] = E^(I kPo x) psiHOw[0,x-xPo] /.w -> wPo
```

```
                                  2
 I kPo x - (m wPo (x - xPo) )/2  m wPo 1/4
E                               (─────)
                                  Pi
```

Wählen wir den Parameter **wPo** grösser als **w**, so wird das ursprüngliche Wellenpaket schmaler als die Grundzustandswellenfunktion des Oszillators. Derartige Wellenpakete bezeichnet man als *gestauchte Zustände*[1]. Physikalisch kann man sich vorstellen, daß das Wellenpaket zu einem Potentialtopf gehört, der schmaler ist als das Oszillatorpotential **m w^2 x^2/2**. Dementsprechend ist das ursprüngliche Wellenpaket breiter als die Grundzustandswellenfunktion, wenn **wPo** kleiner als **w** ist. Obwohl es eigentlich gestreckt ist, bezeichnet man auch ein solches Wellenpaket als gestauchten Zustand. Wie wir in Kürze sehen werden, ist der Zustand mit **wPo = w** ein besonderer, da seine Breite und damit auch die Form des Wellenpakets sich nicht mit der Zeit ändern. Schrödinger hat sich sehr für diese als *kohärente Zustände* bekannten Wellenpakete interessiert.

Da die hier betrachteten gestauchten Zustände anfangs Gaußsche Form haben, sind sie ursprünglich Wellenpakete minimaler Unschärfe. Dies folgt im wesentlichen aus unserer Analyse eines Gaußschen Wellenpakets für ein freies Teilchen in Kap. 4. Kohärente Zustände zeichnen sich zusätzlich dadurch aus, daß sie Wellenpakete minimaler Unschärfe bleiben, da sich ihre Breite nicht ändert.

Gestauchte Zustände und viele ihrer Eigenschaften wurden, lange bevor dieser Begriff in Mode kam, von Saxon [59] in seinem einführenden Buch über Quantenmechanik beleuchtet. Gestauchte Zustände und deren Zusammenhang mit der Quantenoptik werden in dem Buch von Cohen-Tannoudji, Dupont-Roc und Grynberg [16] diskutiert. Ihr potentieller Nutzen beim Nachweis von Gravitationswellen wurde von Caves [14] aufgezeigt (s. auch

[1] engl.: squeezed states

Caves et al. [15]). Jüngste Anwendungen in der Atomphysik werden in dem Buch von Friedrich [25] diskutiert.

Übung 8.0.1. Lösen Sie die klassischen Bewegungsgleichungen für ein Teilchen der Masse **m**, das sich im HO-Potential **m w^2 x^2/2** bewegt, mit folgenden Anfangsbedingungen:

```
{x[0] == xPo, x'[0] == kPo/m}
```

Probieren Sie die eingebaute Funktion **DSolve** aus, und zeigen Sie, daß die Auslenkung des Teilchens in Abhängigkeit von der Zeit durch

```
x[t_] := xPo Cos[t w] + kPo Sin[t w]/(m w)
```

gegeben ist, so daß die klassische Geschwindigkeit

```
v[t_] := kPo/m Cos[t w] - w xPo Sin[t w]
```

beträgt. Zeigen Sie schließlich, daß die Energie erhalten ist, so daß gilt **m v[t]^2/2 + m w^2 x[t]^2/2 ==**

```
   2       2    2
kPo     m w  xPo
---- + ---------
2 m        2
```

Wir werden diese Größen in Abschn. 8.3 mit der zeitlichen Änderung des Ortserwartungswertes in den gestauchten Zuständen in Verbindung bringen.

Übung 8.0.2. Berechnen Sie den Energieerwartungswert im ursprünglichen Zustand **psi[x,0]**, und zeigen Sie, daß er durch

```
   2      2                2    2
kPo      w       wPo    m w  xPo
---- + ------ + ---- + ---------
2 m    4 wPo     4         2
```

gegeben ist. Dieser Wert ist natürlich größer als die HO-Grundzustandsenergie, wie es das Variationsprinzip verlangt. (Wir haben eine Version von **psi[x,0]** mit **xPo = kPo = 0** in Abschn. 7.1 behandelt, um das Variationstheorem zu demonstrieren.) Zeigen Sie, daß man den Grenzfall eines kohärenten Zustands **wPo -> w** durch Minimierung der Energie bezüglich **wPo** erhält und daß in diesem Limes die Energie die Summe aus der quantenmechanischen Grundzustandsenergie des Oszillators und der klassischen Energie aus Übg. 8.0.1 ist. (Beachten Sie **h = 1**.)

8.1 Entwicklung nach Eigenfunktionen

Wir entwickeln nun das ursprüngliche Wellenpaket **psi[x,0]** nach den HO-Eigenzuständen **psiHOw[n,x]**. (Falls Sie dies noch nicht getan haben, wäre jetzt ein guter Zeitpunkt, sich mit den algebraischen Methoden aus Abschn. C.2.0 vertraut zu machen.) Es folgt aus der Orthonormalität der Basisfunktionen, daß die Entwicklungskoeffizienten **c[n]** die Überlappungsintegrale der Basisfunktionen mit dem ursprünglichen Wellenpaket sind, d.h. **c[n]** ist das Integral von

```
Needs["Quantum`PowerTools`"]

cintegrand = psi[x,0] psiHOw[n,x] /.
        E^q_ :> E^Map[Factor,Collect[q,x]] //
        PowerContract
```

```
                          2                2
     -(m (w + wPo) x )/2 - (m wPo xPo )/2 + x (I kPo + m wPo xPo)
  (E

          2
         m  w wPo 1/4                                n/2
        (---------)    HermiteH[n, Sqrt[m w] x]) / (2     Sqrt[n!])
             2
           Pi
```

über alle {**x,-Infinity,Infinity**}. Beachten Sie, daß hier **RuleDelayed :>** und nicht **Rule ->** benötigt wird. Bei **Rule** würde das System **Map[Factor,Collect[q,x]]** berechnen, bevor der Exponent für **q** eingesetzt wird, und es würde gar nichts passieren (vgl. Abschn. 4.2 und Übg. C.2.2).

Obwohl wir diese Integrale für bestimmte Werte von **n** mit **integGauss** (aus dem Paket **Quantum`integGauss`**) berechnen können, können wir auch einen Ausdruck in geschlossener Form herleiten, der für beliebige **n** gilt. Zur Abkürzung werden wir einfach eine Formel aus einer Integraltabelle übernehmen. Wie bei der Bestimmung der Normierung der HO-Wellenfunktion in Abschn. 6.6 brauchen wir lediglich eine Ersetzungsregel der Form **cintegrand /. integrateRule ->** *integral*.

Betrachten Sie z.B. Gl. 7.374.8 auf S. 837 von Gradshteyn und Ryzhik [29], die wir mit

```
integrateRule =
    E^(c_ + b_(x-y_)^2) HermiteH[n,a_ x] :>
        E^c Sqrt[Pi/(-b)] Sqrt[1+a^2/b]^n *
        HermiteH[n,a y/Sqrt[Together[1+a^2/b]]]
```

```
                              2
  (c_) + (b_) (x - (y_))
 E                          HermiteH[n, x (a_)] :>

                              2
    c      Pi                 a  n                    a y
   E  Sqrt[——] Sqrt[1 + ——]  HermiteH[n, ———————————————————————————]
           -b                 b                                  2
                                                                a
                                            Sqrt[Together[1 + ——]]
                                                                b
```

fast direkt übernehmen können; wir haben jedoch eine Variablensubstitution durchgeführt, um eine beliebige Breite **b_** zuzulassen; außerdem haben wir die eingebaute Funktion **Together** zur Vereinfachung des Ergebnisses verwendet.

Wir müssen jedoch im Exponenten von **cintegrand** eine quadratische Ergänzung vornehmen, bevor wir **integrateRule** anwenden können. Dazu definieren wir eine Funktion, mit der wir auch später in einem beliebigen Ausdruck **expr** die quadratische Ergänzung bezüglich einer Variablen **x** durchführen können (s. Übg. C.2.2):

```
completeSquare[expr_,x_] := expr /.
    a_. x^2 + b_. x + c_. :>
    a(x + b/(2a))^2 + Together[b^2/(-4a) + c]
```

Damit erhalten wir z.B.:

```
E^(b x - a x^2) //completeSquare[#,x]&
```

```
  2                           2
 b /(4 a) - a (-b/(2 a) + x)
E
```

was wir leicht durch Ausmultiplizieren überprüfen:

```
% //ExpandAll
```

```
         2
 b x - a x
E
```

Wir transformieren also **cintegrand** in die angestrebte Form

```
cintegrand //completeSquare[#,x]&
```

```
                       2                       2          2
            -(kPo  - 2 I kPo m wPo xPo + m  w wPo xPo )
(Power[E, ---------------------------------------------------- -
                          2 m (w + wPo)

                        I kPo + m wPo xPo 2
       m (w + wPo) (x - -----------------)       2
                          m (w + wPo)            m  w wPo 1/4
      ---------------------------------------] (----------)
                         2                          2
                                                   Pi

                                      n/2
     HermiteH[n, Sqrt[m w] x]) / (2      Sqrt[n!])
```

in der wir **integrateRule** anwenden können, definieren den **n**-ten Entwicklungskoeffizienten **c[n]** und vereinfachen:

```
c[n_] = % /.integrateRule //
                    PowerExpand //PowerContract //
                    MapAll[Together,#]& //
                    MapAll[Collect[#,n!]&,#]&
```

```
                                         2
    1/2 - n/2                       -kPo          I kPo wPo xPo
 (2            Power[E, ------------- + ------------- -
                          2 m (w + wPo)      w + wPo

              2
     m w wPo xPo                 1/4   -w + wPo n/2
     -------------] (w wPo)     (---------)
     2 (w + wPo)                    w + wPo

                                          w
     HermiteH[n, Sqrt[-(-------------------------)]
                          m (w - wPo) (w + wPo)

      (I kPo + m wPo xPo)]) / Sqrt[(w + wPo) n!]
```

Wie gewünscht gilt dieses Ergebnis für beliebige **n** und **w** und Anfanfangsbedingungen **xPo**, **kPo** und **wPo**.

Übung 8.1.1. Überprüfen Sie **c[n]** durch direkte Integration mit **integGauss** für einige kleine Werte von **n**. Hinweis: Passen Sie auf, daß Sie nicht versehentlich Muster der Form **Sqrt[(-a)(-b)]** mit **PowerExpand** in **I^2 Sqrt[a b]** umwandeln.

8.2 Zeitentwicklung

Wir stellen nun den **n**-ten Term **psi[n,x,t]** in der zeitabhängigen Superposition **psi[x,t]** auf, indem wir wie üblich die Zeitentwicklungsfaktoren

E^(-I eHO[n] t/h) einführen. Aufgabe 8.2.2 faßt die Ergebnisse dieses Abschnitts zusammen.

Wir verwenden **eHO[n] = h w (n+1/2)** und erhalten nach einigen Vereinfachungen

```
c[n_,t_] := c[n] E^(-I w (n+1/2) t)

psi[n_,x_,t_] =
    c[n,t] psiHOw[n,x] /.
        1/(Sqrt[n_] Sqrt[f_ n_]) -> 1/(n Sqrt[f]) /.
        Sqrt[f_/m] :> Sqrt[ExpandAll[f]/m] /.
        E^q_ :> E^Expand[q] //PowerContract
```

```
                                                         2              2
   1/2 - n           -I                               kPo          m w x
 (2         Power[E, -- t w - I n t w - ---------------- - ------- +
                      2                   2 m (w + wPo)       2

                                     2        2
      I kPo wPo xPo    m w wPo xPo       m w   wPo 1/4    -w + wPo n/2
      ------------- - -------------] (----------)   (--------)
        w + wPo        2 (w + wPo)           Pi          w + wPo

     HermiteH[n, Sqrt[m w] x]

                                 w
     HermiteH[n, Sqrt[-(--------------)] (I kPo + m wPo xPo)]) /
                              2     2
                          m (w  - wPo )

   (Sqrt[w + wPo] n!)
```

Wir benötigen die Summe dieser Größe über alle {**n,0,Infinity**}. Im Grenzfall **wPo -> w** eines kohärenten Zustands läßt sich die Summe unter Verwendung der erzeugenden Funktion für Hermite-Polynome (s. Aufg. 8.4.1) in geschlossener Form berechnen. Für gestauchte Zustände mit **wPo** $\neq$ **w** läßt sich die Summe ebenfalls in geschlossener Form berechnen; allerdings ist dazu eine Verallgemeinerung der erzeugenden Funktion notwendig. In jedem Fall benötigen wir lediglich eine Ersetzungsregel der Form **psi[n,x,t] /. sumRule ->** *sum* analog zu **integrateRule**.

Aufgabe 8.2.1. a) Zeigen Sie, daß **Abs[c[n,t]]^2** im Grenzfall **wPo -> w** eines kohärenten Zustands zu der *Poisson-Verteilung*

```
      2                       2       2              2
  -kPo /(2 m w) - (m w xPo )/2  kPo         m w xPo   n
 E                             (------- + ---------)
                                2 m w         2
 ----------------------------------------------------
                         n!
```

wird. Hinweis: Nutzen Sie Tatsache aus, daß die Hermite-Polynome in dem Sinne normiert sind, daß der Koeffizient der höchsten Potenz von **z** durch **2^n** gegeben ist. Siehe auch den Hinweis in Übg. 8.1.1.

b) Zeigen Sie, daß der Energieerwartungswert im kohärenten Zustand durch durch die Summe

```
Sum[Abs[c[n,t]]^2 w(n+1/2),{n,0,Infinity}]
```

gegeben ist (vgl. die Diskussion in Abschn. 2.5) und daß diese Summe

```
   2          2    2
kPo     w    m w  xPo
---- + - + ---------
2 m     2       2
```

ergibt, in Übereinstimmung mit der Grundzustandsenergie aus Übg. 8.0.2. Hinweis: Laden Sie das Paket **Algebra`SymbolicSum`**, um die Summe symbolisch zu berechnen.

c) Berechnen Sie zum Schluß die Unschärfe **deln** in der Anregungsquantenzahl **n**, und zeigen Sie, daß diese durch

```
           2        2    2
        kPo      m w  xPo
Sqrt[---- + ---------]
        2 m          2
-------------------------
         Sqrt[w]
```

gegeben ist. Dieses Ergebnis zeigt uns, daß die Anzahl der angeregten HO-Niveaus im kohärenten Zustand groß ist, wenn die klassische Energie des Zustands groß ist im Vergleich zu **w** (d.h. zu **h w** in herkömmlichen Einheiten). Erzeugen Sie einige Darstellungen der Poisson-Verteilung in Abhängigkeit von **n**.

Betrachten wir eine Formel von Morse und Feshbach [50], S. 786, die wir direkt durch

```
sumRule =
    z^n 2^-n/n! HermiteH[n,x_] HermiteH[n,y_] ->
    E^((-x^2 - y^2 + 2 x y z)/(1-z^2))/Sqrt[1-z^2] E^(x^2 + y^2)
```

```
 n
z  HermiteH[n, x_] HermiteH[n, y_]
---------------------------------- ->
              n
             2  n!

    2     2      2     2             2
   x  + y  + (-x  - y  + 2 x y z)/(1 - z )
  E
  ----------------------------------------
                        2
               Sqrt[1 - z ]
```

eingeben können, um die Summe von **z^n 2^-n/n! HermiteH[n,x] HermiteH[n,y]** über alle **n** durch eine Gauß-Funktion in **x**, **y** und **z** zu ersetzen. (Dieser Ausdruck beinhaltet jedoch gegenüber Morse und Feshbach eine Korrektur: **Sqrt[1+z^2]** in ihrer Formel wurde hier zu **Sqrt[1-z^2]** geändert.)

Man überzeugt sich leicht davon, daß es einige geringe Musterunterschiede zwischen **psi[n,x,t]** und **sumRule** gibt, so daß **sumRule** so nicht funktioniert. Wir müssen den von **n** abhängigen Exponenten und die Wurzel **(...)^(n/2)** in **psi[n,x,t]** berücksichtigen; dies tun wir, indem wir **z** in **sumRule** durch **z -> E^a Sqrt[zp]** ersetzen. Wir lassen einige weitere Faktoren zu und schreiben nunmehr

```
sumRule =
    (f_ E^c_ Sqrt[2] z^n 2^-n/n! *
      HermiteH[n,x_] HermiteH[n,y_] /.
        z -> E^a_ Sqrt[zp_] ) ->
    (f E^c Sqrt[2] E^((-x^2 - y^2 + 2 x y z)/(1-z^2))/
      Sqrt[1-z^2] E^(x^2 + y^2) /.
        z -> E^a Sqrt[zp] ) //
        PowerExpand
```

```
  1/2 - n  n (a_) + (c_)
(2         E               HermiteH[n, x_]

                                    n/2
     HermiteH[n, y_] (f_) (zp_)    ) / n! ->

                          2    2
  (Sqrt[2] Power[E, c + x   + y   +

         2     2          a
       -x   - y   + 2 E   x y Sqrt[zp]                2 a
       --------------------------------] f) / Sqrt[1 - E    zp]
                      2 a
                1 - E    zp
```

um die Summe über **psi[n,x,t]** auszuführen. Nach Vereinfachung erhalten wir

```
psi[x_,t_] = psi[n,x,t] /.sumRule /.
                    Sqrt[a_] :> PowerExpand[Sqrt[Factor[a]]] /.
                    1/Sqrt[a_] :> 1/Sqrt[Together[a]] //
                    PowerContract
```

```
                                        2                  2
                 -I                  kPo              m w x      I kPo wPo xPo
(Sqrt[2] Power[E, -- t w - ----------------- + ------- + ------------------- -
                  2          2 m (w + wPo)          2           w + wPo

              2                       2
   m w wPo xPo      w (I kPo + m wPo xPo)
   -------------- - ---------------------- +
   2 (w + wPo)             2      2
                         m (w  - wPo )

                   -I t w
             2   2 E       w x (I kPo + m wPo xPo)
   (-(m w x ) + ---------------------------------- +
                             w + wPo

                                   2        -2 I t w
       w (I kPo + m wPo xPo)              E          (-w + wPo)
       ------------------------) / (1 - ----------------------)]
              2      2                         w + wPo
            m (w  - wPo )

      2
  m w  wPo 1/4
 (-----------)    ) /
      Pi

           -2 I t w          2 I t w               2 I t w
    Sqrt[E          (w + E          w - wPo + E           wPo)]
```

für die Wellenfunktion eines sich bewegenden Wellenpakets, wobei wir besonders darauf geachtet haben, die komplexen Faktoren in der Quadratwurzel im Nenner nicht aufzuspalten. Wir können dieses Ergebnis teilweise überprüfen, indem wir uns davon überzeugen, daß wir wieder **psi[x,0]** erhalten, wenn wir **t -> 0** einsetzen:

```
psi[x,0] == psi[x,t] /.t -> 0 /.
          E^q_ :> E^Expand[Together[q]]
```

```
True
```

Beachten Sie, daß wir hier eine Ersetzung vornehmen müssen, um den Grenzwert **t -> 0** aus **psi[x,t]** herzuleiten. Ansonsten würde *Mathematica* unsere ursprüngliche Definition von **psi[x,0]** (aus Abschn. 8.0) auf beiden Seiten dieses Vergleichs verwenden. (Werfen Sie einen Blick auf **?psi**.)

In Aufg. 8.2.2 zeigen wir, daß sich **psi[x,t]** erheblich vereinfachen läßt, wodurch die Gaußsche Form des gestauchten Zustands deutlich wird.

Aufgabe 8.2.2. Vereinfachen Sie **psi[x,t]** zu

```
psi[x_,t_] :=
    E^(I xphase - (m wP[t] (x-xP[t])^2)/2) (m wP[t]/Pi)^(1/4)
```

wobei **wP[t]**, **xP[t]** und **xphase** am besten durch Ersetzungsregeln definiert werden:

```
wPrule := wP[t] -> w^2 wPo/(w^2 Cos[t w]^2 + wPo^2 Sin[t w]^2)

xPrule := xP[t] -> xPo Cos[t w] + kPo Sin[t w]/(m w)

xphaserule := xphase ->
    -w t/2 -
    ArcTan[(wPo-w)Cos[t w] Sin[t w]/
    (w Cos[t w]^2 + wPo Sin[t w]^2)]/2 + ((-kPo^2/(2m) +
    (m (-w^2 + wPo^2) x^2)/2 + m wPo^2 xPo^2/2) *
    Cos[t w] Sin[t w] wP[t])/(w wPo) +
    (kPo wPo xPo Sin[t w]^2 wP[t])/w^2 +
    (x (kPo w Cos[t w] - m wPo^2 xPo Sin[t w]) wP[t])/(w wPo)
```

Hinweis: Diese Aufgabe beinhaltet sehr viele algebraische Umformungen. Halten Sie ihre Zwischenergebnisse so kompakt wie möglich. Stellen Sie Ersetzungen der Form

```
w + E^(2 I t w) w - wPo + E^(2 I t w) wPo ->
    2 E^(I t w) (w Cos[t w] + I wPo Sin[t w])
```

auf.

8.3 Newtonsche Gesetze

Aus den Ergebnissen von Aufg. 8.2.2 entnehmen wir, daß das Absolutquadrat der Wellenfunktion wie angekündigt eine bemerkenswert einfache Form besitzt, nämlich:

```
Needs["Quantum`QuickReIm`"]

psisq[x_,t_] = Conjugate[psi[x,t]] psi[x,t]
```

```
            m wP[t]
       Sqrt[───────]
              Pi
   ──────────────────────────
                           2
   m wP[t] (x - xP[t])
  E
```

Dies ist wieder die Form der ursprünglichen Wahrscheinlichkeitsdichte; die Position **xPo** des Maximums und der Breitenparameter **wPo** sind jedoch durch die in Aufg. 8.2.2 definierten zeitabhängigen Größen **xP[t]** und **wP[t]** ersetzt. (Das Paket **Quantum`QuickReIm`** lädt unsere symbolische Regel **Conjugate** aus Übg. C.2.4.)

Es folgt aus der Ähnlichkeit von **psisq[x,t]** mit dem ursprünglichen Wellenpaket (und ebenso mit dem Wellenpaket für ein freies Teilchen in Kap. 4), daß **xP[t]** den Ortserwartungswert angibt:

```
xExp[t_] = xP[t] /.xPRule

                   kPo Sin[t w]
  xPo Cos[t w] + ────────────
                      m w
```

Wir zeigen in Aufg. 8.3.1, daß der Erwartungswert des Impulses durch

```
pExp[t_] := kPo Cos[t w] - m w xPo Sin[t w]
```

gegeben ist. (Denken Sie daran, daß wir **h = 1** gesetzt haben.) Demnach folgt das Maximum des Wellenpakets genau der Trajektorie **x[t]** eines klassischen Oszillators mit den Anfangsbedingungen **x[0] = xPo** und **x'[0] = kPo/m**. Im Vergleich mit der klassischen Lösung aus Übg. 8.0.1 erhalten wir somit

```
{xExp[t] == x[t], pExp[t] == m v[t]} //ExpandAll

  {True, True}
```

Beachten Sie, daß das Maximum des Wellenpakets entsprechend der klassischen Kraft beschleunigt, so daß gilt:

```
{m D[xExp[t],t] == pExp[t], D[pExp[t],t] == -m w^2 xExp[t]} //
    ExpandAll

  {True, True}
```

Dies sind wiederum (vgl. Abschn. 4.2) Beispiele für das Ehrenfestsche Theorem (s. Aufg. 18.2.2).

Außerdem folgt aus der Ähnlichkeit zwischen **psisq[x,t]** und dem ursprünglichen Wellenpaket, daß **wP[t]** die Unschärfe in **x** angibt:

```
delx[t_] = 1/Sqrt[2m wP[t]] /.wPRule //
               PowerExpand //PowerContract

            2          2     2           2
           w  Cos[t w]  + wPo  Sin[t w]
   Sqrt[-----------------------------------]
                       m wPo
   ------------------------------------------
                   Sqrt[2] w
```

Übung 8.3.1. Berechnen Sie **xExp[t]** und **delx[t]** direkt, indem Sie **x** und **x^2** mit **psisq[x,t]** integrieren.

Folglich oszilliert die Breite des Wellenpakets mit der Zeit. Wie wir in Aufg. 8.3.1 zeigen werden, oszilliert auch die Impulsunschärfe, allerdings nicht umgekehrt proportional zur Ortsunschärfe. Demnach bleiben gestauchte Zustände nicht für alle Zeiten Wellenpakete minimaler Unschärfe. Das Unschärfeprodukt oszilliert vielmehr mit einer Frequenz, die doppelt so groß ist wie die Frequenz, mit der die Wellenpakete im Topf hin- und herlaufen. Das Unschärfeprodukt ist in Abb. 8.1 als Funktion der Zeit dargestellt.

Die Zeitentwicklung des Wellenpakets ist in Abb. 8.2 mit Hilfe von **GraphicsArray** dargestellt; es sind Sequenzen der Wahrscheinlichkeitsdichte **psisq[x,t]** für drei verschiedene Fälle gezeigt: **wPo < w**, **wPo = w** und **wPo > w**. Jede Sequenz wurde erzeugt, indem eine Tabelle von Graphen der

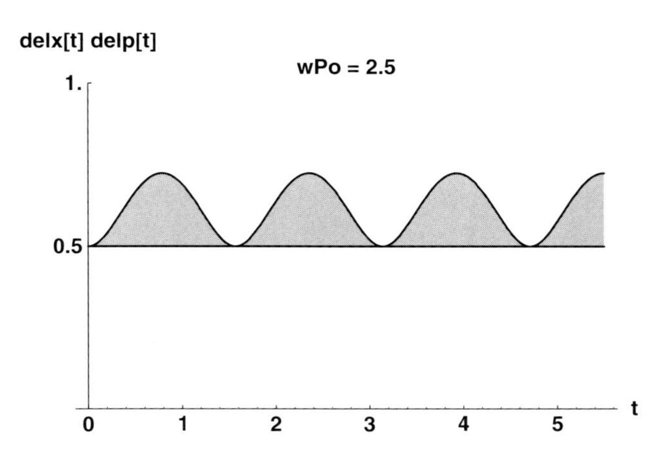

Abb. 8.1. Unschärfeprodukt **delx[t] delp[t]** eines gestauchten Zustands als Funktion der Zeit für **w = 1**, also mit Periode **Pi**. Zur Darstellung wurde die Funktion **FilledPlot** wie bei der Darstellung des Unschärfeprodukts der zweikomponentigen Kastenwellenfunktion in Abb. 3.1 verwendet.

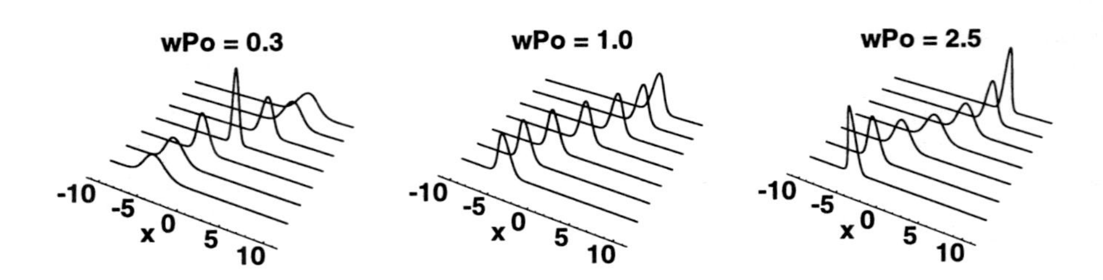

Abb. 8.2. Zeitentwicklung gestauchter Wellenpakete mit drei verschiedenen Breitenparametern **wPo**, aber derselben ursprünglichen Auslenkung **xPo = -5** und demselben Anfangsimpuls **kPo = 0**. Der Einfachheit halber haben wir hier **m = w = 1** gesetzt. Die Zeit nimmt von vorne nach hinten zu, von **t = 0** in gleichen Schritten bis zu einer halben Periode **Pi/w**. Das mittlere Paket mit **wPo = 1** ist ein kohärenter Zustand. (Die Funktion **StackGraphics** ist mit hohem Rechenaufwand verbunden. Diese Abbildung wurde in etwas mehr als dreieinhalb Minuten auf einem NeXT Cube mit 33 MHz und 16 MB erstellt.)

Wahrscheinlichkeitsdichte in gleichen Zeitschritten als Argument für **StackGraphics** verwendet wurde, wie bei der Erzeugung von Abb. 4.1. Da die Bewegung die Periode **2Pi/w** und die Oszillation des Unschärfeprodukts die Periode **Pi/w** aufweist, muß nur eine halbe Periode **Pi/w** dargestellt werden. Die sinusförmigen Trajektorien sind dennoch klar zu erkennen.

Übung 8.3.2. Untersuchen Sie die Zeitentwicklung gestauchter Zustände für eine Reihe verschiedener Anfangsbedingungen. Probieren Sie beispielsweise ein stationäres Wellenpaket mit **xPo = kPo = 0** aus.

Aufgabe 8.3.1. Zeigen Sie, ausgehend von **psi[x,t]** aus Aufg. 8.2.2, daß Impulserwartungswert und -unschärfe durch

```
pExp[t_] := kPo Cos[t w] - m w xPo Sin[t w]
delp[t_] := Sqrt[m/(2wPo) (wPo^2 Cos[t w]^2 + w^2 Sin[t w]^2)]
```

gegeben sind. Wir werden diese Größen in Abschn. 11.11 (Aufg. 11.11.1) mit erheblich weniger Aufwand berechnen, wenn wir die zur Wellenfunktion **psi[x,t]** reziproke Impulsverteilung **phi[k,t]** herleiten.

Zeigen Sie, daß das Unschärfeprodukt **delx[t] delp[t]** für einen gestauchten Zustand sich als

```
                 2      2 2              2
         1    (w  - wPo )  Sin[2 t w]
Sqrt[- + ---------------------------]
         4              2    2
                  16 w  wPo
```

schreiben läßt, was zeigt, daß kohärente Zustände mit **wPo = w** zu allen Zeiten Zustände minimaler Unschärfe sind und daß **2w** die Frequenz ist, mit der gestauchte Zustände minimale Unschärfe erreichen.

Berechnen Sie schließlich noch den Energieerwartungswert im Zustand **psi[x,t]**, und zeigen Sie, daß er gleich dem Wert aus Übg. 8.0.2 für den ursprünglichen Zustand ist, daß also die Energie erhalten bleibt (vgl. Aufg. 8.2.1).

8.4 Quasiklassische Zustände

Abbildung 8.2 verdeutlicht, daß kohärente Zustände innerhalb des Topfes hin- und herschwingen, ohne ihre Form zu ändern. Demnach ist die Breite des Wellenpakets im Grenzfall **wPo -> w**,

```
delx[t] /.wPo -> w /.
    Cos[z_]^2 -> 1 - Sin[z]^2 //
    ExpandAll //PowerExpand //PowerContract

          1
-------------------
Sqrt[2] Sqrt[m w]
```

wie bereits erwähnt, zeitunabhängig; sie ist gleich der Breite der Wellenfunktion des harmonischen Oszillators im Grundzustand. Außerdem ersehen wir aus Aufg. 8.3.1, daß die Impulsunschärfe kohärenter Zustände

```
delp[t] /.wPo -> w /.
    Cos[z_]^2 -> 1 - Sin[z]^2 //
    ExpandAll //PowerExpand //PowerContract

Sqrt[m w]
---------
 Sqrt[2]
```

zeitunabhängig ist. Folglich bleiben kohärente Zustände zu jeder Zeit Zustände minimaler Unschärfe, und die Wahrscheinlichkeitsverteilung kohärenter Zustände ist gerade die Verteilung des HO-Grundzustands, nur um **xP[t]** verschoben:

```
psisq[x,t] //.{wP[t] -> wPo, wPo -> w}

          m w
     Sqrt[---]
          Pi
-------------------
                  2
 m w (x - xP[t])
E
```

Kohärente Zustände erleiden also keine Dispersion, die normalerweise zu Inkohärenz und zu einer Verbreiterung des Wellenpakets führt. Ferner stimmen Erwartungswerte wichtiger beobachtbarer Größen in kohärenten Zuständen mit den entsprechenden klassischen Variablen überein. Kohärente Zustände werden daher häufig als *quasiklassisch* bezeichnet.

In diesem Zusammenhang ist es interessant, daß der in **x** lineare Teil der Phase des kohärenten Zustands aus Aufg. 8.2.2

```
xphase /.xphaseRule //.{wP[t] -> wPo, wPo -> w} //
    Select[#,!FreeQ[#,x]&]& //Expand //Factor

  x (kPo Cos[t w] - m w xPo Sin[t w])
```

durch den klassischen Impuls **m v[t]** aus Übg. 8.0.1 gegeben ist. (Hier wurde die eingebaute Funktion **Select** mit dem Kriterium **!FreeQ[#,x]&** angewandt, um die gewünschten Terme herauszugreifen; s. Übg. C.1.9.) Folglich ist dieser Teil der Phase ein Impulsboost,

```
E^(I %) == E^(I m v[t] x) //ExpandAll

  True
```

Zum Schluß sollten wir noch erwähnen, daß kohärente Zustände üblicherweise (s. z.B. Merzbacher [46], Kap. 15) als Eigenzustände des in Abschn. 6.7 eingeführten Absteigeoperators definiert werden. Hier benötigen wir die für **h = 1** definierten Auf- und Absteigeoperatoren und schreiben daher:

```
p  @ psi_ := -I D[psi,x]
aL @ psi_ := Sqrt[m w/2] (x psi + I p @ psi/(m w))
aR @ psi_ := Sqrt[m w/2] (x psi - I p @ psi/(m w))
```

Wie bei der Lösung des HO-Eigenwertproblems lassen sich mit Hilfe dieser Operatoren viele der Eigenschaften von kohärenten und gestauchten Zuständen, die wir hier untersucht haben, algebraisch auf sehr kompakte und direkte Weise herleiten (s. z.B. Cohen-Tannoudji, Dupont-Roc und Grynberg [16] und auch Friedrich [25]).

Da der Absteigeoperator nicht hermitesch ist, sind seine Eigenwerte nicht reell. Wenn wir ihn auf den Anfangszustand anwenden und dann durch diesen teilen, erhalten wir im Grenzfall eines kohärenten Zustands den komplexen Eigenwert

```
alpha = aL @ psi[x,0]/psi[x,0] /.wPo -> w //
                Expand //PowerExpand //PowerContract

          I kPo              Sqrt[m w] xPo
  ----------------------  +  -------------
  Sqrt[2] Sqrt[m w]             Sqrt[2]
```

Diese Größe kann jeden Wert annehmen, da sie die klassische Energie des Oszillators gemäß

```
w Conjugate[alpha] alpha //Expand

   2       2   2
kPo     m w  xPo
---- + ---------
2 m        2
```

bestimmt.

Die Nichthermitezität bedeutet auch, daß zwei kohärente Zustände, die zu verschiedenen Eigenwerten gehören, nicht orthogonal sind. Vielmehr bestimmt der Abstand zwischen zwei Eigenwerten in der komplexen Ebene den Grad, zu dem die zwei kohärenten Eigenzustände näherungsweise orthogonal sind (s. Übg. 8.4.2).

Wir werden in Abschn. 11.11 auf die gestauchten Zustände eines Oszillators zurückkommen und kurz ihre Impulsdarstellung untersuchen.

Wir sollten noch anmerken, daß viel Mühe darauf verwendet wurde, Wellenpakete mit minimaler Unschärfe für andere Potentiale aufzustellen. Beispielsweise haben neuere Untersuchungen darauf hingewiesen, daß es möglich sein sollte, ein *Kepler-Wellenpaket* aufzustellen, das einen lokalisierten Zustand eines Elektrons darstellt, das sich mit minimaler Unschärfe entlang einer Kepler-Ellipse bewegt. Eine kurze Zusammenfassung zu diesem Thema findet sich in Alber und Zoller [3]; vgl. auch Friedrich [25].

Übung 8.4.1. Zeigen Sie, daß der zeitabhängige kohärente Zustand **psi[x, t]/.wPo -> w** auch eine Eigenfunktion des Absteigeoperators **aL** ist. Zeigen Sie, daß er jedoch keine Eigenfunktion des Aufsteigeoperators **aR** ist.

Übung 8.4.2. Betrachten Sie zwei kohärente Anfangszustände **psiC[x,0]** und **psiCp[x,0]**, die zwei Anfangsbedingungen {**xPo,kPo**} bzw. {**xPop, kPop**} und somit zwei komplexen Eigenwerten **alpha** bzw. **alphap** entsprechen. Zeigen Sie, daß das Absolutquadrat des Überlappungsintegrals dieser beiden Zustände durch

```
E^(-Conjugate[alpha-alphap] (alpha-alphap))
```

gegeben ist.

Aufgabe 8.4.1. Leiten Sie die Wellenfunktion des kohärenten Zustands her, indem Sie den Grenzfall **wPo -> w** in den Grundzustand **psi[x,0]** einsetzen und unsere Herleitung von **psi[x,t]** nachvollziehen. Führen Sie diesmal jedoch die Summe über **n** unter Verwendung der erzeugenden Funktion für Hermite-Polynome aus Übg. 6.4.2 aus.

9. Grundlegende Matrixmechanik

Es ist möglich und oft sehr effektiv, eine physikalische Größe **Q** durch ihre Integrale zwischen einem vollständigen Satz von Wellenfunktionen darzustellen, z.B. zwischen den Basiszuständen des harmonischen Oszillators:

```
Integrate[psiHO[n,x] Q @ psiHO[k,x],{x,-Infinity,Infinity}]
```
(9.0.1)

für alle **n** und **k**. Diese Integrale werden in einem quadratischen Feld, einer *Matrix* aus Zeilen mit dem Index **n** und Spalten mit dem Index **k** angeordnet; eine einzelne Eintragung bezeichnet man als das **n**-**k**-te *Matrixelement* von **Q**. Die dynamische Beschreibung mittels dieser Darstellung wird als *Matrixmechanik* bezeichnet und wurde von Heisenberg eingeführt, kurz bevor Schrödinger die Wellengleichung entdeckte. Wie wir sehen werden, ist sie der Wellenmechanik vollständig äquivalent und liefert bei diskretem Eigenwertspektrum nicht nur eine bequeme, sondern auch eine sehr mächtige Darstellung.

Wir geben Matrizen als Listen von Listen ein. Wir bezeichnen die Matrixelemente **Q** als **Qme[n,k]** und bilden die Matrix als Tabelle über **n** und **k**. Durch **MatrixForm** wird das Ergebnis geeignet formatiert.

```
nmax = 4;
Table[Qme[n,k],{n,0,nmax},{k,0,nmax}] //MatrixForm
```

```
Qme[0, 0]   Qme[0, 1]   Qme[0, 2]   Qme[0, 3]   Qme[0, 4]
Qme[1, 0]   Qme[1, 1]   Qme[1, 2]   Qme[1, 3]   Qme[1, 4]
Qme[2, 0]   Qme[2, 1]   Qme[2, 2]   Qme[2, 3]   Qme[2, 4]
Qme[3, 0]   Qme[3, 1]   Qme[3, 2]   Qme[3, 3]   Qme[3, 4]
Qme[4, 0]   Qme[4, 1]   Qme[4, 2]   Qme[4, 3]   Qme[4, 4]
```

Im Fall der HO-Basis geben wir natürlich nur eine *abgeschnittene* Version der Matrix ein und aus, da sie unendlichdimensional ist. Hier arbeiten wir mit **nmax = 4** und demnach mit fünf Dimensionen. Die Diagonalelemente (von links oben nach rechts unten) sind gerade die Erwartungswerte von **Q** in der HO-Basis. Offenbar können wir eine Matrixdarstellung in jeder Basis aufstellen. Die HO-Basis bietet lediglich ein gutes Beispiel, das man leicht nachvollziehen kann. Allgemein hängt die Wahl geeigneter Basiszustände vom System und den betrachteten physikalischen Größen ab.

9.1 Orts- und Impulsmatrixelemente des HO

Betrachten wir die Matrixelemente des Ortes **x** und des Impulses **p** des Oszillators. Obwohl es einige verschiedene Methoden gibt, diese Integrale auszuwerten, bespielsweise mit Hilfe der Beziehungen zwischen den Hermite-Polynomen, ist es am einfachsten, sie mit den in Abschn. 6.7 eingeführten Auf- und Absteigeoperatoren algebraisch herzuleiten. Wir werden auf diesen Ansatz in Abschn. 15.4 eingehen. Zur Demonstration der Matrixdarstellung stellen wir hier jedoch einfach die Ergebnisse aus Aufg. 15.4.1 vor:

```
xme[n_,k_] = Sqrt[h/(2m w)] *
        (Sqrt[k+1] KD[n,k+1] + Sqrt[k] KD[n,k-1]);

pme[n_,k_] = I Sqrt[h m w/2] *
        (Sqrt[k+1] KD[n,k+1] - Sqrt[k] KD[n,k-1]);
```

Dabei ist **KD[n,k]** das *Kronecker-Delta*, das für **n = k** Eins ist und für **n** $\neq$ **k** verschwindet. Es ergibt sich hier aus der Orthonormalität der Eigenfunktionen. Wir geben also folgende Regeln ein:

```
KD[n_, n_] := 1
KD[n_?NumberQ, k_?NumberQ] := 0
```

Die Abfragen mit **?NumberQ** in der zweiten Regel stellen sicher, daß **KD[n,k]** nur dann berechnet wird, wenn **n** und **k** Zahlen sind. Dies wird es uns ermöglichen, Ausdrücke zu kombinieren und zu vereinfachen, die **KD[n,k]** symbolisch enthalten (s. auch Übg. C.2.6). Die Deltafunktion liefert die Matrixelemente der Identitätsmatrix, die auf der Diagonalen Einsen und ansonsten Nullen enthält. Die Identitätsmatrix in **d** Dimensionen ist auch durch die eingebaute Funktion **IdentityMatrix[d]** gegeben. Für eine 5×5-Matrix gilt also beispielsweise:

```
IdentityMatrix[5] == Table[ KD[n,k],{n,0,4},{k,0,4} ]

  True
```

Übung 9.1.1. Überprüfen Sie unsere Definition des Kronecker-Deltas anhand einiger Beispiele.

Die Reihenfolge (s. **?KD**) der Regeln in unserer Definition von **KD** ist wichtig. Erklären Sie warum. Hinweis: Speziellere Regeln müssen im allgemeinen zuerst ausprobiert werden. Verwenden Sie **Clear[KD]**, und kehren Sie die Reihenfolge der Regeln um.

9.2 Orts- und Impulsmatrizen des HO

Wir stellen nun abgeschnittene Matrizen für **x** und **p** auf. Um für die Darstellung kompakte Ergebnisse zu erhalten, müssen wir die Skalierungsfaktoren herausdividieren, bevor wir mit **TableForm** formatieren. Bleiben wir bei fünf Dimensionen mit **nmax = 4**, so erhalten wir:

```
xMatrix = Table[xme[n,k],{n,0,nmax},{k,0,nmax}];

xMatrix/Sqrt[h/(2m w)] //
    TableForm[#,TableAlignments -> Center]&

0      1        0        0       0
1      0     Sqrt[2]     0       0
0   Sqrt[2]     0     Sqrt[3]    0
0      0     Sqrt[3]     0       2
0      0        0        2       0
```

```
pMatrix = Table[pme[n,k],{n,0,nmax},{k,0,nmax}];

pMatrix/Sqrt[h m w/2] //
    TableForm[#,TableAlignments -> Center]&

0       -I            0             0          0
I        0        -I Sqrt[2]        0          0
0    I Sqrt[2]        0         -I Sqrt[3]     0
0        0        I Sqrt[3]         0        -2 I
0        0            0            2 I         0
```

Übung 9.2.1. Berechnen Sie diese abgeschnittenen Matrizen, indem Sie **x** und **p** explizit mit **integGauss** integrieren. Welche Matrixelemente verschwinden schon allein aufgrund der Parität?

Übung 9.2.2. Bestimmen Sie die Matrixelemente von **x** und **p** zwischen den skalierten HO-Wellenfunktionen **psiHOz[n,z]** und zwischen den Funktionen **psiHO[n,a,x]** aus Übg. 6.6.3.

Wir sehen, daß jede dieser Matrizen gleich der komplex Konjugierten ihrer Transponierten ist, d.h. daß man die ursprüngliche Matrix erhält, wenn man alle Elemente komplex konjugiert und Zeilen und Spalten vertauscht. Solche Matrizen nennt man hermitesch. Da **xMatrix** jedoch eine reelle Matrix ist, ist sie gerade gleich ihrer Transponierten und ist demzufolge *symmetrisch*. Unter Verwendung der eingebauten Funktion **Transpose** und unserer symbolischen Funktion **Conjugate** aus dem Paket **Quantum`QuickReIm`** überprüfen wir leicht:

```
Needs["Quantum`QuickReIm`"]

{pMatrix == Conjugate[Transpose[pMatrix]],
 xMatrix == Transpose[xMatrix]}

  {True, True}
```

Wenn wir diese Beziehungen durch die Matrixelemente ausdrücken, erhalten wir z.B. **pme[n,k] == Conjugate[pme[k,n]]**, was wir als Definition der Hermitizität des Impulsoperators wiedererkennen (s. Abschn. 1.1 und Aufg. 1.1.1). Wir verlangen, daß *in der Matrixmechanik sämtliche meßbaren Größen durch hermitesche Matrizen dargestellt werden.* Ihre Diagonalelemente sind dann die (reellen) Erwartungswerte der physikalischen Größe, die in der gewählten Basis dargestellt wird.

9.3 Matrix des HO-Hamilton-Operators

Wir können sämtliche Berechnungen mit herkömmlicher Matrixalgebra durchführen. Beispielsweise ergibt das Matrixprodukt **pMatrix.pMatrix** das Quadrat der Impulsmatrix, und wir können die Matrix des Hamilton-Operators direkt durch

```
pMatrix.pMatrix/(2m) + m w^2/2 xMatrix.xMatrix //
     TableForm[#,TableAlignments -> Center]&
```

```
h w
---     0       0       0       0
 2

       3 h w
0      -----    0       0       0
         2

               5 h w
0       0      -----    0       0
                 2

                       7 h w
0       0       0      -----    0
                         2

0       0       0       0     2 h w
```

berechnen. Dies ist eine Diagonalmatrix mit den Eigenenergien entlang der Diagonalen, bis auf das letzte Diagonalelement. Wir werden in Kürze zeigen, daß der Fehler in diesem Element durch die Verwendung abgeschnittener Matrizen bedingt ist.

Übung 9.3.1. Überprüfen Sie dieses Ergebnis, indem Sie **hamiltonian [VHO]** explizit mit **integGauss** integrieren.

Wir können leicht verstehen, warum die Matrix des Hamilton-Operators diagonal ist. Da die HO-Basiszustände Eigenfunktionen des Hamilton-Operators sind, sind die Matrixelemente des Hamilton-Operators gerade die Eigenenergien **h w (k + 1/2)**, multipliziert mit den Überlappungsintegralen der Basisfunktionen miteinander. Da die Basisfunktionen orthonormal sind, sind die Überlappungsintegrale einfach Kronecker-Deltas:

```
hHOme[n_,k_] := h w (k + 1/2) KD[n,k]
```

Wenn wir diese Gleichung in fünf Dimensionen als Matrixgleichung schreiben, erhalten wir das vorherige Ergebnis, nur daß das letzte Diagonalelement jetzt die richtige Eigenenergie **9/2 h w** angibt.

Wir gehen einen Schritt zurück und berechnen die Matrixelemente des Hamilton-Operators, indem wir die Matrixmultiplikation als unendliche Summation über sämtliche Matrixelemente ausführen. Erinnern Sie sich, daß das **n**-**k**-te Element des Produktes **A.B** zweier Matrizen die Kontraktion, d.h. das Skalarprodukt der **n**-ten Zeile von **A** mit der **k**-ten Spalte von **B** ist. Demnach ist **hHOme[n,k]** durch die Summe über alle {**l,0,Infinity**} von

```
Needs["Quantum`PowerTools`"]

pme[n,l] pme[l,k]/(2m) + m w^2/2 xme[n,l] xme[l,k] //
    Expand //PowerContract
```

```
h Sqrt[(1 + k) l] w KD[l, 1 + k] KD[n, -1 + l]
---------------------------------------------- +
                      2

 h Sqrt[k (1 + l)] w KD[l, -1 + k] KD[n, 1 + l]
 ----------------------------------------------
                       2
```

gegeben. In diesem Fall sind die beiden Summen jedoch einfach zu berechnen, da die Kronecker-Deltas **KD[l,±1 + k]** jede der beiden Summen auf einen einzigen Term mit **l -> ±1 + k** reduzieren. Wir können daher die Summen durch Mustervergleiche ausführen, die Ersetzungsregeln für **l** einführen. Wie gewünscht erhalten wir somit:

```
% /. f_ KD[l,k_] :> (f /.l->k) //
      PowerExpand //Expand //Collect[#,{h,w,KD[n,k]}]&
```

```
   1
h (- + k) w KD[n, k]
   2
```

Obwohl Matrix- und Wellenmechanik zu äquivalenten Schlußfolgerungen führen, beispielsweise zu denselben Eigenwertspektren, besteht der große Nutzen des Matrixformalismus in der hohen Effizienz, mit der Maschinen die Eigenwerte und Eigenvektoren von hermiteschen Matrizen berechnen können. Wir werden diese Herangehensweise im nächsten Kapitel demonstrieren.

Übung 9.3.2. Stellen Sie den Kommutator von **x** und **p** als Matrix auf, und zeigen Sie **[x,p] == I h** (vgl. Übg. 1.1.2). Tun Sie dies zuerst mit den abgeschnittenen Matrizen **xMatrix** und **pMatrix** und dann exakt mit Hilfe von Summen über sämtliche Matrixelemente.

Aufgabe 9.3.1. Berechnen Sie die Unschärfematrizen Δ**x** und Δ**p**, und zeigen Sie, daß die Diagonalelemente ihres Produkts Δ**x** Δ**p** durch

```
h (1 + 2 n)
-----------
     2
```

gegeben sind. Tun Sie dies zuerst mit abgeschnittenen Matrizen und dann exakt als Summen über Matrixelemente (vgl. Kap. 3). Hinweis: Fügen Sie dem Kronecker-Delta aus Übg. C.2.6 die folgenden beiden Regeln hinzu:

```
KD[n_,n_ + m_] := 0
KD[n_ + m_,n_] := 0
```

Aufgabe 9.3.2. Mit Hilfe der analytischen Ergebnisse für **xme[n,k]** und **pme[n,k]** können wir für Matrixelemente vieler verschiedener Funktionen von **x** und **p** in der HO-Basis Ausdrücke in geschlossener Form erhalten. Zeigen Sie allgemein, daß die Erwartungswerte des Potentials **V[x] = b x^4** des anharmonischen Oszillators durch

```
        2               2
3 b h  (1 + 2 n + 2 n )
-------------------------
            2  2
         4 m  w
```

gegeben sind. Verwenden Sie die Regeln für das Kronecker-Delta aus der vorangehenden Aufgabe. Überprüfen Sie dieses Ergebnis durch direkte Integration für einige Werte von **n**. Berechnen Sie den Erwartungswert von **V[x]** zwischen den Funktionen **psiHO[n,a,x]** aus Übg. 6.6.3. Vergleichen Sie mit Ihren Variationsergebnissen aus Aufg. 7.3.2.

Aufgabe 9.3.3. Stellen Sie die Matrizen von **x** und **p** für die Kasteneigenfunktionen aus Kap. 2 auf, und überprüfen Sie deren Eigenschaften (vgl. Übg. 2.6.1).

10. Exakte Teildiagonalisierung

Angenommen, wir verwenden weiterhin die HO-Eigenfunktionen als Basis und berechnen die Matrixelemente eines anderen Hamilton-Operators, der ein anderes System als den harmonischen Oszillator beschreibt. Offensichtlich wäre die resultierende Matrix nicht diagonal. Wir untersuchen jetzt, wie wir die Dynamik des durch den neuen Hamilton-Operator definierten Systems bestimmen können.

Die entscheidende Idee besteht darin, die Schrödinger-Gleichung als Matrixgleichung zu behandeln und in der Matrixdarstellung Eigenwerte und Eigenvektoren zu berechnen. Der Matrixformalismus, der sich so ergibt, liefert eine allgemeine und oft mächtige Methode, das Energiespektrum des neuen Systems abzuschätzen. Wie die Variationsmethode ist die Matrixmechanik besonders dann nützlich, wenn keine Lösung mit herkömmlichen Funktionen bekannt ist; dies ist normalerweise der Fall ist.

Da moderne „Konservenroutinen" die Berechnungen übernehmen (vgl. die eingebauten Funktionen **Eigenvalues** und **Eigenvectors** und *Numerical Recipes* [55], Kap. 11), besteht der größte Aufwand darin, die Matrixelemente zu berechnen und folglich eine geeignete Basis zu suchen; diese sollte einen großen Teil der Physik enthalten, aber dennoch handhabbar sein. Effektiv konstruiert man Linearkombinationen der Basisfunktionen, die den neuen Hamilton-Operator diagonalisieren. Diese Methode liefert jedoch im allgemeinen nur eine Näherung, da in der Praxis der Basissatz, und damit die Matrix des Hamilton-Operators, abgeschnitten werden muß; diese Einschränkung erlegt uns der Rechner auf. Diese Herangehensweise wird daher als *exakte Teildiagonalisierung* bezeichnet. Sie ist eng verwandt mit der Variationsmethode und kann sogar aus einer *linearen* Variationsmethode hergeleitet werden (s. z.B. Morrison, Estle und Lane [48], Kap. 4 oder Pauling und Wilson [53], Abschn. 26). Außerdem lassen sich die beiden Ansätze durch Einführung zusätzlicher Variationsparameter in die Basisfunktionen kombinieren (s. z.B. Bethe und Salpeter [6], Abschn. 32 bis 34).

Zur Einführung in die Methode betrachten wir noch einmal den in Abschn. 7.3 eingeführten Modell-Hamilton-Operator:

```
hamiltonian[V_] @ psi_ := -1/2 D[psi,{z,2}] + V psi

V   = VHO E^(-b z^2);     b  =  0.1;
VHO = Vo + z^2/2;         Vo = -2.0;
```

Wie in Abschn. 7.3 verwenden wir der Einfachheit halber die skalierte Koordinate **z** und drücken Energien in Einheiten von **h w** aus. Effektiv setzen wir **h = m = w = 1**. Erinnern Sie sich, daß **V** das Modellpotential und **VHO** ein HO-Potental ist, dessen Minimum um **Vo** verschoben ist. Diese Potentiale wurden in Abb. 7.1 zusammen dargestellt. Wie zuvor behalten wir die HO-Wellenfunktionen als Basisfunktionen bei.

Wir werden hier sowohl das gebundene als auch das kontinuierliche Energiespektrum und die entsprechenden Eigenfunktionen berechnen. Wie wir in Abschn. 7.3 und 7.4 gezeigt haben (s. Aufg. 7.3.1 und Übg. 7.4.2), entsprechen nur die Bahnen mit **Energy < 0** echten gebundenen Zuständen. Bahnen unterhalb der Barrieren, aber mit **Energy** $\geq$ **0** sind ungebunden, wie natürlich auch Bahnen oberhalb der Barrieren. Folglich ist das negative Energiespektrum diskret, das positive dagegen kontinuierlich. Nichtsdestoweniger rufen die Barrieren spezielle Kontinuumszustände hervor, die viel mit gebundenen Zuständen gemeinsam haben. Solche Zustände werden *metastabile* oder *Resonanzzustände* genannt. Wir werden hier nur ihre Energien abschätzen und sie in Kap. 14 systematischer untersuchen. Basisfunktionen aus dem diskreten Spektrum, die wie hier die HO-Wellenfunktionen verwendet werden, um ein Kontinuumsspektrum näherungsweise zu bestimmen, werden manchmal als *Pseudokontinuumszustände* bezeichnet.

10.1 Matrix des Modell-Hamilton-Operators

Unsere Aufgabe ist es, Lösungen für die Schrödinger-Gleichung **hamiltonian[V]@psi[n,z] == e[n]psi[n,z]** zu suchen. Als erstes entwickeln wir den Zustand **psi[n,z]** in eine verallgemeinerte Fourier-Reihe nach den HO-Basiszuständen **psiHOz[n,z]** (aus Abschn. 6.6), indem wir die Partialsumme

```
psi[n_,z_] := Sum[ psiHOz[k,z] c[k,n], {k,0,nmax}]
```

bilden, wobei **nmax** die Dimension bestimmt, mit der wir arbeiten. Wenn wir diese Entwicklung in die Schrödinger-Gleichung einsetzen, mit **psiHOz[n,z]** durchmultiplizieren und über alle **z** integrieren, erhalten wir aus der Schrödinger-Gleichung eine Matrixgleichung der Form **hMatrix.cvec[n] == e[n] cvec[n]** mit der Dimension **nmax**. Hier ist **hMatrix** die (nichtdiagonale) Matrix des Hamilton-Operators in der HO-Basis und **cvec[n]** ihr Eigenvektor für einen gegebenen Zustand **n**. Diese Spaltenmatrizen bestimmen die Entwicklungskoeffizienten gemäß

```
c[k_,n_] := cvec[n][[k+1]]
```

Es läßt sich durch ein Variationsargument zeigen, daß die Eigenwerte **e[n]** der abgeschnittenen Matrix obere Schranken für die entsprechenden exakten Eigenenergien darstellen. Wenn wir jedoch mit **nmax -> Infinity** den gesamten Basissatz verwenden, so werden die Eigenwerte der Matrix **e[n]** identisch mit den Eigenenergien der Schrödinger-Gleichung (vgl. Morrison, Estle und Lane [48], Abschn. 4.4, und auch Pauling und Wilson [53], Abschn. 26).

Übung 10.1.1. Führen Sie die Umwandlung der Schrödinger-Gleichung in eine Matrixgleichung im Detail durch, und zeigen Sie **c[k_,n_] := cvec[n] [[k+1]]**. Dies ist wieder eine der Übungen, die man vielleicht besser mit Papier und Bleistift bearbeitet. Nichtsdestoweniger ist es wichtig, die richtige *Mathematica*-Syntax einzuhalten.

Um die Berechnung von Matrixelementen zu vereinfachen, addieren und subtrahieren wir **VHO** und schreiben das Potential als **V -> VHO + (V - VHO)**. Das ermöglicht es uns, den Hamilton-Operator durch den HO-Hamilton-Operator auszudrücken: **hamiltonian[V] -> hamiltonian[VHO] + (V - VHO)**. Wenn wir dann mit HO-Basiszuständen arbeiten, können wir einfach die Ersetzung **hamiltonian[V] -> Vo + n + 1/2 + (V - VHO)** vornehmen. (Erinnern Sie sich, daß Energien in Einheiten von **h w** ausgedrückt und um **Vo** verschoben sind.) Auf diese Weise umgehen wir die Berechnung der Matrixelemente der kinetischen Energie.

Wir werden die Differenz **VP = V - VHO** wie in Abschn. 7.4 als Störung bezeichnen, da sie klein ist im Vergleich zu den Energien des ungestörten Systems, zumindest innerhalb der Reichweite der abzuschätzenden Wellenfunktionen. Wir sollten also mit schlechteren Ergebnissen für die positiven Energieniveaus rechnen.

Wir können unseren Aufwand ungefähr halbieren, indem wir die Hermitezität der Matrix des Hamilton-Operators ausnutzen. Die Matrix **VP** ist sogar reell und somit symmetrisch, da **VP** und die HO-Basisfunktionen reell sind. Demzufolge sind symmetrische Elemente oberhalb und unterhalb der Diagonalen gleich, d.h. **VPme[k,n] == VPme[n,k]**. Wir können unseren Arbeitsaufwand noch einmal halbieren, indem wir ausnutzen, daß Matrixelemente von **VP** zwischen Zuständen verschiedener Parität verschwinden, da **VP** gerade Parität hat. Das heißt, daß jedes zweite Element einer Zeile oder Spalte Null ist; genauer gilt **VPme[n,k] = 0**, wenn **n + k** *ungerade* ist. Wir bauen diese Eigenschaften in eine Prozedur ein, die Matrixelemente von **VP** mit **integGauss** berechnet:

```
Needs["Quantum`integGauss`"]

VPme[n_,k_] := VPme[n,k] =
    If[ OddQ[n + k], 0,
        integGauss[
            psiHOz[n,z] (V - VHO) psiHOz[k,z],
            {z,-Infinity,Infinity}
        ] //N
    ]

VPme[k_,n_] := VPme[n,k] /; k > n
```

Jetzt können wir die Matrix des Hamilton-Operators berechnen, indem wir diese Störungsmatrixelemente zu den Matrixelementen des (ungestörten) HO-Hamilton-Operators aus Abschn. 9.3 addieren. Ganz im Sinne der Störungstheorie arbeiten wir der Einfachheit halber in fünf Dimensionen, also mit **nmax = 4**; dadurch erhalten wir zwei Pseudozustände oberhalb der Potentialbarrieren. (Diese Berechnung kann ein paar Minuten dauern.)

```
nmax = 4;
hMatrix =
    Table[
        (Vo + n + 1/2) KD[n,k] + VPme[n,k],
        {n,0,nmax}, {k,0,nmax}
    ];

hMatrix //MatrixForm
```

```
-1.44023     0            0.0336936    0            -0.0524215
0            -0.392579    0            -0.0464838   0
0.0336936    0            0.526665     0            -0.19011
0            -0.0464838   0            1.3451       0
-0.0524215   0            -0.19011     0            2.08463
```

Da **b** und damit auch **VP** relativ klein sind, ist diese Matrix nahezu diagonal, und ihre Diagonalelemente sind ungefähr gleich den ungestörten HO-Energien **Vo + n + 1/2**. Würden wir die Elemente außerhalb der Diagonalen völlig vernachlässigen, so wären die gesuchten Eigenenergien gerade diese Diagonalelemente. Tatsächlich erkennen wir die Diagonalelemente wieder als Schätzwerte für die Energien aus der Störungstheorie erster Ordnung (s. Abschn. 7.4 und Übg. 7.4.2). Für die ersten beiden gebundenen Zustände mit **Energy < 0** sieht das gut aus, da diese Niveaus diskret sind. Bei **Energy** $\geq$ **0** ist jedoch das richtige Energiespektrum kontinuierlich, und eine diskrete Menge von Eigenenergien scheint keine gute Näherung darzustellen. Es zeigt sich aber, daß wir bei positiven Eigenenergien Schätzwerte für die Energie der zu Anfang des Kapitels erwähnten Resonanzzustände erhalten.

10.2 Eigenwerte und Eigenvektoren der Matrix

Wir bestimmen nun aus **hMatrix.cvec[n] == e[n] cvec[n]** die Eigenwerte **e[n]** und Eigenvektoren **cvec[n]**. Damit das entsprechende lineare homogene Gleichungssystem eine nichttriviale Lösung hat, fordern wir wie üblich, daß die Determinante der Koeffizientenmatrix verschwindet (s. Arfken [4], Kap. 4). Die Wurzeln der sich dadurch ergebenden charakteristischen Gleichung bestimmen die Eigenwerte **e[n]**:

```
Solve[ Det[ hMatrix - e IdentityMatrix[5] ] == 0, e ]

  {{e -> -1.4415}, {e -> -0.393822}, {e -> 0.504182},

    {e -> 1.34634}, {e -> 2.10838}}
```

Statt dessen können wir auch die eingebaute Funktion **Eigenvalues** verwenden, um die charakteristische Gleichung aufzustellen und zu lösen. Dabei sortiert die eingebaute Funktion **Sort** die Ergebnisse in aufsteigender Reihenfolge:

```
Eigenvalues[ hMatrix ] //Sort

  {-1.4415, -0.393822, 0.504182, 1.34634, 2.10838}
```

Normalerweise geht dies nur numerisch, da wir in mehr als vier Dimensionen die Wurzeln der charakteristischen Gleichung im allgemeinen nicht algebraisch bestimmen können. Wie erwartet liegen die Eigenwerte sehr nahe bei den Diagonalelementen von **hMatrix**. Es scheint nur eine Resonanz bei **e[2] = 0.504** zu geben, da der nächste Eigenwert **e[3] = 1.35** über den Potentialbarrieren liegt (s. Abb. 7.1). Wie sich in Übg. 10.2.2 herausstellen wird, ist dies jedoch ein Artefakt, das dadurch bedingt ist, daß wir zuwenige Basiszustände einbezogen haben, d.h. daß **nmax** zu klein ist.

Übung 10.2.1. Kann man im voraus wissen, wie viele Basiszustände einbezogen werden sollten? Obwohl man einige Faustregeln formulieren kann, hängt die Antwort natürlich davon ab, welchen Anspruch man an die Genauigkeit der Ergebnisse stellt. Betrachten Sie ein System mit zwei Niveaus, das durch die zweidimensionale Matrix

```
h2D = {{h11, h12}, {h12, h22}}
```

des Hamilton-Operators beschrieben wird, deren Eigenwerte die beiden Eigenenergien des Systems bestimmen. Nehmen Sie zur Vereinfachung an, daß alle Elemente reell sind, und zeigen Sie, daß sich **Eigenvalues[h2D]** als

$$\left\{\frac{h11 + h22}{2} + \frac{(-h11 + h22)\,\mathrm{Sqrt}\left[1 + \frac{4\,h12^2}{(-h11 + h22)^2}\right]}{2},\right.$$

$$\left.\frac{h11 + h22}{2} - \frac{(-h11 + h22)\,\mathrm{Sqrt}\left[1 + \frac{4\,h12^2}{(-h11 + h22)^2}\right]}{2}\right\}$$

schreiben läßt. Wenden Sie **Series** auf dieses Ergebnis an für den Fall, daß das Matrixelement **h12** der Kopplung zwischen den beiden Niveaus klein ist im Vergleich mit ihrem Energieabstand **-h11 + h22**. Zeigen Sie somit, daß für eine nahezu diagonale Matrix die Eigenwerte ungefähr durch

$$\left\{h22 + \frac{h12^2}{-h11 + h22} + O[h12]^3,\ h11 - \frac{h12^2}{-h11 + h22} + O[h12]^3\right\}$$

gegeben sind.

In diesem Fall spricht man von *schwach gekoppelten Energieniveaus.*

Wenn wir nun mehrere gekoppelte Niveaus betrachten, sollte es klar sein, daß die Kopplung zwischen dem **i**-ten und dem **j**-ten Niveau durch **hij**^{2}**/(hjj - hii)** bestimmt wird. Daraus können wir folgendes schließen: Bei einer exakten Teildiagonalisierung können wir bessere Ergebnisse erwarten, wenn die Energien der einbezogenen Niveaus weit entfernt von denen der nicht einbezogenen Niveaus sind oder wenn die Matrixelemente der Kopplung zwischen diesen beiden Sätzen von Niveaus klein sind; optimal ist es, wenn beide Bedingungen erfüllt sind.

In der Praxis setzt man sich ein Genauigkeitsziel und bezieht mehr und mehr Zustände ein, bis die gewünschte Genauigkeit erreicht ist, falls Rechenzeit und Speicher dies erlauben. Diese Vorgehensweise sollen Sie in der nächsten Übung verfolgen.

Übung 10.2.2. Überprüfen Sie die Konvergenz gegen die Eigenwerte unseres Modell-Hamilton-Operators, indem Sie **nmax** beispielsweise in Schritten von **2** erhöhen, mindestens bis **nmax = 14** (vgl. die vorangehende Übung). Diskutieren Sie die Konvergenz. Zeigen Sie, daß eine zweite Resonanz unterhalb der Barrieren existiert. Können Sie eine dritte Resonanz ausschließen?

Die Eigenwerte und Eigenvektoren lassen sich am besten mit der eingebauten Funktion **Eigensystem** berechnen, die eine Liste von Listen der Eigenwerte und der entsprechenden Eigenvektoren ausgibt. (Die Eigenvektoren können auch mit der eingebauten Funktion **Eigenvectors** alleine berechnet werden.) Dabei ersetzt **Chop** Listenelemente mit Betrag kleiner als **10^-10** durch Null.

```
{es,cvecs} = Eigensystem[hMatrix] //
                    Chop //Transpose //Sort //Transpose
```

```
{{-1.4415, -0.393822, 0.504182, 1.34634, 2.10838},
 {{-0.999778, 0, 0.015762, 0, -0.0140135},
  {0, 0.999643, 0, 0.0267219, 0},
  {0.01397, 0, 0.992691, 0, 0.119872},
  {0, -0.0267219, 0, 0.999643, 0},
  {0.0158005, 0, 0.11965, 0, -0.99269}}}
```

Die erste innere Liste **es** enthält die Eigenwerte, während die zweite innere Liste von Listen **cvecs** die entsprechenden Eigenvektoren enthält. Da die rein numerische Ausgabe von **Eigensystem** nicht geordnet ist (im Gegensatz zu symbolischen Ausgaben), haben wir die Ergebnisse mit einer Kombination aus **Transpose** und **Sort** in aufsteigender Reihenfolge sortiert. (Sie können sehen, wie das funktioniert, indem Sie {**es,cvecs**} **//Transpose** eingeben.) Wir bezeichnen nun die einzelnen Eigenwerte und Eigenvektoren durch

```
e[n_]    := es[[n+1]]
cvec[n_] := cvecs[[n+1]]
```

Wir werden gleich zeigen, daß diese numerischen Eigenvektoren von **Eigensystem** normiert wurden.

Wir sehen also, daß jeder Vektor von einem einzigen Element dominiert wird. Dies ist lediglich eine weitere Folge der Tatsache, daß **hMatrix** nahezu diagonal ist, daß also die Störungsmatrix in diesem Beispiel klein ist. Insbesondere sind die Elemente eines Eigenvektors und demzufolge die Entwicklungskoeffizienten **c[k,n]** eines gestörten Zustands **psi[n,z]** ungefähr durch **KD[k,n]** gegeben. Aus der Superposition in Abschn. 10.1 erkennen wir somit, daß die gestörte Wellenfunktion **psi[n,z]** von dem ungestörten Basiszustand **psiHOz[k = n,z]** dominiert wird.

Die Hermitezität der Matrix des Hamilton-Operators bedeutet nicht nur, daß alle Eigenwerte reell sind, sondern auch, daß die Eigenvektoren orthogonal sind, d.h. daß die komplexen Skalarprodukte **Conjugate[cvec[n]] . cvec[k]** der Vektoren miteinander verschwinden. Damit sind die gestörten Zustände **psi[n,z]** orthogonal zueinander, im Sinne einer Integration über **z** (s. Übg. 10.3.1). Da **hMatrix** hier reell und demnach symmetrisch ist, sind die Eigenvektoren ebenfalls reell, und wir erhalten:

```
Table[ cvec[n].cvec[k], {n,0,nmax},{k,0,nmax}] //
    Chop //MatrixForm
```

```
1.  0   0   0   0

0   1.  0   0   0

0   0   1.  0   0

0   0   0   1.  0

0   0   0   0   1.
```

Die Diagonalelemente zeigen, daß die Eigenvektoren normiert sind.

Wir können die Eigenwerte und Eigenvektoren der Matrix und deren Reihenfolge überprüfen, indem wir sie in die Schrödinger-Matrixgleichung einsetzen:

```
Table[ hMatrix.cvec[n] == e[n] cvec[n], {n,0,nmax}]
```

```
{True, True, True, True, True}
```

10.3 Gestörte Eigenfunktionen

Somit haben wir die normierten gestörten Zustände bestimmt. Zum Beispiel haben wir für den Grundzustand:

```
psi[0,z]
```

```
                                         2
  0.999778       0.015762 (-2 + 4 z )
 ----------- - ---------------------- +
  2                   2
  z /2  1/4       3/2  z /2   1/4
 E     Pi        2    E      Pi

                              2        4
     0.0140135 (12 - 48 z  + 16 z )
     -------------------------------
                        2
                        z /2   1/4
          Sqrt[384] E       Pi
```

Wie wir oben bereits festgestellt haben, wird dieser gestörte Zustand von der ungestörten Wellenfunktion des HO-Grundzustands **psiHOz[0,z]** dominiert. Wir können außerdem seine (ungefähre) Normierung direkt überprüfen:

```
integGauss[psi[0,z]^2,{z,-Infinity,Infinity}] ==
   KD[0,0] //Chop
```

```
True
```

Übung 10.3.1. Zeigen Sie durch direkte Integration, daß die Überlappungsmatrix der gestörten Zustände **psi[n,z]** die Einheitsmatrix ist, daß also die gestörten Zustände orthonormal sind, da die HO-Basis orthonormal ist.

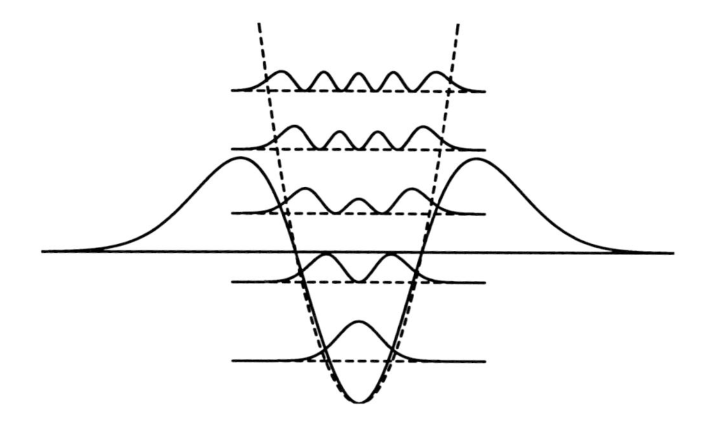

Abb. 10.1. Gestörte Energieniveaus und Wahrscheinlichkeitsdichten. Die Potentiale **V** und **VHO** aus Abb. 7.1 sind im Hintergrund gezeigt; die durchgezogene horizontale Linie markiert die *Kontinuumsschwelle* **e = 0**.

Das heißt natürlich, daß wir unsere Hauptaufgabe erledigt haben, jedenfalls näherungsweise. Wir haben nämlich Näherungslösungen für die Schrödingersche *Differentialgleichung* **hamiltonian[V] @ psi[n,z] == e[n] psi[n,z]** gefunden. Wir bekommen einen guten Eindruck von der Genauigkeit unserer Ergebnisse, indem wir die gestörten Wahrscheinlichkeitsdichten wie in Abb. 10.1 auftragen.

Die gebundenen Zustände sehen gut aus; ihre Wendepunkte scheinen mit den klassischen Umkehrpunkten im Modellpotential zusammenzutreffen (vgl. Abschn. 6.6). Der erste Pseudokontinuumszustand unterhalb der Barriere verfehlt jedoch seinen klassischen Umkehrpunkt. Das liegt daran, daß wir nicht genügend Basiszustände in die Diagonalisierung einbezogen haben, d.h. daß keine numerische Konvergenz stattgefunden hat. Des weiteren sinkt das zweite Pseudokontinuumsniveau, wie wir in Übg. 10.2.2 herausgefunden haben, für größeres **nmax** unter die Barrieren; es gibt also unterhalb der Barrieren eine zweite Resonanz. Die Pseudozustände oberhalb der Grenzen folgen offensichtlich dem ungestörten Potential **VHO**.

10.4 Lokale Energie

Wir erhalten eine weitere nützliche Kontrolle unserer Ergebnisse, wenn wir eine Größe aufzeichnen, die man als *lokale Energie* bezeichnet. Die lokale Energie eines Zustands **psi** ist durch **hamiltonian[V]@psi/psi** definiert, so daß ihr Erwartungswert im Zustand **psi** die Energie bestimmt, d.h. den Erwartungswert des Hamilton-Operators. Wenn eine gestörte Wellenfunktion **psi[n,z]** genau ist, so sollte ihre lokale Energie fast konstant und gleich

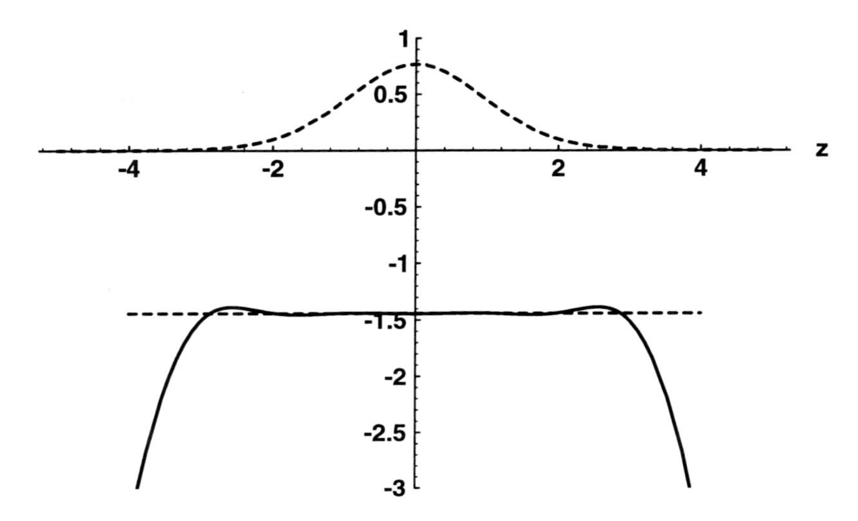

Abb. 10.2. Auftragung der lokalen Energie des Grundzustands, **hamiltonian[V]@psi[0,z]/psi[0,z]** (untere durchgezogene Kurve). Die Konvergenz gegen **e[0]** (gestrichelte gerade Linie) ist innerhalb der Reichweite von **psi[0,z]** (obere gestrichelte Kurve) befriedigend. Die vertikale Achse ist die Energie.

dem entsprechenden gestörten Eigenwert **e[n]** sein. In Abbildung 10.2 zeichnen wir die lokale Energie des Grundzustands auf und sehen, daß die Konvergenz befriedigend ist, zumindest dort, wo die Wahrscheinlichkeitsdichte **psi[0,z]^2** nicht verschwindet. (Es ist akzeptabel, daß die lokale Energie in den Ausläufern der Wellenfunktion von **e[0]** (hier exponentiell) abweicht, da der Fehler nicht signifikant zum Energieerwartungswert beiträgt.) Die für die angeregten Zustände in Abb. 10.2 berechnete lokale Energie ist dagegen weniger befriedigend (s. Übg. 10.4.1).

Übung 10.4.1. Tragen Sie die lokale Energie **hamiltonian[V]@psi[n,z]/psi[n,z]** der gestörten angeregten Zustände als Funktion von **z** auf, wie in Abb. 10.2. Erhöhen Sie wie in Übg. 10.2.2 **nmax**, um die Konvergenz zu verbessern. Berechnen Sie die lokale Energie für einige Werte **z = zo** mit **Series[hamiltonian[V] @ psi[n,z]/psi[n,z]//N,{z,zo,1}]**, und vergleichen Sie sie mit **e[n]**.

10.5 Pseudozustände und Resonanzen

In jedem Fall haben die gestörten Niveaus aus Abb. 10.1 **n** Knoten innerhalb des Potentialtopfes, angefangen mit **n = 0** für den Grundzustand. Beachten Sie insbesondere, daß die Resonanzniveaus die Folge der gebundenen

Zustände fortsetzen, so daß die erste Resonanz **n = 2** Knoten aufweist. Die Resonanzniveaus unterhalb der Barrieren haben demnach viel gemeinsam mit gebundenen Zuständen, einschließlich exponentieller Ausläufer unterhalb der Barrieren.

Es gibt jedoch einen wichtigen Aspekt der Resonanzzustände, den unsere Pseudozustände nicht wiedergeben. Richtige Kontinuumszustände beschreiben ein freies Teilchen, das sich weit weg vom Kraftzentrum **x = 0** befindet, und haben daher eine unendliche Reichweite. Obwohl also ein Resonanzniveau unterhalb der Barrieren sich innerhalb des Potentialtopfes wie ein gebundener Zustand verhalten mag, muß die Wellenfunktion durch die Barrieren tunneln und sich in weiter Entfernung vom Kraftzentrum wie ein Zustand eines freien Teilchens verhalten. Resonanzen oberhalb (und auch unterhalb) der Barrieren entstehen durch mehrfache Reflexion der Wellenfunktion an den Barrieren (d.h. am *Impedanzsprung*), die in Phase sind und somit konstruktiv interferieren. Die Pseudozustände beschreiben diese Interferenzen zwischen den Barrieren näherungsweise.

Später, in Kap. 14, werden wir diese Resonanzzustände genauer bestimmen und die Streuung eines Teilchens an unserem Modellpotential untersuchen. Siehe auch Abschn. 12.6 und die dortige Diskussion in Zusammenhang mit Abb. 12.9.

Aufgabe 10.5.1. Verwenden Sie das Schießverfahren, um die gebundenen Zustände und die ersten beiden Resonanzzustände im Modellpotential zu berechnen. Beginnen Sie für die Resonanzniveaus die Integration unter einer Barriere zwischen zwei Umkehrpunkten mit **psi = 0**. Normieren Sie die Wellenfunktionen mit **NIntegrate**, und vergleichen Sie die Graphen der resultierenden Wahrscheinlichkeitsdichten mit denen in Abb. 10.1. Zeichnen Sie zum Schluß die lokalen Energien auf, und vergleichen Sie diese mit Ihren Ergebnissen aus Übg. 10.4.1.

10.6 Diagonalisierung

Die Orthogonalität der Eigenvektoren **cvec[n]** bedeutet auch, daß wir die Inverse der aus den Eigenvektoren als Spalten gebildeten Matrix durch Transposition erhalten. (Per Definition ergibt das Produkt einer Matrix mit ihrer Inversen die Einheitsmatrix.) Wir bilden also die Matrix

```
cMatrix =
    Transpose[{cvec[0],cvec[1],cvec[2],cvec[3],cvec[4]}];
```

und überzeugen uns davon, daß **Transpose[cMatrix]** die Inverse ist, indem wir das Matrixprodukt

```
Transpose[cMatrix].cMatrix //Chop //MatrixForm
```

```
1.  0   0   0   0
0   1.  0   0   0
0   0   1.  0   0
0   0   0   1.  0
0   0   0   0   1.
```

berechnen. Man bezeichnet die Matrix **cMatrix** als *orthogonal.* Im allgemeinen ist sie jedoch unitär, da die Eigenvektoren komplex sind, d.h. ihre Inverse ist die komplex Konjugierte ihrer Transponierten (vgl. Arfken [4], Kap. 4 und *Numerical Recipes* [55], Kap. 11).

Da die Spalten von **cMatrix** die Eigenvektoren sind, *diagonalisieren* wir **hMatrix**, indem wir folgendermaßen mit **cMatrix** und ihrer Inversen multiplizieren:

```
Transpose[cMatrix].hMatrix.cMatrix //Chop //MatrixForm
```

```
-1.4415    0           0          0          0
0          -0.393822   0          0          0
0          0           0.504182   0          0
0          0           0          1.34634    0
0          0           0          0          2.10838
```

Die Diagonalelemente sind dabei gerade die neuen Eigenenergien. Ein solches Matrixprodukt bezeichnet man als *Ähnlichkeitstransformation.*

Die gewünschte Diagonalisierung des Modell-Hamilton-Operators **hamiltonian[V]** ist jedoch vielleicht am überzeugendsten, wenn wir einfach seine Matrixelemente direkt durch Integration über die neuen Basisfunktionen **psi[n,z]** berechnen. (Dies dürfte etwa eine halbe Stunde dauern.)

```
Table[
    integGauss[
        psi[n,z] hamiltonian[V] @ psi[k,z],
        {z,-Infinity,Infinity}
    ] //N,
    {n,0,nmax}, {k,0,nmax}
] //Chop //MatrixForm
```

-1.4415	0	0	0	0
0	-0.393822	0	0	0
0	0	0.504182	0	0
0	0	0	1.34634	0
0	0	0	0	2.10838

Man spricht auch von einer *orthogonalen Transformation*, im allgemeinen von einer *unitären Transformation* von der ungestörten Basis auf die neue, gestörte Basis, die die Norm erhält und die Matrix des Hamilton-Operators diagonalisiert. Wenn wir also einen Vektor aus ungestörten Basisfunktionen bilden (die Koordinate **z** lassen wir der Kompaktheit halber weg),

```
psiHOvec = Table[ psiHOz[n], {n,0,nmax} ]

  {psiHOz[0], psiHOz[1], psiHOz[2], psiHOz[3], psiHOz[4]}
```

erhalten wir die gestörten Basiszustände **psi[n]** durch das Matrixprodukt

```
cMatrix.psiHOvec //TableForm

  0.999778 psiHOz[0] + 0.01397 psiHOz[2] - 0.0158005 psiHOz[4]
  -0.999643 psiHOz[1] - 0.0267219 psiHOz[3]
  -0.015762 psiHOz[0] + 0.992691 psiHOz[2] - 0.11965 psiHOz[4]
  -0.0267219 psiHOz[1] + 0.999643 psiHOz[3]
  0.0140135 psiHOz[0] + 0.119872 psiHOz[2] + 0.99269 psiHOz[4]
```

Zusammenfassend stellen wir fest, daß die exakte Teildiagonalisierung eine mächtige Methode zur Abschätzung der Energieniveaus eines Systems ist, wenn wir die nötigen Matrixelemente des Hamilton-Operators berechnen können. Diese Methode erweist sich im allgemeinen bei Systemen mit mehreren Freiheitsgraden als überlegen.

Aufgabe 10.6.1. Führen Sie einen Variationsparameter **a** ein, und diagonalisieren Sie unseren Modell-Hamilton-Operator mit den HO-Basiszuständen **psiHO[n,a,z]** mit **h = m = 1** aus Übg. 6.6.3. Nutzen Sie bei der Aufstellung der Störungsmatrix die Tatsache, daß dies Eigenfunktionen von **hamiltonian[a^4 z^2/2]** zum Eigenwert **a^2 (n + 1/2)** sind. Minimieren Sie jeden Eigenwert numerisch als Funktion von **a**.

Aufgabe 10.6.2. Wiederholen Sie Aufg. 10.6.1 mit dem Modellpotential

```
V = z^2/2              /; z <  0
V = z^2/2 E^(-b z^2)   /; z >= 0
```

mit **b = 0.15**. Hinweis: Bestimmen Sie die Anteile gerader und ungerader Parität von **V**, um die Matrixelemente zu berechnen (vgl. Kap. 5).

Aufgabe 10.6.3. Diagonalisieren Sie das Modellpotential **V = x^2/2 - 0.1 x^3** mit HO-Pseudokontinuumszuständen, und schätzen Sie die Resonanzenergien ab. Beachten Sie, daß dieses Potential keine gebundenen Zustände aufweist. Leiten Sie für die Matrixelemente des Potentials Ausdrücke in geschlossener Form her, und vereinfachen Sie diese. Verwenden Sie dazu die HO-Matrixelemente **xme[n,k]** von **x** aus Abschn. 9.1. Beginnen Sie mit vier Pseudozuständen; untersuchen Sie jedoch die Konvergenz, indem Sie für **nmax** auch große Werte wählen, z.B. **nmax** $\sim$ **100**. Tragen Sie die gestörten Resonanzfunktionen und ihre lokalen Energien wie in Abb. 10.1 und 10.4.1 auf.

Aufgabe 10.6.4. Schätzen Sie die Eigenwerte des anharmonischen Potentials **V = b x^4** aus Aufg. 7.3.2 durch exakte Teildiagonalisierung ab. Leiten Sie eine skalierte, parameterunabhängige Schrödinger-Gleichung her, um Ergebnisse für beliebiges **b** zu erhalten. Berechnen Sie Matrixelemente des Potentials, indem Sie die Ergebnisse von Aufg. 9.3.2 erweitern. Beginnen Sie mit vier Pseudozuständen; untersuchen Sie jedoch die Konvergenz, indem Sie auch größere Werte für **nmax** wählen. Vergleichen Sie mit den Abschätzungen aus Aufg. 7.3.2.

Aufgabe 10.6.5. Diagonalisieren Sie das Modellpotential, das sich aus dem in Abschn. 2.0 behandelten unendlichen Kastenpotential durch Hinzufügen einer endlichen rechteckigen Barriere im Innern ergibt. Verschieben Sie den Koordinatenursprung in die Mitte des Kastens, wie in Aufg. 5.0.1. Nehmen Sie also innerhalb des Kastens, d.h. für **-L/2 < x < L/2**

```
V = 0 /;              x <  -L/4
V = b /;  -L/4 <=  x <=  L/4
V = 0 /;              x <   L/4
```

und wählen Sie **b = 0.2 e[0]**, wobei **e[0]** die Grundzustandsenergie des ungestörten Kastens ist. Vergleichen Sie die Graphen der gestörten Eigenfunktionen mit Abb. 2.1. Können Sie Ergebnisse herleiten, die für **b = e[0]** einen Sinn ergeben?

11. Impulsdarstellung

Durch eine Fourier-Analyse der Wellenfunktion gewinnen wir beachtliche Einsicht in die Dynamik der Bewegung eines Teilchens. Im allgemeinen brauchen wir dazu jedoch ein Fourier-Integral anstatt einer Fourier-Reihe, da wir Teilchen beschreiben wollen, die sich im gesamten Raum aufhalten können und nicht durch undurchdringliche Wände beschränkt sind. Beispielsweise haben wir in Abschn. 2.6 Wellenpakete in einem Kasten konstruiert, indem wir über Eigenzustände des Kastens summiert haben. In Abschnitt 4.0 haben wir jedoch in Abhängigkeit von der Wellenzahl **k** über einen kontinuierlichen Bereich von ebenen Wellen integriert, um ein Wellenpaket zu konstruieren, das sich im ganzen Raum frei bewegt. Wir werden in Kürze sehen, daß die Koeffizienten der Komponenten durch die Fourier-Transformierte des Wellenpakets als Funktion von **k** gegeben sind.

Wir untersuchen viele der Eigenschaften von Fourier-Transformierten anhand von HO-Wellenfunktionen, insbesondere von Gauß-Funktionen. Wie in Kap. 4 und 8 ist es hilfreich, unsere Gaußschen Integrationsregeln **integGauss** zu laden, sowie unsere Funktion **PowerContract** als Umkehrung von **PowerExpand**. Da Fourier-Transformierte allgemein komplexwertig sind, laden wir außerdem unsere symbolische Regel **Conjugate**:

```
Needs["Quantum`integGauss`"];
Needs["Quantum`PowerTools`"];
Needs["Quantum`QuickReIm`"]
```

11.1 Werkzeuge

Wir definieren die *Fourier-Transformierte* **FT** einer Funktion **psi[x]** und die *inverse Fourier-Transformierte* **InvFT** einer Funktion **phi[k]** durch Eingabe folgender Regeln:

```
FT[psi_,x_][k_] := 1/Sqrt[2Pi] *
           integGauss[psi E^(-I k x),{x,-Infinity,Infinity}]
InvFT[phi_,k_][x_] := 1/Sqrt[2Pi] *
           integGauss[phi E^( I k x),{k,-Infinity,Infinity}]
```

(Vgl. Park [51], Anh. II und Boas [9], Kap. 15.) **FT** ist ein Integral über **x** und damit eine Funktion von **k** (und natürlich sämtlicher anderer Parameter, von denen **psi[x]** abhängen mag); die Syntax **FT[psi,x][k]** soll dies deutlich machen (vgl. Übg. C.1.4). Wir berechnen z.B. die Fourier-Transformierte einer einfachen Gauß-Funktion durch

```
FT[E^(-w x^2),x][k] //PowerExpand
```

```
                 1
--------------------------------
                2
               k /(4 w)
Sqrt[2] E              Sqrt[w]
```

und erhalten eine Funktion von **k** (und **w**). (Daß die Fourier-Transformierte wiederum eine Gauß-Funktion ist, ist eine spezielle Eigenschaft der Gauß-Funktionen.) Ebenso ist **InvFT** ein Integral über **k** und damit eine Funktion von **x**:

```
InvFT[%,k][x] //PowerExpand
```

```
        2
 -(w x )
E
```

Die Integrale **FT** und **InvFT** bilden ein Paar von Fourier-Transformierten. Das Beispiel der Gauß-Funktion ist in Abb. 11.1 dargestellt.

Im Prinzip können wir die Fourier-Transformation bezüglich eines beliebigen Parameters durchführen; **integGauss** beschränkt uns jedoch auf Gaußsche Abhängigkeiten (s. **?integGauss**). Für allgemeinere Fälle müßten wir **integGauss** durch die eingebaute Funktion **Integrate** ersetzen oder weitere Regelsätze entwickeln. Das *Mathematica*-Paket **Calculus`FourierTransform`** läßt sich in einer Vielfalt von Anwendungen verwenden.

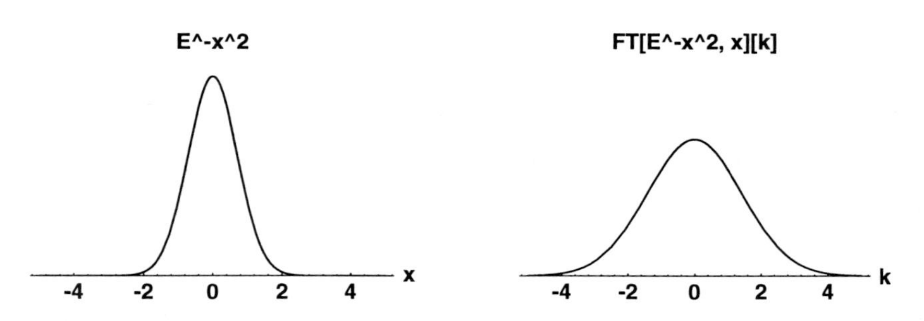

Abb. 11.1. Eine Gauß-Funktion und ihre Fourier-Transformierte.

Übung 11.1.1. Berechnen Sie die Fourier-Transformierte der Lorentz-Funktion **1/(a^2 + x^2)** unter Verwendung der eingebauten Funktion **Integrate**. Überzeugen Sie sich davon, daß die inverse Fourier-Transformation wieder die Ausgangsfunktion liefert.

Übung 11.1.2. Unsere Regel für die *inverse* Fourier-Transformation ist insofern redundant, als wir leicht die folgende Identität beweisen können:

```
InvFT[phi[k],k][x] == FT[phi[k],k][-x]
```

Überprüfen Sie diesen Ausdruck anhand einiger Beispiele.

Übung 11.1.3. Für eine Funktion und ihre Fourier-Transformierte gelten die folgenden beiden wichtigen Beziehungen:

a) Das *Parsevalsche Theorem*:

```
Integrate[Conjugate[f] g,{x,-Infinity,Infinity}] ==
Integrate[Conjugate[FT[f,x][k]] FT[g,x][k],{k,-Infinity,Infinity}]
```

(Siehe Park [51], Anh. II und auch Morse und Feshbach [50], Kap. 4.) Diese Beziehung führt beispielsweise dazu, daß die Fourier-Transformierte **phi[k]** einer Wellenfunktion **psi[x]** normiert ist, wenn **psi[x]** normiert ist, und umgekehrt. Der im nächsten Abschnitt diskutierte Fouriersche Integralsatz ist eine unmittelbare Folge des Parsevalschen Theorems.

b) Der *Faltungssatz*: Für die durch

```
convolution [x_] :=
    1/Sqrt[2Pi] Integrate[f[y] g[x-y],{y,-Infinity,Infinity}]
```

definierte *Faltung* zweier Funktionen **f[x]** und **g[x]** gilt

```
FT[convolution,x][k] == FT[f,x][k] FT[g,x][k]
```

Die Fourier-Transformierte der Faltung ist also gerade das Produkt der einzelnen Fourier-Transformierten. Diese Beziehung kann bei der Lösung von Integralgleichungen und in der Datenanalyse sehr hilfreich sein.

Überprüfen Sie diese Beziehungen anhand einiger Beispiele mit Gauß-Funktionen und auch anhand der Lorentz-Funktion aus Übg. 11.1.1.

Aufgabe 11.1.1. Bestimmte Symmetrien einer Funktion **psi** von **x** führen zu Symmetrien in der Fourier-Transformierten als Funktion von **k**. Beweisen Sie anhand der Definition von **FT** die folgenden Beziehungen mit Papier und Bleistift:

a) Wenn **psi[x]** reell ist, so gilt

```
FT[psi,x][-k] == Conjugate[ FT[psi,x][k] ]
```

Was gilt, wenn **psi[x]** rein imaginär ist?

b) Wenn **psi[x]** gerade (ungerade) ist, so ist **FT[psi,x][k]** ebenfalls gerade (ungerade).

c) Wenn **psi[x]** reell und gerade ist, so ist auch **FT[psi,x][k]** reell und gerade. Wenn **psi[x]** reell und ungerade ist, so ist **FT[psi,x][k]** rein imaginär und ungerade.

Überprüfen Sie diese Beziehungen anhand einiger Beispiel mit Gauß-Funktionen.

11.2 Impulswellenfunktionen

Offenbar ist Hintereinanderausführung der Fourier-Transformation und der inversen Fourier-Transformation (und umgekehrt) eine Identitätstransformation, die wieder die Ausgangsfunktion liefert. Dieses fundamentale Ergebnis wird als *Fourierscher Integralsatz* bezeichnet; es ist in den Definitionen von **FT** und **InvFT** enthalten, wenn auch in faktorisierter Form (s. Park [51], Anh. II). Die Definition von **InvFT** legt nahe, daß sich jede sinnvolle Wellenfunktion **psi[x,t]** nach den ebenen Wellen **E^(I k x)/Sqrt[2Pi]** entwickeln läßt; die Entwicklungskoeffizienten **phi[k,t]** sind nach dem Fourierschen Integralsatz gerade durch die Fourier-Transformierte der Wellenfunktion in Abhängigkeit von **k** gegeben. Diese Idee vervollständigt unsere Untersuchung des Wellenpakets für ein freies Teilchens in Kap. 4. Ausgehend von dem *stationären* Wellenpaket vom Anfang von Abschn. 4.1,

```
psi[x_] = (w/Pi)^(1/4) E^(-w x^2/2)

   w  1/4
  (--)
   Pi
---------
     2
  (w x )/2
E
```

berechnen wir z.B. die Fourier-Transformierte durch

```
phi[k_] = FT[psi[x],x][k] //PowerExpand //PowerContract

              1
-----------------------
   2
  k /(2 w)        1/4
E           (Pi w)
```

Dies erkennen wir als die Impulsverteilung wieder, von der wir in Abschn. 4.1 ausgegangen waren. Wenn wir die Definition von **InvFT** ausschreiben, erhalten wir denselben Zusammenhang zwischen den beiden Funktionen wie in Abschn. 4.1:

```
psi[x] ==
    integGauss[
        phi[k] E^(I k x)/Sqrt[2Pi],
        {k,-Infinity,Infinity}
    ] //PowerExpand //PowerContract

True
```

Wir verallgemeinern dieses Ergebnis in der nächsten Aufgabe auf das *zeitabhängige* Wellenpaket **psi[x,t]** aus Abschn. 4.2 und zeigen, daß sich als dessen Fourier-Transformierte wiederum die zeitabhängige Impulsverteilung **phi[k-kP] E^(-I h k^2/(2m) t)** ergibt, die wir zur Konstruktion des Wellenpakets verwendet hatten. Die Klasse der „sinnvollen“ Funktionen, für die der Fouriersche Integralsatz gilt, ist recht groß (vgl. Morse und Feshbach [50], Kap. 4).

Die Fourier-Transformierte einer Wellenfunktion bestimmt also deren Impulsverteilung. Es folgt aus dem Parsevalschen Theorem (s. Übg. 11.1.3), daß die Impulsverteilung **Abs[phi[k,t]]^2** normiert ist, wenn die Ortsverteilung **Abs[psi[x,t]]^2** normiert ist. Wie wir bereits in Abschn. 4.1 gesehen haben, führt uns diese Eigenschaft zu der Interpretation, daß die Impulsverteilung die Wahrscheinlichkeit angibt, das Teilchen mit der Wellenzahl **k** und folglich mit dem Impuls **p = h k** anzutreffen.

Wir bezeichnen die Fourier-Transformierte der Ortswellenfunktion daher als *Impulswellenfunktion.* Die Impulswellenfunktion spezifiziert den Zustand des Systems ebenso vollständig wie die Ortswellenfunktion, da wir die eine aus der anderen berechnen können. Die beiden Funktionen liefern also völlig gleichwertige Beschreibungen des Zustands des Systems, die wir als *Ortsdarstellung* und *Impulsdarstellung* bezeichnen.

Aufgabe 11.2.1. Berechnen Sie die Fourier-Transformierte des *zeitabhängigen* Wellenpakets **psi[x,t] =**

```
                                                      I     2
                   2                                  - m w x
          -(h kP    t)           kP m x              2              w  1/4
Power[E, ————————————————  +  ———————————————  +  ———————————————]  (—)
         2 (-I m + h t w)     -I m + h t w        -I m + h t w      Pi

           m
  Sqrt[————————————]
       m + I h t w
```

aus Abschn. 4.2, und überzeugen Sie sich davon, daß sich wiederum die zeitabhängige Impulsverteilung

```
phi[k_,t_] := phi[k-kP] E^(-I h k^2/(2m) t)
```

ergibt, mit der wir das Wellenpaket konstruiert hatten.

11.3 Konventionen

Die Wahl der Vorzeichen im Exponenten von **E^(±I k x)** in den Definitionen von **InvFT** und **FT** ergibt sich aus der Interpretation der Fourier-Transformation als Entwicklung nach ebenen Wellen. In Ingenieursanwendungen wählt man üblicherweise die umgekehrten Vorzeichen. In der Quantenmechanik verteilt man die Vorfaktoren üblicherweise symmetrisch auf **FT** und **InvFT**, wie wir es getan haben; es ist jedoch auch möglich, einen einzigen Faktor **1/(2Pi)** entweder **FT** oder **InvFT** zuzuordnen (s. z.B. Boas [9], S. 649). In der Signaltheorie hat man es üblicherweise mit Fourier-Transformationen bezüglich *Zeit und Frequenz* zu tun (s. z.B. *Numerical Recipes* [55], Kap. 12). Beim Vergleich unserer Ausdrücke mit der entsprechenden Literatur können wir uns **x** in der Rolle der Zeit und **k** in der Rolle der Frequenz denken, obwohl in Anbetracht der Symmetrie der Fourier-Transformation (s. Übg. 11.1.2 und Aufg. 11.1.1) auch die umgekehrte Sichtweise möglich wäre. Ansonsten werden wir **x** als Länge und **k** als Wellenzahl betrachten.

11.4 HO-Impulswellenfunktionen

Wir konstruieren nun die Fourier-Transformierten der HO-Eigenfunktionen **psiHO[n,x]** aus Abschn. 6.6. Gleichzeitig stellen wir die Fourier-Transformierten der dimensionslosen Eigenfunktionen **psiHOz[n,z]** auf. Wir definieren also die Eigenfunktionen des harmonischen Oszillators in der Impulsdarstellung durch

```
 phiHO[n_,k_]  :=  phiHO[n,k]  = FT[psiHO[n,x],x][k]
phiHOkz[n_,kz_] := phiHOkz[n,kz] = FT[psiHOz[n,z],z][kz]
```

und erhalten für den Grundzustand und den ersten angeregten Zustand:

```
{phiHO[0,k], phiHO[1,k]} //PowerExpand //PowerContract
```

```
        h    1/4                    h  3/4
     (-------)         -I Sqrt[2] k (--)
      m Pi w                         m w
{----------------, ---------------------------}
          2                  2
   (h k )/(2 m w)   (h k )/(2 m w)   1/4
  E                E                Pi
```

Die Impulswellenfunktionen **phiHOkz[n,kz]** sind wie ihre Gegenstücke **psiHOz[n,z]** dimensionslos und eignen sich daher beispielsweise gut für graphische Darstellungen. Wir können sie auch aus den **phiHO[n,k]** durch eine geeignete Variablensubstitution gewinnen (s. Aufg. 11.4.2). Wir erhalten also für den Grundzustand und den ersten angeregten Zustand

```
{phiHOkz[0,kz], phiHOkz[1,kz]} //PowerExpand //PowerContract
```

```
         1          -I Sqrt[2] kz
{--------------, ----------------}
      2               2
   kz /2   1/4     kz /2   1/4
  E      Pi       E      Pi
```

Diese beiden Wellenfunktionen sind in Abb. 11.2 aufgetragen. Die Impulswellenfunktionen für ungerades **n** sind rein imaginär, so daß wir ihren Imaginärteil auftragen. Diese Phase ergibt sich daraus, daß die ensprechenden Ortswellenfunktionen reell und ungerade sind (s. Aufg. 11.1.1 und auch Aufg. 11.4.1 und 11.9.1).

Wie die Ortswellenfunktionen bilden auch die Impulswellenfunktionen einen orthonormalen Satz; dies ist durch das Parsevalsche Theorem sichergestellt (s. Übg. 11.1.3). Mit den beiden ersten HO-Impulswellenfunktionen erhalten wir beispielsweise:

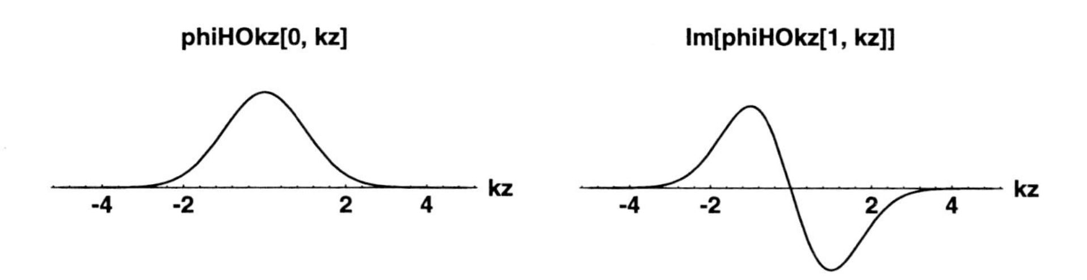

Abb. 11.2. Impulswellenfunktionen für den Grundzustand und den ersten angeregten Zustand des harmonischen Oszillators.

```
Table[
    integGauss[
        Conjugate[phiHO[np,k]] phiHO[n,k],
        {k,-Infinity,Infinity}
    ],
    {np,0,1},{n,0,1}
] //PowerExpand //MatrixForm
```

```
1  0

0  1
```

Aufgabe 11.4.1. a) Erzeugen Sie mehrere HO-Impulswellenfunktionen, und zeigen Sie, daß diese orthonormal sind und Polynome `n`-ten Grades enthalten. Tragen Sie Ihre Ergebnisse für `phiHOkz[n,kz]` auf, und überzeugen Sie sich davon, daß `n` sowohl die Anzahl der Knoten als auch die über `kz -> -kz` definierte „Parität" der Wellenfunktion angibt. Zeigen Sie, daß die inverse Fourier-Transformierte von `phiHO[n,k]` wiederum `psiHO[n,x]` liefert.

b) Zeigen Sie, daß die Symmetrie der Impulswellenfunktionen unter der Inversion `k -> -k` aus der Parität der Ortswellenfunktionen und der Definition der Fourier-Transformation folgt. Erklären Sie, warum `phiHO[n,k]` für ungerades `n` rein imaginär ist (vgl. Aufg. 11.1.1).

Aufgabe 11.4.2. Zeigen Sie, daß die Koordinatenskalierung `z == Sqrt[m w/h] x` der Impulsskalierung `kz == Sqrt[h/(m w)] k` entspricht. Zeigen Sie dann durch eine Variablensubstitution in der Fourier-Transformation `phiHO[n,k] == (h/(m w))^(1/4) phiHOz[n,kz]`, und überprüfen Sie diese Beziehung anhand einiger Beispiele.

Bevor wir weitermachen, sollten wir darauf hinweisen, daß eine relativ schmale Ortswellenfunktion einer relativ breiten Impulswellenfunktion entspricht und umgekehrt. Abbildung 11.3 demonstriert diese *Reziprozität* anhand dreier HO-Grundzustandswellenfunktionen. Dies ist natürlich eine Auswirkung des Unschärfeprinzips; wie wir in Kap. 3 gezeigt haben, ist die durch die Ortswellenfunktion gegebene Verteilung von `x`-Werten klein, wenn die durch die Impulswellenfunktion gegebene Verteilung von `k`-Werten groß ist, und umgekehrt (vgl. die Diskussion um Abb. 3.2). Wir haben dieses Verhalten für gestauchte Zustände in Abschn. 8.3 beobachtet, indem wir die Orts- und Impulsunschärfe berechnet haben, und wir werden es in Abschn. 11.11 explizit anhand der Impulsdarstellung untersuchen (s. Abb. 11.4).

11.5 Diracsche Deltafunktion

Der Fouriersche Integralsatz führt auf ein weiteres nützliches Konzept, das breite Anwendung findet. Betrachten wir diesen Satz noch einmal anhand des Grundzustands und des ersten angeregten Zustands des harmonischen Oszillators:

```
{psiHO[0,xo] == InvFT[ FT[psiHO[0,x],x][k], k][xo],
 psiHO[1,xo] == InvFT[ FT[psiHO[1,x],x][k], k][xo]} //
     ExpandAll //PowerExpand

  {True, True}
```

Wir können nun diese Beziehungen umschreiben und so formal die *Diracsche Deltafunktion* **DiracDelta[x-xo]** definieren:

```
psi[xo] ==
    Integrate[
        psi[x] DiracDelta[x-xo],
        {x,-Infinity,Infinity}
    ]
```
(11.5.1)

Damit erhalten wir eine von vielen möglichen Darstellungen der Deltafunktion, nämlich die *Fourier-Darstellung*:

```
DiracDelta[x-xo] == 1/(2Pi) *
    Integrate[E^(I k (x-xo)),{k,-Infinity,Infinity}]
```
(11.5.2)

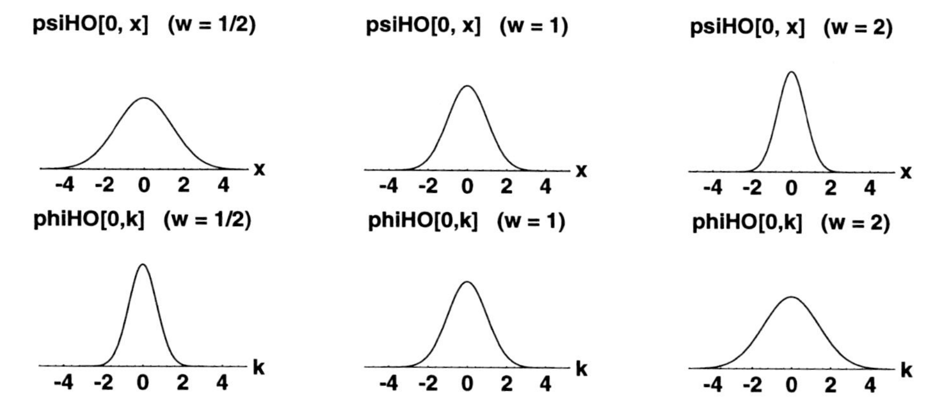

Abb. 11.3. Drei HO-Grundzustandswellenfunktionen (oben) und ihre Fourier-Transformierten (unten) zu verschiedenen Frequenzen **w**. Zur Darstellung wurde **psiHO[0,x] /. {h->1, m->1}** verwendet.

Dabei haben wir **integGauss** durch die eingebaute Funktion **Integrate** ersetzt, um die Allgemeinheit dieser Beziehungen anzudeuten.

Übung 11.5.1. Leiten Sie mit Papier und Bleistift die Beziehungen (11.5.1) und (11.5.2) her, indem Sie die Definitionen von **FT** und **InvFT** in den Fourierschen Integralsatz einsetzen und formal die Integrationsreihenfolge vertauschen.

Die Nützlichkeit dieser Beziehungen ist zunächst nicht einzusehen, wenn man bedenkt, daß das Integral in (11.5.2) gar nicht existiert. Das Integral in (11.5.1) ist jedoch (wie wir eben anhand von **psiHO[n,x]** gezeigt haben) definiert, solange **psi[x]** für **x -> ±Infinity** schnell genug abfällt. Eine Darstellung wie in (11.5.2) ist also sinnvoll, wenn wir davon ausgehen, daß sie nur im Zusammenhang mit einer geeigneten Wellenfunktion unter einem Integral verwendet wird, wie in (11.5.1).

Offensichtlich ist die Deltafunktion keine Funktion im gewöhnlichen Sinne. Zum Beispiel verhält sie sich in (11.5.1) so, als verschwinde **DiracDelta[x-xo]** überall außer in der Umgebung von **x = xo**. Wenn wir **psi[x] = 1** in (11.5.1) einsetzen, sehen wir außerdem, daß **DiracDelta[x-xo]** für **x = xo** unendlich ist, und zwar gerade so, daß die Fläche unter der Kurve Eins ergibt. Wir können uns also die Deltafunktion als Verallgemeinerung des Kronecker-Deltas **KD[n,m]** für die diskreten Variablen **n** und **m** (s. Abschn. 9.1) auf den Fall kontinuierlicher Variablen denken. Die Deltafunktion ist also eigentlich nur eine Eigenschaft, eine bestimmte Ansammlung von Symbolen, die sich als so nützlich erweist, daß man eine spezielle Notation dafür verwendet. Eine exaktere Definition der Diracschen Deltafunktion erhält man, wenn man sie als Grenzfall einer Folge gewöhnlicher Funktionen betrachtet.

Übung 11.5.2. a) Berechnen Sie das Integral in (11.5.2), indem Sie die Integrationsgrenzen **k -> ±Infinity** durch **k -> ±kmax** ersetzen, und zeigen Sie so, daß **DiracDelta[x-xo]** den Grenzfall **kmax -> Infinity** von

```
Sin[kmax (x - xo)]
------------------
   Pi (x - xo)
```

darstellt.

b) Führen Sie in (11.5.2) eine geeignete Grenzwertbildung ein, um zu zeigen, daß der Ausdruck

```
                 1
------------------------------
             2
  (-x + xo) /w
E               Sqrt[Pi w]
```

im Grenzfall **w -> 0** eine alternative Darstellung der Deltafunktion liefert. Hinweis: Verwenden Sie **integGauss**.

c) Zeigen Sie in ähnlicher Weise, daß auch

```
              w
   -----------------------
           2            2
   Pi (w  + (x - xo) )
```

im Grenzfall **w -> 0** eine mögliche Darstellung der Deltafunktion ist.

Erzeugen Sie eine Folge von Graphen der Darstellung in (a) mit zunehmendem **kmax** bzw. der Darstellungen in (b) und (c) mit abnehmendem **w**.

Obwohl wir die Deltafunktion in diesem Buch nur gelegentlich verwenden, ist sie von so großem allgemeinen Interesse, daß wir uns kurz überlegen, wie man sie auf dem Computer implementieren könnte. Betrachten wir z.B. folgende Regel:

```
integGauss[
    f_. DiracDelta[x_ + xo_.],
    {x_,-Infinity,Infinity}
] := f /. x -> -xo
```

Damit erhalten wir wie gewünscht

```
integGauss[f[x] DiracDelta[x-xo],{x,-Infinity,Infinity}]

  f[xo]
```

Die Blanks mit Punkt (_.) erfassen auch Fälle mit **xo = 0** oder **psi = 1** (s. auch Übg. C.2.2):

```
integGauss[DiracDelta[x],{x,-Infinity,Infinity}]

  1
```

Wir könnten diese Regel auch mit **TagSet** für die eingebaute Funktion **Integrate** aufstellen, also mit der Syntax **DiracDelta /: Integrate[..]**. Siehe Übg. C.1.13 und auch das *Mathematica*-Paket **Calculus`DiracDelta`**.

Übung 11.5.3. Überzeugen Sie sich davon, daß **DiracDelta[x-xo]** für verschiedene Werte von **n** den gewünschten Effekt auf **psiHO[n,x]** hat. Werten Sie für verschiedene Werte von **n** Integrale von **psiHO[n,x]** und **D[psiHO[n,x],x]** mit **DiracDelta[x]** aus, und erklären Sie.

Wir können mit der Deltafunktion auch etwas Physik betreiben. Wenn z.B. die Ortswellenfunktion eines Teilchens einfach eine Deltafunktion **DiracDelta[x]** am Ursprung wäre, so wäre seine Impulswellenfunktion die entsprechende Fourier-Transformierte

```
FT[ DiracDelta[x], x ][k]

    1
-----------
Sqrt[2 Pi]
```

also eine vom Impuls unabhängige Konstante. Physikalisch bedeutet dies, daß maximale Lokalisierung des Teilchens am Ursprung einer maximalen Unschärfe im Impuls des Teilchens entspricht, wie es das Unschärfeprinzip verlangt. Der konkrete Wert der Konstanten führt dazu, daß die inverse Fourier-Transformation wieder die Deltafunktion ergibt.

Wenn andererseits die Impulswellenfunktion eines Teilchens eine Deltafunktion **DiracDelta[k-ko]** wäre, so wäre seine Ortswellenfunktion

```
InvFT[ DiracDelta[k-ko], k ][x]

  I ko x
 E
-----------
Sqrt[2 Pi]
```

also eine ebene Welle mit Impuls **ko**, wiederum in Übereinstimmung mit dem Unschärfeprinzip.

11.6 Impulsoperator

Eine Verallgemeinerung des in Abschn. 11.2 eingeführten Fourierschen Integralsatzes liefert uns eine weitere sehr nützliche Beziehung. Wir bilden die Fourier-Transformierte einer Funktion, multiplizieren das Ergebnis mit der Wellenzahl **k** und wenden auf das Produkt die inverse Fourier-Transformation an. Wir nehmen wieder **E^(-w x^2)** als Beispiel und erhalten

```
InvFT[ k FT[E^(-w x^2),x][k], k][x] //PowerExpand

2 I w x
--------
     2
  w x
 E
```

Dies ist der *Ableitung* von **E^(-w x^2)** proportional:

```
-I D[E^(-w x^2),x] == %

  True
```

Wenn wir diese Beziehung mit **h** multiplizieren, erhalten wir die fundamentale Beziehung zwischen dem Impuls als Ableitungsoperator in der Ortsdarstellung und **h k** in der Impulsdarstellung:

```
p @ psi_ := -I h D[psi,x]

p @ (E^(-w x^2)) ==
    InvFT[(h k) FT[E^(-w x^2),x][k], k][x] //
        PowerExpand

  True
```

Das bedeutet, daß eine Anwendung des Ableitungsoperators **p** auf die Ortswellenfunktion einer Multiplikation der Impulswellenfunktion mit **h k** äquivalent ist (vgl. Park [51], Abschn. 2.5). Zum Beispiel erhalten wir bei Anwendung auf den Grundzustand des harmonischen Oszillators

```
p @ psiHO[0,x] == InvFT[(h k) phiHO[0,k], k][x] //
                      PowerExpand

  True
```

Dasselbe können wir andererseits auch mit **FT** machen:

```
(h k) phiHO[0,k] == FT[p @ psiHO[0,x], x][k] //
                        PowerExpand

  True
```

Diese Äquivalenz bedeutet natürlich, daß wir Impulserwartungswerte und allgemein Impulsmatrixelemente einfach durch Integration von **h k** mit den entsprechenden Impulswellenfunktionen erhalten, wie wir beispielsweise für die Wellenpakete eines freien Teilchens und eines gestauchten Zustands gesehen haben. Mit den Impulswellenfunktionen des Grundzustands und des ersten angeregten Zustands des harmonischen Oszillators erhalten wir

```
Table[
    integGauss[
        Conjugate[phiHO[np,k]] (h k) phiHO[n,k],
        {k,-Infinity,Infinity}
    ],
    {np,0,1},{n,0,1}
] //PowerExpand //PowerContract //MatrixForm
```

```
                  -I Sqrt[h m w]
                  --------------
0                    Sqrt[2]

I Sqrt[h m w]
-------------
   Sqrt[2]        0
```

in Übereinstimmung mit der ersten 2×2-Submatrix der Matrix **pMatrix** aus Abschn. 9.2 (vgl. insbesondere Übg. 9.2.1). Beachten Sie, daß die Diagonalelemente wie in der Ortsdarstellung aufgrund der Parität verschwinden, da die **n**-te Impulswellenfunktion ebenfalls die Parität **(-1)^n** hat (s. Aufg. 11.4.1 und Übg. 9.2.1).

11.7 Lokale Energie

Wir können die Ableitungen höherer Ordnung der Wellenfunktion in ähnlicher Weise berechnen. Zum Beispiel wenden wir den Operator der kinetischen Energie wie folgt auf den HO-Grundzustand an:

```
InvFT[ (h k)^2/(2m) FT[psiHO[0,x],x][k], k ][x] //
   PowerExpand //Expand //PowerContract
```

```
 3/4  m  1/4  5/4
h    (--)    w                 5/4  9/4  2
      Pi                      m    w    x
-------------------- - ---------------------------
            2                      2
  (m w x )/(2 h)         (m w x )/(2 h)       1/4
2 E                    2 E              (h Pi)
```

Nach Division durch die Grundzustandswellenfunktion erhalten wir so die *lokale kinetische Energie* (vgl. Abschn. 10.4):

```
%/psiHO[0,x] //PowerExpand //Expand
```

```
          2  2
h w    m w  x
--- - -------
 2       2
```

Dieses kleine Theorem wird sich bei der numerischen Berechnung der kinetischen Energie in der Gitterdarstellung in Abschn. 12.4 als äußerst hilfreich erweisen. Wir können dieses Ergebnis überprüfen, indem wir den Operator der kinetischen Energie direkt anwenden:

```
1/(2m) p @ p @ psiHO[0,x]/psiHO[0,x] //Expand
```

```
          2  2
h w    m w  x
--- - -------
 2       2
```

Wir können außerdem zur weiteren Kontrolle die potentielle Energie addieren und so die lokale Gesamtenergie berechnen:

```
% + m w^2/2 x^2

h w
---
 2
```

Dies ist natürlich einfach die Grundzustandsenergie des harmonischen Oszillators und damit von **x** unabhängig.

Übung 11.7.1. Wiederholen Sie diese Rechnung für einige angeregte Zustände des harmonischen Oszillators. Rechnen Sie die lokale Gesamtenergie in der Impulsdarstellung ausgehend von **phiHO[n,k]** nach.

11.8 Ortsoperator

Die Betrachtung des Impulses im vorangehenden Abschnitt kann man umgekehrt auf den Ort in der Impulsdarstellung anwenden. Den entscheidenden Hinweis liefert die Reziprozität der Orts- und Impulswellenfunktionen. Demnach ist die Multiplikation der Ortswellenfunktion mit **x** einer *Ableitung* der Impulswellenfunktion nach **k** äquivalent. Der Ort **x** ist also in der Impulsdarstellung durch

```
x @ phi_ := I D[phi,k]
```

definiert, und die Anwendung auf den Grundzustand ergibt

```
x @ phiHO[0,k] == FT[ x psiHO[0,x], x][k] //PowerExpand

True
```

Beachten Sie, daß auf der linken Seite **x** ein Ableitungsoperator ist, der auf **phiHO[0,k]** wirkt (dies wird durch die Notation **x @** angezeigt), während auf der rechten Seite **x** eine Koordinate ist, mit der **psiHO[0,x]** multipliziert wird. Umgekehrt können wir schreiben

```
x psiHO[0,x] == InvFT[ x @ phiHO[0,k], k][x] //PowerExpand

True
```

Natürlich gelten diese Definitionen für beliebige Wellenfunktionen von **x**, nicht nur für den HO-Grundzustand. Wir verwenden wieder den Grundzustand und den ersten angeregten Zustand des harmonischen Oszillators und erhalten als Ortsmatrixelemente in der Impulsdarstellung

```
Table[
    integGauss[
        Conjugate[phiHO[np,k]] x @ phiHO[n,k],
        {k,-Infinity,Infinity}
    ],
    {np,0,1},{n,0,1}
] //PowerExpand //PowerContract //Together //MatrixForm
```

```
                         h
                    Sqrt[---]
                        m w
                    ---------
0                    Sqrt[2]

      h
 Sqrt[---]
     m w
 ---------
  Sqrt[2]     0
```

in Übereinstimmung mit der ersten 2 × 2-Submatrix der Matrix **xMatrix** aus Abschn. 9.2.

Übung 11.8.1. Prüfen Sie den fundamentalen Kommutator **[x,p] == I h** in der Impulsdarstellung nach (vgl. Übg. 1.1.2 und Abschn. 18.2).

11.9 Hamilton-Operator im Impulsraum

Der im vorangehenden Abschnitt definierte Ortsoperator ermöglicht es uns, den Hamilton-Operator für den harmonischen Oszillator in die Impulsdarstellung zu transformieren.

Wir ersetzen **p** durch **h k** und **x phi** durch **I D[phi,k]** und erhalten

```
hamiltonian @ phi_ :=
    (h k)^2/(2m) phi + m w^2/2 x @ x @ phi
```

und damit

```
hamiltonian @ phi[k]

 2  2                   2
h  k  phi[k]        m w   phi''[k]
------------   -    --------------
    2 m                   2
```

Die Ähnlichkeit dieses Ergebnisses mit seinem Gegenstück in der Ortsdarstellung ist eine Folge der speziellen Symmetrie des harmonischen Oszillators. Wir können leicht die Impulswellenfunktionen **phiHO[n,k]** und das Energiespektrum **h w (n + 1/2)** des harmonischen Oszillators nachrechnen. Zum Beispiel erhalten wir bei Anwendung auf den Grundzustand

```
hamiltonian @ phiHO[0,k] == h w/2 phiHO[0,k] //ExpandAll

  True
```

Wir verwenden diesen Hamilton-Operator in Aufg. 11.9.1, um die Schrödinger-Gleichung als Differentialgleichung in der Impulsdarstellung aufzustellen und so die Impulswellenfunktionen wiederzugewinnen. Wir leiten auf diese Weise auch eine direkte Beziehung zwischen den **phiHO[n,k]** und den **psiHO[n,x]** her.

Übung 11.9.1. Vergleichen Sie die kinetische und potentielle Energie des harmonischen Oszillators in der Orts- und der Impulsdarstellung.

Übung 11.9.2. Definieren Sie die in Abschn. 6.7 eingeführten Auf- und Absteigeoperatoren in der Impulsdarstellung, und überprüfen Sie deren Eigenschaften anhand der HO-Impulswellenfunktionen. Wiederholen Sie Aufg. 6.7.1 in der Impulsdarstellung.

Aufgabe 11.9.1. Lösen Sie die Schrödinger-Gleichung für den harmonischen Oszillator in der Impulsdarstellung, und zeigen Sie, daß sich dasselbe Energiespektrum ergibt. Finden Sie die normierten Lösungen durch Vergleich mit der Schrödinger-Gleichung in der Ortsdarstellung, und zeigen Sie

```
phiHO[n_,k_] := (-I)^n Sqrt[h] psiHO[n,x] //.
    {x -> h k, m w -> 1/(m w)} //PowerExpand //PowerContract
```

Vergleichen Sie mit diesem Ausdruck hergeleitete Ergebnisse mit den im Text definierten Fourier-Transformierten, und zeigen Sie in einigen Spezialfällen, daß die inverse Fourier-Transformation wieder zu **psiHO[n,x]** führt; dies rechtfertigt die Wahl der Phase **(-I)^n**.

11.10 Exponentialoperatoren

Identitäten, die dem Fourierschen Integralsatz entsprechen (s. Abschn. 11.2), lassen sich für beliebige Potenzen eines Operators definieren, und damit für jede (analytische) Funktion eines Operators, die eine Potenzreihenentwicklung besitzt. Wir betrachten drei wichtige Beispiele von Exponentialoperatoren der Form (1.4.2).

Zunächst fügen wir **E^(-I k xP)** zwischen **FT** und **InvFT** in einer Ortsfunktion ein. Zum Beispiel erhalten wir für unsere einfache Gauß-Funktion

```
InvFT[ E^(-I k xP) FT[E^(-w x^2),x][k], k ][x] //
    Simplify //PowerExpand
```

```
                    2
  -(w (-x + xP) )
 E
```

Wir haben also die Gauß-Funktion um den Abstand **xP** verschoben. Auf dieselbe Weise können wir den HO-Grundzustand **psiHO[0,x]** verschieben, um **psiHO[0,x-xP]** zu erhalten:

```
psiHO[0,x-xP] ==
    InvFT[ E^(-I k xP) FT[psiHO[0,x],x][k], k ][x] /.
        I x - I xP -> I (x - xP) //PowerExpand
```

```
True
```

In Abschnitt 4.2 haben wir im wesentlichen dasselbe getan; dort haben wir das Maximum des Wellenpakets für ein freies Teilchen verschoben, indem wir die Phasen der einzelnen ebenen Wellen um **E^(-I k xP)** verschoben haben. Die Interpretation von **InvFT** als Entwicklung nach ebenen Wellen macht die Äquivalenz deutlich.

Der Operator **E^(-I k xP)** wir daher als *Translations-* oder *Verschiebungsoperator* in der Impulsdarstellung bezeichnet. In der Ortsdarstellung lautet er **E^(-I xP p/h)**, wobei **p** der Impulsoperator, also ein Ableitungsoperator ist. Ein solcher exponentieller Differentialoperator ist auf dem Computer schwierig zu implementieren; seine Anwendung in der Impulsdarstellung kann daher ein sehr nützliches Werkzeug sein. (Verleichen Sie dies mit **?MatrixExp**.)

Als zweites, ähnliches Beispiel multiplizieren wir eine Ortsfunktion mit **E^(I kP x)** und bilden die Fourier-Transformierte des Produkts. Das Ergebnis ist eine Verschiebung der Fourier-Transformierten der Funktion um den Impuls **kP**. Für die einfache Gauß-Funktion erhalten wir z.B.

```
FT[ E^(I kP x) E^(-w x^2), x ][k] //
    Simplify //PowerExpand
```

```
                     1
 ------------------------------------------
                            2
               (-k + kP)  /(4 w)
 Sqrt[2] E                         Sqrt[w]
```

also die um **kP** *verschobene* Fourier-Transformierte der Gauß-Funktion:

```
FT[ E^(-w x^2), x ][k-kP] //
    Simplify //PowerExpand
```

```
                    1
 ---------------------------------------
                         2
             (-k + kP)  /(4 w)
 Sqrt[2] E                      Sqrt[w]
```

So können wir die Phase einer Ortswellenfunktion verschieben und erhalten die entsprechende Impulswellenfunktion um **kP** verschoben. Mit dem HO-Grundzustand ergibt sich beispielsweise

```
phiHO[0,k-kP] == FT[ E^(I kP x) psiHO[0,x], x ][k] /.
    -I k + I kP -> -I (k - kP) //PowerExpand
```

```
True
```

Wir bezeichnen daher den Operator **E^(I kP x)** als einen *Impulsboost.* Wie den Verschiebungsoperator haben wir diesen Operator bereits in Abschn. 4.2 in ähnlicher Weise eingeführt, um ein Wellenpaket mit Anfangsimpuls **h kP** aufzustellen (s. auch Abschn. 8.0).

Wir bemerken am Rande, daß ein Impulsboost sich in natürlicher Weise ergibt, wenn man eine (nichtrelativistische) *Galilei-Transformation* der Schrödinger-Gleichung zwischen zwei in Bezug aufeinander bewegten Bezugssystemen ausführt (s. Park [51], S. 157).

Als abschließendes Beispiel betrachten wir noch einmal die Zeitentwicklung eines Gaußschen Wellenpakets für ein *freies* Teilchen. In Abschnitt 4.2 haben wir das ursprüngliche Wellenpaket

```
psi[x_,0] = E^(I kP x - w x^2/2) (w/Pi)^(1/4)
```

```
                  2
  I kP x - (w x )/2  w  1/4
E                   (--)
                     Pi
```

mit dem Impuls **h kP** definiert. Wir erhalten die Bewegung eines freien Teilchens, wenn wir den Hamilton-Operator im Zeitentwicklungsoperator aus (1.4.1) durch den Operator der kinetischen Energie, **p @ p/(2m)**, ersetzen. Der resultierende Zeitentwicklungsoperator ist jedoch (wie der Verschiebungsoperator) schwierig zu handhaben, wenn wir nicht zuerst durch Fourier-Transformation zur Impulsdarstellung übergehen. Der Zeitentwicklungsoperator wird dann zu der Phase **E^(-I h k^2/(2m) t)**. Die inverse Fourier-Transformation bringt uns zurück zur Ortsdarstellung

```
InvFT[ E^(-I h k^2/(2m) t) FT[psi[x,0],x][k], k ][x] //
       ExpandAll //MapAll[Together,#]& //
       PowerExpand //PowerContract
```

```
                                                    I      2
                      2                             - m w x
             -(h kP   t)          kP m x            2             w  1/4
Power[E, ----------------- + --------------- + ---------------] (--)
         2 (-I m + h t w)    -I m + h t w      -I m + h t w     Pi

             m
  Sqrt[-----------]
       m + I h t w
```

der zeitentwickelten Wellenfunktion, in Übereinstimmung mit dem Ergebnis von Abschn. 4.2 und Aufg. 11.2.1:

```
psi[x,t] == %

  True
```

Übung 11.10.1. Wiederholen Sie diese Rechnung für das zeitumgekehrte Wellenpaket mit dem Anfangszustand **`Conjugate[psi[x,to > 0]]`** aus der Zukunft von **`psi[x,t]`**, und zeigen Sie, daß sich **`Conjugate[psi[x,-(t-to)]]`** ergibt, was für **`t = to`** wiederum **`Conjugate[psi[x,0]]`** liefert (vgl. Übg. 5.0.6).

Im allgemeinen Fall eines nicht verschwindenen Potentials funktioniert dieser Trick zur Berechnung der Zeitentwicklung nicht. Das liegt daran, daß sich der Zeitentwicklungsoperator nicht einfach in einen kinetischen und einen potentiellen Anteil faktorisieren läßt, d.h. **`E^(-I(K+V)t/h)`**$\neq$ **`E^(-I K t/h) E^(-I V t/h)`**. Dies wiederum liegt daran, daß die kinetische Energie Ableitungen nach **`x`** enthält, während die potentielle Energie eine Funktion von **`x`** ist, so daß die Reihenfolge dieser Operatoren in einer Reihenentwicklung wie (1.4.2) eine Rolle spielt. Die Identität, mit der sich der Zeitentwicklungsoperator aufspalten läßt, enthält daher in komplizierter Form den Kommutator von **`K`** und **`V`**; sie wir als *Baker-Hausdorff-Formel* bezeichnet. (In Merzbacher [46], Übg. 8.18, findet sich eine einfache Version dieses Theorems.)

Wir können den allgemeinen Fall *näherungsweise* behandeln, wenn wir ein genügend kurzes Zeitintervall **`dt`** wählen, so daß **`E^(-I(K+V)dt/h)`** $\sim$ **`1 - I (K+V)dt/h + O[dt]^2`**. Dann können wir **`E^(-I(K+V)dt/h)`**$\sim$ **`E^(-I K dt/h) E^(-I V dt/h) + O[dt]^2`** verwenden und den Beitrag der kinetischen Energie in der Impulsdarstellung auswerten, wie wir es oben für ein freies Teilchen getan haben. Wir können über die Zeit integrieren, indem wir diesen näherungsweise aufgespaltenen Operator wiederholt anwenden. Wir werden diese Idee in Abschn. 12.6 bei der Zeitentwicklung von Wellenpaketen auf einem Gitter verfolgen.

Aufgabe 11.10.1. Zeigen Sie mit Papier und Bleistift durch Vergleich der Reihenentwicklungen, daß die näherungsweise Faktorisierung

```
E^(-I K/2 dt/h) E^(-I V dt/h) E^(-I K/2 dt/h)
```

des Zeitentwicklungsoperators **E^(-I(K+V) dt/h)** nur Fehler der Ordnung **O[dt]^3** enthält.
Hinweis: Denken Sie daran, auf die Reihenfolge der Operatoren zu achten.

11.11 Noch mehr gestauchte Zustände

Wir vervollständigen nun unsere Diskussion der gestauchten Zustände in Kap. 8 durch die Herleitung der Impulsdarstellung des zeitabhängigen gestauchten Zustands **psi[x,t]**. Dies ist im Prinzip einfach die Fourier-Transformierte von **psi[x,t]**; wir gehen aber statt dessen von der Fourier-Transformierten des ursprünglichen Wellenpakets **psi[x,0]** aus und entwickeln diese nach den Eigenfunktionen im Impulsraum aus Aufg. 11.9.1, **phiHO[n,k]**.

Wie in Abschn. 8.0 setzen wir **h = 1**. Anhand der Ergebnisse aus Aufg. 11.9.1 definieren wir die normierten Eigenfunktionen in der Impulsdarstellung,

```
phiHOw[n_,k_] = phiHO[n,k] /.h -> 1

     n    1    1/4                     1
(-I)  (--------)    HermiteH[n, k Sqrt[---]]
       m Pi w                          m w
--------------------------------------------
                  2
        n/2   k /(2 m w)
       2     E              Sqrt[n!]
```

die reziprok zu den in Abschn. 8.0 definierten Eigenfunktionen im Ortsraum **psiHOw[n,x]** sind.

Wir erhalten die ursprüngliche Impulsverteilung durch Fourier-Transformation des ursprünglichen Wellenpakets im Ortsraum aus Abschn. 8.0, **psi[x,0]**:

```
phi[k_,0] = FT[psi[x,0],x][k] /.
                   E^q_ :> E^Collect[q,xPo] //
                   completeSquare[#,k]& //
                   PowerExpand //PowerContract

                 2
  -(k - kPo) /(2 m wPo) - I (k - kPo) xPo
E
-----------------------------------------
                         1/4
            (m Pi wPo)
```

Dabei haben wir eine quadratische Ergänzung bezüglich **k** durchgeführt (vgl. Abschn. 8.1). Die Phase **E^(-I (k - kPo) xPo)** in diesem Ergebnis ergibt sich aus der Verschiebung des Koordinatenursprungs nach **x = xPo** (s. Abschn. 11.10).

Wir rechnen nun leicht den Impuls des ursprünglichen Wellenpakets nach:

```
integGauss[
    k Conjugate[phi[k,0]] phi[k,0],
    {k,-Infinity,Infinity}
]

  kPo
```

Ebenso berechnen wir die ursprüngliche kinetische Energie durch:

```
integGauss[
    k^2/(2m) Conjugate[phi[k,0]] phi[k,0],
    {k,-Infinity,Infinity}
] //Factor //Expand

     2
  kPo     wPo
  ---- + ---
  2 m     4
```

Wir überprüfen dieses Ergebnis, indem wir es zum Erwartungswert des Potentials im usrprünglichen Zustand **psi[x,0]** addieren:

```
integGauss[
    m w^2 x^2/2 Conjugate[psi[x,0]] psi[x,0],
    {x,-Infinity,Infinity}
] //Factor //Expand //PowerExpand //PowerContract

    2          2     2
   w        m w   xPo
  ------ + ----------
  4 wPo         2
```

Die Summe ergibt die Gesamtenergie des gestauchten Zustands

```
% + %%

     2       2                 2     2
  kPo       w        wPo    m w   xPo
  ---- + ------- + --- + ----------
  2 m    4 wPo      4         2
```

in Übereinstimmung mit Übg. 8.0.2.

Übung 11.11.1. Überprüfen Sie den Energieerwartungswert im ursprünglichen Zustand `phi[k,0]` in der Impulsdarstellung durch Einsetzen des Ortsoperators `x @ phi_ := I D[phi,k]` in das Potential. Diese Aufgabe ist das Gegenstück zu Übg. 8.0.2 in der Impulsdarstellung.

Die zeitabhängige Impulsdarstellung `phi[k,t]` des gestauchten Zustands läßt sich nun analog zu unserer Herleitung der Ortsdarstellung `psi[x,t]` in Abschn. 8.2 berechnen. Die Details behandeln wir in Aufg. 11.11.1.

Aufgabe 11.11.1. Entwickeln Sie `phi[k,t]` entsprechend unserer Herleitung von `psi[x,t]` aus Abschn. 8.2 nach den HO-Impulswellenfunktionen `phiHOw[n,k]`. Zeigen Sie

```
phi[k_,t_] :=
    E^(I kphase - (k-kP[t])^2/(4 delp[t]^2))/
        ((2Pi)^(1/4) Sqrt[delp[t]])
```

wobei `kP[t]` und `delp[t]` durch die Ersetzungsregeln

```
kPRule := kP[t] -> kPo Cos[t w] - m w xPo Sin[t w]
delpRule := delp[t] ->
    Sqrt[m/(2 wPo) (wPo^2 Cos[t w]^2 + w^2 Sin[t w]^2)]
```

definiert sind. Dabei ist `kphase` eine von `k` und `t` abhängige Phase; sie entspricht der Phase `xphase` in `psi[x,t]`. Bedenken Sie, daß wir `h = 1` gesetzt haben; es gilt also `p = k`. Denken Sie außerdem daran, die alten Definitionen von `kP` und `delp` zu löschen.
Hinweis: Nehmen Sie die Ersetzung `(-I)^(2n) -> E^(I n Pi)` vor, bevor Sie die Reihe summieren (vgl. Aufg. 8.2.2).

Aufgabe 11.11.2. Überprüfen Sie die Ergebnisse der vorangehenden Aufgabe, indem Sie direkt die Fourier-Transformierte von `psi[x,t]` berechnen. Dies ist eine sehr aufwendige Aufgabe; die in der vorangehenden Aufgabe angegebene Form von `phi[k,t]` erhält man erst nach vielen algebraischen Umformungen.

Aufgabe 11.11.3. Bestimmen Sie die Impulsverteilung `phi[k,t]` im gestauchten Zustand mit `kPo = 0`, indem Sie einfach die Ortswellenfunktion `psi[x,t]` geeignet skalieren. Bestimmen Sie die nötigen Ersetzungen, indem Sie `psi[x,t]` in `phi[k,t]` transformieren (vgl. Aufg. 11.9.1).

Anhand der Ergebnisse von Aufg. 11.11.1 können wir leicht Impulserwartungswert und -unschärfe im gestauchten Zustand berechnen. Die Impulsverteilung ergibt sich aus

```
phisq[k_,t_] = Conjugate[phi[k,t]] phi[k,t]

                              1
 ----------------------------------------------------------
              2            2
  (k - kP[t]) /(2 delp[t] )
 E                            Sqrt[2 Pi] delp[t]
```

Der Impulserwartungswert ist also wie erwartet

```
pExp[t_] =
    integGauss[k phisq[k,t],{k,-Infinity,Infinity}] //
        PowerExpand

 kP[t]
```

während sich für den Erwartungswert des Impulsquadrats ergibt

```
psqExp[t_] =
    integGauss[k^2 phisq[k,t],{k,-Infinity,Infinity}] //
        PowerExpand //Factor

         2        2
 delp[t]  + kP[t]
```

Damit ist **delp[t]** wie gewünscht die quadratisch gemittelte Unschärfe im Impuls:

```
Sqrt[psqExp[t] - pExp[t]^2] //PowerExpand

 delp[t]
```

Mit Hilfe der Ersetzungsregeln aus Aufg. 11.4 erhalten wir

```
{kP[t], delp[t]} /.{kPRule, delpRule}

 {kPo Cos[t w] - m w xPo Sin[t w],

                2           2    2          2
          m (wPo  Cos[t w]  + w  Sin[t w])
     Sqrt[---------------------------------]
                         wPo
     ----------------------------------------}
                       Sqrt[2]
```

in Übereinstimmung mit den Ergebnissen unserer Berechnung im Ortsraum in Aufg. 8.3.1.

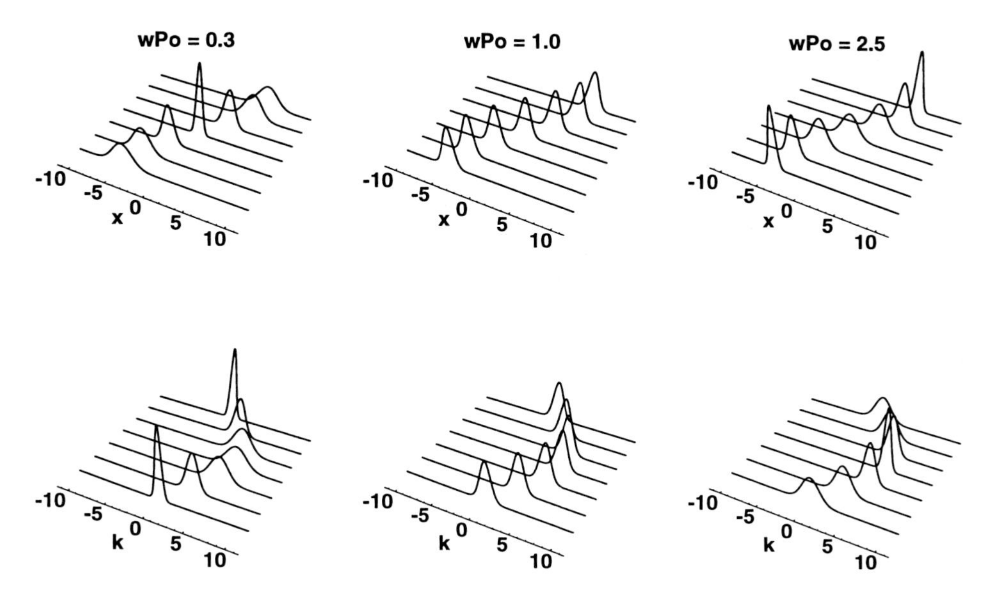

Abb. 11.4. Zeitentwicklung der gestauchten Wellenpakete aus Abb. 8.2, hier sowohl in der Ortsdarstellung (oben) als auch in der Impulsdarstellung (unten). In allen Fällen ist die ursprüngliche Auslenkung **xPo = -5** und der ursprüngliche Impuls **kPo = 0** mit **m = w = 1**. Die Zeit nimmt von vorne nach hinten zu, von **t = 0** in gleichen Schritten bis zu einer halben Periode **Pi/w**. Das Paket in der Mitte mit **wPo = 1** ist ein kohärenter Zustand.

Die Wellenpakete von gestauchten Zuständen weisen also auch in der Impulsdarstellung eine oszillierende Unschärfe auf. Aufgrund des Unschärfeprinzips ist die Impulsverteilung am schmalsten, wenn die Ortsverteilung am breitesten ist, und umgekehrt. Im Grenzfall **wPo -> w** eines kohärenten Zustands behält die Impulsverteilung bei den Oszillationen ihre Form bei, wie auch die Ortsverteilung **psisq[x,t] /.wPo -> w**:

```
phisq[k,t] /.delpRule /.wPo -> w /.
            Cos[z_]^2 -> 1 - Sin[z]^2 //
            ExpandAll //completeSquare[#,k]& //
            PowerExpand //PowerContract
```

```
                    1
  -------------------------------------
                 2
   (k - kP[t])  /(m w)
  E                      Sqrt[m Pi w]
```

Wie wir in Abschn. 8.4 gezeigt haben, gilt also im Grenzfall eines kohärenten Zustands **delp[t] -> Sqrt[m w/2]**, und der kohärente Zustand besitzt minimale Unschärfe. Diese Bewegung im Impulsraum ist in Abb. 11.4 zusammen mit der Bewegung im Ortsraum aus Abb. 8.2 aufgetragen.

Aufgabe 11.11.4. Überprüfen Sie den Ortserwartungswert `xExp[t]` und die Ortsunschärfe `delx[t]` aus Abschn. 8.3, indem Sie in der Impulsdarstellung den Ortsoperator `x @ phi_ := I D[phi,k]` einführen. Beachten Sie, daß Sie dabei die `k`-Abhängigkeit von `kphase` aus Aufg. 11.11.1 brauchen.

Berechnen Sie auf ähnliche Weise den Energieerwartungswert im Zustand `phi[k,t]` in der Impulsdarstellung, und zeigen Sie, daß er gleich dem im Text berechneten Wert für den ursprünglichen Zustand ist (s. Aufg. 8.3.1).

---

12. Gitterdarstellung

Einige der Ideen, die wir in der Impulsdarstellung entwickelt haben, können wir zu mächtigen numerischen Methoden zur Lösung der *zeitabhängigen* Wellengleichung machen, wenn wir bereit sind, die Wellenfunktion durch Einführung eines endlichen Gitters zu approximieren. Insbesondere können wir den Hamilton-Operator und sogar den Zeitentwicklungsoperator auf die Wellenfunktion anwenden, indem wir durch Fourier-Transformationen zwischen der Ortsdarstellung und der Impulsdarstellung hin- und herwechseln. Auf einem diskreten Gitter lassen sich die Transformationen effizient und relativ schnell mit dem *FFT*-Algorithmus[1] berechnen.

Natürlich führen wir jedesmal, wenn wir eine Wellenfunktion numerisch berechnen, eine Gitterdarstellung ein; wir haben schon einige Beispiele für diese Vorgehensweise betrachtet, beispielsweise die Bestimmung und Darstellung stationärer gebundener Zustände mit **NDSolve**. In Kapitel 14 werden wir **NDSolve** ebenso benutzen, um stationäre Kontinuumszustände und Potentialstreuung in einem zeitunabhängigen Rahmen zu behandeln. Die Methode, die wir jetzt beschreiben, erweitert und ergänzt diesen Ansatz und ermöglicht es, die Zeitentwicklung direkt zu berechnen.

12.1 Ortsgitter

Als erstes betrachten wir ein Gitter im Ortsraum und berechnen darauf einige Eigenfunktionen des harmonischen Oszillators. Zur Vereinfachung der Rechnungen werden wir mit den skalierten HO-Funktionen **psiHOz[n,z]** auf einem **z**-Gitter arbeiten. Um mit dem *FFT*-Algorithmus arbeiten zu können, wählen wir äquidistante Gitterpunkte mit einem Abstand **dz**.

Das Gitter läßt sich durch zwei Parameter beschreiben: die Länge **L** und die Anzahl **nmax** der Gitterpunkte. Wir schreiben also

```
{nmax = 2^5, L = 12.0, dz = L/nmax}

  {32, 12., 0.375}
```

[1] *FFT* steht für *Fast Fourier Transform*.

und erzeugen das Gitter durch

```
zGrid = Table[ -L/2 + (n-1) dz, {n,1,nmax} ]

 {-6., -5.625, -5.25, -4.875, -4.5, -4.125, -3.75, -3.375, -3.,

   -2.625, -2.25, -1.875, -1.5, -1.125, -0.75, -0.375, 0.,

   0.375, 0.75, 1.125, 1.5, 1.875, 2.25, 2.625, 3., 3.375,

   3.75, 4.125, 4.5, 4.875, 5.25, 5.625}
```

Im Hinblick auf Listenoperationen ist es günstig, den Gitterindex **n** als positive ganze Zahl zu wählen. Die Verschiebung durch **n-1** erleichtert später den Vergleich mit dem eingebauten *FFT*-Algorithmus. Wir wählen **nmax** gerade, da dies für den *FFT*-Algorithmus besonders günstig ist. Unser Gitterabstand **z** entspricht einem Gitter mit einer ungeraden Anzahl Punkten **nmax + 1**, so daß der Ursprung **z = 0** explizit im Gitter enthalten ist. Das hat den kleinen Nachteil, daß **zGrid** bei geradem **nmax** nicht symmetrisch um den Ursprung ist (s. auch Aufg. 12.3.1).

Wir können den HO-Grundzustand auf dem Gitter berechnen, indem wir einfach **zGrid** als Argument für die Wellenfunktion **psiHOz[0,z]** aus Abschn. 6.6 verwenden.

Als Ergebnis erhalten wir eine Liste von **nmax** äquidistanten Funktionswerten, die den einzelnen Gitterpunkten entsprechen:

```
psiHOzGrid[0] = psiHOz[0,zGrid] //N

                -8              -7              -7              -6
 {1.14396 10  , 1.01167 10  , 7.77305 10  , 5.18887 10  ,

   0.0000300941,0.000151641, 0.000663865, 0.00252505,

   0.00834425, 0.023957, 0.0597592, 0.12951, 0.243855,

   0.39892, 0.566979, 0.700126, 0.751126,0.700126, 0.566979,

   0.39892, 0.243855, 0.12951, 0.0597592, 0.023957,

   0.00834425, 0.00252505, 0.000663865, 0.000151641,

                              -6              -7              -7
   0.0000300941, 5.18887 10  , 7.77305 10  , 1.01167 10  }
```

Diese Werte können wie in Abb. 12.1 mit Hilfe von **ListPlot** als Funktion des Gitterindex **n** dargestellt werden. Sie geben deutlich die gerade Parität des Grundzustands wieder.

Wir können die Wellenfunktion auch in Abhängigkeit von **z** darstellen, indem wir die beiden Listen **zGrid** und **psiHOzGrid[0]** mit Hilfe von **Thread** verschmelzen. Das Ergebnis ist eine Liste aus **nmax** Paarlisten, die jeweils einen Gitterpunkt und den entsprechenden Wert der Wellenfunktion

```
ListPlot[
    psiHOzGrid[0],
    AxesLabel -> {" n",""}, Axes -> {Automatic,None},
    PlotRange -> {-0.2,1}
];
```

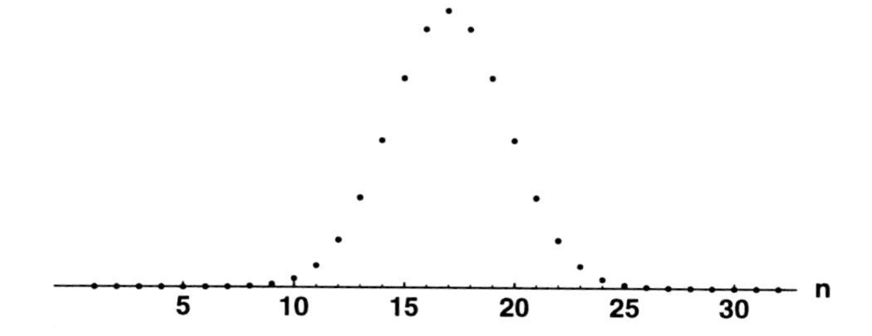

Abb. 12.1. Gitterdarstellung der Wellenfunktion des HO-Grundzustands als Funktion des Gitterindex **n**.

enthalten. Das Paar, das den ersten Gitterpunkt enthält, können wir z.B. wie folgt herausgreifen:

```
Thread[{zGrid,psiHOzGrid[0]] [[1]]

                    -8
  {-6., 1.14396 10   }
```

Wenn wir die ganze Liste an **ListPlot** weitergeben, erhalten wir die gewünschte Darstellung in Abhängigkeit von **z**, wie in Abb. 12.2 gezeigt.

```
ListPlot[
    Thread[{zGrid,psiHOzGrid[0]}],
    AxesLabel -> {" z",""}, Axes -> {Automatic,None},
    PlotRange -> {{-6,6},{-0.2,1}}
];
```

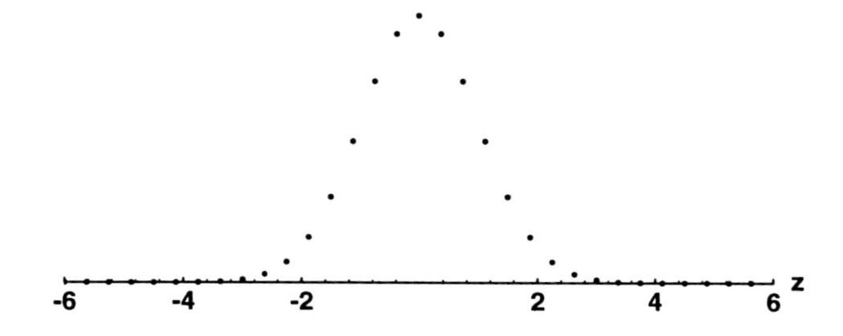

Abb. 12.2. Gitterdarstellung der Wellenfunktion des HO-Grundzustands als Funktion von **z**.

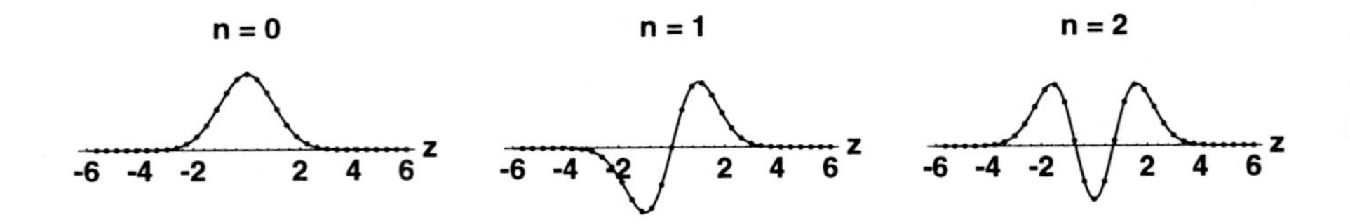

Abb. 12.3. Gitterdarstellungen (Punkte) der ersten drei HO-Wellenfunktionen in Abhängigkeit von **z**. Die durchgezogenen Kurven zeigen zum Vergleich die Wellenfunktionen in Abhängigkeit von der kontinuierlichen Variablen **z**.

Ebenso können wir die ersten beiden angeregten Zustände berechnen:

```
psiHOzGrid[1] = psiHOz[1,zGrid] //N;
psiHOzGrid[2] = psiHOz[2,zGrid] //N;
```

Hier haben wir die Ausgabe durch Semikolons unterdrückt. Statt dessen stellen wir diese drei Gitterwellenfunktionen in Abb. 12.3 zum Vergleich mit **psiHOz[n, z]** als Funktionen der kontinuierlichen Variable **z** dar.

Diese Graphen machen deutlich, daß die Länge **L** so groß gewählt werden sollte, daß die Ausläufer aller betrachteten Wellenfunktionen noch erfaßt werden. Dies können wir natürlich nur angenähert erreichen, da die Wellenfunktionen asymptotisch exponentiell abfallen und nie wirklich verschwinden. Gleichzeitig sollte **nmax** so groß gewählt werden, daß alle Oszillationen in den betrachteten Wellenfunktionen getreu wiedergegeben werden, d.h. daß der Gitterabstand **dz = L/nmax** so klein ist, daß die Struktur der Wellenfunktionen erfaßt wird. Zum Beispiel muß **dz** auf jeden Fall kleiner als der Abstand zwischen den Knoten in der Wellenfunktion sein. Natürlich wollen wir zur Minimierung des numerischen Aufwands die Anzahl **nmax** der Gitterpunkte so klein wie möglich halten. In mancher Hinsicht hat **nmax** die gleiche Funktion wie die Option **PlotPoints** in **Plot** oder **Plot3D**.

Wir werden in Kürze sehen, daß wir im Zusammenhang mit dem Impulsraum noch weitere Bedingungen an **L** und **nmax** stellen müssen.

Die Gitterdarstellung einer Wellenfunktion durch eine Liste von Punkten ermöglicht es uns, Überlappungsintegrale und Matrixelemente einfach durch Summen über Elemente von Listen anzunähern, insbesondere durch Skalarprodukte von Listen. Zum Beispiel überprüfen wir die Normierung des Grundzustands durch

```
psiHOzGrid[0].psiHOzGrid[0] dz

  1.
```

und die Orthonormalität der ersten drei Zustände durch

```
Table[
    psiHOzGrid[np].psiHOzGrid[n] dz,
    {np,0,2},{n,0,2}
] //Chop //MatrixForm
```

```
1.  0   0
0   1.  0
0   0   1.
```

wobei **Chop** verwendet wird, um Nichtdiagonalelemente, deren Betrag kleiner als **10^-10** ist, durch Null zu ersetzen. Diese einfachen Integralapproximationen entsprechen der *Trapezregel* zur numerischen Integration (s. Abramowitz und Stegun [1], Kap. 25) und sind für unsere Zwecke mehr als ausreichend. Beachten Sie, daß wir für komplexwertige Wellenfunktionen die Skalarprodukte durch **Conjugate[psi[np]].psi[n]** berechnen müßten (vgl. die Orthonormalität der Vektoren **cvec[n]** in Abschn. 10.2).

Übung 12.1.1. Berechnen Sie die Skalarprodukte, indem Sie mit **Sum** über Listenelemente **list[[n]]** summieren.

Übung 12.1.2. Die endliche Länge **L** des Gitters und die endliche Anzahl **nmax** der Gitterpunkte bewirken, daß die Diagonalelemente der Überlappungsmatrix nur näherungsweise Eins sind, wie auch die Nichtdiagonalelemente nur näherungsweise verschwinden. Lassen Sie *Mathematica* die genauen Werte ausgeben oder die Differenz zwischen den genauen Werten und Eins berechnen, und verbessern Sie dann diese Werte, indem Sie **L** und **nmax** vergrößern.

Ebenso können wir die Matrixelemente der Ortskoordinate **z** zwischen den HO-Wellenfunktionen mit Hilfe von

```
Table[
    psiHOzGrid[np].(zGrid psiHOzGrid[n]) dz,
    {np,0,2},{n,0,2}
] //Chop //MatrixForm
```

```
0          0.707107   0
0.707107   0          1.
0          1.         0
```

berechnen; das Ergebnis stimmt mit der Matrix **xMatrix** aus Abschn. 9.2 überein, wenn wir **h = m = w = 1** und **1/Sqrt[2]** ~ **0.707107** einsetzen (s. auch Abschn. 11.8). Beachten Sie, daß das Produkt **zGrid psiHOzGrid[n]** die beiden Listen einfach elementweise multipliziert.

Übung 12.1.3. Zeigen Sie, daß sich die Paritätstransformation **z -> -z** bei geradem **nmax** durch Anwendung der eingebauten Funktion **Reverse**, die die Reihenfolge in einer Liste umkehrt, auf die Gitterwellenfunktion bewirken läßt. Erklären Sie, warum dies nicht, zumindest nicht direkt funktioniert, wenn **nmax** ungerade ist.

12.2 Impulsgitter

Betrachten wir nun Impulsgitter-Wellenfunktionen, die den Ortsgitter-Wellenfunktionen entsprechen, die wir gerade eingeführt haben. Zuerst müssen wir ein dem Ortsgitter **zGrid** reziprokes Impulsgitter **kzGrid** konstruieren, um die Fourier-Transformationen durch diskrete Summen zu approximieren. Effektiv werden wir die Fourier-Integrale durch Fourier-Reihen ersetzen, genauer gesagt durch Partialsummen von Fourier-Reihen mit **nmax** Termen.

Die Fourier-Reihennäherung birgt implizit die Annahme, daß die Gitterwellenfunktion periodisch mit der Gitterlänge ist, d.h. **psi[z+L] == psi[z]** (s. Park [51], Anh. II). Das führt dazu, daß die ebenen Wellen **E^(±I kz z)** in den Fourier-Integralen dieselbe Periodizität aufweisen müssen, d.h. **E^(±I kz (z + L)) == E^(±I kz z)**. Es folgt (vgl. Übg. 2.1.1), daß die Wellenzahlen **kz** auf diskrete Werte **kz = q dkz** beschränkt sind, wobei **q** ein ganzzahliger Impulsgitterindex und **dkz = 2Pi/L** die Gitterkonstante des Impulsgitters ist.

Damit Orts- und Impulsgitter die gleiche Information enthalten, verlangen wir, daß das Impulsgitter genau die gleiche Anzahl **nmax** von Punkten enthält wie das Ortsgitter. Da Fourier-Reihen positive und negative Wellenzahlen enthalten, ist dann **kzmax = nmax/2 dkz** die größte erlaubte Wellenzahl. Wir schreiben also

```
{dkz = 2Pi/L //N, kzmax = nmax/2 dkz}

    {0.523599, 8.37758}
```

und definieren durch

```
kzGrid = Table[-kzmax + (q-1) dkz, {q,1,nmax}]
```

```
{-8.37758, -7.85398, -7.33038, -6.80678, -6.28319, -5.75959,
  -5.23599,-4.71239, -4.18879, -3.66519, -3.14159, -2.61799,
  -2.0944, -1.5708,-1.0472, -0.523599, 0., 0.523599, 1.0472,
  1.5708, 2.0944, 2.61799, 3.14159, 3.66519, 4.18879, 4.71239,
  5.23599, 5.75959, 6.28319, 6.80678, 7.33038, 7.85398}
```

ein dem Ortsgitter entsprechendes *reziprokes Gitter.* Wie beim Ortsgitterindex **n** ist es günstig, **q** im Hinblick auf Listenoperationen als positive ganze Zahl zu wählen und durch die Verschiebung **q-1** den Vergleich mit dem eingebauten *FFT*-Algorithmus zu vereinfachen.

Übung 12.2.1. Zeigen Sie, daß wir ebensogut

```
kzmax = Pi/dz //N
```

eingeben könnten.

Wir können nun die HO-Wellenfunktionen auf dem Impulsgitter berechnen, indem wir einfach **kzGrid** als Argument für die HO-Impulswellenfunktionen **phiHOkz[n,kz]** aus Abschn. 11.4 verwenden. Die ersten drei Zustände berechnen wir durch:

```
phiHOkzGrid[0] = phiHOkz[0,kz] /.kz->kzGrid //N;
phiHOkzGrid[1] = phiHOkz[1,kz] /.kz->kzGrid //N;
phiHOkzGrid[2] = phiHOkz[2,kz] /.kz->kzGrid //N;
```

Wir haben hier die Ersetzung **/. kz -> kzGrid** verwendet, um die Wellenfunktionen aufzustellen, bevor wir die Gitterpunkte einsetzen; dies führt zu einer erheblichen Beschleunigung, da sonst die Fourier-Transformation für jeden Gitterpunkt einzeln berechnet würde. Diese Darstellungen sind in Abb. 12.4 gezeigt, zusammen mit den ursprünglichen Impulswellenfunktionen in Abhängigkeit von der kontinuierlichen Variable **kz**. Beachten Sie, daß für ungerades **n** der Imaginärteil **Im[phiHOkzGrid[n]]** aufgetragen werden muß, wie schon bei **phiHOkz[n,kz]** (vgl. Abb. 11.2).

Die starke Ähnlichkeit zwischen Orts- und Impulswellenfunktionen in Abb. 12.3 und 12.4 liegt an unserer Wahl **w = 1** (sowie **h = m = 1**), ist aber vor allem eine spezielle Eigenschaft von Gauß-Funktionen. Wir sind mit diesem Phänomen bereits durch unsere Untersuchung von kohärenten und gestauchten Zuständen in Kap. 8 und Abschn. 11.11 vertraut.

Wir sehen also, daß wir bei der Wahl von **L** und **nmax** auch die Impulswellenfunktionen in Betracht ziehen müssen und bei einem bestimmten, durch **nmax** festgelegten numerischen Aufwand einen Kompromiß suchen müssen zwischen der Güte der Ortsdarstellung und der Güte der Impulsdarstellung. Wir sehen auch, daß **nmax** den größtmöglichen Impulswert **kzmax** und damit die größtmögliche kinetische Energie bestimmt. Eine große kinetische Energie tritt auf, wenn die Gesamtenergie groß gegenüber der potentiellen Energie ist. Außerdem bestimmt der Wert von **L**, wie klein der Gitterabstand **dkz** ist. Wieder zeigt sich, daß Orts- und Impulsdarstellung zueinander reziprok sind, und wir stellen fest, daß **dz** und **dkz** einer Art Unschärferelation genügen: **dz dkz == 2Pi/nmax**.

Bei kleinem **kzmax** (und damit auch **nmax**) werden die Enden der Impulswellenfunktionen zu abrupt abgeschnitten. Sie fallen wie die Ortswellenfunktionen für große **kz** exponentiell ab und werden natürlich auf einem endlichen Gitter immer etwas abgeschnitten. In der Praxis können wir dies jedoch benutzen, um zu überprüfen, ob die Ortswellenfunktion mit einer genügenden Anzahl **nmax** kleiner Schritte **dz** diskretisiert wurde. Wir überprüfen einfach, ob die Fourier-Transformierten der betrachteten Wellenfunktionen, d.h. die Impulswellenfunktionen, mit **kz ->** $\pm$**kzmax** genügend stark gegen Null streben.

Übung 12.2.2. a) Erzeugen Sie Abb. 12.3 und 12.4 für verschiedene Werte von **L** und **nmax**, und beobachten Sie, wie sich die Gitterdarstellung in beiden Räumen verändert. Beobachten Sie beispielsweise, daß die Rundungsfehler in der Impulsmatrix für **L = 20** und **nmax = 32** bemerkbar werden. Erklären Sie dies.

b) Wiederholen Sie Teil (a) fur zwei verschiedene Werte **w** $\neq$ **1** (s. Abb. 8.2 und 11.4).

Wie für das Ortsgitter können wir die Impulsüberlappungsintegrale und -matrixelemente durch Skalarprodukte von Listen approximieren. Die Orthonormalität überprüfen wir z.B. durch:

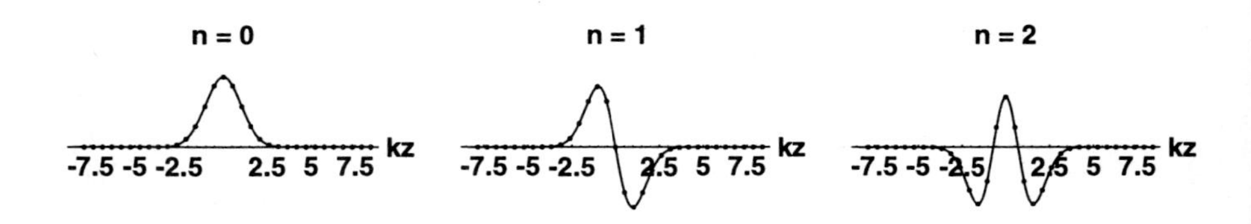

Abb. 12.4. Gitterdarstellungen (Punkte) der ersten drei HO-Wellenfunktionen in Abhängigkeit von **kz**. Die durchgezogenen Kurven zeigen zum Vergleich die Impulswellenfunktionen in Abhängigkeit von der kontinuierlichen Variablen **kz**.

```
Table[
    Conjugate[phiHOkzGrid[qp]].phiHOkzGrid[q] dkz,
    {qp,0,2},{q,0,2}
] //Chop //MatrixForm
```

```
1.  0   0
0   1.  0
0   0   1.
```

und die Matrixelemente von **kz** durch:

```
Table[
    Conjugate[phiHOkzGrid[qp]].(kzGrid phiHOkzGrid[q]) dkz,
    {qp,0,2},{q,0,2}
] //Chop //MatrixForm
```

```
0             -0.707107 I   0
0.707107 I    0             -1. I
0             1. I          0
```

was mit der Matrix **pMatrix** aus Abschn. 9.2 übereinstimmt (wiederum aufgrund der Wahl **h = m = w = 1** und **1/Sqrt[2]** $\sim$ **0.707107**).

Übung 12.2.3. Überprüfen Sie die Ergebnisse von Aufg. 11.1.1 in der Gitterdarstellung mit Hilfe der Funktionen **psiHOzGrid[n]** und **phiHOkz-Grid[q]**. Vergleichen Sie mit Übg. 12.1.3.

12.3 Diskrete Fourier-Transformation

Wir stellen nun einen direkten Zusammenhang zwischen den *Gitterdarstellungen* im Orts- und Impulsraum her. Dies führt uns auf das Konzept einer Fourier-Transformation auf dem Gitter, der sogenannten *diskreten Fourier-Transformation*. Der Nutzen dieses Zusammenhangs liegt darin, daß sich diskrete Fourier-Transformationen für beliebige Wellenformen schnell und effizient mit Hilfe des *FFT*-Algorithmus berechnen lassen. Ein *FFT*-Paket ist in fast allen wissenschaftlichen Programmbibliotheken enthalten; ein solches Paket wurde zur Definition der eingebauten Funktionen **Fourier** und **InverseFourier** verwendet. Eine Darstellung von *FFT*-Algorithmen findet sich in *Numerical Recipes* [55], Kap. 12. Eine gründliche und gut lesbare Einführung, die auch die Verbindung mit Fourier-Reihen aufzeigt, bietet Thompson [62], Abschn. A5.

Der erste Schritt besteht darin, die Fourier-Integrale **FT** und **InvFT**, die zu Beginn von Abschn. 11.1 definiert wurden, durch diskrete Gittersummen zu approximieren. Wir definieren also die folgenden beiden diskreten Transformationsfunktionen **FTGrid** und **InvFTGrid**:

```
FTGrid[psizGrid_] :=
    Table[
        Sum[
            E^(-I kzGrid[[q]] zGrid[[n]]) psizGrid[[n]],
            {n,1,nmax}
        ] dz/Sqrt[2Pi] //N,
        {q,1,nmax}
    ]

InvFTGrid[phikzGrid_] :=
    Table[
        Sum[
            E^( I kzGrid[[q]] zGrid[[n]]) phikzGrid[[q]],
            {q,1,nmax}
        ] dkz/Sqrt[2Pi] //N,
        {n,1,nmax}
    ]
```

Dabei haben wir **Integrate[f[x],{x,-Infinity, Infinity}]** durch **Sum[fGrid[[n]],{n,1,nmax}]** angenähert, **Integrate[g[k], {k,-Infinity,Infinity}]** durch **Sum[gGrid[[q]], {q,1,nmax}]**. Die **Table**-Funktionen werten die Summe an jedem Punkt des entsprechenden Gitters aus: eines **q**-Gitters im Falle von **FTGrid** und eines **n**-Gitters im Falle von **InvFTGrid**. Die anderen Ersetzungen sollten klar sein.

Wir können nun z.B. die diskrete Fourier-Transformation auf die Gitterwellenfunktion des HO-Grundzustands anwenden

```
FTGrid[psiHOzGrid[0]] //Chop

                 -9              -9               -9              -9
 {-1.40184 10  , 1.40647 10  , -1.41861 10  , 1.5084 10  ,

             -10             -8              -7
  5.34474 10   , 4.85399 10  , 8.34997 10  , 0.0000113154,

  0.000116318, 0.000909155, 0.00540201, 0.0244011, 0.0837911,

  0.218737, 0.434094, 0.654908, 0.751126, 0.654908, 0.434094,

  0.218737, 0.0837911, 0.0244011, 0.00540201, 0.000909155,

                                              -7              -8
  0.000116318, 0.0000113154, 8.34997 10  , 4.85399 10  ,

             -10            -9               -9               -9
  5.34474 10   , 1.5084 10  , -1.41861 10  , 1.40647 10  }
```

und das Ergebnis mit der *exakten* Wellenfunktion auf dem Impulsgitter vergleichen:

```
phiHOkzGrid[0]
```

```
             -16            -14            -12             -11
{4.31999 10   , 3.02677 10   , 1.61217 10   , 6.52799 10   ,

         -9             -8            -7
 2.00948 10  , 4.70243 10  , 8.36561 10  , 0.0000113138,

 0.00011632, 0.000909154, 0.00540201, 0.0244011, 0.0837911,

 0.218737, 0.434094, 0.654908, 0.751126, 0.654908, 0.434094,

 0.218737, 0.0837911, 0.0244011, 0.00540201, 0.000909154,

                                      -7            -8
 0.00011632, 0.0000113138, 8.36561 10  , 4.70243 10  ,

         -9             -11           -12            -14
 2.00948 10  , 6.52799 10   , 1.61217 10   , 3.02677 10   }
```

Die beiden Listen sind nahezu identisch, insbesondere in der Mitte in der Nähe des Ursprungs **kz = 0**. Die kleinen Unterschiede sind natürlich auf Rundungsfehler zurückzuführen, die durch die diskrete Fourier-Transformation eingeführt werden. Wenn wir **Chop** mit etwas geringerer Toleranz auf die Differenz zwischen den beiden Listen anwenden, erhalten wir

```
% - %% //Chop[#,10^-8]&
```

```
{0, 0, 0, 0, 0, 0, 0, 0, 0, 0, 0, 0, 0, 0, 0, 0, 0, 0, 0, 0,

 0, 0, 0, 0, 0, 0, 0, 0, 0, 0, 0, 0}
```

woraus wir ersehen, daß die Rundungsfehler kleiner als **10^-8** sind. Sie können in Übg. 12.3.1 nachprüfen, daß sich diese Fehler durch Erhöhung von **nmax** verringern lassen.

Es stellt sich heraus, daß die diskrete Fourier-Transformation die allgemeine und oft unerwünschte Eigenschaft hat, die Ausläufer der transformierten Funktion außerhalb der Bereichs {**kz,-kzmax,kzmax**} in diesen Bereich hineinzuschieben. Eine durch diskrete Fourier-Transformation berechnete Impulswellenfunktion ist daher an den Rändern immer etwas größer als die eigentliche Impulswellenfunktion. Dieses Phänomen bezeichnet man als *Aliasing*; es tritt auch in unserem letzten Beispiel auf (d.h. die Ausläufer von **phiHOkzGrid[0]** sind kleiner als die von **FTGrid[psiHOzGrid[0]]**).

Wir haben bereits am Ende von Abschn. 12.2 darauf hingewiesen, daß wir die Qualität unserer diskretisierten Wellenfunktionen überprüfen können, indem wir sicherstellen, daß ihre Fourier-Transformierten mit **kz ->** $\pm$**kzmax** genügend stark gegen Null streben. In anderen Worten prüfen wir nach, daß der Effekt des *Aliasing* vernachlässigbar ist. Als Faustregel sind die Ausläufer der Fourier-Transformierten dann genügend klein, wenn die maximale Gitterenergie **kzmax^2/2 + Vmax** größer ist als die Energien aller Wellenfunktionen, die wir darstellen wollen; dies können wir oft durch physikalische Überlegungen sicherstellen.

Wir sollten in diesem Zusammenhang erwähnen, daß die maximale Wellenzahl **kzmax = Pi/dz** (s. Übg. 12.2.1) die sogenannte *Nyquist-Frequenz* bestimmt. Diese Bezeichnung ist im Zusammenhang mit Transformationen zwischen Zeit- und Frequenzdarstellungen entstanden; für unsere Zwecke handelt es sich um eine Wellenzahl (s. Abschn. 11.3). Man macht sich leicht klar, daß eine reine Sinuswelle mit dieser Wellenzahl auf dem Gitter durch zwei Punkte pro Periode (pro Wellenlänge) erfaßt würde. Eine weitere Art, eine angemessene Erfassung der Wellenfunktion sicherzustellen, besteht also darin, das Ortsgitter so dicht zu machen, daß die kurzwelligste Komponente aller betrachteten Wellenfunktionen durch mindestens zwei Gitterpunkte pro Wellenlänge erfaßt wird. In *Numerical Recipes* [55], Kap. 12 und Hamming [32], Kap. 34 findet sich eine erschöpfendere Diskussion. In der Praxis kümmert man sich oft nicht um diese Feinheiten, solange das Wellenpaket glatt ist und nicht zu viele Knoten aufweist, und wählt **nmax** einfach so groß, wie es die zur Verfügung stehende Rechenzeit erlaubt.

Die Sätze über Fourier-Transformationen, die wir in Abschn. 11.6-11.10 entwickelt haben, lassen sich auf den diskreten Fall übertragen. Wir überprüfen beispielsweise den Fourierschen Integralsatz für den Grundzustand durch

```
psiHOzGrid[0] - InvFTGrid[ FTGrid[psiHOzGrid[0]] ] // Chop

 {0, 0, 0, 0, 0, 0, 0, 0, 0, 0, 0, 0, 0, 0, 0, 0, 0, 0, 0, 0,
   0, 0, 0, 0, 0, 0, 0, 0, 0, 0, 0, 0}
```

Ebenso können wir die Ableitung einer Funktion bilden, indem wir ihre Fourier-Transformierte mit **I kGrid** multiplizieren. Zum Beispiel erhalten wir für die Gauß-Funktion **E^(-z^2)**

```
InvFTGrid[ I kzGrid FTGrid[E^(-zGrid^2)] ] -
    (D[E^(-z^2),z] /.z->zGrid) //N //Chop[#,10^-7]&

 {0, 0, 0, 0, 0, 0, 0, 0, 0, 0, 0, 0, 0, 0, 0, 0, 0, 0, 0, 0,
   0, 0, 0, 0, 0, 0, 0, 0, 0, 0, 0, 0}
```

In der zweiten Eingabezeile haben wir das Gitter nach der analytischen Berechnung der Ableitung eingesetzt. Durch Multiplikation dieser Gleichung mit **-I** erhalten wir einen Ausdruck für den Impulsoperator in der Ortsgitterdarstellung (vgl. Abschn. 11.6 und Übg. 12.4.1).

Es besteht natürlich ein enger Zusammenhang zwischen der diskreten Fourier-Transformation und gewöhnlichen Fourier-Reihen für Funktionen einer kontinuierlichen Variablen; diesen werden wir in Aufg. 12.3.1 und 12.3.2 näher untersuchen.

Übung 12.3.1. Zeigen Sie anhand der Funktionen **psiHOzGrid[n]** und **phiHOkzGrid[q]**, daß die Genauigkeit von **FTGrid** und **InvFTGrid** mit **nmax** zunimmt.

Übung 12.3.2. In der Gitterdarstellung beruhen die Definitionen von **FT-Grid** und **InvFTGrid** nicht auf einem Integrationspaket. Überprüfen Sie den Fourierschen Integralsatz anhand der Lorentz-Funktion **1/(a^2 + z^2)** für mehrere verschiedene Werte von **a**, und vergleichen Sie mit Übg. 11.1.1.

Aufgabe 12.3.1. Die diskrete Fourier-Transformation und Partialsummen gewöhnlicher (komplexer) Fourier-Reihen hängen eng zusammen. Beide Darstellungen beruhen auf Entwicklungen nach ebenen Wellen. Die vorausgesetzte Periodizität der zu entwickelnden Funktion beschränkt *in beiden Fällen* die Wellenzahlen auf die diskreten Werte **kzGrid**, und im Limes **nmax -> Infinity** ergibt sich die Vollständigkeit. In einer Fourier-Reihe wird die Koordinate **z** als kontinuierlich betrachtet, während sie in der für die Gitterdarstellung definierten diskreten Fourier-Transformation durch die diskreten Werte **zGrid** ersetzt wird. Es folgt, daß die diskrete Fourier-Transformation bis auf Rundungsfehler die Entwicklungskoeffizienten der Fourier-Reihe der transformierten Funktion liefert.

Schauen wir uns diesen Zusammenhang etwas genauer an. Wir erhalten den üblichen Ausdruck für die Partialsumme einer Fourier-Reihe (vgl. Park [51], Anh. II) direkt aus unserer Definition von **InvFTGrid**, indem wir die Gitterkoordinate **zGrid[[n]]** durch die kontinuierliche Koordinate **z** ersetzen. Wir definieren also die **nmax**-te Partialsumme durch

```
fourierPS[phikzGrid_] :=
    Sum[
        E^(I kzGrid[[q]] z) phikzGrid[[q]],
        {q,1,nmax}
    ] dkz/Sqrt[2Pi] //Chop
```

und approximieren die üblichen Entwicklungskoeffizienten der Fourier-Reihe, indem wir die diskrete Fourier-Transformation auf die zu entwickelnde Funktion anwenden. Betrachten wir z.B. die Gauß-Funktion **E^(-z^2)**. Da diese Funktion reell und gerade ist, sollte sich ihre Fourier-Reihe durch eine Kosinusreihe gerader Parität ausdrücken lassen. Dazu gehen wir zu Orts- und Impulsgittern über, die außer dem jeweiligen Ursprung **z = 0** bzw. **kz = 0** gleich viele positive wie negative Punkte enthalten und somit symmetrisch um den Ursprung sind. Dies führt zu einer ungeraden Punkteanzahl **nmax**.

Stellen Sie neue Gitter mit **nmax = 33** auf, und schätzen Sie die Entwicklungskoeffizienten der Fourier-Reihe durch

```
phiGauss = FTGrid[E^(-zGrid^2)]
```

Zeigen Sie, daß die Partialsumme der Fourier-Reihe die folgende Kosinusreihe ergibt:

```
0.147704 + 0.27584 Cos[0.523599 z] + 0.224574 Cos[1.0472 z] +

  0.159415 Cos[1.5708 z] + 0.0986658 Cos[2.0944 z] +

  0.0532441 Cos[2.61799 z] + 0.0250522 Cos[3.14159 z] +

  0.0102775 Cos[3.66519 z] + 0.00367616 Cos[4.18879 z] +

  0.00114649 Cos[4.71239 z] + 0.000311757 Cos[5.23599 z] +

  0.0000739143 Cos[5.75959 z] + 0.0000152795 Cos[6.28319 z] +

             -6                             -7
  2.75396 10   Cos[6.80678 z] + 4.32853 10   Cos[7.33038 z] +

             -8                           -8
  6.00383 10   Cos[7.85398 z] + 1.4169 10   Cos[8.37758 z]
```

Vergleichen Sie den Graphen der Partialsumme mit dem der ursprünglichen Gauß-Funktion in Abhängigkeit von der kontinuierlichen Variablen **z**. Leiten Sie die Entwicklungskoeffizienten unter Ausnutzung der Orthogonalität der ebenen Wellen mit Periode **L** analytisch her, und vergleichen Sie eine Tabelle ihrer Werte mit **phiGauss**.

Aufgabe 12.3.2. Wiederholen Sie Aufg. 12.3.1 mit der Rechteckwelle aus Abschn. 2.4. Berechnen Sie die Rechteckwelle durch

```
rect[z_] := 0          /;    0 <= z <   L/4
rect[z_] := Sqrt[2/L] /;  L/4 <= z <= 3L/4
rect[z_] := 0          /; 3L/4 <  z <=  L
```

mit **L = 1** und einem neuen Gitter **zGrid** auf dem Intervall {**z,0,L**}. Wenn Sie ihr Gitter aus der vorangehenden Aufgabe verwenden, diesmal jedoch mit geradem **nmax**, sollten Sie die Sinusserie erhalten, die wir in Abschn. 2.4 hergeleitet haben, wenn auch mit genäherten Entwicklungskoeffizienten. Tragen Sie Ihre Ergebnisse in Abhängigkeit von **z** auf, und vergleichen Sie sie mit Abb. 2.5.

Verbessern Sie schließlich noch die Konvergenz durch Einführung *Lanczosscher Sigmafaktoren* der Form

```
lanczos[0]  := 1
lanczos[q_] := Sin[q Pi/(nmax/2)]/(q Pi/(nmax/2))
```

in die komplexe Partialsumme. Vergleichen Sie Ihre Ergebnisse mit denen aus Aufg. 2.4.3.

```
ListPlot[
    Elocal[0],
    AxesLabel -> {" n","Elocal[0]"}, PlotRange -> {-.1,1.1}
];
```

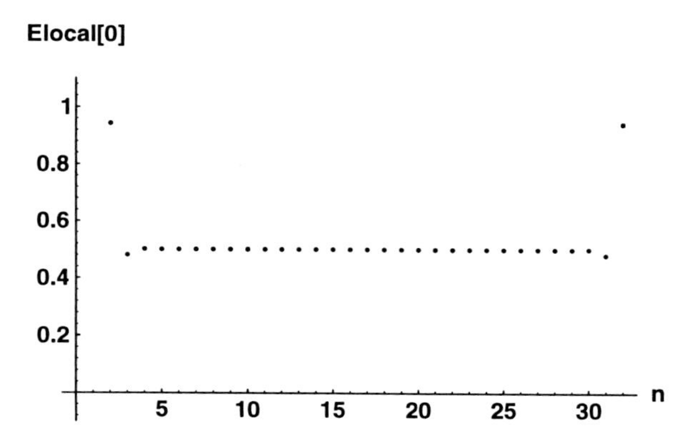

Abb. 12.5. Lokale Energie des HO-Grundzustands in Abhängigkeit vom Gitterindex.

12.4 Lokale Energie

Wir können auch die lokale Energie des Grundzustands in völliger Analogie zu unserer Rechnung in Abschn. 11.7 berechnen. Mit **h = m = w = 1** erwarten wir auf dem ganzen Gitter den Wert **0.5**:

```
Elocal[0] =
    InvFTGrid[kzGrid^2/2 FTGrid[psiHOzGrid[0]]]/
    psiHOzGrid[0] + zGrid^2/2 //Chop

{-27.3477, 0.943684, 0.480801, 0.50139, 0.499859, 0.500019,
  0.499997, 0.500001, 0.5, 0.5, 0.5, 0.5, 0.5, 0.5, 0.5, 0.5,
  0.5, 0.5, 0.5, 0.5, 0.5, 0.5, 0.5, 0.5, 0.5, 0.500001,
  0.499997, 0.500019, 0.499859, 0.50139, 0.480801, 0.943684}
```

Die Abweichungen vom erwarteten Wert am Anfang und Ende des Gitters, die in Abb. 12.5 deutlich sichtbar sind, weisen auf Rundungsfehler hin. Wir erhalten nichtsdestoweniger einen hervorragenden Erwartungswert für den Grundzustand, da die Wellenfunktion in diesen Bereichen stark gegen Null strebt:

```
(psiHOzGrid[0]^2).Elocal[0] dz

0.5
```

Dies kommt dem genauen Ergebnis sehr nahe:

```
% - 1/2

                 -16
  -2.26896 10
```

Übung 12.4.1. In Anlehnung an den Ausdruck für die Ableitung einer Gauß-Funktion in Abschn. 12.3 definieren wir (vgl. Abschn. 11.6) einen Gitterimpulsoperator in der Ortsdarstellung durch

```
pz @ psiGrid_ := InvFTGrid[ kzGrid FTGrid[psiGrid] ]
```

(für **h = 1**). Verwenden Sie dieses Ergebnis, um die lokale Energie des HO-Grundzustands noch einmal zu berechnen.

Übung 12.4.2. Erweitern Sie unsere Gitterrechnungen auf **n = 6**, und rechnen Sie die entsprechenden Eigenenergien des harmonischen Oszillators nach. Beachten Sie, daß die lokale Energie für ungerades **n** am Ursprung wegen des Knotens divergiert. Umgehen Sie dieses Problem, so daß Sie dennoch aus der lokalen Energie den richtigen Energieerwartungswert berechnen können. Berechnen Sie schließlich noch die volle Energiematrix zwischen diesen Zuständen.

Aufgabe 12.4.1. Wiederholen Sie die Variationsrechnung in Abschn. 7.3 für den Grundzustand unseres Hamilton-Operators in der Gitterdarstellung. Hinweis: Berechnen Sie **eTrial[0]** für mehrere Werte des Variationsparameters **a**, und interpolieren Sie Ihre Ergebnisse (vgl. Übg. C.3.5), um dann wie in Abschn. 7.3 **FindMinimum** anzuwenden.

Aufgabe 12.4.2. Schätzen Sie die HO-Grundzustandsenergie durch Variation der Lorentz-Funktion **1/(a^2 + z^2)** aus Übg. 12.3.2 ab. Vergleichen Sie mit Aufg. 7.1.1 und mit der vorangehenden Aufgabe. Hinweis: Normieren Sie die Testfunktion auf dem Gitter, oder teilen Sie den Energieerwartungswert durch die Norm.

12.5 FFT

Wir können also einen beinahe beliebigen Hamilton-Operator auf ein ebenso beliebiges Wellenpaket anwenden, wenn auch nur mit der Genauigkeit einer Näherung durch ein endliches Gitter. In Analogie zu unseren Rechnungen in Abschn. 11.10 können wir ähnliche Rechnungen mit komplizierteren Operatoren durchführen, insbesondere mit dem Zeitentwicklungsoperator. Wir haben also ein sehr mächtiges Näherungsverfahren zur Lösung der zeitabhängigen Schrödinger-Gleichung für beinahe beliebige Anfangszustände in der Hand. Wir werden dieses Verfahren in Kürze näher untersuchen.

Was diesen Ansatz besonders bemerkenswert macht, ist die Tatsache, daß sich die diskrete Fourier-Transformation erheblich optimieren läßt. Darauf basieren der *FFT*-Algorithmus und die eingebauten Funktionen **Fourier** und **InverseFourier**. Eine direkte Berechnung der diskreten Fourier-Transformation, wie z.B. **FTGrid** sie durchführt, erzeugt aus einer Liste **psiGrid** durch Matrixmultiplikation eine andere Liste **phiGrid** (s. Übg. 12.5.1). Bei einer Listenlänge von **nmax** werden dazu mindestens **nmax^2** komplexe Multiplikationen benötigt. Der *FFT*-Algorithmus ordnet dagegen die Summe um und kommt durch geschickte Buchführung mit ungefähr **Log[nmax,2]** Multiplikationen aus (vgl. *Numerical Recipes* [55], Kap. 12 und die dortigen Literaturangaben). Das Ergebnis kann schon für relativ kleine **nmax** eine immense Rechenzeitersparnis sein.

Übung 12.5.1. Definieren Sie **FTGrid** und **InvFTGrid** über Matrixmultiplikation. Definieren Sie dazu eine *unitäre* quadratische Matrix **FTmatrix** mit **nmax** Zeilen und Spalten, deren Inverse die komplex Konjugierte ihrer Transponierten ist (s. Abschn. 10.6). Überprüfen Sie dann beispielsweise folgende Beziehungen (s. Aufg. 12.5.1):

```
   FTGrid[nList] == L/Sqrt[2Pi nmax] FTmatrix.nList
InvFTGrid[qList] == Sqrt[2Pi nmax]/L Conjugate[Transpose[
                                   FTmatrix]].qList
```

Übung 12.5.2. Vergleichen Sie die Werte von **n^2** und **n Log[n,2]** als Funktion von **n** bis zu **n = 2^15**.

Wir führen nun die eingebauten *FFT*-Funktionen ein, indem wir, wie zuvor mit **Fourier** und **InverseFourier**, den Fourierschen Integralsatz anhand des HO-Grundzustands überprüfen:

```
psiHOzGrid[0] - InverseFourier[ Fourier[psiHOzGrid[0]] ] //
    Chop

  {0, 0, 0, 0, 0, 0, 0, 0, 0, 0, 0, 0, 0, 0, 0, 0, 0, 0, 0, 0,
    0, 0, 0, 0, 0, 0, 0, 0, 0, 0, 0, 0}
```

Wir sollten daraus jedoch nicht schließen, daß die eingebauten Transformationen unseren Funktionen **FTGrid** und **InvFTGrid** äquivalent sind. Es bestehen vielmehr wichtige Unterschiede. Zum Beispiel gehen **Fourier** und **InverseFourier** davon aus, daß der Gitterursprung am linken Ende des Gitters liegt, also am Anfang der Argumentliste. Unsere Gitter **zGrid** und **kzGrid**, und damit auch unsere Wellenfunktionen, haben dagegen ihren Ursprung in der Mitte des Gitters. Um mit den eingebauten Funktionen umzugehen, müssen wir daher unsere Wellenfunktionen um eine halbe Gitterlänge verschieben oder *rotieren*. Wenn wir jedoch einen Operator anwenden, können wir auch einfach die Gitterdarstellung des Operators verschieben (s. Aufg. 12.5.2).

Um diese Vorgehensweise anhand der lokalen Energie zu demonstrieren, definieren wir ein verschobenes Impulsgitter durch

```
kzpGrid = kzGrid //RotateLeft[#,nmax/2]&
```

```
{0., 0.523599, 1.0472, 1.5708, 2.0944, 2.61799, 3.14159,
 3.66519, 4.18879, 4.71239, 5.23599, 5.75959, 6.28319,
 6.80678, 7.33038, 7.85398, -8.37758, -7.85398, -7.33038,
 -6.80678, -6.28319, -5.75959,-5.23599, -4.71239,
 -4.18879, -3.66519, -3.14159, -2.61799, -2.0944,-1.5708,
 -1.0472, -0.523599}
```

wobei die eingebaute Funktion **RotateLeft** die erforderliche Verschiebung um eine halbe Gitterlänge bewirkt. (Vgl. **?RotateLeft**. Wir hätten ebensogut die eingebaute Funktion **RotateRight** verwenden können.) Das neue Gitter ist in Abb. 12.6 zusammen mit dem ursprünglichen Impulsgitter abgebildet; es wird deutlich, daß der Ursprung **kz = 0** an das linke Ende des Gitters verschoben worden ist. Die linke Hälfte von **kzpGrid** enthält nun die positiven Impulse bis **kzmax** (ungefähr in der Mitte des Gitters), während die rechte Hälfte die negativen Impulse von **-kzmax** (ungefähr in der Mitte) bis **kz = 0** (am rechten Ende) enthält. Dies ist genau die Struktur, von der **Fourier** und **InverseFourier** ausgehen.

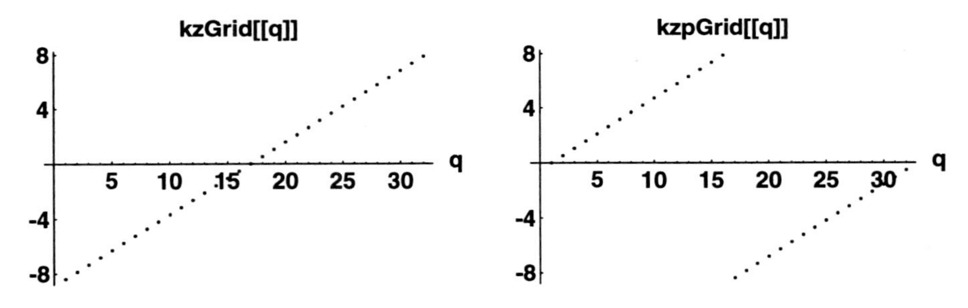

Abb. 12.6. Das ursprüngliche Impulsgitter (links) und das neue, verschobene Gitter (rechts), beide in Abhängigkeit vom Gitterindex **q**.

Wir können nun die lokale Energie wie zuvor berechnen, diesmal jedoch mit den eingebauten Funktionen. Für den HO-Grundzustand erhalten wir z.B.

```
ElocalFFT[0] =
    InverseFourier[kzpGrid^2/2 Fourier[psiHOzGrid[0]]]/
        psiHOzGrid[0] + zGrid^2/2 //Chop

                            -8                        -9
{-27.3477 - 3.32368 10   I, 0.943684 + 1.54429 10   I,

                      -10
  0.480801 - 1.63716 10    I, 0.50139, 0.499859, 0.500019,

  0.499997, 0.500001, 0.5, 0.5, 0.5, 0.5, 0.5, 0.5, 0.5,

  0.5, 0.5, 0.5, 0.5, 0.5, 0.5, 0.5, 0.5, 0.5, 0.5, 0.500001,

  0.499997, 0.500019, 0.499859, 0.50139,

                      -10                        -9
  0.480801 - 2.02956 10    I, 0.943684 + 3.82668 10   I}
```

Dies entspricht sehr genau der Größe **Elocal[0]**, die wir in Abschn. 12.4 berechnet haben. Als Energieerwartungswert im Grundzustand erhalten wir

```
(psiHOzGrid[0]^2).ElocalFFT[0] dz //Chop

  0.5
```

Wie wir in den folgenden Aufgaben sehen werden, sind die weiteren Unterschiede zwischen unseren diskreten Transformationen **FTGrid** und **InvFTGrid** und den eingebauten Funktionen **Fourier** und **InverseFourier** zueinander reziprok, d.h. die Unterschiede heben sich bei Nacheinanderausführung mehrerer Transformationen auf, so daß wir sie ignorieren können.

Übung 12.5.3. Rechnen Sie die HO-Energien der Gitterwellenfunktionen für **n = 1** und **n = 2** mit Hilfe der eingebauten Funktionen **Fourier** und **InverseFourier** nach (vgl. Übg. 12.4.2).

Aufgabe 12.5.1. Leiten Sie den Zusammenhang zwischen unseren diskreten Transformationen **FTGrid** und **InvFTGrid** und den eingebauten Funktionen **Fourier** und **InverseFourier** her.
a) Die eingebauten Funktionen **Fourier** und **InverseFourier** sind durch folgende Summen definiert (s. Wolfram [63], Abschn. 3.8.3):

```
fourier[nList_] :=
    Table[
        Sum[
            E^( 2Pi I (q-1)(n-1)/nmax) nList[[n]],
            {n,1,nmax}
        ]/Sqrt[nmax],
        {q,1,nmax}
    ] //N //Chop

inversefourier[qList_] :=
    Table[
        Sum[
            E^(-2Pi I (q-1)(n-1)/nmax) qList[[q]],
            {q,1,nmax}
        ]/Sqrt[nmax],
        {n,1,nmax}
    ] //N //Chop
```

Die eingebauten Funktionen werden jedoch mit dem *FFT*-Algorithmus unter Verwendung kompilierter interner Routinen berechnet, so daß sie erheblich schneller ausgewertet werden als die obigen Summen. Diese Definition der diskreten Fourier-Transformation ist eine Konvention (s. *Numerical Recipes* [55], Kap. 12). Zeigen Sie anhand eines Beispiels die Äquivalenz der Summen **fourier** und **inversefourier** mit den eingebauten Funktionen.

b) Setzen Sie nun unsere Funktionen **FTGrid** und **InvFTGrid** mit den Summen in Teil (a) in Beziehung. Verwenden Sie wenn nötig Papier und Bleistift, und zeigen Sie:

```
ftGrid[nList_] :=
    L/Sqrt[2Pi nmax] *
    Table[ (-1)^(q-1) *
        Sum[
            (-1)^(n-1) E^(-2Pi I (q-1)(n-1)/nmax) *
                nList[[n]],
            {n,1,nmax}
        ]/Sqrt[nmax],
        {q,1,nmax}
    ] //N //Chop
```

```
invftGrid[qList_] :=
    Sqrt[2Pi nmax]/L *
    Table[ (-1)^(n-1) *
        Sum[
            (-1)^(q-1) E^( 2Pi I (q-1)(n-1)/nmax) *
                qList[[q]],
            {q,1,nmax}
        ]/Sqrt[nmax],
        {n,1,nmax}
    ] //N //Chop
```

Überprüfen Sie diese Definitionen durch Vergleich mit **FTGrid** und **InvFTGrid**.

Beachten Sie, daß die Koeffizienten **L/Sqrt[2Pi nmax]** und **Sqrt[2Pi nmax]/L** zueinander reziprok sind und bereits in Übg. 12.5.1 auftraten. Beachten Sie vor allem, daß die Vorzeichen der Exponenten in **ftGrid** und **invftGrid** gegenüber **fourier** und **inversefourier** in Teil (a) gerade umgekehrt sind. **FTGrid** ist daher proportional zu **InverseFourier**, **InvFTGrid** dagegen zu **Fourier**. (Siehe Teil (c). Denken Sie auch an Übg. 11.1.2.)

c) Zeigen Sie, daß die Faktoren **(-1)^(n-1)** und **(-1)^(q-1)** in Teil (b) durch einen Impulsboost bzw. durch eine Koordinatenverschiebung um eine halbe Gitterlänge (vgl. Abschn. 11.10) zustande kommen und einer Multiplikation der Listen mit

```
boost    = E^(I kzmax zGrid) //Chop
displace = E^(-I kzGrid L/2) //Chop
```

äquivalent sind. Verbinden Sie also Teil (a) und (b), und beweisen Sie

```
FTGrid[nList] ==
    displace L/Sqrt[2Pi nmax] InverseFourier[boost nList]
InvFTGrid[qList] ==
    boost Sqrt[2Pi nmax]/L Fourier[displace qList]
```

Überprüfen Sie diese Beziehungen anhand von Beispielen.

Versuchen Sie, **Fourier** und **InverseFourier** in diesen Definitionen zu vertauschen; vergessen Sie nicht, sowohl gerade als auch ungerade Gitterfunktionen auszuprobieren. Für Größen, die wie die kinetische Energie aus geraden Potenzen von **kzGrid** gebildet werden, können **Fourier** und **InverseFourier** vertauscht werden (s. Aufg. 12.5.2 und 12.5.3).

d) Zeigen Sie schließlich noch, daß die Boosts und Verschiebungen in Teil (c) mit Rotationen der Gitterfunktionen um eine halbe Gitterlänge **nmax/2** äquivalent sind. Überprüfen Sie z.B.:

```
FTGrid[nList] ==
    L/Sqrt[2Pi nmax] *
    RotateLeft[
        InverseFourier[ RotateLeft[nList,nmax/2] ],
        nmax/2
    ] //N

InvFTGrid[qList] ==
    Sqrt[2Pi nmax]/L *
    RotateLeft[
        Fourier[ RotateLeft[qList,nmax/2] ],
        nmax/2
    ] //N
```

Aufgabe 12.5.2. Berechnen Sie die lokale Energie **Elocal[0]** des HO-Grundzustands und den Energieerwartungswert wie in Abschn. 12.4 mit unserem ursprünglichen Impulsgitter **kzGrid**, jedoch unter Verwendung der eingebauten Funktionen **Fourier** und **InverseFourier**. Tun Sie dies zuerst mit Hilfe der Operatoren **boost** und **displace** aus Aufg. 12.5.1, Teil (c) und dann mit Hilfe von Gitterrotationen *der Funktionen* wie in Aufg. 12.5.1, Teil (d). Diese letztere Berechnung verdeutlicht den Ursprung des rotierten Impulsgitters **kzpGrid**.

Zeigen Sie anhand eines Beispiels, daß **Fourier** und **InverseFourier** vertauscht werden können, da die kinetische Energie aus einer geraden Potenz von **kzGrid** oder **kzpGrid** berechnet wird.

Aufgabe 12.5.3. Berechnen Sie die Ableitungen einiger Funktionen, wie wir es am Ende von Abschn. 12.3 getan haben, mit unserem ursprünglichen Impulsgitter **kzGrid** und den eingebauten Funktionen **Fourier** und **InverseFourier** (vgl. Aufg. 12.5.2). Tun Sie das gleiche mit dem rotierten Gitter **kzpGrid**. Beachten Sie, daß in jedem Fall die Reihenfolge der Anwendung von **Fourier** und **InverseFourier** der von **FTGrid** und **InvFTGrid** in Aufg. 12.5.1 entsprechen muß.

Aufgabe 12.5.4. Berechnen Sie noch einmal die lokale Energie **Elocal[0]** und den Energieerwartungswert wie in Aufg. 12.5.2; benutzen Sie jedoch diesmal die Impulsgitterdarstellung und **phiHOkzGrid[0]**. Verwenden Sie dazu zuerst die Operatoren **boost** und **displace** aus Aufg. 12.5.1, Teil (c), und benutzen Sie dann ein rotiertes Ortsgitter **zpGrid** in Analogie zu **kzpGrid** (vgl. Übg. 11.7.1).

12.6 Ausbreitung eines Wellenpakets

Wir sind nunmehr gerüstet, die Ideen, die wir gegen Ende von Abschn. 11.10 entwickelt haben, in die Tat umzusetzen und die Zeitentwicklung eines beliebigen Wellenpakets auf dem Gitter zu verfolgen. Wir werden also den Zeitentwicklungsoperator aus (1.4.1) direkt auf ein Wellenpaket anwenden, indem wir eine Folge kleiner Zeitschritte **dt** einführen. Diese Näherung erlaubt es uns, den Zeitentwicklungsoperator in einen kinetischen und einen potentiellen Teil aufzuspalten; durch Fourier-Transformationen vom Orts- auf das Impulsgitter und umgekehrt können wir diese Operatoren dann einfach als Phasenfaktoren ausdrücken. Diese Phasenfaktoren, und damit auch der Zeitentwicklungsoperator, können dann direkt als Gitter- oder Listenmultiplikation auf die Wellenfunktion angewendet werden.

Diese Methode, den Operator aufzuspalten, wurde von Fleck et al. [24] eingeführt; Kosloff [39] beschreibt sie im Zusammenhang mit der Molekulardynamik. Die Methode ist sehr erfolgreich bei der Untersuchung der Laseranregung von Molekülen im Femtosekundenbereich (s. z.B. Engel et al. [18]). In etlichen anderen Anwendungen werden andere Methoden zur Behandlung der Zeitentwicklung in der zeitabhängigen Schrödinger-Gleichung verwendet. Schauen Sie beispielsweise einmal in die Sonderausgabe von Computer Physics Communications [40] und in die vergleichende Studie von Leforestier et al. [43].

Um die Allgemeinheit der Methode zu demonstrieren, wollen wir die Fortpflanzung eines Wellenpakets in dem Modellpotential betrachten, das wir in Abschn. 7.3 eingeführt und in Kap. 10 diagonalisiert haben. Wenn wir ein Ortsgitter der Länge **L = 20** mit **nmax = 128** aufstellen, erhalten wir eine genügend genaue Darstellung des Potentials auf dem Gitter (s. Abb. 12.7). Wie in Abschn. 12.1 und 12.2 definieren wir nun die Schrittweiten in Ort und Impuls und den maximalen Impuls durch

```
{nmax = 2^7, L = 20.0,
 dz = L/nmax, dkz = N[2Pi/L], kzmax = N[Pi/dz]}

  {128, 20., 0.15625, 0.314159, 20.1062}
```

und stellen wie zuvor die Gitter auf:

```
zGrid   = Table[-L/2 + (n-1) dz,{n,1,nmax}];
kzGrid  = Table[-kzmax + (q-1) dkz,{q,1,nmax}];
kzpGrid = kzGrid //RotateLeft[#,nmax/2]&;
```

Dabei ist **kzpGrid** das verschobene Impulsgitter, das wir in Abschn. 12.5 zur Verwendung mit den eingebauten Funktionen **Fourier** und **InverseFourier** eingeführt haben (s. Aufg. 12.5.2). In diesem und dem nächsten Abschnitt werden wir der Kürze halber durchweg die Ausgabe von Gittergrößen durch Semikolons unterdrücken; bei großem **nmax** ist es fast immer besser, diese Größen mit **ListPlot** darzustellen, als die ganzen Listen auszugeben.

Wir definieren und berechnen also die potentielle Energie auf dem Ortsgitter und die kinetische Energie auf dem Impulsgitter:

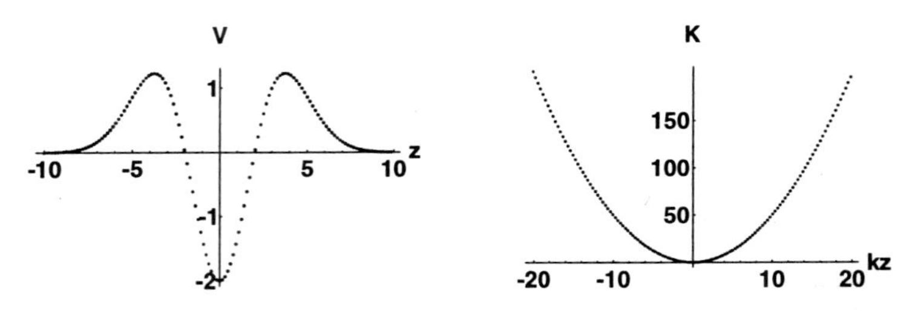

Abb. 12.7. Potentielle und kinetische Energie auf dem Ortsgitter **zGrid** bzw. auf dem Impulsgitter **kzGrid**.

```
Vmodel[z_] = VHO[z] E^(-b z^2);     b  =  0.1;
VHO[z_] = Vo + z^2/2;               Vo = -2.0;

V = Vmodel[zGrid];          K = kzpGrid^2/2;
```

Diese Größen sind in Abb. 12.7 dargestellt.

Wir berechnen die Zeitentwicklung auf einem Zeitgitter in Schritten von **dt** mit insgesamt **ntmax** Schritten. Nach Wahl einer Gesamtzeit **T** bestimmen wir die Schrittweite durch

```
{ntmax = 2000, T = 10.0, dt = T/ntmax}

  {2000, 10., 0.005}
```

Wir haben jetzt alles, was wir brauchen, um den Zeitentwicklungsoperator aufzustellen. Wir gehen davon aus, daß der Zeitschritt **dt** genügend klein ist, und spalten den Zeitentwicklungsoperator entsprechend den in Abschn. 11.10 entwickelten Ideen in einen potentiellen und einen kinetischen Teil auf:

```
U[dt_] @ psi_ := UV[dt] InverseFourier[ UK[dt] Fourier[psi] ]
```

Dabei ist **psi** das Wellenpaket zur Zeit **t**, und

```
UV[dt] = E^(-I V dt);          UK[dt] = E^(-I K dt);
```

sind Orts- und Impulsraumlisten, also einfache Gitterphasenfaktoren. **Fourier[psi]** transformiert **psi** auf das Impulsgitter, damit wir mit **UK[dt]** multiplizieren können, während **InverseFourier** uns zur Multiplikation mit **UV[dt]** auf das Ortsgitter zurückbringt. Wir wenden also den Zeitentwicklungsoperator in Analogie zu unserer Berechnung von **ElocalFFT[0]** im vorangehenden Abschnitt an. Wir betrachten die Zeitentwicklung des Wellenpakets in **nt** Schritten, indem wir **U[dt] nt**-mal auf das ursprüngliche

Wellenpaket **psi0** anwenden. Dies können wir in kompakter und effizienter Weise mit Hilfe der eingebauten Funktion **Nest** tun; wir definieren (vgl. Übg. C.3.3)

```
psi[nt_,psi0_] := Nest[ U[dt][#]&, psi0, nt ]
```

Wenn das Wellenpaket in jedem Zeitschritt ausreichend genau auf dem Gitter erfaßt ist, dann erhält die Transformation des ursprünglichen Wellenpakets in das Wellenpaket zur Zeit **t** die Norm, und die Transformation ist *unitär*. Das liegt daran, daß die Teiloperatoren **UV[dt]** und insbesondere **UK[dt]** als unitäre Exponentialoperatoren (eigentlich unitäre Matrizen, s. Übg. 12.5.1) berechnet werden und das Produkt zweier unitärer Operatoren wiederum unitär ist (s. Abschn. 15.3 und Übg. 15.3.1). Das bedeutet, daß sogar der genäherte Zeitentwicklungsoperator **UK[dt] UV[dt]** unitär ist und die Norm exakt erhält. Diese Eigenschaft trägt stark zur Stabilität des Verfahrens bei, da keine künstliche Verstärkung einzelner Komponenten des Wellenpakets stattfindet. Die Näherung, die wir durch Aufspalten des Zeitentwicklungsoperators eingeführt haben, macht sich vielmehr in der zeitabhängigen *Phase* des Wellenpakets und der (schwachen) Nichterhaltung der Energie des Wellenpakets bemerkbar (s. Kosloff [39] und auch Leforestier et al. [43]).

Wir verfolgen daher im weiteren den Energieerwartungswert **eExp** und die Energieunschärfe **dele** im Zustand **psi**, die wir durch

```
eExp[psi_] := Conjugate[psi].H @ psi/Conjugate[psi].psi
dele[psi_] := Conjugate[psi].H @ H @ psi/
                 Conjugate[psi].psi - eExp[psi]^2 //Sqrt
H @ psi_   := InverseFourier[K Fourier[psi]] + V psi
```

definieren, wobei **H** der Gitter-Hamilton-Operator ist. Beachten Sie, daß die Reihenfolge der eingebauten Funktionen **Fourier** und **InverseFourier** hier und im Zeitentwicklungsoperator unwichtig ist, da die kinetische Energie **K** und damit auch **UK[dt]** gerade Funktionen von **kz** sind (s. Aufg. 12.5.2 und 12.5.3). Ein Beispiel, in dem die Reihenfolge wichtig ist, ist der Impulserwartungswert, den wir in Kürze berechnen werden.

Es ist günstig, als ursprüngliches Wellenpaket eine Gauß-Funktion zu wählen (vgl. Abschn. 8.0); wir setzen sie an den Ursprung **z = 0** und wählen als Breitenparameter **wPo = 2** und als Anfangsimpuls **kPo = 1**. (Es ist natürlich wichtig, daß wir **kPo** nicht größer als **kzmax** wählen.) Wir setzen nun in diese Funktion **zGrid** ein

```
psi[0] = E^(I kPo z) E^(-wPo z^2/2) (wPo/Pi)^(1/4) /.
            {kPo -> 1.0, wPo -> 2.0} /.
            z -> zGrid //N;
```

und überprüfen Normierung, Anfangsort und Anfangsimpuls durch

```
{Conjugate[psi[0]].psi[0] dz,
 Conjugate[psi[0]].(zGrid psi[0]) dz,
 Conjugate[psi[0]].Fourier[kzpGrid InverseFourier[
          psi[0]]] dz}//Chop

  {1., 0, 1.}
```

Die Reihenfolge von **Fourier** und **InverseFourier** ist hier wichtig, damit wir das richtige Vorzeichen für den Impulserwartungswert erhalten.

Der Energieerwartungswert und die Energieunschärfe ergeben sich zu

```
{eExp[psi[0]], dele[psi[0]]} //Chop

  {-0.835622, 1.11319}
```

Wir prüfen leicht nach, daß der Energieerwartungswert für **wPo = 1** mit dem störungstheoretischen Schätzwert aus Abschn. 7.4 übereinstimmt (s. auch Aufg. 12.4.1). Diese Werte besagen, daß das ursprüngliche Wellenpaket sein Energiemaximum zwischen dem Grundzustand und dem ersten angeregten Zustand der Mulde hat (s. Abschn. 10.2) und daß die Verteilung der Energie in das Kontinuum reicht, aber weit unter den Spitzen der Barrieren liegt. Dennoch können wir davon ausgehen, daß die Komponenten mit positiver Energie durch die Barrieren tunneln und sich zum Ende des Gitters fortpflanzen, wenn wir ihnen genügend Zeit lassen.

Übung 12.6.1. Berechnen Sie den Erwartungswert der kinetischen Energie für das ursprüngliche Wellenpaket, und vergleichen Sie mit dem analytischen Ergebnis aus Übg. 4.2.1.

Das Verfahren ist numerisch effizient, weil der *FFT*-Algorithmus es ist. Obwohl wir dies nicht durchführen werden, läßt sich das Verfahren direkt auf zwei oder sogar drei Dimensionen erweitern; danach ist der Rechenzeitbedarf jedoch enorm. Die Rechnungen, die wir hier durchführen werden, sind dagegen recht bescheiden. Dennoch können die Laufzeiten im Vergleich mit anderen Rechnungen aus diesem Buch relativ lang sein. Sie sollten sich daher in den folgenden Abschnitten in Geduld üben und daran denken, daß sich die angegebenen Laufzeiten auf einen NeXT Cube mit 33 MHz und 16 MB beziehen. Ganz akzeptable Ergebnisse erhält man jedoch an einem Nachmittag auf einem Macintosh mit 16 MHz und 8 MB, wenn man die Gitterlängen um Faktoren von zwei bis vier herunterskaliert.

Trotz der Schwerfälligkeit von *Mathematica* ist der Programmcode für die eingebauten Funktionen **Fourier** und **InverseFourier** äußerst kompakt. Es bietet sich daher für dieses Verfahren an, externe *FFT*-Routinen auf schnellen, über Netz erreichbaren Rechnern zu verwenden.

Zeitentwicklung

Wir verfolgen die Entwicklung des ursprünglichen Wellenpakets bis zu einer Zeit **nt dt**, indem wir **psi[nt, psi[0]]** berechnen lassen. Wenn wir nach jedem Zeitschritt **dt** ein Zwischenergebnis speichern wollen, können wir **NestList** statt **Nest** verwenden. Eine solche Rechnung belegt jedoch sehr viel Speicherplatz; es bietet sich daher an, vor jedem Zwischenspeichern mehrere Schritte auszuführen. Dadurch verringern wir den Speicherplatzbedarf, können aber beispielsweise immer noch eine glatte Animation durchführen.

Wer verwenden also die folgende **Do**-Schleife, um das Wellenpaket jeweils nach **10** Zeitschritten zwischenzuspeichern, so daß wir **200** der **ntmax = 2000** berechneten Wellenpakete aufheben. Diese Berechnung dauert weniger als sieben Minuten:

```
Do[ psi[nt] = psi[10,psi[nt-10]], {nt,10,ntmax,10} ]
```

Die Wahrscheinlichkeitsdichten **Abs[psi[nt]]^2** und **Abs[Fourier[psi[nt]]]^2**, die sich im Orts- bzw. Impulsraum ergeben, sind in Abb. 12.8 für einige Zeiten aufgetragen. Die Bewegung ist analog der in Abb. 11.4 dargestellten Bewegung eines gestauchten Zustands in einem reinen HO-Potential. Die Erhaltung der Norm prüft man leicht nach.

Um in Abb. 12.8 im Hintergrund das Potential aufzutragen, haben wir die **Epilog**-Option für **ListPlot** durch Eingabe von

```
Vbkgrd := Epilog -> {Line[Thread[{zGrid,V}]]}
```

benutzt. Durch eine ähnliche Eingabe haben wir in den unteren Abbildungen die Fourier-Transformierte des Potentials dargestellt (s. auch Abb. 14.2).

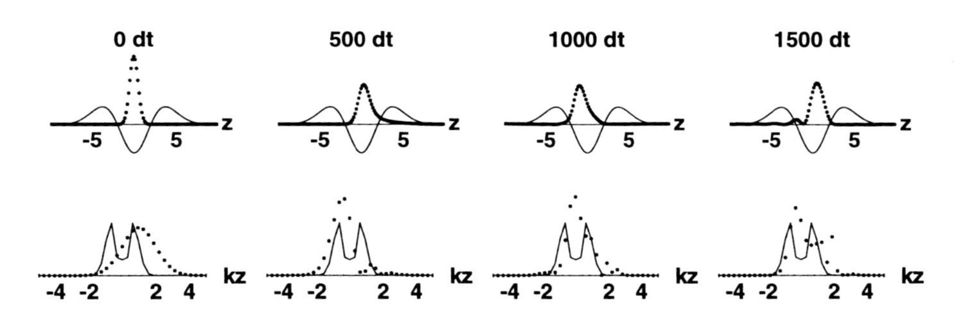

Abb. 12.8. Zeitentwicklung der Wahrscheinlichkeitsdichte des Wellenpakets auf dem Ortsgitter (oben) und dem Impulsgitter (unten). Die durchgezogenen Kurven zeigen das Potential bzw. seine Fourier-Transformierte.

Übung 12.6.2. Überzeugen Sie sich davon, daß die Norm des Wellenpakets erhalten bleibt. Überprüfen Sie dies auch in der Impulsdarstellung, indem Sie die Fourier-Transformierte des Wellenpakets durch

```
L/Sqrt[2Pi nmax] InverseFourier[psi]
```

aus Aufg. 12.5.1 definieren. Wie genau bleibt die Energie erhalten? Versuchen Sie, die Energieerhaltung durch Verkürzung des Zeitschritts um einen Faktor 2 oder 4 zu verbessern.

Abbildung 12.8 macht deutlich, daß wir mit recht beliebigen Wellenpaketen und Potentialen arbeiten können. Wir sollten jedoch nicht vergessen, daß wir mit dem Gitter eine Näherung eingeführt haben; alle Ergebnisse und Schlußfolgerungen sollten durch Verringerung des Zeitschritts und des Gitterabstandes und Erhöhung der Anzahl der Gitterpunkte überprüft werden. Endlichkeit und Periodizität des Gitters beschränken zudem in unrealistischer Weise die Kontinuumskomponenten des Wellenpakets, die eigentlich ins Unendliche auslaufen würden. Auf dem Gitter bleiben sie beschränkt und führen zu künstlichen Interferenzen.

Die folgenden Aufgaben untersuchen diese Effekte und Einschränkungen und suchen nach Möglichkeiten, diese zu umgehen. In Aufg. 12.6.2 wird ein Algorithmus vorgestellt, der die Komponenten des Wellenpakets, die sich dem Ende des Gitters nähern, absorbiert. Aufgabe 12.6.4 zeigt, daß das ursprüngliche Wellenpaket durch Zeitumkehr aus dem durch die Zeitentwicklung berechneten Wellenpaket rekonstruiert werden kann. Dieses interessante Ergebnis bietet auch eine gute Kontrolle der Genauigkeit der Zeitentwicklung. Wir merken in diesem Zusammenhang an, daß die genauere Aufspaltung des Zeitentwicklungsoperators in der Ordnung `O[dt]^3`, die wir in Aufg. 11.10.1 hergeleitet haben, sich leicht implementieren läßt (s. Aufg. 12.7.1).

Wir sollten darauf hinweisen, daß wir uns hier auf Potentiale beschränken, die so gleichmäßig sind, daß das Wellenpaket im Prinzip periodische und stetige Ableitungen beliebiger Ordnung besitzt. Ansonsten würde die diskrete Fourier-Transformation, die das Rückgrat des Verfahrens bildet, erhebliche Konvergenzprobleme bekommen und zu unkontrollierbaren Fehlern führen. Ein wichtiges pathologisches Beispiel ist das Coulomb-Potential, das mit `-1/r` geht und am Ursprung divergiert. Seine Grundzustandswellenfunktion hat die Form `r E^-r` für `{r,0,Infinity}` (s. Abschn. 20.2) und besitzt unstetige Ableitungen, da die Ableitung am Ende des Gitters bei `rmax` nahezu verschwindet, nicht aber am Ursprung. Eine Möglichkeit, mit diesem Problem umzugehen, ist die Einführung *Lanczosscher Sigmafaktoren* wie in Aufg. 2.4.3 und 12.3.2.

Übung 12.6.3. Erzeugen Sie eine Animation aus **psi[t]** und seiner Fourier-Transformierten. Berechnen Sie das Wellenpaket noch einmal mit etwas höherer Energie (denken Sie jedoch an die durch **kzmax** vorgegebene Grenze), und suchen Sie nach Komponenten, die durch die Barrieren tunneln.

Übung 12.6.4. Gehen Sie zum reinen HO-Potential **z^2/2** über, und berechnen Sie die Zeitentwicklung der in Abb. 11.4 gezeigten gestauchten Zustände.

Aufgabe 12.6.1. Bestimmen Sie die Zeitentwicklung eines ursprünglich Gaußschen Wellenpakets, das anfangs auf der einen Seite eines tiefen rechteckigen Potentialtopfes mit einer dünnen rechteckigen Barriere in der Mitte konzentriert ist. Erzeugen Sie eine Animation der Bewegung (vgl. Kap. 2 und Aufg. 4.2.4 und 10.6.5). Sie können prüfen, ob der Potentialtopf tief genug ist, indem Sie sich davon überzeugen, daß das Wellenpaket nur schwach in die Wände eindringt. Es könnte sich als günstig erweisen, das Wellenpaket relativ schnell zu machen, indem Sie ihm einen großen Anfangsimpuls geben.

Verändern Sie die Höhe der mittleren Barriere, so daß die Energie einmal über, einmal unter und einmal auf Höhe der Barriere liegt. Wir werden das Tunneln eines Wellenpakets durch eine Barriere in Kap. 14 noch eingehender untersuchen. Betrachten Sie diesen Effekt in Abhängigkeit von der Energie des Wellenpakets und von der Breite der Barriere. Berechnen Sie die Energieunschärfe, um einen Eindruck zu bekommen, welcher Anteil des Pakets jeweils Energien oberhalb der Barriere hat.

Aufgabe 12.6.2. a) Berechnen Sie die Zeitentwicklung eines Wellenpakets für ein freies Teilchen, und vergleichen Sie in einer Animation die zeitabhängige Wahrscheinlichkeitsdichte mit dem analytischen Ergebnis aus Kap. 4. Überzeugen Sie sich davon, daß die berechnete Impulsverteilung um den Anfangsimpuls verschoben aber ansonsten zeitunabhängig ist. Rechnen Sie nach, daß das Unschärfeprodukt die in Aufg. 4.2.2 berechnete Zeitabhängigkeit aufweist. Um die Effekte des endlichen Gitters zu begrenzen, sollten Sie einen so großen Anfangsimpuls wählen, daß das Wellenpaket das Ende des Gitters erreicht, bevor es sich allzu sehr verbreitert hat.

b) Da das Gitter endlich und der *FFT*-Algorithmus periodisch in der Gitterlänge **L** ist, taucht ein Wellenpaket, das das Gitter am rechten Ende verläßt, am linken Ende wieder auf. Untersuchen Sie diesen Effekt, indem Sie ein Wellenpaket nach einer Zeit **L/kPo** betrachten. Dies ist die Zeit, die ein klassisches Teilchen zu einer Umrundung des Gitters bräuchte, so daß der Schwerpunkt des Pakets nach dieser Zeit wieder an seinem ursprünglichen Ort liegen sollte.

Für viele Anwendungen ist es nützlich, diesen Effekt zu verhindern, indem man einen Mechanismus einführt, der Komponenten des Wellenpakets, die sich dem Ende des Gitters nähern, absorbiert oder zerstört. Zum Beispiel kann man wie folgt einen Dämpfungsfaktor in den Algorithmus für die Zeitentwicklung einführen:

```
SetAttributes[Absorb,Listable]
Absorb[z_] := 1 - E^(-(z-zo)^2/a) /; z >= 0
Absorb[z_] := 1 - E^(-(z+zo)^2/a) /; z <  0
Absorption = Absorb[zGrid];

psiAbsorb[nt_,psi0_] := Nest[Absorption U[dt][#] &, psi0, nt]
```

Das Attribut **`Listable`** erlaubt es uns hier, die Liste **`zGrid`** trotz der bedingten Definition von **`Absorb[z]`** mit **`/;`** als Argument zu benutzen. Offensichtlich erhält der Absorptionsprozeß nicht die Wahrscheinlichkeit, so daß dieser Zeitentwicklungsalgorithmus nicht unitär ist. Er entspricht vielmehr einem *komplexen* oder *optischen Potential* (s. Übg. 5.0.6 und vgl. D. Neuhauser und M. Baer, J. Chem. Phys. **90**, 4351 (1989)).

Der Ortsparameter **`zo`** kann so gewählt werden, daß **`Absorption`** am Ende des Gitters **`zGrid`** verschwindet. Über den Breitenparameter **`a`** läßt sich der Bereich bestimmen, auf dem die Absorption stattfindet. Wenn **`a`** zu klein ist und der Absorptionsbereich daher zu kurz, so führt **`Absorption`** seinerseits zu einem „Impedanzsprung" und erzeugt unerwünschte Reflexionen des Wellenpakets. Ein zu großer Wert von **`a`** könnte den nicht absorbierenden Teil des Gitters so klein machen, daß keine sinnvollen Untersuchungen mehr möglich wären. Betrachten Sie Graphen von **`Absorption`** für verschiedene Werte von **`a`** und **`zo`**.

Verwenden Sie **`psiAbsorb`**, um die Zeitentwicklung des Wellenpakets für ein freies Teilchen in Teil (a) mit **`zo = 10.0`** und **`a = 5.0`** zu verfolgen, und erzeugen Sie eine Animation. Beobachten Sie, wie das Wellenpaket an den Enden des Gitters reflektiert wird.

Aufgabe 12.6.3. Wiederholen Sie Aufg. 12.6.2 für die endliche Potentialschwelle

```
SetAttributes[VStep,Listable]
VStep[z_] := Vo /; z >= 0;     Vo = 70;
VStep[z_] := 0  /; z <  0
V = VStep[zGrid];
```

um die Streuung eines Teilchens an einem Kraftzentrum zu simulieren.

Betrachten Sie drei Fälle für die Anfangsenergie: über, unter und auf Höhe der Schwelle. Untersuchen Sie für jeden der Fälle die Zeitentwicklung der Impulsverteilung, und erklären Sie sie. (Die transmittierten Wellen haben verschobene Wellenzahlen.) Berechnen Sie die Energieunschärfe, um einen Eindruck zu bekommen, welcher Anteil des Pakets bei Energien oberhalb der Schwelle liegt. Es bietet sich an, Ihre Ergebnisse mit einer konventionellen

Behandlung dieses Problems zu vergleichen, z.B. in Park [51], Kap. 4 oder in Merzbacher [46], Kap. 5.

Die Aufspaltung des Wellenpakets in transmittierte und reflektierte Komponenten ist ein nichtklassischer Effekt, der die Wahrscheinlichkeitsinterpretation des Wellenpakets bestätigt (s. Abschn. 14.1).

Aufgrund der Periodizität des Gitters führen Reflexion und Transmission schnell zu einer großen Menge künstlicher Interferenzen. Zeigen Sie, daß der in Aufg. 12.6.2 eingeführte Absorptionsalgorithmus die meisten dieser unphysikalischen Effekte eliminiert und eine realistischere Simulation der Zeitentwicklung erlaubt.

Vergleichen Sie schließlich noch bei einer Anfangsenergie oberhalb der Schwelle die Streuung von Wellenpaketen, die von links und von rechts auf die Schwelle treffen.

Aufgabe 12.6.4. Wiederholen Sie Aufg. 12.6.2 und 12.6.3, verfolgen Sie jedoch diesmal die Wellenpakete rückwärts in der Zeit, indem Sie von einem Anfangszustand `Conjugate[psi[to > 0]]` aus der Zukunft von `psi[t]` ausgehen (vgl. Übg. 5.0.6 und 11.10.1).

Den Absorptionsalgorithmus sollten Sie hier nicht anwenden, da er die Zeitumkehrsymmetrie bricht. Für `to` sollten Sie daher eine Zeit wählen, zu der die äußersten Ausläufer der Wellenpakete noch nicht die Enden des Gitters erreicht haben. Um für die Potentialschwelle eine höhere Genauigkeit zu erreichen, können Sie `nmax` erhöhen und kleinere Zeitschritte wählen. (Denken Sie daran, in diesem Fall `UV[dt]` und `UK[dt]` neu zu berechnen.) Sie können aber auch den `O[dt]^3`-Zeitentwicklungsoperator verwenden, der in Aufg. 12.7.1 definiert wird.

Korrelationsfunktion

Die Berechnung der Zeitentwicklung eines beliebigen Wellenpakets liefert auch ein mächtiges Verfahren zur Bestimmung des Energiespektrums des Hamilton-Operators. Die Grundidee liegt in der Einführung der sogenannten *Korrelationsfunktion*, die als das Überlappungsintegral des Wellenpakets `psi[t]` mit dem ursprünglichen Wellenpaket `psi[0]` definiert ist:

```
c[t] ==
    Integrate[Conjugate[psi[0]] psi[t],{z,-Infinity,Infinity}]
```
(12.6.1)

In der Gitterdarstellung berechnen wir dies durch

```
c[Cpsi0_,psit_] := Cpsi0.psit dz
```

wobei `Cpsi0` das komplex Konjugierte des ursprünglichen Wellenpakets ist. Es bietet sich an, eine Prozedur zu definieren, die diese und ähnliche Größen, z.B. Erwartungswerte, sammelt, während sie die Zeitentwicklung des Wellenpakets berechnet:

```
TimeDevelopment[ntmax_,psi0_] :=
    Module[
        {psit = psi0, Cpsi0 = Conjugate[psi0]},
         c[t] = {};
         zExp = {}; zsqExp  = {}; kzExp = {}; kzsqExp = {};

        Do[
            AppendTo[c[t],
                 c[Cpsi0,psit]];
            AppendTo[zExp,
                 dz Conjugate[psit].(zGrid psit)];
            AppendTo[zsqExp,
                 dz Conjugate[psit].(zGrid^2 psit)];
            AppendTo[kzExp,
                 dz Conjugate[psit].
                    Fourier[kzpGrid InverseFourier[psit]]];
            AppendTo[kzsqExp,
                 dz Conjugate[psit].
                    Fourier[kzpGrid^2 InverseFourier[psit]]];

            psit = U[dt] @ psit,
            {ntmax}
          ]
    ]
```

Die Korrelationsfunktion **c[t]** und die gewünschten Erwartungswerte, z.B. **zExp**, werden zuerst mit leeren Listen ({}) initialisiert. Dann wird in jedem Zeitschritt jede dieser Größen berechnet und mit Hilfe der eingebauten Funktion **AppendTo** an die jeweilige Liste angehängt. Die **Do**-Schleife wertet das Wellenpaket **psit** zur Zeit **t** aus, bevor sie wieder den Zeitentwicklungsoperator **U[dt]** anwendet. Wir vermeiden es auf diese Art vor allem, Wellenpakete zwischenspeichern zu müssen, so daß der Speicherbedarf auch für lange Zeiten **T** vertretbar bleibt.

Wir können **TimeDevelopment** z.B. auf unser Gaußsches Wellenpaket **psi[0]** anwenden, aber die Wahl des Anfangszustands spielt hier keine große Rolle (s. auch Aufg. 12.6.5). Die Ergebnisse werden interessanter ausfallen, wenn wir die betrachtete Zeit **T** und die Anzahl der Zeitschritte **ntmax** erhöhen; selbstverständlich müssen wir die Zeitentwicklungsfaktoren für den neuen Zeitschritt **dt** neu berechnen. Für die graphische Darstellung der Ergebnisse ist es außerdem nützlich, ein Zeitgitter **tGrid** einzuführen:

```
{ntmax = 2^11, T = 60.0, dt = T/ntmax}

  {2048, 60., 0.0292969}
```

```
UV[dt] = E^(-I V dt);          UK[dt] = E^(-I K dt);

tGrid = Table[ (nt-1) dt, {nt,1,ntmax} ];
```

Dabei wurde **tGrid** in Analogie zu **zGrid** aufgestellt; der Ursprung liegt jedoch bei **t = 0**. Es dauert nun etwas mehr als 20 Minuten, durch

```
TimeDevelopment[ntmax,psi[0]]
```

ntmax Zeitschritte zu berechnen.

Danach sind die Korrelationsfunktion und die Erwartungswerte in Listen enthalten, die jeweils **ntmax** Elemente enthalten, eines für jeden Zeitschritt. Wir können beispielsweise die ersten beiden Elemente der Liste für die Korrelationsfunktion herausgreifen und sie zusammen mit den entsprechenden Zeiten als Paare darstellen:

```
Thread[{tGrid,c[t]}] [[{1,2}]] //Chop

  {{0, 1.}, {0.0292969, 0.999169 + 0.0244734 I}}
```

Die Korrelationsfunktion, der Ortserwartungswert und das Unschärfeprodukt von Ort und Impuls sind in Abb. 12.9 in Abhängigkeit von der Zeit dargestellt; dabei wurden **ListPlot** und **GraphicsArray** verwendet. Obwohl die Bewegung recht kompliziert ist, ist die Periode **2Pi/w** der klassischen Schwingung in einem HO-Potential (mit **w = 1**) sichtbar. Um diesen Zusammenhang zu verdeutlichen, wiederholen wir unsere Untersuchung für ein reines HO-Potential. Die Details behandeln wir in Aufg. 12.6.9; Abb. 12.10 faßt die Ergebnisse zusammen. Man erkennt, daß die Korrelationsfunktion auch Spuren der Frequenz **2w** aufweist, die bei einem reinen gestauchten Zustand auftritt (s. Abschn. 8.3).

Übung 12.6.5. Erhöhen Sie **nmax** und **ntmax**, falls Ihr Computer und Ihre Zeit es erlauben, und überzeugen Sie sich davon, daß sich in Abb. 12.9 nichts Wesentliches ändert, wenn Sie **TimeDevelopment** noch einmal laufen lassen.

Energiespektrum

Wir können uns den Zusammenhang zwischen der Korrelationsfunktion und dem Energiespektrum klarmachen, indem wir den Zustand **psi[t]** formal nach den gesuchten Energieeigenzuständen **E^(-I e[n] t)phi[n,z]** unseres Hamilton-Operators entwickeln, deren Zeitentwicklung durch die gesuchten Eigenenergien **e[n]** bestimmt wird. In Übg. 12.6.6 zeigen wir, daß die

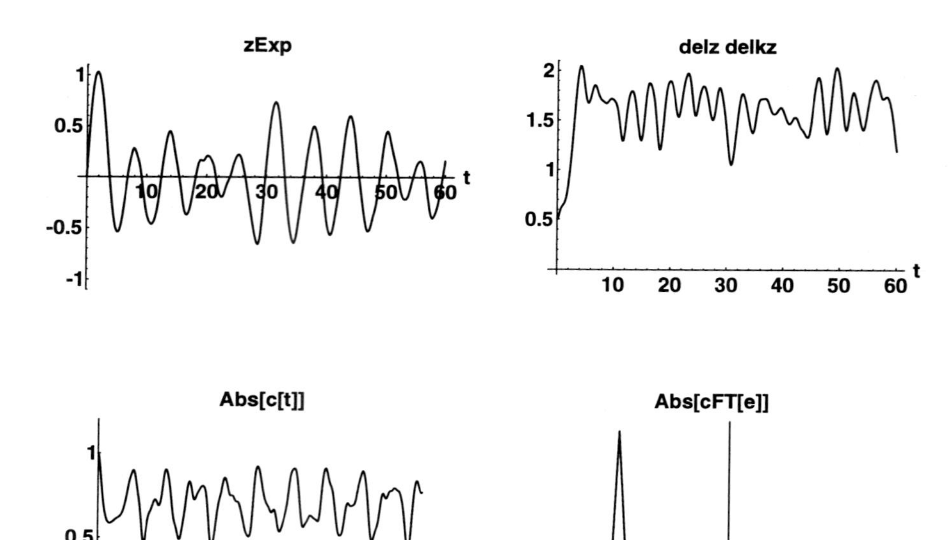

Abb. 12.9. In Abhängigkeit von der Zeit sind der Ortserwartungswert (oben links), das Unschärfeprodukt von Ort und Impuls (oben rechts) und die Korrelationsfunktion (unten links) dargestellt. Die diskrete Fourier-Transformierte der Korrelationsfunktion ist als Funktion der Energie aufgetragen (unten rechts). Die an der Skala markierten Werte sind die Energien, die wir in Abschn. 10.2 geschätzt haben. Die vertikale Achse in der Mitte markiert den Übergang zum Kontinuum (**e = 0**); die kürzere vertikale Achse auf der rechten Seite markiert die Höhe der Potentialbarrieren.

Korrelationsfunktion sich formal durch die Entwicklungskoeffizienen **a[n]** des Anfangszustands **psi[0]** ausdrücken läßt:

```
c[t] == Sum[Abs[a[n]]^2 E^(-I e[n] t),{n}]
```
(12.6.2)

wobei {**n**} für eine Summe über die gebundenen Zustände und eine Integration über die Kontinuumszustände steht. Wir zeigen außerdem in Übg. 12.6.6, daß der **n**-te Term in der Entwicklung, die sich durch Fourier-Transformation dieses Ausdrucks vom Zeit- in den Energiebereich ergibt, proportional zu **Abs[a[n]]^2** ist. Insbesondere treten die diskreten, gebundenen Zustände als eine Reihe von Deltafunktionen an den Eigenenergien **e[n]** in Erscheinung; das Kontinuum ergibt dagegen eine einzige breite Kurve, die z.T. Spitzen aufweist, die mit Resonanzzuständen zusammenhängen. Die Fourier-Transformation der Korrelationsfunktion ergibt also das gesuchte Energiespektrum, das eigentlich ein Frequenzspektrum **e/h** ist; wir arbeiten aber mit **h = 1**, so daß hier kein Unterschied besteht.

Wenn wir die Zeitentwicklung auf dem Computer in einzelnen Zeitschritten **dt** verfolgen, müssen wir das unendliche Fourier-Integral durch eine diskrete Fourier-Transformation auf einem endlichen Zeitintervall {**t,0,T**} annähern. Es wird sich in Übg. 12.6.6 zeigen, daß dadurch die Deltafunktionen im Spektrum durch Funktionen endlicher Breite ersetzt werden. Mit anderen Worten ist die Energieauflösung des Verfahrens in der Praxis durch die Zeit **T**, über die wir die Zeitentwicklung verfolgen können, begrenzt. Offensichtlich ist die Methode am besten für deutlich getrennte diskrete Zustände und Resonanzzustände geeignet.

Übung 12.6.6. a) Überprüfen Sie Gleichung (12.6.2), wenn nötig mit Papier und Bleistift.

b) Schätzen Sie die Fourier-Transformierte der Korrelationsfunktion auf einem endlichen Zeitintervall {**t,0,T**} ab, indem Sie die Summe in (12.6.2) mit **E^(I e t)** multiplizieren und über **t** integrieren. Zeigen Sie, daß der **n**-te Term in der resultierenden Summe proportional zu

```
                 2     T (e - e[n])
2 Abs[a[n]]  Sin[------------]
                           2
------------------------------
           e - e[n]
```

ist, was für einen gebundenen Zustand ein Maximum endlicher Breite ergibt, das um die gesuchte Eigenenergie **e[n]** zentriert ist. Zeigen Sie, daß das Maximum mit zunehmendem **T** schärfer wird, indem Sie **Sin[T de]/de** für steigende Werte von **T** als Funktion von **de** auftragen. Verwenden Sie schließlich das Ergebnis aus Übg. 11.5.2, um zu zeigen, daß im Limes **T -> Infinity** der **n**-te Term in der exakten Fourier-Transformierten proportional zu **Abs[a[n]]^2 DiracDelta[e-e[n]]** ist.

Die Fourier-Transformierte der Korrelationsfunktion läßt sich als Funktion der Energie wie folgt berechnen:

```
cFT[e] = Fourier[c[t]] //RotateLeft[#,ntmax/2]&;
```

Dabei haben wir um eine halbe Gitterlänge rotiert, damit die Mitte des Gitters dem Energienullpunkt entspricht. Zu Darstellungszwecken ist es sinnvoll, ein zu **tGrid** reziprokes Energiegitter aufzustellen, wie wir es in Abschn. 12.2 für **kzGrid** getan haben. Wir definieren also eine Energieschrittweite **de**, eine maximale Energie **emax** und **eGrid** durch

```
{de = N[2Pi/T], emax = N[Pi/dt]}

    {0.10472, 107.233}


eGrid = Table[ -emax + (qe-1) de, {qe,1,ntmax} ];
```

Das Energiespektrum **cFT[e]** ist in Abb. 12.9 als Funktion der Energie **e** dargestellt. Auf der x-Achse sind die beiden gebundenen Zustände und die erste Resonanz markiert, die wir in Kap. 10 durch Diagonalisierung näherungsweise bestimmt haben. Die Spitzen im Spektrum entsprechen recht genau diesen Näherungswerten, insbesondere für den Grundzustand. Das Spektrum zeigt deutlich eine zweite Resonanz *unterhalb* der Höhe der Potentialbarrieren, die in der Abbildung durch eine senkrecht Linie markiert ist. Dies bestätigt unsere Schlußfolgerungen in Übg. 10.2.2 aufgrund der verbesserten Diagonalisierung. Andere, schwächere Resonanzen sind oberhalb der Potentialbarrieren erkennbar. Wir werden diese Kontinuumszustände in Kap. 14 untersuchen und ihre Bedeutung diskutieren.

Die Breiten der Maxima im Spektrum werden durch die endliche Gesamtzeit **T** bestimmt (s. Aufg. 12.6.6). Die Energieauflösung kann durch Erhöhung von **T**, also Verringerung von **de**, verbessert werden. Gleichzeitig sollten wir jedoch **ntmax** erhöhen, so daß der Zeitschritt **t** klein genug bleibt, um die Genauigkeit des Zeitentwicklungsoperators zu gewährleisten.

Die Methode läßt sich leicht dahingehend erweitern, daß sie die Energieeigenzustände **phi[n, z]** des Hamilton-Operators liefert, die den Eigenenergien **e[n]** entsprechen. Der Grundgedanke besteht darin, die Fourier-Transformierte des zeitentwickelten Wellenpakets *bezüglich der Zeit* zu berechnen und dann nur eine bestimmte Energie herauszugreifen, die man zuvor aus dem Spektrum der Korrelationsfunktion bestimmt hat. Wenn die Gesamtzeit **T** lang genug ist, dann ist die Funktion, die man dadurch erhält, die entsprechende Eigenfunktion. Diese Methode bezeichnet man als *Filterung*; sie wird in Aufg. 12.6.8 und 12.6.9 entwickelt und angewendet. In diesem Zusammenhang sollten wir darauf hinweisen, daß diese Methoden auch zur Bestimmung der Breite und Lebensdauer von Resonanzzuständen geeignet sind; diese Größen werden wir in Kap. 14 definieren und diskutieren (vgl. Engel et al. [19]).

Übung 12.6.7. Zeigen Sie, daß die Korrelationsfunktion die Zeitumkehrsymmetrie **c[-t] == Conjugate[c[t]]** aufweist. Welche Konsequenz hat dies für die Fourier-Transformierte der Korrelationsfunktion?

Übung 12.6.8. Zeigen Sie, daß die Korrelationsfunktion **c[2t]** das Skalarprodukt von **psi[t]** mit **psi[-t]** ist; der letztere Zustand hängt mit dem zeitumgekehrten Wellenpaket **Conjugate [psi[-t]]** zusammen (vgl. Übg. 5.0.6 und 12.6.6). Zeigen Sie also, daß sich die Korrelationsfunktion bis zur Zeit **t** aus der Zeitentwicklung des Wellenpakets bis zur Zeit **t/2** berechnen läßt, wodurch der Rechenaufwand halbiert wird. Dieser nützliche Trick stammt von V. Engel, Chem. Phys. Lett. **189**, 76 (1992); dort wird auch gezeigt, wie man den Nachteil umgeht, daß man die Korrelationsfunktion nur in Schritten von **2 dt** erhält, wenn die Zeitentwicklung in Schritten von **dt** ausgeführt wird.

Probieren Sie diese Methode aus, indem Sie das Energiespektrum in Abb. 12.9 noch einmal berechnen.

Übung 12.6.9. Wir können die Korrelationsfunktion auch direkter mit Hilfe der eingebauten Funktion **NestList** berechnen, ähnlich wie bei der Zeitentwicklung von **psi[t]** (s. Übg. C.3.3). Vergleichen Sie z.B. die Prozedur

```
correlation[ntmax_,psi0_] :=
    Map[
        dz Dot[Conjugate[psi0],#]&,
        NestList[U[dt][#]&, psi0, ntmax-1]
    ] //Chop
```

mit der in **TimeDevelopment** zur Berechnung der Korrelationsfunktion **c[t]** definierten. Dieser Algorithmus hat die angenehme Eigenschaft, daß er die **Do**-Schleife eliminiert, aber er führt auch dazu, daß jedes einzelne berechnete Wellenpaket abgespeichert wird. Können Sie einen Weg finden, die **Do**-Schleife zu umgehen und dennoch sparsam mit dem Speicherplatz umzugehen?

Aufgabe 12.6.5. Wir können die Anteile gerader oder ungerader Parität im Spektrum herausgreifen, indem wir einen Anfangszustand gerader oder ungerader Parität wählen. Erklären Sie dies, wenn nötig mit Papier und Bleistift, und belegen Sie es mit einer Berechnung.

Aufgabe 12.6.6. Zeigen Sie, daß die Energieauflösung der Gesamtzeit **T** umgekehrt proportional ist, indem Sie **T** z.B. verdoppeln.

Aufgabe 12.6.7. Behandeln Sie noch einmal die unendlichen und halbunendlichen rechteckigen Potentialtöpfe aus Kap. 2 und Aufg. 6.2.1, und erzeugen Sie Abb. 12.8 und 12.9 für diese Systeme.

Aufgabe 12.6.8. Die Zeitentwicklung eines beliebigen ursprünglichen Wellenpakets kann man auch zum Herausfiltern von Energieeigenzuständen des Systems verwenden (vgl. M.D. Feit et al., J. Comp. Phys. **47**, 412 (1982)). Um zu sehen, wie das funktioniert, betrachten wir wieder die formale Entwicklung des zeitanhängigen Wellenpakets **psi[t]** nach den gesuchten Energieeigenzuständen **E^(-I e[n] t)phi[n,z]**. Schätzen Sie nun die Fourier-Transformierte dieses Ausdrucks bezüglich der Zeit ab, indem Sie wie bei der

Berechnung der Korrelationsfunktion in Übg. 12.6.6 ein endliches Zeitintervall **{t,0,T}** einführen, und zeigen Sie, daß der **n**-te Term der resultierenden Summe dem folgenden Ausdruck proportional ist:

```
                        T (e - e[n])
2 phi[n, z] Sin[——————————————]
                             2
————————————————————————————————————
              e - e[n]
```

Wenn also **T** lang genug ist und wir für **e** einen Schätzwert für eine der Eigenenergien **e[n]** wählen, den wir beispielsweise aus dem Spektrum der Korrelationsfunktion erhalten, dann dominiert in der Summe ein einziger Term, der der entsprechenden Eigenfunktion **phi[n,z]** proportional ist. Für endliches **T** funktioniert die Methode offenbar am besten für vereinzelte gebundene Zustände und Resonanzen, wie bei der Bestimmung der Eigenenergien aus dem Korrelationsspektrum.

Verwenden Sie die Methode, um die gebundenen Zustände des Modellpotentials herauszufiltern. Betrachten Sie dazu die folgende Modifikation unserer Prozedur **psi[nt,psio]** für die Zeitentwicklung von **psi[t]**

```
phi[en_] :=
    Nest[# + E^(I en dt) Absorption U[dt][#] &, psi[0], ntmax]
```

die die Fourier-Transformierte des Wellenpakets annähert und gleichzeitig auf unserem endlichen Zeitgitter die Zeitentwicklung des Wellenpakets berechnet. Beachten Sie, daß dabei keine Zwischenergebnisse abgespeichert werden, so daß die Prozedur sehr speichereffizient ist. Da Anteile des ursprünglichen Wellenpakets aus dem Potentialtopf entkommen und künstliche Interferenzeffekte erzeugen können, verwenden wir den in Aufg. 12.6.2 eingeführten Faktor **Absorption**. In Übg. 10.2.2 und im nächsten Abschnitt finden Sie bessere Schätzwerte für die Energie. Verwenden Sie der Einfachheit halber HO-Eigenfunktionen als Anfangszustände. Versuchen Sie schließlich noch, die ersten Resonanzzustände herauszufiltern.

Aufgabe 12.6.9. Wie immer stellt der harmonische Oszillator einen wichtigen Testfall dar. Das System eignet sich für Untersuchungen auf dem Gitter, da die Wellenpakete bei beliebigen Energien auf den Potentialtopf beschränkt sind und auf natürliche Weise von den Enden des Gitters ferngehalten werden. Setzen Sie **h = m = 1**, und berechnen Sie die Zeitentwicklung eines gestauchten Zustands im HO-Potential **z^2/2** mit **w = 1**. Wählen Sie **wPo = 2** als ursprünglichen Breitenparameter des gestauchten Zustands und **zPo = 0** und **kPo = 1** für die ursprüngliche Auslenkung und den Anfangsimpuls (vgl. Kap. 8). Überprüfen Sie den Energieerwartungswert und die Energieunschärfe des ursprünglichen Wellenpakets, und vergleichen Sie sie mit dem analytischen Wert aus Übg. 8.0.2.

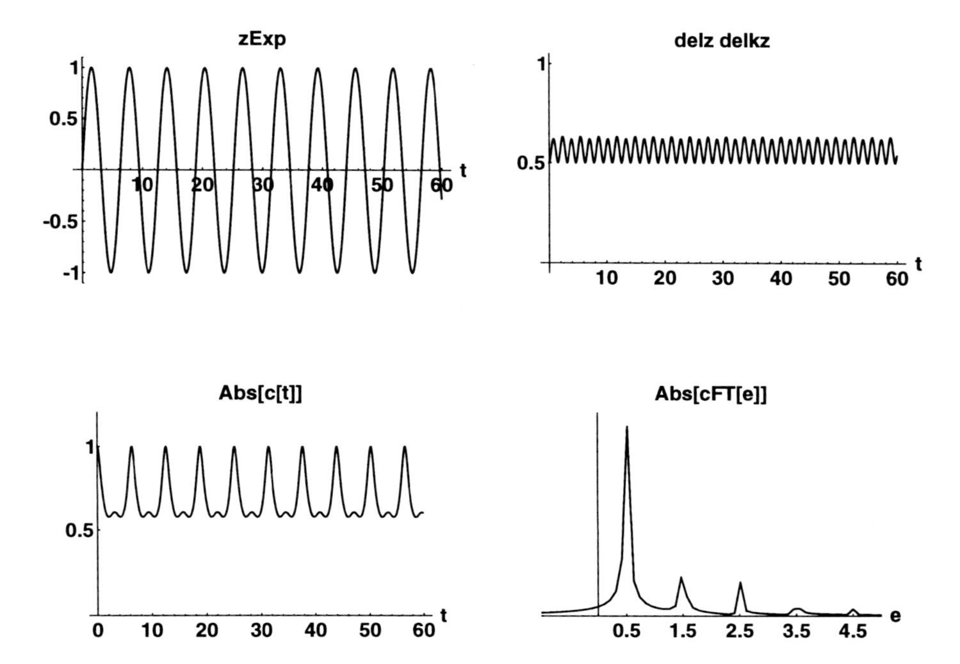

Abb. 12.10. Abb. 12.9 für einen gestauchten Zustand im reinen HO-Potential mit `w = 1` und `wPo = 2`.

a) Berechnen Sie **`TimeDevelopment[ntmax,psi[0]]`**, und erzeugen Sie Abb. 12.10. Erzeugen Sie getrennte Graphen von Real- und Imaginärteil der Korrelationsfunktion. Vergleichen Sie einen Graphen des Unschärfeprodukts mit dem analytischen Ergebnis aus Aufg. 8.3.1. Schätzen Sie aus dem Energiespektrum **`cFT[e]`** die relativen Beträge **`Abs[c[n]]`** der Entwicklungskoeffizienten des ursprünglichen Wellenpakets ab, und vergleichen Sie sie mit den analytischen Werten aus Abschn. 8.1. Wiederholen Sie Aufg. 12.6.5.

b) Berechnen Sie die Korrelationsfunktion analytisch unter Verwendung des Ergebnisses aus Abschn. 8.2 oder Aufg. 8.2.2 für die Zeitabhängigkeit des gestauchten Zustands. Erzeugen Sie Graphen der Korrelationsfunktion und ihrer Real- und Imaginärteile, und vergleichen Sie sie mit Ihren Graphen der auf dem Gitter berechneten Korrelationsfunktion aus Teil (a).

c) Wiederholen Sie (a) und (b) für den kohärenten Zustand mit **`wPo = w = 1`**.

d) Verwenden Sie die in Aufg. 12.6.8 eingeführte Filtermethode, um die ersten HO-Energieeigenzustände zu bestimmen. Da das HO-Potential das Wellenpaket in natürlicher Weise von den Enden des Gitters fernhält, können Sie den Faktor **`Absorption`** weglassen. Normieren Sie Ihre Ergebnisse, und überprüfen Sie sie, indem Sie sie zusammen mit den exakten HO-Eigenfunktionen aus Abschn. 6.6 auftragen.

Aufgabe 12.6.10. Fearn und Lamb [22] haben die hier behandelte Zeitentwicklungsmethode auf das Problem quantenmechanischer Messungen angewendet (s. Abschn. 2.6). Sie haben untersucht, wie ein Wellenpaket, das durch die Barriere eines durch **`V = -1.6725 x^2 + 0.0408 x^4`** definierten Modellpotentials tunnelt, durch Ortsmessungen an dem Teilchen beeinflußt wird.

Tragen Sie die potentielle Energie auf; beachten Sie die symmetrischen Mulden und die Barriere in der Mitte. Berechnen Sie die Korrelationsfunktion für dieses Potential, und schätzen Sie damit das Energiespektrum eines Teilchens der Masse **`m = 1`** ab (**`h = 1`**). Es sollte sich ergeben, daß es nur vier Zustände unterhalb der Barriere gibt, insbesondere zwei Paare nahezu entarteter Zustände. Die Zustände jedes der beiden Paare unterscheiden sich durch ihre Parität, so daß die Energien sich durch Zeitentwicklung von Wellenpaketen gerader und ungerader Symmetrie einzeln bestimmen lassen (vgl. Aufg. 12.6.5). Verwenden Sie die Energien, um das Tunneln durch die Barriere anhand eines Zustands zu untersuchen, der eine Linearkombination aus dem Grundzustand und dem ersten angeregten Zustand ist (vgl. Übg. 2.5.2).

Fearn und Lamb führten nun eine Kopplung an ein Längenmaß ein, um die Messung des Ortes des Teilchens zu simulieren. Bei einer raschen Folge von Messungen fanden sie eine erhöhte Tunnelrate durch die Barriere und damit keinen Hiweis für den *quantenmechanischen Zeno-Effekt*. Eine verminderte Tunnelrate würde die Theorie stützen, daß rasch wiederholte Messungen des Ortes des Teilchens dieses auf seine ursprüngliche Position beschränken und so die Korrelationsfunktion nahe bei Eins halten würden. Siehe auch Home und Whitaker [34] und Fearn und Lamb [23].

12.7 Quantenmechanische Diffusion

Es erscheint auf den ersten Blick paradox, zumindest aber verwunderlich, daß die Zeitentwicklung zur Bestimmung der Eigenenergien und Eigenfunktionen eines Systems, also der *zeitunabhängigen* Lösungen der Schrödinger-Gleichung, verwendet werden kann. Dennoch haben wir im vorangehenden Abschnitt gesehen, wie wir die Eigenenergien aus der Fourier-Transformierten der Korrelationsfunktion bestimmen können, und in Aufg. 12.6.8 haben wir die entsprechenden Eigenfunktionen herausgefiltert.

Wenn wir nur die Eigenenergien und Eigenfunktionen gebundener Zustände suchen, insbesondere des Grundzustands, so gibt es eine einfache Methode, die Konvergenz zu verbessern und sehr genaue Ergebnisse zu erzielen. Der Trick besteht darin, die Zeit **`t`** durch den Zeitparameter **`tC = I t`** zu ersetzen und die Schrödingersche Wellengleichung (1.1.1) effektiv als klassische *Diffusionsgleichung* zu lösen:

```
-D[psi[z,tC],tC] == hamiltonian[V] @ psi[z,tC]          (12.7.1)
```

Um zu sehen, wie das funktioniert, betrachten wir wiederum eine formale Entwicklung der Lösung **psi[z,t]** der Wellengleichung nach den gesuchten Energieeigenzuständen **E^(-I e[n] t) phi[n,z]** (vgl. Übg. 12.6.6). Wenn wir nun **t** durch den Zeitparameter **tC** ersetzen, wird **psi[z,tC]** eine Lösung von (12.7.1). Wenn wir **tC** in die formalen Entwicklung nach den Energieeigenzuständen einführen, werden aus den zeitabhängigen Phasen Exponentialfunktionen, die relativ zum Grundzustand mit **E^(-(e[n] - e[0])tC)**, also mit der charakteristischen Zeit **1/(e[n] - e[0])** abfallen. Wenn wir also **psi[z,tC]** für lange Zeiten **tC** berechnen, sterben die angeregten Zustände einer nach dem anderen aus, und nur der Grundzustand bleibt übrig, wie bei der Diffusion eines Gasgemisches durch eine poröse Membran. In anderen Worten wird **psi[z,tC -> Infinity]** proportional zu **phi[0,z]**. Die Methode entspricht der in Aufg. 12.6.8 entwickelten Filtermethode und wird als *Diffusionsfilterung* oder *quantenmechanische Diffusion* bezeichnet.

Übung 12.7.1. Entwickeln Sie **psi[z,tC]** mit Papier und Bleistift nach den Energieeigenfunktionen **phi[n,z]**, und zeigen Sie, daß diese Funktion die Diffusionsgleichung (12.7.1) löst. Bestimmen Sie die Normierung, und zeigen Sie, daß sich **phi[0,z]** aus **psi[z,tC -> Infinity]** durch Renormierung ergibt.

Im Prinzip konvergiert **psi[z,tC]** nur dann gegen den exakten Grundzustand, wenn die Gesamtzeit lang genug und der Zeitschritt kurz genug ist. Die Methode bietet dennoch Vorteile gegenüber Variations- und Diagonalisierungsmethoden, die nur obere Schranken für die exakten Energien liefern. Die Diffusionsfilterung ist nahezu unabhängig vom Anfangszustand; die Konvergenz ist jedoch erheblich besser, wenn der Anfangszustand der gesuchten

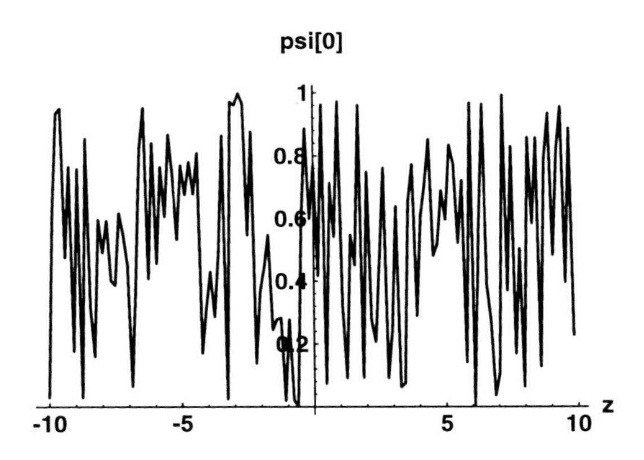

Abb. 12.11. Weißes Rauschen als Anfangszustand (nicht normiert).

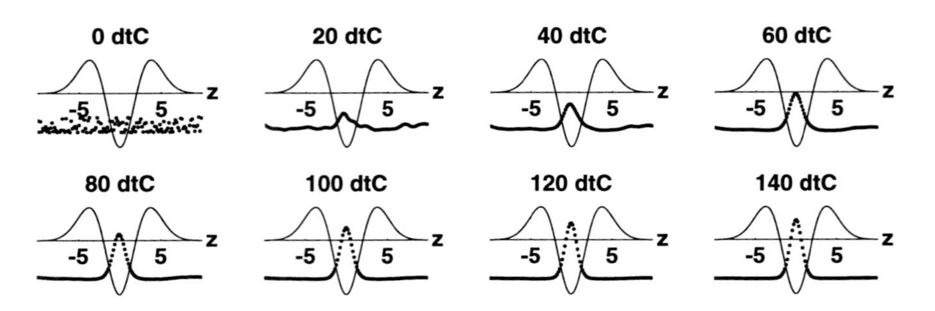

Abb. 12.12. Evolution der normierten zeitabhängigen Wahrscheinlichkeitsdichte **Abs[psi[nt]]^2** von weißem Rauschen zum Grundzustand des Modellpotentials.

Eigenfunktion sehr ähnlich ist. Des weiteren gilt wie bei der Variation, daß die Diffusion den **n+1**-ten angeregten Zustand liefert, wenn der Ausgangszustand orthogonal zu den ersten **n** angeregten Zuständen und zum Grundzustand ist.

Wir implementieren die Diffusionsfilterung, indem wir in unserer ursprünglichen Zeitentwicklungsprozedur die Zeitentwicklungsfaktoren **UV[dt]** und **UK[dt]** durch die Ersetzung **dt -> dtC = I dt** umdefinieren. Wir stellen ein kürzeres Zeitgitter auf, da dieses Verfahren schneller konvergiert:

```
{ntmax = 400, T = 4.0, dtC = T/ntmax}

  {400, 4., 0.01}


tCGrid = Table[(nt-1) dtC, {nt,1,ntmax}];

UV[dtC] = E^(-V dtC);      UK[dtC] = E^(-K dtC);
```

Offensichtlich führt das Abfallverhalten der nicht unitären Operatoren **UV[dtC]** und **UK[dtC]** und damit des Zeitentwicklungsoperators dazu, daß die Zeitentwicklung nun nicht mehr die Norm erhält. Wir erhalten daher **phi[0,z]** aus **psi[z,tC -> Infinity]** erst nach einer Renormierung (s. Übg. 12.7.1).

Um zu zeigen, wie gut diese Methode funktioniert, verwenden wir *weißes Rauschen* als Ausgangszustand. Dazu erzeugen wir eine Liste von **nmax** Zufallszahlen zwischen **0** und **1** (s. **?Random**):

```
psi[0] = Table[Random[],{nmax}];
```

Dieser nicht normierte Anfangszustand ist in Abb. 12.11 mit **ListPlot** und der Option **PlotJoined -> True** dargestellt.

```
ListPlot[
    Table[
        {tCGrid[[nt]],eExp[psi[nt]]},
        {nt,10,ntmax,10}
    ] //Chop,
    AxesLabel -> {" tC",""}, PlotLabel -> "eExp[tC]",
    PlotRange -> {-2,1}
];
```

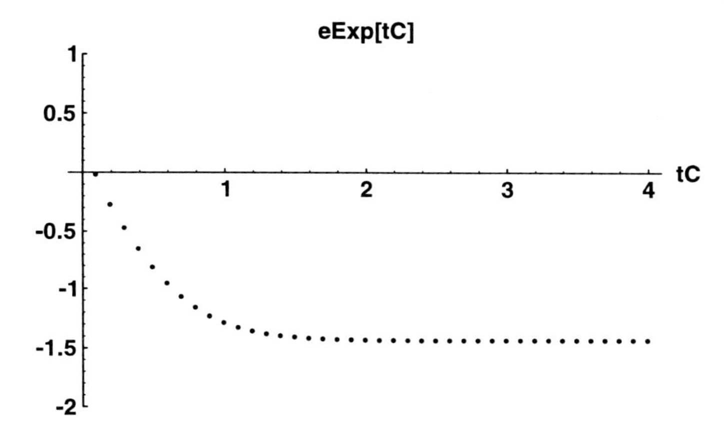

Abb. 12.13. Konvergenz des Energieerwartungswertes gegen die Grundzustandsenergie.

Wir können nun die Zeitentwicklung dieses Zustands mit derselben Prozedur berechnen, die wir für reelle Zeiten verwendet haben:

```
Do[ psi[nt] = psi[10,psi[nt-10]], {nt,10,ntmax,10} ]
```

Abbildung 12.12 zeigt Momentaufnahmen der resultierenden normierten Wahrscheinlichkeitsverteilungen, die gegen die Verteilung im Grundzustand konvergieren. Das normierte **psi[nt]** geht im Limes langer Zeiten gegen die Grundzustandswellenfunktion **phi[0,zGrid]** unseres Modellpotentials.

Übung 12.7.2. Normieren Sie **psi[nt]**, und erzeugen Sie eine Animation, in der die in Abb. 12.12 gezeigte Konvergenz des Anfangszustands gegen den Grundzustand deutlich wird.

Anhand der Darstellung der Energieerwartungswerte **eExp[psi[nt]]** in Abb. 12.13 überzeugen wir uns von der raschen Konvergenz gegen die Grundzustandsenergie. Wir können auch eine Tabelle der Energieerwartungswerte für lange Zeiten erzeugen:

```
Table[eExp[psi[nt]],{nt,ntmax-40,ntmax,10}] //Chop

    {-1.44144, -1.44145, -1.44146, -1.44147, -1.44148}
```

Diese Werte liegen nahe bei unserem in Abschn. 10.2 durch Diagonalisierung gewonnenen Schätzwert für die Grundzustandsenergie. Der letzte Wert **-1.44148** stimmt gut mit der verbesserten Schätzung aus Übg. 10.2.2 überein. Im Limes sehr langer Zeiten und sehr kurzer Zeitschritte geht der Energieerwartungswert gegen die exakte Grundzustandsenergie. (Beachten Sie, daß Sie etwas andere Ergebnisse erhalten, wenn Sie **psi[0]** neu berechnen und daher einen anderen Satz Zufallszahlen erzeugen.)

Wir können die gefilterte Eigenfunktion gut überprüfen, indem wir wie in Abb. 12.14 die lokale Energie auftragen. Wir sehen, daß diese Größe wie gewünscht nahezu konstant ist, zumindest in dem Bereich, in dem die Grundzustandswellenfunktion (Abb. 12.12) signifikant von Null verschieden ist; sie ist außerdem gleich dem asymptotischen Energieerwartungswert aus Abb. 12.13. Wir zeigen in den folgenden Übungen und Aufgaben, daß wir diese Situation durch eine verbesserte Konvergenz noch dramatisch verbessern können.

Wir bemerken am Rande, daß die Diffusionsfilterung oft mit *Monte-Carlo-Methoden* berechnet wird; dabei führt man sogenannte *Irrfahrten* ein und

```
ListPlot[
    Thread[{zGrid,H @ psi[ntmax]/psi[ntmax]}] //Chop,
    AxesLabel -> {" z",""}, PlotLabel -> "eLocal",
    PlotRange -> {-2,2}, Vbkgrd
];
```

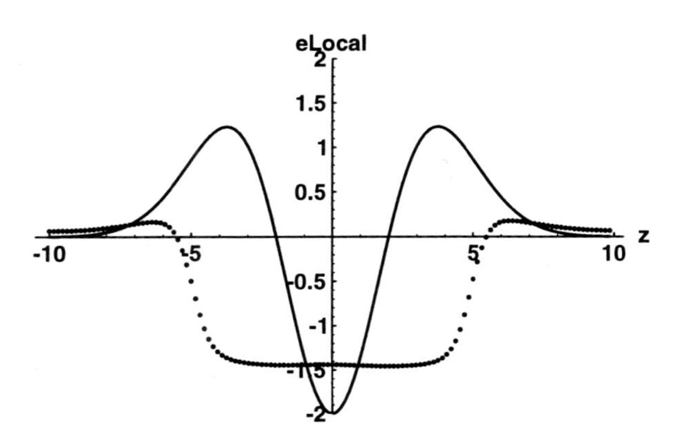

Abb. 12.14. Lokale Energie des Grundzustands nach **ntmax** Zeitschritten. Die durchgezogene Kurve zeigt das Potential.

wertet die Zeitentwicklung als *Pfadintegral* aus. Diese Methode hat den Vorteil hoher Effizienz für Systeme mit vielen Freiheitsgraden, z.B. Moleküle oder Flüssigkeiten, aber auch den erheblichen Nachteil, daß nicht bekannt ist, wie man damit allgemein angeregte Zustände bestimmen kann (vgl. Koonin [38] und Beckmann und Feagin [5] und die dortigen Literaturangaben). Diese Vorgehensweise ist eng verwandt mit den Monte-Carlo-Methoden mit Greenschen Funktionen, die die Filterung durch eine zeitunabhängige Iteration durchführen und so die Zeitschrittnäherung eliminieren (s. Kalos und Whitlock [37] und die dortigen Literaturangaben).

Übung 12.7.3. Zeigen Sie, daß die Konvergenz besser ist, wenn der Ausgangszustand eine stationäre Gauß-Funktion ist. Betrachten Sie die lokale Energie.

Übung 12.7.4. Verlängern Sie die Gesamtzeit `T`, um eine bessere Abschätzung der *lokalen* Energie im Grundzustand, und damit der Grundzustandsenergie, zu erhalten.

Aufgabe 12.7.1. Implementieren Sie den bis zur Ordnung `O[dt]^3` exakten Zeitentwicklungsoperator aus Aufg. 11.10.1 in einer neuen Prozedur zur Zeitentwicklung von Wellenpaketen; verwenden Sie also die Funktion

```
psiBigStep[nt_,psi0_] :=
    Fourier[ UK[dt/2] *
        InverseFourier[
            psi[nt-1,
                UV[dt] Fourier[UK[dt/2] InverseFourier[psi0]]
            ]
        ]
    ]
```

um eine bessere Abschätzung der lokalen Energie zu erhalten, indem Sie die Gesamtzeit `T` erhöhen, aber die Anzahl der Zeitschritte `ntmax` beibehalten.

Angeregte Zustände

Versuchen wir schließlich noch, Konvergenz gegen den ersten angeregten Zustand zu erreichen. Dazu definieren wir einen Projektionsoperator, der die zeitentwickelte Wellenfunktion ständig orthogonal zum Grundzustand hält. Dadurch stellen wir sicher, daß die Grundzustandskomponente unterdrückt wird, so daß die Zeitentwicklung der Wellenfunktion gegen den nächst höheren, also den ersten angeregten Zustand konvergiert.

Übung 12.7.5. Wiederholen Sie Übg. 12.7.1 mit der zusätzlichen Bedingung, daß **psi[z,tC]** orthogonal zum Grundzustand **phi[0,z]** ist. Zeigen Sie, daß sich so im Limes **tC -> Infinity** der erste angeregte Zustand **phi[1,z]** ergibt.

Definieren wir also eine Funktion, die die Komponente einer *normierten* Gitterfunktion **phi** in einer anderen Gitterfunktion **psi** eliminiert:

```
project[psi_,phi_] := psi - phi Conjugate[phi].psi dz
```

(Der zweite Term auf der rechten Seite, der proportional zu **phi** ist, ergibt sich durch Anwendung des entsprechenden Projektionsoperators auf **psi**.) Man sieht leicht ein, daß **project[psi,phi]** orthogonal zu **phi** ist.

Übung 12.7.6. Überprüfen Sie die Eigenschaften von **project** anhand einiger Beispiele. Beachten Sie, daß wir implizit davon ausgehen, daß **phi** normiert ist. Wie sollten wir **project** verallgemeinern, wenn dies nicht der Fall ist?

Wir definieren nun eine Zeitentwicklungsprozedur für den ersten angeregten Zustand, indem wir in jedem Zeitschritt **project[..., psiGrd]** anwenden, wobei **psiGrd** die Grundzustandswellenfunktion ist. Wir modifizieren also unsere ursprüngliche Prozedur **psi[nt,psi0]** durch die Definition

```
psi1st[nt_,psi0_] :=
    Nest[ project[U[dtC][#], psiGrd]&, psi0, nt]
```

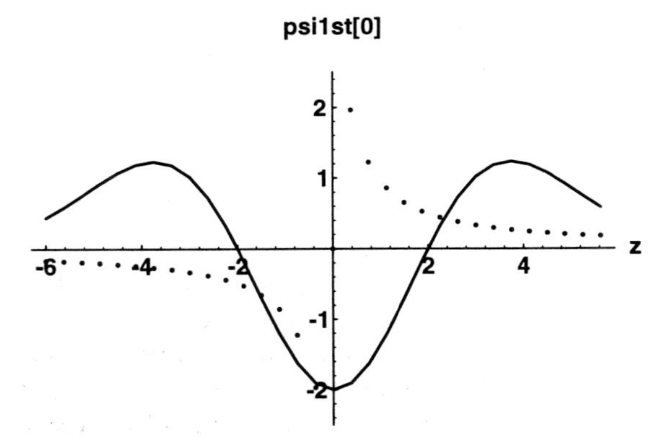

Abb. 12.15. Anfangszustand zur Berechnung des ersten angeregten Zustands. Die durchgezogene Kurve zeigt das Potential.

Wir können unser Ergebnis **psi[ntmax]** für die Grundzustandsprojektion verwenden; dazu müssen wir es jedoch normieren:

```
psiGrd = psi[ntmax]/Sqrt[psi[ntmax].psi[ntmax] dz];
```

Wir wählen nun als Anfangszustand eine Lorentz-Funktion mit einem Knoten und ungerader Parität:

```
psi1st[0] = zGrid/(0.05 + zGrid^2);
```

Diese Funktion ist in Abb. 12.15 aufgetragen. Wir berechnen die Zeitentwicklung dieser Funktion wie bisher

```
Do[psi1st[nt] = psi1st[10,psi1st[nt-10]],{nt,10,ntmax,10}]
```

und erhalten durch

```
Table[eExp[psi1st[nt]],{nt,ntmax-40,ntmax,10}] //Chop

  {-0.397963, -0.397986, -0.398007, -0.398025, -0.39804}
```

eine Tabelle der Energieerwartungswerte für lange Zeiten. Der letzte Wert `-0.39804` ist besser (d.h. tiefer) als unser in Abschn. 10.2 durch Diagonalisierung gewonnener Schätzwert und stimmt wiederum gut mit dem verbesserten Schätzwert aus Übg. 10.2.2 überein (vgl. auch Abb. 12.9). Wir zeigen in Übg. 12.7.7 und Aufg. 12.7.2, daß sich Konvergenz und Genauigkeit durch die Wahl eines besseren Anfangszustands verbessern lassen. Abbildung 12.16

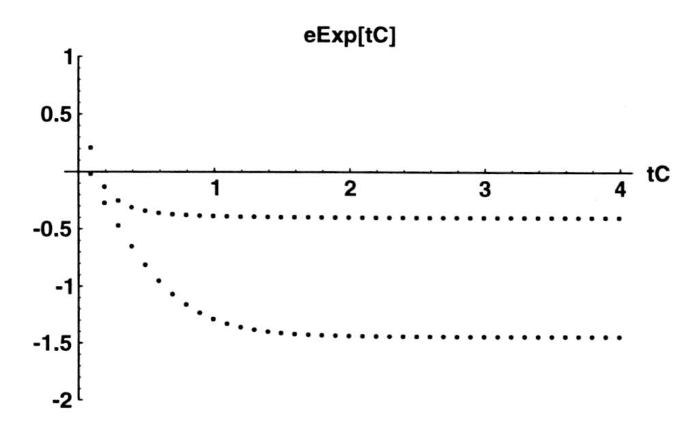

Abb. 12.16. Konvergenz des Energieerwartungswertes gegen die Energien des Grundzustands (untere Kurve, aus Abb. 12.13) und des ersten angeregten Zustands (obere Kurve).

vergleicht die Konvergenz der Energieerwartungswerte im Grundzustand und im ersten angeregten Zustand.

Die Methode läßt sich offensichtlich auf höhere angeregte Zustände verallgemeinern, indem man in jedem Zeitschritt nacheinander alle zuvor berechneten Zustände mit Hilfe von **`project`** herausprojiziert.

Übung 12.7.7. Stellen Sie die Konvergenz der normierten Wellenfunktion gegen den ersten angeregten Zustand wie in Abb. 12.12 dar, und erzeugen Sie dann eine Animation der Bewegung. Wiederholen Sie die Berechnung mit einem Gaußschen Anfangszustand der richtigen Parität und zeigen Sie, daß sich die Konvergenz verbessert.

Aufgabe 12.7.2. Wiederholen Sie die vorangehende Übung mit dem Zeitentwicklungsoperator höherer Ordnung, indem Sie in die Prozedur **`psiBigStep`** aus Aufg. 12.7.1 **`project[psi,psiGrd]`** einfügen. Tragen Sie die lokale Energie auf, und vergleichen Sie Ihren besten Energieerwartungswert mit dem besten Schätzwert aus der Diagonalisierung in Übg. 10.2.2.

Aufgabe 12.7.3. Berechnen Sie die ersten Energieniveaus des harmonischen Oszillators mittels Quantendiffusion.

Aufgabe 12.7.4. Berechnen Sie das diskrete Energiespektrum des endlichen rechteckigen Potentialtopfes aus Aufg. 6.2.1 mittels Quantendiffusion.

Aufgabe 12.7.5. Überprüfen Sie die Ergebnisse von Aufg. 7.3.2 für den anharmonischen Oszillator mittels Quantendiffusion.

---

13. Morsescher Oszillator

Schon vor langem führte Morse das Potential

```
V = -De + De(1 - E^(-b x))^2 //Expand

  De       2 De
  ----- -  ----
   2 b x    b x
  E        E
```

ein, um die Schwingungsenergie eines zweiatomigen Moleküls durch eine analytische Lösung der Schrödinger-Gleichung zu beschreiben (s. Morse [49] und Morse und Feshbach [50]). Dieses Potential ist in Abb. 13.1 in Abhängigkeit von der dimensionslosen Koordinate **y = b x** und dem skalierten Tiefenparameter **De** dargestellt. Da dieses Modell praktisch gut handhabbar ist und sich als sehr gute Näherung herausgestellt hat, insbesondere für niederenergetische Schwingungen, bezieht man sich im Zusammenhang mit Molekülen oft auf den Morseschen Oszillator. Dieses Modell ist dem harmonischen Oszillator eng verwandt, weist jedoch auch einige nützliche Unterschiede zu diesem auf. Dennoch läßt es sich mit Hilfe der konfluenten hypergeometrischen Funktionen in geschlossener Form lösen.

Das Potential strebt für große positive Werte von **x** gegen Null, hat sein Minimum von **De** bei **x = 0** und wird für große negative Werte von **x** schnell groß und positiv. Die Form ist insgesamt die, die man für ein zweiatomiges Molekül erwartet, wenn man mit **x = r - ro** den Abstand der beiden Kerne bezogen auf den Gleichgewichtsabstand **ro** mißt. Für große Abstände **r > ro** wechselwirken die neutralen Atome nicht miteinander, während für kleine Abstände **r < ro** die Coulomb-Abstoßung der Kerne die beiden Atome auseinandertreibt. Bei **r** $\sim$ **ro** stellt sich ein Gleichgewicht zwischen nuklearer Abstoßung und elektronischer Bindung ein. Offensichtlich liegen die gebundenen Zustände des Morseschen Oszillators bei negativen Energien, und das Spektrum der negativen Eigenenergien ist diskret. Dagegen ist das Spektrum der positiven Eigenenergien kontinuierlich. An der Schwelle zum Kontinuum (**Energy = 0**) dissoziiert das Molekül in zwei neutrale Atome, so daß **De** die auf das Potentialminimum bezogene *Dissoziationsenergie* des Moleküls beschreibt.

Das Morse-Potential ist asymmetrisch und hat keine definierte Parität. Die Rückstellkraft ist auf der rechten Seite für große **x** schwächer als links.

```
Plot[
    V/De /. x -> y/b,
    {y,-1,4}, PlotRange -> {-1.25,1},
    AxesLabel->{" b x","V[x]/De"}
];
```

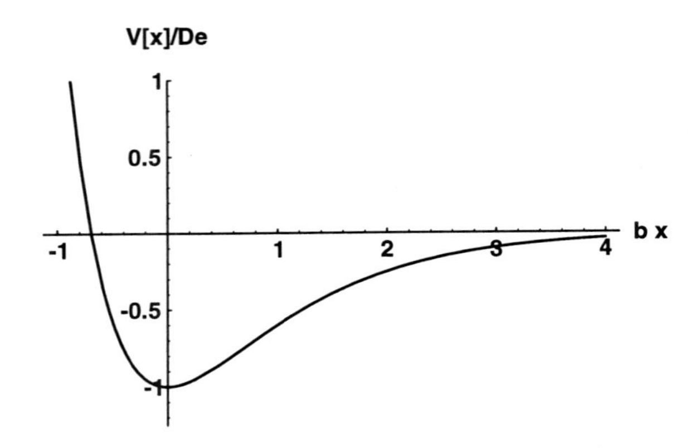

Abb. 13.1. Das Morse-Potential.

Mit Paritätsbetrachtungen kommen wir hier demnach nicht weiter. Der Morsesche Oszillator wird oft als *asymmetrischer Oszillator* bezeichnet. Der Breitenparameter wird daher auch als *Asymmetrieparameter* bezeichnet.

13.1 Die Kummersche Differentialgleichung

Als erstes transformieren wir die Schrödinger-Gleichung für ein Teilchen der Masse **m** in einem Morse-Potential in die in Abschn. 6.5 eingeführte konfluente hypergeometrische Differentialgleichung. Wir gehen genauso vor wie bei der Skalierung der Schrödinger-Gleichung für den harmonischen Oszillator. Wenn wir das Morse-Potential in den Schrödingerschen Differentialoperator aus Abschn. 1.3 einsetzen, erhalten wir die Bewegungsgleichung:

```
schroedingerD[V_] @ psi_ :=
    -h^2/(2m) D[psi,{x,2}] + V psi - Energy psi

schroedingerD[V] @ psi[x] == 0
```

$$\left(\frac{\text{De}}{E^{2\ b\ x}} - \frac{2\ \text{De}}{E^{b\ x}}\right) \text{psi}[x] - \text{Energy psi}[x] - \frac{h^2\ \text{psi}''[x]}{2\ m} == 0$$

Wir können die Exponentialfunktionen durch Einführung einer neuen unabhängigen Variablen **x -> z = a E^(-b x)** eliminieren:

```
psi[x] = phi[z] /. z -> a E^(-b x);

schroedingerD[V] @ psi[x] //Expand

            a               a
De phi[————]   2 De phi[————]
           b x             b x
          E               E                              a
———————————— - ——————————————— - Energy phi[————] -
    2 b x             b x                           b x
   E                 E                             E

  2  2        a          2  2  2         a
a b  h  phi'[————]    a b  h  phi''[————]
               b x                    b x
              E                      E
————————————————— - ———————————————————
        b x                  2 b x
     2 E    m             2 E      m
```

Nullsetzen dieses Ausdrucks ergibt die neue Schrödinger-Gleichung. Wir vereinfachen den Ausdruck durch einige Mustersetzungen und Division durch eine Konstante:

```
-2m/(b h z)^2 % /.
    E^(n_?Negative b x) :> (z/a)^-n //Expand

-2 De m phi[z]    2 Energy m phi[z]    4 De m phi[z]
—————————————— + ————————————————— + ————————————— +
   2  2  2           2  2  2              2  2
  a  b  h           b  h  z            a b  h  z

phi'[z]
——————— + phi''[z]
   z
```

Der erste Term legt die Wahl **a -> Sqrt[2De m]/(b h)** nahe. Es wird sich als günstig erweisen, dazu einen neuen Parameter **A = Sqrt[2m]/(b h)** einzuführen und **a -> A Sqrt[De]** zu wählen. Da es um negative Energien geht, bietet es sich an, den *positiven* Parameter **p = Sqrt[-Energy]** zu definieren. Insgesamt erhalten wir

```
% /. a -> A Sqrt[De] /.
    m/(b^2 h^2) -> A^2/2 /. Energy -> -p^2

                2  2
               A  p  phi[z]    2 A Sqrt[De] phi[z]
-phi[z] - ——————————— + ——————————————————— +
                  2                   z
                 z

phi'[z]
——————— + phi''[z]
   z
```

Mit **-Infinity < x < Infinity** haben wir **0** $\leq$ **z < Infinity**; wir suchen reguläre Lösungen, die den Randbedingungen **phi[z = 0] = phi[z -> Infinity] = 0** genügen. In der nächsten Übung sollen Sie zeigen, daß für große **z** asymptotisch **phi** $\sim$ **E^-z** gilt, für kleine **z** dagegen **phi** $\sim$ **z^(A p)**. Dies legt die Einführung einer neuen Funktion **G[z]** nahe:

```
phiG[z_] := z^(A p) E^-z G[z]
```

Übung 13.1.1. Bestimmen Sie die Lösungen für große bzw. für kleine **z**, die überall endlich sind. Gehen Sie von positivem **A** und **p** aus.

Übung 13.1.2. Bringen Sie die Schrödinger-Gleichung für das Morse-Potential in die dimensionslose Form

```
  2          -2 y   2            2
 A  De (-E        + —) phi[y] + A  Energy phi[y] + phi''[y] == 0
                    y
                   E
```

mit **y = b x**. In dieser Form enthält das Problem nur zwei Parameter, **A** und **De**, was für die numerische Integration günstig ist. Was sind die asymptotischen Lösungen für **y -> Infinity**?

Die Differentialgleichung, die sich ergibt, ist jedoch noch nicht ganz die Kummersche. Wenn wir alle vorangehenden Schritte in einem zusammenfassen, erhalten wir vielmehr

```
psi[x] = phiG[z] /. z -> a E^(-b x);

Expand[
    schroedingerD[V] @ psi[x] *
        (-2m/(b h z)^2 z^(-A p + 1) E^z)
] /.
    a -> A Sqrt[De] /. m/(b^2 h^2) -> A^2/2 /.
    Energy -> -p^2 //.
    E^(n_?Negative b x) -> (z/(A Sqrt[De]))^-n //
    Expand //Collect[#,{G[z],G'[z]}]&

  (-1 + 2 A Sqrt[De] - 2 A p) G[z] +

        (1 + 2 A p - 2 z) G'[z] + z G''[z]
```

(Beachten Sie, daß hier **//.** (**ReplaceRepeated**) benötigt wird, um alle Exponentialfunktionen zu eliminieren; vgl. Übg. C.2.2.) Der Koeffizient von **G'[z]** deutet darauf hin, daß wir eine Funktion von **2z** einführen sollten, um auf die Kummersche Differentialgleichung zu kommen. Wir ersetzen also **G[z]** durch **F[2z]** und versuchen es noch einmal:

```
psi[x] = phiG[z] /. G[z] -> F[2z] /. z -> a E^(-b x);

Expand[
    schroedingerD[V] @ psi[x] *
        (-m/(b h z)^2 z^(-A p + 1) E^z)
] /.
    a -> A Sqrt[De] /. m/(b^2 h^2) -> A^2/2 /.
    Energy -> -p^2 //.
    E^(n_?Negative b x) -> (z/(A Sqrt[De]))^-n //
    Expand //Collect[#,{F[2z],F'[2z]}]&
```

```
      1
 (-(-) + A Sqrt[De] - A p) F[2 z] +
      2

                  (1 + 2 A p - 2 z) F'[2 z] + 2 z F''[2 z]
```

Nullsetzen dieses Ergebnisses ergibt wie gewünscht die Kummersche Differentialgleichung.

13.2 Eigenenergien

Wir schließen also **G[z] = 1F1[1/2 - A Sqrt[De] + A p, 1 + 2A p,2z]**. Wir verwerfen die andere, unabhängige Lösung der Kummerschen Differentialgleichung **U[a, b,2z]**. Erinnern Sie sich, daß **U[a,b,2z]** sich wie **z^(1-b)** verhält, im vorliegenden Fall also wie **z^(-2A p)** (s. Abschn. 6.5 und Übg. 6.5.2). Diese Lösung divergiert im Ursprung **z = 0**, da **p** positiv ist, und muß daher als Wahrscheinlichkeitsamplitude verworfen werden (s. Abschn. 1.3).

Um nun sicherzustellen, daß **phiG[z]** für **z -> Infinity** verschwindet, fordern wir wie üblich, daß die Reihe **G[z]** abbricht und ein Polynom **n**-ten Grades ergibt. (Beachten Sie, daß das Auftreten von **2z** im Argument von **1F1** hier eine wichtige Rolle spielt; s. Aufg. 6.5.2.) Wir fordern also, daß

```
1/2 - A Sqrt[De] + A p == -n;
```

eine nichtpositive ganze Zahl ist, d.h. **n = 0**, **1**, **2**, ... Dies beschränkt den Parameter **p** auf diskrete Werte

```
p[n_] = p /. Solve[%, p][[1,1]] //Collect[#,A]&
```

```
                1
              -(-) - n
                2
Sqrt[De] + ----------
                A
```

was natürlich wegen **-p^2 -> Energy** zu einer Quantisierung des Energiespektrums gebundener Zustände führt. Durch einige Umformungen erhalten wir (s. Übg. C.2.1)

```
-p[n]^2 //Expand[#,A]& //Map[Factor,#]&

                                          2
         Sqrt[De] (1 + 2 n)    (1 + 2 n)
-De + ------------------ - ------------
               A                  2
                               4 A
```

Wir definieren also die Eigenenergie durch

```
e[n_] = % /. 1+2n -> 2(n+1/2)

                      1          1     2
         2 Sqrt[De] (- + n)    (- + n)
                      2          2
-De + -------------------- - ---------
                A                 2
                                 A
```

Wir erkennen in den ersten beiden Termen dieses Ergebnisses das um **-De** verschobene Spektrum **h w (n + 1/2)** eines harmonischen Oszillators. Der letzte Term, der mit **(n + 1/2)^2** geht, ist eine Korrektur, die sich aus der asymmetrischen Abweichung des Morse-Potentials vom HO-Potential ergibt.

Anders als beim harmonischen Oszillator ist die Zahl der gebundenen Zustände begrenzt, und die Energieniveaus sind nicht äquidistant. Da wir verlangen, daß **p[n]** für alle **n** positiv ist, damit die Wellenfunktion regulär ist, müssen wir **A Sqrt[De] > nmax + 1/2** fordern, wobei **nmax** die Nummer des höchsten gebundenen Zustands ist. Wegen **nmax** $\geq$ **0** fordern wir also **A Sqrt[De] > 1/2**. Dann ergibt **nmax + 1** die Anzahl gebundener Zustände; dies ist die größte ganze Zahl, die kleiner als **1/2 + A Sqrt[De]** ist (s. auch Übg. 13.2.2). Insbesondere gibt es für **A Sqrt[De] < 1/2** keine gebundenen Zustände.

Aufgrund der Asymmetrie des Potentials nimmt der Gleichgewichtsabstand der Kerne mit zunehmender Energie des Moleküls rasch zu. Außerdem nimmt der Abstand zwischen den Energieniveaus mit zunehmendem **n** ab, da das Morse-Potential für große **x** weniger steil ist als das symmetrische Potential des harmonischen Oszillators. Wenn sich sehr viele gebundene Zustände ergeben, dann bilden sie nahe der Schwelle zum Kontinuum ein Quasikontinuum.

Übung 13.2.1. Zeigen Sie, daß sich die ersten beiden Terme von **e[n]** aus der Störungstheorie erster Ordnung ergeben (s. Abschn. 7.4), wenn man das Morse-Potential nach Potenzen von **b** entwickelt und von HO-Wellenfunktionen mit der Frequenz

```
        2 Sqrt[De]
w -> ──────────
          A h
```

ausgeht.

Übung 13.2.2. Um den Vergleich mit spektroskopischen Daten zu erleichtern, wandelt man die Energien üblicherweise gemäß der Planckschen Beziehung **Energy -> 2Pi h c/**λ in Wellenzahlen um, d.h in reziproke Wellenlängen **2Pi/**λ. Man definiert also eine spektroskopische Energieformel für **G[n]** (in **cm^-1**) durch **G[n] = (e[n] + De)/(2Pi h c)**, wobei **c** die Lichtgeschwindigkeit ist. (Denken Sie daran, daß unser **h** für das durch **2Pi** geteilte Plancksche Wirkungsquantum steht). Diese Funktion schreibt man üblicherweise

```
G[n_] := we (n+1/2) - wexe (n+1/2)^2
```

wobei **we** und **wexe** positive Konstanten sind, die mit **A** und **De** zusammenhängen und durch Anpassung an experimentelle Daten bestimmt werden können. Man findet im allgemeinen für zweiatomige Moleküle **wexe << we**.

a) Zeigen Sie für das Morse-Potential, daß das Verhältnis **we^2/(4 wexe)** die Dissoziationsenergie **De** des Moleküls (in **cm^-1**) bezogen auf das Potentialminimum angibt. Zeigen Sie, daß ein kleines Verhältnis **wexe/we** darauf schließen läßt, daß der Asymmetrieparameter **b** klein ist oder daß der Tiefenparameter **De** groß ist (oder beides). In einem solchen Fall ist der Boden des Potentials einem HO-Potential sehr ähnlich, so daß sich die Energiespektren ähneln (s. Übg. 13.2.1). Erzeugen Sie einige Graphen des Potentials, um diese Aussage zu überprüfen.

b) Es gibt noch eine andere Methode, **nmax** und damit die Anzahl gebundener Zustände **nmax + 1** zu bestimmen. Betrachten Sie den Abstand zwischen zwei Niveaus,

```
delG[n_] := G[n+1] - G[n]
```

und zeigen Sie, daß er mit zunehmendem **n** kleiner wird, bis er an der Kontinuumsschwelle **Energy = 0** verschwindet. Beweisen Sie

```
                   we
nmax -> -1 + ──────
               2 wexe
```

Vergleichen Sie dieses Ergebnis mit dem im Text erhaltenen und mit Wertetabellen von **G[n]** und **delG[n]** für **A = 1** und **De = 9**, **25** und **30**.

13.3 Eigenfunktionen

Wir definieren also die Wellenfunktionen der gebundenen Zustände in Abhängigkeit von der skalierten Koordinate **z** durch

```
phiF[n_,z_] := phiF[n,z] = norm[n] *
    z^(A p[n]) E^-z Hypergeometric1F1[-n,1+2A p[n],2z]
```

wobei **norm[n]** eine Normierungskonstante ist, die wir in Kürze bestimmen werden. Als Grundzustand ergibt sich z.B.

```
phiF[0,z] //ExpandAll
```

```
 -(1/2) + A Sqrt[De]
z                    norm[0]
-------------------------------
             z
            E
```

Schließlich substituieren wir wieder die ursprüngliche Koordinate **x** und erhalten die Wahrscheinlichkeitsamplitude für die Auslenkung des Oszillators:

```
psi[n_,x_] := psi[n,x] =
    phiF[n,z] /. z -> A Sqrt[De] E^(-b x)
```

Die Wellenfunktion des Grundzustands wird damit zu

```
psi[0,x] //ExpandAll
```

```
 A Sqrt[De]  -(1/2) + A Sqrt[De]
(----------)                     norm[0]
    b x
   E
-----------------------------------------
                       b x
          (A Sqrt[De])/E
         E
```

Es folgt (s. Übg. 6.5.4 und Aufg. 6.4.1), daß diese Funktionen einen vollständigen, orthogonalen Satz bilden.

13.4 Normierung

Wir fordern, daß das Integral über alle **x** des Quadrates der Wellenfunktion **psi[n,x]** Eins ergibt. Dieses Integral läßt sich einfacher mit der Koordinate **z = A Sqrt[De] E^(-b x)** berechnen, d.h. durch Substitution der Variablen. Mit **dz = -b z dx** fordern wir also

```
1 == Integrate[ phiF[n,z]^2/(b z), {z,0,Infinity} ]        (13.4.1)
```

Für bestimmte Werte von **n** lassen sich diese Integrale leicht ausführen, wenn wir unsere eigene Funktion **integExp** laden, die auf die Integration von Funktionen spezialisiert ist, die sich aus Exponentialfunktionen und Potenzen zusammensetzen. Diese Funktion ist im Paket **Quantum`integExp`** definiert und entspricht unseren Gaußschen Integrationsregeln **integGauss** (s. auch Übg. C.2.7). Wir laden zunächst das Paket und lesen seine Erklärung:

```
<<Quantum`integExp`

?integExp

   integExp[integrand,{r,0,Infinity}] integrates linear
      combinations of patterns of the form r^n E^(-a r)
      for Re[a] > 0. WARNING: The requirement Re[a] > 0
      must be enforced by the user.
```

Für den Grundzustand erhalten wir also

```
1 == integExp[phiF[0,z]^2/(b z),{z,0,Infinity}] //
        ExpandAll

                                           2
        2 (-2 + 2 A Sqrt[De])! norm[0]
1 == ------------------------------------
              2 A Sqrt[De]
             2              b
```

und damit

```
norm[0] = norm[0] /. Solve[%, norm[0]][[1]]

 -(1/2) + A Sqrt[De]
2                         Sqrt[b]
-----------------------------------
 Sqrt[(-2 + 2 A Sqrt[De])!]
```

Beachten Sie, daß die eingebaute Fakultät für nichtganzzahlige Argumente **z** durch **z! == Gamma[z+1]** gegeben ist (s. Aufg. 6.5.4). Im nächsten Abschnitt leiten wir einen allgemeinen Ausdruck für die Normierungskonstante her.

Übung 13.4.1. a) Zeigen Sie, daß die **psi[n,x]** für **n < 4** orthogonal zueinander sind. Beachten Sie, daß Paritätsargumente hier nicht greifen, da das Morse-Potential keine definierte Parität hat. Hinweis: Nutzen Sie die Beziehung **q! == (q+1)!/(q+1)** aus. Wenden Sie beispielsweise die Regel

```
//.(q_+2A p_)! :> (q+1+2A p)!/(q+1+2A p) /; q < -2
```

an. Siehe auch die eingebaute Funktion **SimplifyGamma**.

b) Berechnen Sie **norm[n < 4]**.

Übung 13.4.2. Der Faktor **1F1[-n,1 + 2A p,2z]** in der Eigenfunktion ist einem bekannten orthogonalen Polynom proportional, das man als *assoziiertes Laguerre-Polynom* bezeichnet. Diese Funktionen, die als **LaguerreL[q,p,x]** eingebaut sind, genügen der Legendreschen Differentialgleichung

```
q L[q,p,y] + (1 + p - y) L'[q,p,y] + y L''[q,p,y] == 0
```

In der Praxis findet man verschiedene Normierungen der Laguerre-Polynome. Eine Möglichkeit ist, sie über die konfluenten hypergeometrischen Funktionen zu definieren, deren Normierung dadurch festgelegt ist, daß der erste Term in der hypergeometrischen Reihe Eins ist. Zeigen Sie, daß *Mathematica* die Beziehung

```
LaguerreL[q,p,y]==(q+p)!/(q!p!) Hypergeometric1F1[-q,p+1,y]
```

verwendet.

Drücken Sie die *normierten* Eigenfunktion **phiF[n,z]** durch das entsprechende Laguerre-Polynom aus, und vergleichen Sie mit den Ergebnissen im Text. Die Laguerre-Polynome ergeben sich bei der Bestimmung der gebundenen Zustände des Wasserstoffatoms (s. Abschn. 20.2).

Wir können die Wellenfunktionen zusammen mit dem Potential auftragen, wenn wir numerische Werte für die Parameter wählen. Der Skalierungsparameter **b** tritt nur in der Normierung explizit auf; ansonsten ist die Wellenfunktion durch **A** und **De** vollständig bestimmt (s. Übg. 13.1.2). (Natürlich hängt **A** von **m**, **h** und **b** ab.) Zu Darstellungszwecken bietet es sich daher an, die skalierte Koordinate **y = b x** einzuführen und mit **psi[n,y/b]/Sqrt[b]** zu arbeiten. Diese Funktion ist bezüglich **y** normiert.

Setzen wir beispielsweise **A = 1** und **De = 9** in die Wellenfunktion des Grundzustands ein:

```
psi[0,y/b]/Sqrt[b] /. {A -> 1, De -> 9}

       -y 5/2
 18 (E   )
 ------------
         y
     3/E
    E
```

Bestimmen wir zunächst die Anzahl gebundener Zustände, die das Potential bei Wahl dieser Parameter erlaubt. Wir hatten festgestellt (s. auch Übg. 13.2.2), daß dies die größte ganze Zahl unter **1/2 + A Sqrt[De]** ist. Es gibt also

```
Floor[1/2 + A Sqrt[De]] /. {A -> 1, De -> 9}

  3
```

gebundene Zustände, und **nmax = 2** (s. **?Floor**). Wir prüfen dies nach, indem wir eine Wertetabelle für **p[n]** aufstellen; wir hatten gefordert, daß dieser Wert positiv ist, damit die Wellenfunktion überall endlich ist.

```
Table[p[n],{n,0,4}] /. {A -> 1, De -> 9}

  5  3  1    1      3
 {-, -, -, -(-), -(-)}
  2  2  2    2      2
```

Übung 13.4.3. Werten Sie **psi[n, x]** für **n > 3** mit {**A -> 1**, **De -> 9**} aus.

Die Eigenenergien der gebundenen Zustände sind also

```
Table[e[n],{n,0,2}] /. {A -> 1, De -> 9}

    25      9      1
 {-(--), -(-), -(-)}
    4       4      4
```

Diese drei Zustände sind in Abb. 13.2 um ihre jeweilige Eigenenergie **e[n]** verschoben und entsprechend Übg. 13.4.1 normiert dargestellt. Die Graphen

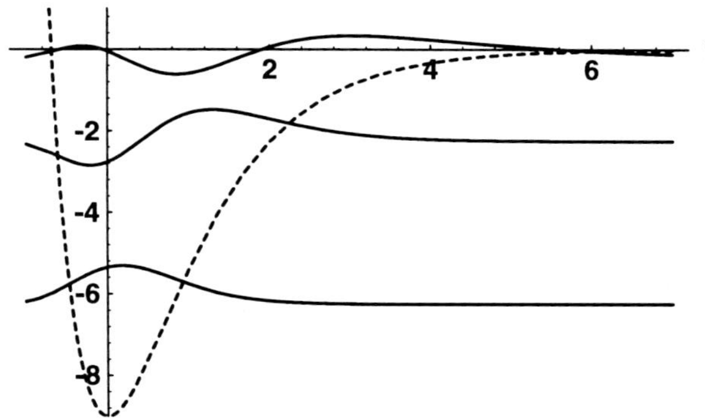

Abb. 13.2. Gebundene Zustände des Morse-Potentials in Abhängigkeit von **y = b x** für **A = 1** und **De = 9**.

weisen alle Eigenschaften auf, die wir allgemein für gebundene Zustände kennengelernt haben. Die Quantenzahl **n** legt beispielsweise die Anzahl der Knoten fest; der Grundzustand mit **n = 0** hat keine Knoten. Die Wendepunkte liegen an den klassischen Umkehrpunkten; dies entspricht der Tatsache, daß dort die klassische kinetische Energie verschwindet. Man sieht auch, daß die Wahrscheinlichkeit in der Nähe des linken Umkehrpunktes kleiner ist, wo das Potential am steilsten und die klassische Geschwindigkeit am größten ist (vgl. Aufg. 6.6.4).

Aufgabe 13.4.1. a) Erzeugen Sie Abb. 13.2. Prüfen Sie die Orthogonalität dieser Wellenfunktionen für **n < 3** direkt mit Hilfe von **NIntegrate**.

b) Berechnen Sie die Wellenfunktionen in Abb. 13.2 unter Verwendung des Schießverfahrens und der skalierten Schrödinger-Gleichung aus Übg. 13.1.2. Normieren Sie Ihre Ergebnisse mit **NIntegrate**, und vergleichen Sie mit den analytischen Funktionen.

Aufgabe 13.4.2. a) Überzeugen Sie sich davon, daß **psi[0,x]** die Wellenfunktion des Grundzustands mit der Eigenenergie **e[0]** ist, indem Sie die lokale Energie **schroedingerD[V]@psi[0,x]/psi[0,x]** direkt berechnen und vereinfachen.

b) Wiederholen Sie Teil (a) für die beiden angeregten gebundenen Zustände für **h = m = A = 1** und **De = 9**. Wenden Sie **//N** an, um das Ergebnis zu vereinfachen.

Aufgabe 13.4.3. Erzeugen Sie eine Animation der Zeitentwicklung eines einfachen Wellenpakets, das eine Linearkombination der drei gebundenen Zustände in Abb. 13.2 ist (vgl. Abschn. 2.5).

Aufgabe 13.4.4. Schätzen Sie die Energien der gebundenen Zustände in Abb. 13.2 durch *Variation* Gaußscher Wellenfunktionen ab. Diskutieren Sie Ihre Ergebnisse, und versuchen Sie, sie durch Verbesserung der Testfunktionen zu verbessern (vgl. Kap. 7).

Aufgabe 13.4.5. Wiederholen Sie Aufg. 13.4.4 als exakte Teildiagonalisierung mit einem HO-Basissatz (vgl. Kap. 10).

Aufgabe 13.4.6. Wiederholen Sie Aufg. 13.4.4, indem Sie die Zeitentwicklung eines Wellenpakets im Morse-Potential mit der *FFT*-Methode aus Abschn. 12.6 berechnen. Berechnen Sie also die Korrelationsfunktion und ihre Fourier-Transformierte. Schätzen Sie außerdem die Energien der gebundenen Zustände mit der Diffusionsmethode aus Abschn. 12.7 ab.

Aufgabe 13.4.7. Bestimmen Sie die gebundenen Zustände und Eigenenergien eines Teilchens in dem Potential **V = -Vo/Cosh[d x]^2**. Setzen Sie **z = Tanh[d x]**, und zeigen Sie, daß die für **x -> +Infinity** endliche

Lösung der Schrödinger-Gleichung durch **(1-z^2)^(p/2) 2F1[a,b,c, (1-z)/2]** gegeben ist, wobei **p** proportional zu **Sqrt[-Energy]** ist. (Beachten Sie, daß dies eine hypergeometrische Funktion ist, nicht die Kummersche. Verwenden Sie die Beziehungen für die hypergeometrische Funktion aus Aufg. 6.5.5, um die Randbedingungen anzuwenden.)

Zeigen Sie, daß man **a = -n** mit **n = 0, 1, 2**, ... verlangen muß, damit die Wellenfunktion endlich ist; **2F1** ist also ein Polynom **n**-ten Grades. Zeigen Sie

```
                   2  2                         8 m Vo  2
                -(d  h  (-1 - 2 n + Sqrt[1 + ---------]) )
                                                 2  2
                                                d  h
Energy -> ------------------------------------------------
                                 8 m
```

Die Polynomlösungen, die sich hier ergeben, heißen Legendre-Polynome (vgl. Aufg. 19.1.2).

13.5 Hypergeometrische Integrale

Zuletzt bestimmen wir noch die allgemeine Normierungskonstante für die gebundenen Zustände. Da für Integrale, die hypergeometrische Funktionen, Potenzen und Exponentialfunktionen enthalten, relativ kompakte Ausdrücke existieren, gehen wir wie in Abschn. 6.6 vor, als wir die Normierung der HO-Wellenfunktionen hergeleitet haben. Dieses Beispiel verdeutlicht auch die große Nützlichkeit hypergeometrischer Funktionen.

Erinnern Sie sich, daß wir verlangen, daß das Integral von

```
Clear[norm]
phiF[n,z]^2/(b z) //ExpandAll
```

```
   -2 + 2 A Sqrt[De] - 2 n
 (z                            Hypergeometric1F1[-n,

                                       2          2          2 z
        2 A Sqrt[De] - 2 n, 2 z]   norm[n] ) / (b E    )
```

über das Intervall **0** $\leq$ **z < Infinity** Eins ergibt. Wir haben **norm** gelöscht, damit *Mathematica* nicht die bereits berechneten Werte einsetzt. Wir haben also einen Integranden der Form **E^(-k z) z^nu 1F1[-n,g,k z]^2**, und wir wollen aus einem gegebenen Ausdruck für das Integral eine Ersetzungsregel der Form **/.** ***integrand*** **->** ***integral*** konstruieren. Für die Integrale, um die es hier geht, ist diese Vorgehensweise erheblich effizienter als die Anwendung der eingebauten Funktion **Integrate**.

Wir werden die Ergebnisse aus den mathematischen Anhängen *d*, *e* und *f* von Landau und Lifschitz [42] verwenden. Sie drücken das gesuchte Integral für ganze **n** und **Re[nu] > 0** durch eine Funktion **Jnu[k,nu+1,n,g]** aus, die sie als endliche Summe von Kombinationen von Fakultäten berechnen. Wir definieren also die Ersetzungsregel

```
expressJnu :=
    z_^nu_. E^(k_?Negative f_. z_) *
    Hypergeometric1F1[-n_, g_, kp_. f_. z_]^2  :>
        Jnu[-k f,nu+1,n,g]    /; kp == -k
```

um Gleichung *f.6* von Landau und Lifschitz [42] zu implementieren. Die Syntax dieser Regel ist ähnlich der anderer Ersetzungsregeln in unseren Paketen (s. Übg. C.2.2-C.2.7). Zum Beispiel haben wir den Faktor **f_.** eingefügt, um außer **-k z** auch Muster wie z.B. **-2k z** zu erfassen. Der obige Integrand läßt sich nun durch

```
%% /. expressJnu

                                                                    2
 Jnu[2, -1 + 2 A Sqrt[De] - 2 n, n, 2 A Sqrt[De] - 2 n] norm[n]
 ----------------------------------------------------------------
                               b
```

integrieren. Wir setzen diesen Ausdruck gleich Eins und lösen nach **norm[n]** auf:

```
norm[n_] = norm[n] /. Solve[ % == 1, norm[n] ][[1]]

                            Sqrt[b]
 --------------------------------------------------------
 Sqrt[Jnu[2, -1 + 2 A Sqrt[De] - 2 n, n, 2 A Sqrt[De] - 2 n]]
```

Jetzt brauchen wir nur noch eine Ersetzungsregel für **Jnu**. Wir geben also Gleichung *f.7* von Landau und Lifschitz [42] ein, die wir der Kompaktheit und Effizienz halber durch Pochhammer-Symbole ausdrücken (s. Aufg. 6.5.4):

```
JnuEval = Jnu[k_,nu_,n_,g_] :>
    n! Gamma[nu] k^-nu/Pochhammer[g, n] *
    (1 + Sum[
            Pochhammer[n-s,s+1] *
            Pochhammer[g-nu-s-1,2s+2]/
            ((s+1)!^2 Pochhammer[g,s+1]),
            {s,0,n-1}
        ]);
```

Die Summe wird ausgewertet, sobald **n** mit einem Wert belegt wird. Wir erhalten z.B. für **n = 0** mit der Beziehung **Gamma[n] -> (n-1)!** (s. Aufg. 6.5.4)

```
norm[0] /. JnuEval /. Gamma[n_] -> (n-1)! //
      PowerExpand //Expand

 -(1/2) + A Sqrt[De]
2                     Sqrt[b]
-----------------------------
Sqrt[(-2 + 2 A Sqrt[De])!]
```

in Übereinstimmung mit unserer vorherigen Rechnung.

Viele Integrale mit hypergeometrischen Funktionen lassen sich auf ähnliche Art und Weise implementieren, z.B. das sehr allgemeine Ergebnis auf Seite 862 von Gradshteyn und Ryzhik [29], *Tables of Integrals, Series and Products.* Wir haben damit eine sehr effiziente und mächtige Methode zur Auswertung von Integralen und Matrixelementen, die in einer ganzen Reihe verschiedener Anwendungen auftreten können.

Aufgabe 13.5.1. a) Erzeugen Sie eine Tabelle von **norm[n]** für **n < 6**, und vereinfachen Sie sie. Wenden Sie **PowerExpand** und **PowerContract** an.

b) Leiten Sie aus Ihren Ergebnissen in Teil (a) den folgenden einfacheren Ausdruck für **norm[n]** her

```
2^(A p[n]) Sqrt[b] Sqrt[Product[q+2A p[n],{q,n}]/
    (n!(-1+2A p[n])!)]
```

und überprüfen Sie ihn.

Aufgabe 13.5.2. Landau und Lifschitz [42] drücken Integrale über **E^(-l z) z^(g-1) 1F1[a,g,k z] 1F1[ap,g,kp z]** für {**z,0,Infinity**} durch Funktionen **J[k,kp,a,ap,l,g]** aus, die sie mit hypergeometrischen Funktionen **2F1** auswerten (vgl. Gleichungen *f.9-11* dort). Ihre Ergebnisse lassen sich durch die folgenden beiden Ersetzungsregeln zusammenfassen:

```
expressJ :=
    {z_^gp_. E^(l_?Negative f_. z_) *
        Hypergeometric1F1[a_, g_,k_.  z_] *
        Hypergeometric1F1[ap_,g_,kp_. z_] :>
            J[k,kp,a,ap,-l f,g] /; gp == g-1,

     z_^gp_. E^(l_?Negative f_. z_) *
        Hypergeometric1F1[a_,g_,k_. z_]^2  :>
            J[k,k,a,a,-l f,g] /; gp == g-1}
```

```
JEval = J[k_,kp_,a_,ap_,l_,g_] :>
    Module[{w,wp},
        j1wwp =
            Expand[
                (g-1)! l^(a+ap-g) w^-a wp^-ap *
                Hypergeometric2F1[a,ap,g,k kp/(w wp)]
            ];
        j1wwp /.{w -> l-k, wp -> l-kp}
    ];
```

Die lokalen Variablen **w** und **wp**, die in **JEval** eingeführt wurden, sind nötig, um die Funktion **2F1** richtig auszuwerten und undefinierte Ergebnisse zu vermeiden, wenn **l = k** oder **kp** und **a** oder **ap** eine negative ganze Zahl ist. Verwenden Sie diese Regeln, um die Normierungsbeziehung (6.4.3) für die Hermite-Polynome zu überprüfen.

14. Streuung an einem Potential

Wir wenden uns wieder dem Modellpotential zu, das wir in Kap. 10 und Abschn. 12.6 und 12.7 untersucht haben, und berechnen das Kontinuumsspektrum seiner stationären Zustände, indem wir die zeitabhängige Schrödinger-Gleichung numerisch integrieren. Anhand dieser Lösung können wir die Streuung eines Teilchens der Masse **m** an einem Potential untersuchen und ein Verständnis von Resonanzen und metastabilen Zuständen entwickeln. Wir wollen dies inbesondere für ein System durchführen, für das keine analytische Lösung existiert.

Wir arbeiten hier mit *zeitunabhängigen* Zuständen; wir werden jedoch in Abschn. 14.6 durch Superposition stationärer Kontinuumszustände ein Wellenpaket konstruieren, das ein sich bewegendes Teilchen repräsentiert. Auf diese Weise stellen wir den Zusammenhang zu unserer Behandlung der Ausbreitung eines Wellenpakets in Abschn. 12.6 her. Keiner der beiden Ansätze macht den anderen überflüssig; im Gegenteil ergänzen sich die beiden Sichtweisen und tragen beide zu einem vollen Verständnis der Kontinuumszustände bei.

Wir geben also wieder das Potential aus Abschn. 10.0 ein:

```
V   = VHO E^(-b z^2);      b  =  0.1;
VHO = Vo + z^2/2;          Vo = -2.0;
```

Der Einfachheit halber arbeiten wir mir der skalierten Koordinate **z** und setzen effektiv **h = m = 1**. Es ist günstig, die Schrödinger-Gleichung als **D[psi,{z,2}] + ksq[e,z] psi == 0** zu schreiben und damit das *Quadrat* der Wellenzahl des Teilchens einzuführen:

```
ksq[e_,z_] = 2(e - V);
k[e_] = N[Sqrt[2e]];
```

wobei **e** die Energie des Teilchens ist. Die asymptotische Wellenzahl **k[e]** ist die Wellenzahl, die sich in großer Entfernung von dem bei bei **z = 0** gelegenen Kraftzentrum ergibt. Die De-Broglie-Wellenlänge des Teilchens ist also **2Pi/k[e]**. Die Wellenzahl ist auch der lokale Impuls des Teilchens (wegen **h = 1**), d.h. der Wert des Impulses am Ort **z**. Das Quadrat der Wellenzahl ist damit das Zweifache der kinetischen Energie; es ist in Abb. 14.1 für ein

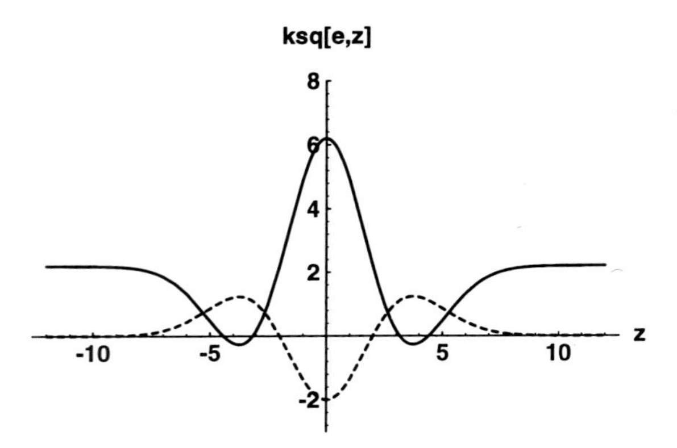

Abb. 14.1. Quadrat des lokalen Impulses für **e = 1.1**. Die gestrichelte Kurve zeigt das Potential.

Teilchen aufgetragen, dessen Gesamtenergie knapp unterhalb der Potentialbarrieren liegt. Die Abbildung zeigt, daß die kinetische Energie an den klassischen Umkehrpunkten verschwindet und wie erwartet unter den Barrieren, also in den klassisch verbotenen Bereichen, negativ wird.

Wir suchen nun mit Hilfe der eingebauten Funktion **NDSolve** eine numerische Lösung. Dazu brauchen wir einen Integrationsbereich **-zo < z < zo** und Werte für die Wellenfunktion und ihre Ableitung am rechten oder linken Rand des Intervalls, z.B. **psi[zo]** und **psi'[zo]**. (Die Wahl eines symmetrischen Intervalls für **z** ist nicht zwingend, aber günstig.) Wenn wir die Bewegung in großer Entfernung vom Kraftzentrum erfassen wollen, die der eines freien Teilchens entspricht, so sollte **zo** mindestens um einige De-Broglie-Wellenlängen des Teilchens größer sein als die Reichweite des Potentials. Der Wert **zo = 15** ist für Energien oberhalb **e = 0.4** ausreichend. Für eine feste Energie **e** wird unser stationärer Zustand die entsprechende Energieeigenfunktion im Kontinuum darstellen.

Übung 14.0.1. Stellen Sie die asymptotische De-Broglie-Wellenlänge des Teilchens für **0.1 < e < 2.0** graphisch dar.

14.1 Numerische Lösung

Betrachten wir ein Teilchen, das von links (**z < 0**) einfällt und sich nach rechts (**z > 0**) bewegt. Das Potential streut die einfallende Welle und erzeugt eine reflektierte Komponente, die nach links läuft, und eine transmittierte oder auslaufende Komponente, die nach rechts läuft. Die berechnete Wellenfunktion ist natürlich eine Überlagerung aller drei Komponenten. Während die Wellenfunktion aber links vom Potential sowohl die einfallende als auch die reflektierte Komponente enthält, enthält sie rechts vom Potential nur die transmittierte Komponente, die asymptotisch für große **z > 0** eine auslaufende ebene Welle sein muß. Es bietet sich daher an, von **z = zo** aus von rechts nach links zu integrieren. Als Anfangswerte haben wir dann **psi[zo] == E^(I k zo)** und **psi'[zo] == I k[e] psi[zo]**.

Die partielle Reflexion und Transmission und damit die Aufspaltung der Wellenfunktion ist ein bemerkenswerter nichtklassischer Effekt, der die Wahrscheinlichkeitsinterpretation der Wellenfunktion bestätigt. Die Absolutquadrate der Amplituden der jeweiligen Komponenten der Wellenfunktion liefern die Wahrscheinlichkeiten dafür, daß Reflexion oder Transmission stattfindet. Wir verwerfen insbesondere jede andere Interpretation, die eine physikalische Aufspaltung des Teilchens impliziert; dies würde der Tatsache widersprechen, daß beispielsweise Elektronen immer als Einheiten detektiert werden.

Die folgende Funktion **psiNDSolve[e]** ruft **NDSolve** auf, um die Schrödinger-Gleichung unter diesen Randbedingungen zu integrieren. Wir geben ihr ein optionales Argument **opts** mit drei Blanks (s. Übg. C.1.10), das dazu dient, Anweisungen an **NDSolve** weiterzugeben, die eine erhöhte Genauigkeit ermöglichen, z.B. Änderungen der Parameter **MaxSteps**, **AccuracyGoal** und **PrecisionGoal** (s. **?NDSolve**).

```
psiNDSolve[e_,opts___] := psi[z] /.
     NDSolve[
        {psi''[z] + ksq[e,z] psi[z] == 0,
         psi [zo] ==         E^(I k[e] zo),
         psi'[zo] == I k[e] E^(I k[e] zo)},
         psi[z], {z,-zo,zo}, opts
     ][[1]]
```

Der Index **[[1]]** wählt dabei die innere Liste aus der Liste von Listen aus, die **NDSolve** liefert, so daß **psi[z]** keine Liste ist (s. Übg. C.1.3).

Um die Amplituden der asymptotischen einfallenden, reflektierten und transmittierten ebenen Wellen zu bestimmen, werten wir das interpolierte Ergebnis **psi[z]** von **NDSolve** auf einem Gitter in Schritten von **dz** aus. Die Amplituden ergeben sich dann direkt mit der eingebauten Funktion **Fit** und Linearkombinationen von **E^(I k z)** und **E^(-I k z)**, wie wir im nächsten Abschnitt zeigen werden. Die Einführung eines Gitters hat den zusätzlichen Vorteil, daß wir **NDSolve** unter geringfügiger Änderung der Vorgehensweise durch eine auf unser Beispiel zugeschnittene Funktion ersetzen könnten, beispielswiese durch eine auf dem effizienten Numerov-Algorithmus beruhende Integrationsroutine (s. Johnson [36] und auch Koonin [38]). Wir definieren also eine Tabelle von Koordinaten und Werten der Wellenfunktion:

```
e = 1.1;     zo = 15;     dz = 0.1;
psi0e = psi0[e];

ListPlot[ Re[psi0e], bkgrd[e],
    PlotRange -> {-3,3}, Axes -> {Automatic,None},
    AxesLabel -> {" z",""}
];
```

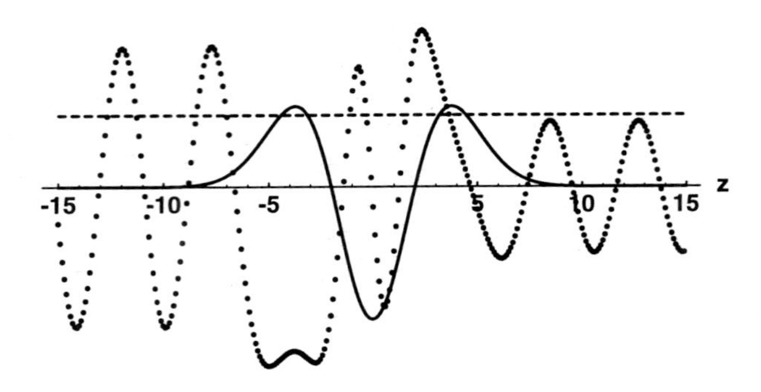

Abb. 14.2. Realteil der Kontinuumseigenfunktion **psi0[e = 1.1]**. Das Modellpotential ist im Hintergrund als durchgezogene Kurve gezeigt, die Energie als gestrichelte Linie.

```
psi0[e_,opts___] :=
    Table[
        Evaluate[{z, psiNDSolve[e,opts]}],
        {z,-zo,zo-dz,dz}
    ]
```

Dabei sorgt **Evaluate** dafür, daß **NDSolve** ausgewertet wird, bevor die Tabelle erstellt wird. Zur Abwechslung nehmen wir diesmal den Gitterabstand **dz** als gegeben an. In Kapitel 12 haben wir statt dessen zusätzlich zur Gitterlänge **L** die Anzahl **nmax** der Gitterpunkte festgelegt. Es besteht natürlich der Zusammenhang **nmax = 2 zo/dz** und **L = 2 zo**.

Wir wollen nun **psiNDSolve[e]** für eine Energie **e** knapp unterhalb der Barrieren ausprobieren und die Eigenfunktion **psi0[e]**, die wir erhalten, graphisch darstellen. Zum Vergleich stellen wir mit einem **Epilog** für **ListPlot** im Hintergrund das Potential dar. Um diesen Hintergrund auch für andere Beispiele verwenden zu können, definieren wir die Funktion

```
bkgrd[e_,zo_:15] := Epilog ->
    {{Dashing[{.01,.01}], Line[{{-zo,e},{zo,e}}]},
      Line[Table[{z,V},{z,-zo,zo,.05}]]}
```

die außerdem die Energie durch eine gestrichelte Linie markiert (vgl. die analoge Funktion **Vbkgrd** in Abschn. 12.6).

Wir wählen **dz = 0.1**; dies ist klein genug gegenüber der De-Broglie-Wellenlänge. Wir berechnen **psi0[e]** und heben das Ergebnis zur späteren Wiederverwendung als **psi0e** auf. Der Realteil des Ergebnisses ist in Abb. 14.2 dargestellt; man sieht, daß die Wellenfunktion durch die Barrieren tunnelt, obwohl die Energie unterhalb der Barrieren liegt – dies ist ein Quanteneffekt, der klassisch nicht möglich wäre ist. Wir können die Wellenfunktion überprüfen, indem wir ihre *lokale Energie* berechnen (vgl. Abschn. 10.4 und 12.7). In Übg. 14.1.2 und in Abb. 14.3 sehen wir, daß die lokale Energie wie gewünscht konstant ist. Wie wir bereits in Abschn. 2.2 bemerkt haben, ist numerische Integration die effizienteste Methode, zeitunabhängige Wellenfunktionen in einer Dimension zu berechnen.

Übung 14.1.1. Tragen Sie den Imaginärteil der in Abb. 14.2 gezeigten Wellenfunktion auf. Berechnen Sie **psi0[e]** für einige andere Energien und stellen Sie Ihre Ergebnisse graphisch dar. Suchen Sie nach den Resonanzen, die wir in Abschn. 10.2 und Übg. 10.2.2 durch Diagonalisierung vorhergesagt haben. Wie erkennt man eine Resonanz? Wir werden auf diese Frage bald im Detail eingehen; seien Sie fürs erste darauf vorbereitet, daß die erste Resonanz sehr schmal und daher schwierig zu finden ist.

Übung 14.1.2. Wir haben in Abschn. 10.4 gesehen, daß die Konstanz der lokalen Energie einer Eigenfunktion **psi[e,z]** als Funktion von **z**, die durch **hamiltonian[V] @ psi[e,z]/psi[e,z]** definiert ist, eine gute Kontrolle der numerischen Genauigkeit der Eigenfunktion ermöglicht. Wenn die Rechnung exakt ist, ist die lokale Energie überall konstant, und zwar gleich dem Eigenwert **e** (unabhängig von der Normierung der Wellenfunktion) (s. Abb. 10.2).

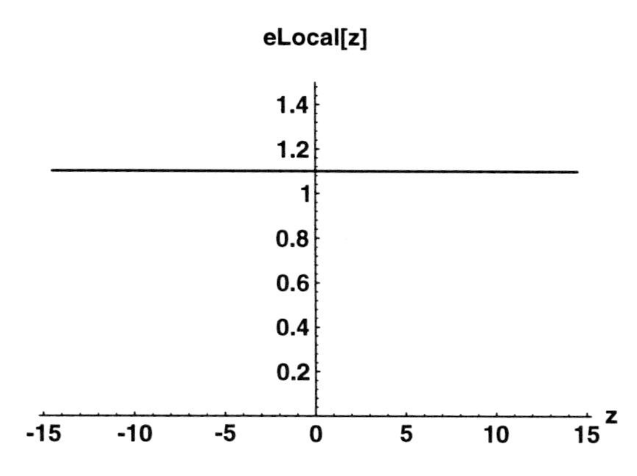

Abb. 14.3. Lokale Energie der Kontinuumseigenfunktion für **e = 1.1**.

Berechnen Sie die lokale Energie unserer in Abb. 14.2 dargestellten numerischen Wellenfunktion für **e = 1.1**, und tragen Sie sie in Abhängigkeit von **z** auf. Verwenden Sie zur Berechnung der Ableitungen der Eigenfunktion direkt die interpolierte Lösung **psiNDSolve[e]**. Überprüfen Sie Ihre Ergebnisse, indem Sie Abb. 14.3 erzeugen. Sie bekommen einen besseren Eindruck von der numerischen Genauigkeit, wenn Sie die Option **PlotRange -> All** verwenden.

14.2 Streuamplituden

Da die Schrödinger-Gleichung homogen ist, enthalten die Lösungen einen willkürlichen Faktor, so daß der Anfangswert der Wellenfunktion keine Rolle spielt. Normalerweise würden wir ihn im nachhinein durch Normierung der Wellenfunktion festlegen. Kontinuumswellenfunktionen erstrecken sich jedoch über den ganzen Raum, und das Integral ihres Absolutquadrats über den ganzen Raum divergiert. Eine genauere Analyse zeigt, daß diese Divergenzen sich durch Deltafunktionen beschreiben lassen, und üblicherweise nutzt man dies zur Normierung aus (s. Abschn. 20.4 und auch Merzbacher [46], Abschn. 6.3). Eine Alternative besteht darin, sich das System in einem großen, aber endlichen Kasten enthalten zu denken (s. Park [51], p. 273). Dieser Ansatz ist für numerische Wellenfunktionen geeignet, da der Computer uns ohnehin auf ein endliches Gitter beschränkt. Obwohl wir somit die Normierung durch numerische Integration bestimmen könnten, reicht es aus, einen sinnvollen Wert für die Konstante zu wählen.

Wir werden einfach die Amplitude der von links einfallenden Welle für große negative **z** auf Eins normieren. Die Absolutquadrate der Amplituden der asymptotischen reflektierten und transmittierten Wellen ergeben dann die Reflexions- und Transmissionskoeffizienten oder -wahrscheinlichkeiten **R** und **T**, mit **1 == R + T**. Diese Beziehung drückt natürlich die Wahrscheinlichkeitserhaltung im Streuprozeß aus. (Eine andere Normierung, beispielsweise mit Deltafunktionen, erhält man dann durch Multiplikation mit einem geeigneten Faktor.)

Wir gehen also wie folgt vor. Die numerische Integration mit **psiNDSolve** ergibt für große **z > 0** asymptotisch **psi0 -> E^(I k z)**. Aufgrund kleiner numerischer Fehler erhalten wir jedoch **psi0 -> cT0 E^(I k z) + dR0 E^(-I k z)**, wobei **dR0** eine kleine, künstliche Reflexionsamplitude und **cT0** die Transmissionsamplitude nahe bei Eins ist. Die Abweichungen von **dR0 = 0** und **cT0 = 1** sind ein Maß für die Genauigkeit von **NDSolve**. Ebenso erhalten wir für große negative **z** asymptotisch **psi0 -> aI0 E^(I k z) + bR0 E^(-I k z)**. Wie wir sehen werden, lassen sich die *Streuamplituden* {**aI0, bR0, cT0, dR0**} leicht durch Anpassung dieser asymptotischen Formen an **psi0[e]** bestimmen. Als letztes *renormieren* wir **psi0[e]** und erhalten **psi[e]**, indem wir **psi0[e]** durch **aI0** teilen, so daß die Amplitude der einfallenden Welle auf Eins normiert wird. Die renormierte Wellenfunktion **psi[e]** hat daher asymptotisch die Form

```
{E^(I k z) + bR  E^(-I k z),
 cT  E^(I k z) + dR  E^(-I k z)}
```
(14.2.1)

für **z -> -Infinity** bzw. **z -> +Infinity**, mit den renormierten Amplituden {**aI = 1**, **bR = bR0/aI0**, **cT = cT0/aI0**, **dR = dR0/aI0**}. Reflexions- und Transmissionskoeffizient sind dann durch **R = Abs[bR]^2** bzw. **T = Abs[cT]^2** gegeben. Die künstliche Reflexionsamplitude **dR** ist ein Maß des numerischen Fehlers und sollte klein bleiben.

Diese Lösung ist allgemeiner, als es vielleicht zunächst den Anschein hat. Das liegt daran, daß wir entartete Eigenfunktionen mit jeder gewünschten asymptotischen Form, z.B. von rechts einfallende Wellen, durch Symmetrieargumente, d.h. ohne erneute numerische Integration bestimmen können. Dies kann man z.B. ausnutzen, um eine fundamentale Beziehung zwischen den Phasen der Reflexions- und Transmissionsamplituden, den sogenannten *Streuphasen* herzuleiten (s. Aufg. 14.2.1).

Übung 14.2.1. Konstruieren Sie entartete Zustände gerader und ungerader Parität aus **psi0e** für **e = 1.1**, und tragen Sie Real- und Imaginärteil wie in Abb. 14.2 auf (s. auch Aufg. 14.2.1).

Wir bemerken nebenbei, daß die Streumatrix, die die Streuamplituden verbindet, unitär sein muß, damit die Wahrscheinlichkeit erhalten bleibt. Der Erhaltungssatz der Wahrscheinlichkeit **1 == R + T** wird daher auch als *Unitaritätsrelation* bezeichnet. Anhand dieser Beziehung läßt sich die Integrität einer numerischen Lösung überprüfen.

Wir definieren nun Anpassungsfunktionen, um aus den ersten und letzten **nFit** Werten von **psi0[e]** die Reflexions- und Transmissionsamplituden zu bestimmen. Der Genauigkeit halber verwenden wir als Vorgabe **nFit_:10** (vgl. Übg. C.1.12), obwohl oft nur zwei Werte verwendet werden (vgl. Koonin [38]). Die Funktion **fitIR** bestimmt die einfallende und die reflektierte Welle für große negative **z**, während **fitT** die transmittierte Welle (und die künstliche Reflexion) für große positive **z** bestimmt.

```
fitIR[e_,psi_,nFit_:10] :=
    Fit[
        Take[psi,nFit],
        {E^(-I k[e] z), E^(I k[e] z)}, z
    ]
fitT[e_,psi_,nFit_:10] :=
    Fit[
        Take[psi,-nFit],
        {E^(-I k[e] z), E^(I k[e] z)}, z
    ]
```

Wir können diese Funktionen an **psi0[e]** aus Abb. 14.2 ausprobieren:

```
{fitIR[e,psi0e], fitT[e,psi0e]}

                                       -1.48324 I z
  {(-0.000043583 + 0.953813 I) E                    +

                                    1.48324 I z
     (1.06186 - 0.884388 I) E                   ,

                  -7                -7     -1.48324 I z
    (7.3547 10     + 7.65244 10     I) E                +

                                  -6     1.48324 I z
     (0.999997 - 2.6595 10     I) E                }
```

Die Ergebnisse sind von der Form **b E^(-I k z) + a E^(I k z)**, und wir können die Amplituden **a** und **b** herausgreifen, indem wir die entsprechenden Indizes **[[i,j]]** an **fitIR** und **fitT** anhängen. So erhalten wir die Streuamplituden und die Reflexions- und Transmissionskoeffizienten. Wir definieren die renormierte Wellenfunktion **psi[e]**, indem wir **psi0[e]** durch **aI0** teilen.

```
aI[e_,psi_] := fitIR[e,psi][[2,1]]
bR[e_,psi_] := fitIR[e,psi][[1,1]];
 R[e_,psi_] := Abs[bR[e,psi]]^2
cT[e_,psi_] := fitT[e,psi][[2,1]]
dR[e_,psi_] := fitT[e,psi][[1,1]];
 T[e_,psi_] := Abs[cT[e,psi]]^2

psi[e_,psi0_,aI0_] :=
   Table[{psi0[[n,1]],psi0[[n,2]]/aI0},{n,Length[psi0]}]
```

Denken Sie daran, daß **psi0** eine Liste von Paarlisten ist, deren erstes Element jeweils ein Gitterpunkt ist, während das zweite den entsprechenden Wert der Wellenfunktion enthält. Wir können daher diesen letzten Renormierungsschritt etwas kompakter mit Hilfe von **Map** (**/@**) ausführen (vgl. Übg. C.3.2) :

```
psi[e_,psi0_,aI0_] := {#[[1]],#[[2]]/aI0}& /@ psi0
```

Wir erhalten die (nicht normierten) Streuamplituden {**aI0,bR0,cT0, dR0**}, indem wir diese Funktionen auf **psi0[e]** anwenden:

```
{aI[e,psi0e], bR[e,psi0e], cT[e,psi0e], dR[e,psi0e]}

  {1.06186 - 0.884388 I, -0.000043583 + 0.953813 I,

                         -6                -7                -7
    0.999997 - 2.6595 10   I, 7.3547 10   + 7.65244 10   I}
```

Dies sind natürlich einfach die Koeffizienten aus **fitIR** und **fitT**, die wir oben berechnet haben. Wie erwartet ist **cT0** fast genau Eins und **dR0** sehr klein. Wir teilen durch **aI0** und erhalten die renormierten Streuamplituden:

```
%/aI[e,psi0e] //Chop

  {1., -0.441739 + 0.530336 I, 0.556038 + 0.463102 I,

                -8              -7
    5.45613 10   + 7.66104 10   I}
```

Diese Werte können wir allerdings auch direkt aus der renormierten Wellenfunktion **psi[e]** bestimmen:

```
psie = psi[e, psi0e, aI[e,psi0e]];

{aI[e,psie], bR[e,psie], cT[e,psie], dR[e,psie]} //
    Chop

  {1., -0.441739 + 0.530336 I, 0.556038 + 0.463102 I,

                -8              -7
    5.45613 10   + 7.66104 10   I}
```

Nun ist wie gewünscht **aI = 1**. Wie wir bereits in Zusammenhang mit Abb. 14.2 festgestellt haben, ist der Transmissionskoeffizient **T = Abs[cT]^2** von Null verschieden, was klassisch für Energien unterhalb der Barrieren nicht möglich wäre. Wir rechnen nach, daß die Summe von Reflexions- und Transmissionskoeffizient innerhalb der numerischen Genauigkeit Eins ergibt:

```
{R[e,psie], T[e,psie], R[e,psie] + T[e,psie]}

  {0.47639, 0.523641, 1.00003}
```

Dies bestätigt, daß die Wahrscheinlichkeitserhaltung in unserer Rechnung ausreichend gewährleistet ist (in diesem Fall auf fünf signifikante Stellen genau).

Aufgabe 14.2.1. Die *Streuphasen* beschreiben die Phasen der Streulösung relativ zur einfallenden Welle. Sie sind also durch die Phasen oder Argumente der komplexen Reflexions- und Transmissionsamplitude gegeben, die durch **bR == Abs[bR] E^(I argR)** und **cT == Abs[cT] E^(I argT)** definiert sind. Die Streuphasen lassen sich daher wie folgt berechnen:

```
argT[e_,psi_] := -ArcTan[Im[cT[e,psi]]/Re[cT[e,psi]]]
argR[e_,psi_] := -ArcTan[Im[bR[e,psi]]/Re[bR[e,psi]]]
```

Die Minuszeichen sind eine Frage der Konvention.

Verwenden Sie Symmetrieargumente (Zeitumkehr und Parität) und das Superpositionsprinzip, um die folgenden Beziehungen zwischen Streuamplituden allgemein herzuleiten (vgl. Kap. 5 und Übg. 5.0.6):

```
          2                 2  Conjugate[bR]        Conjugate[cT]
{Abs[cT]   == 1 - Abs[bR]  ,  ------------- == -(-------------)}
                                    bR                  cT
```

Die erste Beziehung ist die Wahrscheinlichkeitserhaltung **T == 1 - R**. Die zweite verbindet die Streuphasen der Reflexion und der Transmission. Zeigen Sie, daß die zweite Beziehung äquivalent zu **argR == argT** $\pm$ **nOdd Pi/2** ist, wobei **nOdd** eine ungerade ganze Zahl ist. Überprüfen Sie diese Beziehungen anhand unserer numerischen Ergebnisse für **e = 1.1**.

Aufgabe 14.2.2. Leiten Sie, ausgehend von den asymptotischen Formen

```
{E^(I k z) + bR E^(-I k z), cT E^(I k z)}
```

von **psi[e]** für **z -> -Infinity** bzw. **z -> +Infinity**, die asymptotischen Formen der entarteten Zustände gerader und ungerader Parität her. Hinweis: Verwenden Sie die Ergebnisse aus Aufg. 14.2.1, und zeigen Sie **Abs[bR** $\pm$ **cT] == 1**.

Aufgabe 14.2.3. Vergleichen Sie Graphen des Real- und Imaginärteils von **psi[e]** und von einer ebenen Welle **E^(I k[e] z)** für **e = 1.1**, und schätzen Sie graphisch die Transmissionsstreuphase **argT** ab. Beziehen Sie sich dabei auf die Definitionen und Ergebnisse aus Aufg. 14.2.1.

Zu Darstellungszwecken ist es hilfreich, Funktionen zu definieren, die Real- und Imaginärteil der Wellenfunktion und die Wahrscheinlichkeitsdichte auftragen, den Graphen um die Energie **e** verschieben und ihn mit einem beliebigen Faktor **scale** skalieren. Wir gehen dabei wie oben bei der Renormierung der Wellenfunktion **psi0[e]** und der Definition von **psi[e]** vor:

```
Repsi[e_,scale_,psi_] :=
    {#[[1]], e + scale  Re[#[[2]]]  }& /@ psi
Impsi[e_,scale_,psi_] :=
    {#[[1]], e + scale  Im[#[[2]]]  }& /@ psi
psisq[e_,scale_,psi_] :=
    {#[[1]], e + scale Abs[#[[2]]]^2}& /@ psi
```

Diese Funktionen können wir direkt an **ListPlot** weitergeben; sie werden in Abb. 14.4 in einem **GraphicsArray** verwendet, um drei Darstellungen der renormierten Wellenfunktion **psi[e]** zu erzeugen.

Übung 14.2.2. Erzeugen Sie Abb. 14.4 für drei Energien: **e = 0.1**, **1.1** und **10.0**.

Abbildung 14.4 macht einige erwartete Ergebnisse deutlich. Außerhalb der Reichweite des Potentials oszilliert die Wellenfunktion mit der De-Broglie-Wellenlänge **2Pi/k[e]** des einfallenden Teilchens. Die Wellenlänge des Teilchens ist zwischen den Potentialbarrieren kürzer, da dort die kinetische Energie **ksq[e,z]/2** höher ist. Die einfallende und die reflektierte Welle interferieren und bilden eine stehende Welle in der Wahrscheinlichkeitsverteilung für große negative **z**. Die transmittierte Welle verläßt dagegen das Potential alleine, so daß für große **z > 0** keine Interferenzen auftreten und die Wahrscheinlichkeitsverteilung den konstanten Wert **T** annimmt. Die Wahrscheinlichkeitsverteilung verschwindet an drei Stellen im Innern des Potentialtopfes fast, was darauf hindeutet, daß **e = 1.1** sich in der Nähe der zweiten Resonanz befindet (s. Übg. 10.2.2). Die Wellenfunktion fällt unter den Barrieren exponentiell ab und beschreibt daher das *Tunneln* des Teilchens durch die Barrieren; die Wahrscheinlichkeitsdichte hat in der Nähe der klassischen Umkehrpunkte Maxima, was einem im Potentialtopf gefangenen Teilchen entspricht (s. Aufg. 6.6.4).

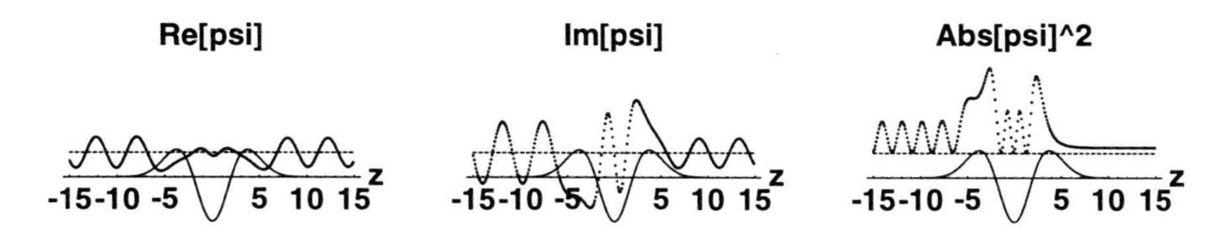

Abb. 14.4. Die renormierte Wellenfunktion **psi[e = 1.1]**. Real- und Imaginärteil sind mit **0.9** skaliert, die Wahrscheinlichkeitsdichte mit **0.5**.

Übung 14.2.3. Berechnen Sie die Minima und Maxima und damit die Amplitude der stehenden Welle in der Wahrscheinlichkeitsverteilung für große negative **z**, und setzen Sie sie mit **Sqrt[R] = Abs[bR]** in Beziehung. Vergleichen Sie Werte dieser Größen für **e = 1.1** mit einem detaillierten Graphen und einer Wertetabelle von **Abs[psi[e]]^2**.

14.3 Aufspüren der Resonanzen

Wir haben jetzt alle Werkzeuge, die wir zur Untersuchung des Kontinuumsspektrums brauchen. Als erstes berechnen wir die Abhängigkeit der Streuamplituden von der Energie **e**. Von besonderem Interesse sind die Transmissionsresonanzen, für die der Transmissionskoeffizient **T** Eins wird und der Reflexionskoeffizient **R** verschwindet. Wenn wir nicht aus einer exakten Teildiagonalisierung oder einer anderen Voruntersuchung (s. Aufg. 14.3.1) bereits Schätzwerte haben, müssen wir die Resonanzen durch Versuch und Irrtum aufspüren.

Wenn die Resonanzen scharf sind und daher nur ein schmales Energieband belegen, müssen wir die Wellenfunktionen auf einem genügend feinmaschigen Energiegitter berechnen, damit uns keine Resonanz entgeht. Dies ist dann der Fall, wenn die Barrieren hoch und breit sind, so daß die Transmission durch eine einzelne Barriere sehr unwahrscheinlich ist. Auch dann findet jedoch bei ganz bestimmten Energien 100%ige Transmission statt, wenn die reflektierten Wellen von innerhalb und außerhalb der Barriere destruktiv interferieren und nur die transmittierte Welle auf der rechten Seite überlebt. Dieser bemerkenswerte Umstand führt dazu, daß zwei gleichartige Barrieren völlig transparent sein können, obwohl jede für sich betrachtet einen sehr kleinen Transmissionskoeffizienten hätte. Dieses Phänomen erinnert an die Wirkungsweise bestimmter optischer Interferometer.

Aufgabe 14.3.1. Die semiklassische WKB-Näherung war historisch bei der Behandlung des Tunneleffekts und der Streuresonanzen sehr wichtig. Für den Fall eines symmetrischen Potentials mit Barrieren kann man zeigen, daß der Transmissionskoeffizient seinen maximalen Wert Eins annimmt, wenn die *klassische Wirkung*

```
L[e_] := 2 NIntegrate[ Evaluate[Sqrt[ksq[e,z]]], {z,0,a[e]} ]
```

den Wert **(2n+1) Pi/2** annimmt, wobei **n** die Anzahl der Knoten in der Wellenfunktion zwischen den Barrieren ist. Die Integrationsgrenze **a[e]** ist ein innerer klassischer Umkehrpunkt, also eine Lösung von **e == V** (vgl. Merzbacher [46], Abschn. 7.4 und Bohm [10], Kap. 12).

Definieren Sie mit **FindRoot** eine Funktion zur Berechnung von **a[e]**, und werten Sie dann **L[e]** als Funktion von **e** aus, um die Resonanzenergien in unserem Modellpotential abzuschätzen.

Suchen wir also die erste Resonanz. In Übg. 10.2.2 erhielten wir den Schätzwert **e = 0.48** für diese Resonanz, und das Variationsprinzip sagt uns, daß dies eine obere Schranke für die tatsächliche Resonanzenergie darstellt. Wir berechnen also die folgende Tabelle von Streuamplituden in dem kleinen Intervall {**e, 0.47515, 0.48445**} in Schritten von **de = 0.0003** und erhalten etwa dreißig Werte. Wir führen ein **Module** mit den lokalen Variablen **psi0e** und **psie** ein, damit die Wellenfunktion nicht unnötig mehrmals berechnet wird. (Dennoch könnte diese Berechnung ein gute halbe Stunde dauern.)

```
zo = 15;     dz = 0.1;

amplitudes =
     Table[
          Module[{psi0e,psie},
               psi0e = psi0[e];
               psie  = psi[e, psi0e, aI[e,psi0e]];
              {e, cT[e,psie], bR[e,psie]}
            ],
            {e, 0.47515, 0.48445, 0.0003}
     ];
```

Die Ausgabe haben wir mit einem Semikolon unterdrückt, da sie recht lang ist. Wir können die Ergebnisse jedoch leicht graphisch darstellen, indem wir z.B. die Transmissionskoeffizienten, d.h. die Absolutquadrate der Elemente **amplitudes[[n,2]]**, gegen die Energie, d.h die Elemente **amplitudes[[n,1]]**, auftragen (vgl. Übg. C.3.2):

```
Tvalues = {#[[1]], Abs[#[[2]]]^2}& /@ amplitudes;
```

Diese Werte sind in Abb. 14.5 mit **ListPlot** dargestellt.

Man sieht, daß der fünfzehnte Datenpunkt bei **e = 0.47935** der Resonanz sehr nahekommt; wir prüfen dies nach, indem wir mit diesem Element **T** und **R** berechnen:

```
amplitudes //{Abs[#[[15,2]]]^2, Abs[#[[15,3]]]^2}&

  {1.00001, 0.0000349723}
```

Wir können der Graphik außerdem entnehmen, daß die *Halbwertsbreite* **g** der Resonanz (üblicherweise mit γ bezeichnet) kleiner als **0.0006** (d.h.

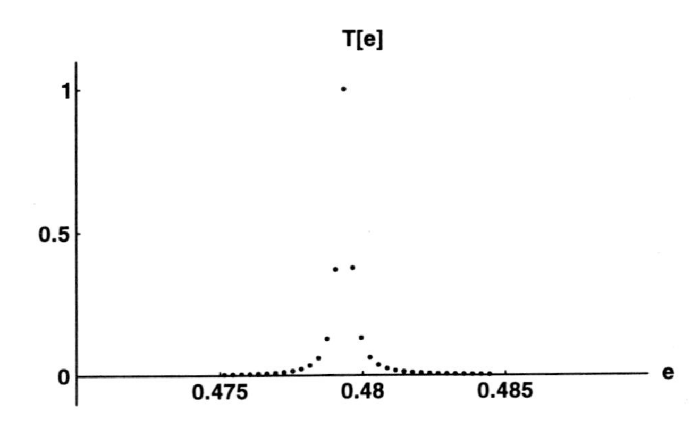

Abb. 14.5. Die erste Transmissionsresonanz in Abhängigkeit von der Energie.

kleiner als **2 de**) ist. Diese Breite ist eine wichtige Größe; wir werden sie im nächsten Abschnitt genau bestimmen. Da die Barrieren bei dieser Energie relativ breit sind, strebt der Transmissionskoeffizient schnell gegen Null, wenn wir uns von der Resonanz entfernen.

Übung 14.3.1. Rechnen Sie die Unitaritäts- und Symmetriebeziehungen aus Aufg. 14.2.1 mit den Streuamplituden nach, die wir in der Nähe der ersten Resonanz berechnet haben. Dazu bietet sich **ListPlot** an. Tragen Sie außerdem den Reflexionskoeffizienten **R** in Abhängigkeit von der Energie auf, und zeigen Sie **R == 1 - T**.

Übung 14.3.2. Berechnen Sie mehr Punkte in unmittelbarer Umgebung der Resonanz, und schätzen Sie die Halbwertsbreite der Resonanz genauer ab. Vielleicht müssen Sie die Genauigkeit von **NDSolve** erhöhen; verwenden Sie z.B.

```
psi0e =
    psi0[e,MaxSteps->3000,AccuracyGoal->15,PrecisionGoal->15];
```

Wir können nun die Wahrscheinlichkeitsverteilung des Teilchens im Resonanzfall berechnen und sie wie in Abb. 14.4 zusammen mit Real- und Imaginärteil der Wellenfunktion auftragen. Das Ergebnis ist in Abb. 14.6 dargestellt.

```
e = 0.47935;     zo = 15;     dz = 0.05;
psi0e = psi0[e];
psie  = psi[e, psi0e, aI[e,psi0e]];
```

Da unser Modellpotential zwei gebundene Zustände hat, ist die erste Resonanz der dritte ausgezeichnete Zustand; die Wellenfunktion weist daher zwei Knoten auf, die in der Abbildung deutlich zu sehen sind (vgl. Abschn. 10.3). Die Wellenfunktion ist zwischen den Barrieren sehr groß (beachten Sie die Skalierungsfaktoren in der Bildunterschrift); das deutet auf eine ausgeprägte Welle hin, die zwischen den Barrieren eingeschlossen ist, konstruktiv mit sich selbst interferiert und nur schwach durch die Barrieren tunnelt. Die Situation entspricht der auf einer Saite, auf der durch kleine periodische Anregungen an einem Ende der Saite stehende Wellen erzeugt werden. Je kleiner die Energieverluste auf der Saite sind, desto größer ist die Amplitude der Welle und desto schärfer ist die mechanische Resonanz. Im Falle der Quantenresonanz wirkt die von links einfallende Welle als Anregung. Wenn sie dieselbe Frequenz hat wie eine Welle, die zwischen den Barrieren hin- und herläuft, so baut sich im Innern des Potentialtopfes eine große Welle auf. Je kleiner die Transmission durch die Barrieren ist, desto größer ist die Welle im Innern und desto schärfer ist die Resonanz.

Die Wellenfunktion entspricht also im Resonanzfall zwischen den Barrieren der Wellenfunktion eines gebundenen Zustands und läßt sich beispielsweise durch die in Abschn. 10.3 und 10.5 diskutierten Pseudokontinuumszustände näherungsweise beschreiben (vgl. Abb. 10.1). Wie wir bald sehen werden, erleidet ein zeitabhängiges Wellenpaket, das den Potentialtopf durchläuft, relativ zu einem Wellenpaket für ein freies Teilchen eine Zeitverzögerung und entweicht nur langsam durch die Barrieren. Man spricht von der *Lebensdauer der Resonanz*; diese Größe steht offensichtlich mit der Transmissionswahrscheinlichkeit und der Breite der Resonanz in Zusammenhang. Ist die Barriere breit, so ist die Resonanz scharf und die Lebensdauer lang. Man bezeichnet Resonanzzustände daher auch als *metastabile Zustände*; sie finden in allen Bereichen der Physik Anwendung, von Lasern bis zur Stabilität von Elementarteilchen.

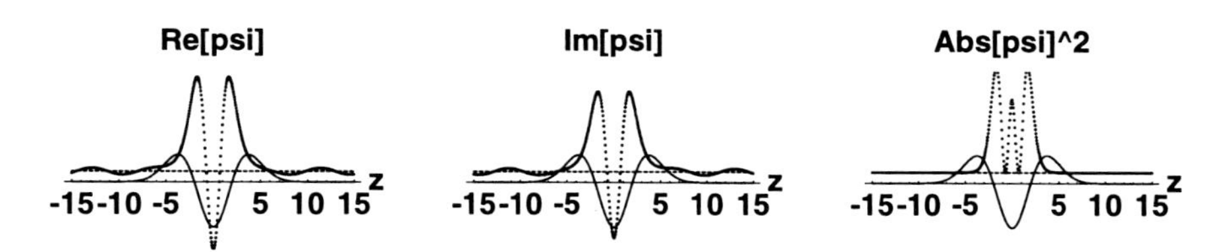

Abb. 14.6. Wellenfunktion und Wahrscheinlichkeitsverteilung der ersten Resonanz. Real- und Imaginärteil sind mit `0.15` skaliert, die Wahrscheinlichkeitsdichte mit `0.0035`.

14.4 Radialwellenfunktionen

Unser Ansatz läßt sich leicht zur Berechnung *radialer* Kontinuumseigenfunktionen abwandeln, die bei der Entwicklung des Potentials nach Kugelfunktionen, der sogenannten *Partialwellenzerlegung*, auftreten. (Die formale Lösung der radialen Wellengleichung und die Partialwellenzerlegung des Streuproblems findet man in den meisten Büchern über Quantenmechanik; s. auch Kap. 19.) Die eindimensionale Schrödinger-Gleichung für die *reduzierte* Radialwellenfunktion **u[r]** ist von der Form her identisch mit der Gleichung, die wir hier für **psi[z]** gelöst haben. Der Unterschied liegt darin, daß die Radialkoordinate auf positive Werte {**0,r,Infinity**} beschränkt ist. Der Ursprung wirkt daher als unendlich hohe Potentialbarriere, und wir fordern **u[0] = 0**. Das bedeutet, daß es keine transmittierte Welle gibt, nur eine einfallende Welle und eine auslaufende, reflektierte. In diesem Fall bietet es sich an, vom Ursprung aus nach außen zu integrieren. Ansonsten ist die Vorgehensweise dieselbe, vorausgesetzt, das Potential hat eine endliche Reichweite. (Im Falle langreichweitiger Wechselwirkung, z.B. für Coulomb-Kräfte, sind weitere Änderungen notwendig; vgl. Abschn. 20.4 über die Kontinuumseigenfunktionen des Wasserstoffatoms.)

Diese Bedingungen an eine radiale Lösung treten auch in jedem eindimensionalen Potential auf, das auf einer Seite eine unendlich hohe Barriere hat, wie z.B. das Morse-Potential (vgl. Kap. 13 und die Aufgaben am Ende von Abschn. 10.6). In der Tat hat Morse dieses Potential zur Beschreibung der Radialbewegung eines schwingenden zweiatomigen Moleküls aufgestellt. Eine annehmbare Lösung muß unter der Barriere, im klassisch verbotenen Bereich, gegen Null streben. Physikalisch gesehen blockiert die Barriere die transmittierte Welle, wie der Ursprung es im Radialproblem tut. Sie können sich mit diesem Phänomen in Aufg. 14.4.3 (für das Morse-Potential) und auch in Aufg. 14.6.5 am Ende dieses Kapitels beschäftigen.

Aufgabe 14.4.1. Erweitern Sie unsere Berechnungen auf die zweite und dritte Resonanz, die knapp unter- bzw. oberhalb der Barrieren liegen. Erzeugen Sie Abb. 14.7, die auch die Werte enthält, die wir in der Nähe der ersten Resonanz für **T[e]** berechnet haben; diese erscheinen aufgrund der größeren Energieskala gestaucht.

Oberhalb der ersten Resonanz benötigen wir weniger Punkte, um die Struktur von **T[e]** zu erkennen, da die Resonanzen viel breiter sind. Bei der zweiten Resonanz liegt das daran, daß die Barrieren hier schmaler und die Transmission daher über einen breiteren Energiebereich groß ist. Oberhalb der Barrieren liegt die Transmission ohnehin nahe bei Eins. Das liegt daran, daß die Wellenlänge des Teilchens bei hohen Energien kleiner ist, verglichen mit den Änderungen im Potential, so daß der „Impedanzsprung“ und damit die Reflexionen klein sind. Zudem verschwindet der Transmissionskoeffizient oberhalb der zweiten Resonanz nicht mehr, da diese nahe dem oberen Rand der Barrieren liegt.

Stellen Sie die Wellenfunktionen wie in Abb. 14.6 dar. Schätzen Sie die Halbwertsbreite der zweiten Resonanz.

Aufgabe 14.4.2. Betrachten Sie die Streuung an einem rechteckigen Potentialtopf oder einer rechteckigen Potentialbarriere:

```
vB[z_,w_,vo_] := 0  /;        z <  -w
vB[z_,w_,vo_] := vo /;  -w <= z <=  w
vB[z_,w_,vo_] := 0  /;   w <  z
```

Dabei ist `2 w` die Breite der Barriere in `z`. Wählen Sie für den Potentialtopf `vo < 0` als Tiefe und für die Barriere `vo > 0` als Höhe (vgl. Park [51], Abschn. 4.2; dort findet sich eine eingehendere Diskussion einschließlich analytischer Details; s. auch Aufg. 6.2.1).

a) Berechnen Sie für einen Potentialtopf mit `vo = -1` und `w = 2` renormierte Kontinuumszustände `psi[e]` und Transmissionskoeffizienten `T` für Energien im Bereich `0 < e < -10 vo`. Setzen Sie der Einfachheit halber `m = h = 1`. Verwenden Sie `ListPlot`, um eine Tabelle von Wertepaaren {`e,T`} darzustellen. Es sollte sich zeigen, daß der Transmissionskoeffizient meist kleiner als Eins ist, was wiederum ein Welleneffekt ist. An den Rändern des Topfes entstehen durch die abrupte Änderung des Impulses (den *Impedanzsprung*) Reflexionen; es treten aber auch Transmissionsresonanzen mit `T = 1` auf. Vergleichen Sie Ihre numerischen Ergebnisse mit dem analytischen Ausdruck

```
                2          2
1             vo   Sin[2 kp w]
- == 1 +   ----------------------
T              4 e (e - vo)
```

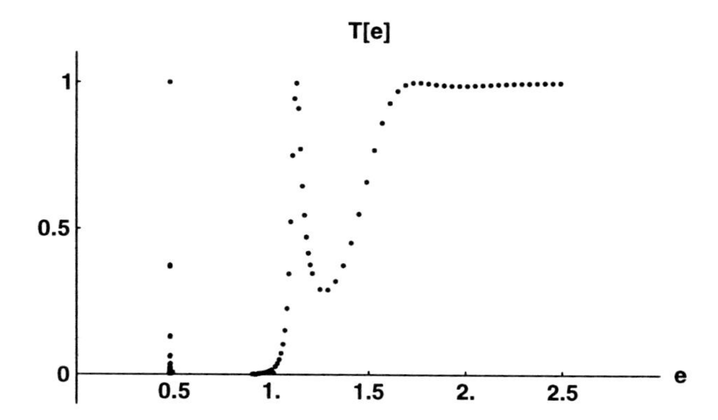

Abb. 14.7. Die ersten drei Transmissionsresonanzen in Abhängigkeit von der Energie.

mit der Wellenzahl `kp = Sqrt[2(e - vo)]`. Bestimmen Sie die Energien der Transmissionsresonanzen mit `T = 1`.

b) Berechnen Sie für eine Barriere mit `vo = +1` und `w = 2` renormierte Kontinuumszustände `psi[e]` und Transmissionskoeffizienten `T` für Energien `e > vo` *oberhalb* der Barriere. Es treten wiederum Reflexionen auf, und der Transmissionskoeffizient ist meist kleiner als Eins. Der analytische Ausdruck für `1/T` in Teil (a) gilt auch hier. Vergleichen Sie wiederum Ihre numerischen Ergebnisse mit den analytischen Werten.

Erweitern Sie schließlich Ihre Ergebnisse auf Energien `e < vo` *unterhalb* der Barriere. Zeigen Sie, daß der Ausdruck für `1/T` in Teil (a) weiterhin gültig ist, wenn man `kp` durch `I Kp == I Sqrt[2(vo-e)]` ersetzt. Beachten Sie, daß `Sin[2kp w]` zu `Sinh[2Kp w]` wird; dies hängt mit dem Tunneln des Teilchens durch die Barriere und dem entsprechenden exponentiellen Abfall der Wellenfunktion im klassisch verbotenen Bereich zusammen.

Stellen Sie Ihre Wellenfunktionen wie in Abb. 14.6 dar.

Aufgabe 14.4.3. Berechnen Sie mehrere Kontinuumszustände eines Morseschen Oszillators für `A = 1` und `De = 9` (vgl. Übg. 13.1.2 und Aufg. 13.4.1).

Die unendlich hohe Barriere im Potential für `x < 0` zwingt uns, den asymptotischen Verlauf der Wellenfunktion zu überdenken. Die Komponente im klassisch verbotenen Bereich unter der Barriere muß abfallen, wenn die Lösung physikalisch sinnvoll sein soll. Diese Komponente läßt sich als die transmittierte Welle interpretieren. Die einfallende Welle läuft also von rechts auf den Ursprung zu, und die reflektierte Welle läuft nach rechts vom Ursprung weg.

Es bietet sich daher an, die numerische Integration bei `x = -xo` unter der Barriere mit `psi[-xo] = 0` zu beginnen. Dadurch werden exponentiell divergierende Lösungen, die durch numerische Fehler entstehen könnten, weitgehend vermieden. Versuchen Sie, sowohl für Energien in der Nähe der Kontinuumsschwelle `e = 0` als auch für sehr hohe Energien Lösungen zu erzeugen. Bestimmen Sie die Amplituden der einfallenden und reflektierten asymptotischen ebenen Wellen, und prüfen Sie nach, daß innerhalb der numerischen Genauigkeit 100%ige Reflexion erfolgt. Stellen Sie Ihre Wellenfunktionen wie in Abb. 14.6 dar, und kontrollieren Sie sie, indem sie wie in Abb. 14.3 die lokale Energie darstellen.

14.5 Parametrisierung der Resonanzen

Im Falle einer scharfen, vereinzelten Resonanz lassen sich die Streuamplituden in der Nähe der Resonanz durch die Energie `er` und die Halbwertsbreite `g` der Resonanz parametrisieren. Die Grundidee besteht darin, daß für `e` $\sim$ `er` die Transmissionsamplitude `cT` groß und nahezu konstant ist, während die Reflexionsamplitude klein und annähernd proportional zu **e - er** ist. Die Amplituden müssen aber außerdem den Unitaritäts- und Symmetrierelationen aus Aufg. 14.2.1 genügen; sie haben daher in der Nähe der Resonanz die allgemeine Form

```
{cT[e_] = E^(I d) I(g/2)/((e-er) + I g/2),
 bR[e_] = E^(I d) (e-er)/((e-er) + I g/2)}
```

```
    I  I d
    - E    g      I d
    2             E     (e - er)
{-------------, ---------------}
          I                I
e - er + - g   e - er + - g
          2                2
```

Dabei ist **d** eine konstante, gemeinsame Phasenverschiebung (s. Aufg. 14.5.1). Da diese Ausdrücke beide weit weg von der Resonanz, d.h. für **Abs[e-er] >> g/2** gegen Null gehen, sind sie eher für Energien geeignet, bei denen die Barrieren breit und hoch sind, wie es bei der ersten Resonanz der Fall ist. Wir können sie mit Hilfe unserer symbolischen Regel **Conjugate** aus dem Paket

```
Needs["Quantum`QuickReIm`"]
```

direkt überprüfen: Reflexions- und Transmissionswahrscheinlichkeit addieren sich zu Eins,

```
Conjugate[bR[e]] bR[e] + Conjugate[cT[e]] cT[e] //
    Together
```

```
1
```

und die Amplituden genügen der allgemeinen Beziehung aus Aufg. 14.2.1:

```
Conjugate[bR[e]]/bR[e] == -Conjugate[cT[e]]/cT[e] //
    ExpandAll
```

```
True
```

Aufgabe 14.5.1. Zeigen Sie, ausgehend von den beiden Beziehungen

```
            2                   2  Conjugate[bR]        Conjugate[cT]
{Abs[cT]  == 1 - Abs[bR] , ------------- == -(-------------)}
                                   bR                  cT
```

aus Aufg. 14.2.1, daß sich **cT** und **bR** durch drei reelle Parameter **x**, **y** und **d** ausdrücken lassen:

```
          I d           I d
        I E    y       E    x
{cT == ---------, bR == --------}
        x + I y        x + I y
```

Aus diesen Ausdrücken erhält man die oben angegebene gebräuchliche Form mit Hilfe der Ersetzungen **x = e - er** und **y = g/2** (s. Merzbacher [46], Abschn. 7.4).

Der Näherungswert **cT[e]** für die Transmissionsamplitude liefert uns auch einen einfachen Ausdruck für den Transmissionskoeffizienten in der Nähe der Resonanz:

```
T[e_] = Conjugate[cT[e]] cT[e] /.
        ((x_ + I/2 y_)(x_ - I/2 y_))^-1 -> (x^2 + y^2/4)^-1
```

```
          2
         g
--------------------
                    2
              2    g
4 ((e - er)  + --)
                   4
```

Dies ist eine Lorentz-Funktion. Dieses Ergebnis ist auch als *Breit-Wigner-Formel* bekannt, nach den beiden Physikern, die diese Formel vor langer Zeit zur Beschreibung von Kernreaktionen einführten. (Sie wird in diesem Zusammenhang ausführlich in Kap. 8 von Blatt und Weisskopf [8] behandelt.) Ihre Form verdeutlicht die Bezeichnung *Halbwertsbreite*: wenn wir nach den Energien auflösen, bei denen der Transmissionskoeffizient auf die Hälfte seines Maximalwertes gefallen ist, so erhalten wir

```
Solve[T[e] == 1/2, e] //ExpandAll
```

```
               g                  g
{{e -> er + -}, {e -> er - -}}
               2                  2
```

Die Halbwertsbreite ist also einfach die Differenz dieser beiden Energien, **2(g/2)**.

Wir könnten **g** bestimmen, indem wir die Lorentz-Funktion an unsere berechneten Transmissionskoeffizienten anpassen. Dies würde jedoch einen nichtlinearen Fit erfordern; suchen wir daher lieber nach einer einfacheren, linearen Funktion von **e**. Wenn wir **cT[e]** durch den Wert im Resonanzfall **cT[er] == E^(I d)** normieren, können wir das Verhältnis von Imaginär- und Realteil verwenden:

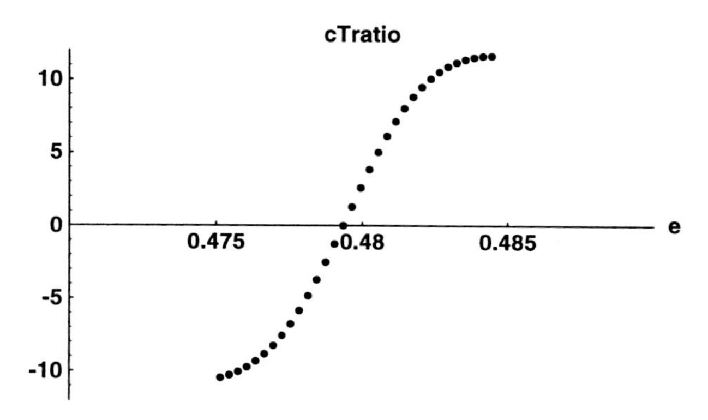

Abb. 14.8. Das Verhältnis **Im[cT[e]/cT[er]]/Re[cT[e]/cT[er]]** in der Nähe der ersten Resonanz.

```
Im[cT[e]/cT[er]]/Re[cT[e]/cT[er]] //Together

 2 (e - er)
 ----------
     g
```

Sehen wir nach, was unsere berechneten Streuamplituden für diese Größe liefern. Da der fünfzehnte Datenpunkt in Abb. 14.5 sehr nahe bei der Resonanz liegt, definieren wir **er** und **cT[er]** durch

```
{er = amplitudes[[15,1]], cT[er] = amplitudes[[15,2]]}

 {0.47935, 0.158358 + 0.987388 I}
```

und berechnen die Werte des gesuchten Verhältnisses durch (vgl. die Berechnung von **Tvalues** in Abschn. 14.3)

```
cTratio =
    {#[[1]], Im[#[[2]]/cT[er]]/Re[#[[2]]/cT[er]]}& /@
        amplitudes;
```

Diese Werte sind in Abb. 14.8 aufgetragen und zeigen wie gewünscht eine nahezu lineare Abhängigkeit von **e** in der Nähe von **er**.

Wir verwerfen die ersten **10** und die letzten **12** (nichtlinearen) Punkte und bestimmen die Ausgleichsgerade für **cTratio** (vgl. Übg. C.3.4):

```
cTratioFit = Fit[ Take[cTratio,{11,20}], {1, e}, e ]

 -1979.95 + 4130.54 e
```

Durch Gleichsetzen mit dem obigen Näherungsausdruck **2(e-er)/g** erhalten wir

```
Solve[
    cTratioFit == 2(e-erFit)/gFit,
    {erFit,gFit}, e
][[2]] //N

  {erFit -> 0.479343, gFit -> 0.000484198}
```

Die Syntax **Solve[*equation, variables,* e]** wurde hier verwendet, um die Variable **e** zu eliminieren. Da es sich um eine Näherung handelt, ist der Wert **erFit** nicht genau gleich unserem Ausgangswert **er = 0.47935**; dies gibt uns jedoch einen Eindruck von der Genauigkeit von **gFit**. Die Güte des Fits zeigt sich auch in Abb. 14.9.

Wir können nun die Breit-Wigner-Näherung für **T[e]** und den Wert **gFit** in die Darstellung unserer numerischen Werte in Abb. 14.5 einfügen. Abbildung 14.10 zeigt das Ergebnis; wie man schon anhand von Abb. 14.9 erwarten konnte, ist die Näherung recht gut.

Wir werden die Breite **g** mit der Lebensdauer der Resonanz in Beziehung setzen, wenn wir im nächsten Abschnitt die Streuung und Verzögerung eines Wellenpakets in einem Potential untersuchen.

Obwohl unsere Parametrisierung speziell auf der Potentialstreuung beruhte, sind unsere Schlußfolgerungen größtenteils unabhängig von der Art der herrschenden Kräfte. In der Tat ermöglicht die Resonanztheorie eine Klassifizierung von Reaktionen, in denen die Kräfte unbekannt sind oder einfach so kompliziert, daß eine vollständige Lösung der Schrödinger-Gleichung nicht möglich ist. Die Resonanztheorie spielt daher eine große Rolle in der Ge-

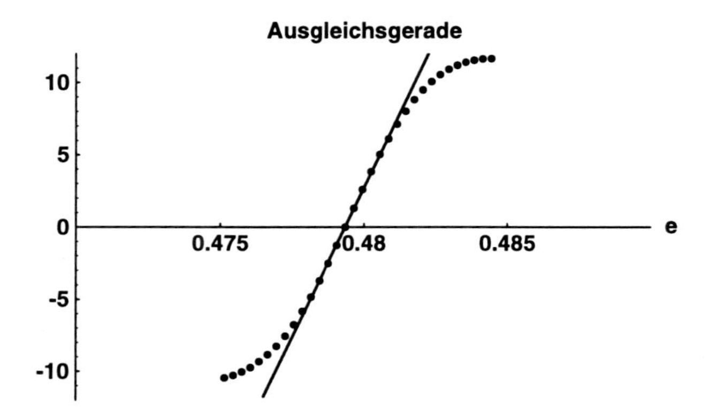

Abb. 14.9. Ausgleichsgerade für das Verhältnis **Im[cT/cTr]/Re[cT/cTr]** nahe der ersten Resonanz.

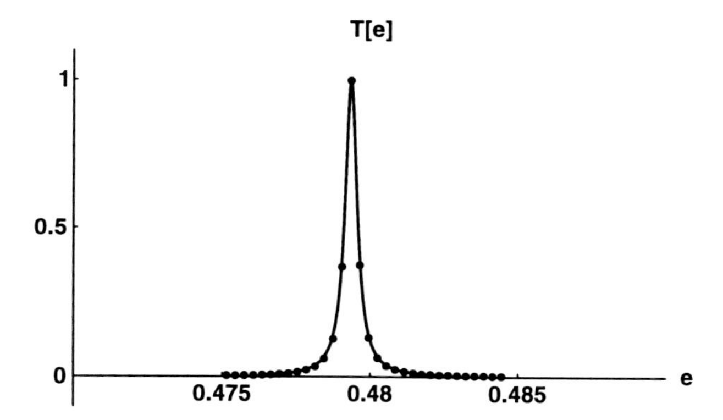

Abb. 14.10. Lorentz-Funktion, angepaßt an den berechneten Transmissionskoeffizienten nahe der ersten Resonanz.

schichte der Kern- und Elementarteilchenphysik sowie bei der Interpretation komplexer Spektren von Atomen, Molekülen und Festkörpern.

Aufgabe 14.5.2. Bestimmen Sie **`gFit`** anhand der berechneten *Reflexionsamplituden* **`amplitudes[[n,3]]`**. Tragen Sie **`bRratio`** und **`R[e]`** auf, wie wir es in Abb. 14.9 und 14.10 für **`cRratio`** und **`T[e]`** getan haben.

Aufgabe 14.5.3. Schätzen Sie die Breite der zweiten Resonanz anhand der berechneten Transmissionsamplituden aus Aufg. 14.4.1 und Abb. 14.7 ab. Um sinnvolle Ergebnisse zu erhalten, müssen Sie die Werte von **`cT`** oberhalb der Resonanz verwerfen, da der Transmissionskoeffizient dort nicht gegen Null geht und unsere Näherungsformeln dort nicht anwendbar sind. Tragen Sie **`cTratio`** und **`T[e]`** wie in Abb. 14.9 und 14.10 auf.

14.6 Aufprall eines Wellenpakets

Als letztes konstruieren wir nun ein zeitabhängiges Streuwellenpaket als lineare Überlagerung von Kontinuumseigenfunktionen aus einem kleinen Bereich von Eigenenergien um **`eP`**. Da Kontinuumseigenfunktionen sich über den ganzen Raum erstrecken, wollen wir auf diese Weise ein Teilchen beschreiben, das räumlich stärker lokalisiert ist und auf den Potentialtopf trifft. Da die Eigenenergien kontinuierlich sind, ist die gesuchte Überlagerung ein Fourier-Integral. Da unsere Lösungen jedoch rein numerisch sind, müssen wir das Integral durch eine diskrete Summe über ein Gitter diskreter Energien annähern. Wenn wir keine allzu hohen Ansprüche an die Lokalisierung unseres

Wellenpakets stellen, können wir durch Summierung über einige wenige Eigenfunktionen bereits befriedigende Ergebnisse bekommen. Wir haben schon in Kap. 3 und Aufg. 4.2.3 gesehen, wie das funktioniert.

Wir erweitern auf diese Weise unsere vorangehende *FFT*-Untersuchung der Ausbreitung von Wellenpaketen in Abschn. 12.6. Mit einer geeigneten Überlagerung können wir Wellenpakete untersuchen, die in der Energie stark beschränkt und daher im Raum breit sind. Insbesondere kann die Länge eines Wellenpakets sehr beschränkter Energie die Länge des Gitters übersteigen, was bei Anwendung unseres *FFT*-Verfahrens nicht erlaubt ist.

Wir bekommen einen guten Eindruck von dem Wellenpaket, das wir konstruieren wollen, wenn wir zuerst ein Wellenpaket für ein freies Teilchen konstruieren. Betrachten wir also die folgende zeitabhängige Überlagerung ebener Wellen:

```
freePacket[t_,dz_:1.0,zP_:-50] :=
    Table[
        Evaluate[
            {z,
             Sum[
                f[e] E^(-I e t) E^(I k[e] (z-zP)),
                {e,emin,emax,de}
             ]}
        ],
         {z,-zo,zo,dz}
    ]
```

Die Phase **E^(-I k[e] zP)** verschiebt das Maximum des Pakets bei **t = 0** nach **zP**; als Vorgabewert wählen wir **zP = -50** weit links vom Potential (s. Abschn. 4.2). Ein Wert **zP < -zo** bedeutet, daß das Maximum des Pakets zu Anfang außerhalb unseres „Sichtfensters" liegt, das durch **-zo < z < zo** definiert ist (vgl. Abb. 14.12). Da jede der ebenen Wellen einen Impuls entlang der positiven z-Achse trägt, bewegt sich das Wellenpaket mit der Zeit nach rechts.

Es ist günstig, den ebenen Wellen Gewichte **f[e]** entsprechend einer Gauß-Verteilung zuzuordnen, wie wir es in Aufg. 4.2.3 getan haben. (Hier wollen wir jedoch eine Funktion der Energie, nicht der Wellenzahl.) Wir wählen einen Energiebereich um die zweite Resonanz herum, die nach Abb. 14.7 sehr nahe bei **e = 1.13** liegt (s. auch Aufg. 14.4.1 und 14.5.3):

```
{eP = 1.13, emin = 1.01, emax = 1.25, de = 0.04};
```

Damit haben wir ein Gitter mit sieben Energiewerten, einschließlich **eP**. Wir berechnen also die Amplituden durch

```
{f[e_] = E^(-(e-eP)^2/(2w))/nrm, w = 0.005, nrm = 1.76653};
```

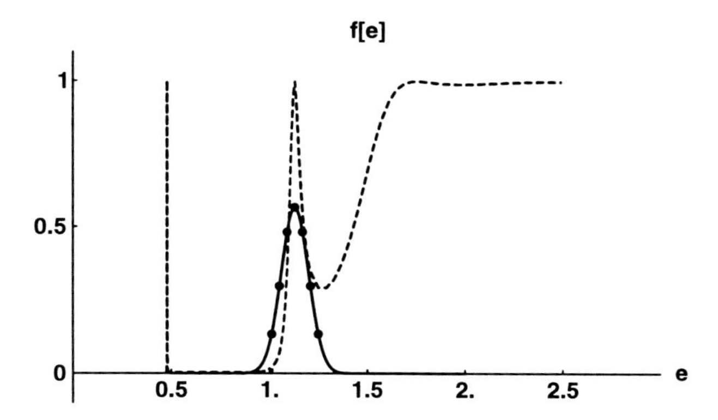

Abb. 14.11. Amplitudenfunktion **f[e]** (durchgezogene Kurve) der Komponenten von **freePacket[t]**. Die sieben Punkte zeigen die in der Superposition verwendeten Werte. Die gestrichelte Kurve zeigt den Transmissionskoeffizienten **T[e]** aus Abb. 14.7.

Die Normierungskonstante **nrm** ist für dieses Energiegitter so gewählt, daß (s. auch Übg. 14.6.3)

```
Sum[f[e]^2,{e,emin,emax,de}]

   1.
```

Diese Amplituden sind in Abb. 14.11 zusammen mit dem Transmissionskoeffizienten **T[e]** aus Abb. 14.7 aufgetragen. Der Breitenparameter **w** ist so gewählt, daß **f[e]** ungefähr so breit wie das Resonanzmaximum ist; damit ist sichergestellt, daß ein großer Anteil des gestreuten Wellenpakets transmittiert wird (vgl. Übg. 14.6.3).

Die Wahrscheinlichkeitsdichte, die sich daraus für das Wellenpaket eines freien Teilchens ergibt, ist in Abb. 14.12 mit Hilfe unserer zuvor definierten Funktion **psisq** aufgetragen (s. auch unten). Das Sichtfenster ist in dieser

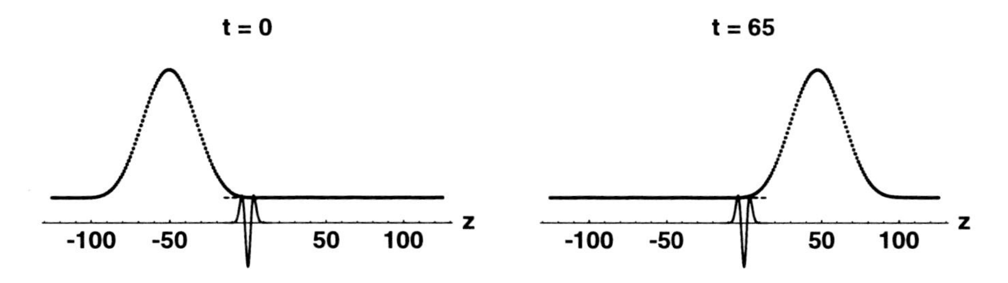

Abb. 14.12. Die Wahrscheinlichkeitsdichte eines sich bewegenden Wellenpakets für ein freies Teilchen zu zwei verschiedenen Zeitpunkten.

Abbildung mit **zo = 125** erweitert worden, um die Anfangsposition des Maximums bei **zP = -50** zu zeigen; dies „komprimiert" jedoch das Potential ganz erheblich.

Übung 14.6.1. Rechnen Sie die Position des Maximums des Wellenpakets in Abb. 14.12 zur Zeit **t = 65** anhand der mittleren Geschwindigkeit des Wellenpakets nach. Erzeugen Sie eine Animation der Bewegung.

Übung 14.6.2. Da wir ein Fourier-Integral durch eine diskrete Summe mit nur sieben Komponenten angenähert haben, haben unsere Wellenpakete eine endliche, wenn auch große Periode. Das bedeutet, daß andere Maxima mit der Zeit auf das Potential treffen werden (s. auch Aufg. 12.6.2). Führen Sie sich dies vor Augen, indem Sie das Sichtfenster verbreitern und eine genügend lange Animation des Wellenpakets erzeugen.

Wir können nun leicht ein Streuwellenpaket als zeitabhängige Linearkombination von (renormierten) Kontinuumseigenfunktionen **psi[e]** konstruieren. In Analogie zu **freePacket[t]** definieren wir mit Hilfe unseres Energiegitters und der Amplituden **f[e]** die Überlagerung

```
psiPacket[t_,zP_:-50] :=
    Table[
        {psi[eP][[n,1]],
         Sum[
            f[e] E^(-I e t) E^(-I k[e] zP) psi[e][[n,2]],
            {e, emin, emax, de}
         ]},
         {n, Length[psi[eP]]}
    ]
```

Dabei liefert **psi[e][[n,1]]** den **n**-ten Gitterpunkt in **z**. Die Phase **E^(-I k[e] zP)** verschiebt wiederum das Maximum des Pakets bei **t = 0** nach **zP**. Da jede der einzelnen Eigenfunktionen **psi[e]** für **z -> -Infinity** asymptotisch eine einfallende ebene Welle beschreibt, bewegt sich das Wellenpaket ursprünglich nach rechts. Da die Eigenfunktionen jedoch im Gegensatz zu ebenen Wellen transmittierte und reflektierte Komponenten enthalten, spaltet sich das Wellenpaket in ein transmittiertes und ein reflektiertes Paket auf, wenn es auf das Potential trifft.

Bevor wir fortfahren können, müssen wir die Kontinuumseigenfunktionen berechnen. Die folgende **Do**-Schleife leistet diese Berechnung; die Syntax ist identisch mit der von **Table**. Der Wert **zo = 30** vergrößert unser Sichtfenster, ohne zu allzu hohem Rechenaufwand zu führen; das ursprüngliche Wellenpaket wird jedoch größtenteils außerhalb des Sichtfensters liegen. (Die Option **MaxSteps** von **NDSolve** muß dennoch hochgesetzt werden, um die

Rechnung auf das längere Intervall auszudehnen. Die Berechnung dauert ungefähr eine Viertelstunde.)

```
zo = 30;     dz = 0.1;

Do[
    Module[{psi0e},
        psi0e  = psi0[e, MaxSteps -> 1500];
        psi[e] =  psi[e, psi0e, aI[e, psi0e]];
    ],
    {e, emin, emax, de}
]
```

Übung 14.6.3. Berechnen Sie die Transmissions- und Reflexionskoeffizienten **T[e]** und **R[e]** für die sieben Zustände **psi[e]**, und bestimmen Sie die Mittelwerte dieser Koeffizienten durch

```
Tavg = Sum[ f[e]^2 T[e], {e, emin, emax, de}]
Ravg = Sum[ f[e]^2 R[e], {e, emin, emax, de}]
```

Zeigen Sie, daß die Normierung von **f[e]** zu **Tavg + Ravg == 1** führt. Da die Breite von **f[e]** ungefähr der Breite **g** der Resonanz entspricht, wird ein großer Anteil des Wellenpakets transmittiert.

Nun sind wir bereit, das gestreute Wellenpaket zu untersuchen. Zuerst stellen wir einige Funktionen auf, um **psiPacket[t]** zusammen mit **freePacket[t]** zu einem bestimmten Zeitpunkt darzustellen:

```
psiPlot[t_] :=
    ListPlot[
        Evaluate[psisq[eP,0.65,psiPacket[t]]],
        bkgrd[eP], PlotRange -> {-3,15},
        Axes -> {Automatic,None},
        PlotLabel -> "t = " <> ToString[t],
        AxesLabel -> {" z",""}, PlotJoined -> True,
        DisplayFunction -> Identity
    ];

freePlot[t_] :=
    ListPlot[
        Evaluate[psisq[eP,0.65,freePacket[t]]],
        bkgrd[eP], PlotRange -> {-3,15},
        Axes -> {Automatic,None},
        PlotLabel -> "t = " <> ToString[t],
        AxesLabel -> {" z",""},
        DisplayFunction -> Identity
    ];
```

```
psifreePlot[t_] :=
    Show[
        psiPlot[t], freePlot[t],
        DisplayFunction -> Identity
    ];
```

Wir können nun eine Momentaufnahme des gestreuten Wellenpakets zu irgendeinem Zeitpunkt erzeugen, wie in Abb. 14.13.

Abbildung 14.13 zeigt deutlich die Bildung des Resonanzzustands. Die transmittierte Vorderfront des gestreuten Wellenpakets hat gerade den Potentialtopf passiert; dies kann man sowohl an der endlichen Wahrscheinlichkeit erkennen, die bereits nach rechts aus dem Potentialtopf entwichen ist, als auch an der Position des Wellenpakets für das freie Teilchen. Die drei Knoten, die für die zweite Resonanz charakteristisch sind, bilden sich zwischen den Barrieren. Der hintere Teil des Wellenpakets, der jetzt auf das Potential trifft, interferiert mit dem bereits reflektierten vorderen Teil; dies erkennt man an der starken Interferenz links vom Potentialtopf. Zu dieser Zeit entspricht die Form des gestreuten Wellenpakets noch im großen und ganzen der des Wellenpakets für ein freies Teilchen.

Um die Entwicklung genauer zu verfolgen, untersuchen wir einige Momentaufnahmen der Bewegung, wie in Abb. 14.14 (deren Erzeugung etwa eine halbe Stunde dauert). Statt dessen könnten wir auch eine Animation erzeugen (s. Übg. 14.6.4).

Die Bilderreihe in Abb. 14.14 verdeutlicht, daß der metastabile Zustand noch existiert, nachdem das einfallende Wellenpaket das Potential schon lange durchlaufen hat. Über diese Verzögerung des Wellenpakets durch den Poten-

```
Show[ psifreePlot[30], DisplayFunction -> $DisplayFunction ];
```

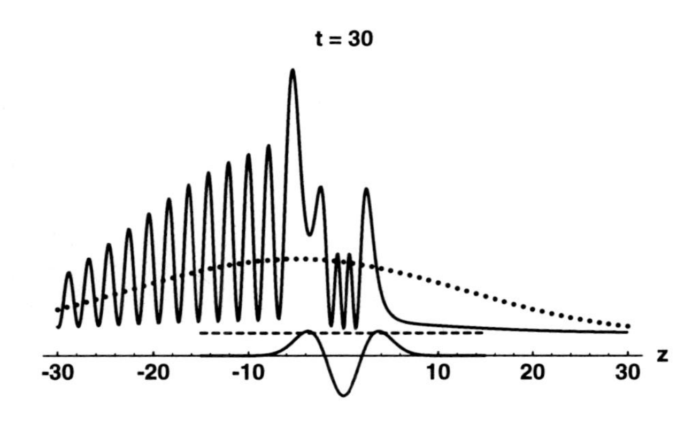

Abb. 14.13. Wahrscheinlichkeitsdichte des gestreuten Wellenpakets zur Zeit `t = 30`. Die gepunktete Kurve zeigt die entsprechende Dichte für ein freies Teilchen.

```
Show[
    GraphicsArray[
        Evaluate[
            Table[
                {psifreePlot[t],psifreePlot[t+20]},
                {t,0,80,40}
            ]
        ]
    ],
    GraphicsSpacing -> {.1,.2},
    DisplayFunction -> $DisplayFunction
];
```

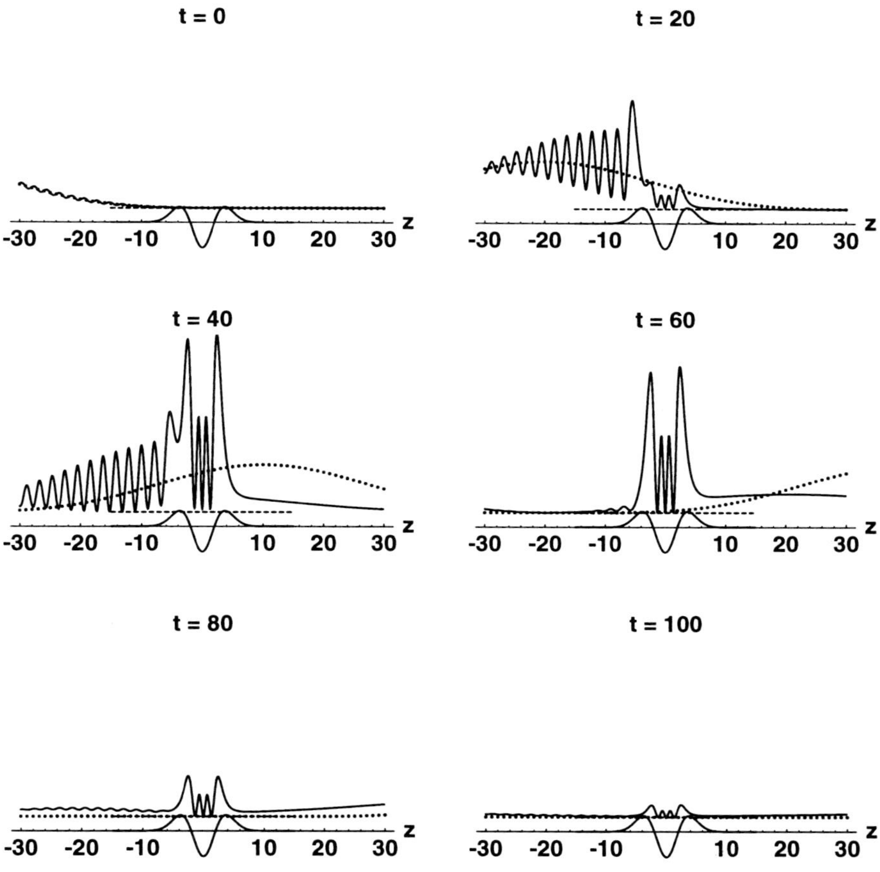

t = 0

-30 -20 -10 10 20 30 z

t = 20

-30 -20 -10 10 20 30 z

t = 40

-30 -20 -10 10 20 30 z

t = 60

-30 -20 -10 10 20 30 z

t = 80

-30 -20 -10 10 20 30 z

t = 100

-30 -20 -10 10 20 30 z

Abb. 14.14. Bildung und Zerfall des zweiten metastabilen Zustands. Die gepunktete Kurve zeigt den Durchgang des Wellenpakets für ein freies Teilchen.

tialtopf ist die *Lebensdauer* **Δt** der Resonanz definiert. Das ursprüngliche Wellenpaket ist also zwar ausgedehnt im Vergleich zur Reichweite des Potentials, aber dennoch schmal genug, um das Potential in einer Zeit zu durchlaufen, die kleiner ist als die Verzögerung aufgrund der Lebensdauer des Resonanzzustands. Zu späteren Zeiten, nachdem das Wellenpaket für ein freies Teilchen den Bereich des Potentials verlassen hat, ähnelt der metastabile Zustand einem gebundenen Zustand, obwohl die Energie positiv ist.

Eine genaue Betrachtung von Abb. 14.14 zeigt, daß die Wahrscheinlichkeitsdichte eine Zeitlang zwischen den Barrieren oszilliert. Mit jeder Reflexion in der Nähe eines inneren Umkehrpunktes tunnelt jedoch ein Teil der Wahrscheinlichkeit durch die Barriere, und ein kleines Wellenpaket erscheint außerhalb des Potentialtopfes. Ein solches transmittiertes bzw. reflektiertes Paket ist bei **t = 60** rechts bzw. bei **t = 80** links des Potentials zu sehen. Der Kehrwert **1/Δt** der Lebensdauer läßt sich interpretieren als das Produkt aus der Tunnelwahrscheinlichkeit durch die Barrieren und der Anzahl der Stöße, die das zwischen den Barrieren eingefangene Teilchen pro Zeiteinheit mit den Barrieren erleidet (s. Bohm [10], Abschn. 12.19). Der Prozeß ist offensichtlich selbstdämpfend. Dieser Effekt ist viel größer, wenn das ursprüngliche Paket räumlich eng begrenzt ist im Vergleich zur Reichweite des Potentials; diese Situation läßt sich gut mit dem *FFT*-Verfahren aus Abschn. 12.6 untersuchen.

Eine genaue Analyse zeigt, daß der zeitliche Abfall der Wahrscheinlichkeit im metastabilen Zustand asymptotisch exponentiell ist, mit einer mittleren Lebensdauer **Δt**. Des weiteren ist **Δt** der Breite der Resonanz umgekehrt proportional, d.h. **Δt = h/g** (s. Merzbacher [46], Abschn. 7.4 und 11.6). (Hier führen wir der Allgemeinheit halber **h** $\neq$ **1** mit.) Wenn die Resonanz also scharf ist, ist ihre Lebensdauer lang; ist sie breit, so ist ihre Lebensdauer kurz. Offensichtlich ist die höhere Resonanz in unserem Modellpotential viel kurzlebiger als die tiefere.

Wir können den zerfallenden metastabilen Zustand noch von einem anderen Gesichtspunkt aus betrachten: er ist eine Lösung der Schrödinger-Gleichung zum *komplexen Eigenwert* **er - I g/2**. Auf diese Weise erfassen wir den exponentiellen Abfall, denn als Zeitentwicklungsoperator für diesen Zustand erhalten wir

```
E^(-I (er - I g/2) t/h) //ExpandAll

  (-I er t)/h - (g t)/(2 h)
 E
```

Das Absolutquadrat (wiederum mit unserer symbolischen Regel **Conjugate** ausgewertet) ergibt wie gewünscht

```
Conjugate[%] %

  -((g t)/h)
 E
```

Interessierte Leser werden Gefallen an dem schönen Werk von Brandt und Dahmen [11], *The Picture Book of Quantum Mechanics*, finden. Dieses Buch über die Streuung von Wellenpaketen ist anspruchsvoller, als der Titel vermuten läßt. In der Tat ist vieles von dem, was wir hier dargestellt haben, durch dieses Buch inspiriert.

Übung 14.6.4. Erzeugen Sie Abb. 14.14 mit kleineren Zeitschritten, oder erzeugen Sie statt dessen eine Animation, um das Entweichen der verzögerten transmittierten und reflektierten Wellenpakete zu verfolgen. Schätzen Sie die Verzögerungen aus den Momentaufnahmen und den Abständen zwischen den verzögerten Paketen und den freien bzw. direkt reflektierten Paketen ab. Zeigen Sie, daß die Verzögerungen mit der Breite der Resonanz und damit mit der Lebensdauer der Resonanz aus Aufg. 14.5.3 konsistent sind.

Übung 14.6.5. Verschieben Sie die mittlere Energie **eP** des Wellenpakets, so daß es nicht mehr auf die Resonanz bei **er = 1.13** fällt. Wählen Sie zunächst eine Energie zwischen der ersten und zweiten Resonanz und dann eine Energie oberhalb der Barrieren.

Aufgabe 14.6.1. Berechnen Sie die Gesamtwahrscheinlichkeit zwischen den Barrieren im metastabilen Zustands bei **er = 1.13** als Funktion der Zeit durch numerische Integration. Versuchen Sie, die Breite **g** der Resonanz aus der Steigung des Graphen von **Log[*probability*]** als Funktion der Zeit abzulesen.

Aufgabe 14.6.2. Setzen Sie Wellenpakete gerader und ungerader Parität mit einer mittleren Energie von **eP = 1.13**, aber verschwindender Geschwindigkeit in die Mitte des Potentialtopfes, und betrachten Sie deren Zeitentwicklung (vgl. Übg. 14.2.1). Verwenden Sie zunächst die schmale Amplitudenfunktion **f[e]** im Text und dann eine breitere. Stellen Sie die Zeitentwicklung graphisch dar, oder erzeugen Sie eine Animation.

Aufgabe 14.6.3. Konstruieren Sie ein Wellenpaket mit Energien in der Nähe der ersten Resonanz, also um **eP = 0.47935**. Sie brauchen dazu eine neue Amplitudenfunktion **f[e]** mit einer Breite, die ungefähr der Breite der Resonanz in Abb. 14.10 entspricht. Sie sollten allerdings auch in Erwägung ziehen, die räumlichen Ausmaße des Wellenpakets zu begrenzen, da Ihr Sichtfenster **-zo < z < zo** begrenzt ist. Wenn dies zuviel Rechenzeit erfordert, so wiederholen Sie Aufg. 14.6.2 für diese Energie.

Erzeugen Sie eine Animation Ihrer Ergebnisse für den Fall eines Wellenpakets, das ursprünglich links vom Potential lokalisiert ist, oder stellen Sie eine Reihe von Momentaufnahmen in einem **GraphicsArray** zusammen, wie in Abb. 14.14.

Aufgabe 14.6.4. Betrachten Sie die Streuung an einem Paar rechteckiger Barrieren, die durch

```
vB[z_,w_,vo_] := 0  /;          z <  -1.3w
vB[z_,w_,vo_] := vo /; -1.3w <= z <= -w
vB[z_,w_,vo_] := 0  /;    -w <  z <   w
vB[z_,w_,vo_] := vo /;     w <= z <=  1.3w
vB[z_,w_,vo_] := 0  /;  1.3w <  z
```

mit **w = 2** und **vo = 1** definiert sind; setzen Sie dabei **m = h = 1**. Finden Sie die Resonanzen, und bestimmen Sie deren Breite. Stellen Sie die Wellenfunktionen für die Resonanzen graphisch dar, und diskutieren Sie sie. Konstruieren Sie ein Wellenpaket, das ursprünglich links des Potentials lokalisiert ist, und erzeugen Sie entweder eine Animation seiner Bewegung oder ein **GraphicsArray** von Momentaufnahmen, wie in Abb. 14.14.

Dieses Problem wird ausführlich bei Brandt und Dahmen [11] behandelt.

Aufgabe 14.6.5. Wiederholen Sie die vorangehende Aufgabe für das Modellpotential mit unendlich hoher Barriere aus Aufg. 10.6.2,

```
V = z^2/2              /; z <  0
V = z^2/2 E^(-b z^2)   /; z >= 0
```

mit **b = 0.15**. Dieses und verwandte Potentiale wurden in letzter Zeit im Zusammenhang mit molekularen Resonanzen diskutiert (J. F. Babb und M. L. Du, Chem. Phys. Lett. **167**, 273 (1990)).

Teil II

Quantendynamik

Wir legen jetzt einen Zahn zu und lassen die Beschränkung auf eine Dimension fallen. Unsere Hauptaufgabe wird darin bestehen, auf dem Computer Methoden zum Umgang mit den nicht vertauschbaren Operatoren und langwierigen algebraischen Umformungen zu entwicklen, die bei der Beschreibung von Quantensystemen auftreten. Wir beginnen mit einer rein formalen Herangehensweise, die auf der eingebauten Funktion **NonCommutative-Multiply** beruht, und entwickeln beispielsweise eine algebraische Lösung des harmonischen Oszillators und eine formale Darstellung des Drehimpulses und der Drehimpulskopplung.

Wir wenden uns dann der Darstellung der Kommutatoralgebra durch Ableitungsoperatoren zu. Als Anwendung entwickeln wir die kartesische Darstellung des Drehimpulses und bestimmen das Energiespektrum des Wasserstoffatoms algebraisch. Wir betrachten die Transformation des Drehimpulses in krummlinige Koordinaten und lösen das Wasserstoffproblem in Kugelkoordinaten und in parabolischen Koordinaten, mit Betonung auf der Konstruktion eines vollständigen Satzes vertauschender Observablen. Außerdem stellen wir eine fundamentale Beziehung zwischen dem Wasserstoffatom und dem zweidimensionalen isotropen harmonischen Oszillator her.

15. Quantenmechanische Operatoren

In der Quantenmechanik werden die konjugierten Komponenten **x** und **px** des Orts- und Impulsvektors eines Teilchens als *nicht vertauschbare* Größen oder *Operatoren* betrachtet, so daß **x px** etwas anderes bedeutet als **px x**. Das gleiche gilt für die Komponenten **y** und **py** sowie für **z** und **pz**, während unabhängige Variablen vertauschen, d.h. **x y = y x**, **x py = py x**, usw. Alle physikalischen Größen oder *dynamischen Variablen*, die ein System beschreiben, werden ebenso durch Operatoren repräsentiert, sogenannte *Observablen*, die im allgemeinen aus Komponenten von **rvec** und **pvec** konstruiert werden. Auf diese Weise wird das Heisenbergsche Unschärfeprinzip in das mathematische Fundament der Quantenmechanik eingebaut: Messungen nicht vertauschender Observablen stören einander, Messungen vertauschender Observablen nicht.

Der Grad der Nichtvertauschbarkeit wird durch das Plancksche Wirkungsquantum über die *fundamentalen Vertauschungsrelationen* bestimmt, z.B. **x px - px x = I h**. Dies ist natürlich eine inhärent nichtklassische Größe. (Wie immer steht **h** für das durch **2Pi** geteilte Plancksche Wirkungsquantum.) In der Praxis bedeutet das, daß wir im allgemeinen die Reihenfolge beibehalten müssen, in der Operatoren auf einen Ausdruck wirken, wenn wir nicht gerade explizit durch Anwendung einer Regel die Reihenfolge ändern. Zum Beispiel muß in dem Produkt **x px** der Operator **x** links stehenbleiben, es sei denn, wir drehen die Reihenfolge durch die Ersetzung **x px -> px x + I h** um. Wenn also **x** der Abstand vom Ursprung in Metern entlang der x-Achse ist, dann muß **px** ein komplizierteres mathematisches Objekt sein, das natürlich die Dimension eines Impulses hat (z.B. in Einheiten von kg m/s).

Wie wir bereits in Abschn. 1.1 gesehen haben, lassen sich die Vertauschungsrelationen erfüllen, wenn wir annehmen, daß **px** der Ableitung nach **x** proportional ist. In mehreren Dimensionen machen wir entsprechende Annahmen für **py** und **pz** (der Raum ist isotrop) und nehmen daher an, daß der *Vektoroperator* **pvec** dem *Gradienten* bezüglich **rvec** proportional ist. Diese Ableitungen wirken auf die Wellenfunktion als Funktion der Koordinaten **x**, **y**, **z**, also in der *Ortsdarstellung*. Oft arbeitet man auch in der *Impulsdarstellung*; in dieser Darstellung ist **x** der Ableitung nach **px** proportional (s. Abschn. 11.8), **rvec** ist dem Gradienten bezüglich **pvec** proportional, und die Wellenfunktion ist eine Funktion von **px**, **py** und **pz**. Eine weitere

Möglichkeit besteht darin, die Operatoren durch Matrizen darzustellen, da Matrixmultiplikation ebenfalls nicht kommutativ ist.

Wir betrachten die Orts- und Impulsdarstellungen später (ab Kap. 18) und wenden uns zunächst einer rein formalen Darstellung zu, die auch für den Computer geeignet ist. In Kapitel 16 werden wir die Matrixdarstellung des Drehimpulses untersuchen.

15.1 Kommutatoralgebra

In *Mathematica* läßt sich das Produkt zweier nicht vertauschbarer Größen **A** und **B** mit Hilfe der eingebauten Funktion **NonCommutativeMultiply[A,B] = A ** B** darstellen. Diese mathematische Verknüpfung erhält die Reihenfolge der Anwendung und kann für quantenmechanische Observablen wie **x** und **px** verwendet werden. Vergleichen Sie z.B., wie gewöhnliche und nicht vertauschbare Produkte nach der Eingabe umgeordnet werden:

```
{B A, B ** A}

  {A B, B ** A}
```

Insbesondere verschwindet der *Kommutator* von **A** und **B**,

```
Commutator[A_,B_] := A ** B - B ** A
```

nicht unbedingt, was bei gewöhnlicher Multiplikation (**Times**) der Fall ist:

```
{Commutator[A,B], A B - B A}

  {A ** B - B ** A, 0}
```

(Im Text werden wir den Kommutator in der üblichen Kurzform **[A, B]** schreiben.) Um Ausdrücke vereinfachen zu können, die beide Arten von Multiplikation enthalten, müssen wir Regeln für ** definieren; eingebaut ist im wesentlichen nur das Assoziativgesetz:

```
(A ** B) ** C == A ** (B ** C)

  True
```

Da quantenmechanische Operatoren linear sind, wollen wir außerdem das Distributivgesetz implementieren und sicherstellen, daß ** unabhängig von gewöhnlicher Multiplikation und Division ist. Im Moment erfolgt für Ausdrücke der folgenden Form keine Vereinfachung:

```
(2 A + B/3) ** C
```

```
        B
(2 A + -) ** C
        3
```

Die benötigten Regeln werden in Übg. C.2.5 entwickelt. Wir implementieren sie durch Laden des entsprechenden Pakets,

```
Needs["Quantum`NonCommutativeMultiply`"]
```

und untersuchen ihre Eigenschaften. Wir erhalten jetzt wie gewünscht

```
(2 A + B/3) ** C
```

```
             B ** C
2 A ** C + ------
               3
```

Außerdem hat `**` jetzt die wünschenswerten Eigenschaften, daß Multiplikation mit Null Null ergibt, daß Multiplikation mit Eins die Identitätsoperation ist und daß Faktoren wie `Sqrt[2]` vertauschen:

```
{0 ** A, 1 ** A, (Sqrt[2] A) ** B}
```

```
{0, A, Sqrt[2] A ** B}
```

Beachten Sie, daß das Paket die Regeln *global* einführt, so daß *Mathematica* sie automatisch auf alle Ausdrücke anwendet, die `**` enthalten (s. Maeder [44], Kap. 6). Das bedeutet, daß wir nicht explizit eine Funktion aufrufen müssen, um eine Vereinfachung zu bewirken; dies wird unsere Eingaben erheblich vereinfachen und uns helfen, die Operatoralgebra zu automatisieren. Der Nachteil ist allerdings, daß es beinahe unmöglich ist, die Anwendung der Regeln zu verhindern. Wenn Sie dies tun wollen, sollten Sie das Paket konvertieren und eine Funktion `ExpandNCM` definieren, die die Regeln anwendet (s. Übg. C.2.5).

Wir können nachprüfen, daß der Kommutator `Commutator[A,B]` der Algebra gehorcht, die wir für die Quantenmechanik brauchen. Zum Beispiel vertauscht jeder Operator mit sich selbst und mit Multiplikation (und Division) mit gewöhnlichen Zahlen:

```
c /: NumberQ[c] = True;
```

```
{Commutator[c A,A],
 Commutator[c A,B] == c Commutator[A,B]} //ExpandAll
```

```
{0, True}
```

Die grundlegende Linearität quantenmechanischer Operatoren führt zu

```
Commutator[A,B+C] == Commutator[A,B] + Commutator[A,C]

  True
```

Es gilt außerdem

```
Commutator[A**B,C] ==
    A**Commutator[B,C] + Commutator[A,C]**B

  True
```

Die Reihenfolge auf der rechten Seite der letzten Regel ist wichtig, da zwei Operatoren **A** und **B** im allgemeinen nicht mit ihrem Kommutator **[A, B]** vertauschen. Man sieht leicht ein, daß Kommutatoren *antisymmetrisch* sind:

```
Commutator[A,B] == -Commutator[B,A]

  True
```

Obwohl sie für einen weiten Bereich von Anwendungen in der Quantenmechanik angemessen sind, decken unsere Regeln nicht alle möglichen Fälle ab. Sie können z.B. nicht richtig mit nichtganzzahligen Potenzen oder Quotienten von Operatoren umgehen; diese Verallgemeinerung ist jedoch selten nötig. Leser, die sich breitere Anwendungsmöglichkeiten wünschen oder einfach an nichtkommutativer Algebra auf dem Computer interessiert sind, sollten die bei Wolfram Research erhältlichen Pakete in Betracht ziehen.

Übung 15.1.1. Sehen Sie sich die letzten fünf Beziehungen für Kommutatoren etwas genauer an. Werten Sie beispielsweise einzelne Terme aus, und untersuchen Sie die erste Identität ohne Anwendung von **ExpandAll**. Versuchen Sie, alle fünf Identitäten mit einem einzigen Ausdruck zu erzeugen.

Übung 15.1.2. Überzeugen Sie sich davon, daß **[A, [B, C]] + [B, [C, A]] + [C, [A, B]] == 0** gilt, d.h. daß die Summe der zyklischen Permutationen des zweifachen Kommutators dreier Operatoren verschwindet. Das „Produkt" von Kommutatoren ist somit nicht assoziativ. Dieses Gesetz definiert, zusammen mit den obigen Linearitäts- und Symmetriegesetzen, eine *Lie-Algebra*, die aus Anwendungen der Gruppentheorie in der Quantenmechanik bekannt ist.

Bei der formalen Untersuchung eines physikalischen Systems werden wir hauptsächlich Vertauschungsrelationen wie **[x , p] == I h** verwenden, die wir am besten durch Regeln wie **p ** x -> x ** p - I h** implementieren. So erhalten wir z.B.

```
Commutator[x,p] /. p**x :> x**p - I h

    I h
```

(In einer Dimension werden wir statt **px** einfach **p** schreiben.) Um kompliziertere Ausdrücke zu vereinfachen, ist es nützlich, eine Funktion zu definieren, die diese Regel auf einen Ausdruck anwendet, bis keine weitere Vereinfachung mehr stattfindet. Wir definieren also (vgl. Übg. C.2.2-C.2.5)

```
xpCommute[expr_] := Expand[expr //. p ** x :> x ** p - I h]
```

und werten noch einmal den vorangehenden Ausdruck aus:

```
Commutator[x,p] //xpCommute

    I h
```

Betrachten wir als Beispiel den Kommutator von **p/(-I h)** mit Potenzen von **x**. Um die Ausdrücke mit ** zu vereinfachen, müssen wir **h** als Zahl deklarieren.

```
h /: NumberQ[h] = True;

{Commutator[p/(-I h), x],
 Commutator[p/(-I h), x**x],
 Commutator[p/(-I h), x**x**x],
 Commutator[p/(-I h), x**x**x**x]} //xpCommute

    {1, 2 x, 3 x ** x, 4 x ** x ** x}
```

Wir sehen, daß dieser Prozeß einer Ableitung gleichkommt. Wir können sogar folgern, daß für jede *analytische* Funktion **f[x]**, die sich nach Potenzen von **x** entwickeln läßt, **[p/(-I h),f[x]] == f'[x]** gilt (s. Aufg. 15.1.1). (Dieses Ergebnis läßt sich sogar für beliebige nach **x** differenzierbare Funktionen herleiten; s. Übg. 18.2.2.)

Übung 15.1.3. Zeigen Sie, daß **[a^n,b] == n a^(n-1) [a,b]** gilt, wenn der Operator **a** mit dem Kommutator **[a,b]** vertauscht.

Aufgabe 15.1.1. a) Für manche Anwendungen braucht man eine Funktion, die eine Potenz, z.B. `a^3`, in ein mehrfaches Produkt verwandelt, z.B. in `a**a**a`, und eine zweite Funktion, die das Ergebnis wieder zu `a^3` zusammenfaßt. Definieren Sie also Funktionen `PowerToNCM[expr]` und `NCMToPower[expr]`, die alle in `expr` auftretenden Ausdrücke der Form `a^n` mit positivem ganzen Exponenten `n` in `a**a**`... verwandeln und umgekehrt. (Hinweis: Verwenden Sie `Nest`; vgl. Übg. C.3.3.)

b) Zeigen Sie, daß für analytische Funktionen `f[x]` gilt `[p/(-I h), f[x]] == f'[x]`. (Hinweis: Entwickeln Sie `f[x]` und `f'[x]` in Potenzreihen, und verwenden Sie die Funktionen aus Teil (a).)

Jede physikalische Größe oder dynamische Variable in einem System wird durch einen hermiteschen Operator, eine sogenannte *Observable*, repräsentiert. Man zeigt leicht, daß der Kommutator `[P,Q]` zweier Observablen `P` und `Q`, die einen vollständigen Satz von Eigenfunktionen gemeinsam haben, verschwindet. Die Umkehrung ist schwieriger zu beweisen, aber ebenfalls gültig: *Wenn die Observablen* `P` *und* `Q` *vertauschen, so läßt sich ein gemeinsamer vollständiger Satz von Eigenfunktionen für sie finden.* Wir bezeichnen `P` und `Q` in diesem Fall als *kompatible Obeservablen.* Diese Eigenschaft hat experimentelle Konsequenzen: Wie in Abschn. 2.6 dargelegt, erhalten wir bei einer Messung der Observablen `P` einen ihrer Eigenwerte `p`, und das System ist nach der Messung in dem entsprechenden Eigenzustand von `P`. Wenn wir nun anschließend eine Messung der Observablen `Q` vornehmen, erhalten wir einen ihrer Eigenwerte `q`, und das System ist unmittelbar nach der Messung im entsprechenden Eigenzustand von `Q`. Wenn `P` und `Q` vertauschen, sind diese Zustände identisch, und der Eigenzustand von `P` wird durch die Messung von `Q` nicht gestört, so daß eine dritte Messung von `P` den gleichen Eigenwert `p` ergibt wie die erste.

Wenn zwei Observablen `P` und `Q` nicht vertauschen, so lassen sich die entsprechenden physikalischen Größen nicht messen, ohne daß die Messungen einander stören, und es ist nicht möglich, für beide Größen gleichzeitig genau definierte Eigenwerte zu wählen. Die unausweichliche Unschärfe in einem Ensemble von Meßwerten wird durch die Heisenbergsche Unschärferelation mit dem Kommutator der beiden Observablen verknüpft (s. z.B. Park [51], Abschn. 3.5, oder Merzbacher [46], Abschn. 8.7):

```
delP delQ >= Abs[<I Commutator[P,Q]>]/2        (15.1.1)
```

Dabei steht `<...>` für den Erwartungswert, und `delP` und `delQ` sind die quadratisch gemittelten Abweichungen vom Erwartungswert (vgl. Abschn. 3.0). Wenn z.B. `P` der Impuls und `Q` der dazu konjugierte Ortsoperator ist, mit `[P,Q] == -I h`, dann ergibt sich die allgegenwärtige Beziehung Δ`Q` Δ`P`$\geq$ `h/2`.

Der Kommutator einer Observablen **Q** mit dem Hamilton-Operator **H** spielt in der Theorie eine besondere Rolle. Man zeigt leicht anhand der Schrödingerschen Wellengleichung, daß der Erwartungswert von **Q** der Bewegungsgleichung

```
I h D[<Q>,t] == <[Q,H]> + I h <D[Q,t]>
```
(15.1.2)

genügt. Daraus folgt, daß der Erwartungswert einer Observablen, die keine explizite Zeitabhängigkeit enthält (d.h. **D[Q,t] = 0**) und mit **H** vertauscht, zeitlich konstant ist. Eine solche Observable bezeichnet man als *Konstante der Bewegung*, die Größe, die sie repräsentiert, als *Erhaltungsgröße*. Insbesondere erhalten wir das gleiche grundlegende Ergebnis wie in Abschn. 1.2: Wenn der Hamilton-Operator keine explizite Zeitabhängigkeit enthält, also *konservativ* ist, dann ist er eine Konstante der Bewegung (da jeder Operator mit sich selbst vertauscht), und die Energie (**= <H>**) ist erhalten.

Wir werden nun in einigen Beispielen die fundamentalen Vertauschungsrelationen verwenden, um die wesentlichen Eigenschaften eines Systems zu bestimmen. Es wird sich zeigen, daß man aus solchen völlig formalen Betrachtungen viel lernen kann.

Aufgabe 15.1.2. **H** sei ein Hamilton-Operator mit dem Potential **V[x]**. Zeigen Sie unter Verwendung von Beziehung (15.1.1)

```
delH delx >= h/(2m) Abs[<p>]
```

Untersuchen Sie diese Beziehung für das Gaußsche Wellenpaket für ein freies Teilchen in Kap. 4 und für das Wellenpaket eines kohärenten Zustands in Kap. 8 (vgl. Aufg. 8.2.1).

Aufgabe 15.1.3. a) Betrachten Sie den eindimensionalen harmonischen Oszillator, der durch den Hamilton-Operator **hHO = p**p/(2m) + m w^2 x**x/2** definiert ist. Verwenden Sie die Beziehung (15.1.2), um die Bewegungsgleichungen *direkt* für die Erwartungswerte **<x(t)>** und **<p(t)>** aufzustellen und zu lösen. Verwenden Sie als Anfangswerte **<x(0)> = xPo** und **<p(0)> = h kPo** (vgl. die klassische Lösung aus Übg. 8.0.1). Leiten Sie so noch einmal die Ergebnisse her, die wir in Abschn. 8.3 für die gestauchten Zustände erhalten haben.

b) Berechnen Sie die Kommutatoren **[[hHO, x], x]** und **[[hHO, p], p]**, und verwenden Sie die Ergebnisse, um (wenn nötig mit Papier und Bleistift) die folgenden Summen formal auszuführen:

```
Sum[(e[n] - e[k]) Abs[xme[k,n]]^2, {n,0,Infinity}]
Sum[(e[n] - e[k]) Abs[pme[k,n]]^2, {n,0,Infinity}]
```

Dabei sind **e[n]** die Energieeigenwerte des Hamilton-Operators **hHO**, und **xme[k,n]** und **pme[k,n]** sind die Matrixelemente von **x** bzw. **p** zwischen den Eigenzuständen von **hHO** (aus Abschn. 9.1). Welches dieser Ergebnisse läßt sich leicht auf ein beliebiges Potential verallgemeinern?

15.2 Relativkoordinaten für das Zweikörperproblem

Wir betrachten nun die Transformation von raumfesten Koordinaten auf Relativkoordinaten für ein Zweikörpersystem und fordern, daß die *neuen* Koordinaten und ihre konjugierten Impulse die fundamentalen Vertauschungsrelationen erfüllen. In diesem Fall erhalten wir dadurch den Relativimpuls; das Verfahren ist jedoch geeignet, für ein allgemeineres System mehrerer Körper einen geeigneten Satz von Koordinaten zu konstruieren.

Der Einfachheit halber nehmen wir an, daß die Teilchen auf eine Gerade beschränkt sind, beispielsweise auf die in Abb. 15.1 gezeigte raumfeste x-Achse. Das Teilchen **i** (**i = 1**, **2**) befindet sich bei **x[i]** und hat Masse **m[i]** und Impuls **p[i]**. Wir führen nun die Schwerpunktkoordinate **CM** und den relativen Abstand **R** der beiden Teilchen ein:

```
CM = m[1]/M x[1] + m[2]/M x[2];     R = x[1] - x[2];
```

wobei **M = m[1] + m[2]** die Gesamtmasse des Systems ist. Um die Impulse herzuleiten, die zu **CM** und **R** konjugiert sind, bilden wir Linearkombinationen von **p[1]** und **p[2]** mit zunächst unbekannten Koeffizienten **a[i]** und **b[i]**,

```
pCM = a[1] p[1] + a[2] p[2];
pR  = b[1] p[1] + b[2] p[2];
```

und bestimmen die Koeffizienten, indem wir fordern, daß die neuen Koordinaten geeigneten Vetauschungsrelationen genügen: **[R,pR] == [CM,pCM] == I h**. Dazu hängen wir an **xpCommute** die Regel **p[i_] ** x[i_] -> x[i] ** p[i] - I h** an.

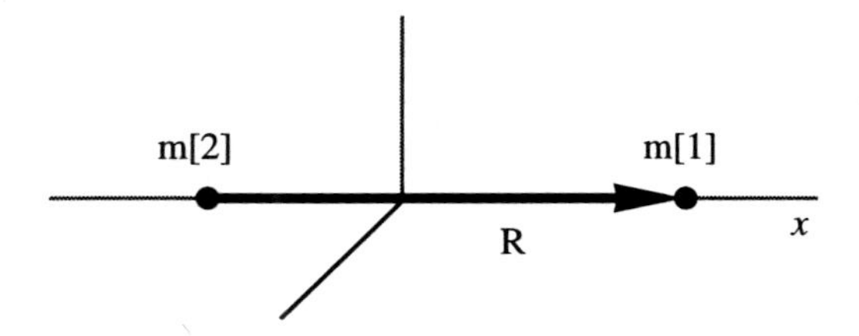

Abb. 15.1. Zwei Teilchen, die auf eine raumfeste Achse beschränkt sind.

Es stellt sich jedoch heraus, daß eine einzige Regel nicht ausreicht, um Ausdrücke mit Kommutatoren vollständig zu vereinfachen. Wir müssen zusätzlich Produkte, die **x[i]** und **p[j]** enthalten, in eine bestimmte Reihenfolge bringen; dazu nutzen wir aus, daß zum Teilchen **1** gehörende Variablen mit den zu Teilchen **2** gehörenden vertauschen. Die Kommutativität stellt gemäß dem Unschärfeprinzip sicher, daß eine Messung an einem der Teilchen das andere nicht beeinflußt, wenn die Teilchen nicht wechselwirken. Wir stellen also vier neue Regeln auf:

```
xpCommute[expr_] :=
    Expand[ expr //.
        {p ** x :> x ** p - I h,

         p[i_] ** x[i_] :> x[i] ** p[i] - I h,
         p[i_] ** x[j_] :> x[j] ** p[i],
         x[i_] ** x[j_] :> x[j] ** x[i] /; i > j,
         p[i_] ** p[j_] :> p[j] ** p[i] /; i > j}
    ]
```

Wir bringen also **x** vor **p** und ansonsten **1** vor **2**. Hier einige Beispiele:

```
{p[1]**x[1], p[1]**x[2], x[2]**x[1]} //xpCommute

  {-I h + x[1] ** p[1], x[2] ** p[1], x[1] ** x[2]}
```

Nun deklarieren wir die Massen und Koeffizienten als Zahlen, um eine möglichst weitgehende Vereinfachung zu ermöglichen, stellen ein System aus vier Gleichungen in den vier Unbekannten **a[i]** und **b[i]** auf und lösen es:

```
m /: NumberQ[m[_]] = True;      M /: NumberQ[M]     = True;
a /: NumberQ[a[_]] = True;      b /: NumberQ[b[_]] = True;

{Commutator[R,pR ] == I h, Commutator[CM,pCM] == I h,
 Commutator[R,pCM] == 0,   Commutator[CM,pR ] == 0} //
        xpCommute //ExpandAll

                             I h a[1] m[1]   I h a[2] m[2]
  {I h b[1] - I h b[2] == I h, ------------- + ------------- == I h,
                                   M               M

                            I h b[1] m[1]   I h b[2] m[2]
    I h a[1] - I h a[2] == 0, ------------- + ------------- == 0}
                                  M               M


ab = Simplify[Solve[%, {a[1],a[2],b[1],b[2]}] [[1]]] /.
        m[1]+m[2] -> M

                                            m[2]             m[1]
  {a[1] -> 1, a[2] -> 1, b[1] -> ----, b[2] -> -(----)}
                                            M                M
```

Damit haben wir

```
{pCM, pR} /. ab
```

```
                  m[2] p[1]   m[1] p[2]
{p[1] + p[2],     --------- - ---------}
                      M           M
```

Wie erwartet ist also **pCM** der Gesamtimpuls des Systems. Auch **pR** erlaubt eine klassische Interpretation: Wenn wir durch **p[i] -> m[i] v[i]** die klassischen Geschwindigkeiten einführen, so erhalten wir

```
pR /.ab /. p[i_] -> m[i] v[i] //Factor
```

```
m[1] m[2] (v[1] - v[2])
-----------------------
           M
```

d.h. **pR** ist die zeitliche Ableitung von **R** mal einer *reduzierten Masse* **mR = m[1] m[2] / M**, da **v[i]** die zeitliche Ableitung von **x[i]** ist.

Die Nützlichkeit dieser Koordinaten offenbart sich, wenn wir den Zweiteilchen-Hamilton-Operator transformieren. Von besonderem Interesse sind Systeme mit *Zentralkräften*, in denen das Potential **V** nur vom Abstand **R** der beiden Teilchen abhängt (s. Abschn. 18.4). Für die kinetische Energie findet man dann (Übg. 15.2.1)

$$\frac{p[1]^2}{2\,m[1]} + \frac{p[2]^2}{2\,m[2]} == \frac{pCM^2}{2\,M} + \frac{pR^2}{2\,mR} \qquad (15.2.1)$$

Die Relativkoordinaten haben die besondere Eigenschaft, daß kein gemischter Term mit **pCM pR** in der kinetischen Energie auftritt und der Hamilton-Operator daher in zwei miteinander vertauschende Teile zerfällt. Der eine Teil ist die kinetische Energie der Schwerpunktbewegung, die wir für ein abgeschlossenes System außer acht lassen können. Der andere Teil ist der Hamilton-Operator eines einzelnen „Teilchens" mit reduzierter Masse **mR**, das sich im Zentralpotential **V[R]** bewegt. Diese Interpretation wird durch die Transformation des Drehimpulses bestärkt (s. Übg. 16.0.3).

Diese Ergebnisse sind Ihnen wahrscheinlich vertraut; die Methode läßt sich jedoch leicht auf Systeme mit drei oder mehr Teilchen erweitern, in denen die Wahl der Koordinaten weniger offensichtlich ist. Ausgehend von der Schwerpunktkoordinate des Systems und dem relativen Abstand eines beliebigen Teilchenpaares kann man einen vollständigen Satz von Relativkoordinaten und -impulsen für ein System von **n** Teilchen herleiten. Wir führen dies in Aufg. 15.2.1 für ein Dreiteilchensystem durch. Auf diese Weise erhalten wir die Koordinaten, die Jacobi im letzten Jahrhundert zur Untersuchung der Planetenbewegung einführte. Natürlich konnte Jacobi sich nicht auf die quantenmechanischen Vertauschungsrelationen beziehen; er wählte einfach Koordinaten, die nicht die Form der Bewegungsgleichungen änderten. (Wir bemerken in diesem Zusammenhang, daß alle unsere Rechnungen sich auch mit klassischen Poisson-Klammern ausdrücken lassen, die den quantenmechanischen Kommutatoren entsprechen).

Übung 15.2.1. a) Drücken Sie die raumfesten Koordinaten und Impulse durch die oben hergeleiteten Relativkoordinaten und -impulse aus, und zeigen Sie

```
                      mR R                 mR R
{x[1] == CM + ————, x[2] == CM - ————,
                      m[1]                 m[2]

                    pCM m[1]                        pCM m[2]
  p[1] == pR + ————————, p[2] == -pR + ————————}
                       M                               M
```

Überprüfen Sie (15.2.1), indem Sie die kinetische Energie transformieren. Bilden Sie den Limes **m[2] >> m[1]**, der für Erde und Sonne sowie für das Wasserstoffatom Anwendung findet.

b) Betrachten Sie die Transformation auf Relativkoordinaten in drei Dimensionen und die Beziehung zwischen den *Vektoren* der Relativkoordinaten und den Vektoren der raumfesten Koordinaten **rvec[i] =** {**x[i]**, **y[i]**, **z[i]**} und **pvec[i] =** {**px[i]**, **py[i]**, **pz[i]**} für **i = 1**, **2**. Rechnen Sie wiederum Beziehung (15.2.1) für die kinetische Energie nach.

c) Weisen Sie nach, daß sich die transformierte kinetische Energie (15.2.1) zu **K = pCM^2/(2M) + lRvec • lRvec/(2 mR Ro^2)** vereinfacht, wenn **R** bei **R = Ro** festgehalten wird; dabei ist **lRvec = Rvec** × **pRvec** der relative Drehimpuls der Teilchen **1** und **2** (vgl. Übg. 16.0.3). (Hinweis: Führen Sie die Ergebnisse von Übg. E.1.2 als Ersetzungsregeln ein.) Dies ist der Hamilton-Operator eines *starren Rotators*, also zweier Massen mit reduzierter Masse **mR** an den Enden eines starren, masselosen Stabes der Länge **Ro** (s. auch Aufg. 19.1.1).

Aufgabe 15.2.1. a) Leiten Sie einen Satz Jacobischer Relativkoordinaten für ein *Dreikörpersystem* her. Gehen Sie von der Koordinate des Schwerpunkts der drei Massen und den im Text hergeleiteten Größen **R** und **pR** für zwei der Teilchen aus. Beziehen Sie eine dritte Koordinate **r** und den entsprechenden Impuls **pr** auf die raumfesten Variablen (in einer Dimension **x[i]** und **p[i]**) (vgl. Abb. 15.2). Zeigen Sie **r = r[3] - cm[12]**, wobei **cm[12]** die Schwerpunktkoordinate der Teilchen **1** und **2** ist. Zeigen Sie, daß klassisch **pr = mr D[r,t]** gilt, wobei **mr** die reduzierte Masse von Teilchen **3** bezogen auf den Schwerpunkt von **1** und **2** ist, d.h. **mr = (m[1] + m[2]) m[3]/M**; **M** ist die Gesamtmasse des Systems. Dies ist nur einer von drei möglichen

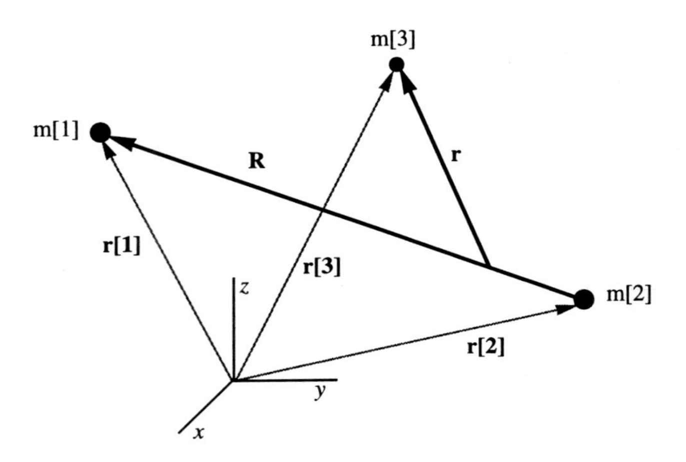

Abb. 15.2. Jacobische Relativkoordinaten für drei Teilchen.

Koordinatensätzen, die durch zyklische Permutation der drei Teilchen ineinander übergehen.

b) Drücken Sie die raumfesten Variablen **x[i]** und **p[i]** durch die Relativkoordinaten und die *reduzierten Massen* aus, und zeigen Sie z.B.

```
             mR R        mr r
{x[1] == CM + ---- - -------------,
              m[1]   m[1] + m[2]

             mR R        mr r                        mr r
 x[2] == CM - ---- - -------------, x[3] == CM + ----}
              m[2]   m[1] + m[2]                    m[3]
```

Der Schwerpunkt der drei Massen liegt auf einem der Relativvektoren. Auf welchem? Betrachten Sie drei Grenzfälle: **m[1] = m[2] = m[3]** (z.B. ein Kohlenstoffkern aus drei Alphateilchen), **m[1] = m[2] >> m[3]** (z.B. ein ionisiertes Wasserstoffmolekül mit zwei Protonen und einem Elektron) und **m[1] = m[2] << m[3]** (z.B. das Heliumatom mit zwei Elektronen und dem Kern). Skizzieren Sie die Relativvektoren für jeden dieser Fälle.

c) Transformieren Sie die kinetische Energie des Systems, und zeigen Sie

```
    2          2          2         2      2      2
p[1]       p[2]       p[3]       pCM     pr     pR
------- + ------- + ------- == ---- + ---- + ----
2 m[1]    2 m[2]    2 m[3]      2 M    2 mr   2 mR
```

Es zeigt sich wieder, daß die Schwerpunktbewegung eines abgeschlossenen Systems außer acht gelassen werden kann. Auch treten in der kinetischen Energie wiederum keine gemischten Terme auf.

15.3 Bra-Ket-Formalismus

Wir können unsere formalen Betrachtungen auf die Diracsche Bra-Ket-Algebra ausdehnen. Obwohl es schwerfällt, einem wirklich eleganten und kompakten mathematischen Formalismus gerecht zu werden, ist diese Verallgemeinerung ein gutes Beispiel für die Flexibilität, mit der wir unsere eigenen abstrakten Größen auf dem Computer definieren können.

Wir führen also Objekte **ket[a]** ein, sogenannte *Ket-Vektoren*, die die Wellenfunktionen repräsentieren, und definieren sie durch ihre Transformationseigenschaften unter Operatoren, also durch Regeln der Form **Q ** ket[a] -> ket[b]**. Die komplex konjugierte Wellenfunktion wird durch einen sogenannten Bra-Vektor **bra[a]** repräsentiert, der mit dem Ket-Vektor **ket[a]** durch ein Skalarprodukt verknüpft ist, das wir durch **bra[a] ** ket[a]** definieren. Wir drücken also die allgemeinen Matrixelemente von **Q** durch **bra[a] ** Q ** ket[b]** aus; dieser Ausdruck steht z.B. in der Ortsdarstellung für Integrale über die Ortskoordinaten. Die Vektorräume der Bra- und Ket-Vektoren sind einander *dual.*

Die Matrixelemente eines hermiteschen Operators **Q** genügen

```
bra[b] ** Q ** ket[a] == Conjugate[bra[a] ** Q ** ket[b]]
```
(15.3.1)

Es folgt, daß die einem hermiteschen Operator entsprechende Matrix unter Transposition und komplexer Konjugation in sich selbst übergeht, also nach der Definition in Abschn. 9.2 eine hermitesche Matrix ist. Diese Eigenschaft stellt insbesondere sicher, daß die Diagonalelemente der Matrix, also die *Erwartungswerte* von **Q**, reelle Zahlen sind; dies ist natürlich entscheidend, wenn **Q** eine physikalische Größe repräsentieren soll.

In diesem Zusammenhang ist es nützlich, ganz allgemein den zu einem beliebigen Operator **Q** *adjungierten* Operator zu definieren:

```
bra[b] ** Q ** ket[a] ==
     Conjugate[bra[a] ** Adjoint[Q] ** ket[b]]
```
(15.3.2)

Es folgt, daß **bra[a] ** Adjoint[Q]** der zu dem Ket-Vektor **Q ** ket[a]** duale Bra-Vektor ist. Ein hermitescher Operator ist also ein Operator, der identisch mit seinem adjungierten Operator ist; man spricht daher auch von *selbstadjungierten* Operatoren. Ein *unitärer* Operator **U** ist per Definition ein Operator, dessen adjungierter Operator gleich dem inversen Operator ist, d.h. **Adjoint[U] ** U == 1**. Nach (15.3.2) ist dann eine unitäre Matrix eine Matrix, deren Inverse die komplex Konjugierte ihrer Transponierten ist, gemäß der Definition in Abschn. 10.6. Zusammengenommen stellen diese Eigenschaften sicher, daß eine unitäre Transformation die Norm erhält, d.h. **U ** ket[a]** ist normiert, wenn **ket[a]** normiert ist.

Übung 15.3.1. Zeigen Sie mit Papier und Bleistift, daß ein unitärer Operator die Norm erhält. Beweisen Sie außerdem den nützlichen Zusammenhang **`Adjoint[A ** B] == Adjoint[B] ** Adjoint[A]`** für zwei beliebige Operatoren **`A`** und **`B`**.

Zeigen Sie schließlich noch, daß **`E^(I Q)`** unitär ist, wenn **`Q`** hermitesch ist. Es folgt, daß sowohl der Zeitentwicklungsoperator **`E^(-I H t/h)`** als auch unserer genäherter Zeitentwicklungsoperator **`E^(-I K dt/h) E^(-I V dt/h)`** aus Abschn. 12.6 unitär sind.

In der Quantenmechanik besteht ein großer Teil des Aufwands in der Lösung des *Eigenwertproblems* **`Q ** ket[q] == q ket[q]`** für hermitesche Operatoren, wobei **`q`** der (reelle) *Eigenwert* und **`ket[q]`** der *Eigenzustand* ist. Das bekannteste Beispiel ist die Bestimmung des Energiespektrums eines Systems in Form der Eigenwerte **`e[n]`** des Hamilton-Operators **`H`**.

Diese kurze Beschreibung der Bra- und Ket-Vektoren und der quantenmechanischen Operatoren, die auf diese Vektoren angewendet werden, liefert ein etwas simplifiziertes Bild des sogenannten *Hilbert-Raums* eines physikalischen Systems. Obwohl wir für unsere Zwecke in diesem Buch genügend Ideen gesammelt haben, sollte ein guter Quantenmechaniker sich mit den Details auskennen. Einen guten Einstieg bietet immer noch Diracs Buch [17].

15.4 Spektrum des harmonischen Oszillators

Als Anwendung des Bra-Ket-Formalismus bestimmen wir in der folgenden Aufgabe das Energiespektrum des harmonischen Oszillators algebraisch. Daß formale Betrachtungen in diesem Fall zu einer vollständigen Lösung führen, ist unter anderem auf das symmetrische Auftreten von **`x`** und **`p`** im Hamilton-Operator zurückzuführen. Wir werden in Kürze beim Drehimpuls und später beim Wasserstoffatom sehen, daß ähnliche Lösungen sich finden lassen, wenn bestimmte dynamische Variablen genügend Symmetrie aufweisen.

Aufgabe 15.4.1. Berechnen Sie das Energiespektrum des harmonischen Oszillators mit dem Hamilton-Operator **`hHO == p**p/(2m) + m w^2 x**x/2`** unter Verwendung der fundamentalen Vertauschungsrelationen. Bestimmen Sie dazu die Eigenschaften der *Energiedarstellung*, und berechnen Sie die Matrixelemente von **`x`** und **`p`**.

a) Führen Sie zuerst die *Auf- und Absteigeoperatoren* **`aR`** und **`aL`** aus Abschn. 6.7 durch die folgenden Ersetzungsregeln ein:

```
aRrep = aR -> Sqrt[m w/(2h)](x - I p/(m w));
aLrep = aL -> Sqrt[m w/(2h)](x + I p/(m w));
```

Verwenden Sie **[x, p] == I h**, um **[aL, aR] == 1** zu zeigen.

b) Drücken Sie **x** und **p** durch **aR** und **aL** aus, und transformieren Sie den Hamilton-Operator in **hHO -> hNum == (Num + 1/2) h w**, wobei **Num == aR ** aL** der „Anzahloperator“ ist. (Verwenden Sie **[aL, aR] == 1**.)

c) Definieren Sie durch

```
ket/: aR ** aL ** ket[n_] := n ket[n]
bra/: bra[np_] ** ket[n_] := KD[np,n]
```

(s. Übg. C.1.13) Eigenzustände des Anzahloperators **Num**, wobei **n** ein zu bestimmender Eigenwert ist und **KD[np,n]** das in Abschn. 9.1 definierte Kronecker-Delta (s. auch Übg. C.2.6). Deklarieren Sie **n /: NumberQ[n] = True**, und berechnen Sie den Erwartungswert des Hamilton-Operators,

```
bra[n] ** hNum ** ket[n] == h w (n+1/2)
```

Bis jetzt ist der Eigenwert **n** eine beliebige Zahl. Da aber **x** und **p** hermitesch sind, ist **aR** der zu **aL** adjungierte Operator, so daß **bra[n] ** aR** der zum Ket-Vektor **aL ** ket[n]** duale Bra-Vektor ist und umgekehrt. **Num** ist also hermitesch, und damit ist **n** reell. Darüber hinaus ist **Num** positiv semidefinit, da **bra[n] ** Num ** ket[n]** die Quadratwurzel aus der Norm des Ket-Vektors **aL ** ket[n]** ist. Die Eigenwerte sind somit sämtlich nicht negativ, d.h. **n** $\geq$ **0**, und das Spektrum von **hNum** ist durch **h w/2** nach unten beschränkt.

d) Berechnen Sie die Kommutatoren **[Num, aR** und **aL]** unter Verwendung von **[aL, aR] == 1**. Zeigen Sie, daß **aR ** ket[n]** und **aL ** ket[n]** Eigenzustände von **Num** zu den Eigenwerten **n+1** und **n-1** sind.

Es gilt also **aR ** ket[n] == cp ket[n+1]** und **aL ** ket[n] == cm ket[n-1]**, wobei **cp** und **cm** Konstanten sind, die reell gewählt werden können. Da **aR** und **aL** einander adjungiert sind, haben wir

```
bra[n]** aL**aR **ket[n] == cp^2 bra[n+1]**ket[n+1]
bra[n]** aR**aL **ket[n] == cm^2 bra[n-1]**ket[n-1]
```

Werten Sie diese Gleichungen aus, und zeigen Sie **cp = Sqrt[n+1]** und **cm = Sqrt[n]**. Definieren Sie also die Wirkung von **aR** und **aL** auf **ket[n]** durch

```
ket /: aR ** ket[n_] := Sqrt[n+1] ket[n+1]
ket /: aL ** ket[n_] := Sqrt[n]   ket[n-1]
```

In Worten ausgedrückt *erhöht* **aR** den Eigenwert **n** um Eins, während **aL** ihn um Eins *erniedrigt*. Wegen **n** $\geq$ **0** fordern wir **aL ** ket[n < 1] == 0**. Wir sehen außerdem, daß für **n < 1** nur der Wert **n = 0** erlaubt ist. Folglich ist **n** eine nichtnegative *ganze* Zahl, und das Energiespektrum **h w (n+1/2)** des Oszillators ist bestimmt.

e) Zeigen Sie, daß sich der **n**-te Eigenzustand **ket[n]** aus dem Grundzustand durch **aR^n ** ket[0]/Sqrt[n!]** erzeugen läßt. (Führen Sie dazu **PowertoNCM** aus Aufg. 15.1.1 ein.)

f) Berechnen Sie schließlich noch die Matrixelemente von **x** und **p**, und zeigen Sie **xme[np,n] ==**

```
         h
Sqrt[———] (Sqrt[n] KD[np,-1 + n] + Sqrt[1 + n] KD[np,1 + n])
       m w
————————————————————————————————————————————————————————————
                          Sqrt[2]
```

und **pme[np,n] ==**

```
I Sqrt[h m w] (-(Sqrt[n] KD[np,-1 + n]) + Sqrt[1 + n] KD[np,1 + n])
———————————————————————————————————————————————————————————————————
                              Sqrt[2]
```

in Übereinstimmung mit Abschn. 9.1.

Wir wir bereits in Aufg. 6.7.1 und Übg. 11.9.2 gesehen haben, führen die Ergebnisse dieser Aufgabe direkt zu den Wellenfunktionen des harmonischen Oszillators in der Orts- oder Impulsdarstellung.

16. Drehimpuls

Den Bahndrehimpulsoperator eines Teilchens, das sich um den Ursprung **rvec = 0** bewegt, definieren wir wie in der klassischen Mechanik als das Kreuzprodukt **lvec = rvec** × **pvec** aus dem Ortsvektor und dem Impulsvektor des Teilchens. (Unsere Vektornotation ist in Anhang E, insbesondere in Abschn. E.2.6 beschrieben.)

Es bietet sich an, die Definition des Kreuzprodukts aus Abschn. E.1 zu verwenden, um die nichtkommutative Multiplikation ** einzuführen. Vorerst arbeiten wir ausschließlich mit der kartesischen Darstellung von Vektoren und bezeichnen ihre Komponenten **x**, **y** und **z** der Kompaktheit halber mit **x[1]**, **x[2]** und **x[3]**. Wir definieren also

```
lvec =
Table[
    Sum[ Signature[{i,j,k}] x[i]**p[j],{i,1,3}, {j,1,3}],
    {k,1,3}
]
```

```
{x[2] ** p[3] - x[3] ** p[2], -x[1] ** p[3] + x[3] ** p[1],
  x[1] ** p[2] - x[2] ** p[1]}
```

Diese Definition ist eindeutig, da nur vertauschende Operatoren in den Produkten auftreten. Man zeigt leicht, daß **lvec** wie gefordert hermitesch ist. Wir stellen sicher, daß unsere Regeln für ** geladen sind, führen Kurzbezeichnungen für die einzelnen Komponenten des Drehimpulsvektors ein und berechnen dann dessen Quadrat:

```
Needs["Quantum`NonCommutativeMultiply`"]

lx  = lvec[[1]];    ly = lvec[[2]];    lz = lvec[[3]];
lsq = lx ** lx + ly ** ly + lz ** lz
```

```
x[1] ** p[2] ** x[1] ** p[2] - x[1] ** p[2] ** x[2] ** p[1] +
x[1] ** p[3] ** x[1] ** p[3] - x[1] ** p[3] ** x[3] ** p[1] -
x[2] ** p[1] ** x[1] ** p[2] + x[2] ** p[1] ** x[2] ** p[1] +
x[2] ** p[3] ** x[2] ** p[3] - x[2] ** p[3] ** x[3] ** p[2] -
x[3] ** p[1] ** x[1] ** p[3] + x[3] ** p[1] ** x[3] ** p[1] -
x[3] ** p[2] ** x[2] ** p[3] + x[3] ** p[2] ** x[3] ** p[2]
```

Da die Bezeichnung der Koordinatenachsen willkürlich ist (außer daß wir per Konvention ein rechtshändiges Koordinatensystem verwenden), sind die Komponenten symmetrisch unter zyklischer Permutation von **x**, **y** und **z**, d.h. unter **1 -> 2 -> 3 -> 1**, usw. Zum Beispiel gilt

```
{(lx /.{2 -> 1, 3 -> 2}) == lz,
 (ly /.{1 -> 3, 3 -> 2}) == lx,
 (lz /.{1 -> 3, 2 -> 1}) == ly}

 {True, True, True}
```

Wir zeigen nun, daß der Kommutator von **lsq** mit einer Komponente des Drehimpulses verschwindet. Da wir die Orts- und Impulskomponenten mit **x[i]** und **p[i]** bezeichnen, können wir zur Umordnung der Produkte und zur Vereinfachung der Ergebnisse unsere verbesserte Version von **xpCommute** aus Abschn. 15.2 verwenden:

```
h /: NumberQ[h] = True;

xpCommute[expr_] :=
    Expand[ expr //.
        {p[i_] ** x[i_] :> x[i] ** p[i] - I h,
         p[i_] ** x[j_] :> x[j] ** p[i],
         x[i_] ** x[j_] :> x[j] ** x[i] /; i > j,
         p[i_] ** p[j_] :> p[j] ** p[i] /; i > j}
    ]
```

Damit erhalten wir (dieser Kraftakt dauert ungefähr eine Viertelstunde)

```
Commutator[lx,lsq] //xpCommute

 0
```

Aus der Permutationssymmetrie der Komponenten folgt dann, daß **lsq** mit **lvec** vertauscht. Die Komponenten selbst vertauschen jedoch nicht miteinander. Inbesondere erhalten wir

```
Commutator[lx,ly] == I h lz //xpCommute //ExpandAll

  True
```

und ähnliche Ergebnisse für die zyklischen Permutationen **[ly,lz]** und **[lz,lx]**. Dies führt dazu, daß die Wellenfunktion eines Teilchens eine Eigenfunktion von **lsq** und nur einer Komponente von **lvec** sein kann; man wählt üblicherweise die Komponente **lz**. (Rufen Sie sich aus Abschn. 15.1 in Erinnerung, daß sich genau dann ein gemeinsamer Satz von Eigenfunktionen für die beiden Observablen **A** und **B** konstruieren läßt, wenn **A** und **B** vertauschen.) Im Gegensatz zur klassischen Mechanik können also in der Quantenmechanik nur **lsq** und z.B. **lz** gleichzeitig gemessen werden; man bezeichnet die z-Achse als die *Quantisierungsachse*. Wir sehen, daß dieses Ergebnis eine direkte Folge der fundamentalen Vertauschungsrelationen ist und daher mit dem Unschärfeprinzip zusammenhängt (s. Aufg. 16.1.2).

Wir können außerdem die Vertauschungsrelationen für den Drehimpuls ausnutzen, um zu zeigen, daß das Spektrum der Eigenwerte von **lsq** und z.B. **lz** diskret ist, wiederum in scharfem Gegensatz zur klassischen Mechanik. Wir werden dies in Aufg. 16.1.1 durchführen.

Übung 16.0.1. Überprüfen und erklären Sie, daß **[lx, lsq] == [lx, ly ** ly + lz ** lz]** gilt; der Ausdruck auf der rechten Seite wird schneller ausgewertet. Zeigen Sie, daß **[lx, lsq]** verschwindet, indem Sie den Kommutator mit Hilfe der Regeln aus Abschn. 15.1 durch **[lx, lz]** und **[ly, lz]** ausdrücken. (Hinweis: Definieren Sie temporäre Größen **lxtmp** usw. mit geeigneten Eigenschaften.) Werten Sie schließlich noch **[lx, x[2]]** und **[lx, p[2]]** und die entsprechenden zyklischen Permutationen aus.

Übung 16.0.2. Betrachten Sie den *sphärischen* Oszillator mit dem Hamilton-Operator **hHO = Sum[p[i]^2/(2m) + k x[i]^2/2, {i,1,3}]**, und zeigen Sie, daß **hHO** mit allen Komponenten des Drehimpulses vertauscht. Verwenden Sie dieses Ergebnis, um ohne unnötigen Aufwand an Rechenzeit zu zeigen, daß auch **lsq** mit **hHO** vertauscht. (Hinweis: Definieren Sie temporäre Größen **lxtmp** usw. mit geeigneten Eigenschaften.) Alle Komponenten des Drehimpulses sind also Konstanten der Bewegung; dieses Ergebnis läßt sich für *beliebige* kugelsymmetrische Potentiale herleiten (s. Abschn. 18.4).

Es ist für viele Anwendungen nützlich, bei der formalen Bestimmung des Drehimpulsspektrums sogar essentiell, die *Auf- und Absteigeoperatoren* **lR** und **lL** einzuführen. Wenn wir gemeinsame Eigenfunktionen von **lsq** und **lz** suchen, dann sind diese Operatoren durch

```
lR = lx + I ly;     lL = lx - I ly;
```

definiert. Ihre Nützlichkeit entspricht der ihrer Gegenstücke in der algebraischen Behandlung des harmonischen Oszillators; sie erleichtern die Untersuchung der Eigenschaften der Eigenzustände **ket[l,m]** von **lsq** und **lz**.

In diesem Zusammenhang bemerken wir, daß **lR** und **lL** einander adjungiert sind, da **lvec** hermitesch ist; **bra[l,m] ** lR** ist also der zu **lL ** ket[l,m]** duale Vektor (vgl. Aufg. 15.4.1). Es bestehen außerdem die nützlichen Identitäten (s. Aufg. 16.0.1)

```
lR ** lL == lsq - lz ** (lz - h)
lL ** lR == lsq - lz ** (lz + h)
```
(16.0.1)

Übung 16.0.3. a) Zeigen Sie, daß der Gesamtbahndrehimpuls zweier Teilchen um einen raumfesten Ursprung in den in Abschn. 15.2 eingeführten Relativkoordinaten die folgende Form annimmt:

```
lvec[1] + lvec[2] -> Cross[CMvec,pCMvec] + Cross[Rvec,pRvec]
```

b) Zeigen Sie, daß der Bahndrehimpuls *dreier* Teilchen um einen raumfesten Ursprung in den in Aufg. 15.2.1 eingeführten Relativkoordinaten die Form

```
lvec[1] + lvec[2] + lvec[3] ->
    Cross[CMvec,pCMvec] + Cross[Rvec,pRvec] + Cross[rvec,prvec]
```

hat. Hinweis: Sehen Sie sich noch einmal Übg. 15.2.1 und 16.0.3 an. Verwenden Sie die Definition des Kreuzprodukts **Cross** aus dem Paket **LinearAlgebra`CrossProduct`**. Sie sollten jedoch Regeln zum Umgang mit Multiplikation und Division mit Zahlen hinzufügen, wie wir es für **NonCommutativeMultiply** getan haben.

Aufgabe 16.0.1. a) Prüfen Sie nach, daß die Auf- und Absteigeoperatoren den Vertauschungsrelationen **[lR,lL] == 2h lz** und **[lz,lR** oder **lL] == h (lR** oder **-lL)** genügen.

b) Prüfen Sie die Identitäten (16.0.1) nach. Leiten Sie das gleiche Ergebnis mit weniger Rechenaufwand mit Hilfe der Vertauschungsrelation für **lx** und **ly** her. (Hinweis: Definieren Sie temporäre Größen **lxtmp** usw. mit geeigneten Eigenschaften.)

16.1 Drehimpulsspektrum

Die formale Darstellung eignet sich gut zur Verallgemeinerung des Bahndrehimpulses auf Systeme mit inneren Freiheitsgraden, die einem *Spindrehimpuls* zugeschrieben werden können. Man kann die grundlegenden Vertauschungsregeln zwischen den Komponenten des Bahndrehimpulses (Abschn. 16.0) als Definitionsgleichungen eines Drehimpulsvektors **jvec** im allgemeinen Fall übernehmen: **[jx, jy] = I h jz** und die entsprechenden zyklischen Permutationen. Aus diesen algebraischen Relationen läßt sich das Eigenwertspektrum von **jsq** und **jz** gewinnen. Wir zeigen in der folgenden Aufgabe, daß dieses Spektrum diskret ist und halbzahlige Vielfache von **h** enthält; dies ist charakteristisch für ein Teilchen mit Spin.

Aufgabe 16.1.1. Die Vertauschungsregel **[jx, jy] = I h jz** und ihre zyklischen Permutationen definieren die Komponenten eines verallgemeinerten Drehimpulses. Definieren Sie Auf- und Absteigeoperatoren, und verwenden Sie Operatormethoden, um das Eigenwertspektrum von **jsq** und **jz** und die Matrixelemente all dieser Operatoren zu bestimmen (vgl. Aufg. 15.4.1 und 16.0.1).

a) Definieren Sie als erstes normierte Eigenzustände **ket[j,m]** von **jsq** und **jz**:

```
ket /: jsq ** ket[j_,m_] := h^2 j(j+1) ket[j,m]
ket /: jz  ** ket[j_,m_] := h m ket[j,m]
bra /: bra[jp_,mp_] ** ket[j_,m_] := KD[jp,j] KD[mp,m]
```

Ohne Beschränkung der Allgemeinheit nehmen wir an, daß die Eigenwerte von **jsq** und **jz** (reelle) Zahlen der Form **h^2 j(j+1)** bzw. **h m** sind. Berechnen Sie den Erwartungswert des positiv definiten Operators **jx^2 + jy^2**, und zeigen Sie **j(j+1)** $\geq$ **m^2**. Die untere und obere Schranke von **m** sei **mMin** bzw. **mMax**, also {**m, -mMin, mMax**}.

b) Zeigen Sie, daß **jR ** ket[j,m]** und **jL ** ket[j,m]** Eigenzustände von **jsq** zu den Eigenwerten **h^2 j(j+1)** und von **jz** zu den Eigenwerten **h(m+1)** bzw. **h(m-1)** sind.

Die wiederholte Anwendung von **jR** auf einen Eigenzustand **ket[j,m]** erzeugt also eine Reihe von Eigenfunktionen von **jz** zu den aufsteigenden Eigenwerten **m+1**, **m+2**, usw. Ebenso erhält man mit **jL** eine Leiter absteigender Eigenwerte. Die Anwendung von **jR** auf **ket[j,mMax]** muß den Nullvektor ergeben, da wir sonst einen Eigenvektor mit **j(j+1) < m^2** erhalten würden, im Widerspruch zu **j(j+1)** $\geq$ **m^2** aus Teil (a). Ebenso muß **jL ** ket[j,mMin]** den Nullvektor ergeben.

c) Berechnen Sie die Normen von **jR ** ket[j,m]** und **jL ** ket[j,m]**, und zeigen Sie: **mMax = -mMin = j** oder **mMax - mMin = 2j**. (Verwenden Sie die Beziehungen (16.0.1).) Zeigen Sie somit:

```
ket /: jR ** ket[j_,m_] := h Sqrt[(j-m)(j+m+1)] ket[j,m+1]
ket /: jL ** ket[j_,m_] := h Sqrt[(j+m)(j-m+1)] ket[j,m-1]
ket /: ket[j_,j_+1] := 0
ket /: ket[j_,j_-1] := 0
```

Da **m** sich um Eins ändert, wenn wir die Leiter hinauf- oder hinuntersteigen, muß **mMax - mMin** eine nichtnegative ganze Zahl sein. Damit muß auch **2j** eine nichtnegative ganze Zahl sein, also **j = 0**, **1/2**, **1**, **3/2**, **2**, ... Für einen gegebenen Wert von **j** gibt es **2j+1** Werte von **m** in dem Intervall {**m, -j, j**}. Damit ist das Eigenwertspektrum bestimmt.

d) Berechnen Sie allgemeine Matrixelemente von **jR**, **jL**, **jx**, **jy**, **jz** und **jsq**. Zeigen Sie z.B. **jxme[jp,mp,j,m] ==**

```
h Sqrt[(1 + j - m) (j + m)] KD[jp,j] KD[mp,-1 + m]
-------------------------------------------------- +
                        2

 h Sqrt[(j - m) (1 + j + m)] KD[jp,j] KD[mp,1 + m]
 -------------------------------------------------
                        2
```

und **jyme[jp,mp,j,m] ==**

```
I
- h Sqrt[(1 + j - m)(j + m)] KD[jp,j] KD[mp,-1 + m] -
2

 I
 - h Sqrt[(j - m)(1 + j + m)] KD[jp,j] KD[mp,1 + m]
 2
```

Die Matrixelemente von **jx** und **jy** verschwinden also zwischen Zuständen mit verschiedenen Werten von **j**. Die zugehörigen Matrizen haben also Blockdiagonalform, wobei jeder Block die Dimension **2j+1** hat. Erklären Sie dies. Wie gewünscht sind die Matrizen von **jz** und **jsq** diagonal, da **ket[j,m]** ein Eigenzustand beider Operatoren ist. Außerdem sind die Diagonalelemente gerade die Eigenwerte von **jz** und **jsq**.

Erzeugen Sie mit **Table** explizit die Matrizen für **j = 1/2**, **1** und **2**, und stellen Sie Ihre Ergebnisse mit **MatrixForm** dar. Vergleichen Sie Ihre Ergebnisse für **j = 1/2** mit den *Pauli-Matrizen*,

```
sx = {{0, 1},{1, 0}};
sy = {{0,-I},{I, 0}};
sz = {{1, 0},{0,-1}};
```

für **j = 1** mit dem Beispiel im nächsten Abschnitt und für **j = 2** mit den Ausdrücken in Aufg. 16.4.1.

Aufgabe 16.1.2. Daß der Betrag **h Sqrt[j(j+1)]** des Drehimpulsvektors nicht gleich dem Betrag **h j** seiner maximalen Projektion ist, ist eine Folge des Unschärfeprinzips, das keine vollständige Ausrichtung von **jvec** entlang einer bestimmten Richtung erlaubt.

a) Zeigen Sie, daß die Unschärfen `djx` und `djy` der Beziehung

```
djx^2 + djy^2 == h^2 (j(j+1) - m^2)
```

genügen. Die Unschärfe senkrecht zur z-Achse ist somit für `m = ±j` minimal.

b) Der Eigenwert `h^2 j(j+1)` läßt sich wie folgt interpretieren. Nehmen wir an, daß die Quantenzahl `m` in dem Intervall `{m, -j, j}` liegt. Eine Mittelung über `m` ist gleichbedeutend mit einer Mittelung über alle Raumrichtungen, so daß die Mittelwerte `<jx^2>`, `<jy^2>` und `<jz^2>` alle identisch sind. Es folgt

```
<jsq> == 3<jz^2>/(2j+1) == 3 h^2 Sum[m^2,{m,-j,j}]/(2j+1)
```

Laden Sie das Paket `` Algebra`SymbolicSum` ``, und werten Sie die Summe symbolisch aus. Zeigen Sie `<jsq> = h^2 j(j+1)`. Bei Rotationsinvarianz ist `jsq` ein Skalar, der folglich den Wert `h^2 j(j+1)` hat.

Für spinlose Teilchen mit drei klassischen Freiheitsgraden, beispielsweise radialer Auslenkung und polarer und azimutaler Rotation, beschränkt die Forderung der Eindeutigkeit der Wellenfunktion das Bahndrehimpulsspektrum auf ganzzahlige Werte. Wir werden diesen Punkt in Abschn. 19.1 wieder aufgreifen, wenn wir uns mit den *Kugelfunktionen*, den Drehimpulseigenfunktionen in der Ortsdarstellung, beschäftigen.

16.2 Matrixdarstellung

In der Quantenmechanik werden Operatoren häufig durch Matrizen dargestellt; die nichtkommutative Multiplikation (unser `**`) geht dann in die gewöhnliche Matrixmultiplikation über. Wellenfunktionen werden als Vektoren, d.h. als Matrizen mit einer einzigen Spalte dargestellt. Für die Beschreibung von Spinfreiheitsgraden ist dies die üblichste Darstellung. Es bietet sich daher im Rahmen unserer Untersuchung des Drehimpulses an, einen Abstecher in die Matrixalgebra zu machen.

Wie wir in Aufg. 16.1.1 gesehen haben, haben `jsq` und z.B. `jz` in einer Darstellung, in der beide diagonal sind, einen gemeinsamen Satz von Eigenfunktionen oder Eigenzuständen `ket[j,m]`. Die Diagonalelemente sind gerade die Eigenwerte von `jsq` und `jz`. Da keine der Komponenten von `jvec` von Null verschiedene Matrixelemente zwischen Zuständen mit verschiedenem `j` hat, zerfällt der Eigenvektorraum des betrachteten Systems in Unterräume oder *Blöcke* der Dimension `2j+1`, deren Elemente durch `m` aus dem Bereich `{m, -j, j}` in ganzzahligen Schritten numeriert sind. Für `j = 1` haben wir z.B. die folgenden beiden Blöcke:

```
{jsq = 2h^2 IdentityMatrix[3],
 jz = h DiagonalMatrix[{1,0,-1}]} //
      TableForm[#,TableDirections -> {Row,Row},
                  TableSpacing -> {10,3,1},
                  TableAlignments -> Center
      ]&

    2
2 h     0      0           h   0   0

         2
 0    2 h      0           0   0   0

               2
 0      0   2 h            0   0   -h
```

Dabei haben wir **TableForm** anstatt **MatrixForm** verwendet, um das Ausgabeformat besser kontrollieren zu können.

Da diese Matrizen diagonal sind, ist das **m-k**-te Element des normierten Eigenvektors zu **j = 1** in dieser Darstellung einfach das Kronecker-Delta **KD[m,k]**:

```
j = 1;
ez[m_] := Table[ KD[m,k], {k,-j,j}] //Reverse

{ez[1], ez[0], ez[-1]}

  {{1, 0, 0}, {0, 1, 0}, {0, 0, 1}}
```

Die Anwendung von **Reverse** ist nötig, weil der Iterator **k** bei **-j** anfängt, im Gegensatz zur Numerierung der Diagonalelemente von **jz**. Wir prüfen leicht nach, daß dies in der Tat Eigenvektoren sind; z.B. gilt:

```
{jz.ez[-j] == -h ez[-j], jsq.ez[-j] == 2h^2 ez[-j]}

  {True, True}
```

Die Auf- und Absteigeoperatoren werden für **j = 1** durch die beiden Submatrizen

```
{jR = h Sqrt[2] {{0,1,0}, {0,0,1}, {0,0,0}},
 jL = h Sqrt[2] {{0,0,0}, {1,0,0}, {0,1,0}}} //
      TableForm[#,TableDirections -> {Row,Row},
                  TableSpacing -> {12,3,1},
                  TableAlignments -> Center
      ]&

    0             0        0        0   Sqrt[2] h       0

Sqrt[2] h         0        0        0       0       Sqrt[2] h

    0        Sqrt[2] h     0        0       0           0
```

dargestellt. Die Form dieser Matrizen bewirkt, daß sich für **Abs[m] > j** ein Nullvektor ergibt:

```
{jR.ez[j], jL.ez[-j]}

  {{0, 0, 0}, {0, 0, 0}}
```

Sämtliche Eigenvektoren im Bereich {**m, -j, j**} lassen sich durch wiederholte Anwendung von **jR** und **jL** auf einen der Vektoren erzeugen. Wenn wir z.B. auf der untersten Stufe anfangen, können wir auf der Leiter bis zur obersten Stufe klettern:

```
ez[j] == MatrixPower[jR,2j].ez[-j]/(2h^2)

  True
```

Der Faktor **1/(2h^2)** gleicht die Faktoren **Sqrt[(j-m)(j+m+1)]** für **j = 1** aus Aufg. 16.1.1, Teil (c) aus, die durch die zweifache Multiplikation mit **jR** auftreten. Daher ist das Ergebnis, wie auch **ez[1]**, normiert.

Da **jvec** ein hermitescher Operator ist, ist jede Matrix, die einer seiner Komponenten entspricht (und damit auch **jsq**) hermitesch, d.h. gleich der komplex Konjugierten ihrer Transponierten (s. Abschn. 15.3). Damit ist sichergestellt, daß die Diagonalelemente der Matrix relle Zahlen sind, insbesondere also auch die Eigenwerte von **jz** und **jsq**. Wir können **jx** und **jy** durch die Auf- und Absteigeoperatoren ausdrücken und ihre Hermitezität überprüfen. (Dazu brauchen wir allerdings unsere symbolische Regel **Conjugate** aus dem Paket **Quantum`QuickReIm`**; s. Übg. C.2.4.) Wir erhalten

```
Needs["Quantum`QuickReIm`"]

jx = (jR + jL)/2;     jy = (jR - jL)/(2I);

{jx == Transpose[jx], jy == Transpose[Conjugate[jy]]}

  {True, True}
```

da **jx** reell ist.

Ebenso sind **jR** und **jL** *einander adjungiert*, d.h. Transposition und komplexe Konjugation von **jR** ergibt **jL**, und umgekehrt (s. (15.3.2)). Da diese Matrizen für **j = 1** reell sind, gilt

```
jR == Transpose[jL]

  True
```

Wenn eine Messung von **jz** durchgeführt wird, ergibt sich einer der Eigenwerte **h m**, und das System geht in einen der entsprechenden Eigenzustände über, die in der formalen Darstellung durch **ket[j,m]**, in der Matrixdarstellung durch **ez[j,m]** bezeichnet werden. Dieser Zustand beschreibt dann den Drehimpuls des Systems, bis eine andere Messung durchgeführt wird oder das System zerfällt.

Im allgemeinen sind Wellenfunktionen komplex, und die entsprechenden Vektoren in der Matrixdarstellung sind ebenfalls komplex (vgl. das Ende von Abschn. 10.2 und auch das Ende von Abschn. 12.1). Das Skalarprodukt zweier Vektoren **e[a]** und **e[b]** muß daher im allgemeinen mit **Conjugate[e[a]].e[b]** berechnet werden; es wird durch das Produkt **bra[a] ** ket[b]** dargestellt.

Übung 16.2.1. Zeigen Sie, daß die Matrizen **jx**, **jy**, **jz**, **jR** und **jL** den Vertauschungsrelationen aus Abschn. 16.0 und Aufg. 16.0.1 genügen (s. auch Aufg. 16.4.1).

Übung 16.2.2. Zeigen Sie, daß die in Aufg. 16.1.1 definierten Pauli-Matrizen nicht nur hermitesch, sondern auch *unitär* sind, d.h. daß man ihre Inverse durch Transposition und komplexe Konjugation erhält (vgl. Abschn. 10.6). Zeigen Sie also **sx.sx == sy.sy == sz.sz == IdentityMatrix[2]**. Zeigen Sie außerdem **sx.sy == I sz** und die entsprechenden zyklischen Permutationen. Zeigen Sie schließlich noch, daß die Pauli-Matrizen *antikommutieren*, d.h. **sx.sy + sy.sx == 0**.

16.3 Neue Quantisierungsachse

Für viele Anwendungen ist es nützlich, Eigenfunktionen einer anderen Komponente von **jvec** als Linearkombination der in Aufg. 16.1.1 hergeleiteten Eigenzustände **ket[j,m]** von **jsq** und **jz** auszudrücken. Eine Messung von **jy** kann beispielsweise nur einen der Eigenwerte **h my** ergeben; das System befindet sich danach in dem entsprechenden Eigenzustand, der durch eine solche Linearkombination beschrieben wird. Man geht dabei effektiv zu einer anderen Quantisierungsachse entlang der gewählten Komponente von **jvec** über. Die Linearkombination ist jedoch für einen gegebenen Wert von **j** auf eine endliche Summe über **m** beschränkt, da der resultierende Zustand gleichzeitig ein Eigenzustand von **jsq** sein soll (**jvec** und **jsq** vertauschen).

Wir wählen die Komponente **jy** und betrachten die Superposition

```
kety[j_,my_] := Sum[ ket[j,m] Dy[j,m,my], {m,-j,j}]
```

Wir bestimmen die Entwicklungskoeffizienten **Dy[j,m,my]**, indem wir fordern, daß **kety[j,my]** eine Eigenfunktion von **jy** mit dem Eigenwert **my** ist.

Wir gehen zur Matrixdarstellung über (vgl. Übg. 10.1.1) und lösen für jeden Wert von **j** das Matrixeigenwertproblem **jy.ey[j,my] == h my ey[j,my]** für die entsprechende Submatrix von **jy** der Dimension **2j+1**. (In Abschnitt 19.2 werden wir den Zusammenhang mit der Ortsdarstellung herstellen.) Die *Elemente* der so bestimmten Eigenvektoren **ey[j,my]** sind dann die Entwicklungskoeffizienten **Dy[j,m,my]**. Formal gilt **Dy[j,m,my] == ket[j,m] ** kety[j,my]**. Die Linearkombination **kety[j,my]** ist normiert, wenn die Eigenvektoren normiert sind, da die **ket[j,m]** normiert sind; die Transformation von **ket[j,m]** nach **kety[j,my]** ist daher unitär (s. Abschn. 15.3).

Damit das durch das Eigenwertproblem definierte homogene lineare Gleichungssystem eine nichttriviale Lösung hat, verlangen wir wie üblich (vgl. Abschn. 10.2), daß die Determinante der Koeffizientenmatrix verschwindet. Die Lösungen dieser *charakteristischen Gleichung* sind die Eigenwerte **my**. Für **j = 1** schreiben wir also

```
Solve[ Det[jy - h my IdentityMatrix[3]] == 0, my ] //Sort

    {{my -> -1}, {my -> 0}, {my -> 1}}
```

Wir können statt dessen auch die eingebaute Funktion **Eigenvalues** verwenden, um die charakteristische Gleichung aufzustellen und zu lösen. Wenn wir durch **h** teilen, erhalten wir Zahlen, die wir mit **Sort** in aufsteigende Reihenfolge bringen können:

```
Eigenvalues[jy/h] //Sort

    {-1, 0, 1}
```

Diese Werte stimmen mit dem allgemeinen Ergebnis aus Aufg. 16.1.1 überein, nach dem die Eigenwerte einer Komponente von **jvec** im Bereich {**m, -j, j**} liegen. Die Eigenwerte und Eigenvektoren lassen sich auch bequem mit der eingebauten Funktion **Eigensystem** berechnen:

```
{mys,vys} = Eigensystem[jy/h]

                         I             -I
    {{-1, 0, 1}, {{-------, 1, -------}, {1, 0, 1},
                      Sqrt[2]       Sqrt[2]

        -I            I
      {-------, 1, -------}}}
       Sqrt[2]      Sqrt[2]
```

Die erste Liste **mys** enthält die Eigenwerte; die zweite Liste **vys** enthält die zugehörigen Eigenvektoren. Diese symbolischen Eigenvektoren sind bereits so geordnet, wie wir sie haben wollen; sie sind jedoch nicht normiert (vgl. die rein numerische Berechnung in Abschn. 10.2). Die normierten Eigenvektoren **ey** müssen wir daher in einem weiteren Schritt berechnen:

```
Table[
    ey[my] =
        vys[[my+j+1]]/
        Sqrt[Conjugate[vys[[my+j+1]]].vys[[my+j+1]]],
    {my,-j,j}
]
```

```
    I      1      -I        1              1          -I       1       I
{{-, ───────, —}, {───────, 0, ───────}, {—, ───────, -}}
    2  Sqrt[2]   2    Sqrt[2]        Sqrt[2]     2   Sqrt[2]   2
```

Beachten Sie, daß wir die Listenindizes durch **[[my+j+1]]** zu positiven ganzen Zahlen machen. Wir überprüfen nun beispielsweise

```
{jy.ey[1] == h ey[1], jsq.ey[1] == 2h^2 ey[1]}
```

```
{True, True}
```

Da die Eigenvektoren **ey[j,my]** der hermiteschen Submatrix **jy** orthonormal sind, konstruieren wir wie üblich (vgl. Abschn. 10.6) eine **2j+1**-dimensionale *unitäre* Matrix **Dy[j]** mit den Eigenvektoren als Spalten; eine Ähnlichkeitstransformation mit dieser Matrix diagonalisiert **jy**. Für **j = 1** schreiben wir also

```
Dy[j] = Transpose[{ey[1], ey[0], ey[-1]}];

Conjugate[Transpose[Dy[j]]].jy.Dy[j] //MatrixForm
```

```
h    0    0

0    0    0

0    0    -h
```

Übung 16.3.1. Überzeugen Sie sich von der Orthonormalität der Eigenvektoren **ey[my]**. Zeigen Sie außerdem, daß die Matrix **Dy[1]** unitär ist, d.h. daß ihre Inverse gleich der komplex Konjugierten ihrer Transponierten ist.

Diese Matrix liefert die Koeffizienten in der Entwicklung der Eigenzustände von **jy**:

```
Dy[j_,m_,my_] := Dy[j][[-m+j+1,-my+j+1]]
```

(Die Indizes **-m + j** und **-my + j** sorgen dafür, daß wir die Elemente von **Dy[j]** in der durch **ey[j,my]** definierten Reihenfolge auswählen.) Wir erhalten z.B. in der formalen Darstellung für **j = 1**, **my = 1**

```
kety[j,1]

I                ket[1, 0]    I
- ket[1, -1] + ─────────── - - ket[1, 1]
2                Sqrt[2]      2
```

Übung 16.3.2. Überprüfen Sie für **j = 1** unter Verwendung der Ergebnisse für die formale Darstellung aus Aufg. 16.1.1, daß **kety[j,my]** ein Eigenzustand der formalen Operatoren **jy** und **jsq** ist. Zeigen Sie, daß dies kein Eigenzustand von **jz** ist, wie es die Vertauschungsrelationen verlangen. Rechnen Sie außerdem die Beziehung **Dy[j,m,my] == ket[j,m] ** kety[j,my]** nach.

16.4 Quantenmechanische Drehmatrix

Die Diagonalisierung von **jy** ist eng verknüpft mit den (starren) Drehungen in der Quantenmechanik. Wir werden diese Interpretation in Abschn. 19.2 und 19.3 näher untersuchen, wenn wir die Ortsdarstellung von **kety[j,my]** konstruieren. Die **2j+1**-dimensionale Matrix **Dy[j]** kann man sich als unitäre *Drehmatrix* vorstellen, die die Eigenvektoren **ez[j,m]** von **jz** in die Eigenvektoren **ey[j,my]** von **jy** transformiert

```
Table[ey[m] == Dy[j].ez[m], {m,-j,j}]

{True, True, True}
```

und umgekehrt

```
Table[ez[my] ==
    Conjugate[Transpose[Dy[j]]].ey[my], {my,-j,j}]

{True, True, True}
```

Die Norm bleibt dabei erhalten, da die Transformation unitär ist. Die folgenden Aufgaben gehen auf diese und andere Aspekte der Matrixdarstellung des Drehimpulses ein.

Übung 16.4.1. Wiederholen Sie die Berechnungen in Abschn. 16.3 und 16.4, diagonalisieren Sie aber nunmehr **jx** für **j = 1**. Zeigen Sie, daß sich bei einer bestimmten Phasenwahl für die Eigenvektoren die Drehmatrix **Dx[1] =**

```
     1            1            1
     -      -(---------)       -
     2         Sqrt[2]         2

     1                        1
 ---------        0     -(---------)
  Sqrt[2]                  Sqrt[2]

     1            1            1
     -        ---------        -
     2         Sqrt[2]         2
```

ergibt. Wir werden in Abschn. 19.3 zeigen, daß diese Phasen der Konvention entsprechen. Da diese unitäre Matrix reell ist, ist sie außerdem *orthogonal*, d.h. ihre Inverse ist gleich ihrer Transponierten.

Aufgabe 16.4.1. Wir konstruieren aus den Ergebnissen von Aufg. 16.1.1 direkt die Drehimpulsmatrizen eines Teilchens mit der Bahndrehimpulsquantenzahl **l = 2** in einer Darstellung, in der **lz** Diagonalgestalt hat:

```
lsq = 6 h^2 IdentityMatrix[5]
lz = h DiagonalMatrix[{2,1,0,-1,-1}]
lR = h {{0,2,0,0,0},{0,0,Sqrt[6],0,0},{0,0,0,Sqrt[6],0},
        {0,0,0,0,2},{0,0,0,0,0}}
lL = h {{0,0,0,0,0},{2,0,0,0,0},{0,Sqrt[6],0,0,0},
        {0,0,Sqrt[6],0,0},{0,0,0,2,0}}
```

a) Berechnen Sie die Matrizen für **lx** und **ly** aus **lR** und **lL**, und zeigen Sie **lsq = lx.lx + ly.ly + lz.lz**. Definieren Sie **Commutator[A_,B_] := A.B - B.A** über die Matrixmultiplikation, und rechnen Sie alle Kommutatoren in Übg. 15.2.1 und Aufg. 16.0.1 nach.

b) Betrachten Sie den Eigenvektor **ez[2] = {1,0,0,0,0}** von **lz**, der der *maximalen* Projektion **+2h** des Drehimpulses entlang der z-Achse entspricht. Zeigen Sie, daß die Anwendung von **lL** auf **ez[m]** einen neuen Eigenvektor von **lz** erzeugt, dessen Projektion um **h** kleiner ist (vgl. Aufg. 16.1.1). Zeigen Sie, daß sich bei wiederholter Anwendung irgendwann der Nullvektor ergibt; nur so ist es möglich, daß **-2h** die minimale Projektion ist. Zeigen Sie ebenso **lR.ez[2] = 0**.

Aufgabe 16.4.2. a) Beschreiben Sie das System in Aufg. 16.4.1 *nach* einer Messung von **lx**, also mit der x-Achse als Quantisierungsachse. Diagonalisieren Sie dazu **lx** für **l = 2**, und zeigen Sie, daß die Eigenwerte, also die möglichen Ergebnisse der Messung, durch **h mx** gegeben sind, wobei **mx** eine ganze Zahl in dem Intervall {**mx,-2h,2h**} ist. Bestimmen Sie die reellen, normierten Eigenvektoren **ex[mx]**. Überprüfen Sie Ihre Ergebnisse direkt mit **lx** und **lsq**.

b) Definieren Sie die reelle Drehmatrix **Dx**, deren Spalten die Eigenvektoren **ex[mx]** sind, und zeigen Sie **ex[mx] == Dx.ez[mx]**, wobei **ez** die (normierten) Eigenvektoren von **lz** sind. Zeigen Sie außerdem **Transpose[Dx].Dx == IdentityMatrix[5]**.

c) Prüfen Sie nach, daß **lx** durch die Ähnlichkeitstransformation **Transpose[Dx].lx.Dx** diagonalisiert wird. Zeigen Sie auch, daß **lsq** diagonal bleibt, während **lz** seine Diagonalgestalt verliert, wie die Vertauschungsrelationen es erfordern.

Aufgabe 16.4.3. Im allgemeinen muß die Matrixdiagonalisierung numerisch durchgeführt werden, da die Wurzeln der charakteristischen Gleichung **Det[M - r IdentityMatrix] == 0** nur für die einfachsten Matrizen **M** analytisch zu bestimmen sind. Wiederholen Sie Aufg. 16.4.2 für ein System, dessen Drehimpuls entlang einer allgemeineren, durch einen Einheitsvektor **nvec = {1,1,1}/Sqrt[3]** definierten Achse gemessen wurde.

Drücken Sie alle Größen in Einheiten von **h** aus, und behelfen Sie sich durch eine numerische Näherung. Verkürzen Sie die Ausgabe mit Hilfe von **Chop**. Beachten Sie, daß die Eigenvektoren **en** komplex sind, und damit auch die Drehmatrix **Dn**, die die Komponente **ln** des Drehimpulses entlang **nvec** diagonalisiert.

Aufgabe 16.4.4. Betrachten Sie die Beschreibung eines Elektronenspins nach einem Stern-Gerlach-Experiment, in dem das Magnetfeld entlang einer beliebigen, durch den Einheitsvektor **nvec = {nx,ny,nz}** definierten Quantisierungsachse ausgerichtet ist. Wiederholen Sie Aufg. 16.4.2 für ein Spin-$\frac{1}{2}$-Teilchen; verwenden Sie dazu **jx = h/2 sx**, **jy = h/2 sy** und **jz = h/2 sz**, wobei **sx**, **sy** und **sz** die in Aufg. 16.1.1 definierten Pauli-Matrizen sind. Die zweikomponentigen komplexen Eigenvektoren, die dabei auftreten, bezeichnet man als *Spinoren.*

Führen Sie Regeln wie **c_. nx^2 + c_. ny^2 + c_. nz^2 -> c** ein, um Ihre Ergebnisse zu vereinfachen. Überprüfen Sie Ihre Ergebnisse, indem Sie beispielsweise **nvec = {0,1,0}** setzen und dann **jy** direkt diagonalisieren.

17. Drehimpulskopplung

Da wir nun die nötigen Werkzeuge in der Hand haben, bietet es sich an, das quantenmechanische Problem der Addition zweier *unabhängiger* Drehimpulsvektoren **jvec[1]** und **jvec[2]** zu einem Gesamtdrehimpulsvektor **Jvec = jvec[1] + jvec[2]** zu untersuchen. Eine mögliche Anwendung wäre die Addition der Drehimpulse zweier Teilchen zu einem Gesamtdrehimpuls für beide Teilchen. Oft will man jedoch auch den Spin **svec** eines einzigen Teilchens mit dessen Bahndrehimpuls **lvec** verbinden, um den Gesamtdrehimpuls **Jvec = svec + lvec** des Teilchens zu beschreiben.

Es ist kaum verwunderlich, daß wir dieses Problem in der Quantenmechanik ganz anders angehen als in der klassischen Mechanik, wo es sich um eine einfache Vektoraddition handeln würde. Das hängt natürlich mit den Vertauschungsrelationen zusammen, denen die Operatoren **jvec[i]** und **Jvec** genügen, und damit letztlich mit dem Unschärfeprinzip (s. Aufg. 16.1.2). In der Quantenmechanik konstruiert man, ausgehend von den Eigenzuständen der einzelnen Operatoren **jsq[i]** und **j[i,z]**, Eigenzustände des Quadrats **Jsq** und einer Komponente, z.B. **J[z]**, des Gesamtdrehimpulses **Jvec**. Dieses in Abb. 17.1 dargestellte Problem bezeichnet man auch als *Drehimpulskopplung.*

Man kann sich die Wirkung der miteinander vertauschenden Operatoren **jvec[1]** und **jvec[2]** in zwei getrennten Vektorräumen vorstellen, deren *direktes Produkt* den Vektorraum des gekoppelten Systems bildet. Die gemeinsamen Eigenzustände der vier Operatoren **jsq[i]** und **j[i,z]** (mit **i = 1, 2**) mit den Quantenzahlen **ji** und **mi** ergeben sich als Produkte der einzelnen Eigenzustände:

```
ket[j1,j2,{m1,m2}] == ket[j1,m1] ket[j2,m2]        (17.0.1)
```

Wir definieren diese Eigenzustände (unter Verwendung der Ergebnisse aus Aufg. 16.1.1) durch die Eigenwertgleichungen:

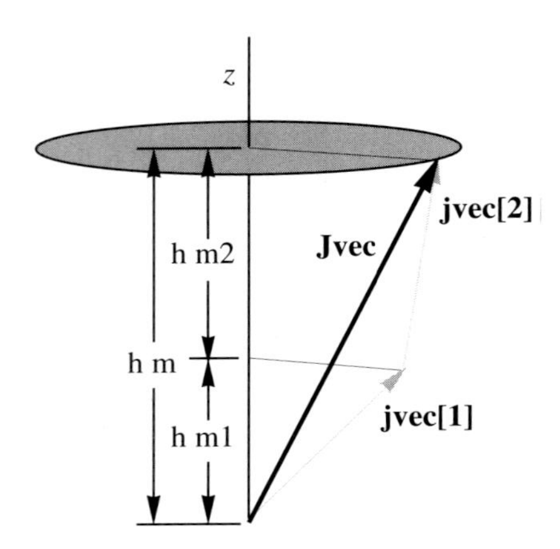

Abb. 17.1. Addition zweier Drehimpulsvektoren **jvec[1]** und **jvec[2]** zu einem Gesamtvektor **Jvec**, bezogen auf einen Koordinatenursprung und eine z-Achse.

```
ket/: j[1,z] ** ket[j1_,j2_,{m1_,m2_}] :=
          h m1 ket[j1,j2,{m1,m2}]
ket/: j[2,z] ** ket[j1_,j2_,{m1_,m2_}] :=
          h m2 ket[j1,j2,{m1,m2}]
ket/: jsq[1] ** ket[j1_,j2_,{m1_,m2_}] :=
          h^2 j1(j1+1) ket[j1,j2,{m1,m2}]
ket/: jsq[2] ** ket[j1_,j2_,{m1_,m2_}] :=
          h^2 j2(j2+1) ket[j1,j2,{m1,m2}]

          h/: NumberQ[h] = True;
```

und durch die Eigenschaften der Auf- und Absteigeoperatoren:

```
ket/: jR[1] ** ket[j1_,j2_,{m1_,m2_}] :=
          h Sqrt[(j1-m1)(j1+m1+1)] ket[j1,j2,{m1+1,m2}]
ket/: jL[1] ** ket[j1_,j2_,{m1_,m2_}] :=
          h Sqrt[(j1+m1)(j1-m1+1)] ket[j1,j2,{m1-1,m2}]
ket/: jR[2] ** ket[j1_,j2_,{m1_,m2_}] :=
          h Sqrt[(j2-m2)(j2+m2+1)] ket[j1,j2,{m1,m2+1}]
ket/: jL[2] ** ket[j1_,j2_,{m1_,m2_}] :=
          h Sqrt[(j2+m2)(j2-m2+1)] ket[j1,j2,{m1,m2-1}]
```

Wir normieren die Eigenzustände außerdem gemäß

```
ket/: bra[j1_,j2_,{m1p_,m2p_}]**ket[j1_,j2_,{m1_,m2_}] :=
           KD[m1p,m1] KD[m2p,m2]
```

wobei **KD[jp,j]** das in Abschn. 9.1 definierte Kronecker-Delta ist (s. auch Übg. C.2.6). Beachten Sie, daß wir **m1** und **m2** in **ket** in einer Liste zusammengefaßt haben, was sich bei der Konstruktion der Matrix für **Jsq** als günstig erweisen wird.

Wir bezeichnen diese Eigenzustände als *Produktbasis* oder *Produktdarstellung.* Um Ausdrücke mit **NonCommutativeMultiply** (**) zu vereinfachen, stellen wir sicher, daß unsere Regeln aus Abschn. 15.1 (und Übg. C.2.5) geladen sind:

```
Needs["Quantum`NonCommutativeMultiply`"]
```

Es ist nützlich, einen Satz von Regeln zur Vertauschung und Sortierung der Komponenten von **jvec[1]** und **jvec[2]** zu haben, um die Eigenschaften des Gesamtdrehimpulses **Jvec**, insbesondere der Operatoren

```
J[z_] := j[1,z] + j[2,z];
Jsq   := JR**JL + J[z]**J[z] - h J[z]
JR    := jR[1] + jR[2];
JL    := jL[1] + jL[2]
```

zu bestimmen.

Wir stellen fest, daß alle Komponenten von **jvec[1]** mit allen Komponenten von **jvec[2]** vertauschen und daß die Komponenten für sich genommen den Drehimpulsvertauschungsrelationen genügen. Wir definieren also in Analogie zu **xpCommute** aus Abschn. 15.2 und 16.0:

```
j12Commute[expr_] :=
    Expand[expr //.
        {j[2,x_]**j[1,x_] :> j[1,x]**j[2,x],
         j[2,x_]**j[1,y_] :> j[1,y]**j[2,x],

         j[i_,y]**j[i_,x] :> j[i,x]**j[i,y] - I h j[i,z],
         j[i_,z]**j[i_,y] :> j[i,y]**j[i,z] - I h j[i,x],
         j[i_,x]**j[i_,z] :> j[i,z]**j[i,x] - I h j[i,y]}
    ]
```

Mit

```
Commutator[A_,B_] := A ** B - B ** A
```

erhalten wir nun z.B.:

```
{Commutator[j[1,z],j[2,z]], Commutator[j[1,x],j[2,y]],
 Commutator[j[1,x],j[1,y]], Commutator[j[2,x],j[2,y]]} //
    j12Commute

  {0, 0, I h j[1, z], I h j[2, z]}
```

Wir können außerdem zeigen, daß auch die Komponenten von **Jvec** den Drehimpulsvertauschungsrelationen genügen. Es gilt z.B.

```
Commutator[J[x],J[y]] == I h J[z] //
    j12Commute //ExpandAll

True
```

Die Operatoren **jsq[1]** und **jsq[2]** vertauschen miteinander und mit allen Komponenten von **jvec[1]** und **jvec[2]**, also auch mit **Jvec** und **Jsq**. (Dagegen vertauschen **j[1,z]** und **j[2,z]** nicht mit **Jsq**.) Aus den Eigenzuständen der Produktbasis läßt sich folglich eine Linearkombination bilden, die Eigenzustand sowohl von **Jsq** und **J[z]** als auch von **jsq[1]** und **jsq[2]** ist.

Übung 17.0.1. Prüfen Sie direkt mit Hilfe von **j12Commute** nach, daß **jsq[i]** mit **j[i,z]** und mit **Jsq** vertauscht. Zeigen Sie, daß dagegen **j[i,z]** nicht mit **Jsq** vertauscht. Hinweis: Berechnen Sie **jsq[i]**, **jR[i]** und **jL[i]** mit den Ersetzungsregeln

```
jrep =
  {jsq[i_] :> j[i,x]**j[i,x] + j[i,y]**j[i,y] + j[i,z]**j[i,z],
   jR [i_] :> j[i,x] + I j[i,y],
   jL [i_] :> j[i,x] - I j[i,y]};
```

Wir bezeichnen diese neuen Eigenzustände mit **ketp[j1,j2,{j,m}]**, wobei sich die Quantenzahlen **j** und **m** auf **Jsq** und **J[z]** beziehen, und führen folgende Entwicklung ein:

```
ketp[j1_,j2_,{j_,m_}] :=
    Sum[
        c[j1,j2,{m1,m2},{j,m}] ket[j1,j2,{m1,m2}],
        {m1,-j1,j1}, {m2,-j2,j2}
    ]

brap[j1_,j2_,{j_,m_}] := ketp[j1,j2,{j,m}] /.
    ket -> bra
```

Die Summe läuft über alle Werte von **m1** und **m2** bei gegebenen (festen) Werten von **j1** und **j2**. Wir bezeichnen diese Eigenzustände als die *Kopplungsbasis* oder *Kopplungsdarstellung.*

Dieser Ansatz reduziert das Problem der Drehimpulsaddition auf die Bestimmung der Entwicklungskoeffizienten **c[j1,j2,{m1,m2},{j,m}]**. Diese Elemente der Transformationsmatrix, die die Produktdarstellung und die Kopplungsdarstellung miteinander in Beziehung setzt, bezeichnet man als *Vektoradditionskoeffizienten*, *Wigner-Koeffizienten* oder *Clebsch-Gordan-Koeffizienten*.

Diese Koeffizienten sind durch die Überlappungsintegrale **bra[j1, j2, {m1,m2}] ** ketp[j1,j2,{j,m}]** zwischen der Produktbasis und der Kopplungsbasis gegeben; ihre allgemeinen Eigenschaften lassen sich leicht bestimmen. Die Aufstellung der Eigenwertbedingung **J[z] ** ketp[j1,j2, {j,m}] == h m ketp[j1,j2,{j,m}]**, führt z.B. zu (s. auch Übg. 17.3.1)

```
Sum[
    (m1+m2-m) c[j1,j2,{m1,m2},{j,m}] ket[j1,j2,{m1,m2}],
    {m1,-j1,j1},{m2,-j2,j2}
] == 0
```
(17.0.2)

Da die Produktzustände **ket[j1,j2,{m1,m2}]** unabhängig sind, können wir schließen, daß die Clebsch-Gordan-Koeffizienten für **m** $\neq$ **m1 + m2** verschwinden. Wir können außerdem zeigen (s. Übg. 17.0.2), daß die drei Drehimpulsquantenzahlen die sogenannte *Dreiecksbedingung* **{j,Abs[j1-j2],j1+j2}** erfüllen müssen; die klassische Interpretation dieser Bedingung ergibt sich aus Abb. 17.1. Da **m = m1 + m2** zwischen **-j** und **j** liegt, können wir schließen,daß **j** nur die Werte **j = j1+j2**, **j1+j2-1**, ..., **Abs[j1-j2+1]**, **Abs[j1-j2]** annimmt. Wenn zwei der drei Quantenzahlen halbzahlig sind, ist folglich die dritte ganzzahlig.

Übung 17.0.2. Überzeugen Sie sich von der Ungleichung **j** $\geq$ **Abs[j1-j2]** durch folgendes Argument. Offenbar gilt **jmax = mmax = Max[m1+m2] = j1 + j2**. Es muß außerdem ein Minimum **jmin** existieren, da in jedem Fall gilt **j** $\geq$ **0**. Der Unterraum zu festem **j1** und **j2** hat die Dimension **(2j1 + 1) (2j2 + 1)**. (Erinnern Sie sich, daß **mi** für jedes **ji** genau **2ji + 1** verschiedene Werte annimmt.) Derselbe Unterraum wird jedoch auch von den entsprechenden Eigenzuständen **ketp[j1,j2,{j,m}]** der Kopplungsbasis, aufgespannt, so daß die Dimension für festes **j** auch durch **Sum[2j+1,{j,jmin,j1+j2}]** gegeben ist. Lösen Sie nach **jmin** auf, indem Sie die Summe mit Hilfe des Pakets **Algebra`SymbolicSum`** symbolisch auswerten.

17.1 Spin-Bahn-Kopplung

Betrachten wir als spezielles Beispiel ein einzelnes Teilchen mit Bahndrehimpuls **l = j1 = 1** und Spin **s = j2 = 1/2**. In diesem Fall sind aufgrund der Dreiecksbedingung für den Gesamtdrehimpuls nur die Quantenzahlen

j = 1/2 und **3/2** erlaubt, und der **m1-m2**-Unterraum (und damit auch der **j-m**-Unterraum) hat die Dimension **(2 j1+1)(2 j2+1) =** 6.

Bevor wir die Matrizen für **Jsq** in diesem Unterraum konstruieren, sammeln wir zunächst einmal alle möglichen Paare von **m1** und **m2** und von **j** und **m**. Für **m1** und **m2** erhalten wir folgende Tabelle von Paaren:

```
m1m2 = Table[{-m1,-m2}, {m1,-1,1},{m2,-1/2,1/2}] //
        Flatten[#,1]&
```

```
       1        1        1         1          1           1
{{1, -}, {1, -(-)}, {0, -}, {0, -(-)}, {-1, -}, {-1, -(-)}}
       2        2        2         2          2           2
```

Die eingebaute Funktion **Flatten** verwandelt dabei die verschachtelten Listen in eine einzige Liste aus sechs Paarlisten, während {**-m1,-m2**} die Elemente nach **m1 + m2 = m** in absteigender Reihenfolge ordnet. Es ist günstig, die Paare für **j** und **m** in die entsprechende Reihenfolge zu bringen. Für den betrachteten Fall erhalten wir

```
jm =
    Table[
        {Abs[m1]+Abs[m2],-m1-m2},
        {m1,-1,1},{m2,-1/2,1/2}
    ] //Flatten[#,1]&
```

```
   3  3     3  1     1  1     1    1      3    1      3    3
{{-, -}, {-, -}, {-, -}, {-, -(-)}, {-, -(-)}, {-, -(-)}}
   2  2     2  2     2  2     2    2      2    2      2    2
```

Diese Reihenfolgen der Paare dienen dazu, die Matrix von **Jsq** in *Blockdiagonalform* zu bringen (vgl. das Ende von Aufg. 16.1.1 und den Anfang von Abschn. 16.2); jede andere Reihenfolge würde aber ebenfalls zu richtigen Ergebnissen führen. Wichtig ist jedoch, daß in jedem **m1m2**-Paar **m1** *vor* **m2** kommt, da wir diese Reihenfolge für **ket[j1,j2,**{**m1,m2**}**]** gewählt haben.

Wir können nunmehr die Matrixelemente von **Jsq** in der Produktdarstellung berechnen; wir stellen die Matrix als Tabelle für die **m1m2**-Paarlisten auf (das dauert ungefähr drei Minuten):

```
Jsqm1m2 =
    Table[
        bra[1,1/2,m1m2[[np]]] ** Jsq **
            ket[1,1/2,m1m2[[n]]],
        {np,1,Length[m1m2]},{n,1,Length[m1m2]}
    ];
Jsqm1m2 //TableForm[#,TableAlignments -> Center]&
```

$$\begin{matrix}
\frac{15\ h^2}{4} & 0 & 0 & 0 & 0 & 0 \\
0 & \frac{7\ h^2}{4} & \text{Sqrt[2]}\ h^2 & 0 & 0 & 0 \\
0 & \text{Sqrt[2]}\ h^2 & \frac{11\ h^2}{4} & 0 & 0 & 0 \\
0 & 0 & 0 & \frac{11\ h^2}{4} & \text{Sqrt[2]}\ h^2 & 0 \\
0 & 0 & 0 & \text{Sqrt[2]}\ h^2 & \frac{7\ h^2}{4} & 0 \\
0 & 0 & 0 & 0 & 0 & \frac{15\ h^2}{4}
\end{matrix}$$

Dieses Ergebnis, das offensichtlich Blockdiagonalgestalt hat, drückt **Jsq** in der *Produktdarstellung* aus. Der erste Block (das linke obere Element) ist eine 1×1-Submatrix für **m = j1+j2** und **j = j1+j2.** Der nächste Block ist eine 2×2-Submatrix mit **m = j1+j2-1** und **j = j1+j2** oder **j = j1+j2-1**. Das geht so weiter, bis zum letzten Block (dem unteren rechten Element) mit **m = -j1-j2** und **j = j1+j2**.

Die entsprechende Matrix für **J[z]**, die natürlich diagonal ist, da die Operatoren **j[i,z]** in dieser Darstellung diagonal sind, ist ebenfalls nützlich. Das Ergebnis verdeutlicht z.B. die Reihenfolge der **m1m2**-Paare.

```
Jzm1m2 =
    Table[
        bra[1,1/2,m1m2[[np]]] ** J[z] **
            ket[1,1/2,m1m2[[n]]],
        {np,1,Length[m1m2]},{n,1,Length[m1m2]}
    ];

Jzm1m2 //MatrixForm
```

```
3 h
───
 2     0     0     0     0     0

       h
       -
 0     2     0     0     0     0

             h
             -
 0     0     2     0     0     0

                  -h
                  ──
 0     0     0     2     0     0

                        -h
                        ──
 0     0     0     0     2     0

                              -3 h
                              ────
 0     0     0     0     0      2
```

Übung 17.1.1. Überprüfen Sie die Matrix **Jsqm1m2** durch Konstruktion der Matrizen **J[x]** und **J[y]** und explizite Matrixmultiplikation. Leiten Sie außerdem die Identität

```
Jsq == jsq[1] + jsq[2] +
        jR[1]**jL[2] + jL[1]**jR[2] + 2 j[1,z]**j[2,z]
```

aus der Vektoridentität **Jsq == jsq[1] + jsq[2] + 2 jvec[1] . jvec[2]** her, und überprüfen Sie sie für **Jsqm1m2** durch Matrixmultiplikation.

17.2 Spektrum des Gesamtdrehimpulses

Wir bleiben bei unserem Beispiel der Spin-Bahn-Kopplung und bestimmen die Clebsch-Gordan-Koeffizienten durch Diagonalisierung der Matrix **Jsqm1m2**. Zunächst stellen wir fest, daß diese die richtigen Eigenwerte hat:

```
Eigenvalues[Jsqm1m2] //Sort
```

```
    2      2       2       2       2       2
 3 h    3 h    15 h    15 h    15 h    15 h
{────, ────, ─────, ─────, ─────, ─────}
  4      4       4       4       4       4
```

also **h^2 j(j+1)** mit **j = 1/2** und **3/2**. Der Entartungsgrad der Eigenwerte erklärt sich durch die **2j+1** erlaubten Werte von **Abs[m]** $\leq$ **j** bei gegebenem **j**. Die Eigenvektoren **ep[{j,m}]** von **Jsqm1m2** erhalten wir ebenfalls ohne numerische Näherung, denn die Matrix ist klein und *schwach besetzt*, d.h. die meisten ihrer Elemente sind Null. Die Dimension der Matrix haben wir selbst gewählt, aber die schwache Besetzung der Matrix ist eine charakteristische Eigenschaft der Clebsch-Gordan-Transformation. Wir erhalten also:

```
{ms,vs} = Eigensystem[Jsqm1m2/h^2]

   3  3  15  15  15  15
 {{-, -, --, --, --, --}, {{0, 0, 0, 1, -Sqrt[2], 0},
   4  4  4   4   4   4

                 1
   {0, 1, -(-------), 0, 0, 0}, {0, 0, 0, 0, 0, 1},
             Sqrt[2]

                  1
   {0, 0, 0, 1, -------, 0}, {0, 1, Sqrt[2], 0, 0, 0},
                Sqrt[2]

   {1, 0, 0, 0, 0, 0}}}
```

Wie in Abschn. 16.3 müssen diese symbolischen Vektoren einzeln normiert werden. Sie sind jedoch offensichtlich geordnet. Wir können die Reihenfolge sichtbar machen, indem wir die Diagonalelemente von **Jzm1m2** mit den neuen Vektoren berechnen:

```
Table[
    vs[[m]].Jzm1m2.vs[[m]]/vs[[m]].vs[[m]],
    {m,Length[ms]}
]

  -h  h  -3 h  -h  h  3 h
 {--, -, ----, --, -, ---}
  2   2   2    2   2   2
```

Dies bedeutet gegenüber der Liste **jm** aus dem vorangehenden Abschnitt eine Umordnung; wir verwenden daher die Reihenfolge

```
jmp =
    Table[
        {Abs[m1]+Abs[m2],-m1+m2},
        {m1,-1,1},{m2,-1/2,1/2}
    ] //Flatten[#,1]& //RotateLeft[#,2]&

   1     1     1  1    3     3     3     1     3  1    3  3
 {{-, -(-)}, {-, -}, {-, -(-)}, {-, -(-)}, {-, -}, {-, -}}
   2     2     2  2    2     2     2     2     2  2    2  2
```

für die Eigenvektoren aus **vs** und berechnen die normierten Eigenvektoren durch

```
Do[
    ep[jmp[[n]]] = vs[[n]]/Sqrt[vs[[n]].vs[[n]]],
    {n,Length[jmp]}
]
```

Wir können diese Ergebnisse direkt überprüfen, beispielsweise durch:

```
{Jsqm1m2.ep[{1/2,-1/2}] ==  3h^2/4 ep[{1/2,-1/2}],
  Jzm1m2.ep[{3/2,-3/2}] == -3h/2   ep[{3/2,-3/2}]} //
     ExpandAll

   {True, True}
```

Da **Jsqm1m2** reell und symmetrisch ist, sind auch die Eigenvektoren **ep[{j,m}]** reell und daher bis auf ein Vorzeichen eindeutig. Wie üblich bilden sie die Spalten einer unitären Matrix **c[j1,j2]**, die **Jsqm1m2** durch eine Ähnlichkeitstransformation diagonalisiert. Die Elemente von **c[j1,j2]** sind die Clebsch-Gordan-Koeffizienten im **j1**-**j2**-Unterraum. Wir ordnen nun die Eigenvektoren **ep[{j,m}]** entsprechend unserer ursprünglichen Liste **jm**, damit ihre Reihenfolge mit der in **Jsqm1m2** und **Jzm1m2** übereinstimmt, und erhalten:

```
c[1,1/2] = Transpose[ Table[ ep[jm[[n]]],{n,Length[jm]} ] ];
c[1,1/2] //TableForm[#,TableAlignments -> Center]&

 1     0          0          0          0          0

        1               2
 0  ---------     Sqrt[-]    0          0          0
    Sqrt[3]             3

          2              1
 0  Sqrt[-]      -(---------)  0         0          0
          3          Sqrt[3]

                                 1           2
 0     0          0          ---------  Sqrt[-]    0
                             Sqrt[3]           3

                                    2       1
 0     0          0          -Sqrt[-]   ---------  0
                                    3   Sqrt[3]

 0     0          0          0          0          1
```

Da diese unitäre Matrix reell ist, ist sie auch orthogonal; sie hat offensichtlich dieselbe Blockdiagonalgestalt wie **Jsqm1m2**. Wir prüfen leicht nach, daß sie die gewünschte Diagonalisierung von **Jsqm1m2** leistet (das dauert ungefähr 80 Sekunden):

```
Transpose[c[1,1/2]].Jsqm1m2.c[1,1/2] //
          ExpandAll //MatrixForm
```

```
    2
15 h
----
  4     0      0      0      0      0

               2
           15 h
           ----
0            4      0      0      0      0

                      2
                   3 h
                   ---
0      0            4      0      0      0

                             2
                          3 h
                          ---
0      0      0            4      0      0

                                    2
                                15 h
                                ----
0      0      0      0            4      0

                                           2
                                       15 h
                                       ----
0      0      0      0      0            4
```

Dieses Ergebnis drückt **Jsq** in der *Kopplungsdarstellung* aus.

Übung 17.2.1. Wir beziehen uns weiterhin auf unser Beispiel der Spin-Bahn-Kopplung mit **j1 = 1**, **j2 = 1/2**:

a) Rechnen Sie nach, daß die **ep[{j,m}]** Eigenvektoren von **Jzm1m2** und **Jsqm1m2** zu den entsprechenden Eigenwerten sind, und daß sie einen orthonormalen Satz bilden. Erzeugen Sie die **ep[{j,m}]** mit den Auf- und Absteigematrizen **JRm1m2** und **JLm1m2**.

b) Prüfen Sie nach, daß die Matrix **c[j1,j2]** orthogonal ist.

c) Konstruieren Sie die Produkteigenzustände **e[{m1,m2}]** von **Jzm1m2**, und zeigen Sie, daß die Matrix **c[j1,j2]** diese gemäß **ep[j,m] == c[j1, j2].e[{m1,m2}]** in die **ep[{j,m}]** transformiert. Rechnen Sie auch die *inverse* Transformation **e[{m1,m2}] == Transpose[c[j1,j2]].ep[j, m]** nach. (Vergleichen Sie mit der Drehtransformation **Dy** aus Abschn. 16.4.)

Aufgabe 17.2.1. Diagonalisieren Sie **Jsq** imUnterraum zu **j1 = j2 = 1**. Dies beschreibt z.B. zwei spinlose Teilchen mit Bahndrehimpuls **l1 = l2 = 1**. Konstruieren Sie die Clebsch-Gordan-Matrix **c[j1,j2]** der Eigenvektoren. (Sie können sie weiter unten in Abschn. 17.3 mit **Clebsch** vergleichen.) Wiederholen Sie für diesen Fall Aufg. 17.1.1 und 17.2.1.

Die Matrixdiagonalisierung ist vielleicht die direkteste Methode zu Berechnung der Clebsch-Gordan-Koeffizienten, im allgemeinen jedoch nicht die effizienteste. Die Clebsch-Gordan-Koeffizienten genügen nämlich zwei recht einfachen *Rekursionsformeln*, die sich schnell iterativ lösen lassen. Diese Formeln erhält man durch Anwendung der Auf- und Absteigeoperatoren **JR** und **JL** auf **ketp[j1,j2,{j,m}]**.

Die Rekursionsformeln lassen sich außerdem in geschlossener Form auswerten und durch eine endliche Summe ausdrücken, die einfach zu programmieren ist. Diese allgemeine Formel geht auf Racah zurück; auf ihr beruht die Funktion **Clebsch[{j1, m1},{j2,m2},{j,m}]**, die für nichtsymbolische Argumente (also Zahlen) im Paket **Quantum`Clebsch`** definiert ist. Die *eingebaute* Funktion **ClebschGordan** funktioniert ähnlich und hat die gleiche Syntax. Sie setzt die Summe von Racah mit abbrechenden hypergeometrischen Reihen in Verbindung und erlaubt in einigen Fällen bei symbolischen Argumenten eine Vereinfachung (vgl. das Paket **ClebschGordan.m** im Verzeichnis **StartUp** oder **Preload** und die dortigen Angaben). Wir werden einige der Eigenschaften dieser Funktionen im nächsten Abschnitt untersuchen. In jedem Fall sollten Sie in das knappe, aber hervorragende Buch von Brink und Satchler [13] schauen; dort findet sich eine Zusammenstellung von Eigenschaften der Clebsch-Gordan-Koeffizienten sowie vieler weiterer Aspekte des quantenmechanischen Drehimpulses. Die Formel von Racah steht dort auf S. 34. Methoden, Formeln und Literaturangaben zu allen Aspekten des Drehimpulses finden sich in Biedenharn und Louck [7].

Die Aufstellung der Rekursionsformeln und ihre Anwendung sind in Aufg. 17.4.1 und 17.4.2 angerissen. Aufgabe 17.4.3 zeigt, daß die Formel von Racah auf einfache algebraische Ausdrücke führt, wenn man einem der Argumente des Clebsch-Gordan-Koeffizienten einen festen Wert zuweist; auch die eingebaute Funktion **ClebschGordan** liefert in diesem Fall einfache algebraische Ausdrücke.

17.3 Clebsch-Gordanologie

Anstatt weitere Clebsch-Gordan-Koeffizienten zu berechnen, untersuchen wir nun einige ihrer Eigenschaften mit Hilfe der Funktion **Clebsch**. Wir laden das Paket und definieren damit allgemein die Entwicklungskoeffizienten, die die Eigenfunktionen **ketp[j1,j2,{j,m}]** von **Jsq**, **J[z]**, **jsq[1]** und **jsq[2]** aus Abschn. 17.0 bestimmen:

```
Needs["Quantum`Clebsch`"]

c[j1_,j2_,{m1_,m2_},{j_,m_}] :=
    Clebsch[{j1,m1},{j2,m2},{j,m}]
```

Beachten Sie, daß **m1** und **m2** bzw. **j** und **m** auf der linken Seite umgeordnet wurden. Damit können wir leicht unsere Spin-Bahn-Kopplungsmatrix

c[1,1/2] als Tabelle von **Clebsch**-Funktionen nachrechnen, wobei wir unsere Listen **m1m2** und **jm** aus Abschn. 17.1 als Argumente verwenden:

```
c[1,1/2] == Table[
                c[1,1/2,m1m2[[np]],jm[[n]]],
                {np,1,Length[m1m2]},{n,1,Length[jm]}
            ]

  True
```

Die Clebsch-Gordan-Koeffizienten sind aber ebenso durch die Überlappungsintegrale **bra[j1,j2,{m1,m2}] ** ketp[j1,j2,{j,m}]** zwischen der Produktbasis und der Kopplungsbasis gegeben, so daß andererseits auch gilt:

```
c[1,1/2] ==
    Table[
        bra[1,1/2,m1m2[[np]]] ** ketp[1,1/2,jm[[n]]],
        {np,1,Length[m1m2]},{n,1,Length[jm]}
    ]

  True
```

Die wichtigste Eigenschaft der Clebsch-Gordan-Koeffizienten ist natürlich, daß sie das Problem der Drehimpulskopplung lösen und die direkte Konstruktion der Eigenfunktionen von **Jsq**, **J[z]**, **jsq[1]** und **jsq[2]** ermöglichen. So erhalten wir beispielsweise:

```
{Jsq    **ketp[1,1/2,{3/2,1/2}] ==
              15h^2/4 ketp[1,1/2,{3/2,1/2}],
 J[z]   **ketp[1,1/2,{3/2,1/2}] ==
              h/2     ketp[1,1/2,{3/2,1/2}],
 jsq[1]**ketp[1,1/2,{3/2,1/2}] ==
              2h^2    ketp[1,1/2,{3/2,1/2}],
 jsq[2]**ketp[1,1/2,{3/2,1/2}] ==
              3h^2/4  ketp[1,1/2,{3/2,1/2}]} //
                   ExpandAll

  {True, True, True, True}
```

Die Unitarität der Clebsch-Gordan-Transformation bedeutet, daß die Kopplungszustände **ketp[j1,j2,{j,m}]** orthonormal sind, wenn die Produktzustände **ket[j1,j2,{m1,m2}]** es sind:

```
Table[
    brap[1,1/2,jm[[np]]] ** ketp[1,1/2,jm[[n]]],
    {np,1,Length[jm]},{n,1,Length[jm]}
] ==
     IdentityMatrix[Length[jm]]

  True
```

Aus der Unitarität folgt außerdem, daß die Clebsch-Gordan-Koeffizienten die inverse Transformation bestimmen, die die **ket[j1,j2,{m1,m2}]** als Linearkombination der **ketp[j1,j2,{j,m}]** ausdrücken. Zum Beispiel gilt:

```
ket[1,1/2,{0,-1/2}] ==
    Sum[ c[1,1/2,{0,-1/2},{j,m}] ketp[1,1/2,{j,m}],
        {j,1/2,3/2},{m,-j,j}
    ] //ExpandAll

  True
```

Die Clebsch-Gordan-Koeffizienten erfüllen daher zwei *Orthogonalitätsrelationen* oder *Normierungsbedingungen*, um die es in Übg. 17.3.3 geht.

Übung 17.3.1. a) Zeigen Sie anhand einiger expliziter Beispiele, daß die Clebsch-Gordan-Koeffizienten nur dann nicht verschwinden, wenn **j1**, **j2** und **j** die Dreiecksbedingung erfüllen und **m1 + m2 = m** gilt.

b) Prüfen Sie anhand einiger expliziter Beispiele die Identität (17.0.2) nach, die wir zur Herleitung von **m1 + m2 = m** verwendet haben.

Übung 17.3.2. Konstruieren Sie die Spin-Eigenzustände **ketp[1/2,1/2,{s,ms}]** zweier Spin-$\frac{1}{2}$-Teilchen mit **s1 = s2 = j1 = j2 = 1/2**. Definieren Sie die Operatoren **Ssq == Jsq** und **S[z] == J[z]** mit den Quantenzahlen **s = j** und **ms = m** für den Gesamtspin. Verwenden Sie dazu **Clebsch**. Zeigen Sie, daß die **ketp** orthonormal sind und Eigenfunktionen von **Ssq**, **S[z]**, **ssq[1]** und **ssq[2]** darstellen.

Überprüfen Sie Ihre Ergebnisse, indem Sie Aufg. 17.2.1 mit **j1 = j2 = 1/2** wiederholen. Wie wir am Anfang von Abschn. 16.2 bemerkt haben, ist die Matrixdarstellung des Spins die üblichste.

Den Zustand mit *antiparallelen* Spins und **s = 0** bezeichnet man als Singulett, die drei Zustände mit *parallelen* Spins und **s = 1** dagegen als *Triplett*; diese Bezeichnungen stammen aus der Spektroskopie. Diese Zustände sind wichtig bei der Beschreibung von Systemen mit einem Paar identischer Teilchen und erklären z.B. die Existenz von *Ortho*- und *Para*-Helium.

Übung 17.3.3. a) Zeigen Sie, daß die Normierung von **ketp** zu der *Orthogonalitätsrelation*

```
Sum[ c[j1,j2,{m1,m2},{jp,mp}] c[j1,j2,{m1,m2},{j,m}],
     {m1,-j1,j1},{m2,-j2,j2}
] == KD[jp,j] KD[mp,m]
```

führt (summiert wird über **m1** und **m2**), und überprüfen Sie diese explizit für **j1**, **j2** $\leq$ **2**.

b) Der Ausdruck in Teil (a) drückt elementweise die Matrixgleichung **Transpose[c[j1, j2]].c[j1,j2] == 1** aus (s. Übg. 17.2.1). Prüfen Sie nach, daß die Clebsch-Gordan-Koeffizienten auch die dazu inverse *Orthogonalitätsrelation*

```
Sum[ c[j1,j2,{m1p,m2p},{j,m}] c[j1,j2,{m1,m2},{j,m}],
     {j,Abs[j1-j2],j1+j2},{m,-j,j}
] == KD[m1p,m1] KD[m2p,m2]
```

erfüllen (summiert wird jetzt über **j** und **m**), und überprüfen Sie diese für **j1**, **j2** $\leq$ **2**.

c) Verwenden Sie die Beziehung aus Teil (b) (und wenn nötig Papier und Bleistift), um **ket[j1, j2,{m1,m2}]** durch die Linerakombination

```
ket[j1,j2,{m1,m2}] ==
     Sum[ c[j1,j2,{m1,m2},{j,m}] ketp[j1,j2,{j,m}],
          {j,Abs[j1-j2],j1+j2},{m,-j,j}
     ]
```

auszudrücken, und überprüfen Sie diese explizit für **j1**, **j2** $\leq$ **2**.

Wie wir in Aufg. 17.4.1 sehen werden, bestimmen die Rekursionsformeln zusammen mit der Normierungsbedingung sämtliche Clebsch-Gordan-Koeffizienten bis auf eine Phase. Diese Phase setzt man per Konvention fest, indem man fordert, daß der Koeffizient **c[j1,j2,{j1,j-j1},{j,j}]** reell und positiv ist. Damit sind alle Clebsch-Gordan-Koeffizienten reell, so daß die unitäre Clebsch-Gordan-Matrix **c[j1,j2]** orthogonal ist.

Für **j = 0** verschwinden fast alle Clebsch-Gordan-Koeffizienten aufgrund der Dreiecksbedingung; nur für den Fall **j1 = j2**, **m2 = -m1** erhält man (s. Aufg. 17.4.2 und 17.4.3)

```
c[j1,j1,{m1,-m1},{0,0}]

      j1 - m1
  (-1)
---------------
Sqrt[1 + 2 j1]
```

Die Drehimpulsalgebra, oder „Clebsch-Gordanologie“, findet viele Anwendungen in der Quantenphysik sowie in der Behandlung der sogenannten *Drehgruppe*, für die man auch mathematische Objekte definieren kann, die zwar keine Drehimpulse sind, aber dennoch den Vertauschungsrelationen für Drehimpulse genügen. Wir werden z.B. später zeigen, daß solche *Pseudodrehimpulse* mit halbzahligem Spin bei der Bestimmung des Energiespektrums des Wasserstoffatoms verwendet werden können.

17.4 Wigner-3j-Symbole

Clebsch-Gordan-Koeffizienten weisen eine Reihe von Symmetrien auf. Diese sind in der Praxis so nützlich, daß es sich oft als günstig erweist, mit einer anderen Form zu arbeiten, die diese Symmetrien betont. Man definiert daher das *Wigner-3j-Symbol* durch:

```
Threej[{j1_,m1_},{j2_,m2_},{j3_,m3_}] :=
    (-1)^(j1-j2-m3)/Sqrt[2j3+1] *
        Clebsch[{j1,m1},{j2,m2},{j3,-m3}]
```

Diese Funktion ist in dem Paket **Quantum`Clebsch`** definiert und durch die eingebaute Funktion **ThreeJSymbol** gegeben. Damit das *3j*-Symbol nicht verschwindet, müssen **j1**, **j2** und **j3** die Dreiecksbedingung erfüllen; außerdem muß die Beziehung **m1 + m2 + m3 = 0** erfüllt sein, da im Argument der **Clebsch**-Funktion **-m3** steht (s. Übg. 17.3.1). Die **mi** spielen daher nunmehr symmetrische Rollen.

Das *3j*-Symbol ist *invariant* unter zyklischen (geraden) Permutationen der Argumente; bei nicht zyklischen (ungeraden) Permutationen tritt ein Faktor **(-1)^(j1+j2+j3)** auf. Es gilt beispielsweise:

```
Threej[{2,2},{3,3},{4,4}] ==
    Threej[{4,4},{2,2},{3,3}] ==
        (-1)^(2+3+4) Threej[{3,3},{2,2},{4,4}]

True
```

Bei Umkehrung der Vorzeichen von **m1**, **m2** und **m3** tritt ebenfalls ein Faktor **(-1)^(j1+j2+j3)** auf:

```
Threej[{2,2},{3,3},{4,4}] ==
    (-1)^(2+3+4) Threej[{2,-2},{3,-3},{4,-4}]

True
```

Der Ursprung dieser Symmetrien liegt in der geometrischen Natur der Clebsch-Gordan-Koeffizienten (s. Biedenharn und Louck [7]).

Übung 17.4.1. a) Überprüfen Sie die Symmetrien der *3j*-Symbole anhand einiger Beispiele. Was sind die entsprechenden Symmetrien der Clebsch-Gordan-Koeffizienten?

b) Zeigen Sie, daß das Spatprodukt dreier Vektoren, **uvec • (vvec × wvec)**, sich durch

```
-I Sqrt[6] Sum[
              u[i] v[j] w[k] Threej[{1,i},{1,j},{1,k}],
              {i,-1,1},{j,-1,1},{k,-1,1}
           ]
```

berechnen läßt (vgl. Übg. E.1.1), wobei **u[i]**, **v[i]** und **w[i]** die *Kugeltensorkomponenten* der Vektoren **uvec**, **vvec** und **wvec** sind. Diese sind durch **u[1] = -(ux + I uy)/Sqrt[2]**, **u[0] = uz** und **u[-1] = (ux - I uy)/ Sqrt[2]** und die entsprechenden Beziehungen für **v[i]** und **w[i]** definiert; sie haben viele sinnvolle Anwendungen (s. Übg. 19.3.5).

Aufgabe 17.4.1. Wenden Sie die Auf- und Absteigeoperatoren **JR** und **JL** auf **ketp** an, und leiten Sie (wenn nötig mit Papier und Bleistift) die folgenden beiden *Rekursionsformeln* für die Clebsch-Gordan-Koeffizienten her:

```
Sqrt[(j+m)(j-m+1)] c[j1,j2,{m1,m2},{j,m-1}] ==
    Sqrt[(j1-m1)(j1+m1+1)] c[j1,j2,{m1+1,m2},{j,m}] +
    Sqrt[(j2-m2)(j2+m2+1)] c[j1,j2,{m1,m2+1},{j,m}]

Sqrt[(j-m)(j+m+1)] c[j1,j2,{m1,m2},{j,m+1}] ==
    Sqrt[(j1+m1)(j1-m1+1)] c[j1,j2,{m1-1,m2},{j,m}] +
    Sqrt[(j2+m2)(j2-m2+1)] c[j1,j2,{m1,m2-1},{j,m}]
```

Implementieren Sie diese Regeln als *dynamisches Programm* (vgl. Übg. C.3.1), das zu gegebenen Werten von **j1**, **j2** und **j** alle Clebsch-Gordan-Koeffizienten durch **c[j1,j2,{j1,j-j1},{j,j}]** ausdrückt. Nehmen Sie konventionsgemäß an, daß dieser Koeffizient reell und positiv ist, und bestimmen Sie ihn aus der Normierungsbedingung

```
Sum[c[j1,j2,{m1,m2},{j,j}]^2, {m1,-j1,j1},{m2,-j2,j2}] == 1
```

Zeigen Sie, daß Ihr Programm für alle **j1**, **j2** $\leq$ **2** funktioniert, indem Sie Ihre Ergebnisse mit **ClebschGordan** vergleichen. Hinweis: Schreiben Sie die Rekursionsformeln als Definitionen für eine Funktion **cg[j1_,j2_,{m1_,m2_}, {j_,m_}]**. Für die beiden Fälle **m** $\neq$ **j** und **m = j** sind verschiedene Definitionen nötig. Vergessen Sie nicht, die Randbedingungen für **Abs[m] > j** zu spezifizieren. Zur Fehlersuche können Sie Ihre Definitionen als Ersetzungsregeln verwenden, die von Hand auf einen einzelnen Koeffizienten angewendet werden können.

Aufgabe 17.4.2. Leiten Sie unter Verwendung der Rekursionsformeln und der Normierungsbedingung aus der vorangehenden Aufgabe die Beziehung **Clebsch[{A,a},{A,-a},{0,0}] == (-1)^(A-a)/Sqrt[2A+1]** für *symbolische* Argumente **A** und **a** her. Hinweis: Schreiben Sie eine Regel, um zu folgern, daß **Clebsch[{A,a},{A,-a},{0,0}]** bis auf eine Phase mit **Clebsch[{A,A},{A,-A},{0,0}]** übereinstimmt. Bestimmen Sie diese Phase, und schreiben Sie dann eine Regel, die **Clebsch[{A,a},{A, -a},{0,0}]** mit **Clebsch[{A,A},{A,-A},{0,0}]** in Beziehung setzt. (Führen Sie auf jeden Fall Randbedingungen ein, damit Ihre Regeln nicht in einer endlosen Rekursion dem eigenen Schwanz nachjagen (vgl. Übg. C.3.1). Berechnen Sie **Clebsch[{A,A},{A,-A},{0,0}]**, indem Sie die Normierungsbedingung symbolisch mit Hilfe des Pakets **Algebra`SymbolicSum`** auswerten.

Aufgabe 17.4.3. Zeigen Sie, daß die allgemeine Formel von Racah, die in dem Paket **Quantum`Clebsch`** verwendet wird, einfache algebraische Ausdrücke ergibt, wenn man einem der Argumente des Clebsch-Gordan-Koeffizienten einen nichtsymbolischen Wert zuweist. Zeigen Sie insbesondere, daß die Summe von Racah sich in geschlossener Form auswerten läßt.

Laden Sie zuerst das Paket **Algebra`SymbolicSum`**, um die symbolische Auswertung von **Sum** zu ermöglichen. Definieren Sie dann die Funktion **f1[C,A,B,a,b]** aus dem Paket **Quantum`Clebsch`** als neue Funktion **Symbolicf1[C,A,B,a,b][kmin, kmax]**, die die Summe über **k** symbolisch ausführt. Sie müssen die Grenzen **kmin** und **kmax** der Summe von Hand berechnen oder sich etwas Geschicktes ausdenken, um sicherzugehen, daß die Argumente der Fakultäten nicht negativ sind.

Definieren Sie zwei neue Funktionen **SymbolicClebsch[{A,a},{B, b},{C,c}] [{kmin,kmax}]** und **SymbolicThreej[{A,a},{B,b},{C, c}] [{kmin,kmax}]**, und werten Sie sie für bestimmte Werte eines Arguments aus, z.B. für **C = 0, 1, ...** Vereinfachen Sie Ihre Ergebnisse mit **PowerContract** aus dem Paket **Quantum`PowerTools`** und mit den Regeln (vgl. Aufg. 6.5.4)

```
FactorialSimplify[expr_] := expr //.
    {Factorial[a_] :> Gamma[a+1],
     Gamma[k_Integer  + a_] :> Gamma[a] Pochhammer[a,k],
     Gamma[k_Rational + a_] :>
                Gamma[a+1/2] Pochhammer[a+1/2,k-1/2]}
```

Versuchen Sie es auch mit der eingebauten Funktion **SimplifyGamma**. Vergleichen Sie Ihre Ergebnisse mit den eingebauten Funktionen **ClebschGordan** und **ThreeJSymbol** und mit Brink und Satchler [13], Tabelle 3, S. 36.

17.5 Mehrfache Drehimpulskopplung

Der nächste Schritt in dieser ohnehin schon verzwickten Angelegenheit ist die Konstruktion gekoppelter Eigenzustände aus der Produktdarstellung eines aus *drei* Drehimpulsen zusammengesetzten Gesamtdrehimpulses **`Jsq == Abs[jvec[1] + jvec[2] + jvec[3]]^2`** und **`J[z] == j[1,z] + j[2,z] + j[3,z]`**. Dies ist gar nicht so schwierig, wenn wir auf unseren bisherigen Ergebnissen aufbauen; es stellt sich aber heraus, daß die Quantenzahlen **`j`** und **`m`** nicht ausreichen, um die gekoppelten Eigenzustände eindeutig zu bestimmen.

Es gibt vielmehr drei verschiedene Möglichkeiten, die den drei möglichen Paaren von Drehimpulsen entsprechen. Wir können z.B. zunächst **`jvec[1]`** mit **`jvec[2]`** zu **`jvec[1,2]`** koppeln und dann **`jvec[3]`** hinzufügen, um **`Jvec`** zu erhalten. Ebenso können wir **`jvec[2,3]`** und **`jvec[1,3]`** bilden. Dieses Verfahren wird in Aufg. 17.5.2 untersucht.

Wir können dann beispielsweise die Eigenzustände zu **`jvec[1,2]`** und **`jvec[ 2,3]`** miteinander in Beziehung setzen und eine neue Transformation definieren, deren Matrixelemente man als *6j*-Symbole bezeichnet. Auch diese Funktionen sind eingebaut, und zwar als **`SixJSymbol[{j1,j2,j12},{j3, j,j23}]`**; sie lassen sich als Summen über *3j*-Symbole ausdrücken. Diese Koeffizienten wurden zuerst von Racah eingeführt und werden auch als *Racahsche W-Funktionen* **`W[j1,j2,j,j3, {j12,j23}]`** bezeichnet; diese unterscheiden sich von der eingebauten Funktion **`SixJSymbol`** nur durch die Phase **`(-1)^(j1+j2+j3+j)`**. (Die Bezeichnungen hier und in Aufg. 17.5.2 folgen Brink und Satchler [13], Abschn. 3.3.)

Natürlich lassen sich auch mehr als drei Drehimpulse koppeln. Im Prinzip kann man *3n-j*-Symbole definieren, obwohl diese mit zunehmendem n schnell sehr kompliziert werden. In der Praxis kommt man normalerweise mit Kombinationen von *3j*-, *6j*- und vielleicht noch *9j*-Symbolen aus.

Übung 17.5.1. Rechnen Sie mit Hilfe der eingebauten Funktion **`SixJSymbol`** nach, daß sich für die Racahsche *W-Funktion* **`W[a, a+1/2, b, b+1/2, {1/2,c}] ==`**

```
     a + b - c           (1 + a + b - c) (2 + a + b + c)
(-1)           Sqrt[---------------------------------------]
                     (1 + a) (1 + 2 a) (1 + b) (1 + 2 b)
-------------------------------------------------------------
                               2
```

ergibt, in Übereinstimmung mit Brink und Satchler [13], Tabelle 4, S. 43. Hinweis: Vereinfachen Sie mit der Funktion **`PowerContract`** aus dem Paket **`Quantum`PowerTools``**.

Aufgabe 17.5.1. Definieren Sie eine Produktbasis **`ket[j1,j2,j3,{m1, m2,m3}]`**, die aus gemeinsamen Eigenzuständen von **`jsq[i]`** und **`j[i,z]`** für **`i = 1, 2, 3`** besteht. Zeigen Sie anhand einiger Beispiele, daß

```
ketp[j1_,j2_,j3_,{0,0}] :=
    Sum[
        Threej[{j1,m1},{j2,m2},{j3,m3}] *
            ket[j1,j2,j3,{m1,m2,m3}],
        {m1,-j1,j1},{m2,-j2,j2},{m3,-j3,j3}
    ]
```

ein Eigenzustand in der *Kopplungsdarstellung* des Gesamtdrehimpulses **Jsq** zum Eigenwert Null ist.

Aufgabe 17.5.2. Bestimmen Sie eine Kopplungsbasis für die Spins dreier Elektronen (also Spin-$\frac{1}{2}$-Teilchen), indem Sie Linearkombinationen der in Aufg. 17.5.1 definierten Produktzustände **ket[j1,j2,j3,{m1,m2,m3}]** bilden. Bauen Sie auf unseren Erfahrungen mit den Clebsch-Gordan-Koeffizienten auf. Berechnen Sie aus Ihren Ergebnissen die allgemeinen Koeffizienten der Transformation zwischen den Eigenzuständen von **jsq[1,2]** und **jsq[2,3]**, und zeigen Sie, daß diese sich durch *6j*-Symbole ausdrücken lassen.

a) Konstruieren Sie zunächst allgemein Eigenzustände **ketp[j1_,j2_,{j12_,m12_},{j3_, m3_}]** von **jsq[1,2]** und **jsq[3]** als Summe über die **ket[j1,j2,j3,{m1,m2,m3}]** aus Aufg. 17.5.1.

Konstruieren Sie dann allgemein Eigenzustände **ket12[{{j1_,j2_}, j12_,j3_,{j_, m_}}]** von **jsq[1,2]** und **Jsq** als Summe über die **ketp[j1,j2,{j12,m12},{j3, m3}]**, und zeigen Sie, daß sie einen orthonormalen Satz bilden. Die Reihenfolge der Argumente von **ket12** folgt der Konvention (vgl. Brink und Satchler [13], Abschn. 3.3). Dies bezeichnen wir als **j12jm**-Darstellung.

Beschränken Sie sich nun auf den Fall dreier Spin-$\frac{1}{2}$-Teilchen, und bestimmen Sie die erlaubten Werte von **j12** und **j**. Zeigen Sie, daß die Matrizen von **jsq[1,2]** und **Jsq** in der **j12jm**-Darstellung diagonal sind. Hinweis: Definieren Sie eine Liste **j12jm** (entsprechend der Liste **jm** in Abschn. 17.1) aller möglichen Kombinationen von **{{j1,j2},j12,j3,{j,m}}**. Sie können die Reihenfolge der Elemente in **j12jm** überprüfen, indem Sie die Matrix von **J[z]** berechnen. Beachten Sie, daß die Argumente von **ket12** in einer Liste zusammengefaßt wurden, damit die Matrizen bequem mit Hilfe der Liste **j12jm** aufgestellt werden können.

b) Konstruieren Sie nun allgemein Eigenzustände **ketq[{j1_,m1_},j2_, j3_,{j23_, m23_}]** von **jsq[1]** und **jsq[2,3]** als Summe über die **ket[j1,j2,j3,{m1,m2,m3}]** aus Aufg. 17.5.1.

Konstruieren Sie nunmehr allgemein Eigenzustände **ket23[{j1_,{j2_, j3_},j23_,{j_, m_}}]** von **jsq[2,3]** und **Jsq** als Summe über die **ketq[{j1,m1},j2,j3,{j23, m23}]**, und zeigen Sie, daß sie einen orthonormalen Satz bilden. Die Reihenfolge der Argumente von **ket23** folgt wiederum der Konvention. Dies bezeichnen wir als **j23jm**-Darstellung.

Bestimmen Sie die erlaubten Werte von **j23** und **j**. Zeigen Sie, daß die Matrizen von **jsq[2,3]** und **Jsq** in der **j23jm**-Darstellung diagonal sind.

c) Da sowohl die **ket12** als auch die **ket23** den Produktraum aufspannen, lassen sich die einen als Linearkombination der anderen ausdrücken. Zum Beispiel gilt (vgl. Brink und Satchler [13], Gl. 3.8)

```
ket12[{{j1,j2},j12,j3,{j,m}}] ==
    Sum[
        w[{j12,j23}] ket23[{j1,{j2,j3},j23,{j,m}}],
        {j23,Abs[j2-j3],j2+j3}
    ]
```

Da sowohl die **ket12** als auch die **ket23** gemeinsame Eigenzustände von **Jsq** und **J[z]** sind, läuft die Summe nur über **j23**. Die Entwicklungskoeffizienten ergeben sich aus der Orthonormalität der **ket23**:

```
w[{j12,j23}] ==
    ket23[{j1,{j2,j3},j23,{j,m}}] **
    ket12[{{j1,j2},j12,j3,{j,m}}]
```

Diese Überlappungsintegrale definieren Koeffizienten, die den Racahschen W-Funktionen proportional sind und daher zur Berechnung der *6j*-Symbole verwendet werden können. Die letzteren sind in diesem Zusammenhang durch

```
Sixj[{j1_,j2_,j12_},{j3_,j_,j23_}] :=
    ket23[{j1,{j2,j3},j23,{j,m}}] **
    ket12[{{j1,j2},j12,j3,{j,m}}] *
    (-1)^(j1+j2+j3+j)/(Sqrt[2j12+1] Sqrt[2j23+1])
```

definiert (vgl. Brink und Satchler [13], Abschn. 3.3), wobei die Normierung **Sqrt[2 j12+1] Sqrt[2 j23+1]** zur Vereinfachung der Symmetrieeigenschaften der **Sixj** eingeführt wurde. Beachten Sie, daß dieses Ergebnis zur Berechnung allgemeiner *6j*-Symbole verwendet werden kann, wenn **ket12** und **ket23** allgemein für beliebige Argumente definiert wurden.

Werten Sie **Sixj** für einige physikalisch sinnvolle Argumente aus, und vergleichen Sie mit der eingebauten Funktion **SixJSymbol**. Beachten Sie, daß **m** nicht in **SixJSymbol** auftritt. Das liegt daran, daß die *6j*-Symbole Skalare sind, die nicht von der Richtung der z-Achse und daher auch nicht von projizierten Quantenzahlen abhängen. Zeigen Sie, daß auch **Sixj** nicht von **m** abhängt.

18. Orts- und Impulsdarstellung

Wir betrachten nun die konventionellere Darstellung der Komponenten des Impulses **pvec** als Ableitungen nach den entsprechenden *konjugierten Koordinaten*. Wir betrachten also **pvec** als Gradienten bezüglich des Ortsvektors **rvec**, genauer **pvec -> -I h grad**, und damit **px -> -I h Dt[**..., **x]** usw. Auf diese Weise erfüllen wir die fundamentalen Vertauschungsrelationen in der *Ortsdarstellung*, in der die Wellenfunktion eine Funktion von **x**, **y** und **z** ist. Andererseits können wir in der *Impulsdarstellung* **rvec** als Gradienten bezüglich des Impulsvektors **pvec** und die Wellenfunktion als Funktion der Impulse **px**, **py** und **pz** betrachten. Die beiden Darstellungen sind mathematisch äquivalent; die Wellenfunktionen sind durch die Fourier-Transformation miteinander verknüpft (s. Kap. 11 und auch Aufg. 20.2.1).

Anhang E über Vektoranalysis enthält einen großen Teil des mathematischen Rüstzeugs, das wir in diesem Kapitel brauchen werden.

18.1 Orts- und Impulsoperator

Wir verwenden, wie in Abschn. E.2.1 besprochen, die Funktion **Dt** zur Definition von Ableitungsoperatoren; dies führt zu besonders kompakten Ausdrücken (s. auch Aufg. 18.2.4). Wir müssen also Konstanten als solche deklarieren und angeben, daß die Orts- und Impulskoordinaten voneinander unabhängig sind. Wir führen dazu unsere Funktion aus Abschn. E.2.1 ein und schreiben

```
IndependentVariables[x_,y_,z_] :=
    Module[{},
        x/: Dt[x,y] := 0;     x/: Dt[x,z] := 0;
        y/: Dt[y,x] := 0;     y/: Dt[y,z] := 0;
        z/: Dt[z,x] := 0;     z/: Dt[z,y] := 0
    ]

IndependentVariables[ x, y, z];
IndependentVariables[px,py,pz];
SetAttributes[{h,m}, Constant]
```

Die Konstante **m** ist die Masse des Teilchens, und wie immer bezeichnen wir mit **h** das durch **2Pi** geteilte Plancksche Wirkungsquantum. Wir definieren nun den Impulsoperator **pvec** in der Ortsdarstellung mit Hilfe des Gradienten aus Abschn. E.2.2 und führen Bezeichnungen für seine kartesischen Komponenten ein. Ebenso definieren wir den Ortsoperator **rvec** in der Impulsdarstellung und führen Bezeichnungen für seine Komponenten ein:

```
grad[f_] := {Dt[f, x],Dt[f, y],Dt[f, z]}
pvec @ psi_ := -I h grad[ psi];


px @ psi_ := pvec[psi][[1]];
py @ psi_ := pvec[psi][[2]];
pz @ psi_ := pvec[psi][[3]];

gradp[f_] := {Dt[f,px],Dt[f,py],Dt[f,pz]}
rvec @ phi_ :=  I h gradp[phi]


x @ phi_ := rvec[phi][[1]]
y @ phi_ := rvec[phi][[2]]
z @ phi_ := rvec[phi][[3]]
```

Wir verwenden die Präfixform **Q @ psi** (== **Q[psi]**) der Operatoranwendung (vgl. Übg. C.1.8), um an die Schreibweise mit ** in der formalen Darstellung anzuknüpfen.

Es ist nützlich, an dieser Stelle den Operator der kinetischen Energie über **pvec . pvec/ (2m)**, und damit über den *Laplace-Operator* aus Abschn. E.2.5 einzuführen:

```
laplacian[f_] = Dt[f,{x,2}] + Dt[f,{y,2}] + Dt[f,{z,2}];

K @ psi_ = -h^2 laplacian[psi]/(2m)

      2
  -(h  (Dt[psi, {x, 2}] + Dt[psi, {y, 2}] + Dt[psi, {z, 2}]))
  -----------------------------------------------------------
                              2 m
```

Übung 18.1.1. Zeigen Sie, daß die *ebene Welle* für ein *freies Teilchen*, **psiPW = E^(I kvec.rvecC)** mit **rvecC = {x,y,z}** und dem *Wellenvektor* **kvec = {kx,ky,kz}**, eine Eigenfunktion des Impulses **pvec** und der kinetischen Energie **K** zu den Eigenwerten **h kvec** bzw. **(h k)^2/(2m)** ist. Dabei ist **k = Sqrt[kvec.kvec]** die *Wellenzahl*, so daß **2Pi/k** die *De-Broglie-Wellenlänge* des Teilchens ist (vgl. Übg. 1.1.1).

18.2 Vertauschungsrelationen

Wir müssen unsere Definition von **Commutator** aus Kap. 15 erweitern, damit wir sie auch für Ableitungsoperatoren verwenden können. Wir müssen nur die Definition **[A, B] == A @ B - B @ A** wiedergeben, da alle Eigenschaften der Ableitung, die wir ausnutzen wollen, bereits eingebaut sind, insbesondere diejenigen, die wir in der formalen Darstellung für die nichtkommutative Multiplikation ****** definieren mußten. In der Tat rechtfertigt diese Äquivalenz die Ableitungsformen des Impuls- und Ortsoperators in der Orts- bzw. Impulsdarstellung.

Da wir Ableitungen einführen wollen, brauchen wir etwas, das abgeleitet wird. Es bietet sich daher an, **Commutator** explizit auf eine Wellenfunktion **psi** wirken zu lassen. Wir geben daher die folgende Regel ein:

```
Commutator[A_, B_] @ psi_ := A @ B @ psi - B @ A @ psi //
    Expand
```

Damit diese Regel richtig funktioniert, müssen sowohl **A** als auch **B** *Mathematica*-Funktionen sein, die auf die Wellenfunktion wirken, z.B. **px @ psi**. Wir können dies kompakt und elegant sicherstellen, indem wir Größen, die nicht ohnehin Operatoren sind (Ausdrücke in den Ortskoordinaten **x**, **y** und **z** in der Ortsdarstellung oder in den Impulskoordinaten **px**, **py** und **pz** in der Impulsdarstellung) als *reine Funktionen* definieren.

Wenn beispielsweise *in der Ortsdarstellung* **A** einfach die Koordinate **x** ist, so ist die Operation eine gewöhnliche Multiplikation, und wir verwenden im Kommutator **x # &** mit einem *Platzhalter* **#** für **psi**; das Zeichen **&** markiert das Ende der reinen Funktion (vgl. Übg. C.1.9). Wir können nun die fundamentalen Vertauschungsrelationen in der Ortsdarstellung nachrechnen:

```
{Commutator[x # &, px] @ psi,
 Commutator[py, y # &] @ psi}/psi

  {I h, -I h}
```

Wir teilen am Ende durch **psi**, um zu betonen, daß dies Beziehungen zwischen Operatoren sind, die nicht von der Funktion abhängen, auf die die Operatoren wirken.

In der Impulsdarstellung verwenden wir dagegen einfach **x** im Kommutator, geben aber z.B. **px** als **px # &** ein:

```
{Commutator[x, px # &] @ phi,
 Commutator[py # &, y] @ phi}/phi

  {I h, -I h}
```

Ohne reine Funktionen müßten wir unnötig viele Namen und Regeln definieren, z.B. **xTimes[f_] := x f**, oder weitere Regeln für **Commutator** hinzufügen.

Unsere Regel greift auch bei komplizierteren Kommutatoren. Betrachten wir z.B. den Drehimpulskommutator **[lx,y] == I h z** aus Übg. 16.0.1 (s. auch Übg. 18.3.1). In der Ortsdarstellung können wir diesen Kommutator auf zwei verschiedene Arten eingeben:

```
{Commutator[y pz @ # - z py @ # &, y # &] @ psi ==
    I h z psi,
 Commutator[y pz[#] - z py[#] &,    y # &] @ psi ==
     I h z psi}

  {True, True}
```

Die zweite Version ist etwas kompakter, da wir hier **pz @ #** durch **pz[#]** und **py @ #** durch **py[#]** ersetzt haben.

In der Impulsdarstellung verwenden wir eine der folgenden beiden Versionen:

```
{Commutator[y @ # pz - z @ # py &, y @ # &] @ phi ==
    I h z @ phi,
 Commutator[y[#] pz - z[#] py &,    y[#] &] @ phi ==
     I h z @ phi}

  {True, True}
```

Beachten Sie, daß in allen vier Ausdrücken nur ein einziges **&** am Ende der Argumente von **Commutator** nötig ist, um die Argumente als reine Funktionen zu deklarieren. (Wenden Sie **//FullForm** auf eines der Argumente an.)

Wir geben den etwas komplizierteren Ausdruck **px x** in der Ortsdarstellung als **px[# x]&** oder als **px @(# x)&** ein. Vergleichen Sie beispielsweise die Auswertung von **[x, px^2 x] - [x, x px^2]** in der Ortsdarstellung

```
(Commutator[x # &, px @ px @ (x #) &] @ psi -
 Commutator[x # &, x px @ px[#] &]    @ psi)/psi

     2
  2 h
```

und in der Impulsdarstellung:

```
(Commutator[x, px^2 x @ # &]    @ phi -
 Commutator[x, x @ (px^2 #) & ] @ phi)/phi

     2
  2 h
```

Unsere Kommutatorregel erweist sich also als äußerst effizient und erlaubt es uns, vieles von dem, was wir in der formalen Darstellung bewiesen haben, zu übertragen; in manchen Fällen können wir sogar unsere vorherigen Ergebnisse verallgemeinern (vgl. z.B. Aufg. 15.1.1 und Übg. 18.2.2).

Wenn Sie in der Ortsdarstellung arbeiten, sollten Sie den Ortsvektor anders als mit `rvec` bezeichnen (z.B. mit `rvecC = {x,y,z}`), um beim Übergang zur Impulsdarstellung eine Verwechslung mit dem Ortsoperator `rvec` zu vermeiden. Ebenso sollten Sie den Impulsvektor anders bezeichnen, z.B. `pvecC = {px,py,pz}` (s. auch Abschn. E.2.6). Denken Sie daran, daß Erwartungswerte (`<...>`) und allgemein Matrixelemente in der Orts- und Impulsdarstellung Integrale über `rvecC` bzw. `pvecC` sind.

Übung 18.2.1. a) Zeigen Sie `[px, x^2 px] - [px, px x^2] == 2 h^2`.

b) Zeigen Sie, daß `pvec` mit der kinetischen Energie vertauscht. Ein gemeinsamer Satz von Eigenfunktionen wurde in Übg. 18.1.1 konstruiert.

Übung 18.2.2. Zeigen Sie, daß der Kommutator von `px/(-I h)` mit einer Funktion `v[x]` die Ableitung `v'[x]` ergibt (vgl. Aufg. 15.1.1). Was ist die Verallgemeinerung dieses Ergebnisses auf drei Dimensionen?

Übung 18.2.3. a) Betrachten Sie noch einmal den eindimensionalen harmonischen Oszillator, der durch den Hamilton-Operator `hHO = px^2/(2m) + m w^2 x^2/2` definiert ist. Werten Sie die Kommutatoren `[[hHO,x],x]` und `[[hHO, px],px]` in der Orts- und Impulsdarstellung aus, und vergleichen Sie mit Ihren Ergebnisse aus Aufg. 15.1.3.

b) Definieren Sie die Auf- und Absteigeoperatoren aus Aufg. 15.4.1, und rechnen Sie `[aL,aR] == 1` nach. Werten Sie `[hHO`, `aR` und `aL]` sowohl in der Orts- als auch in der Impulsdarstellung aus.

Aufgabe 18.2.1. a) Werten Sie den Kommutator von `rvec . pvec` mit dem Hamilton-Operator `H = K + V` eines Teilchens in einem konservativen Feld aus, und zeigen Sie *d*`<rvec . pvec>/`*dt* `== <2K> - <rvec . grad[V]>`, wobei `<...>` ein Erwartungswert ist. Zeigen Sie damit, daß in einem *stationären Zustand* `<2K> == <rvec . grad[V]>` gilt; dies ist der *Virialsatz*. Hinweis: Nutzen Sie die Beziehung (15.1.2) aus, und arbeiten Sie in der Ortsdarstellung.

b) Überprüfen Sie diesen Satz explizit anhand eines Coulomb-Potentials und eines angeregten *2s*-Wasserstoffzustands. Wählen Sie also `V = -Z/r`, und verwenden Sie die Wellenfunktion `R2s = norm (2 - Z r) E^(-Z r/2)`. Dabei ist `r` der Betrag von `rvec`, `Z` die Kernladung und `norm` eine Normierungskonstante. (Alle Größen sind hier in *atomaren Einheiten* ausgedrückt mit `h = m = e = 1`; s. Übg. 19.0.3 und auch Abschn. 20.1.) Hinweis: Laden Sie das in Abschn. 13.4 eingeführte Paket ``Quantum`integExp` ``, um die auftretenden Integrale auszuwerten.

Aufgabe 18.2.2. Zeigen Sie mit Hilfe der Beziehung (15.1.2), ausgehend von dem Hamilton-Operator **H = K + V** eines Teilchens in einem konservativen Feld, daß die Zeitableitungen der Erwartungswerte **<...>** des Orts- und Impulsoperators durch *d***<rvec>/***dt* **== <pvec>/m** und *d***<pvec>**/*dt* **== -<grad[V]>** gegeben sind. Dies ist das *Ehrenfestsche Theorem*: die Gesetze der klassischen Mechanik (die *Hamiltonschen Gleichungen*) gelten für die quantenmechanischen Erwartungswerte (vgl. Abschn. 2.5 über das zweikomponentige Wellenpaket im Kasten, Abschn. 4.2 über das Wellenpaket für ein freies Teilchen, Abschn. 8.3 und 11.11 über gestauchte Zustände und Aufg. 15.1.3).

Aufgabe 18.2.3. Rufen Sie sich in Erinnerung, daß auf ein klassisches Teilchen mit der Ladung **e**, das sich mit der Geschwindigkeit **uvec =** *d***rvec/***dt* im elektrischen und magnetischen Feld **Evec** und **Bvec** bewegt, eine *Lorentz-Kraft* **m** *d***uvec**/*dt* **= e(Evec + uvec** × **Bvec/c)** wirkt (in Gauß-Einheiten; **c** ist die Lichtgeschwindigkeit). Überprüfen Sie die Verallgemeinerung des Ehrenfestschen Theorems (Aufg. 18.2.2) auf den Hamilton-Operator **HEB = (pvec - e/c Avec)^2/(2m) + V**, wobei **Avec** das Vektorpotential ist, aus dem sich **Evec = -grad[V] - 1/c** ∂**Avec/**∂t und **Bvec = curl[Avec]** ergeben.

Definieren Sie dazu einen Geschwindigkeitsoperator **uvec = (pvec - e/c Avec)/m**, und zeigen Sie *d***<rvec>/***dt* **== <uvec>** und *d***<uvec>/***dt* **== <e Evec + e/(2c)(uvec** × **Bvec - Bvec** × **uvec)>**. Beachten Sie, daß die beiden Terme **uvec** × **Bvec** und **-Bvec** × **uvec** klassisch identisch sind, quantenmechanisch aber nicht, da **uvec** und **Bvec** nicht vertauschen. Das symmetrische Mittel aus beiden Termen ist hermitesch, die einzelnen Terme dagegen nicht.

Hinweis: Arbeiten Sie in der Ortsdarstellung. Es wird sich als günstig erweisen, eine Funktion **OperatorCross[uvec,bvec] @ psi** zu definieren, die das Kreuzprodukt eines Vektoroperators **uvec** mit einem Vektorfeld **bvec** berechnet. Diese Funktion sollte, abgesehen von der Funktionsanwendung mit **@**, ein gewöhnliches Kreuzprodukt sein (vgl. Abschn. E.1.0). Verwenden Sie **OperatorCross** zur Berechnung von **Bvec = curl[Avec]** und **uvec** × **Bvec**.

Aufgabe 18.2.4. Wir verwenden die Ableitung **Dt**, damit wir mit beliebigen Funktionen arbeiten können, ohne explizit deren Koordinatenabhängigkeit anzugeben. Es ist jedoch lehrreich, statt dessen den Ableitungsoperator **D** zu verwenden. Definieren Sie also die Operatoren **pvec** und **rvec** mit **D**. Schreiben Sie dazu zuerst alle Funktionen mit einer expliziten Koordinatenabhängigkeit, z.B. **f[x,y,z]**. Verwenden Sie als zweite Möglichkeit statt dessen die Option **NonConstants** für **D**, und geben Sie diese Option durch Dreifach-Blanks an die Operatoren **pvec**, **rvec** und **Commutator** weiter (s. Übg. C.1.10).

18.3 Drehimpuls in kartesischen Koordinaten

Wir verwandeln durch die Ersetzung **pvec -> -I h grad** den *Bahndrehimpulsoperator* **lvec = rvec** × **pvec** in der *Ortsdarstellung* in einen Ableitungsoperator. Hier können wir das Kreuzprodukt einfach mit Hilfe der Funktion **Cross** aus dem Paket **LinearAlgebra`CrossProduct`** definieren:

```
Needs["LinearAlgebra`CrossProduct`"]

rvecC = {x,y,z};
lvec @ psi_ = Cross[rvecC, pvec[psi]];
```

Wir arbeiten in der Ortsdarstellung, um konkret zu bleiben; wir könnten jedoch ebensogut in der Impulsdarstellung arbeiten. In Analogie zu der formalen Darstellung aus Abschn. 16.0 führen wir Bezeichnungen für die Komponenten ein und stellen die Auf- und Absteigeoperatoren und das Quadrat des Drehimpulses auf:

```
lx @ psi_ = lvec[psi][[1]];
ly @ psi_ = lvec[psi][[2]];
lz @ psi_ = lvec[psi][[3]];

lR @ psi_ = lx @ psi + I ly @ psi;
lL @ psi_ = lx @ psi - I ly @ psi;

lsq @ psi_ =
    lx @ lx @ psi + ly @ ly @ psi + lz @ lz @ psi //
        Expand;
```

Wir können nun leicht nachprüfen, daß die Komponenten die Drehimpulsvertauschungsrelation **[lx,ly] == I h lz** und die entsprechenden zyklischen Permutationen erfüllen, z.B.

```
Commutator[lx,ly] @ psi == I h lz @ psi //ExpandAll

  True
```

Übung 18.3.1. a) Betrachten Sie die Form von **lsq** und der Komponenten von **lvec**, und vergleichen Sie sie mit unseren Definitionen für die formale Darstellung. Prüfen Sie nach, daß **lvec** mit **lsq** vertauscht. Werten Sie außerdem **[lx,y]** und **[lx,py]** und die entsprechenden zyklischen Permutationen aus, und vergleichen Sie Ihre Ergebnisse mit Übg. 16.0.1. Zeigen Sie schließlich noch **[lR,lL] == 2h lz** und **[lz, lR** oder **lL] == h (lR** oder **-lL)**, und vergleichen Sie Ihre Ergebnisse mit Aufg. 16.0.1.

b) Zeigen Sie, daß **lvec** mit der kinetischen Energie **K** vertauscht. Der Drehimpuls ist also für ein *freies* Teilchen eine Konstante der Bewegung (vgl. Übg. 18.2.1 und Aufg. 18.2.2). Wir werden in Übg. 19.1.3 einen gemeinsamen Satz von Eigenfunktionen konstruieren.

18.4 Rotationssymmetrie

Als Beispiel betrachten wir ein ansonsten beliebiges Potential **V[r]**, das nur vom Betrag von **rvecC**, also vom radialen Abstand **r = Sqrt[x^2 + y^2 + z^2]** vom Ursprung abhängt. Wie wir in Übg. E.2.2 gesehen haben, ist der Gradient dieser Funktion, und damit auch die klassische Kraft, proportional zu **rvecC** und wirkt somit entlang einer Geraden durch den Ursprung. Solche Kräfte sind kugelsymmetrisch und werden als *Zentralkräfte* bezeichnet; die Potentiale, aus denen sie abgeleitet sind, heißen *Zentralpotentiale.*

Wir können zeigen, daß der *Bahndrehimpuls* **lvec** mit einem Hamilton-Operator der Form

```
H @ psi_ = K @ psi + V[Sqrt[x^2 + y^2 + z^2]] psi;
```

der ein Zentralpotential enthält, vertauscht:

```
{Commutator[lvec,H] @ psi, Commutator[lsq,H] @ psi}

  {{0, 0, 0}, 0}
```

Da der Kommutator eines Operators mit **H** gemäß (15.1.2) die zeitliche Ableitung des Erwartungswertes des Operators bestimmt, haben wir damit gezeigt, daß der Bahndrehimpuls eine Konstante der Bewegung ist, wenn ausschließlich Zentralkräfte auftreten. Dies ist natürlich die quantenmechanische Entsprechung des *zweiten Keplerschen Gesetzes* der klassischen Mechanik. Wir können außerdem schließen, daß die Eigenfunktionen von **H** gleichzeitig als Eigenfunktionen *einer* der Komponenten von **lvec** (da die einzelnen Komponenten nicht miteinander vertauschen) und von **lsq** gewählt werden können. Diese Konstanten der Bewegung beruhen auf der Kugelsymmetrie der Kräfte: in Abwesenheit äußerer Drehmomente ist bei festem Abstand vom Ursprung keine Richtung ausgezeichnet.

Aufgabe 18.4.1. Betrachten Sie ein System mit Zentralkräften, dessen Kugelsymmetrie durch ein homogenes elektrisches Feld gebrochen ist. Gehen Sie von einer Dipolwechselwirkung der Form **Eo nvec . rvecC** aus, wobei **Eo** die Feldstärke ist und der Einheitsvektor **nvec** die Feldrichtung angibt. Zeigen Sie, daß in der verbleibenden Zylindersymmetrie nur die Projektion des Drehimpulses entlang der Richtung des elektrischen Feldes erhalten ist. Nehmen Sie dazu zunächst an, daß das Feld in Richtung der z-Achse zeigt, und gehen Sie dann zu einer beliebigen Feldrichtung **nvec** über.

Die obige Diskussion legt einen Zusammenhang zwischen dem Drehimpuls und starren Drehungen nahe; dieser besteht in der Tat und hat viele nützliche Anwendungen. Betrachten wir die Änderung **d[f]** einer Funktion **f[x,y,z]** aufgrund einer *infinitesimalen Drehung* um einen Winkel **dp** um eine Achse **nvec** durch den Ursprung. Die Geometrie ist in Abb. 18.1 dargestellt. Durch Taylor-Entwicklung zeigt man leicht (s. Aufg. 18.4.2) **d[f] == -I/h dp nvec • lvec @ f**, wobei der Operator **lvec/h** als *Generator der infinitesimalen Drehungen* bezeichnet wird. Wir stellen nun fest, daß diese Änderung sich auch durch **d[f] == -I/h dp [nvec • lvec,f]** ausdrücken läßt; davon können Sie sich in Übg. 18.4.1 überzeugen. Dieser Ausdruck entspricht der Änderung einer Funktion aufgrund einer infinitesimalen Translation (s. Aufg. 18.4.3).

Die Änderung **d[f]** verleiht daher dem Kommutator des Drehimpulses mit dem Hamilton-Operator für ein Zentralpotential die folgende Bedeutung: per Definition ist eine Funktion **f** rotationssymmetrisch um eine Achse **nvec**, wenn **d[f] = 0** gilt. Es folgt, daß eine solche Funktion mit dem Generator der infinitesimalen Drehungen um **nvec** vertauscht: **[nvec • lvec,f] = 0**. Da der Drehimpuls mit der kinetischen Energie vertauscht (s. Übg. 18.3.1 und auch Abschn. 19.0), schließen wir, daß Rotationsinvarianz des Potentials um eine Achse gleichbedeutend ist mit der Erhaltung des Drehimpulses um diese Achse. Dies ist natürlich nur eins von vielen Beispielen für den wichtigen Zusammenhang zwischen Symmetrien und Erhaltungssätzen.

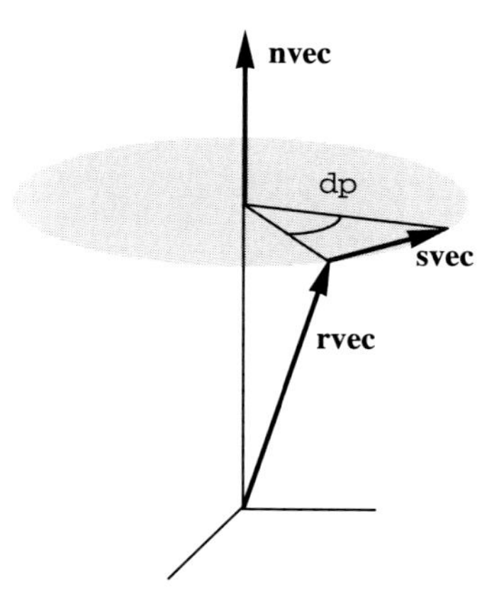

Abb. 18.1. Geometrie einer infinitesimalen Drehung um eine Achse **nvec** durch den Ursprung.

Übung 18.4.1. Zeigen Sie, daß für eine beliebige Funktion **f** von **x**, **y** und **z** gilt **[lvec,f] == lvec @ f**. Gehen Sie zur Impulsdarstellung über, und zeigen Sie, daß für eine beliebige Funktion **g** von **px**, **py** und **pz** gilt **[lvec,g] == lvec @ g**.

Aufgabe 18.4.2. a) Leiten Sie die Beziehung **d[f] == -I/h dp nvec • lvec @ f** her, indem Sie **f[rvec - svec]** nach **svec** entwickeln, für eine infinitesimale Drehung **svec -> dp nvec** × **rvec** einsetzen und nur Terme bis zur ersten Ordnung in **dp** behalten (vgl. Abb. 18.1 und Abschn. E.2.3). (Wir folgen hier der Betrachtungsweise, daß der *Wert* der Funktion **f[rvec]** nach der Transformation am Punkt **rvec + svec** angenommen wird, so daß **f[rvec - svec]** den neuen Wert von **f** am Punkt **rvec** angibt.) Hinweis: Sie müssen den *Kopf* des Arguments **rvec - svec**, der zunächst **List** ist, mit Hilfe von **f @@ (rvec - svec)** (also **Apply**) zu **f** ändern, damit **Series** wie gewünscht funktioniert.

b) Rechnen Sie direkt nach, daß **d[f]** (i) bei Kugelsymmetrie und Drehung um eine beliebige Achse sowie (ii) bei Zylindersymmetrie und Drehung um die z-Achse verschwindet.

c) Rechnen Sie nach, daß die Drehung einer beliebigen Funktion, gefolgt von der entsprechenden *inversen* Drehung, die Funktion in erster Ordnung in **dp** nicht ändert.

Aufgabe 18.4.3. Zeigen Sie, daß **pvec/h** der *Generator der infinitesimalen Translationen* ist, und daß Translationsinvarianz gleichbedeutend ist mit der Erhaltung des *linearen* Impulses. Zeigen Sie also, daß **d[f] == +I/h dn [nvec • pvec,f]** die Änderung einer Funktion **f** aufgrund einer infinitesimalen Translation **dn** entlang **nvec** angibt (vgl. Übg. 18.2.2). Dies entspricht dem Ausdruck für Drehungen in der vorangehenden Aufgabe.

Aufgabe 18.4.4. Wiederholen Sie Aufg. 18.4.1 für ein Teilchen mit der Ladung **e** in einem homogenen äußeren magnetischen Feld (vgl. Aufg. 18.2.3). Verwenden Sie als Vektorpotential **Avec == Bo/2 nvec** × **rvec**, wobei **Bo** die Feldstärke ist (s. auch Übg. E.2.6).

Bei der Behandlung dieses Problems vernachlässigt man oft Terme im Hamilton-Operator, die quadratisch in der Feldstärke sind, also den (kleinen) Term mit **(Bo/c)^2**. Zeigen Sie, daß dann das magnetische Feld in erster Näherung durch die magnetische Energie **-Bo nvec • Mvec** berücksichtigt werden kann, wobei **Mvec == e/(2m c) lvec** das effektive *magnetische Moment* des Systems ist. Diese angenäherte Wechselwirkung vertauscht offenbar mit dem Generator der infinitesimalen Drehungen um **nvec**.

18.5 Dynamische Symmetrie

Bei der Konstruktion eines vollständigen Satzes vertauschender Observablen für ein System kann es von großem Vorteil sein, die Symmetrien des Systems zu erkennen. Wenn wir das Eigenwertspektrum einer Observablen berechnen können, erhalten wir weitere Quantenzahlen, mit denen wir den Zustand des Systems vollständiger bestimmen können. Die betrachtete Observable kann natürlich die Energie sein; dann geht es um die Lösung der Schrödinger-Gleichung des Systems. Vertauschende Observablen verbinden wir mit einer Separation der Variablen in den Differentialgleichungen, die die Observablen definieren.

Zum Beispiel haben wir gesehen, daß der Bahndrehimpuls bei kugelsymmetrischem Potential mit dem Hamilton-Operator vertauscht und somit weitere Quantenzahlen liefert. Wie wir später sehen werden, erlaubt ein Zentralpotential die Reduktion der Schrödinger-Gleichung für zwei Teilchen von sechs unabhängigen Variablen auf nur eine, nämlich den Abstand $\mathbf{r}$ der Teilchen. Solche *geometrischen Symmetrien* sind oft einfach zu finden; sie entsprechen invarianten Transformationen des Systems in Raum und Zeit. Dazu gehören unter anderem räumliche Spiegelungen und Inversionen (*Parität*) und Zeitumkehr (s. Kap. 5 und Übg. 5.0.6; vgl. Schiff [60]).

Von besonderem Interesse sind Systeme, deren Kraftgesetz eine Lösung der Schrödinger-Gleichung (und meistens auch der klassischen Bewegungsgleichungen) durch eine endliche Anzahl einfacher Funktionen, d.h. in *geschlossener* Form erlaubt. Die Wellengleichungen für diese Systeme lassen sich oft in verschiedenen Koordinatensystemen oder in einem Koordinatensystem mit verschiedenen Achsenrichtungen separieren. Die bekanntesten Beispiele sind der harmonische Oszillator und das Wasserstoffatom. In solchen Fällen stellt sich natürlich die Frage: Gibt es noch verborgene oder *dynamische Symmetrien* außer den offensichtlichen geometrischen?

In der Tat war Paulis fundamentaler Beitrag zur Grundlegung der Quantenmechanik eine Herleitung des Energiespektrums des Wasserstoffatoms, die auf der Erhaltung eines zweiten Vektors neben dem Drehimpuls beruht. Die zusätzliche Erhaltungsgröße ist allgemein als *Runge-Lenz-Vektor* bekannt (s. Heintz [33]), obwohl sich ihr Ursprung zu Laplace und dessen Arbeiten über das Gravitationsgesetz zurückverfolgen läßt (s. Goldstein [25, 26]). Wir werden ihre Eigenschaften im nächsten Abschnitt untersuchen.

Eine zusätzliche Erhaltungsgröße läßt sich auch im Falle eines *zweidimensionalen isotropen* harmonischen Oszillators konstruieren. Wie das Kepler-Problem hat auch der klassische isotrope Oszillator elliptische Bahnen als Lösungen. Im Gegesatz zum Kepler-Problem, in dem das Kraftzentrum einer der Brennpunkte der Ellipse ist, ist es beim Oszillator der Mittelpunkt der Ellipse. Diese nur scheinbar höhere Symmetrie führt dazu, daß die zusätzliche Konstante der Bewegung komplizierter ist als ein Vektor (s. Aufg. 18.7.2). Der isotrope Oszillator und das Kepler-Problem sind dennoch eng verwandt; sie lassen sich sogar ineinander transformieren (s. Aufg. 20.5.4).

Das Wasserstoffatom, der harmonische Oszillator und einige wenige andere Probleme in der Quantenmechanik lassen sich also in geschlossener Form lösen. Es ist erstaunlich, daß keine solchen Lösungen für scheinbar so einfache Systeme wie das Heliumatom oder Erde, Sonne und Mond gefunden wurden, obwohl auch hier nur Keplersche **`1/r^2`**-Kräfte auftreten. Trotz meisterlicher Anstrengungen über zwei Jahrhunderte hinweg bleiben diese Probleme auffällige Lücken in der Geschichte der modernen Physik.

Eine moderne Diskussion dieser Fragen und der tieferen Zusammenhänge zwischen der Quantenmechanik und der klassischen Mechanik findet sich in dem Buch von Gutzwiller [31]. Wenn Sie sich für das Coulomb-Problem mit mehr als zwei Körpern interessieren, finden Sie einen Einstieg durch den kürzlich erschienenen und zugänglichen Übersichtsartikel von Rau [56] und die dortigen Literaturangaben.

Bemerkung zur Gruppentheorie

Eine systematische Untersuchung von Symmetrien ist mit Hilfe eines ausgefeilten mathematischen Formalismus möglich: der *Gruppentheorie*. Während die einzelnen Methoden in physikalischen Anwendungen im allgemeinen nicht benötigt werden, sind die Grundideen und Bezeichnungen der Gruppentheorie äußerst nützlich. Eine *Gruppe* ist in unserem Zusammenhang ein Satz mathematischer Operationen, die physikalische Transformationen beschreiben, die das System unverändert lassen. Eine Gruppe wird durch die Kommutatoralgebra oder *Gruppenalgebra* charakterisiert, der bestimmte Konstanten der Bewegung, nämlich die Generatoren der infinitesimalen Transformationen, genügen. So definieren beispielsweise die Vertauschungsrelationen zwischen den Komponenten des Drehimpulses (s. Aufg. 16.1.1), d.h. den Generatoren der infinitesimalen Drehungen, die Drehgruppe *SO(3)* in drei Dimensionen. Es ist kaum verwunderlich, daß man eine direkte Beziehung (einen *Homöomorphismus*) zur Algebra der in Abschn. E.4.3 definierten Drehmatrix **`RotationMatrix3D`** herstellen kann (s. auch Abschn. 19.2 und 19.3 und Übg. 19.3.5). Das *O* steht für reelle orthogonale Matrizen, während das *S* die Gruppe auf *spezielle* Matrizen mit der Determinante **`+1`**, also auf eigentliche Drehungen einschränkt (s. Übg. E.4.6).

Wir werden feststellen, daß die sechs Komponenten des Drehimpulses und des Runge-Lenz-Vektors im Coulomb-Problem 15 Vertauschungsrelationen erfüllen, die die Algebra der *SO(4)*-Gruppe der eigentlichen Drehungen in vier Dimensionen definieren. Dieser Raum unterscheidet sich grundlegend vom dreidimensionalen physikalischen Raum; er dient lediglich der Beschreibung der verborgenen oder dynamischen Symmetrie des Wasserstoffatoms (s. auch Goldstein [26] und Schiff [60]).

18.6 Runge-Lenz-Vektor

Wir setzen nun in unseren Hamilton-Operator als Zentralpotential das Coulomb-Potential eines wasserstoffähnlichen Atoms mit einem Elektron und einer Kernladung **Z e** am Koordinatenursprung **r = 0** ein:

```
H @ psi_ = K @ psi - Z e^2/Sqrt[x^2 + y^2 + z^2] psi;

SetAttributes[{Z,e,m,h}, Constant];
```

Dabei ist **Z** ist die *Ordnungszahl* des Atoms. Die Masse **m** in der kinetischen Energie **K** ist die reduzierte Masse von Elektron und Kern; wenn wir die Masse des Kerns als unendlich betrachten, so ist dies einfach die Elektronenmasse (s. Abschn. 15.2 und Übg. 15.2.1).

Klassisch zeigt man leicht mit Hilfe des zweiten Newtonschen Gesetzes, daß der Runge-Lenz-Vektor **Avec = (pvec** × **lvec)/m - Z e^2 rvecC/r** eine Konstante der Bewegung ist; dabei ist **r = Sqrt[rvecC.rvecC]** (s. z.B. Goldstein [26] und Heintz [33]). Wenn wir diese Größe in die Quantenmechanik übertragen wollen, müssen wir berücksichtigen, daß die Komponenten von **pvec** und **lvec** nicht vertauschen (s. Übg. 18.3.1), so daß **pvec** × **lvec** kein hermitescher Operator ist. Wir können diesen Operator jedoch durch das entsprechende symmetrische Mittel (**pvec** × **lvec - lvec** × **pvec)/2** ersetzen, welches hermitesch ist. (Eine ähnliche Situation trat in Aufg. 18.2.3 auf.)

Wir konstruieren also den quantenmechanischen Runge-Lenz-Vektor, seine kartesischen Komponenten und sein Quadrat. Wir verwenden zur Berechnung der Kreuzprodukte der Vektoroperatoren die Definition aus Abschn. E.1.0. (Diese Rechnung dauert ungefähr 90 Sekunden. Wir unterdrücken die Ausgabe, da sie lang und für uns nicht von Interesse ist.)

```
Avec @ psi_ =
    Table[
        Sum[
            Signature[{i,j,k}] *
            (pvec[#][[i]]& @ lvec[#][[j]]& @ psi -
             lvec[#][[i]]& @ pvec[#][[j]]& @ psi),
               {i,1,3}, {j,1,3}
        ],
        {k,1,3}
    ]/(2m) - Z e^2 rvecC/Sqrt[rvecC.rvecC] psi //
        Expand;

Ax @ psi_ = Avec[psi][[1]];
Ay @ psi_ = Avec[psi][[2]];
Az @ psi_ = Avec[psi][[3]];
```

```
Asq @ psi_ =
    Ax @ Ax @ psi + Ay @ Ay @ psi + Az @ Az @ psi //
        Expand;
```

Wir leiten nun drei wichtige Ergebnisse her. Als erstes zeigen wir, daß **Avec** mit dem Hamilton-Operator vertauscht (das dauert ungefähr 80 Sekunden):

```
Commutator[ Avec, H ] @ psi //Map[Factor,#]&
```

```
{0, 0, 0}
```

Als zweites stellen wir fest, daß **Avec** entlang der Hauptachse der *klassischen* Bahn liegt und daher senkrecht auf dem Drehimpulsvektor steht, d.h. **lvec • Avec = 0**, wie in Abb. 18.2 gezeigt. Quantenmechanisch gilt daher:

```
{lx @ Ax @ # + ly @ Ay @ # + lz @ Az @ # & @ psi,
 Ax @ lx @ # + Ay @ ly @ # + Az @ lz @ # & @ psi} //
    Expand
```

```
{0, 0}
```

Schließlich setzen wir noch, in Analogie zu dem klassischen Ausdruck, **Asq** mit dem Hamilton-Operator in Beziehung:

```
2/m H @ (lsq @ # + h^2 #) + Z^2 e^4 # & @ psi //Expand;
```

Am schnellsten läßt sich die Äquivalenz dieses Ausdrucks mit **Asq @ psi** zeigen, indem man nachprüft, daß die Differenz der beiden Ausdrücke verschwindet:

```
Asq @ psi - % //Together
```

```
0
```

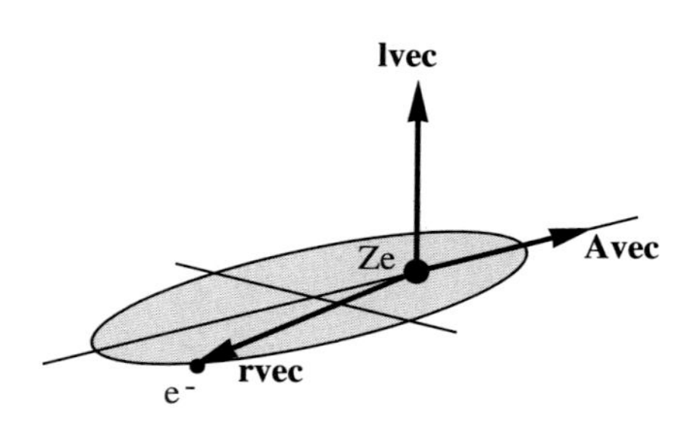

Abb. 18.2. Ein Elektron auf einer Kepler-Bahn mit Ortsvektor **rvec**, Drehimpuls **lvec** und Runge-Lenz-Vektor **Avec**.

Obwohl wir diese drei Ergebnisse unter geringem Aufwand hergeleitet haben, zeigt eine Betrachtung der beteiligten Ausdrücke, daß dazu etliche Umformungen notwendig waren, deren Durchführung von Hand bestenfalls als langwierig bezeichnet werden kann (vgl. Goldstein [26] und auch Schiff [60]).

Übung 18.6.1. Drücken Sie **Avec** durch den Kommutator von **pvec** und **lsq** aus. Dieses Ergebnis hilft bei der Berechnung von Matrixelementen, die **Avec** enthalten.

18.7 Wasserstoffspektrum

Bemerkenswerterweise können wir an dieser Stelle das Energiespektrum **e[n]** des Wasserstoffatoms ohne viel zusätzlichen Aufwand konstruieren. Den entscheidenden Hinweis liefert eine Analogie zum Drehimpuls. Im Falle *negativer* Energien (dazu gehört insbesondere der Grundzustand) ersetzen wir **Avec** durch den Operator

```
Mvec == Sqrt[m/(-2 e[n])] Avec                    (18.7.1)
```

und **lvec** und **Mvec** durch das Paar

```
J1vec == (lvec + Mvec)/2
J2vec == (lvec - Mvec)/2                          (18.7.2)
```

Die Operatoren **J1vec** und **J2vec** vertauschen, und ihre Komponenten genügen den Drehimpulsvertauschungsrelationen. Ihre Eigenwertspektren sind daher bekannt (aus Aufg. 16.1.1) und können zur Berechnung des Spektrums von **Asq** und damit von **H** verwendet werden. Dieser elegante Trick geht auf Pauli zurück. Die Details verschieben wir auf die nächste Aufgabe. Beachten Sie, daß die Operatoren **Jivec** mathematische Konstrukte und nicht Drehimpulse physikalischer Teilchen sind. Sie werden daher mitunter als *Pseudodrehimpulse* bezeichnet.

Wir wir noch sehen werden, können wir sogar die Wellenfunktionen des Wasserstoffatoms in Analogie zu Aufg. 6.7.1 mit diesen Operatoren konstruieren (s. auch Übg. 11.9.2). Damit warten wir jedoch, bis wir die Eigenfunktionen von **lsq** und **lz**, nämlich die Kugelfunktionen, eingeführt haben.

Aufgabe 18.7.1. Bestimmen Sie das Spektrum negativer Energien eines Atoms mit einem Elektron und einer Kernladung **Z e** anhand der Tatsache, daß der Drehimpuls und der Runge-Lenz-Vektor mit dem Hamilton-Operator vertauschen.

a) Stellen Sie zunächst die Vertauschungsrelationen zwischen den Komponenten von **lvec** und **Avec** auf, d.h. zeigen Sie

```
Commutator[Ax,lx] ==  0
Commutator[Ax,ly] ==  I h Az
Commutator[Ax,lz] == -I h Ay
Commutator[Ax,Ay] == -2I h/m H @ lz
```

und die entsprechenden zyklischen Permutationen. Diese zwölf Kommutatoren definieren zusammen mit den dreien für **lvec** die Algebra der *SO(4)*.

Da in **[Ax,Ay]** der Hamilton-Operator **H** auftritt, bietet es sich an, in einem Unterraum von Eigenfunktionen zu einer bestimmten Eigenenergie zu arbeiten. Dann kann **H** durch seinen Eigenwert **e[n]** ersetzt werden. Zur Umsetzung der obigen Vertauschungsrelationen ist es günstig, zur formalen Darstellung überzugehen und ****** aus Kap. 15 einzuführen.

b) Wenn man den Operator **Avec** in der formalen Darstellung durch **Mvec = Sqrt[m/(-2 e[n])]Avec** ersetzt, so werden die obigen 15 Kommutatoren zu zyklischen Permutationen von **[Mx,ly] == I h Mz**. Definieren Sie eine Funktion **MlCommute** in Analogie zu **j12Commute** aus Abschn. 17.0, die diese Kommutatoren bezüglich ****** implementiert.

Verwenden Sie **MlCommute**, um zu zeigen, daß die Pseudodrehimpulsoperatoren **J1vec == (lvec + Mvec)/2** und **J2vec == (lvec - Mvec)/2** vertauschen und daß ihre Komponenten den Drehimpulsvertauschungsrelationen genügen. Ihre Quadrate **Jisq** haben daher die Eigenwerte **h^2 ji(ji+1)** mit **ji = 0**, **1/2**, **1**, **3/2**, ...

Zeigen Sie **J1sq + J2sq == (lsq + Msq)/2** und **J1sq - J2sq == lvec • Mvec**. Damit gilt **J1sq == J2sq** wegen **lvec • Mvec = 0**, und damit **j1 = j2**.

c) Verwenden Sie die Beziehung zwischen **Asq** und **H**, um zu zeigen, daß die Eigenenergien durch die *Balmersche Serienformel* **e[n] = -Z^2 Ry/n^2** gegeben sind; dabei ist **n = 2 j1+1**, **Ry = e^2/(2ao) = 13.6 eV** ist die Rydbergkonstante und **ao = h^2/(m e^2) = 0.529**Å (Ångström) ist der Bohrsche Radius.

Die *Hauptquantenzahl* kann also wegen **j1 = 0**, **1/2**, **1**, ... die Werte **n = 1**, **2**, **3**, ... annehmen. Die Grundzustandsenergie des Wasserstoffatoms (**Z = 1**) ist somit **-13.6 eV**.

d) Daß das Energiespektrum vollständig durch die Quantenzahl **j1** oder **n** bestimmt ist, ist eine Eigenart der Coulomb-Kraft. Für diese Kraft ist der Runge-Lenz-Vektor eine Konstante der Bewegung; jede Abweichung von einer reinen **1/r^2**-Kraft würde zu einer Präzession des Runge-Lenz-Vektors um den Drehimpulsvektor führen. Die Energieeigenzustände können daher gleichzeitig als Eigenzustände von **J1z** und **J2z** gewählt werden. Da **J1z** und **J2z** zu gegebenem **n** beide **2 j1+1 = n** unabhängige Eigenwerte haben, gibt es **n^2** *entartete* Zustände zu jedem Energieniveau (**n^2** Zustände gleicher Energie).

Es ist jedoch üblich, Energieeigenzustände zu wählen, die gleichzeitig Eigenzustände von **lsq** und **lz** sind. Aus der Dreiecksbedingung für die Addition von Drehimpulsen (s. Abschn. 17.0) folgt, daß die Quantenzahlen von **lsq** für **lvec == J1vec + J2vec** im Intervall **0 = Abs[j1-j2]** $\leq$ **l** $\leq$ **j1 + j2 = n-1** liegen. Zeigen Sie noch einmal, daß es **n^2** entartete Zustände zu gegebenem **n** gibt; verwenden Sie dabei, daß es **2 l + 1** Eigenwerte von **lz** zu gegebenem **l** gibt. (Werten Sie die dabei auftretende Summe mit Hilfe des Pakets **Algebra`SymbolicSum`** symbolisch aus.)

Aufgabe 18.7.2. Betrachten Sie den *zweidimensionalen isotropen* harmonischen Oszillator mit dem Hamilton-Operator **hHO = Sum[(p[i]^2 + m^2 w^2 x[i]^2)/(2m),{i,1,2}]** in der x-y-Ebene mit **x[1] = x** und **x[2] = y**. Offensichtlich ist **lz** eine Konstante der Bewegung, da die z-Achse eine Symmetrieachse des Systems ist (s. auch Aufg. 20.5.3 und 20.5.4).

a) Zeigen Sie, daß der zweidimensionale symmetrische *Tensoroperator* **A** mit den Komponenten **A[i,j] = (p[i] p[j] + m^2 w^2 x[i] x[j])/(2m)** ebenfalls eine Konstante der Bewegung ist. Erklären Sie physikalisch, warum die Diagonalelemente erhalten sind.

b) Zeigen Sie, daß die drei Operatoren

```
S1 = (A[1,2][#] + A[2,1][#])/(2 w) &
S2 = (A[2,2][#] - A[1,1][#])/(2 w) &
S3 = lz[#]/2 &
```

die Drehimpulsvertauschungsrelationen erfüllen und mit der Summe ihrer Quadrate **Ssq = S1 @ S1[#] + S2 @ S2[#] + S3 @ S3[#] &** vertauschen. Diese Operatoren sind daher die Generatoren der infinitesimalen Drehungen in einem unphysikalischen dreidimensionalen Raum. (Es stellt sich jedoch heraus, daß die *SO(3)* nicht ganz die richtige Symmetriegruppe für dieses Problem ist. Die richtige Gruppe ist die eng verwandte homöomorphe Gruppe *SU(2)* der speziellen unitären 2×2-Matrizen; s. Goldstein [26].)

c) Bestimmen Sie den Zusammenhang zwischen **Ssq** und **hHO**, und zeigen Sie, daß das Energiespektrum des Oszillators durch **eHO[s] = h w(2s+1)** gegeben ist, wobei **s = 0, 1/2, 1, ...** die Quantenzahl von **Ssq** ist. Zu gegebenem **s** gibt es **2s+1** entartete Energieniveaus, die den Eigenfunktionen einer der Komponenten von **Si** entsprechen. Welches sind die erlaubten Eigenwerte von **lz**, wenn die Energieeigenfunktionen als Eigenfunktionen von **S3** gewählt werden? Erklären Sie die Entartung, indem Sie das Energiespektrum (aus Aufg. 15.4.1) durch die unabhängigen **x**- und **y**-Anteile ausdrücken.

19. Drehimpuls in Kugelkoordinaten

Als wichtiges Beispiel der Einführung krummliniger Koordinaten werden wir nun den Bahndrehimpuls **lvec = -I h rvec** × **grad** in die Kugelkoordinaten **r**, **t** und **p** transformieren. Diese Koordinaten werden in Abschn. E.4.0 diskutiert und sind dort in Abb. E.4 dargestellt. Der Polarwinkel **t** und der Azimutwinkel **p** mit {**t,0,Pi**} und {**p,0,2Pi**} bilden die Einheitskugel mit Radius **r = 1** ab.

Zur Durchführung unseres Vorhabens schreiben wir den Ortsvektor und den Gradienten in Kugelkoordinaten. Mit den entsprechenden Einheitsvektoren **er**, **et** und **ep** gilt nach Abschn. E.4.4:

```
grad[f_] =
    er Dt[f,r] + et/r Dt[f,t] + ep/(r Sin[t]) Dt[f,p];
```

Um den Drehimpuls auf beide Koordinatensysteme beziehen zu können, brauchen wir außerdem aus Abschn. E.4.1 die Ersetzungsregeln **eSrep** und **eCrep** für die Einheitsvektoren in beiden Koordinatensystemen:

```
eSrep = {er -> {1,0,0}, et -> {0,1,0}, ep -> {0,0,1}};
eCrep =
    {er -> {Cos[p] Sin[t], Sin[p] Sin[t],  Cos[t]},
     et -> {Cos[p] Cos[t], Cos[t] Sin[p], -Sin[t]},
     ep -> {-Sin[p], Cos[p], 0}};
```

Entsprechend Abschn. 18.3 und mit **rvec = r er** berechnen wir nun den Drehimpuls *in Bezug auf die Einheitsvektoren der Kugelkoordinaten*:

```
Needs["LinearAlgebra`CrossProduct`"]

lvecS @ psi_ = -I h Cross[r er, grad[psi]] /. eSrep

  {0, I h Csc[t] Dt[psi, p], -I h Dt[psi, t]}
```

Effektiv haben wir den Gradienten **gradS** in Kugelkoordinaten aus Abschn. E.4.4 eingesetzt. Dieses einfache Ergebnis zeigt, daß **lvec** mit jeder Funktion von **r** vertauscht, insbesondere mit einem beliebigen Zentralpotential. Die Abwesenheit von Ableitungen nach **r** folgt außerdem aus der

Tatsache, daß **lvecS/h** der Generator der infinitesimalen Drehungen ist. In der Quantenmechanik benötigen wir die kartesischen Komponenten **lx**, **ly** und **lz**, auch wenn wir mit Kugelkoordinaten arbeiten. Wir erhalten sie, indem wir den kartesischen Gradienten **gradC** aus Abschn. E.4.4 einsetzen. Da unsere Rechnungen ausgiebigen Gebrauch von trigonometrischen Funktionen machen werden, lohnt es sich außerdem, unsere verbesserte Version von **TrigReduce** aus Übg. C.2.2 zu laden:

```
Needs["Quantum`Trigonometry`"]

lvecC @ psi_ = -I h Cross[r er, grad[psi]] /. eCrep //
        TrigReduce //Expand;

{lx @ psi_ = lvecC[psi][[1]],
 ly @ psi_ = lvecC[psi][[2]],
 lz @ psi_ = lvecC[psi][[3]]}

  {I h Cos[p] Cot[t] Dt[psi, p] + I h Dt[psi, t] Sin[p],

    -I h Cos[p] Dt[psi, t] + I h Cot[t] Dt[psi, p] Sin[p],

    -I h Dt[psi, p]}
```

Als Kontrolle können wir wieder eine der Drehimpulsvertauschungsrelationen nachrechnen. Da wir **Dt** verwenden, müssen wir die Kugelkoordinaten als unabhängig erklären, wie wir es in Abschn. 18.1 mit den kartesischen Koordinaten getan haben:

```
IndependentVariables[x_,y_,z_] :=
    Module[{},
        x/: Dt[x,y] := 0;     x/: Dt[x,z] := 0;
        y/: Dt[y,x] := 0;     y/: Dt[y,z] := 0;
        z/: Dt[z,x] := 0;     z/: Dt[z,y] := 0
    ]

IndependentVariables[r,t,p];        SetAttributes[h, Constant]
Commutator[A_,B_] @ psi_ := A @ B @ psi - B @ A @ psi //
    Expand

Commutator[lx,ly] @ psi == I h lz @ psi //TrigReduce

  True
```

Die kartesischen Komponenten **lx**, **ly** und **lz** brauchen wir zur Berechnung von **lsq**. Die Einheitsvektoren der Kugelkoordinaten hängen selbst von den Koordinaten **t** und **p** ab, so daß wir bei der Berechnung von **lsq** darauf achten müssen, daß wir sie richtig ableiten; dies tun wir bei der Berechnung von **div** und **curl** in Abschn. E.4.5. Insbesondere würden wir nicht das richtige Ergebnis bekommen, wenn wir **lvecS** verwenden würden. Wir berechnen also **lsq** als Summe der Quadrate der kartesischen Komponenten und vereinfachen:

```
lsq @ psi_ =
    lx @ lx @ psi + ly @ ly @ psi + lz @ lz @ psi //
        Expand //TrigReduce
```

```
   2                         2       2
-(h  Cot[t] Dt[psi, t]) - h  Csc[t]  Dt[psi, {p, 2}] -

  2
 h  Dt[psi, {t, 2}]
```

Dieses Ergebnis zeigt, daß auch **lsq** mit jeder Funktion von **r** vertauscht. Es ist ein Beleg für die Nützlichkeit der Kugelkoordinaten, daß dieses Ergebnis viel einfacher als sein Gegenstück in kartesischen Koordinaten ist (vgl. Übg. 8.3.1).

Schließlich konstruieren wir noch Auf- und Absteigeoperatoren und bringen sie in eine konventionelle Form mit komplexen Exponentialfunktionen **E^(±I p)**; dazu verwenden wir die Funktion **TrigToComplex**, die ebenfalls in dem Paket **Quantum`Trigonometry`** definiert ist:

```
{lR @ psi_ = lx[psi] + I ly[psi] //.
                {Cos[p] :> TrigToComplex[Cos[p]],
                 Sin[p] :> TrigToComplex[Sin[p]]} //
                 Expand //Factor,

 lL @ psi_ = lx[psi] - I ly[psi] //.
                {Cos[p] :> TrigToComplex[Cos[p]],
                 Sin[p] :> TrigToComplex[Sin[p]]} //
                 Expand //Factor}
```

```
  I p
{E    h (I Cot[t] Dt[psi, p] + Dt[psi, t]),

    -I p
 -(E     h (-I Cot[t] Dt[psi, p] + Dt[psi, t]))}
```

Es ist lehrreich, an dieser Stelle den Operator der kinetischen Energie **K** in Kugelkoordinaten zu transformieren und in mit **lsq** in Beziehung zu setzen. In Übg. 19.0.2 ergibt sich

```
K = -h^2 Dt[r^2 Dt[#,r], r]/(2m r^2) + lsq[#]/(2m r^2) &
```

```
   2     2
  h  Dt[r  Dt[#1, r], r]     lsq[#1]
-(----------------------) + -------- &
                 2                2
          2 m r              2 m r
```

Dieses Ergebnis war anhand des klassischen Ausdrucks zu erwarten (s. Übg. 15.2.1). Dabei haben wir eine reine Funktion definiert, die nicht auf eine Wellenfunktion angewendet wird, um zu verhindern, daß die beiden Beiträge ausgewertet werden (geben Sie **K @ psi** ein, und vergleichen Sie). Der erste Term wird als *radiale* kinetische Energie bezeichnet, der zweite Term mit **lsq** als *Zentrifugalpotential*, da seine negative Ableitung nach **r** zu einer Zentrifugalkraft führt, die das Teilchen für **lsq** $\neq$ **0** vom Ursprung wegdrückt. Man spricht auch von einer *Zentrifugalbarriere* um den Ursprung (s. Übg. 19.1.3 und auch Abschn. 20.1).

In dieser Form vertauscht **K** offensichtlich mit **lsq**, da **lsq** nicht von **r** abhängt und daher mit Ableitungen nach **r** vertauscht. Außerdem zeigt sich wiederum (s. Übg. 18.3.1), daß **K** mit **lvec** vertauscht, da auch **lvec** nicht von **r** abhängt und mit **lsq** vertauscht. Wir schließen also wie in Abschn. 18.4, daß sowohl **lsq** als auch **lvec** mit einem Hamilton-Operator für Zentralkräfte vertauschen.

Übung 19.0.1. Wiederholen Sie Teil (a) von Übg. 18.3.1. Vergleichen Sie außerdem die Ableitungen nach **t** in **lsq** mit der konventionelleren und kompakteren Form **-h^2 Dt[Sin[t] Dt[psi,t],t]/Sin[t]**, die *Mathematica* automatisch expandiert.

Übung 19.0.2. Transformieren Sie den in Abschn. 18.1 definierten Operator der kinetischen Energie **K** eines Teilchens der Masse **m** mit Hilfe des Laplace-Operators aus Übg. E.4.12 aus kartesischen in Kugelkoordinaten, und prüfen Sie den im Text angegebenen Ausdruck nach.

Übung 19.0.3. Rechnen Sie die in Aufg. 18.2.1 eingeführte *2s*-Wellenfunktion nach, indem Sie zeigen, daß sie eine Lösung der Schrödinger-Gleichung mit der *Balmerschen* Energie **-Z^2/(2 n^2)** für **n = 2** ist. (Alle Größen sind hier in *atomaren Einheiten* mit **h = m = e = 1** ausgedrückt; eine Energieeinheit entspricht 27.2 eV, und die Grundzustandsenergie des Wasserstoffs beträgt −13.6 eV.) (Siehe Aufg. 18.7.1 und Abschn. 20.1 und 20.2.)

Offensichtlich hat diese kugelsymmetrische Wellenfunktion die Drehimpulsquantenzahl **l = 0**; daher die Bezeichnung *s* nach der Konvention **l = 0**, **1**, **2**, ... **=>** *s*, *p*, *d*, ...

Aufgabe 19.0.1. Transformieren Sie den Drehimpuls in die in Aufg. E.2.5 definierten *parabolischen Koordinaten*. Leiten Sie mit Hilfe von **PowerContract** aus dem Paket **Quantum`PowerTools`** seine *kartesischen* Komponenten her, und vereinfachen Sie sie; zeigen Sie **lvecCuvp @ psi ==**

```
                (-u + v) Cos[p] Dt[psi, p]
{-I h (------------------------------------ +
                     2 Sqrt[u v]
```

```
     Sqrt[u v] Dt[psi, u] Sin[p] -

  Sqrt[u v] Dt[psi, v] Sin[p]),

     -I h (-(Sqrt[u v] Cos[p] Dt[psi, u]) +

  Sqrt[u v] Cos[p] Dt[psi, v] +

     (-u + v) Dt[psi, p] Sin[p]
     --------------------------), -I h Dt[psi, p]}
           2 Sqrt[u v]
```

(Die Notation **lvecCuvp** ist in Abschn. E.2.6 erklärt.) Berechnen Sie das Quadrat **lsq** und die Auf- und Absteigeoperatoren. Prüfen Sie die Drehimpulsvertauschungsrelationen nach, und wiederholen Sie in diesen Koordinaten Teil (a) von Übg. 18.3.1.

Aufgabe 19.0.2. Transformieren Sie den Drehimpuls in die in Aufg. E.2.6 definierten *elliptischen Koordinaten*, und wiederholen Sie damit die vorangehende Aufgabe. Zeigen Sie **lvecClmp @ psi ==**

```
              l m Cos[p] Dt[psi, p]
{-I h (-(----------------------------) -
                    2          2
           Sqrt[(-1 + l ) (1 - m )]

              2          2
   m Sqrt[(-1 + l ) (1 - m )] Dt[psi, l] Sin[p]
   -------------------------------------------- +
                       2    2
                      l  - m

             2          2
 l Sqrt[(-1 + l ) (1 - m )] Dt[psi, m] Sin[p]
 --------------------------------------------),
                     2    2
                    l  - m

                      2          2
          m Sqrt[(-1 + l ) (1 - m )] Cos[p] Dt[psi, l]
  -I h (-------------------------------------------- -
                             2    2
                            l  - m

             2          2
 l Sqrt[(-1 + l ) (1 - m )] Cos[p] Dt[psi, m]
 -------------------------------------------- -
                     2    2
                    l  - m

   l m Dt[psi, p] Sin[p]
   ---------------------), -I h Dt[psi, p]}
              2          2
   Sqrt[(-1 + l ) (1 - m )]
```

19.1 Kugelfunktionen

Die eingebauten Funktionen **SphericalHarmonicY** liefern einen gemeinsamen Satz Eigenfunktionen von **lsq** und der Komponente **lz**. Wir führen diese Eigenfunktionen in Abhängigkeit von den Winkelkoordinaten **t** und **p** ein:

```
Y[l_,m_,t_,p_] := SphericalHarmonicY[l,m,t,p]
```

Die Quantenzahlen **l** und **m** bestimmen dabei die Eigenwerte **h^2 l(l+1)** und **h m** von **lsq** bzw. **lz** mit **Abs[m]** ≤ **l**. Diese Funktionen bilden die Ortsdarstellung der normierten Drehimpulseigenzustände **ket[l,m]** aus der in Aufg. 16.1.1 entwickelten formalen Darstellung (**Y[l,m,t,p] == bra[t,p] ** ket[l,m]**). Daß die Kugelfunktionen *nur für ganzzahliges* **l** definiert sind, ergibt sich aus der Eindeutigkeit der Wellenfunktion (s. Aufg. 19.1.2 und auch Übg. 20.2.2). Pauli hat außerdem gezeigt, daß **lvec** für halbzahliges **l** kein hermitescher Operator ist (vgl. Biedenharn und Louck [7]).

Wir verschieben die Herleitung dieser Funktionen auf die folgenden Aufgaben und wenden uns zunächst ihren Eigenschaften zu.

Wir überprüfen z.B. für **l = m = 1** die Eigenwertgleichungen

```
{lsq @ Y[1,1,t,p] == 2h^2 Y[1,1,t,p],
 lz  @ Y[1,1,t,p] ==  h   Y[1,1,t,p]} //TrigReduce

  {True, True}
```

Mit Hilfe der Auf- und Absteigeoperatoren zeigen wir leicht, daß die Kugelfunktionen für **Abs[m]** ≥ **l** verschwinden. Zum Beispiel erhalten wir für **l = 1**

```
{lR @ Y[1,1,t,p], lL @ Y[1,-1,t,p]}

  {0, 0}
```

entsprechend unserem Beispiel aus Abschn. 16.2 in der Matrixdarstellung. Ebenso können wir sämtliche Kugelfunktionen im Bereich {**m,-l,l**} durch wiederholte Anwendung von **lR** und **lL** erzeugen. Ausgehend von **Y[1, -1,t,p]** erhalten wir

```
Y[1,1,t,p] == Nest[lR, Y[1,-1,t,p], 2]/(2h^2)

  True
```

Für manche Anwendungen ist es nützlich, daß die Kugelfunktionen für negatives **m** über **Conjugate[Y[l,m,t,p]] == (-1)^m Y[l,-m,t,p]**

mit denen für positives **m** in Beziehung stehen. Beispielsweise erhalten wir für **l = 3** mit Hilfe unserer symbolischen Regel **Conjugate** aus Übg. C.2.4 und dem Paket **Quantum`QuickReIm`**

```
Needs["Quantum`QuickReIm`"]

Y[3,-3,t,p] == (-1)^3 Conjugate[Y[3,3,t,p]]

  True
```

Wir zeigen in Übg. 19.1.1 und Aufg. 19.1.2, daß die Kugelfunktionen in Bezug auf Integration mit der *Gewichtsfunktion* **Sin[t]** über den Bereich {**t,0,Pi**} und {**p,0,2Pi**} orthogonal sind.

Die Kugelfunktionen ergeben bei Multiplikation mit geeigneten Funktionen von **r** Eigenfunktionen der kinetischen Energie **K**, und damit eines beliebigen Hamilton-Operators für Zentralkräfte. Die Einführung einer Produktwellenfunktion der Form **f[r] Y[l,m,t,p]** führt daher zu einer Separation der Variablen. Zum Beispiel können wir mit der kinetischen Energie eine Gleichung für die *Radialwellenfunktion* **f[r]** für **l = 2** aufstellen:

```
(K @ (f[r] Y[2,1,t,p]))/Y[2,1,t,p] //Expand //TrigReduce

     2            2            2
  3 h  f[r]      h  f'[r]     h  f''[r]
  ---------  -  ---------  -  ---------
       2           m r           2 m
    m r
```

Der erste Term ergibt sich aus dem Zentrifugalpotential **h^2 l(l+1)/ (2m r^2)** für **l = 2**. Wir zeigen in Übg. 19.1.3, daß die Radialwellenfunktion eines freien Teilchens eine *sphärische Bessel-Funktion* der Ordnung **l** ist.

Zur graphischen Darstellung der Kugelfunktionen verwenden wir die Funktion **SphericalPlot3D** aus dem Paket **Graphics`ParametricPlot3D`** (vgl. Abschn. E.4.2). Wir erhalten 3D-Graphiken mit interessanter Struktur, wenn **l** und die Differenz **l - m** groß sind. In Abbildung 19.1 zeigen wir eine Rißzeichnung von **Abs[Y[5,1,t,p]]^2** (die Berechnung dauert ungefähr fünf Minuten).

In den folgenden Übungen und Aufgaben werden weitere Eigenschaften der Kugelfunktionen und ihre Beziehung zu den Drehimpulsoperatoren hergeleitet.

Übung 19.1.1. Überprüfen Sie die Orthonormalität der Kugelfunktionen, indem Sie explizit die Integration mit der Gewichtsfunktion **Sin[t]** ausführen. Prüfen Sie auch die in Aufg. 16.1.1 entwickelten Matrizen von **lsq**, **lz**, **lx** und **ly** für **l = 1, 2** nach (s. auch Abschn. 16.2 und Aufg. 16.4.1).

```
Needs["Graphics`ParametricPlot3D`"]
Y51sq = Conjugate[Y[5,1,t,p]] Y[5,1,t,p] //N;

SphericalPlot3D[
    Evaluate[Y51sq],
    {t,0,Pi,Pi/60}, {p,0,3Pi/2,2Pi/15},
    Axes -> None, Boxed -> False, BoxRatios->{1,1,1},
    ViewPoint->{1.623, -2.730, 1.168}
];
```

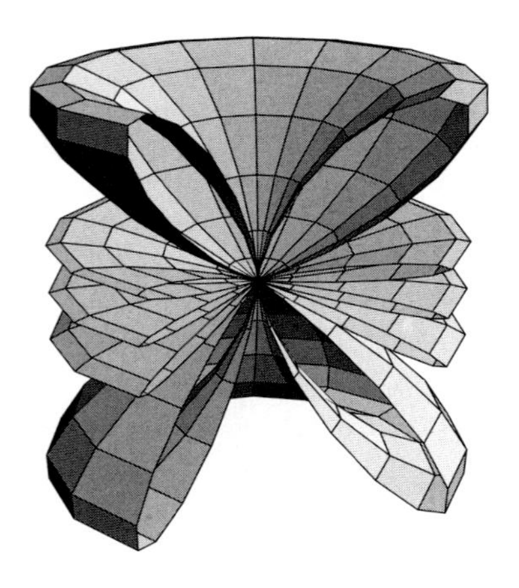

Abb. 19.1. Eine Rißzeichnung für {**p,0,3Pi/2**} des Absolutquadrats der Kugelfunktion für **l = 5** und **m = 1**.

Übung 19.1.2. In manchen Anwendungen ist es nützlich, die Kugelfunktionen in kartesische Koordinaten **x**, **y** und **z** zu transformieren. Stellen Sie Ersetzungsregeln auf, die dies für beliebige Werte von **l** und **m** leisten, und erzeugen Sie die sogenannten *räumlichen Kugelfunktionen* **Y[l,m,x,y,z]**, in denen der Punkt **rvec =** {**x,y,z**} nicht mehr auf die Einheitskugel beschränkt ist. Zeigen Sie beispielsweise {**Y[1,1,x,y,z], Y[1,0,x,y,z], Y[1,-1,x,y,z]**} **==**

```
              3                     3           3
     Sqrt[------] (x + I y)    Sqrt[--] z  Sqrt[------] (x - I y)
           8 Pi                     Pi          8 Pi
{-(------------------------),  ----------, ------------------------}
                r                 2 r                r
```

Prüfen Sie für **l = 1** und **5** nach, daß diese Funktionen Eigenfunktionen von **lsq** und **lz** in kartesischen Koordinaten sind (s. Abschn. 18.3). Rechnen

Sie schließlich noch die Eigenschaften der Auf- und Absteigeoperatoren in kartesischen Koordinaten nach.

Übung 19.1.3. Zeigen Sie für ausgewählte Werte von `l`, daß `j[l,k r] Y[l,m,t, p]` eine Eigenfunktion der kinetischen Energie `K` zum Eigenwert `(h k)^2/(2m)` ist. Dabei ist `k` die Wellenzahl (vgl. Übg. 18.1.1); `j[l,k r]` ist eine *sphärische Bessel-Funktion* der Ordnung `l`, die über die eingebaute Bessel-Funktion `BesselJ` definiert ist:

```
j[l_,z_] := Sqrt[Pi/(2z)] BesselJ[l+1/2,z]
```

Vereinfachen Sie das Ergebnis mit `PowerExpand` und mit `PowerContract` aus dem Paket `Quantum`PowerTools``, und zeigen Sie beispielsweise {`j[0,z], j[1,z],j[2,z]`} `==`

```
 Sin[z]      Cos[z]     Sin[z]   -3 Cos[z]       3    1
{------, -(------) + ------,  ---------- + (-- - -) Sin[z]}
   z           z          2          2          3   z
                         z          z          z
```

Es läßt sich eine ganze Familie sphärischer Bessel-Funktionen definieren, die der Familie der gewöhnlichen Bessel-Funktionen entspricht. Die Funktion `j[l,z]` ist ein am Ursprung `z = 0` reguläres Mitglied dieser Familie. Betrachten Sie die Reihenentwicklung `j[l,z] + O[z]^2` für einige Werte von `l`.

Die Funktion `j[l,k r]` beschreibt die Bewegung eines freien Teilchens entlang der Radialkoordinate `r` für einen bestimmten Wert der Drehimpulsquantenzahl. Wir haben in Übg. 18.1.1 gezeigt, daß die ebene Welle `E^(I kvec.rvecC)` ebenfalls eine Eigenfunktion von `K` zur Eigenenergie `(h k)^2/(2m)` mit `k = Sqrt[kvec.kvec]` ist. Die ebene Welle ist jedoch keine Eigenfunktion des Drehimpulses, sondern eine lineare Superposition der Funktionen `j[l,k r] Y[l,m,t,p]` (s. z.B. Brink und Satchler [13], Abschn. 4.10).

Setzen Sie `h = m = 1`, und erzeugen Sie für einige `l` Graphen von `j[l,k r]` zusammen mit dem Zentrifugalpotential `l(l+1)/(2 r^2)`. Beobachten Sie insbesondere, wie diese Funktion mit zunehmendem `l` immer weiter vom Ursprung weggedrängt wird und wie sich die Wellenlänge mit der kinetischen Energie ändert (vgl. die Diskussion des Operators der kinetischen Energie `K` am Ende des vorangehenden Abschnitts). Verschieben Sie die Funktionen um die jeweiligen Energien `k^2/2`, und vergleichen Sie die jeweilige Position des dem Ursprung nächstgelegenen Wendepunktes mit der Potentialbarriere.

Aufgabe 19.1.1. a) Zeigen Sie, daß die eingebauten Funktionen `SphericalHarmonicY[l,m,t,p]` für `l = 2, 3` und {`m,-l,l`} Eigenfunktionen von `lsq` und `lz` zu den Eigenwerten `h^2 l(l+1)` bzw. `h m` sind. Warum `l` ganzzahlig ist, zeigt sich in Aufg. 19.1.2.

b) Erzeugen Sie **SphericalHarmonicY[l,m,t,p]** explizit für **l = 2, 3** und {**m,-l,l**} durch wiederholte Anwendung der Auf- und Absteigeoperatoren **lR** und **lL**.

c) Für festes **r = ro** ist **K** der Hamilton-Operator eines *starren Rotators* (s. Übg. 15.2.1), der eine gute Näherung für ein rotierendes zweiatomiges Molekül darstellt. Verwenden Sie zur Abschätzung der ersten drei Energieniveaus von CO mit **ro =** 1.13 Å. Geben Sie Ihre Antworten in eV an. Berechnen Sie die Wellenlängen des Lichts, das in den Übergängen **l = 2**→**1** und **l = 1**→**0** emittiert wird.

Aufgabe 19.1.2. Konstruieren Sie die Kugelfunktionen, indem Sie die Eigenwertaufgaben für **lsq** und **lz** als Differentialgleichungen in der Ortsdarstellung lösen. Beweisen Sie, daß die Bahndrehimpulsquantenzahlen **l** und **m** ganzzahlig sind. Siehe die Konstruktion der Wellenfunktionen des harmonischen und des Morseschen Oszillators in Kap. 6 und 13 und auch die Lösung der Schrödinger-Gleichung für das Wasserstoffatom in Kap. 20.

a) Integrieren Sie zunächst die Differentialgleichung *erster Ordnung* **lz @ f[p] == h m f[p]** für die Eigenfunktion **f[p]**. Zeigen Sie **f[p] = E^(I m p)**. Fordern Sie entsprechend den grundlegenden Postulaten der Quantenmechanik, daß die Wellenfunktion eine *eindeutige* Funktion des Ortes ist. Zeigen Sie, daß die Periodizitätsbedingung **f[p + 2Pi] == f[p]** die Quantenzahl **m** auf die ganzzahligen Werte **m = 0**, ±**1**, ±**2**, ... beschränkt.

Wir folgern also, daß die Bahndrehimpulsquantenzahl **l** ebenfalls ganzzahlig ist, da nach den allgemeinen Ergebnissen von Aufg. 16.1.1 gilt **Abs[m]** ≤ **l**. Wir kommen in Teil (b) aufgrund der Forderung der Endlichkeit der Wellenfunktion zu demselben Schluß.

b) Zeigen Sie, daß sich das Eigenwertproblem **lsq @ y[t,p] == h^2 l(l+1) y[t,p]** durch die Substitution **y[t,p] = P[Cos[t]] f[p]** in die *verallgemeinerte Legendresche* Differentialgleichung

```
D[(1-z^2) P'[z],z] - m^2/(1-z^2) P[z] == -l(l+1) P[z]
```

in der Variablen **z = Cos[t]** transformieren läßt. Wir können schließen, daß **P[z]** eine Linearkombination der beiden unabhängigen Lösungen **LegendreP[l,m,z]** und **LegendreQ[l,m,z]** ist, die als *zugeordnete Legendresche Funktionen* bekannt und in *Mathematica* eingebaute Funktionen sind.

Aus {**t,0,Pi**} folgt {**z,-1,1**}. Da die obige Version der Legendreschen Gleichung bereits in der Sturm-Liouvilleschen Form ist, folgt mit Aufg. 6.4.1, daß Lösungen **P[z]** zu verschiedenen Eigenwerten **l** auf dem Intervall {**z, -1,1**} orthogonal bezüglich der Gewichtsfunktion **w = 1** sind. Mit **Dt[z] == -Sin[t] Dt[t]** folgt dann, daß die Funktionen **P[Cos[t]]** auf dem Intervall {**t,0,Pi**} orthogonal bezüglich **Sin[t]** sind. Dies ist der Ursprung der Gewichtsfunktion **Sin[t]** für die Kugelfunktionen.

Zeigen Sie unter Verwendung von **Series** , daß **LegendreQ** im allgemeinen bei **z = ±1** (**t = 0** oder **Pi**) Singularitäten aufweist und daher verworfen werden muß, wenn **y[t,p]** eine Wahrscheinlichkeitsamplitude darstellen soll. Zeigen Sie, daß die Funktion **LegendreP** nur dann bei **z = ±1** keine Singularitäten aufweist, wenn **l** ganzzahlig ist. Sie ist in diesem Fall das Produkt aus einem Polynom und einer Potenz von **Sqrt[1-z^2]** bzw. für **m = 0** identisch mit dem Legendre-Polynom **P[l,z]**.

c) Bestimmen Sie die Normierungskonstante **norm[l,m]** für die Funktionen **y[l,m,t,p] = norm[l,m] LegendreP[l,m,Cos[t]] E^(I m p)** für beliebige **l** und **m** unter Verwendung der allgemeinen Beziehung

```
Integrate[LegendreP[l,m,z]^2, {z,-1,1}]  ==
     (l+m)!/((l-m)!(l+1/2))
```

Vergleichen Sie Ihre Ergebnisse mit **SphericalHarmonicY[l,m,t,p]**. Prüfen Sie nach, daß **y[l,m]** der Beziehung **y[l,-m] == (-1)^m Conjugate[y[l,m]]** genügt. Was folgt daraus über die Normierung und Phase der eingebauten Funktionen **LegendreP[l,m]**?

Aufgabe 19.1.3. Berechnen Sie die Kugelfunktionen aus den in Aufg. 16.1.1 hergeleiteten allgemeinen Eigenschaften der Eigenzustände **ket[l,m]** von **lsq** und **lz**.

Lösen Sie **lR ** ket[l,l] == 0** als Differentialgleichung *erster Ordnung* in der Ortsdarstellung. Bestimmen Sie so die oberste Stufe der Leiter, **y[l,l,t,p]**, mit **m = l**. Verwenden Sie dazu die Eigenfunktion **E^(I m p)** von **lz** aus der vorangehenden Aufgabe (vgl. Aufg. 6.7.1 und Übg. 11.9.2). Normieren Sie Ihr Ergebnis, und leiten Sie für *beliebiges* **l** den Ausdruck **y[l,l,t,p] ==**

```
     l  -1 - l  I l p        (1 + 2 l)!        l
 (-1)  2         E      Sqrt[----------] Sin[t]
                                 Pi
 --------------------------------------------------
                        l!
```

her. Dabei haben wir die Phase **(-1)^l** hinzugefügt, um Übereinstimmung mit den eingebauten Funktionen **SphericalHarmonicY** zu erreichen (s. das Ende der vorangehenden Aufgabe). Dieses analytische Ergebnis für die oberste Stufe ist oft nützlich.

Wie wir gesehen haben, können wir sämtliche Kugelfunktionen im Bereich {**m, -l,l**} durch wiederholte Anwendung des Absteigeoperators **lL** auf **y[l,l,t,p]** erzeugen.

19.2 Neue Quantisierungsachse

Wir können Eigenfunktionen von **lsq** und einer anderen Komponente von **lvec**, z.B. **ly**, in Analogie zu unserer Konstruktion der Eigenzustände **kety[l,my]** in der Matrixdarstellung in Abschn. 16.3 konstruieren. Wir bilden einfach Linearkombinationen der Kugelfunktionen **Y[l,m,t,p]**; die Entwicklungskoeffizienten sind durch die Komponenten eines Eigenvektors **ey[l,my]** von **ly** in der Matrixdarstellung gegeben, also durch die Elemente der Drehmatrix **Dy[l]**. Das Ergebnis ist natürlich eine neue Darstellung, in der **lsq** und **ly** anstatt **lsq** und **lz** diagonal sind.

Auf diese Weise erhalten wir die Ortsdarstellung **Yy[l,my,t,p]** des Eigenzustands **kety[l,my]**, den wir in der Martrixdarstellung konstruiert haben. (Formal gilt **Yy[l,my,t,p] == bra[t,p] ** kety[l,my]** und **Y[l, m,t,p] == bra[t,p] ** ket[l,m]**.)

Zur Abwechslung untersuchen wir unter Verwendung der Ergebnisse aus Übg. 16.4.1 eine Drehung, die **lx** diagonalisiert. Wir betrachten **l = 1** und geben folgende Matrix ein:

```
Dx[1] = {{1/2,          -1/Sqrt[2],  1/2        },
         {1/Sqrt[2],     0,          -1/Sqrt[2]},
         {1/2,           1/Sqrt[2],  1/2        }};
```

In Analogie zu **Dy[l,m,my]** und **kety[l,my]** aus Abschn. 16.3 definieren wir Entwicklungskoeffizienten und bilden die Linearkombination **Yx[l,mx, t,p]** gemäß

```
Dx[l_,m_,mx_]      := Dx[l][[-m+l+1,-mx+l+1]]
Yx[l_,mx_,t_,p_]  := Sum[ Y[l,m,t,p] Dx[l,m,mx], {m,-1,1}]
```

Wir prüfen leicht nach, daß diese Überlagerung eine Eigenfunktion von **lx** ist (das dauert ungefähr 90 Sekunden):

```
Table[
    lx @ Yx[1,mx,t,p] == h mx Yx[1,mx,t,p],
    {mx,-1,1}
] //. {Cos[p] -> TrigToComplex[Cos[p]],
       Sin[p] -> TrigToComplex[Sin[p]]} //ExpandAll

   {True, True, True}
```

Übung 19.2.1. Prüfen Sie nach, daß **Yx[1,m,t,p]** eine normierte Eigenfunktion von **lsq** ist. Zeigen Sie, daß dies jedoch keine Eigenfunktion von **lz** ist, in Übereinstimmung mit den Vertauschungsrelationen (vgl.

Übg. 16.3.2). Stellen Sie schließlich Auf- und Absteigeoperatoren für die neue Quantisierungsachse auf, und zeigen Sie, daß sie bei der Anwendung auf **Yx[1,m,t,p]** die gewünschten Eigenschaften haben.

Effektiv haben wir die Quantisierungsachse gedreht. Wir machen dies deutlich, indem wir explizit zeigen, daß **Yx** auf eine *einzige* Kugelfunktion abgebildet wird, allerdings als Funktion neuer Kugelkoordinaten, die in Bezug auf eine neue z'-Achse entlang der ursprünglichen x-Achse definiert sind. Die Transformation auf neue Achsen $x'y'z'$ läßt sich durch eine Drehung um Eulersche Winkel erzeugen. Wir verwenden hier die y-Konvention aus Abschn. E.4.3, so daß die Drehung von der z-Achse zur x-Achse durch die Eulerschen Winkel **ay -> 0**, **by -> Pi/2** und **gy -> 0** beschrieben wird. Mit Hilfe der Drehmatrix in der y-Konvention erhalten wir somit:

```
Needs["Geometry`Rotations`"]

Ry[ay_,by_,gy_] =
    RotationMatrix3D[ay+Pi/2,by,gy-Pi/2] //TrigReduce;
Ry[0,Pi/2,0] //MatrixForm
```

```
0  0  -1

0  1  0

1  0  0
```

Diese Matrix hat die gewünschte Form und dreht beispielsweise den kartesischen Einheitsvektor entlang der ursprünglichen x-Achse auf die neue z'-Achse:

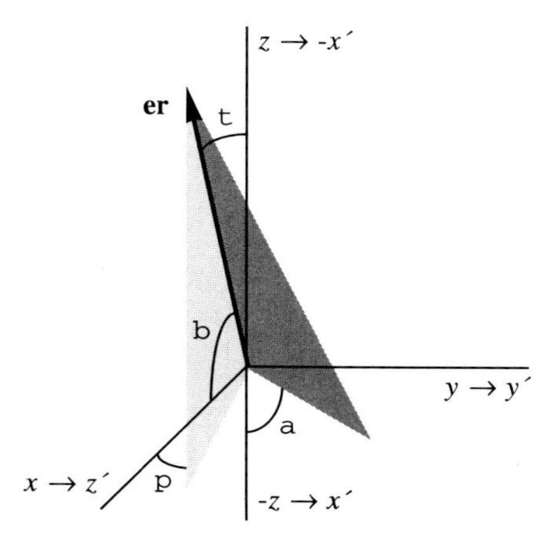

Abb. 19.2. Polar- und Azimutwinkel des Einheitsortsvektors in Bezug auf die alten (ungestrichenen) und die neuen (gestrichenen) Achsen.

```
{0,0,1} == Ry[0,Pi/2,0].{1,0,0}

  True
```

Die Wahl der anderen beiden Eulerschen Winkel **ay -> 0** und **gy -> 0** ist nicht eindeutig festgelegt; sie bestimmt vielmehr die Phase der gedrehten Wellenfunktion **Yx**.

Mit den neuen Polar- und Azimutwinkeln **b** und **a** hat der Einheitsortsvektor **er** in Bezug auf die neuen, gestrichenen Achsen (s. Abb. 19.2) die Komponenten

```
erPba = {Sin[b] Cos[a], Sin[b] Sin[a], Cos[b]};
```

Wir stellen nun einen effektiven Satz von Ersetzungsregeln für die Koordinaten {**t,p**} **->** {**b,a**} auf, indem wir die Komponenten von **er** in Bezug auf die alten und neuen Achsen über eine Drehung miteinander in Beziehung setzen. Unter Verwendung der Ersetzungen **eCrep** für die kartesischen Einheitsvektoren aus Abschn. 19.0 erhalten wir:

```
erPba == Ry[0,Pi/2,0].(er /. eCrep)

  {Cos[a] Sin[b], Sin[a] Sin[b], Cos[b]} ==

    {-Cos[t], Sin[p] Sin[t], Cos[p] Sin[t]}
```

Die Transformationsregeln erhalten wir durch Auflösen nach {**Cos[t], Sin[p],Cos[p]**}:

```
CtoP = Solve[%, {Cos[t],Sin[p],Cos[p]}] [[1]]

  {Cos[t] -> -(Cos[a] Sin[b]), Sin[p] -> Csc[t] Sin[a] Sin[b],

    Cos[p] -> Cos[b] Csc[t]}
```

Wenn wir diese Ersetzungen in **Yx[1,mx,t,p]** vornehmen und vereinfachen, erhalten wir:

```
ComplexToTrig[
    {Yx[1,-1,t,p], Yx[1,0,t,p], Yx[1,1,t,p]}
] //. CtoP //.
    {Cos[a] -> TrigToComplex[Cos[a]],
     Sin[a] -> TrigToComplex[Sin[a]]} //Expand

                                           3
                                      Sqrt[--] Cos[b]
     -I a        3                         Pi
  {E      Sqrt[----] Sin[b],          ---------------,
                8 Pi                         2

            I a       3
        -(E     Sqrt[----] Sin[b])}
                      8 Pi
```

Dies sind, wie gewünscht, die Kugelfunktionen *im gedrehten System*:

```
{Y[1,-1,b,a], Y[1,0,b,a], Y[1,1,b,a]}

                                          3
                                  Sqrt[—] Cos[b]
   -I a         3                       Pi
{E      Sqrt[———] Sin[b],  ——————————————————,
              8 Pi                      2

         I a        3
     -(E      Sqrt[———] Sin[b])}
                   8 Pi
```

Dieses Ergebnis zeigt, daß **Abs[Yx]** zylindersymmetrisch um die z'-Achse ist, so wie **Abs[Y]** zylindersymmetrisch um die ursprüngliche z-Achse ist. Natürlich müssen die Operatoren **lx** und **lsq** in den neuen Koordinaten **b** und **a** die gleiche Form haben wie **lz** und **lsq** im ursprünglichen System; dabei werden **t** und **p** durch **b** und **a** ersetzt, z.B. **lx -> -I h Dt[#,a]&**.

19.3 Quantenmechanische Drehmatrix

Der Vollständigkeit halber weisen wir darauf hin, daß sich die Eigenfunktionen von **lsq** und einer Komponente von **lvec** entlang einer *beliebigen* Richtung direkt aus der quantenmechanischen Entsprechung der geometrischen Drehmatrix **RotationMatrix3D** konstruieren lassen. Nach den allgemeinen Prinzipien der Quantenmechanik existiert ein *unitärer Drehoperator* **E^(-I p nvec.jvec/h)**, der die Zustände eines Systems unter einer endlichen Drehung um die Achse **nvec** um den Winkel **p** miteinander in Beziehung setzt. Im Falle des Bahndrehimpulses erhält man diesen Operator (s. Schiff [60], S. 200) durch Integration der in Abschn. 18.4 hergeleiteten Änderung **d[f] == -I dp nvec.lvec/h f** einer Funktion **f** unter einer infinitesimalen Drehung.

Eine der vielen nützlichen Eigenschaften des Drehoperators besteht darin, daß seine Matrixelemente in der Drehimpulsdarstellung die Koeffizienten einer Linearkombination von Eigenzuständen **ket[j,m]** von **jz** angeben, die ein Eigenzustand der Komponente von **jvec** entlang **nvec** ist. Unser Paket **Quantum`QuantumRotations`** verwendet bei der Definition der Funktion **QuantumRotationMatrix** eine auf Wigner zurückgehende Summe, um die Elemente der Drehmatrix in geschlossener Form durch die Eulerschen Winkel **ay**, **by** und **gy** in der y-Konvention auszudrücken (vgl. Abschn. E.4.3 und Brink und Satchler [13], S. 22 und auch die Bemerkungen und Literaturangaben in dem Paket in Abschn. D.6).

Zu gegebenem **j** definieren wir also die **2j+1**-dimensionale quantenmechanische Entsprechung von **Ry[a,b,g]** (formal gilt **DP[j,m,n,a,b,g] == bra[j,m] ** E^(-I p nvec.jvec/h) ** ket[j,n]**):

```
Needs["Quantum`QuantumRotations`"]

DP[j_,m_,n_,a_,b_,g_] :=
    QuantumRotationMatrix[j,m,n,a,b,g]

DP[j_,a_,b_,g_] := DP[j,a,b,g] =
    Table[ DP[j,-m,-n,a,b,g],{m,-j,j},{n,-j,j} ];
```

Die Matrix **Dy[j]** aus Abschn. 16.3 und die im vorangehenden Abschnitt verwendete Matrix **Dx[j]** sind Spezialfälle von **DP[j]** mit **nvec** entlang der y- bzw. x-Achse. Zum Beispiel erhalten wir mit der speziellen Wahl der Eulerschen Winkel **ay -> 0**, **by -> Pi/2** und **gy -> 0** aus dem vorangehenden Abschnitt wieder **Dx[j]**, für **j = 1**:

```
Dx[1] == DP[1,0,Pi/2,0]

  True
```

DP[1,0,Pi/2,0] erlaubt uns jedoch die Ausdehnung unserer Definition der Eigenfunktionen **Yx** von **lsq** und **lx** im vorangehenden Abschnitt auf *beliebiges* (ganzzahliges) **l**. Wir setzen einfach

```
Dx[l_,m_,mx_]     := DP[l,m,mx,0,Pi/2,0]

Yx[l_,mx_,t_,p_] := Sum[Y[l,m,t,p] Dx[l,m,mx], {m,-l,l}]
```

Außerdem ist **QuantumRotationMatrix** auch für *halbzahliges* **j** (Spin) definiert und kann z.B. zur Drehung von *Spinoren* verwendet werden (s. Aufg. 16.4.4).

Übung 19.3.1. Bestimmen Sie die Eulerschen Winkel, für die **DP[j]** äquivalent mit **Dy[j]** ist.

Wie **Dy[j]** und **Dx[j]** ist auch **DP[j]** eine unitäre Matrix. Zum Beispiel haben wir für **j = 3/2** die *Unitaritätsrelation*

```
Needs["Quantum`QuickReIm`"]

Transpose[Conjugate[DP[3/2,a,b,g]]].DP[3/2,a,b,g] //
        Expand //TrigReduce //Expand //MatrixForm

  1  0  0  0
  0  1  0  0
  0  0  1  0
  0  0  0  1
```

Diese Eigenschaft bewirkt, daß die gedrehten Wellenfunktionen normiert sind, wenn die ursprünglichen Wellenfunktionen es sind. Sie bedeutet außerdem, daß sich die **Y[l,m,t,p]** als Linearkombinationen der **Yx[l,mx,t,p]** ausdrücken lassen. Wie bei **Ry** (s. Übg. E.4.6) erhalten wir auch die Inverse von **DP** durch Umkehrung der Drehwinkel und der Reihenfolge der Drehungen:

```
DP[3/2,-g,-b,-a].DP[3/2,a,b,g] //
        Expand //TrigReduce //Expand //MatrixForm
```

```
1   0   0   0
0   1   0   0
0   0   1   0
0   0   0   1
```

Der Vergleich der beiden letzten Ergebnisse führt zu

```
Conjugate[DP[j,n,m,a,b,g]] == DP[j,m,n,-g,-b,-a]
```
(19.3.1)

Beachten Sie insbesondere, daß die Reihenfolge der Indizes **m** und **n** im allgemeinen eine Rolle spielt, und daß Sie bei der Konstruktion von Wellenfunktionen aufpassen müssen, über welchen Index Sie summieren.

In manchen Anwendungen dienen die Elemente der Drehmatrix selbst als Wellenfunktionen. Wir bemerken in diesem Zusammenhang, daß sie beispielsweise für **n = 0** unabhängig von **g** sind und auf die Kugelfunktionen führen, wenn **j** gleich einer ganzen Zahl **l** ist:

```
DP[l,m,0,a,b,g] == Sqrt[4Pi/(2l+1)] Conjugate[Y[l,m,b,a]]
```
(19.3.2)

was Sie leicht nachprüfen können.

Schließlich bemerken wir noch, daß die Drehmatrizen für *halbzahliges* **j** die kuriose Eigenschaft haben, daß sich bei einer Drehung um **2Pi** um eine beliebige Achse nicht die Einheitsmatrix ergibt. (Man könnte meinen, daß eine Drehung um **2Pi** dasselbe sein sollte wie gar keine Drehung.) Betrachten wir z.B. **j = 3/2** und eine **2Pi**-Drehung um die y-Achse:

```
DP[3/2,0,2Pi,0] //MatrixForm
```

```
-1   0    0    0
0    -1   0    0
0    0    -1   0
0    0    0    -1
```

Wenn wir jedoch um **4Pi** drehen, erhalten wir die Einheitsmatrix:

```
DP[3/2,0,4Pi,0] //MatrixForm
```

```
1  0  0  0
0  1  0  0
0  0  1  0
0  0  0  1
```

Beachten Sie, daß wir für ganzzahliges **j** bei einer **2Pi**-Drehung die Einheitsmatrix erhalten, beispielsweise für **j = 2**:

```
DP[2,0,2Pi,0] //MatrixForm
```

```
1  0  0  0  0
0  1  0  0  0
0  0  1  0  0
0  0  0  1  0
0  0  0  0  1
```

Wir können uns diese Ergebnisse veranschaulichen, indem wir ein Element von **DP[3/2]** wie in Abb. 19.3 als Funktion von **b** auftragen. Man sieht, daß **DP** mit der Periode **4Pi** periodisch in **b** ist; dies gilt allgemein für halbzahliges **j**. Wenn wir uns **DP** als Funktion des Vektors denken, der Richtung und Winkel der Drehung angibt (vgl. Abb. 19.3), so ergibt sich eine *zweideutige* Funktion.

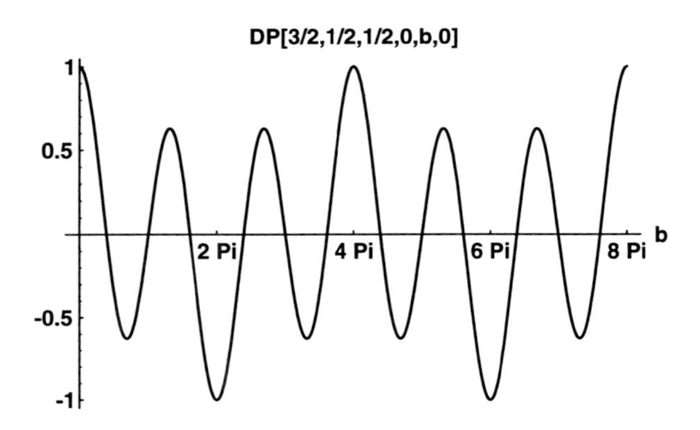

Abb. 19.3. Ein Element von **DP[3/2]** mit den Eulerschen Winkeln **a = g = 0**. Um eine genaue Darstellung zu erhalten, wurde die Option **PlotPoints -> 30** verwendet.

Die Eigenvektoren und Eigenzustände zu halbzahligem Spin wechseln also das Vorzeichen, wenn das System um **`2Pi`** gedreht wird. Wir brauchen darauf nicht näher eingehen, da Eigenzustände normalerweise nicht meßbar sind (s. jedoch Aharonov und Susskind [2]). Eine meßbare Größe, z.B. ein Erwartungswert, wechselt nicht das Vorzeichen, da er das Produkt zweier Größen enthält, die beide das Vorzeichen wechseln: einen Ket-Vektor und den dazu dualen Bra-Vektor, d.h. das Absolutquadrat der Wellenfunktion. Es handelt sich jedoch um mehr als eine mathematische Kuriosität; es besteht ein Zusammenhang zu den besonderen Eigenschaften der Drehgruppe *SO(3)* und deren Beziehung zu der Gruppe *SU(2)*.

Analoge Effekte kann man auch im makroskopischen klassischen Bereich beobachten. Halten Sie z.B. Ihre Lieblingstasse in Ihrer Handfläche, und strecken Sie Ihren Arm mit dem Ellenbogen nach unten vor sich aus. Drehen Sie die Tasse in aufrechter Stellung zu sich hin und unter Ihrem Arm zurück in die ursprüngliche Position. (Sie sollten es schaffen, dabei nichts zu verschütten, aber vielleicht entfernen Sie sich trotzdem lieber vom Computer.) Wenn Sie den Henkel im Auge behalten, werden Sie feststellen, daß sich die Tasse dabei um 360 ° um die Vertikale dreht. Ihr Arm ist jedoch nunmehr verdreht. Sie können ihn wieder in die ursprüngliche, bequemere Haltung bringen, indem Sie die Tasse, wiederum in aufrechter Stellung, *in der gleichen Richtung* um weitere 360 ° drehen. Nach 720 ° nehmen also die Tasse und Ihr Arm wieder ihre ursprünglichen Positionen ein. Eine Drehung um **`2Pi`** entwirrt also nicht unbedingt die Beziehung zwischen einem Objekt und seiner Umgebung, obwohl sie die Orientierung des Objekts wiederherstellt. Erst ein Drehung um **`4Pi`** stellt sowohl die Orientierung des Objekts als auch seine Beziehung zur Umgebung wiederher. Dieser eigentümliche geometrische Effekt läßt sich durch die Transformation zweikomponentiger Spinoren darstellen.

Wir verweisen auf die Diskussionen und Literaturangaben in Misner, Thorne, und Wheeler [47], S. 1148, und auf die *Diracsche Konstruktion* in Biedenharn und Louck [7], S. 10.

Übung 19.3.2. Erzeugen Sie mit Hilfe von **`QuantumRotationMatrix`** Matrizen **`Dx`** und **`Dy`** für **`j = 1/2`**, die eine neue z'-Achse entlang der x- bzw. y-Achse definieren. Zeigen Sie, daß diese Matrizen die in Aufg. 16.1.1 definierten Pauli-Matrizen **`sx`** bzw. **`sy`** diagonalisieren. Zeigen Sie in beiden Fällen, daß die unitäre Transformation die Drehimpulsvertauschungsrelationen erhält, d.h. daß die gedrehten Drehimpulsmatrizen **`[jxP, jyP] == I h jzP`** und den entsprechenden zyklischen Permutationen genügen.

Übung 19.3.3. Prüfen Sie die Unitaritätsrelation durch eine explizite Summe über die Komponenten von **`DP[3/2]`** nach. Drücken Sie außerdem die Kugelfunktionen **`Y[l,m,t,p]`** als Linearkombinationen der **`Yx[l,mx,t,p]`** aus, und überprüfen Sie Ihre Ergebnisse für **`l = 1, 2`**.

Übung 19.3.4. a) Leiten Sie mit Hilfe unseres Ausdrucks für **Yx** für beliebiges **l** das *Additionstheorem* für die Kugelfunktionen her:

```
LegendreP[l,Cos[b]] == 4Pi/(2l+1) *
    Sum[Y[l,m,t1,p1] Conjugate[Y[l,m,t2,p2]], {m,-l,l}]
```

(Hinweis: Verwenden Sie die Beziehung zwischen den Kugelfunktionen und den Legendre-Polynomen für **m = 0** (vgl. Aufg. 19.1.2).) Wir interpretieren hier **t1**, **p1** und **t2**, **p2** als Kugelkoordinaten zweier Einheitsvektoren **n1** bzw. **n2** bezogen auf die xyz-Achsen, wobei **b** der Winkel zwischen **n1** und **n2** ist.

b) Verwenden Sie diesen Satz, um die bekannte Beziehung

```
Cos[b] == Cos[t1] Cos[t2] + Sin[t1] Sin[t2] Cos[p1-p2]
```

herzuleiten.

Übung 19.3.5. Wir können **QuantumRotationMatrix** und **RotationMatrix3D** für **l = 1** explizit miteinander in Beziehung setzen. Während jedoch **RotationMatrix3D** die kartesischen Komponenten {**ax,ay,az**} eines Vektors transformiert, transformiert **QuantumRotationMatrix** für **l = 1** dessen *Kugeltensorkomponenten*, die wie in Übg. 17.4.1 durch {**a[1], a[0],a[-1]**} ==

```
      ax + I ay           ax - I ay
{-(-----------), az,   -----------}
       Sqrt[2]              Sqrt[2]
```

definiert sind. Ein Vektoroperator dieser Form wird als *irreduzibler Tensoroperator erster Stufe* bezeichnet.

a) Zeigen Sie, daß die Kugeltensorkomponenten **a[m]** dieselbe Form haben wie die räumlichen Kugelfunktionen **Y[l=1,m,x,y,z]** aus Übg. 19.1.2.

b) Zeigen Sie, daß die unitäre Matrix **A** ==

```
      1           -I
 -(-------)    -------     0
   Sqrt[2]     Sqrt[2]

      0            0       1

      1           -I
  -------      -------     0
  Sqrt[2]      Sqrt[2]
```

die kartesischen Komponenten {**ax,ay,az**} eines beliebigen Vektors in dessen Kugeltensorkomponenten und umgekehrt transformiert. Erzeugen Sie {**x,y,z**} mit Hilfe von **A** aus **Y[l=1,m,x,y,z]**.

c) Zeigen Sie schließlich, daß **A** in der y-Konvention **Transpose[QuantumRotationMatrix[l=1]]** für beliebige Eulersche Winkel in **RotationMatrix3D** transformiert.

Aufgabe 19.3.1. a) Konstruieren Sie für **l = 2** Eigenfunktionen **Yx** von **lsq** und **lx** und dann Eigenfunktionen **Yy** von **lsq** und **ly** als Linearkombinationen von Kugelfunktionen. Diagonalisieren Sie dazu die Matrizen **lx** und **ly**, und verwenden Sie dann **QuantumRotationMatrix**.

b) Erzeugen Sie Graphen von **Abs[Y[l,m,t,p]]**, **Re[Y[l,m,t,p]]** und **Im[Y[l,m,t,p]]** für **l = 2** und **3** mit Hilfe von **SphericalPlot3D** aus dem Paket **Graphics`ParametricPlot3D`**. Erzeugen Sie ähnliche Graphen von **Yx** und **Yy**, und beachten Sie die Auswirkungen des Wechsels der Quantisierungsachse. Vergleichen Sie insbesondere die Rotationssymmetrien von **Abs[Y]**, **Abs[Yx]** und **Abs[Yy]**. Erklären Sie.

Aufgabe 19.3.2. Konstruieren Sie in der Ortsdarstellung Eigenfunktionen von **lsq** und der Komponente von **lvec** entlang der in Aufg. 16.4.3 definierten Achse für **l = 2**. Verwenden Sie die Eigenvektoren aus Aufg. 16.4.3 und dann **QuantumRotationMatrix**.

20. Schrödinger-Gleichung des Wasserstoffatoms

Wir wenden uns nun der Berechnung der Coulomb-Wellenfunktionen für ein einzelnes Elektron zu. In Kürze werden wir dazu die Runge-Lenz-Algebra verwenden, doch zunächst folgen wir kurz der konventionellen Herangehensweise und konstruieren Lösungen der Schrödinger-Gleichung als Differentialgleichung in Kugelkoordinaten. In Aufg. 20.5.1 konstruieren wir die Lösung in *parabolischen Koordinaten.* Die sphärischen und parabolischen Lösungen sind über die Runge-Lenz-Algebra miteinander verknüpft. Wir brauchen beide, um uns ein vollständiges Bild von der zugrundeliegenden dynamischen Symmetrie zu machen. Zu diesem Zweck stellen wir außerdem in Aufg. 20.5.4 den Zusammenhang mit den Eigenfunktionen des zweidimensionalen harmonischen Oszillators her.

Die Zustände des Wasserstoffatoms klassifiziert man im allgemeinen anhand der Lösungen in Kugelkoordinaten, da diese die Beschreibung von *Strahlungsübergängen*, d.h. der Emission und Absorption von Photonen, erleichtern. Die *Spektroskopie* des Wasserstoffatoms war historisch einer der Wegweiser in der Entwicklung der Quantenmechanik. Die Lösung in parabolischen Koordinaten bietet einen geeigneten Ausgangspunkt zur Behandlung von Prozessen, in denen die Kugelsymmetrie des Atoms durch eine äußere Störung gebrochen wird, die eine *ausgezeichnete Richtung* im Raum definiert (z.B. die z-Achse). Bekannte Beispiele sind die Antwort eines Atoms auf ein homogenes äußeres elektrisches Feld (*Stark-Effekt*), die Streuung von Photonen (*Compton-Effekt*) und von Elektronen und der *Photoeffekt.* Alle Aspekte dieses Problems (außer der Runge-Lenz-Algebra) werden in dem klassischen Buch von Bethe und Salpeter [6] behandelt.

20.1 Separation in Kugelkoordinaten

Wir beschreiben den Ort des Elektrons durch die in Abschn. 19.0 eingeführten Kugelkoordinaten `r`, `t` und `p` in Bezug auf einen Ursprung am Ort des Kerns mit der Kernladung `Z e`. Wir suchen in diesen Koordinaten Lösungen der Schrödinger-Gleichung, die gleichzeitig Eigenfunktionen von **`lsq`** und **`lz`** sind, und setzen daher die Wellenfunktionen von vornherein so an, daß sie einer Kugelfunktion proportional sind:

```
psi[r_,t_,p_] := R[r] Y[l,mz,t,p]
Y[l_,mz_,t_,p_] := SphericalHarmonicY[l,mz,t,p]
```

Der Radialanteil **R[r]** bleibt zu bestimmen. (Wir bezeichnen die Projektionsquantenzahl mit **mz**, um sie von der Masse **m** zu unterscheiden.) Dieser Ansatz ermöglicht es uns, den Operator **lsq** in dem am Ende von Abschn. 19.0 definierten Zentrifugalpotential durch seinen Eigenwert **h^2 l(l+1)** zu ersetzen und so durch

```
H = -h^2/(2m) D[r^2 D[#,r],r]/r^2 + h^2 l(l+1)/(2m r^2) # -
            Z e^2/r # &

      2    2                         2                    2
     h  D[r  D[#1, r], r]           h  l (l + 1) #1    Z e  #1
  -(----------------------) + ------------------ - -------- &
                  2                       2            r
             2 m r                   2 m r
```

einen *radialen Hamilton-Operator* zu definieren. (Wir drücken **H** hier durch *partielle* Ableitungen aus, da wir die Allgemeinheit von **Dt** nicht benötigen.) Wie in Abschn. 18.6 ist die Masse **m** die reduzierte Masse von Elektron und Kern, also bei unendlicher Kernmasse einfach die Masse des Elektrons. Der Kern befindet sich in jedem Fall am Koordinatenursprung **r = 0**.

Wir haben nun eine Separation der Variablen erreicht und die Schrödinger-Gleichung auf eine eindimensionale Gleichung für die Radialwellenfunktion **R[r]** reduziert. Der Drehimpulseigenwert **h^2 l(l+1)** spielt dabei die Rolle einer *Separationskonstanten.* Wenn wir **H - Energy** auf **psi** anwenden, erhalten wir

```
(H @ psi[r,t,p] - Energy psi[r,t,p])/Y[l,mz,t,p] == 0 //
    ExpandAll[#,r]&

                          2                     2
                         h  l (l + 1) R[r]     e  Z R[r]
-(Energy R[r]) + ------------------- - ---------- -
                               2               r
                          2 m r

     2          2
    h  R'[r]   h  R''[r]
    -------- - --------- == 0
      m r        2 m
```

(dabei multipliziert **ExpandAll[#,r]&** alle Terme aus, die **r** enthalten, und läßt alle anderen Terme unverändert). Aufgrund der Kugelsymmetrie ist dieses Ergebnis unabhängig von der Projektionsquantenzahl **mz**, und damit von der Richtung der z-Achse.

Das Zentrifugalpotential und das Coulomb-Potential ergeben zusammen ein *effektives Potential*

```
Veff[l_,r_] :=  -Z e^2/r + h^2 l(l+1)/(2m r^2)
```

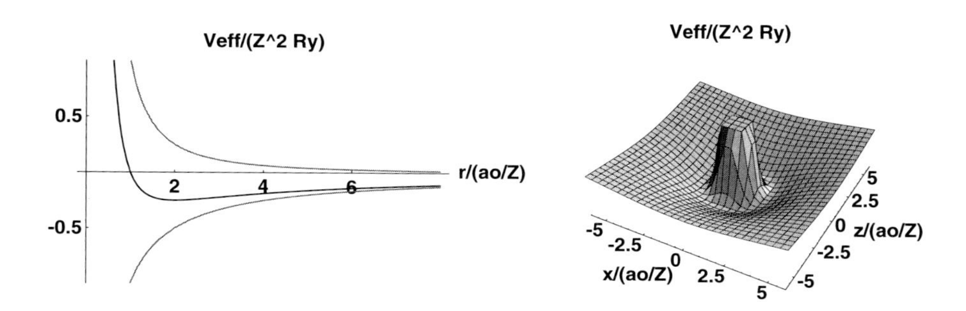

Abb. 20.1. Links ist das effektive radiale Potential **`Veff`** für **`l = 1`** als Funktion von **`r`** gezeigt, zusammen mit dem Zentrifugalpotential (positive graue Kurve) und dem Coulomb-Potential (negative graue Kurve). Rechts ist das gleiche Potential als Funktion der kartesischen Koordinaten **`x = r Sin[t]`** und **`z = r Cos[t]`** dargestellt. **`Ry`** steht für ein *Rydberg*, und **`ao`** ist der *Bohrsche Radius* (vgl. die Diskussion atomarer Einheiten im Text).

In Abbildung 20.1 ist diese Funktion für **`l = 1`** in dimensionsloser Form als Funktion von **`r`** und als Funktion der kartesischen Koordinaten **`x = r Sin[t]`** und **`z = r Cos[t]`** aufgetragen. Es wird deutlich, daß das positive Zentrifugalpotential für kleine **`r`** dominiert, aber für große **`r`** schneller abfällt als das negative Coulomb-Potential. Für **`l > 0`** weist **`Veff`** also eine abstoßende *Zentrifugalbarriere* für kleine **`r`** und damit ein Minimum bei mittlerem **`r`** auf. Dieses Minimum bleibt negativ und ermöglicht, wie wir sehen werden, für alle **`l`** gebundene Zustände.

Diese Abbildungen veranschaulichen, wie das effektive Potential klassisch für **`Energy < 0`** beschränkte Bahnen (Ellipsen in der Bahnebene) ermöglicht, da es durch **`Energy == Veff`** definierte innere und äußere Umkehrpunkte in **`r`** aufweist. Für **`Energy > 0`** sind die Bahnen unbeschränkt (Hyperbeln in der Bahnebene) mit nur einem inneren Umkehrpunkt an der Zentrifugalbarriere. Für **`Energy = 0`** sind die Bahnen ebenfalls unbeschränkt, in diesem Fall sind sie jedoch Parabeln. Es ist interessant, daß der Drehimpuls, und damit auch **`r`**, klassisch nicht verschwinden, während die Quantenzahl **`l`** Null sein und das Elektron quantenmechanisch den Ursprung durchqueren kann.

Es ist für wasserstoffähnliche Atome günstig, Längen in Einheiten von **`ao/Z`** und Energien in Einheiten von **`Z^2 Ry`** auszudrücken. Dabei ist **`ao = h^2/(m e^2)`** = 0.529 Å der *Bohrsche Radius* und **`Ry = e^2/(2ao) =`** 13.6 eV die *Rydberg-Konstante*; diese Größen haben wir in Aufg. 18.7.1 eingeführt. Wir können diese Konstanten durch einen Satz von Ersetzungsregeln definieren:

```
aoRy := {ao :> h^2/(m e^2), Ry :> e^2/(2ao)};
```

Wenn wir sie, wie in Abb. 20.1, zur Skalierung von Koordinaten und Energien verwenden, sind diese Größen eng mit den *atomaren Einheiten* verknüpft, in denen **ao** die Längeneinheit und **e^2/ao = 2 Ry =** 27.2 eV die Energieeinheit ist. Um zu atomaren Einheiten überzugehen, setzen wir also einfach **h = m = e = 1**, so daß gilt **ao == 1** und **Ry == 1/2**.

Übung 20.1.1. Erzeugen Sie die Graphen in Abb. 20.1, indem Sie die Koordinaten in Einheiten von **ao/Z** und **Veff** in Einheiten von **Z^2 Ry** skalieren. Erzeugen Sie eine Familie von Graphen von **Veff** als Funktion von **r** für verschiedene Werte von **l**.

20.2 Wellenfunktionen der gebundenen Zustände

Wir konstruieren zunächst in Analogie zu unseren Lösungen für den harmonischen und den Morseschen Oszillator in Kap. 6 und 13 die Wellenfunktionen zu negativer Energie. Man prüft leicht nach, daß die **1/r^2**-Zentrifugalterme in der Radialgleichung eliminiert werden, wenn wir **R[r]** proportional zu **r^l** wählen. Dies legt die Wellenfunktion für kleine **r** fest, da in der Nähe des Ursprungs die **1/r^2**-Terme dominieren. Die Radialwellenfunktionen verschwinden also für **l > 0** am Ursprung, d.h. unter der Zentrifugalbarriere. Die Lösung der *asymptotischen* Radialgleichung für große **r** ergibt sich zu **R[r] -> E^(-Z r/(ao n))**, wenn wir die Energie durch **e[n] = -Z^2 Ry/n^2** ausdrücken, wobei die Zahl **n** zu bestimmen bleibt (vgl. insbesondere Abschn. 6.2 und 13.1). Diese beiden Grenzfälle legen nahe, Lösungen der Form

```
R[r_] := r^l E^(-Z r/(ao n)) w[2 Z r/(ao n)]
```

zu suchen (s. Übg. 20.2.1) und zu einer skalierten Koordinate **y = 2 Z r/(ao n)** überzugehen.

Wir wenden also **H - e[n]** an,

```
H @ R[r] + Z^2 Ry/n^2 R[r];
```

gehen zu der neuen Koordinate über und multiplizieren zur Vereinfachung mit einigen Faktoren; so erhalten wir einen Differentialoperator *zweiter Ordnung* für die Funktion **w[y]**:

```
(%/R[r] /.r -> n ao/Z y/2) y w[y]/(-4 Z^2 Ry/n^2) //.aoRy //
    Expand //Collect[#,{w[y],w'[y]}]&

    (-1 - l + n) w[y] + (2 + 2 l - y) w'[y] + y w''[y]
```

Nullsetzen dieses Ausdrucks ergibt die *Kummersche* Differentialgleichung aus Abschn. 6.5, die durch die eingebaute konfluente hypergeometrische Funktion **Hypergeometric1F1[a,c,y]** gelöst wird. Da diese Funktion am Ursprung den Wert Eins annimmt und somit dort regulär ist, erscheint sie als ein geeigneter Kandidat für die Wellenfunktion, und wir setzen sie daher versuchsweise mit **w[y]** gleich:

```
w1F1[n_,l_,y_] := Hypergeometric1F1[1+l-n,2l+2,y]
```

Insbesondere verwerfen wir die linear unabhängige zweite Lösung aus Abschn. 6.5, **HypergeometricU[1+l-n,2l+2,y]**, die sich für kleine **y** wie **y^(-1-2l)** verhält und daher zu singulär ist, um die Wellenfunktion für alle **r** und **l** $\geq$ **0** darzustellen. Für diese Lösung würde sich **R[r]** wie **r^(-1-l)** verhalten und wäre daher am Ursprung zu singulär (s. Übg. 20.2.1).

Es folgt jedoch aus Aufg. 6.5.2 und 6.5.4, daß **w1F1[n,l,y]** für große **y** wie **E^y** divergiert, also für große **R[r]** wie **E^(+Z r/(n ao))**, wenn **1+l-n** nicht eine negative ganze Zahl oder Null ist. Da **l** ganzzahlig ist, verlangen wir also, daß auch **n** ganzzahlig ist, so daß **w1F1[n,l,y]** ein Polynom des Grades **n-l-1** ist. Zudem ist **l** bei gegebenem **n** durch **l** $\leq$ **n-1** beschränkt. Wegen **l** $\geq$ **0** können wir also **n** $\geq$ **1** schließen. Wir erhalten somit wieder das Balmersche Energiespektrum und bestätigen die Ergebnisse von Aufg. 18.7.1. Die Zahl **n** wird als *Hauptquantenzahl* bezeichnet.

Daß die Energie nicht von **mz** abhängt, liegt an der *Isotropie* des Raumes: eine andere Wahl der z-Achse ändert nichts an der Energie. Diese Entartung gilt für jedes System in Abwesenheit äußerer Felder und wird als *Richtungsentartung* bezeichnet. Daß die Energie nicht von **l** abhängt, ist eine Eigenheit des Coulomb-Potentials; man spricht mitunter von einer *zufälligen Entartung*. Wie wir jedoch in Abschn. 18.7 gesehen haben, beruht sie auf der speziellen Symmetrie der Coulomb-Wechselwirkung, die zu einer weiteren Konstante der Bewegung führt, dem Runge-Lenz-Operator. Dieser Vektor präzediert um den Drehimpulsvektor, wenn die Symmetrie durch eine äußere Störung gebrochen wird; dies führt dazu, daß das Wasserstoffatom besonders stark von äußeren Feldern beeinflußt wird. (Siehe jedoch die Diskussion des Stark-Effekts in Abschn. 21.5.)

Wenn **a = -q** eine negative ganze Zahl ist, so ist **Hypergeometric1F1[-q,c,y]** ein Polynom **q**-ten Grades. Für die hier betrachteten Werte von **q** und **c** sind diese Funktionen den eingebauten *zugeordneten Laguerre-Polynomen* **LaguerreL[q,c-1,y]** proportional, die wir in Übg. 13.4.2 im Zusammenhang mit dem Morse-Potential eingeführt haben. Die Radialfunktionen **w[y]** lassen sich daher (bis auf eine Konstante) auch durch

```
wL[n_,l_,y_] := LaguerreL[n-l-1,2l+1,y]
```

ausdrücken. Man prüft leicht nach, daß **n-l-1** die Anzahl der Knoten in **wL**, und damit von **R[r]** für **r > 0** angibt.

Wir fassen unsere Ergebnisse zusammen und definieren die Radialwellenfunktion für gebundene Zustände durch

```
R[n_,l_,r_] := norm[n,l] *
    r^l E^(-Z r/(ao n)) wL[n,l, 2 Z r/(ao n)]
```

wobei **norm[n,l]** eine Normierungskonstante ist. Wir zeigen in Übg. 20.2.1

```
norm[n_,l_] =
    2^(1 + l) ao^(-3/2 - l) n^(-2 - l) Z^(3/2 + l) *
        ((-1 - l + n)!/(l + n)!)^(1/2)

 1 + l    -(3/2) - l  -2 - l  3/2 + l         (-1 - l + n)!
2       ao           n       Z        Sqrt[-------------]
                                                (l + n)!
```

(Unterschiede zwischen dieser Normierung und der an anderen Stellen zu findenden sind auf die Definition der zugeordneten Laguerre-Polynome in *Mathematica* zurückzuführen; s. Übg. 13.4.2.) Wegen **l** $\leq$ **n-1** berechnen wir beispielsweise die Radialwellenfunktionen für den Grundzustand **n = 1** und für die angeregten Zustände mit **n = 2** durch

```
Needs["Quantum`PowerTools`"]

{R[1,0,r], R[2,0,r], R[2,1,r]} //PowerContract

      Z  3/2    Z  3/2          r Z               Z  5/2
   2 (--)      (--)     (2 - ---)            r (--)
      ao        ao              ao                ao
 {----------, ---------------------------, ----------------------}
   (r Z)/ao    3/2  (r Z)/(2 ao)                    (r Z)/(2 ao)
  E           2    E                       Sqrt[24] E
```

Wir können die Normierung dieser Funktionen leicht mit Hilfe der Regeln **integExp** überprüfen, die wir in Abschn. 13.4 zur Integration von Kombinationen von Exponentialfunktionen und Potenzen eingeführt haben. Wir laden das entsprechende Paket und integrieren alle drei Funktionen auf einmal:

```
Needs["Quantum`integExp`"]

integExp[r^2 %%^2, {r,0,Infinity}]

  {1, 1, 1}
```

Schließlich definieren wir die vollständigen, normierten Wellenfunktionen der gebundenen Zustände, die Eigenfunktionen von **lsq** und **lz** sind, durch

```
psi[{n_,l_,mz_},r_,t_,p_] := R[n,l,r] Y[l,mz,t,p]
```

Aus historischen Gründen bezeichnet man die Quantenzahlen **l = 0, 1, 2, 3**, ... auch mit **l =** *s*, *p*, *d*, *f*, ... Der Grundzustand mit **n = 1** ist also wegen **l** $\leq$ **n-1** ein s-Zustand mit verschwindendem Drehimpuls. Für **n = 2** gibt es **n^2 = 4** entartete Zustände: $2s$, $2p$**(mz = 0)** und $2p$**(mz =** $\pm$**1)**. Den $2s$-Zustand haben wir in Aufg. 18.2.1 eingeführt (s. auch Übg. 19.0.3 und Aufg. 18.7.1).

Übung 20.2.1. a) Zeigen Sie, daß **R[r] == r^l g[r]** oder **r^(-1-l) g[r]** den Zentrifugalterm **1/r^2** aus der Radialgleichung eliminiert. Verwerfen Sie jedoch die zweite Möglichkeit, da die Wellenfunktion am Ursprung zu singulär wäre (vgl. Abschn. 1.3). Beachten Sie, daß Park [51], S. 186 **R[r]** in der Umgebung des Ursprungs als Potenzreihe mal einer Potenz **r^nu** schreibt und zeigt, daß die Hermitezität des Hamilton-Operators zu **nu > -1/2** führt.

Zeigen Sie, daß **E^(-Z r/(ao n))** eine Lösung der asymptotischen Radialgleichung im Limes **r -> Infinity** ist.

b) Normieren Sie die Radialwellenfunktion **R[n,l,r]**, und leiten Sie die im Text angegebene Normierungskonstante **norm[n,l]** für beliebiges **n** und **l** mit

```
Integrate[
    E^-y y^(2l+2) LaguerreL[n-l-1,2l+1,y]^2,
    {y,0,Infinity}
] == 2n (n+l)!/((n-l-1)!)
```

und dem in Abschn. 6.6 und 13.5 verwendeten Verfahren her. Denken Sie daran, den Gewichtsfaktor **r^2** und das Differential **dr** bei der Substitution der Variablen zu berücksichtigen. Überprüfen Sie Ihre Ergebnisse durch explizite Integration für die ersten paar Werte von **n** (s. auch die allgemeinere Formel in Aufg. 21.5.2).

Stellen Sie die Radialwellenfunktion **R[n,l,r]** für **n = 2**, **3** für alle erlaubten Werte von **l** graphisch dar, und überzeugen Sie sich davon, daß sie **n-l-1** Knoten mit **r > 0** hat und außer für **l = 0** am Ursprung verschwindet.

Übung 20.2.2. In manchen Anwendungen ist es nützlich, für die Drehimpulsquantenzahl **l** auch nichtganzzahlige Werte zuzulassen. Lösen Sie die Coulomb-Radialgleichung noch einmal für diesen Fall, und bestimmen Sie das Energiespektrum und die Eigenfunktionen.

Aufgabe 20.2.1. Definieren Sie die dreidimensionale Fourier-Transformation durch

```
psiFT[kvec] ==
    (2Pi)^(-3/2) Integrate[E^(-I kvec.rvec) psi[rvec],{rvec}]
```

wobei {**rvec**} für eine Integration über den gesamten Raum steht (vgl. Abschn. 11.1).

a) Bestimmen Sie die dreidimensionale Fourier-Transformierte des Coulomb-Potentials **-Z e^2/r**, indem Sie zuerst das *abgeschirmte Coulomb-Potential* oder *Yukawa-Potential* **-Z e^2 E^(-a r)/r** transformieren, wobei **a** ein Abschirmungsparameter ist, der die Reichweite des Potentials bestimmt. Zeigen Sie, daß im Limes **a -> 0** gilt **VFT[kvec] =**

```
       2      2
      e  Sqrt[—] Z
             Pi
-(——————————————————)
          2
         k
```

mit **k = Sqrt[kvec.kvec]**. Die Singularität bei **k = 0** ist charakteristisch für die unendliche Reichweite des Coulomb-Potentials. Hinweis: Führen Sie Kugelkoordinaten **t** und **p** mit der z-Achse entlang des Wellenvektors **kvec** ein. Führen Sie das Integral über **s = Cos[t]** mit der eingebauten Funktion **Integrate** und das Integral über **r** mit **integExp** aus.

b) Berechnen Sie auf ähnliche Weise die Fourier-Transformierte der Wellenfunktionen **psi[{n,l,mz},r,t,p]** der gebundenen Zustände im Coulomb-Potential mit **n = 1** und **n = 2**. Vergleichen Sie Ihr Ergebnis mit dem allgemeinen Ausdruck in geschlossener Form von Bethe und Salpeter [6], S. 39,

```
f[n_,l_,k_] :=
    Sqrt[2/Pi (n-l-1)!/(n+l)!] n^2 2^(2(l+1)) l! *
        (n k)^l/(n^2 k^2 + 1)^(l+2) *
        GegenbauerC[n-l-1, l+1, (n^2 k^2 - 1)/(n^2 k^2 + 1)]
```

für die „radialen" Impulswellenfunktionen, ausgedrückt durch die eingebauten Gegenbauer-Polynome. Beachten Sie, daß diese Formel in atomaren Einheiten mit **Z = 1** angegeben und gemäß

```
Integrate[k^2 f[n,l,k]^2, {k,0,Infinity}] == 1
```

normiert ist.

Aufgabe 20.2.2. Führen Sie ein Modellpotential mit einer Zentralkraft ein, um den Grundzustand eines Deuteriumkerns zu untersuchen. Dies ist eins der vielen Probleme, die eigentlich recht einfach und durchaus interessant sind, aber so viel analytischen Aufwand erfordern, daß man keine Lust hat, sich mit ihnen zu beschäftigen. Der Computer schafft hier Abhilfe.

Der Deuteriumkern entsteht durch die Bindung eines Protons und eines Neutrons aufgrund der Anziehung durch die starke Kernkraft. Das einfachste empirische Potential für dieses System ist ein exponentiell abfallendes der Form **-A E^(-r/a)**; dabei ist **r** der Abstand zwischen Proton und Neutron, der Parameter **A**, der die Stärke des Potentials beschreibt, beträgt ungefähr

32.6 MeV (**1 MeV = 10^6 eV**), und der Parameter **a**, der die Reichweite des Potentials bestimmt, beträgt ungefähr **2.16 fm** (**1 fm = 10^-15 m**).

Wir stellen zunächst die radiale Schrödinger-Gleichung auf und berechnen die Grundzustandsenergie durch Variation. Dann verbessern wir unsere Schätzung durch direkte numerische Integration der Schrödinger-Gleichung. Schließlich vergleichen wir diese Näherungslösungen mit den analytischen Lösungen, die sich durch Bessel-Funktionen ausdrücken lassen.

a) Führen Sie eine Testfunktion der Form **E^(-b r/(2a))** ein, wobei **b** ein Variationsparameter ist, und zeigen Sie, daß die *Ableitung* der Testenergie **eTrial** nach **b** durch **D[eTrial,b] ==**

```
       2          2
 -3 A b        b h
 -------- + -------
       4         2
 (1 + b)     4 a  m
```

gegeben ist. Führen Sie die auftretenden Integrale mit **integExp** aus dem Paket **Quantum`integExp`** aus. Das Nullsetzen der Ableitung führt also auf eine algebraische Gleichung fünften Grades, die sich im allgemeinen nicht analytisch lösen läßt, aber im Prinzip fünf Lösungen besitzt. Obwohl **Solve** in diesem Fall die Lösungen analytisch bestimmt (probieren Sie es aus), reicht es aus, die Lösungen numerisch zu berechnen.

Aufgrund der Stärke der Wechselwirkung ist es günstig, in **MeV** zu arbeiten. Setzen Sie also **h -> 6.582 10^-22 MeV s** für das durch **2Pi** geteilte Plancksche Wirkungsquantum und **m -> mp/2** für die reduzierte Masse von Proton und Neutron ein; **mp -> 938.3 MeV/c^2** ist die Protonenmasse. (Gehen Sie davon aus, daß Neutron und Proton ungefähr dieselbe Masse haben.) Dabei ist **c** die Lichtgeschwindigkeit, **c -> 2.998 10^8 m/s.**

Zeigen Sie mit diesen Werten (und **NSolve**), daß **D[eTrial,b] == 0** drei reelle Lösungen und ein Paar konjugiert komplexer Lösungen hat. Die komplexen Lösungen führen jedoch zu komplexen Energien, die wegen der Hermitezität des Hamilton-Operators nicht erlaubt sind. Die triviale Lösung **b = 0** führt auf eine konstante Wellenfunktion und kann daher ebenfalls verworfen werden. Zeigen Sie, daß die Lösung in der Nähe von **b = 1.3** zur *minimalen* Energie **-2.130 MeV** führt; dies liegt nahe, aber oberhalb der *beobachteten* Grundzustandsenergie, wie nach dem Variationsprinzip zu erwarten war. Tragen Sie die entsprechende Grundzustandswellenfunktion als Funktion von **r** in **fm** auf.

Überzeugen Sie sich schließlich noch davon, daß **b = 0.1** zu einer positiven Energie, also zu einem ungebundenen Zustand führt. Das Modell ist also konsistent mit der Beobachtung, daß der Deuteriumkern nur einen gebundenen Zustand aufweist; eigentlich müßten wir jedoch unsere Analyse auf Zustände mit Drehimpuls **L > 0** ausdehnen.

b) Verwenden Sie das Schießverfahren (s. Abschn. 2.2), um die Grundzustandsenergie und -wellenfunktion durch numerische Integration der Schrödinger-Gleichung mit der eingebauten Funktion **NDSolve** näherungsweise zu bestimmen. Gehen Sie zu der *reduzierten Radialwellenfunktion* **u[r] = r R[r]** über, und stellen Sie eine reduzierte Radialgleichung mit Energien in **MeV** und Längen in **fm** auf. Zeigen Sie also

```
-32.6 u[r]
─────────── - 41.499 u''[r] == eps u[r]
 0.462963 r
E
```

wobei **eps = Energy/MeV** die skalierte Eigenenergie ist. Wir fordern, daß **R[r]** überall endlich ist (vgl. Übg. 20.2.1), und damit **u[0] = 0**.

Um nun die Eigenfunktionen und Eigenwerte zu bestimmen, brauchen wir eine Randbedingung für **r -> Infinity**. Numerisch arbeiten wir natürlich mit einem maximalen Wert **rmax** von **r**. Da das exponentielle Modellpotential eine relativ kurze Reichweite hat, vereinfacht sich die Schrödinger-Gleichung *asymptotisch*, d.h. für große **r** nahe **rmax**, wo wir das Potential vernachlässigen können. Man zeigt leicht, daß die physikalisch annehmbare asymptotische Lösung eine abfallende Exponentialfunktion ist (s. Teil (c)), und wir setzen einfach **u[rmax] = 0**, obwohl sich die Methode durch expliziten Einbau der asymptotischen Lösung verfeinern läßt. Probieren Sie **rmax = 30.0** aus, aber überprüfen Sie auch die Genauigkeit und Verläßlichkeit Ihrer Ergebnisse durch Variation dieses Wertes.

Raten Sie einen Wert **eps** für die Grundzustandsenergie, z.B. einen Wert in der Nähe unseres Variationsergebnisses, integrieren Sie die Radialgleichung von **r = rmax** bis zum Ursprung **r = 0**, und beobachten Sie, wie nahe die Lösung **u[r]** dem Wert **u[eps,0] = 0** kommt. Erzeugen Sie eine Wertetabelle aus den Werten **u[eps,0]** der (nicht normierten) Wellenfunktionen in Abhängigkeit von **eps**, und tragen Sie Ihre Ergebnisse wie in Abb. 20.2 auf.

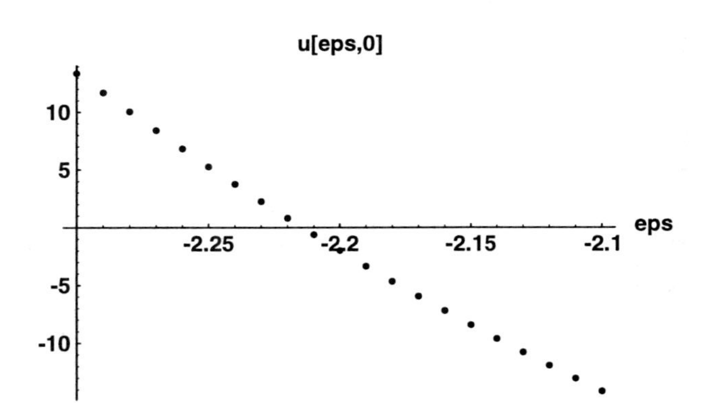

Abb. 20.2. Werte der (nicht normierten) Wellenfunktionen am Ursprung **r = 0** in Abhängigkeit von der skalierten Energie **eps** für den Grundzustand des Deuteriumkerns.

Der Punkt, an dem die Kurve durch diese Werte die **eps**-Achse schneidet, liefert die Grundzustandsenergie. Interpolieren Sie die Punkte (vgl. Übg. C.3.5), und suchen Sie die Nullstelle der interpolierten Funktion mit der eingebauten Funktion **FindRoot**. Diese Nullstelle sollte nicht mehr als ein Prozent von der beobachteten Grundzustandsenergie abweichen und dem genauen Wert in unserem Modell, den wir in Teil (c) bestimmen, sehr nahe kommen.

Normieren Sie die Grundzustandswellenfunktion zu diesem Schätzwert mit Hilfe der eingebauten Funktion **NIntegrate**, und tragen Sie sie zusammen mit unserer durch Variation gewonnenen Wellenfunktion aus Teil (a) auf.

c) Zeigen Sie, daß sich die Radialgleichung für **L = 0** für unser exponentielles Modellpotential durch Einführung einer Radialwellenfunktion der Form **R[r] = J[z]/r /. z -> d E^(-r/ (2a))** mit der *Bessel-Funktion* **J[z]**, der (unbekannten) Eigenenergie **e[n]** und dem dimensionslosen Parameter **d** mit {**e[n],d**} **==**

```
      2  2     3/2
   -(h  n )  2      a Sqrt[A m]
  {--------, -----------------}
       2             h
    8 a  m
```

in die *Besselsche Differentialgleichung*

```
     2    2                       2
  (-n  + z ) J[z] + z J'[z] + z  J''[z] == 0
```

transformieren läßt.
Der dimensionlose Parameter **n** bleibt zu bestimmen; zeigen Sie, daß in unserem Beispiel **d = 3.8289** gilt.

Um **n** zu bestimmen, müssen wir nun wie üblich Randbedingungen einführen und fordern, daß **R[r]** für alle Werte {**r,0,Infinity**} endlich bleibt. Wie bei der numerischen Lösung sind nur die Grenzfälle **r -> 0** und **r -> Infinity** von Interesse.

Mit **r -> Infinity** geht **z -> 0**; wir fordern also, daß **J[n,0]** endlich ist. Unsere Lösungen sind daher die eingebauten Bessel-Funktionen **n**-ter Ordnung **J[n,z] = BesselJ[n,z]**, die für alle **z** beschränkt sind, wenn **n** eine *positive* Zahl oder eine negative ganze Zahl ist. Insbesondere verwerfen wir die linear unabhängige Lösung, die eingebaute Funktion **BesselY[n,z]**; überzeugen Sie sich durch Taylor-Entwicklung davon, daß diese Lösung für beliebiges **n** für kleine **z** unbeschränkt (singulär) ist. Untersuchen Sie **BesselJ[n,z]** für **n < 0**, und zeigen Sie anhand einiger Beispiele, daß für ganzzahliges **n** gilt **BesselJ[-n,z] == (-1)^n BesselJ[n,z]**. Zeigen Sie außerdem durch Taylor-Entwicklung, daß **BesselJ[n < 0,z]** für nichtganzzahliges **n** bei **z = 0** singulär ist. Zeigen Sie schließlich noch **R[r] = J[n,z]/r** $\sim$ **E^(-Sqrt[-2m e[n]/h^2] r)** für **r -> Infinity**, daß dies also eine Lösung der asymptotischen Radialgleichung ist.

Mit **r -> 0** geht **z -> d**, und wir fordern **J[n,z -> d] -> 0**, so daß **R[r] = J[n,z]/r** endlich bleibt. Wir verlangen also, daß **d** eine *Nullstelle der Bessel-Funktion* ist und wählen die Ordnung **n** der Bessel-Funktion dementsprechend. Wir müssen die Ordnung **n** anpassen, da der numerische Wert **d = 3.8289** bereits feststeht. Auf diese Weise bestimmen wir das Energiespektrum **e[n]**.

Die Situation ist ungewöhnlich und interessant, wenn wir sie mit einem gewöhnlichen Randwertproblem mit Bessel-Funktionen vergleichen. Wir hätten große Schwierigkeiten, wenn wir nicht **J[n,z]** leicht für beliebiges **n** auswerten könnten. Die gängigen Nachschlagewerke tabellieren die Funktionen **J[n,z]** und deren Nullstellen nur für ganzzahliges **n**. Tragen Sie also **BesselJ[n,d]** *als Funktion von* **n** auf und zeigen Sie graphisch, daß es nur ein positives **n** gibt, in der Nähe von **n = 1**, für das **d** eine Nullstelle von **BesselJ[n,d]** ist. Wir können wiederum schließen, daß unser Modellpotential für die gegebenen empirischen Werte von **A** und **a** nur einen gebundenen Zustand mit **L = 0** aufweist.

Bestimmen Sie nun **n** genauer mit Hilfe der Variante von **FindRoot**, die das Sekantenverfahren anwendet (s. Wolfram [63]); dies ist nötig, da *Mathematica* keinen analytischen Ausdruck für die Ableitung von **BesselJ[n,d]** nach **n** liefert. (Die Ausdrücke für diese Ableitung sind relativ kompliziert; vgl. Abramowitz und Stegun [1], Gleichungen 9.1.64-68.) Das Sekantenverfahren benötigt zwei Anfangswerte, die Sie auf beiden Seiten von **n = 1** frei wählen können. Die Ergebnisse für **n** und die Grundzustandsenergie **e[n]** sollten nahe bei

```
{n -> 0.997918, e[n] -> -2.21442 MeV}
```

liegen.

Normieren Sie die entsprechende Grundzustandswellenfunktion (mit Hilfe von **NIntegrate**), und tragen Sie die Differenz zu der Wellenfunktion auf, die Sie in Teil (b) mit dem Schießverfahren bestimmt haben.

20.3 Parität

Es ist nützlich zu wissen, wie diese Wellenfunktionen sich unter einer *Inversion* der Koordinatenachsen ({**x,y,z**} **->** {**-x,-y,-z**} oder **rvecC -> -rvecC**) verhalten, d.h. wir interessieren uns für die *Parität* der Wellenfunktionen. In Kugelkoordinaten wird diese Transformation durch die Ersetzungen {**r,t,p**} **->** {**r,Pi-t,Pi+p**} beschrieben (s. Abb. E.4); wir definieren daher einen *Paritätsoperator*

```
Parity @ psi_ :=
    psi /. {r :> r, t :> Pi-t, p :> Pi+p} //Expand
```

in Analogie zu dem in Kap. 5 in kartesischen Koordinaten definierten Operator. Wir prüfen leicht nach, daß diese Funktion die gewünschte Inversion in Kugelkoordinaten beschreibt:

```
rvecC = r er /.
    er -> {Cos[p] Sin[t], Sin[p] Sin[t], Cos[t]};

Parity @ rvecC == -rvecC

  True
```

Erinnern Sie sich, daß man bei einer Eigenfunktion des Paritätsoperators zum Eigenwert **+1** von *gerader Parität* spricht, bei einer Eigenfunktion zum Eigenwert **-1** von *ungerader Parität.*

Wenn eine Observable mit dem Paritätsoperator vertauscht, so können die Eigenfunktionen der Observablen immer gleichzeitig als Eigenfunktionen des Paritätsoperators gewählt werden (vgl. Abschn. 15.1). Man zeigt z.B. leicht, daß die Kugelfunktionen **Y[l,mz]**, die Eigenfunktionen von **lsq** und **lz** sind, unabhängig von **mz** die Parität **(-1)^l** haben. Zum Beispiel gilt für **l = 0** und **l = 1**:

```
Y[l_,m_,t_,p_] := SphericalHarmonicY[l,m,t,p]

Table[
    Parity @ Y[l,m,t,p] == (-1)^l Y[l,m,t,p],
    {l,0,1},{m,-l,l}
]

  {{True}, {True, True, True}}
```

Der Paritätsoperator vertauscht also mit **lsq** und **lz**. Das folgt auch aus der Beobachtung, daß sich der Drehimpuls unter der Pariätstransformation wie **lvec -> -I h (-rvec)** × **(-grad) == lvec** verhält, so daß gilt **Parity @ lvec @ psi == lvec @ Parity @ psi**. Übrigens nennt man **lvec** aus diesem Grunde einen *Axialvektor.* (Beachten Sie, daß wir unsere obige Definition von **Parity** erweitern müßten, wenn wir sie auch auf Ableitungsoperatoren wie **lvec** anwenden wollten. Zum Beispiel können wir nicht direkt einen algebraischen Ausdruck für die Variable **x** in **Dt[f,x]** einsetzen.)

Übung 20.3.1. a) Bestimmen Sie die Parität der Kugelfunktionen, indem Sie zunächst die der Legendre-Polynome bestimmen (vgl. Aufg. 19.1.2). Führen Sie den in Kap. 5 definierten Paritätsoperator in kartesischen Koordinaten ein, und bestimmen Sie die Parität der in Übg. 19.1.2 definierten *räumlichen Kugelfunktionen.*

b) Matrixelemente eines Produktes **Y[l1,m1] Y[l2,m2] Y[l3,m3]** aus drei Kugelfunktionen treten in vielen Anwendungen auf. Leiten Sie die *Auswahlregel* her, die besagt, daß diese Matrixelemente verschwinden, wenn **l1+l2+l3** ungerade ist.

Offensichtlich vertauscht die Koordinateninversion mit jeder Funktion von **r = Sqrt[x^2 + y^2 + z^2]**, insbesondere also mit dem Coulomb-Potential. Wenn wir also unsere Kommutatorregel aus Abschn. 18.2 noch einmal eingeben, erhalten wir

```
Commutator[A_, B_] @ psi_ :=
    A @ B @ psi - B @ A @ psi //Expand

Commutator[Parity, V[r]] @ psi == 0

  True
```

Die Wasserstoffwellenfunktionen lassen sich also immer mit definierter Parität konstruieren. Die **psi[{n,l,mz}]** sind natürlich gerade solche Eigenfunktionen mit der Parität **(-1)^l**, da sie den Kugelfunktionen proportional sind und der Radialanteil gerade Parität hat. Zum Beispiel gilt für alle Zustände mit **n = 1** und **n = 2**:

```
Table[
    Parity @ psi[{n,l,m},r,t,p] ==
        (-1)^l psi[{n,l,m},r,t,p],
    {n,1,2},{l,0,n-1},{m,-l,l}
] //ExpandAll //MapAll[Factor,#]&

  {{{True}}, {{True}, {True, True, True}}}
```

Man bezeichnet den Eigenwert des Paritätsoperators daher als eine gute Quantenzahl für diese Zustände.

20.4 Kontinuumswellenfunktionen

Wenn wir die Hauptquantenzahl **n** durch **-I/(ao/Z k)** ersetzen, wobei **k** ein kontinuierlicher Parameter ist, so erhalten wir statt des diskreten Energiespektrums **e[n]** für die gebundenen Zustände das Spektrum der ungebundenen Zustände mit *kontinuierlicher* Energie **Energy > 0**:

```
e[k] = -Z^2 Ry/n^2 /.n -> -I/(ao/Z k) //.aoRy

  2  2
 h  k
 -----
 2 m
```

Folglich ist **k > 0** die Wellenzahl des Elektrons in Einheiten reziproker Länge, und **2Pi/k** ist die De-Broglie-Wellenlänge des Elektrons. Wenn wir unsere Herleitung der Radialwellenfunktion für die gebundenen Zustände noch einmal nachvollziehen, erhalten wir nunmehr die (nicht normierten) Radialwellenfunktionen, die die ungebundene Bewegung des Elektrons beschreiben. Wir ersetzen als **n** durch **-I/(ao/Z k)** und erhalten

```
RC[k_,l_,r_] =
    r^l E^(-Z r/(ao n)) w1F1[n,l,2 Z r/(ao n)] /.
          n -> -I/(ao/Z k)

 -I k r  l                                I Z
E         r  Hypergeometric1F1[1 + l + ——-, 2 + 2 l, 2 I k r]
                                          ao k
```

Da dies Funktionen des kontinuierlichen Parameters {**k,0,Infinity**} sind, ist das übliche Normierungsintegral einer Deltafunktion proportional; diese drückt gleichzeitig die Orthogonalität von Eigenfunktionen zu verschiedenem **k** aus (vgl. Merzbacher [46], Abschn. 6.3). In der Praxis verwendet man andere Normierungen, z.B. einen einfallenden Teilchenstrahl mit Einheitsfluß (s. Abschn. 14.2 und z.B. Schiff [60], Abschn. 21). Es ist physikalisch klar, daß sowohl die gebundenen als auch die ungebundenen Zustände für einen vollständigen orthonormalen Satz nötig sind. Wir bemerken in diesem Zusammenhang, daß sich viele Matrixelemente zwischen gebundenen und ungebundenen Zuständen des Coulomb-Potentials mit Hilfe der in Abschn. 13.5 zur Normierung der Wellenfunktionen des Morseschen Oszillators eingeführten Formeln und Methoden berechnen lassen.

Die kontinuierlichen Radialfunktionen **RC[k,l,r]** bezeichnet man als *reguläre Coulomb-Funktionen*, da sie am Ursprung endlich sind; sie sind die einzigen Funktionen, die im Zusammenhang mit einem reinen Coulomb-Potential auftreten. Die sogenannten *singulären Coulomb-Funktionen* braucht man jedoch zur Konstruktion allgemeiner Lösungen für Potentiale, die in der Nähe des Ursprungs von einem reinen Coulomb-Potential abweichen. Diese linear unabhängigen Lösungen sind natürlich den für die gebundenen Zustände verworfenen **HypergeometricU** proportional und spielen beispielsweise bei der Beschreibung geladener Teilchen in der Nähe von Kernen eine Rolle.

Wir führen zur dreidimensionalen Darstellung der Wahrscheinlichkeitsverteilung die in Abb. 20.1 verwendeten kartesischen Koordinaten **x = r Sin[t]** und **z = r Cos[t]** ein, da das Absolutquadrat der Wellenfunktion zylindersymmetrisch um die Quantisierungsachse, die z-Achse, ist. Die Wellenfunktionen lassen sich leicht transformieren (vgl. Übg. 19.1.2). (Wir könnten auch direkt Funktionen von **r** und **t** mit **SphericalPlot3D** auftragen, wie in Abb. 19.1; die Koordinaten **x** und **z** haben jedoch den Vorteil, daß die z-Achse explizit dargestellt ist.) In Abbildung 20.3 sind die Wahrscheinlichkeitsverteilungen zu zwei angeregten Zuständen des Wasserstoffatoms gezeigt, der gebundene Zustand *2p* **(mz=0)** links und ein *p* **(mz=0)**-Kontinuumszustand

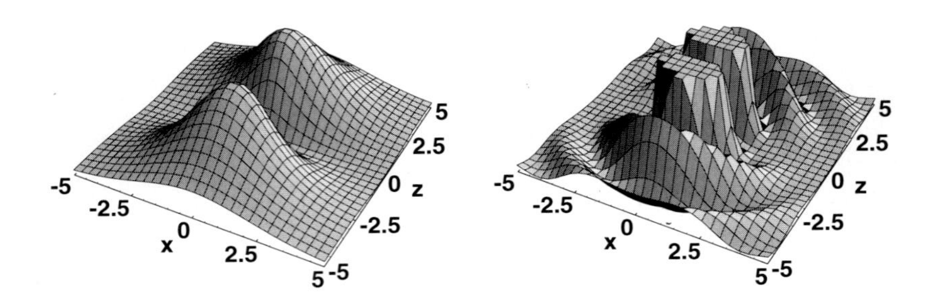

Abb. 20.3. Wahrscheinlichkeitsverteilungen (Absolutquadrate der Wellenfunktionen) im Wasserstoffatom (**Z = 1**) als Funktionen (in atomaren Einheiten) der in Abb. 20.1 eingeführten kartesischen Koordinaten **x = r Sin[t]** und **z = r Cos[t]**. Links ist der gebundene Zustand *2p* **(mz=0)** gezeigt, rechts ein *p* **(mz=0)**-Kontinuumszustand mit **k = Sqrt[2]**, also **e[k] = 1**

mit **k = Sqrt[2]**, also **e[k] = 1** rechts. Die gerade Parität der Wahrscheinlichkeit spiegelt die definierte Parität der Wellenfunktionen wider. Beachten Sie, daß das zentrale Maximum im Kontinuumszustand willkürlich abgeschnitten wurde, um die sekundären Maxima besser sichtbar zu machen.

Die Radialanteile dieser Wellenfunktionen werden in Übg. 20.4.1 bestimmt und sind in Abb. 20.4 zum Vergleich zusammen mit **Veff** aufgetragen.

Übung 20.4.1. a) Erzeugen Sie Graphen der Absolutquadrate der Wellenfunktionen wie in Abb. 20.3. (Die Darstellung des gebundenen Zustands dauert nicht lange, die des Kontinuumszustands ungefähr 50 Minuten.) Wenn Sie die Zeit haben, können Sie dies für **n = 1, 2, 3** und für **k = 0, 1, 10** tun. Erzeugen Sie zu gegebenem **n** oder **k** eine Animation, um verschiedene Werte von **l** und **mz** darzustellen.

b) Erzeugen Sie wie in Abb. 20.4 Graphen der *radialen* Wahrscheinlichkeitsverteilungen für **n = 1, 2, 3** und der Real- und Imaginärteile der ungebundenen Radialwellenfunktion für **k = 0, 1, 10** und **l = 0, 1, 2**. Verwenden Sie atomare Einheiten. Beobachten Sie, wie die Zentrifugalbarriere die Wellenfunktion vom Ursprung wegdrängt und wie die Wellenlänge der Kontinuumszustände von der Energie abhängt (vgl. Übg. 19.1.3). Abbildung 20.4 ist schematisch, da die Wahrscheinlichkeiten willkürlich skaliert und um die zugehörigen Eigenenergien verschoben sind.

Übung 20.4.2. a) Berechnen Sie die Erwartungswerte **<r>** und **<r^2>** in den fünf Zuständen des Wasserstoffatoms zu **n = 1** und **2**. Berechnen Sie außerdem **<1/r>**, und bestimmen Sie daraus mit Hilfe des Virialsatzes die Energie der Zustände (vgl. Aufg. 18.2.1).

b) Das *Positron* ist ein Teilchen mit derselben Masse wie ein Elektron und der Ladung **+1** (bezogen auf die Elementarladung). Das *Positronium* ist ein kurzlebiges System, das man beobachtet, wenn ein Elektron und ein Positron aufgrund der Coulomb-Wechselwirkung eine Bindung eingehen. Es zerfällt, wenn sich das Positron und das Elektron gegenseitig vernichten. Berechnen Sie die Energie und den Erwartungswert **`<r>`** im Grundzustand des Positroniums. Welche Wellenlänge hat das Licht, das emittiert wird, wenn das System aus einem angeregten Zustand mit **`n = 2`** in den Grundzustand mit **`n = 1`** fällt?

c) Myonen sind Teilchen mit 206.8-facher Elektronenmasse und einer Ladung von $\pm$**`1`** (Teilchen und Antiteilchen). *Myonische Atome* entstehen durch Ersetzung eines der Elektronen durch ein Myon. Schätzen Sie die Energie des Photons ab, das emittiert wird, wenn ein Myon in Blei (**`Z = 82`**) von einem angeregten Zustand mit **`n = 2`** in den Grundzustand mit **`n = 1`** fällt. Der experimentelle Wert ist 10.48 MeV. Berechnen Sie **`<r>`** für diese beiden Niveaus. Warum ist die Annahme sinnvoll, daß das myonische Atom nur aus dem nackten Bleikern und dem Myon besteht?

Aufgabe 20.4.1. Zeigen Sie, daß für **`Energy = 0`** die Radialwellenfunktionen des Wasserstoffatoms proportional zu **`BesselJ[2l+1,Sqrt[c r]]/Sqrt[c r]`** sind, und bestimmen Sie die Konstante **`c`**. Tragen Sie diese Funktion auf, und vergleichen Sie sie mit **`RC[k,l,r]`**. Erzeugen Sie eine Animation, um den Limes **`k -> 0`** zu betrachten. Vergleichen Sie mit den Ergebnissen aus Übg. 19.1.3.

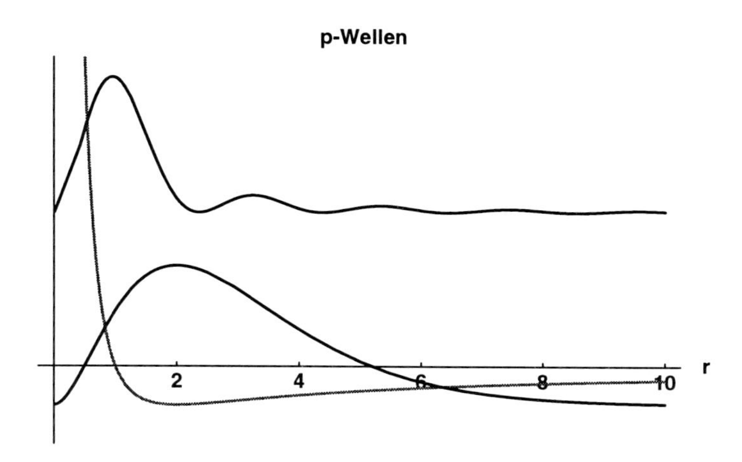

Abb. 20.4. Die skalierten und um die zugehörigen Energien verschobenen *radialen* Wahrscheinlichkeitsverteilungen der *p*-Zustände aus Abb. 20.3; zum Vergleich ist in Grau das effektive Potential **`Veff`** aus Abb. 20.1 dargestellt.

20.5 Separation in parabolischen Koordinaten

Bevor wir uns der Konstruktion der Wellenfunktionen mit Hilfe der Runge-Lenz-Algebra zuwenden, sollten wir noch die Lösung des Coulomb-Problems in den in Aufg. E.2.5 definierten parabolischen Koordinaten `u = r + z`, `v = r - z` und `p` betrachten. Auch dieser Ansatz führt zu einer Separation der Variablen in der Schrödinger-Gleichung; er ist der Lösung in Kugelkoordinaten analog. Wir verschieben diese Untersuchung jedoch auf Aufg. 20.5.1 und stellen fürs erste lediglich fest, daß die Wellenfunktionen, die sich ergeben, nicht Eigenfunktionen von `lsq` und `lz` sind. Sie sind vielmehr, wie wir später sehen werden, gemeinsame Eigenfunktionen der Komponenten `lz` und `Az` des Drehimpulses und des Runge-Lenz-Vektors.

In letzter Zeit haben sich die parabolischen Quantenzahlen bei der Suche nach einem vollständigen Satz vertauschender Observablen in Atomen mit zwei Elektronen, also im Coulomb-Problem mit drei Körpern , als nützlich erwiesen. Wenn beide Elektronen angeregt, aber dennoch schwach gebunden sind, erfährt das eine Elektron durch das vom anderen Elektron und dem Kern erzeugte langreichweitige Dipolfeld eine Art Stark-Effekt. Solche Atome lassen sich partiell durch parabolische Quantenzahlen `n1` und `n2` charakterisieren, insbesondere durch die sogenannte *elektrische Quantenzahl* `K = n2 - n1`, die die Verschiebung eines Energieniveaus durch ein äußeres elektrisches Feld bestimmt (s. Abschn. 21.5). Dies ist sehr interessant, wenn man bedenkt, daß eine Separation der Variablen in einem so fundamentalen System wie Helium scheinbar nicht möglich ist. Es ist noch nicht einmal klar, welche Koordinaten man wählen soll, denn wenn wir das wüßten, könnten wir vermutlich die Schrödinger-Gleichung für zwei Elektronen separieren. Dies ist jedoch bisher nicht gelungen, und die Spektroskopie des Heliumatoms ist noch immer nicht vollständig systematisch erklärt. Das näherungsweise Auftreten von Quantenzahlen ermutigt dazu, zumindest nach einer partiellen Separation des Problems zu suchen (vgl. Rau [56] und auch Fano und Rau[20] und die dortigen Literaturangaben).

Die parabolischen Symmetrien mit einem Zentrum sind ein Spezialfall einer allgemeineren Beschreibung von Atomen mit zwei Elektronen, die auf *elliptischen* Symmetrien mit zwei Zentren beruht und die grundlegende Äquivalenz der Elektronen berücksichtigt. Aus Aufg. E.2.6 ersehen wir, daß die parabolischen Koordinaten der Grenzfall der elliptischen Koordinaten für große `R` sind. Es besteht also eine Analogie zu Molekülen, da die Schrödinger-Gleichung für das Ion des Wasserstoffmoleküls (zwei Protonen und ein Elektron) in elliptischen Koordinaten separiert, wenn man die Kerne als fest betrachtet. Die zwei Elektronen im Helium spielen die Rolle der zwei Kerne im Molekül und sitzen daher an den beiden Zentren mit dem Abstand `R`. Wir verwenden diese Sichtweise in Aufg. 20.5.5, um die Grundzustände von Helium und H^- durch Variation abzuschätzen. Dieser Ansatz rechtfertigt sich dadurch, daß er die beobachtete Ähnlichkeit der Energiespektren scheinbar sehr verschiedener Systeme, z.B. des Ions des Wasserstoffmoleküls und des

Heliumatoms, erklärt (s. Feagin und Briggs [21] und den Übersichtsartikel von Rost und Briggs [58]).

In diesem Zusammenhang ist es interessant, daß auch die Schrödinger-Gleichung für das Wasserstoffatom in elliptischen Koordinaten separiert; darauf wird selten hingewiesen. Man kann sich dazu ein Molekül mit einem Wasserstoffkern (einem Proton) in einem Zentrum und einem Phantomkern ohne Ladung im anderen Zentrum vorstellen. Auf diese Möglichkeit gehen wir in Aufg. 20.5.2 ein.

Aufgabe 20.5.1. Zeigen Sie, daß die Schrödinger-Gleichung für ein wasserstoffähnliches Atom auch in den *parabolischen* Koordinaten **u = r + z**, **v = r - z** und **p** separiert und gelöst werden kann; sowohl **u** als auch **v** liegen im Bereich {**0,Infinity**}, **p** liegt im Bereich {**0,2Pi**} (vgl. Aufg. E.2.5). Leiten Sie das Balmersche Energiespektrum und die normierten Wellenfunktionen zu den Hauptquantenzahlen **n** $\leq$ **3** her. Überzeugen Sie sich davon, daß das **n**-te Niveau **n^2**-fach entartet ist.

a) Setzen Sie eine Wellenfunktion der Form **chi = f[u]g[v]E^(I mz p)** an, und separieren Sie die Variablen. Ordnen Sie die Terme in *zwei* Ausdrücken *identischer* Form an, **uPart** und **vPart**. Schreiben Sie die Energie zum Vergleich mit den Lösungen im Text als **-Z^2 Ry/n^ 2**, und führen Sie **K Z/(2n ao) == uPart == -vPart** als Separationskonstante ein, wobei die Zahlen **n** und **K** zu bestimmen bleiben. (Die Funktion **Select** bietet sich zur Separation der Variablen an; s. Übg. C.1.9.)

b) Lösen Sie die Gleichungen für **f** und **g** in der Nähe des Ursprungs, und zeigen Sie, daß asymptotisch gilt

```
f[u] == u^(Abs[mz]/2) E^(-Z u/(2ao n)) *
              LaguerreL[n1,Abs[mz],Z u/(ao n)]
g[v] == v^(Abs[mz]/2) E^(-Z v/(2ao n)) *
              LaguerreL[n2,Abs[mz],Z v/(ao n)]
```

wobei **n1** und **n2** nichtnegative ganze Zahlen sind und **n = n1 + n2 + Abs[mz] + 1** die Hauptquantenzahl, so daß wir wiederum das Balmersche Energiespektrum erhalten. Zeigen Sie außerdem **K = n2 - n1**. Dies setzt die Separationskonstante mit der sogenannten *elektrischen Quantenzahl* in Beziehung (s. Bethe und Salpeter [6], S. 230 und Abschn. 21.2).

Erzeugen Sie einige Graphen, um sich davon zu überzeugen, daß **n1** und **n2** die Anzahl der Knoten in **f[u]** bzw. **g[v]** angeben.

c) Sammeln Sie Ihre Ergebnisse in einer Definition der Funktion **chi[{n1, n2,mz},u,v,p]**. Die Phasen der Wellenfunktionen sollen mit denen der Runge-Lenz-Lösungen im nächsten Kapitel übereinstimmen; fügen Sie daher einen Faktor **(-1)^(n1+mz)** hinzu, und definieren Sie **chi** für negative **mz** durch die Regel **chi[-mz] == (-1)^mz chi[mz]**, in Analogie zu den

Kugelfunktionen. Normieren Sie **chi** explizit für **n1**, **n2**, **mz** $\leq$ **2** (mit Hilfe von **integExp**). (Wir berechnen die Normierung allgemein in Aufg. 21.5.2.)

d) Wie wir in Abschn. 21.6 sehen werden, stellen die parabolischen Zustände **chi[{n1,n2,mz}]** im allgemeinen Linearkombinationen der sphärischen Zustände **psi[{n,l,mz}]** dar und umgekehrt. Die Zustände **chi** und **psi** auf den untersten und obersten Stufen der Drehimpulsleiter mit **mz = ±l = ±(n-1)** sind jedoch identisch. Zeigen Sie, daß die entsprechenden parabolischen Zustände durch **n1 = n2 = 0** gegeben sind; dazu gehört auch der Grundzustand. Gehen Sie zu Kugelkoordinaten über, und überprüfen Sie **chi[{0,0,(n-1)}] == psi[{n,n-1,(n-1)}]** für **n**≤3. Transformieren Sie die beiden Zustände in der Mitte der Leiter in Kugelkoordinaten, und zeigen Sie **{chi[{1,0,0}], chi[{0,1,0}]} ==**

```
    3/2
   Z     (-2 ao + r Z + r Z Cos[t])
  {--------------------------------------,
         5/2   (r Z)/(2 ao)
   8 ao      E                Sqrt[Pi]

        3/2
       Z     (2 ao - r Z + r Z Cos[t])
       -------------------------------------}
              5/2   (r Z)/(2 ao)
       8 ao       E                Sqrt[Pi]
```

Welche Linearkombinationen dieser Funktionen ergeben **psi[*2s*]** und **psi[*2p*(mz=0)]**? Berechnen Sie schließlich alle *neun* normierten Zustände **chi** zu **n = 3**.

Berücksichtigen Sie beim Vergleich mit der Literatur, daß die Definitionen von **u** und **v** und auch von **n1** und **n2** manchmal umgekehrt sind gegenüber unseren, die sich nach Bethe und Salpeter [6] richten.

e) Aus **n1 + n2 = n - Abs[mz] - 1** folgt **Max[n1] = n - Abs[mz] - 1 = Max[n2]**. Zu gegebenen Werten von **n** und **mz** gibt es also **n - Abs[mz]** Kombinationen von **n1** und **n2**. Der Entartungsgrad ergibt sich durch Summation dieses Ausdrucks über **mz** von **0** bis **n - 1**:

```
n + 2(n-1) + 2(n-2) + ... + 2(n-(n-1))
```

Der Faktor **2** berücksichtigt dabei jeweils die beiden Möglichkeiten **±mz** für **mz > 0**. Laden Sie das Paket **Algebra`SymbolicSum`**, um sich davon zu überzeugen, daß der Entartungsgrad in Übereinstimmung mit dem Ergebnis aus Aufg. 18.7.1 **n^2** beträgt.

Aufgabe 20.5.2. Zeigen Sie, daß die Schrödinger-Gleichung für ein Atom mit einem Elektron auch in den in Aufg. E.2.6 für zweizentrige Moleküle definierten *elliptischen* Koordinaten separiert. Stellen Sie sich die Kernladung **Z e** in einem Zentrum vor und einen weiteren Phantomkern mit Ladung Null im anderen.

Die Möglichkeit dieser Separation ist auch aus der allgemeinen Beschreibung der Schrödinger-Gleichung für zweizentrige Moleküle ersichtlich. Für zwei beliebige Kernladungen **Z1 e** und **Z2 e**, also für ein beliebiges Ladungsverhältnis **q = Z2/Z1**, haben z.B. G. Hunter, B. F. Gray und H. O. Pritchard, J. Chem. Phys. **45**, 3806 (1966) die Variablen separiert. Die Separation für das Wasserstoffatom ergibt sich aus ihren Ergebnissen durch die Wahl **q = 0**.

Aufgabe 20.5.3. Bestimmen Sie die Eigenfunktionen und Eigenenergien des zweidimensionalen isotropen harmonischen Oszillators durch Lösung der Schrödinger-Gleichung in den Polarkoordinaten **r** und **p**. Gehen Sie von Eigenfunktionen des Drehimpulses **lz** (senkrecht zur Bahnebene) der Form **psi == f[r] E^(I mz p)** aus, und zeigen Sie, daß **f[r]** einem zugeordneten Laguerre-Polynom in der Variablen **m w r^2/h** proportional ist.

Schreiben Sie die Energie als **h w n2D**, und schließen Sie aus der Forderung, daß die Wellenfunktion überall endlich ist, daß die Quantenzahl **n2D** eine *positive* ganze Zahl der Form **n2D = 2q + Abs[mz] + 1** mit **q = 0, 1, 2**, ... sein muß, und somit {**mz, -n2D + 1, n2D - 1, 2**} *in Zweierschritten*! Vergleichen Sie mit der Lösung aus Aufg. 18.7.2.

Aufgabe 20.5.4. Transformieren Sie die Radialgleichung für wasserstoffähnliche Atome in die eines zweidimensionalen isotropen harmonischen Oszillators, und berechnen Sie das Balmersche Spektrum aus dem Energiespektrum des Oszillators. Gehen Sie zu den neuen unabhängigen und abhängigen Variablen

```
r -> r2D^2/(Sqrt[-e[n]/(Z^2 Ry)]) Z/ao
R -> Sqrt[Sqrt[-e[n]/(Z^2 Ry)]]/r2D f[r2D]
```

über, wobei **r2D** die Radialkoordinate des Oszillators und **f[r2D]** seine Radialwellenfunktion ist. Zeigen Sie, daß **w = 2 h/m (Z/ao)^2** die Frequenz des Oszillators ist. (Diese Transformation ergibt sich bereits aus einem Vergleich der Grundzustandswellenfunktion des Wasserstoffs mit der eines eindimensionalen harmonischen Oszillators.) (Vgl. die vorangehende Aufgabe und Aufg. 18.7.2.)

Aufgabe 20.5.5. Schätzen wir nun die Grundzustandsenergien zweier fundamentaler atomarer Systeme, des Heliumatoms und des negativen Wasserstoffions H^-, durch Variation ab. Wir tun dies auf zwei Arten. Der erste Ansatz findet sich in den meisten Büchern und beruht auf einer Testfunktion der Form **E^(-a(r1 + r2))**; dabei sind **r1** und **r2** die Abstände zwischen den Elektronen und dem Kern, und **a** ist der Variationsparameter. Dieser Ansatz liefert für Helium akzeptable Ergebnisse, für H^- ist er jedoch unzureichend. Der zweite Ansatz geht von derselben Testfunktion aus und führt dann elliptische Koordinaten **R**, **l**, **m** ein (vgl. Aufg. E.2.6), um ein effektives eindimensionales Potential für das Elektronenpaar als Funktion des Elektronenabstandes **R** zu definieren. Dieses *molekulare Modell* ist für beide Systeme erstaunlich genau und läßt sich leicht auf angeregte Zustände ausdehnen (vgl. J. M. Rost und J. S. Briggs, J. Phys. B**21**, L233 (1988)).

a) Führen Sie die Testfunktion **E^(-a(r1 + r2))** ein, integrieren Sie über die Kugelkoordinaten **r1** und **r2**, und bestimmen Sie die Energie **eTrial** der Testfunktion mit dem Hamilton-Operator für zwei Elektronen (in atomaren Einheiten), **H ==**

```
1   Z    Z    laplacian[r1]   laplacian[r2]
- - -- - -- - ------------- - -------------
R   r1   r2         2               2
```

Dabei ist **Z** die Ordnungszahl, also **Z = 2** für Helium und **Z = 1** für H^-; **1/R** ist die Wechselwirkung des Elektronenpaares mit **R = Abs[r1vec - r2vec]**. Der Laplace-Operator in Kugelkoordinaten ist in Abschn. E.4.6 definiert.

Die auftretenden Intergationen sind bis auf den Erwartungswert von **1/R** leicht durchzuführen. Diese *Korrelationswechselwirkung* des Elektronenpaares ist jedoch ebenfalls elementar zu berechnen, wenn man die Kugelsymmetrie und das Gaußsche Gesetz ausnutzt. Berechnen Sie also zuerst das effektive Potential, das Elektron **1** durch Elektron **2** erfährt, dessen Ladungsdichte proportional zu **E^(-2a r2)** ist:

```
     1 + a r1
1 - ---------
     2 a r1
    E
-------------
     r1
```

(Denken Sie daran, die Testfunktion vorher zu normieren.) Berechnen Sie mit Hilfe dieses Ergebnisses die Wechselwirkungsenergie des Elektronenpaares. Bestimmen Sie durch Zusammenfassen Ihrer Ergebnisse die *minimale* Gesamtenergie **eTrial =**

```
      5        2
-(-(--) + Z)
     16
```

was dem Variationsparameter **a -> Z - 5/16** entspricht. Physikalisch bedeutet dies, daß jedes der Elektronen durch das andere teilweise von der Ladung des Kerns abgeschirmt wird.

Vergleichen Sie Ihre Grundzustandsenergien für Helium und H^- mit den sehr genauen Variationsschätzungen **e[0][Z = 2] = -2.90372** und **e[0][Z = 1] = -0.52775** (von C.L. Pekeris, Phys. Rev. **126**, 1470 (1962)). Erklären Sie, daß der Wert von **eTrial** für Helium akzeptabel ist, daß aber das Ergebnis für H^- bedeuten würde, daß kein gebundener Zustand des negativen Wasserstoffions existiert. (Hinweis: Vergleichen Sie mit der Grundzustandsenergie des Wasserstoffatoms mit einem Elektron.) Interessanterweise rührt die Undurchsichtigkeit der Sonne von der Absorption des Lichts durch den Grundzustand von H^- nahe der Sonnenoberfläche her.

b) Führen Sie nun elliptische Koordinaten **`R`**, **`l = (r1+r2)/R`**, und **`m = (r1-r2)/R`** ein, so daß **`E^(-a(r1 + r2)) == E^(-a R l)`** gilt. Wir beschränken uns auf Zustände mit Gesamtdrehimpuls **`L = 0`** und brauchen daher nur die drei Koordinaten **`l`**, **`m`** und **`R`** dreier klassischer Teilchen in einer Ebene.

Man kann sich die Funktion **`phi = E^(-a R l)/Sqrt[n[R]]`** mit der Normierungskonstanten **`n[R]`** als Beschreibung der Schwerpunktbewegung des Elektronenpaares für festes **`R`** denken (vgl. Aufg. 15.2.1). Wir verbessern daher die Genauigkeit der Testfunktion erheblich, wenn wir einen Faktor **`f[R]`** zur Beschreibung der Relativbewegung der beiden Elektronen einführen. Zeigen Sie, indem Sie über **`l`** und **`m`** integrieren und fordern, daß **`phi`** bei festem **`R`** auf Eins normiert ist, **`n[R] =`**

```
            2
3 + 3 w + w
-------------
      3   w
  48 a   E
```

mit **`w = 2 a R`**. (Denken Sie an das Volumenelement **`R^3/8 (l^2 - m^2)`** aus Aufg. E.2.6.) Zeigen Sie dann, daß die Wellenfunktion **`f[R]/R phi`** die Schrödinger-Gleichung für zwei Elektronen in die eindimensionale Radialgleichung

```
                   1
f[R] (Energy - - - u[R]) + f''[R] == 0
                   R
```

überführt; das effektive Potential **`u[R]`** des Elektronenpaares ist dabei durch den Erwartungswert von **`H - 1/R`** bezüglich **`phi`**, gemittelt über **`l`** und **`m`** bei festem **`R`**, definiert. Zeigen Sie **`u[R] =`**

```
              2       3    4
 2           w  + 2 w  + w         12 a (1 + w) Z
a   (1 - ------------------) - ------------------
                          2 2                   2
          (3 + 3 w + w )         3 + 3 w + w
```

Die Summe dieses Potentials mit dem **`1/R`**-Korrelationsterm ist in Abb. 20.5 aufgetragen. Beachten Sie, daß mit **`R -> Infinity`** die Summe **`u[R] + 1/R`** gegen Null geht; dies ist der Grenzfall doppelter Ionisierung.

Hinweis: Sie können **`u[R]`** auf zwei Arten berechnen. Die einfachere Methode besteht darin, den Hamilton-Operator **`H`** unter Ausnutzung der Ergebnisse von Aufg. 15.2.1 und 19.0.2 und von Aufg. E.2.7 in elliptische Koordinaten zu transformieren. Wenn Sie nur mit der Testfunktion **`f[R] E^(-a R l)/(R Sqrt[n[R]])`** arbeiten, ersparen Sie sich viele Umformungen. Sie können aber auch die lokale Energie mit dem ursprünglichen Hamilton-Operator **`H`** aus Teil (a) als Funktion von **`r1`** und **`r2`** unter Verwendung von **`phi == E^(-a (r1 + r2))/Sqrt[n[R]]`** berechnen und dann zu elliptischen Koordinaten übergehen, um den Erwartungswert bezüglich **`l`** und **m** für festes **R** zu berechnen. Dabei müssen Sie jedoch die Ableitungen von **1/Sqrt[n[R]]** aus dem Radialanteil **-D[R^2 D[psi,R],R]/R^2** des transformierten Hamilton-Operators hinzufügen.

Verwenden Sie schließlich das Schießverfahren mit der Randbedingung **f[0] = 0**, um die Grundzustandswellenfunktion **f[R]** für mehrere verschiedene Werte des Variationsparameters **a** zu berechnen. Minimieren Sie die Eigenenergie, die sich in Abhängigkeit von **a** ergibt, um den optimalen Wert von **a** und damit die beste Grundzustandsenergie für beide Systeme zu bestimmen (vgl. Aufg. 20.2.2). Ihr Wert für Helium sollte nicht mehr als ein Prozent von der in Teil (a) angegebenen genauen Variationsschätzung abweichen; für H^- beträgt die Abweichung einige Prozent.

Ein Vorteil dieses Ansatzes ist, daß nach einmaliger Optimierung von **a** das gleiche Potential **u[R]** in beiden Systemen gute Schätzungen der gesamten Reihe der doppelt angeregten Zustände mit **L = 0** bis zur doppelten Ionisierung liefert.

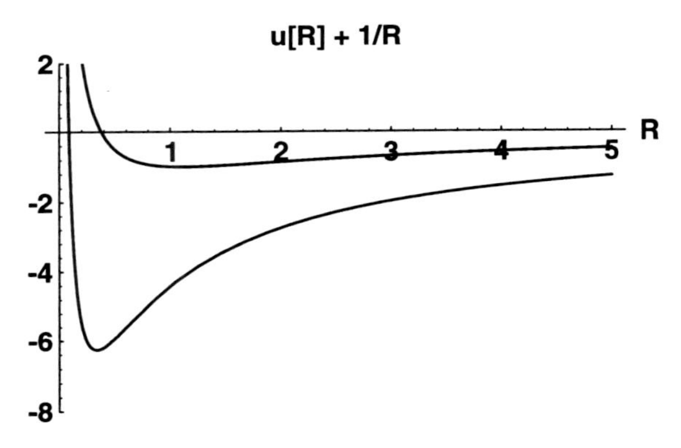

Abb. 20.5. Effektive Variationspotentiale für das Elektronenpaar in Helium (untere Kurve mit **a = Z = 2**) und H^- (obere Kurve mit **a = Z = 1**) als Funktion des Elektronenabstands **R**. Alle Werte sind in atomaren Einheiten angegeben.

21. Wellenfunktionen zur Runge-Lenz-Algebra

Wir konstruieren nun die Wellenfunktionen der gebundenen Zustände im Coulomb-Potential mit Hilfe der Auf- und Absteigeoperatoren zu den in Aufg. 18.7.1 definierten *Pseudodrehimpulsen.* Die Herleitung ist ganz analog der Herleitung der Kugelfunktionen mit den Auf- und Absteigeoperatoren des Bahndrehimpulses in Aufg. 19.1.3. Wir werden sehen, daß dieser Ansatz sehr mächtig ist und Einsicht in die Eigenschaften und verschiedenen Formen der Coulomb-Wellenfunktionen gewährt.

Wir arbeiten mit Energieeigenfunktionen zu gegebener Energie und ersetzen daher den Hamilton-Operator **H** durch seinen Eigenwert **e[n]**; wir arbeiten also im **n**-Unterraum. Wir setzen voraus, daß das Energiespektrum bekannt und durch **e[n] = -Z^2 Ry/n^2** gegeben ist, wobei die Hauptquantenzahl **n** eine positive ganze Zahl ist.

21.1 Auf- und Absteigeoperatoren

Als erstes transformieren wir den Runge-Lenz-Vektor **Avec** auf Kugelkoordinaten. Dazu berechnen wir seine kartesischen Komponenten aus denen von **pvec** und **lvec**, ausgedrückt in Kugelkoordinaten. In Abschnitt 19.0 haben wir **lvecC** berechnet; hier berechnen wir in entsprechender Weise **pvecC**. (Wir müssen außerdem die Kugelkoordinaten mit unserer Funktion **IndependentVariables** aus Abschn. 18.1 für unabhängig erklären.) Wir berechnen also **AvecC** aus Abschn. 18.6 in Kugelkoordinaten (das dauert ungefähr fünf Minuten):

```
IndependentVariables[x_,y_,z_] :=
    Module[{},
        x/: Dt[x,y] := 0;    x/: Dt[x,z] := 0;
        y/: Dt[y,x] := 0;    y/: Dt[y,z] := 0;
        z/: Dt[z,x] := 0;    z/: Dt[z,y] := 0
    ]

Needs["Quantum`Trigonometry`"];
```

```
pvecC @ psi_ := -I h grad[psi] /. eCrep

IndependentVariables[r,t,p];
SetAttributes[{Z,e,m,h},Constant]

AvecC @ psi_ =
    Expand[
        Table[
            Sum[Signature[{i,j,k}]
                (pvecC[#][[i]]& @ lvecC[#][[j]]& @ psi -
                 lvecC[#][[i]]& @ pvecC[#][[j]]& @ psi),
                  {i,1,3},{j,1,3}
            ],
            {k,1,3}
        ]/(2m) - Z e^2 (er /.eCrep) psi
    ] /.
        {m->1, h->1, e->1} //Expand //TrigReduce;

{Ax @ psi_ = AvecC[psi][[1]],
 Ay @ psi_ = AvecC[psi][[2]],
 Az @ psi_ = AvecC[psi][[3]]}
```

Der Einfachheit halber sind wir zu atomaren Einheiten übergegangen und haben **h = m = e = 1** gesetzt. Wir lassen jedoch die Ordnungszahl **Z** frei. Wir haben nun beispielsweise

```
Az @ psi

                                                Cos[t] Cot[t] Dt[psi, t]
-(psi Z Cos[t]) - Cos[t] Dt[psi, r] - ------------------------ -
                                                    r

 Cot[t] Csc[t] Dt[psi, {p, 2}]   Cos[t] Dt[psi, {t, 2}]
 ----------------------------- - ---------------------- -
              r                            r

 Dt[psi, r, t] Sin[t]
```

Die gesuchten Wellenfunktionen sind Eigenfunktionen der Pseudodrehimpulsoperatoren **Jisq** und **Jiz** mit **i = 1, 2**, die wir in Abschn. 18.7 durch die Beziehungen (18.7.2) definiert haben. Aus diesen konstruieren wir in Analogie zu gewöhnlichen Drehimpulsen die Auf- und Absteigeoperatoren **JiR** und **JiL**.

Wir beschränken uns auf gebundene Zustände und stellen zunächst fest, daß der Faktor aus der Definitionsgleichung (18.7.1) für den skalierten Runge-Lenz-Vektor **Mvec** im **n**-Unterraum in atomaren Einheiten **n/Z** beträgt:

```
Sqrt[m/(-2 e[n])] == n/Z /. e[n] -> -Z^2 Ry/n^2 /.
    {m->1, h->1, e->1, Ry->1/2} //PowerExpand

True
```

Wir definieren also die z-Komponente dieses Vektors und die entsprechenden Auf- und Absteigeoperatoren und numerieren sie mit der Hauptquantenzahl **n**. Die verwendeten trigonometrischen Regeln vereinfachen das Ergebnis ganz erheblich.

```
Mz[n_] @ psi_ = n/Z Az[psi];

MR[n_] @ psi_ =
    n/Z (Ax[psi] + I Ay[psi]) //.
        {Cos[p] -> TrigToComplex[Cos[p]],
         Sin[p] -> TrigToComplex[Sin[p]]} //
            Expand;

ML[n_] @ psi_ =
    n/Z (Ax[psi] - I Ay[psi]) //.
        {Cos[p] -> TrigToComplex[Cos[p]],
         Sin[p] -> TrigToComplex[Sin[p]]} //
            Expand;
```

Nun gilt z.B.:

```
MR[1] @ psi //Collect[#,E^(I p)]&

 I p     Cos[t] Dt[psi, t]     Csc[t] Dt[psi, {p, 2}]
E    (-(-----------------) - ---------------------- +
              r Z                     r Z

    I Csc[t] Dt[psi, p, r]   Cos[t] Dt[psi, r, t]
    ---------------------- + -------------------- - psi Sin[t] -
              Z                       Z

    Dt[psi, r] Sin[t]   Dt[psi, {t, 2}] Sin[t]
    ----------------- - ----------------------)
            Z                    r Z
```

Jetzt können wir die Auf- und Absteigeoperatoren für die Pseudodrehimpulse definieren. Wir definieren außerdem den Bahndrehimpuls **LvecC** in atomaren Einheiten über **lvecC**:

```
Lz @ psi_ = lz @ psi /. h->1;
LR @ psi_ = lR @ psi /. h->1;
LL @ psi_ = lL @ psi /. h->1;


J1R[n_] @ psi_ = (LR[psi] + MR[n][psi])/2 //Expand;
J1L[n_] @ psi_ = (LL[psi] + ML[n][psi])/2 //Expand;
J2R[n_] @ psi_ = (LR[psi] - MR[n][psi])/2 //Expand;
J2L[n_] @ psi_ = (LL[psi] - ML[n][psi])/2 //Expand;
```

Übung 21.1.1. Überzeugen Sie sich davon, daß die Operatoren **Lvec**, **Mvec**, **J1vec** und **J2vec** die richtigen Eigenschaften aus Abschn. 18.6 haben und den Vertauschungsrelationen aus Aufg. 18.7.1 genügen.

21.2 Die oberste Stufe

Wir wenden uns nun der Konstruktion der Eigenfunktionen **phi[{j,m1,m2},r,t,p]** von **J1sq[n]** und **J2sq[n]** und von **J1z[n]** und **J2z[n]** mit den Quantenzahlen **j1 = j2 = j** bzw. **m1** und **m2** zu; wir beschränken uns weiterhin auf gebundene Zustände. Nach Aufg. 18.7.1 gilt für die Hauptquantenzahl **n = 2j+1**, also **j = (n-1)/2**. Damit ist **j = 0, 1/2, 1, 3/2**, ...

Es ist klar, daß die Funktionen **phi[{j,m1,m2}]** auch Eigenfunktionen von **Lz** und **Mz[n]** (aber im allgemeinen nicht von **Lsq** und **Msq[n]**) zu *ganzzahligen* Eigenwerten **mz = m1+m2** bzw. **K = m1-m2** sind. Zu gegebenem **n** gilt also **Max[mz] = Max[K] = 2j = n-1**, wegen **Abs[m1], Abs[m2]** $\leq$ **j**. Folglich nehmen sowohl **mz** als auch **K** die **2n-1** Werte **-n+1**, **-n+2**, ..., **n-2**, **n-1** an. Wir verwenden die Bezeichnung **K** für den Eigenwert von **Mz[n]**, da wir diesen in Kürze mit der *elektrischen Quantenzahl*, also der parabolischen Separationskonstante aus Aufg. 20.5.1 identifizieren werden.

Wie bei der Behandlung des Bahndrehimpulses und in Aufg. 19.1.3 berechnen wir zunächst für ein beliebiges Niveau **n** die oberste Stufe der Leiter mit **m1 = m2 = j**, also **phi[{j,j,j}]**. Diese Funktion ist definiert als die normierte Lösung von

```
J1R[n] @ phi[{j,j,j}] == 0                                    (21.2.1)
```

(und derselben Gleichung mit **J2R**), woraus folgt

```
LR     @ phi[{j,j,j}] == 0
MR[n]  @ phi[{j,j,j}] == 0                                    (21.2.2)
```

Nach Aufg. 19.1.3 ist **phi[{j,j,j},r,t,p]** daher proportional zu der Kugelfunktion **Y[2j,2j,t,p]** mit **mz = Max[mz] = 2j**. Der Proportionalitätsfaktor ist eine noch zu bestimmende Funktion von **r**. Damit ist **phi[{j,j,j}]** auch eine Eigenfunktion von **Lsq** mit dem Eigenwert **l = Max[l] = 2j = n-1**. Wir setzen also

```
phi[{j_,j_,j_},r_,t_,p_] = f[r] Y[2j,2j,t,p];

    SetAttributes[{n,l,j},Constant];
```

Als gemeinsame Eigenfunktion von **Lsq** und **Lz** muß diese Funktion mit der sphärischen Lösung **psi[{n,n-1,n-1},r,t,p]** der Schrödinger-Gleichung für **l = mz = n-1** aus Abschn. 20.2 übereinstimmen, wenn wir sie normieren. Um diese Äquivalenz zu überprüfen, berechnen wir **phi[{j,j,j}]** für beliebiges **j**, ausgehend von dem allgemeinen Ausdruck für die Kugelfunktion der obersten Stufe in Aufg. 19.1.3:

```
Y[l_,l_,t_,p_] = (-1)^l 2^(-1 - l)/l! *
                 E^(I l p) Sqrt[(1 + 2 l)!/Pi] Sin[t]^l

      l  -1 - l  I l p      (1 + 2 l)!        l
  (-1)  2        E     Sqrt[----------] Sin[t]
                                Pi
  -------------------------------------------
                      l!
```

Wir prüfen leicht nach, daß wie gewünscht gilt

```
LR @ phi[{j,j,j},r,t,p] == 0

  True
```

Wir bestimmen die Radialfunktion **f[r]** durch Anwendung des Operators **MR[n]** und vereinfachen:

```
Expand[
    MR[n] @ phi[{(n-1)/2,(n-1)/2,(n-1)/2},r,t,p]/
        Y[n-1,n-1,t,p]
] //.
    Cos[x_] Cot[x_] :> Csc[x] - Sin[x] //
    Expand //Factor

   I p                         2
  E    n Sin[t] (-(n f[r]) + n  f[r] - r Z f[r] - n r f'[r])
  -----------------------------------------------------------
                              r Z
```

Nullsetzen dieses Ausdrucks ergibt eine Differentialgleichung *erster Ordnung* in **f[r]**. Effektiv haben wir die Schrödinger-Gleichung, eine Differentialgleichung zweiter Ordnung, mit der Runge-Lenz-Algebra „faktorisiert" und dadurch das Auffinden einer Lösung erheblich vereinfacht. Wir bestimmen die *nicht normierte* Radialwellenfunktion für die oberste Stufe mit **DSolve**:

```
f[{j_,j_,j_},r_] = f[r] /.
    DSolve[ % == 0, f[r], r ][[1]] /. n -> 2j+1

     2 j
    r    C[1]
  ------------
   (r Z)/(1 + 2 j)
  E
```

Wir normieren diese Funktionen und berechnen **C[1]** für *beliebiges* **j** mit Hilfe von **integExp**; dadurch definieren wir normierte Funktionen **F[{j,j,j},r]**. Die Funktion **PowerContract** aus dem Paket **Quantum`PowerTools`** macht das Ergebnis kompakter.

```
Needs["Quantum`integExp`"]
Needs["Quantum`PowerTools`"]

Crep =
    Solve[
        integExp[r^2 f[{j,j,j},r]^2,{r,0,Infinity}] == 1,
        C[1]
    ][[1]];

F[{j_,j_,j_},r_] = f[{j,j,j},r] /.Crep //
                        PowerContract //MapAll[Factor,#]&
```

```
                 3/2 + 2 j  3/2     r Z    2 j
                2          Z     (———————)
                                  1 + 2 j
   ————————————————————————————————————————————————————————
    (r Z)/(1 + 2 j)                   3
   E                  Sqrt[(1 + 2 j)  (2 (1 + 2 j))!]
```

Wir betrachten die Spezialfälle **j = 0** und **j = 1/2** und erhalten den Grundzustand *1s* bzw. den angeregten Zustand *2p* **(mz=1)**:

```
{F[{0,0,0},r], F[{1/2,1/2,1/2},r]}
```

```
       3/2            5/2
   2 Z             r Z
  {——————, ——————————————————}
     r Z                (r Z)/2
    E        Sqrt[24] E
```

Dies können wir mit unseren sphärischen Lösungen aus Abschn. 20.2 vergleichen, wenn wir diese in atomare Einheiten umrechnen:

```
% == {R[1,0,r], R[2,1,r]} /. ao -> 1
```

```
True
```

Übung 21.2.1. Überprüfen Sie **f[{j,j,j}]**, indem Sie verlangen, daß **f[r] Y[2j,2j]** eine Eigenfunktion von **Mz[n]** ist.

Wenn wir nun die Kugelfunktion **Y[2j,2j]** einsetzen, erhalten wir die volle *normierte* Wellenfunktion

```
phi[{j_,j_,j_},r_,t_,p_] = F[{j,j,j},r] Y[2j,2j,t,p];
```

der obersten Stufe, die mit unserer sphärischen Lösung **psi[{n,n-1,n-1}]** aus Abschn. 20.2 identisch ist. Zum Beispiel gilt

```
phi[{1/2,1/2,1/2},r,t,p] == psi[{2,1,1},r,t,p] /. ao -> 1

True
```

Offensichtlich ist die Radialfunktion **F[{j,j,j},r]** unabhängig von der Wahl der z-Achse. Wir würden auf die gleiche Lösung kommen, wenn wir statt dessen auf der untersten Stufe der Leiter mit **m1 = m2 = -j** anfangen und **ML[n]** anwenden würden. Wir erhalten also die Wellenfunktion **phi[{j, -j,-j}]** der untersten Stufe, indem wir einfach die entsprechende Kugelfunktion **Y[2j,-2j]** für **mz = Min[mz] = -2j** einsetzen:

```
Needs["Quantum`QuickReIm`"]

phi[{j_,m1_,m2_},r_,t_,p_] :=
    F[{j,j,j},r] (-1)^(2j) Conjugate[Y[2j,2j,t,p]] /;
        m1 == m2 == -j
```

Dabei haben wir die Beziehung **Y[l,-mz] == (-1)^mz Conjugate[Y[l, mz]]** aus Abschn. 19.1 verwendet. Der Vergleich mit den sphärischen Lösungen ergibt beispielweise

```
phi[{1/2,-1/2,-1/2},r,t,p] == psi[{2,1,-1},r,t,p] /.
    ao -> 1

True
```

Für den Grundzustand mit **j = 0** gibt es nur eine Stufe; der Grundzustand ist daher nicht entartet.

Übung 21.2.2. Überzeugen Sie sich davon, daß **phi[{j,j,j}]** und **phi[{ j,-j,-j}]** für beliebiges **j = (n-1)/2** Eigenzustände von **Jisq[n]** sind.

21.3 Abwärts auf der Leiter

Wir erzeugen nun die restlichen Zustände im Unterraum zu **n = 2**, indem wir ausgehend von der obersten Stufe immer wieder **J1L[n]** und **J2L[n]** anwenden, bis wir die unterste Stufe erreichen. Da es insgesamt nur **n^2 = 4** Zustände gibt und wir die unterste Stufe bereits berechnet haben, müssen wir nur die beiden mittleren Stufen berechnen und vereinfachen:

```
{phi[{1/2,-1/2, 1/2},r_,t_,p_] =
    J1L[2] @ phi[{1/2,1/2,1/2},r,t,p] //
        Expand //TrigReduce //Factor,

 phi[{1/2, 1/2,-1/2},r_,t_,p_] =
    J2L[2] @ phi[{1/2,1/2,1/2},r,t,p] //
        Expand //TrigReduce //Factor}
```

```
  3/2                                  3/2
 Z    (-2 + r Z + r Z Cos[t])  Z    (2 - r Z + r Z Cos[t])
{-----------------------------, -----------------------------}
       (r Z)/2                       (r Z)/2
    8 E         Sqrt[Pi]          8 E         Sqrt[Pi]
```

Beachten Sie, daß der Faktor **Sqrt[(j+mi)(j-mi+1)]** (aus Aufg. 16.1.1, Teil (c)), der bei Anwendung von **JiL** auftritt, für **j = mi = 1/2** Eins ergibt. Die obigen Wellenfunktionen sind also normiert, da die oberste Stufe **phi[{j,j,j}]** normiert ist. Wir können auch die unterste Stufe durch eine weitere Anwendung von **J1L[2]** oder **J2L[2]** auf die entsprechende mittlere Stufe überprüfen (das dauert ungefähr zwei Minuten):

```
J1L[2] @ phi[{1/2, 1/2,-1/2},r,t,p] ==
J2L[2] @ phi[{1/2,-1/2, 1/2},r,t,p] ==
         phi[{1/2,-1/2,-1/2},r,t,p] //ExpandAll
```

```
True
```

Wir prüfen leicht nach, daß diese Lösungen gleichzeitig Eigenfunktionen von **Lz** und **Mz[2]** zu *ganzzahligen* Eigenwerten **mz = m1+m2** bzw. **K = m1-m2** sind:

```
{Lz @ phi[{1/2, 1/2, 1/2},r,t,p]/
      phi[{1/2, 1/2, 1/2},r,t,p],
 Lz @ phi[{1/2, 1/2,-1/2},r,t,p]/
      phi[{1/2, 1/2,-1/2},r,t,p],
 Lz @ phi[{1/2,-1/2, 1/2},r,t,p]/
      phi[{1/2,-1/2, 1/2},r,t,p],
 Lz @ phi[{1/2,-1/2,-1/2},r,t,p]/
      phi[{1/2,-1/2,-1/2},r,t,p]}//
        Expand //TrigReduce
```

```
{1, 0, 0, -1}
```

```
{Mz[2] @ phi[{1/2, 1/2, 1/2},r,t,p]/
         phi[{1/2, 1/2, 1/2},r,t,p],
 Mz[2] @ phi[{1/2, 1/2,-1/2},r,t,p]/
         phi[{1/2, 1/2,-1/2},r,t,p],
 Mz[2] @ phi[{1/2,-1/2, 1/2},r,t,p]/
         phi[{1/2,-1/2, 1/2},r,t,p],
 Mz[2] @ phi[{1/2,-1/2,-1/2},r,t,p]/
         phi[{1/2,-1/2,-1/2},r,t,p]}//
            Expand //TrigReduce //Together

{0, 1, -1, 0}
```

Beachten Sie, daß auf der obersten und untersten Stufe gilt **K = j-j = 0**.

Der Runge-Lenz-Vektor **Avec**, und damit auch **Mz**, wechseln unter einer Koordinateninversion das Vorzeichen und vertauschen daher nicht mit **Parity**. (Der Runge-Lenz-Vektor ist daher, wie der Orts- und der Impulsvektor, ein *polarer Vektor*, im Gegensatz zum Drehimpuls, der ein *Axialvektor* ist; s. Abschn. 20.3.) Die Eigenfunktionen **phi[{j,m1,m2}]** von **Mz** haben daher im allgemeinen keine definierte Parität. Man kann jedoch Linearkombinationen der **phi** mit definierter Parität bilden (s. Aufg. 20.5.1, Teil (d)). Wie wir in Kürze sehen werden, sind diese Funktionen gerade die sphärischen Lösungen **psi[{n,l,mz}]**.

Die oberste und unterste Stufe sind natürlich Ausnahmen; sie haben definierte Parität. Das erklärt auch, warum der Eigenwert **K** in diesen Zuständen verschwindet; darum geht es in der folgenden Übung.

Übung 21.3.1. a) Zeigen Sie, daß **psi[{1/2,1/2,-1/2}]** und **psi[{ 1/2,-1/2,1/2}]** Eigenzustände von **J1sq** und **J2sq**, nicht aber von **Lsq** sind. Überzeugen Sie sich durch eine direkte Berechnung davon, daß diese Wellenfunktionen normiert sind und daß sie entartete Eigenzustände des Hamilton-Operators in Kugelkoordinaten sind. Zeigen Sie, daß sie nicht Eigenzustände von **Parity** sind, sondern unter der Paritätstransformation ineinander übergehen.

b) Welche Parität haben die oberste und die unterste Stufe? Beweisen Sie, daß **K** für diese Zustände verschwindet.

21.4 Zusammenhang mit der parabolischen Separation

Wenn wir unsere Ergebnisse für die Zustände mit **n = 2** zusammenfassen, stellen wir fest, daß die Runge-Lenz-Eigenfunktionen **phi[{m1,m2,mz}]** genau den parabolischen Lösungen **chi[{n1,n2,mz}]** der Schrödinger-Gleichung aus Aufg. 20.5.1 entsprechen. Für die oberste und unterste Stufe folgt das aus der in Aufg. 20.5.1 gezeigten Äquivalenz der parabolischen und sphärischen Lösungen und der in Abschn. 21.2 gezeigten Äquivalenz der sphärischen und der Runge-Lenz-Lösungen. Für die mittleren Stufen mit **n = 2** haben wir außerdem aus Aufg. 20.5.1, Teil (d):

```
{phi[{1/2, 1/2,-1/2},r,t,p] == chi[{0,1,0},r,t,p],
 phi[{1/2,-1/2, 1/2},r,t,p] == chi[{1,0,0},r,t,p]} /.
     ao->1

  {True, True}
```

Diese Ergebnisse deuten auf eine direkte Beziehung zwischen dem Eigenwert **K = m1-m2** von **Mz[n]** und den parabolischen Quantenzahlen **n1** und **n2** hin.

In der Tat zeigen wir in Aufg. 21.4.1, daß die parabolischen Lösungen **chi[{n1, n2,mz}]** Eigenfunktionen des Runge-Lenz-Operators **Az** zum Eigenwert **Z/n (n2-n1)** (in atomaren Einheiten) und folglich des skalierten Runge-Lenz-Operators **Mz[n]** zum Eigenwert **n2-n1** sind. Folglich gilt **K = m1-m2 = n2-n1**. Die parabolischen Lösungen liefern also ebenfalls Eigenfunktionen der **Jiz == (Lz ± n/Z Az)/2** zu den Eigenwerten **mi = (mz ±(n2-n1))/2**.

Es zeigt sich also eine Verbindung zwischen der Separationskonstanten in parabolischen Koordinaten aus Aufg. 20.5.1 zum Eigenwert von **Az**. Dies erinnert uns an die Separation in Kugelkoordinaten in Abschn. 20.1, in der der Eigenwert **l(l+1)** von **Lsq** die Separationskonstante ist.

Der Beweis in Aufg. 21.4.1 beruht auf der Transformation von **Az** in parabolische Koordinaten **u**, **v**, und **p**. Das Ergebnis in Teil (a) der Aufgabe deutet bereits darauf hin, daß die parabolischen Koordinaten die Symmetrien des Wasserstoffatoms besonders gut erfassen. In der Tat zeigen wir in Aufg. 21.4.2, daß **Az[u,v]** sich zu **Az[u,v] == S[u] - S[v]** vereinfachen läßt, d.h. zur Differenz zweier Operatoren identischer Form, von denen einer von **u** und der andere von **v** abhängt. Des weiteren stehen **S[u]** und **S[v]** in direktem Zusammenhang mit der Separation der Variablen in parabolischen Koordinaten; die Lösungen **chi[{n1,n2,mz}]** sind Eigenfunktionen dieser Operatoren, und **n1** und **n2** sind die entsprechenden Eigenwerte.

Im nächsten Abschnitt interpretieren wir den Eigenwert **K** physikalisch anhand des *linearen Stark-Effekts* und bringen ihn so in Zusammenhang mit der Energieaufspaltung im **n**-ten Niveau in einem homogenen elektrischen Feld. **K** wird daher als *elektrische Quantenzahl* bezeichnet. (Die Definition **K = n2-n1** ist konsistent mit der Definition in der neueren Literatur über angenäherte Symmetrien von Atomen mit zwei Elektronen (s. Feagin und Briggs [21] und auch Rost und Briggs [58]); Bethe und Salpeter [6], S. 230 bezeichnen dagegen **n1-n2** als elektrische Quantenzahl. Siehe auch die Bemerkung in Aufg. 20.5.1, Teil (d).)

Übung 21.4.1. Zeigen Sie, daß bei Mitführen der Naturkonstanten der Eigenwert von `Az` durch `Z e^2 K/n`, der von `Mz[n]` durch `h K` gegeben ist.

Wir haben jetzt eine Menge verschiedener Quantenzahlen, die alle dieselben Zustände beschreiben; bevor wir weitermachen, fassen wir unsere bisherigen Ergebnisse zusammen, um einen Überblick zu gewinnen. Diese Situation ist ein gutes Beispiel dafür, daß man manchmal aus vielen möglichen Konstanten der Bewegung verschiedene vollständige Sätze vertauschender Observablen auswählen kann.

Ein allgemeines Zweikörperproblem hat *sechs* Freiheitsgrade, von denen sich drei der Schwerpunktbewegung zuschreiben lassen. Die Relativbewegung enthält die anderen drei Freiheitsgrade, die wir im Wasserstoffatom durch die Kugelkoordinaten `r`, `t` und `p` oder durch die parabolischen Koordinaten `u`, `v` und `p` beschrieben haben. Es existieren mithin höchstens *sechs* unabhängige vertauschende Observablen, deren Eigenwertspektren vollständig und eindeutig linear unabhängige Lösungen der Schrödinger-Gleichung spezifizieren. Wenn der Hamilton-Operator in diesem Satz enthalten ist, so sind alle darin enthaltenen Observablen *Konstanten der Bewegung.* Die Komponenten des Schwerpunktimpulses liefern natürlich drei Konstanten der Bewegung, der Hamilton-Operator eine vierte. Während man im allgemeinen Problem keine weiteren Konstanten der Bewegung findet (vgl. die Diskussion dynamischer Symmetrien in Abschn. 18.5), haben wir für das Coulomb-Problem gleich mehrere Möglichkeiten. Diese sind natürlich nicht alle voneinander unabhängig.

Zum Beispiel könnten wir die Pseudodrehimpulsoperatoren `J1sq == J2sq`, `J1z` und `J2z` als drei vertauschende Observablen und Konstanten der Bewegung verwenden. Sie liefern den vollständigen Satz von Quantenzahlen `{j,m1,m2}`, mit denen wir die Lösungen für die Relativbewegung vollständig beschreiben können. Statt dessen können wir auch den Hamilton-Operator `H` für die Relativkoordinaten, die Runge-Lenz-Komponente `Mz[n]` und die Drehimpulskomponente `Lz` verwenden und die Lösungen mit den drei Quantenzahlen `{n,K,mz}` beschreiben. In parabolischen Koordinaten (s. Aufg. 21.4.2) kann man `H` und `Mz[n]` durch zwei neue vertauschende Observablen und Konstanten der Bewegung ersetzen, `S[u]` und `S[v]`, deren Eigenwerte die Quantenzahlen `n1` bzw. `n2` sind; die Lösungen werden dann durch den Satz `{n1,n2,mz}` beschrieben.

Erinnern Sie sich schließlich, daß die Quantenzahlen `{n,l,mz}`, die sich in Kugelkoordinaten ergeben, zu `H`, `Lsq` und `Lz` gehören. Diese Quantenzahlen lassen sich nicht eineindeutig auf einen der obigen Sätze abbilden, außer für die Zustände auf der obersten und untersten Stufe. Wie wir in Abschn. 21.6 zeigen werden, liegt das daran, daß die sphärischen Wellenfunktionen `psi[{n,l,mz}]` Linearkombinationen der parabolischen Wellenfunktionen `chi[{n1,n2,mz}]` sind (s. auch Aufg. 20.5.1, Teil (d)).

Wir können diese verschiedenen Sätze von Quantenzahlen zusammenfassen und miteinander in Beziehung setzen, indem wir Regeln definieren, mit denen wir von einem Satz auf einen anderen übergehen können. Betrachten wir z.B. die Listen {**j,m1,m2**} und {**n,K,mz**}, die wir mit **jm1m2** und **nKmz** bezeichnen, um explizite Fälle wie beispielsweise **jm1m2[{0,0,0}]** und **nKmz[{1,0,0}]** voneinander zu unterscheiden. Die folgenden beiden Regeln transformieren unter Ausnutzung der zu Beginn dieses Abschnitts hergeleiteten Zusammenhänge zwischen diesen beiden Listen hin und her:

```
nKmz  @ jm1m2[{j_,m1_,m2_}] :=
          nKmz[{2j+1,m1-m2,m1+m2}]
```

```
jm1m2 @  nKmz[{n_, K_,mz_}] :=
          jm1m2[{(n-1)/2,(mz+K)/2,(mz-K)/2}]
```

Zum Beispiel gilt:

```
nKmz @ jm1m2[{1/2,1/2,1/2}]
```

```
nKmz[{2, 0, 1}]
```

und umgekehrt:

```
jm1m2 @ %
```

```
             1  1  1
jm1m2[{-, -, -}]
             2  2  2
```

Wir können **nKmz** auch mit Hilfe von **/@** (**Map**) auf den gesamten Unterraum für **n = 2** anwenden:

```
nKmz /@ {jm1m2[{1/2, 1/2,1/2}], jm1m2[{1/2, 1/2,-1/2}],
         jm1m2[{1/2,-1/2,1/2}], jm1m2[{1/2,-1/2,-1/2}]}
```

```
{nKmz[{2, 0, 1}], nKmz[{2, 1, 0}],

   nKmz[{2, -1, 0}], nKmz[{2, 0, -1}]}
```

Beachten Sie, daß es **2n-1** verschiedene Werte von **K** und von **mz** gibt.

Insgesamt können wir sechs solche Regeln definieren, die die drei Sätze {**j,m1,m2**}, {**n,K,mz**} und {**n1,n2,mz**} miteinander in Beziehung setzen. Die Aufstellung der Regeln verschieben wir auf die folgende Übung.

Übung 21.4.2. Definieren Sie Regeln `nKmz @ n1n2mz`, `jm1m2 @ n1n2mz`, `n1n2mz @ nKmz` und `n1n2mz @ jm1m2` zur Transformation zwischen allen drei äquivalenten Sätzen von Quantenzahlen, `{j,m1,m2}`, `{n,K,mz}` und `{n1,n2,mz}` (vgl. Aufg. 20.5.1). Überprüfen Sie Ihre Regeln, indem Sie für den Unterraum zu `n = 2` zeigen, daß die zyklische Transformation `jm1m2 -> nKmz -> n1n2mz -> jm1m2` wieder an den Ausgangspunkt zurückführt.

Aufgabe 21.4.1. Transformieren Sie den Runge-Lenz-Vektor `Avec` in *parabolische Koordinaten*, und zeigen Sie, daß die parabolischen Wellenfunktionen `chi[n1,n2,m]` aus Aufg. 20.5.1 Eigenfunktionen von `Az` zu den Eigenwerten `Z K/n` in atomaren Einheiten sind, mit `K = n2 - n1` (vgl. Aufg. 19.0.1 und Aufg. E.2.5).

a) Leiten Sie also die *kartesischen* Komponenten des Runge-Lenz-Vektors `Avec` in *parabolischen Koordinaten* `u`, `v`, und `p` her, und zeigen Sie `Az @ psi ==`

```
    psi u Z     psi v Z    2 v Dt[psi, u]   2 u Dt[psi, v]
 -(---------) + -------- + -------------- - -------------- +
     u + v       u + v         u + v            u + v

          Dt[psi, {p, 2}]   Dt[psi, {p, 2}]
          --------------- - --------------- +
               2 u               2 v

     2 u v Dt[psi, {u, 2}]   2 u v Dt[psi, {v, 2}]
     --------------------- - ---------------------
             u + v                   u + v
```

in atomaren Einheiten. Überzeugen Sie sich davon, daß alle Komponenten die richtigen Eigenschaften haben und den entsprechenden Vertauschungsrelationen genügen (vgl. Übg. 21.1.1).

b) Führen Sie den Separationsansatz `chi[u,v,p] = f[u] g[v] E^(I m p)` ein, und setzen Sie `(Az @ chi)/chi` mit den bei der Separation der Variablen in Aufg. 20.5.1, Teil (a) auftretenden Ausdrücken `uPart` und `vPart` in Beziehung. Führen Sie sodann die Separationskonstante `K Z/(2n)` (in atomaren Einheiten) ein, und verwenden Sie `uPart == -vPart == K Z/(2n)`, um allgemein zu zeigen, daß `Az` den Eigenwert `Z K/n` hat.

c) Überzeugen Sie sich durch direkte Berechnung davon, daß für `n` $\leq$ `3` die parabolischen Zustände `chi[n1,n2,m]` Eigenfunktionen von `Az` sind.

Aufgabe 21.4.2. a) Zeigen Sie, daß der Hamilton-Operator `H` und der Runge-Lenz-Operator `Az` sich in parabolischen Koordinaten durch die beiden Operatoren `S[u]` und `S[v]` ausdrücken lassen, mit (in atomaren Einheiten)

```
S[u_] @ psi =
    Energy/2 u psi + 1/(4u) Dt[psi,{p,2}] + Dt[u Dt[psi,u],u]
```

Siehe auch die vorangehende Aufgabe. Zeigen Sie also, daß **Az[u,v] == S[u] - S[v]** gilt und daß die Schrödinger-Gleichung sich als **S[u] @ chi + S[v] @ chi + Z chi == 0** schreiben läßt. (Hinweis: Ersetzen Sie den Eigenwert **Energy** in **S[u]** und **S[v]** durch den Hamilton-Operator **H**.) Offensichtlich vertauschen **S[u]** und **S[v]**. Zeigen Sie, daß beide einzeln mit **H** vertauschen.

b) Die Form dieser Operatoren wird von den bei der parabolischen Separation der Variablen in Aufg. 20.5.1 auftretenden Ausdrücken **uPart** und **vPart** nahegelegt. Setzen Sie **S[u]** zu **uPart** und **S[v]** zu **vPart** in Beziehung, und zeigen Sie, daß **chi[{n1,n2,mz}]** auch eine Funktion der einzelnen Operatoren **S[u]** und **S[v]** ist. Zeigen Sie, daß die entsprechenden mit **n/Z** skalierten Eigenwerte **su** und **sv** durch

```
 -(1 + 2 n1 + Abs[mz])   -(1 + 2 n2 + Abs[mz])
{---------------------, ---------------------}
           2                      2
```

gegeben sind. So ergibt sich wiederum der in der vorangehenden Aufgabe hergeleitete Eigenwert von **Az**.

Aufgabe 21.4.3. Fangen Sie auf der obersten Stufe an, und wenden Sie wiederholt die Absteigeoperatoren **JiL[n]** an, um alle neun *normierten* Zustände **phi[{j,m1,m2}]** des Unterraums zu **n = 3** zu berechnen; vergleichen Sie diese mit den Lösungen **chi[{n1,n2,mz}]** aus Aufg. 20.5.1.

21.5 Linearer Stark-Effekt

Berechnen wir nun Matrixelemente eines Potentials, das ein konstantes elektrisches Feld beschreibt, zwischen den Runge-Lenz-Eigenzuständen **phi[{j, m1,m2}]** und damit die *lineare* Antwort des Atoms auf ein homogenes äußeres elektrisches Feld **Evec**. In der Sprache der Störungstheorie bestimmen wir die Energiekorrekturen erster Ordnung im **n**-ten Niveau und die zugehörigen Wellenfunktionen nullter Ordnung. Die entsprechenden Änderungen im Spektrum des Atoms werden als linearer Stark-Effekt bezeichnet.

Wir machen uns das Leben leichter, indem wir die positive z-Achse in Richtung der elektrischen Feldes legen (vgl. Aufg. 18.4.1 und 20.2.1). Die Wechselwirkung des Atoms mit dem Feld wird dann durch das Störpotential

```
vD = e Eo ao z /. z -> r Cos[t]

ao e Eo r Cos[t]
```

beschrieben; dabei ist **e** die (positive) Elementarladung und **Eo** die Feldstärke. Da wir die Ergebnisse durch die Konstanten **e** und **ao** ausdrücken wollen und die Wellenfunktionen in atomaren Einheiten ausgedrückt sind, haben wir auch **r** in atomaren Einheiten ausgedrückt. (Effektiv setzen wir **z = ao(z/ao) -> ao z**.) Das Potential hat das richtige Vorzeichen, da es für ein negativ geladenes Elektron zu einer klassischen Kraft in die richtige Richtung führt: **-D[vD,z] == -e Eo ao** ist dem angelegten Feld entgegengesetzt.

Diese sogenannte Dipolwechselwirkung hat offenbar ungerade Parität, denn unter der Koordinateninversion geht **z -> -z**. Es folgt (gemäß unserer Argumentation am Ende von Kap. 5), daß Matrixelemente **vDme** der Dipolwechselwirkung zwischen Wellenfunktionen der *gleichen* Parität identisch verschwinden. Wir schließen also allein aufgrund der Parität, daß die Zustände der oberen und unteren Stufen, also auch der Grundzustand, keinen linearen Stark-Effekt aufweisen, da diese Zustände definierte Parität haben:

```
vDme[{j_,m1_,m2_},{j_,m1_,m2_}] := 0 /;
     m1 == m2 == j || m1 == m2 == -j
```

Das bedeutet, daß das Wasserstoffatom im Grundzustand kein *permanentes elektrisches Dipolmoment* aufweist, d.h. die Energie enthält keinen in der elektrischen Feldstärke **Eo** linearen Term. Es ist jedoch möglich, ein elektrisches Dipolmoment zu *induzieren*; dieses ist dann proportional zu **Evec**, so daß die entsprechende Änderung der Energie mit **Eo^2** geht. Dies bezeichnet man als *quadratischen Stark-Effekt* oder, aus der Sicht der Störungstheorie, als *Stark-Effekt zweiter Ordnung*. Man beobachtet tatsächlich ganz allgemein in der Natur, daß Atome und Atomkerne im Grundzustand bestenfalls sehr geringe elektrische Dipolmomente aufweisen. (Ein permanentes Dipolmoment könnte im Prinzip durch die *schwache Wechselwirkung* entstehen, die keine definierte Parität hat.)

Wie wir gesehen haben, haben die Eigenzustände **phi[{j,m1,m2}]** auf den mittleren Stufen im allgemeinen keine definierte Parität, da der Paritätsoperator nicht mit dem Runge-Lenz-Operator vertauscht. Wir werden gleich zeigen, daß diese Zustände des Waserstoffatoms einen linearen Stark-Effekt aufweisen. Für die angeregten Zustände von Atomen ist dies jedoch im allgemeinen nicht der Fall, da bei mehr als zwei Ladungen die spezielle Symmetrie der Coulomb-Wechselwirkung verlorengeht und die Parität eine gute Quantenzahl ist.

Wir können die Aufstellung der Wechselwirkungsmatrix weiter vereinfachen, indem wir feststellen, daß die Dipolwechselwirkung die Rotationssymmetrie um die z-Achse erhält und daher mit der z-Komponente des Drehimpulses vertauscht (s. Abschn. 18.4 und Aufg. 18.4.1). Da die Runge-Lenz-Eigenzustände **phi[{j,m1,m2}]** gleichzeitig Eigenzustände von **Lz** zum Eigenwert **m1 + m2** sind, erhalten wir die *Auswahlregel*, daß die Matrixelemente **vDme** verschwinden, wenn sich die Eigenwerte der beiden Zustände zu **Lz** unterscheiden:

```
vDme[{jp_,m1p_,m2p_},{j_,m1_,m2_}] := 0 /; m1p + m2p!= m1 + m2
```

Übung 21.5.1. Zeigen Sie mit Papier und Bleistift, daß eine ähnliche Auswahlregel für beliebige Wechselwirkungen **V** gilt, wenn die Matrixelemente zwischen Eigenzuständen eines hermiteschen Operators **Q** gebildet werden, der mit **V** vertauscht.

Wir stellen nun eine Regel zur Berechnung der restlichen Matrixelemente **vDme** in der **jm1m2**-Basis auf. Aufgrund der azimutalen Symmetrie der restlichen Funktionen ergibt das Integral über **p** lediglich einen Faktor **2Pi**. Über **t** können wir mit der eingebauten Funktion **Integrate** integrieren, doch für die Integration über **r** verwenden wir **integExp**. In jedem Fall geht die Berechnung schneller, wenn wir zuerst die Integration über **r** ausführen. Der folgende Ausdruck verdeutlicht die einzelnen Schritte:

```
vDme[{jp_,m1p_,m2p_},{j_,m1_,m2_}] :=
    vDme[{jp,m1p,m2p},{j,m1,m2}] =
    Integrate[ 2Pi Sin[t] *
            integExp[ r^2 *
                Conjugate[phi[{jp,m1p,m2p},r,t,p]] *
                vD phi[{ j, m1, m2},r,t,p],
                {r,0,Infinity}
            ],
            {t,0,Pi}
    ]
```

Die Konstruktion in den ersten beiden Zeilen ist ein Beispiel für dynamische Programmierung; sie sorgt dafür, daß die Matrixelemente nach der Berechnung automatisch gespeichert werden (s. Übg. C.3.1). Zur Kontrolle prüfen wir nach, daß das Diagonalelement für den Grundzustand mit **j = 0** verschwindet:

```
vDme[{0,0,0},{0,0,0}] == 0

  True
```

Für **n = 2** können wir die Matrix von **vD** bequem als Tabelle berechnen, wenn wir eine Liste aller möglichen Paare von **m1** und **m2** aufstellen, wie wir es bei der Konstruktion der Drehimpulsmatrizen in Abschn. 17.1 getan haben. Hier fügen wir die Quantenzahl **j** hinzu, entsprechend den Wellenfunktionen **phi[{j,m1,m2}]**:

```
m1m2 =
    Table[{1/2,-m1,-m2},{m1,-1/2,1/2},{m2,-1/2,1/2}] //
        Flatten[#,1]&
```

```
   1  1  1    1  1    1      1    1    1     1    1     1
{{-, -, -}, {-, -, -(-)}, {-, -(-), -}, {-, -(-), -(-)}}
   2  2  2    2  2    2      2    2    2     2    2     2
```

Wir erhalten also die volle Dipolwechselwirkungsmatrix im Unterraum zu **n = 2** durch (dies dauert ungefähr vier Minuten)

```
Table[ vDme[m1m2[[i]],m1m2[[j]]], {i,1,4},{j,1,4} ] //
        TableForm[#,TableAlignments -> Center]&
```

```
0       0           0          0

     -3 ao e Eo
0    ----------     0          0
         Z

                 3 ao e Eo
0       0        ---------     0
                     Z

0       0           0          0
```

Eine Diagonalmatrix! Das bedeutet, daß die Eigenfunktionen **phi[{j, m1,m2}]** eines wasserstoffähnlichen Atoms nicht nur die Coulomb-Wechselwirkung diagonalisieren, also den ungestörten Hamilton-Operator, sondern auch die elektrische Dipolwechselwirkung, zumindest bei gegebenem **n**, also gegebener Energie. Die Runge-Lenz-Funktionen **phi[{j,m1,m2}]** sind die Wellenfunktionen *nullter Ordnung* des gestörten Unterraums. Die entsprechenden gestörten Energien *erster Ordnung* sind (aus Abschn. 7.4) durch die Diagonalelemente

```
-Z^2 Ry/n^2 + vDme[{j,m1,m2},{j,m1,m2}]
```
(21.5.1)

gegeben. Die Dipolwechselwirkung hebt also die Entartung des Niveaus mit **n = 2** teilweise auf.

Da die **phi[{j,m1,m2}]** äquivalent zu den parabolischen Wellenfunktionen **chi[{n1,n2,mz}]** sind, deutet die Diagonalgestalt der Matrix darauf hin, daß die Schrödinger-Gleichung für das Wasserstoffatom auch in Gegenwart eines homogenen elektrischen Feldes in parabolischen Koordinaten separiert. In der Tat werden wir dies in Aufg. 21.5.1 zeigen. Außerdem deutet diese Separation darauf hin, daß der Runge-Lenz-Vektor mit der Dipolwechselwirkung **vD** vertauscht; es stellt sich heraus, daß dies *für jedes Energieniveau* einzeln der Fall ist (s. Biedenharn und Louck [7], S. 360). Die **phi[{j,m1,m2}]** oder **chi[{n1,n2,mz}]** werden daher auch als *Stark-Zustände* bezeichnet.

Daß sich diese Eigenschaften auf einen bestimmten Unterraum beschränken, zeigt sich daran, daß die Matrixelemente zwischen verschiedenen Unterräumen im allgemeinen *nicht verschwinden*. Beispielsweise erhalten wir für den Grundzustand mit **n = 1** und die beiden angeregten Zustände mit **n = 2**, **mz = 0** die Matrixelemente

```
{vDme[{0,0,0},{1/2,1/2,-1/2}],
 vDme[{0,0,0},{1/2,-1/2,1/2}]}

  128 ao e Eo   128 ao e Eo
{-------------, -------------}
    243 Z          243 Z
```

Diese Matrixelemente tragen in der Störungstheorie zum Stark-Effekt *zweiter* Ordnung des Grundzustandes bei. Wir zeigen jedoch in Aufg. 21.5.1, daß sich ein verallgemeinerter Runge-Lenz-Vektor konstruieren läßt, der das elektrische Feld enthält und mit **vD** vertauscht. Wir bemerken in diesem Zusammenhang, daß sich der Stark-Effekt *erster und zweiter Ordnung* in Wasserstoff rein algebraisch in geschlossener Form berechnen läßt (s. H.G. Becker und K. Bleuler, Z. Naturforsch. **31a**, 517 (1976)).

Übung 21.5.2. Die Berechnung der Dipolmatrixelemente ist in den parabolischen Koordinaten **u**, **v** und **p** wesentlich einfacher. Transformieren Sie die Wellenfunktionen **phi[j,m1,m2}]**, und definieren Sie **vDme** in parabolischen Koordinaten (vgl. Aufg. 20.5.1). Überprüfen Sie unsere obigen Ergebnisse, und versuchen Sie dann, die Diagonalelemente für die obersten und untersten Stufen allgemein mit Hilfe von **integExp** zu berechnen.

Offenbar sind die Diagonalelemente der elektrischen Quantenzahl **K = m1-m2** proportional. Um dies zu verdeutlichen, müssen wir den Diagonalelementen die Quantenzahlen {**n,K,mz**} zuordnen; dazu verwenden wir die Regel **nKmz** aus dem vorangehenden Abschnitt. Wir wenden zunächst **jm1m2** und dann die Regel **nKmz** auf die Liste **m1m2** an und finden so, daß die Diagonalelemente

```
jm1m2 /@ m1m2

           1  1  1              1  1    1               1    1   1
{jm1m2[{-, -, -}], jm1m2[{-, -, -(-)}], jm1m2[{-, -(-), -}],
           2  2  2              2  2    2               2    2   2

          1    1     1
  jm1m2[{-, -(-), -(-)}]}
          2    2     2
```

den Quantenzahlen

```
nKmz /@ %

{nKmz[{2, 0, 1}], nKmz[{2, 1, 0}],

  nKmz[{2, -1, 0}], nKmz[{2, 0, -1}]}
```

entsprechen.

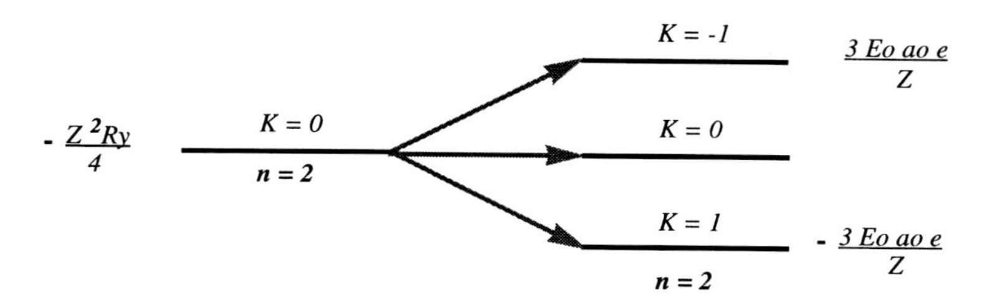

Abb. 21.1. Aufspaltung des Niveaus zu **n = 2** durch eine elektrische Dipolwechselwirkung. **Eo** ist die elektrische Feldstärke und **K** die elektrische Quantenzahl, die dem Eigenwert der z-Komponente des Runge-Lenz-Vektors proportional ist.

Das erste und das letzte Diagonalelement haben **K = 0** und entsprechen somit den Zuständen auf der obersten und untersten Stufe. Diese beiden Zustände bleiben somit entartet, was wir bereits aufgrund der Parität vorausgesagt hatten. Das zweite Matrixelement hat **K = +1** und senkt die Energie um **3Eo ao e/Z**, während das dritte **K = -1** hat und die Energie um **3Eo ao e/Z** anhebt. Beachten Sie, daß beide Zustände mit **K** $\neq$ **0** denselben Wert **mz = 0** aufweisen. Für diese beiden Zustände hat die Störung die Entartung aufgehoben. Diese Aufspaltung des Niveaus zu **n = 2** ist in Abb. 21.1 dargestellt.

Wir können allgemein zeigen, daß die Diagonalelemente durch **-3e Eo ao n K/(2Z)** gegeben sind, so daß sich das **n**-te Energieniveau unabhängig von **mz** in **2n-1** Unterniveaus aufspaltet, die den **2n-1** möglichen Werten der elektrischen Quantenzahl **K** entsprechen. Die Herleitung dieses Ergebnisses ist Thema von Aufg. 21.5.2.

Die Wahrscheinlichkeitsverteilungen der mittleren Zustände für **n = 2** sind in Abb. 21.2 mit **Z = 1** als Funktionen von **x** und **z** aufgetragen, wie in Abb. 20.3. Diese Abbildungen machen deutlich, daß diese beiden Zustände

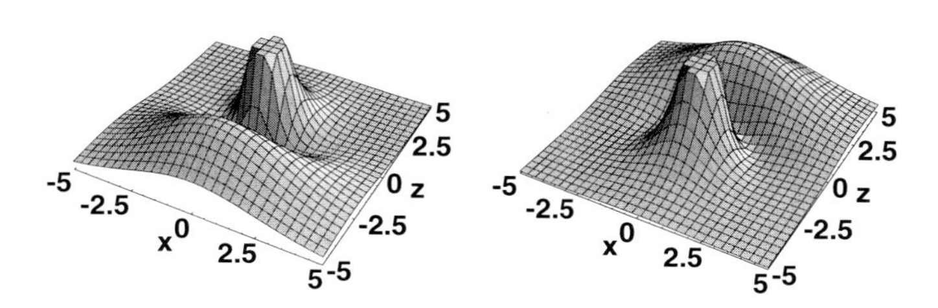

Abb. 21.2. Wahrscheinlichkeitsverteilungen im Wasserstoff (**Z = 1**) für die in Abb. 21.1 dargestellten Zustände mit **n = 2** und **K = 1** (links) bzw. **K = -1** (rechts). (Das Maximum wurde willkürlich abgeschnitten, um den Hintergrund deutlicher zu zeigen.)

unter Koordinateninversion ineinander übergehen (s. Übg. 21.3.1). Auch die Parabelform der Knotenlinien wird deutlich. Außerdem sieht man, daß die Verteilung für *2p* (**mz = 0**) in Abb. 20.3 eine Linearkombination dieser beiden Verteilungen ist (s. Aufg. 20.5.1 und Abschn. 21.6).

Für den Fall **K > 0** sieht man im linken Graphen von Abb. 21.2, daß das Elektron die negative z-Achse, also die energetisch günstigere Seite des Potentials bevorzugt. (Der breite Hügel auf der negativen Seite enthält mehr Wahrscheinlichkeit als das relativ scharfe Maximum auf der positiven Seite.) Ebenso sieht man im rechten Graphen von Abb. 21.2, daß das Elektron für **K < 0** die Seite mit höherem Potential bevorzugt. Dementsprechend wird die Energie des Zustands mit **K > 0** durch die Dipolwechselwirkung gesenkt, die des Zustands mit **K < 0** dagegen angehoben, wie in Abb. 21.1 dargestellt.

Wir haben im wesentlichen dasselbe Argument bei der Aufstellung der Dipolwechselwirkungsmatrix verwendet, um zu zeigen, daß die Dipolenergien (die Diagonalelemente) der Zustände mit **K = 0** auf den oberen und unteren Stufen verschwinden, da diese Zustände definierte Parität haben und ihre Ladungsverteilungen daher punktsymmetrisch um den Ursprung sind. Die Energie dieser Zustände ändert sich daher in erster Ordnung nicht durch die Dipolwechselwirkung, wie in Abb. 21.1 gezeigt.

Wir stellen also fest, daß die Zustände mit **K** $\neq$ **0** sich so verhalten, als hätte das Atom ein permanentes elektrisches Dipolmoment mit dem Betrag **3e ao/Z**, das für **K < 0** in Richtung des äußeren Feldes zeigt, für **K > 0** dagegen in die entgegengesetzte Richtung. Aufgrund ihrer Symmetrie haben die Zustände mit **K = 0** kein permanentes elektrisches Dipolmoment. (Das Dipolmoment ist als das Integral von **rvec** über die Ladungsverteilung **-e Abs[phi]^2** definiert.)

Übung 21.5.3. Vergleichen Sie die Graphen in Abb. 21.2 mit ähnlichen Graphen der Verteilungen für die Lösungen **psi[***2s***]** und **psi[***2p***(mz=0)]** in Kugelkoordinaten. (Siehe Aufg. 20.5.1, Teil (d).) Erzeugen Sie außerdem Konturdiagramme (**ContourPlot**) und Dichtediagramme (**DensityPlot**) zu Abb. 21.2; beachten Sie die parabolische Symmetrie.

Der Stark-Effekt wird üblicherweise anhand der sphärischen Lösungen **psi[{n,l,mz}]** diskutiert. Wie wir gesehen haben, sind diese Wellenfunktionen jedoch keine Eigenfunktionen des Runge-Lenz-Operators **Az** und diagonalisieren daher nicht die Dipolwechselwirkung **vD**. Die Matrixdiagonalisierung muß vielmehr in einem zusätzlichen Schritt durchgeführt werden. Die Eigenvektoren, die sich dabei ergeben, bestimmen die Koeffizienten von Linearkombinationen der sphärischen Lösungen **psi[{n,l,mz}]**, die Eigenfunktionen **phi[{j,m1,m2}]** von **Az** sind. Wir verfolgen diesen Ansatz in Aufg. 21.5.3. Im nächsten Abschnitt zeigen wir, daß diese Entwicklungskoeffizienten gerade die Clebsch-Gordan-Koeffizienten sind, die die Kopplung der Pseudodrehimpulse **J1vec** und **J2vec** zum Bahndrehimpuls beschreiben.

Aufgabe 21.5.1. a) Zeigen Sie, daß die Schrödinger-Gleichung für das Wasserstoffatom in parabolischen Koordinaten auch in Anwesenheit eines homogenen elektrischen Feldes **Eo nvec** separiert (vgl. Aufg. 18.4.1). Gehen Sie von einem Feld in z-Richtung aus, so daß das Störpotential durch **vD** gegeben ist. Sie brauchen die Gleichungen in **u** und **v**, die sich ergeben, nicht zu lösen; dies tut man üblicherweise numerisch oder störungstheoretisch.

b) Überzeugen Sie sich davon, daß der *verallgemeinerte* Runge-Lenz-Vektor

```
Cvec ==
     (pvec×lvec - lvec×pvec)/(2m) -
          Z e^2 rvec/r + e/2 rvec×Evec×rvec
```

mit dem Coulomb-Hamilton-Operator *einschließlich* der elektrischen Dipolwechselwirkung vertauscht (vgl. Redmond [57]).

Aufgabe 21.5.2. Berechnen Sie die Diagonalelemente der Dipolwechselwirkung **vD** mit Hilfe der parabolischen Lösungen **chi[{n1,n2,mz}]** der Schrödinger-Gleichung aus Aufg. 20.5.1. Zeigen Sie für *beliebige* **n1** und **n2**, daß ein allgemeines Element durch **-3e Eo ao n K/ (2Z)** mit **K = n2-n1** gegeben ist.

Hinweis: Sie müssen zunächst die Normierung **chiNorm** der parabolischen Zustände für beliebige **n1**, **n2** und **mz** berechnen. Verwenden Sie das folgende allgemeine Ergebnis für Integrale mit Laguerre-Polynomen, das in Bethe und Salpeter [6], Abschn. 3 hergeleitet wird:

```
Integrate[E^-r r^t LaguerreL[n,m,r]^2,{r,0,Infinity}] ==
     j[n+m,m,t-m]
```

mit

```
j[l_,m_,s_] :=
     (-1)^s l! s!/(l-m)! *
     Sum[
          (-1)^b Binomial[s,b] Binomial[l+b,s] Binomial[l+b-m,s],
          {b,0,s}
     ] /; s >= 0
```

Überprüfen Sie Ihre Regel durch Vergleich mit dem Normierungsintegral in Übg. 20.2.1. (Dieser Ausdruck unterscheidet sich etwas von dem von Bethe und Salpeter angegebenen, da mit **LaguerreL** hier die *Mathematica*-Funktion gemeint ist; s. Übg. 20.2.1.) Zeigen Sie, daß in atomaren Einheiten gilt **chiNorm[n1,n2,mz] ==**

```
 -2 - Abs[mz]  3/2 + Abs[mz]
n             Z

                  n1! n2!
    Sqrt[-------------------------------]
         Pi (n1 + Abs[mz])! (n2 + Abs[mz])!
```

Aufgabe 21.5.3. Berechnen Sie die Matrix **vDme** der Dipolwechselwirkung **vD** im Unterraum zu **n = 2** mit Hilfe der *sphärischen* Eigenfunktionen **psi[{n,l,mz}]** aus Abschn. 20.2. Diagonalisieren Sie **vDme**, und prüfen Sie die Stark-Verschiebungen im Text nach. Verwenden Sie die Matrix der Eigenvektoren, um die Eigenfunktionen **phi[{j,m1,m2}]** als Linearkombinationen der **psi[{n,l,mz}]** auszudrücken.

Aufgabe 21.5.4. Erweitern Sie unsere Berechnung des Stark-Effekts im Text auf den Unterraum zu **n = 3**, und berechnen Sie die Matrix **vDme** der Dipolwechselwirkung **vD** in der Runge-Lenz-Basis **jm1m2**. Prüfen Sie nach, daß die Matrix diagonal ist mit den Diagonalelementen **-3e Eo ao n K/(2Z)**, in Übereinstimmung mit dem allgemeinen Ergebnis aus Aufg. 21.5.2.

21.6 Zusammenhang mit der sphärischen Separation

Zum Schluß bringen wir die Eigenfunktionen **phi[{j,m1,m2}]** der Pseudodrehimpulse **Jisq** und **Jiz** mit den Eigenfunktionen **psi[{n,l,mz}]** des Bahndrehimpulses **lsq** und **lz** in Verbindung. Da nach (18.7.2) gilt **lvec == J1vec + J2vec**, handelt es sich um eine einfache Drehimpulskopplung; dieses Problem haben wir in Abschn. 17.3 allgemein durch die Clebsch-Gordan-Koeffizienten gelöst. Mit **j = (n-1)/2** erhalten wir folgende Beziehung zwischen den beiden Sätzen von Eigenfunktionen:

```
psiCG[{n_,l_,mz_},r_,t_,p_] :=
    Sum[
        c[(n-1)/2,(n-1)/2,{m1,m2},{l,mz}] *
            phi[{(n-1)/2,m1,m2},r,t,p],
        {m1,-(n-1)/2,(n-1)/2}, {m2,-(n-1)/2,(n-1)/2}
    ]
```

wobei die Entwicklungskoeffizienten gerade die Clebsch-Gordan-Koeffizienten aus Abschn. 17.3 sind:

```
Needs["Quantum`Clebsch`"]

c[j1_,j2_,{m1_,m2_},{j_,m_}] :=
    Clebsch[{j1,m1},{j2,m2},{j,m}]
```

Wir könnten statt dessen auch die eingebaute Funktion **ClebschGordan** verwenden. Wir führen den Funktionsnamen **psiCG** ein, um diese Superposition von unseren früheren sphärischen Lösungen **psi[{n,l,mz}]** aus Abschn. 20.2 zu unterscheiden. Wir können die Äquivalenz z.B. für den Grundzustand überprüfen:

```
psiCG[{1,0,0},r,t,p] == psi[{1,0,0},r,t,p] /. ao->1
```

```
True
```

Die Verbindung im Unterraum zu **n = 2** entspricht der Spin-$\frac{1}{2}$-Kopplung (vgl. Übg. 17.3.2). Wir erhalten also ein „Singulett“:

```
psiCG[{2,0,0},r,t,p] == psi[{2,0,0},r,t,p] /. ao->1 //
    ExpandAll
```

```
True
```

und ein „Triplett“:

```
{psiCG[{2,1, 1},r,t,p] == psi[{2,1, 1},r,t,p],
 psiCG[{2,1, 0},r,t,p] == psi[{2,1, 0},r,t,p],
 psiCG[{2,1,-1},r,t,p] == psi[{2,1,-1},r,t,p]} /.
     ao->1 //ExpandAll
```

```
{True, True, True}
```

Die **psiCG[{n,l,mz}]** sind normiert, wenn die **phi[{j,m1, m2}]** normiert sind, da die Clebsch-Gordan-Transformation unitär ist. Des weiteren können wir durch die inverse Transformation die Runge-Lenz- und Stark-Zustände **phi[{j,m1,m2}]** als Linearkombinationen der sphärischen Lösungen **psi[{n,l,mz}]** ausdrücken. (Summiert wird dabei über **l** und **mz**.) Formal gilt z.B.:

```
ketCG[{j_,m1_,m2_}] :=
    Sum[
        c[j,j,{m1,m2},{l,mz}] ket[{2j+1,l,mz}],
        {l,0,2j},{mz,-l,l}
    ]
```

Dabei haben wir **n = 2j+1** eingesetzt. Der formale Ausdruck zeigt uns, welche **{n,l,mz}**-Zustände zu einer bestimmten Linearkombination beitragen. Zum Beispiel ergibt sich für die beiden mittleren Zustände in dem Unterraum zu **n = 2**:

```
{ketCG[{1/2,-1/2,1/2}], ketCG[{1/2,1/2,-1/2}]}

    ket[{2, 0, 0}]     ket[{2, 1, 0}]
{-(--------------) + --------------,
       Sqrt[2]           Sqrt[2]

  ket[{2, 0, 0}]     ket[{2, 1, 0}]
  -------------- + --------------}
     Sqrt[2]           Sqrt[2]
```

also Linearkombinationen der sphärischen Lösungen *2s* und *2p* (**mz = 0**) (vgl. Aufg. 20.5.1 und Übg. 21.6.1). Natürlich können wir jederzeit Wellenfunktionen einsetzen, um die Ortsdarstellung dieser Zustände zu erhalten:

```
{phiCG[{1/2,-1/2,1/2}], phiCG[{1/2,1/2,-1/2}]} =
{ketCG[{1/2,-1/2,1/2}], ketCG[{1/2,1/2,-1/2}]} /.
    ket[{n_,l_,mz_}] -> psi[{n,l,mz},r,t,p] /.
        ao -> 1 //ExpandAll //Map[Factor,#]&

  3/2                                  3/2
 Z    (-2 + r Z + r Z Cos[t])         Z    (2 - r Z + r Z Cos[t])
{-----------------------------,  -----------------------------}
        (r Z)/2                           (r Z)/2
     8 E         Sqrt[Pi]              8 E         Sqrt[Pi]
```

in Übereinstimmung mit unseren früheren Lösungen aus Abschn. 21.3:

```
% == {phi[{1/2,-1/2,1/2},r,t,p],
      phi[{1/2,1/2,-1/2},r,t,p]}

True
```

Die formale Entwicklung ist auch zur Berechnung höherer Zustände nützlich. Die Wahrscheinlichkeitsverteilung in dem Stark-Zustand **phiCG[{3/2, -1/2,3/2}]** wurde so bestimmt und für **Z = 1** in Abb. 21.3 dargestellt: einmal als Funktion der kartesischen Koordinaten **x** und **z** wie in Abb. 21.2, einmal als Funktion der parabolischen Koordinaten **u == r + z**, **v == r - z**. Dieser Zustand entspricht **{n,K,mz} = {4,-2,1}** oder **{n1,n2,mz} = {2,0,1}**, was wir mit Hilfe der zusätzlichen Transformationsregeln aus Übg. 21.4.2 nachprüfen können:

```
{nKmz   @ jm1m2[{3/2,-1/2,3/2}],
 n1n2mz @ jm1m2[{3/2,-1/2,3/2}]}

{nKmz[{4, -2, 1}], n1n2mz[{2, 0, 1}]}
```

Man sieht anhand des linken Graphen in Abb. 21.3, daß das Elektron die positive z-Achse bevorzugt, entsprechend der Quantenzahl **K < 0**. Die parabolischen Knotenmuster in dieser Abbildung sind auffallend; wir können sie anhand der Darstellung in den parabolischen Koordinaten **u** und **v** näher untersuchen. Zur Erzeugung dieser Darstellung können wir entweder direkt in **phiCG[{3/2,-1/2,3/2},r,t,p]** die Ersetzung **{r,t} -> {u == r(1 + Cos[t]),v == r(1 - Cos[t])}** vornehmen oder die parabolischen Lösungen **chi[{2,0,1},u,v,p]** (**== phi[{3/2,-1/2,3/2}]**) aus Aufg. 20.5.1 verwenden.

Das Ergebnis ist in Abb. 21.3 rechts gezeigt. Dabei spielen **u** und **v** die Rolle *kartesischer* Koordinaten (sie sind jedoch beide nur im Bereich **{0,Infinity}** definiert), und die Knotenlinien sind achsenparallel. Man sieht deutlich, daß es **n1 = 2** Knoten in der **u**-Richtung und **n1 = 0** Knoten in der **v**-Richtung gibt, in Übereinstimmung mit unserem Ergebnis aus Aufg. 20.5.1. Wir zeigen in Übg. 21.6.1, daß die Abbildung dieser achsenparallelen Knotenlinien auf die x-z-Achse die parbolischen Muster ergibt, die man auf der linken Seite von Abb. 21.3 erkennt.

Die Clebsch-Gordan-Entwicklung wird häufig verwendet, um Linearkombinationen der parabolischen Lösungen **chi[{n1,n2,mz},u,v,p]** zu bilden, die Eigenfunktionen der Bahndrehimpulsoperatoren **lsq** und **lz** *in parabolischen Koordinaten* sind (s. Aufg. 19.0.1). Man definiert dann Funktionen **psiCGuvp[{n,l,mz},u,v,p]** in Analogie zu der Superposition **psiCG[{n,l,mz},r,t,p]**, aber mit den Basisfunktionen **chi[{n1,n2,mz},u,v,p]** statt der **phi[{j,m1,m2},r,t,p]** (s. Aufg. 21.6.1).

Übung 21.6.1. a) Berechnen Sie **phiCG[{3/2,-1/2,3/2}]** als Funktion von **x = rSin[t]** und **z = rCos[t]**, und vereinfachen Sie. Erzeugen Sie die linke Seite von Abb. 21.3.

b) Transformieren Sie **phiCG[{3/2,-1/2,3/2}]** in die parabolischen Koordinaten **u** und **v**, vereinfachen Sie, und erzeugen Sie die rechte Seite von Abb. 21.3. Beide Graphen sollten weniger als fünf Minuten brauchen. Überzeugen Sie sich davon, daß die Transformation von **phiCG[{3/2,**

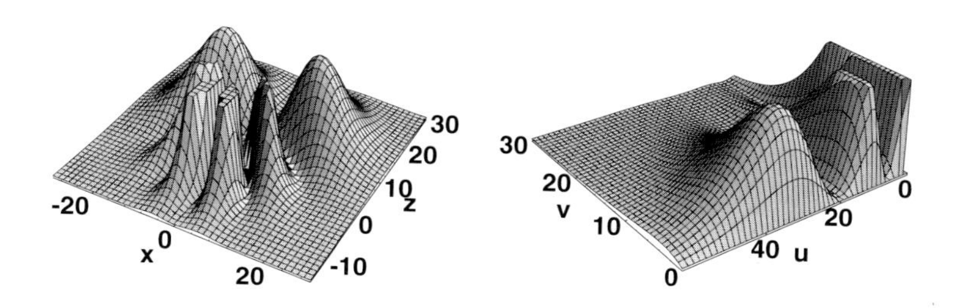

Abb. 21.3. Wahrscheinlichkeitsverteilung für Wasserstoff (**Z = 1**) zu **{n,K,mz} = {4,-2,1}**; links wie in Abb. 21.2 als Funktion von **x** und **z**, rechts als Funktion der parabolischen Koordinaten **u** und **v**.

-1/2,3/2}] in parabolische Koordinaten die Wellenfunktion **chi[{3/2, -1/2,3/2},u,v,p]** aus Aufg. 20.5.1 ergibt.

c) Erzeugen Sie zu festen Werten von **u** parametrische Diagramme (**ParametricPlot**) des Koordinatenpaares **{x,z}**, wobei **x** und **z** *parametrisch* als Funktionen von **u** und **v** ausgedrückt sind. Wählen Sie für **u** Knoten von **chi[{3/2,-1/2,3/2},u,v,p]** entlang der **u**-Richtung, und vergleichen Sie mit einem Konturdiagramm von **phiCG[{3/2,-1/2,3/2}]** als Funktion von **x** und **z** (vgl. Aufg. E.2.5).

Aufgabe 21.6.1. a) Definieren Sie in Analogie zu der im Text aufgestellten Superposition **psiCG[{n,l,mz},r,t,p]** die Clebsch-Gordan-Entwicklung **psiCGuvp[{n,l,mz},u,v,p]**; verwenden Sie jedoch statt dessen die parabolischen Wellenfunktionen **chi[{n1,n2,mz},u,v,p]** als Basisfunktionen. Dazu müssen Sie **n1** und **n2** wie in Übg. 21.4.2 durch **j**, **m1** und **m2** ausdrücken. Sie sollten beispielsweise **psiCGuvp[{2,1,0},u,v,p] ==**

```
chi[{0, 1, 0}, u, v, p]   chi[{1, 0, 0}, u, v, p]
----------------------- + -----------------------
        Sqrt[2]                   Sqrt[2]
```

erhalten.

b) Überzeugen Sie sich durch eine explizite Rechnung für **n = 3** davon, daß die Wellenfunktionen **psiCGuvp** die in parabolischen Koordinaten ausgedrückten Bahndrehimpulsoperatoren **lsq** und **lz** aus Aufg. 19.0.1 diagonalisieren.

A. MATHEMATICA-Kurzübersicht

Dieser Anhang enthält einige einzeilige *Mathematica*-Beispiele für den Anfänger. *Mathematica* merkt sich alles, was Sie eingeben, und Sie werden überraschende Ergebnisse erhalten, wenn Sie eine Größe verwenden, die Sie zuvor in anderem Zusammenhang bereits definiert hatten. Wenn Sie vermuten, daß dies der Fall ist, können Sie **Clear[*quantity*]** eingeben und die Größe neu definieren. Beim Durcharbeiten dieser Beispiele sollten Sie diese verändern und eigenständig experimentieren.

Mathematica erklärt Ihnen eingebaute Funktionen, wenn Sie **?*anything*** eingeben, z.B. **?%** oder **?NIntegrate**. In Anhang B und C werden die hier eingeführten Konzepte weiterentwickelt.

```
48 + 23/576 - 16/99^2              (* Ganzzahlarithmetik *)

% //N                              (* "Geschichte" mit %;
                                      numerische Näherungen *)

N[ Sqrt[Pi], 100 ]                 (* Genauigkeit einstellen *)

N[ (2143/22)^(1/4), 12 ]           (* ungefähr Pi *)

N[ % - Pi, 12 ]                    (* letztes Ergebnis minus Pi *)

6 Pi^5  //N                        (* ungefähres Massenverhältnis
                                      von Proton und Elektron *)

N[ Sqrt[Pi + I], 50 ]              (* komplexe Arithmetik *)

Abs[%]

list = {a,b}                       (* Liste => Vektor *)

list.list                          (* Skalarprodukt *)

matrix = {{m11,m12},{m21,m22}}     (* Liste von Listen =>
                                       Matrix, Tensor *)
```

```
MatrixForm[matrix]      (* formatierte Ausgabe *)

r = Sqrt[x^2 + y^2]     (* symbolische Zuweisung *)

D[1/r, x]               (* symbolische Ableitung *)

{ FortranForm[%], TeXForm[%] }
                        (* formatierte Ausgabe *)

D[1/r, x] /. x^2 + y^2 -> rsq
                        (* Mustererkennung und -ersetzung *)

Plot3D[ Sin[x y], {x,-2,2}, {y,-2,2} ];

Integrate[ x^4 E^x, x ]
                        (* symbolische Integration *)

D[%, x] //Expand        (* Kontrolle durch Ableitung *)

NIntegrate[ Sin[Sin[x]], {x,0,1} ]
                        (* numerische Integration *)

Plot[ Sin[Sin[x]], {x,0,1} ];
                        (* Syntax ähnlich wie bei Integrate *)

(1+x+y)^4 //Expand      (* algebraische Umformung *)

%/(1+x+y) //Factor

Solve[ 1 + 3x + x^3 == 0, x ] //Simplify
                        (* kubische Gleichung *)

% //N                   (* konjugierte Paare *)

NSolve[ 1 + 3x + x^3 == 0, x ]
                        (* schnellere numerische Lösung *)

Plot[ 1 + 3x + x^3, {x,-2,2} ];
                        (* graphische Bestimmung
                           reeller Nullstellen *)

BesselJ[1, 1.1 + I]     (* Auswertung spezieller Funktionen *)

Plot3D[ BesselJ[1, 3. r], {x,-3,3}, {y,-3,3} ];

BesselJ[1,z] + O[z]^6 (* Taylor-Reihe bis zur Ordnung z^6 *)

BesselJ[3/2, z]         (* Polynom *)
```

B. Notebooks und grundlegende Werkzeuge

Als kurze Einführung in *Mathematica* und Physik-Notebooks untersuchen wir die Bewegung eines *klassischen* Geschosses. Wir vernachlässigen zunächst den Luftwiderstand und führen ihn dann im Zusammenhang mit der numerischen Integration ein.

Wichtige Hinweise zur Benutztung von *Mathematica* sind in einer Reihe von Anmerkungen enthalten (vgl. auch Anhang A und C und das *Mathematica*-Handbuch von Wolfram [63]).

B.1 Geschoßbewegung ohne Luftwiderstand

B.1.1 Trajektorie

Wir geben die Koordinaten des Geschosses ähnlich ein, wie wir sie auf dem Papier aufschreiben würden:

```
x = vo t Cos[a] Cos[p]
y = vo t Cos[a] Sin[p]
z = vo t Sin[a] - g/2 t^2
```

```
t vo Cos[a] Cos[p]

t vo Cos[a] Sin[p]

          2
-(g t )
-------- + t vo Sin[a]
   2
```

Dabei ist **g** die Gravitationsbeschleunigung, **vo** die Anfangsgeschwindigkeit des Geschosses, **a** der anfängliche Winkel zur horizontalen x-y-Ebene und **p** der Azimutwinkel um die vertikale z-Achse. Wir können beispielsweise die vertikale Beschleunigung nachrechnen, indem wir zweimal nach der Zeit ableiten:

```
D[z,{t,2}]
```

```
-g
```

Wir können auch die (konstante) Geschwindigkeit des Geschosses in der x-y-Ebene nachrechnen:

```
Sqrt[D[x,t]^2 + D[y,t]^2] //Simplify
```

```
          2        2
Sqrt[vo  Cos[a] ]
```

Die Quadratwurzel der Quadrate läßt sich durch

```
% //PowerExpand
```

```
vo Cos[a]
```

vereinfachen, wobei **%** für die vorangehende Ausgabe steht. Den Abstand des Geschosses vom Ursprung berechnen wir einfach durch

```
r = Sqrt[ x^2 + y^2 + z^2 ]
```

```
                                             2
       2   2       2       2     -(g t )            2
Sqrt[t  vo  Cos[a]  Cos[p]  + (-------- + t vo Sin[a])  +
                                    2

    2   2       2       2
   t  vo  Cos[a]  Sin[p] ]
```

Wir können dies durch Ausmultiplizieren der Quadrate und Anwendung einiger trigonometrischer Beziehungen in eine einfachere Form bringen. (Sie können auch die eingebaute Funktion **Simplify** verwenden, aber das dauert länger.)

```
r = Sqrt[x^2 + y^2 + z^2] //Expand[#,Trig->True]&
```

```
       2 4       2  2        3
Sqrt[g  t  + 4 t  vo  - 4 g t  vo Sin[a]]
------------------------------------------
                    2
```

Dabei ist *expr* **//Expand[#,Trig->True]&** gleichbedeutend mit **Expand[***expr***,Trig->True]**; durch diese Schreibweise halten wir die Physik auf der linken Seite im Brennpunkt und *Mathematica* auf der rechten Seite am Rand. Das Zeichen **#** ist ein Platzhalter für den Ausdruck, der auf der linken Seite der Schrägstriche (**//**) steht, die zur Anwendung einer Funktion benutzt werden. Das Zeichen **&** zeigt *Mathematica* das Ende des Operators an.

Anmerkung B.1.1. Benutzereingabe und *Mathematica*-Ausgabe werden mit **In[n]** und **Out[n]** bezeichnet. Diese Bezeichnung der Ausgabe kann man zu jeder Zeit benutzen, um sich auf den **n**-ten Ausgabeschritt zu beziehen. Ein **%** (Prozentzeichen) steht für die direkt vorangehende Ausgabe; **%n** steht für die Ausgabe vor **n** Schritten.

Durch Eingabe von **?**, gefolgt von einem Befehl, erhalten Sie Informationen über diesen Befehl. Mit Hilfe von **??** können Sie sich zusätzlich die möglichen Optionen ausgeben lassen. Probieren Sie z.B. **?D** und **??Expand** aus.

In der *Mathematica*-Eingabe stehen Leerzeichen für Multiplikation (wenn Ihnen das Zeichengewirr noch nicht reicht, können Sie auch ein Sternchen (*****) verwenden). Ein Dach (**^**) hebt den dahinterstehenden Ausdruck in den Exponenten.

Mathematica erlaubt die Verschachtelung von Funktionen, wobei die innerste Funktion zuerst ausgewertet wird; *expr* **//Simplify //PowerExpand** ist z.B. gleichbedeutend mit **PowerExpand[Simplify[***expr***]]**. In einem algebraischen Ausdruck werden Potenzen zuerst ausgewertet; danach erfolgt die Auswertung von links nach rechts, wobei wie üblich Punkt- vor Strichrechnung geht.

Mathematica verwendet verschiedene Arten von Gleichheitszeichen mit verschiedenen Bedeutungen. Eine gewöhnliche Gleichung wie **f[x] =** *expr* (auch mit **Set** bezeichnet) wertet die rechte Seite sofort aus und bewirkt eine unmittelbare Antwort von *Mathematica*. Eine Zuweisung wie **f[x] :=** *expr* (auch mit **SetDelayed** bezeichnet) verzögert die Auswertung von *expr*, bis die Funktion **f** aufgerufen wird; sie unterdrückt außerdem eine Antwort von *Mathematica*. Logische Gleichheit und Ungleichheit werden durch **==** bzw. **!=** dargestellt (in Fortran **.EQ.** und **.NE.**). Logisches *und* und *oder* werden durch **&&** bzw. **||** (zwei vertikale Striche) dargestellt.

Ersetungen für Muster in Ausdrücken macht man mit **/.** (Schrägstrich, Punkt) in Verbindung mit Pfeilen (**->**) wie zB. in *expr* **/.** *pattern* **->** *new*.

Mathematica ignoriert alle Eingaben, die durch **(*** und ***)** umschlossen sind. Zum Beispiel können überall in der Eingabe Kommentare der Form **(* comments *)** eingefügt werden. Diese Klammern sind auch nützlich, um bei der Fehlersuche bestimmte Elemente kurzzeitig herauszunehmen.

Eingebaute *Mathematica*-Funktionen fangen mit Großbuchstaben an und sind im allgemeinen ganze Wörter. Es ist daher eine gute Idee, selbstdefinierte Funktionen und Symbole mit Kleinbuchstaben anfangen zu lassen.

B.1.2 Darstellung der Trajektorie

Die Gleichungen für **x**, **y** und **z** sind parametrisch in **t**; wir können die Trajektorie daher mit Hilfe von **ParametricPlot3D** darstellen. Sehen wir uns zunächst die Information an, die *Mathematica* zu dieser Funktion liefert:

```
?ParametricPlot3D
```

```
ParametricPlot3D[{fx, fy, fz}, {t, tmin, tmax}] produces a
   three-dimensional space curve parameterized by a variable
   t which runs from tmin to tmax. ParametricPlot3D[{fx, fy,
   fz}, {t, tmin, tmax}, {u, umin, umax}] produces a three-
   dimensional surface parametrized by t and u.
   ParametricPlot3D[{fx, fy, fz, s}, ...] shades the plot
   according to the color specification s.
   ParametricPlot3D[{{fx, fy, fz}, {gx, gy, gz}, ...}, ...]
   plots several objects together.
```

Anmerkung B.1.2. **ParametricPlot3D** ist ein langes Wort. Sie können *Mathematica* dazu bringen, den größten Teil davon für Sie zu schreiben, indem Sie die ersten paar Buchstaben, z.B. **Pa**, und dann **command-k** eingeben. Dann können Sie aus einem Menü den vollständigen Namen auswählen. Wenn Sie unmittelbar danach **command-i** drücken, gibt Ihnen *Mathematica* eine Schablone für die Funktion. Die Schablone liefert auch **?Parametric-Plot3D**.

Wir müssen Werte für **vo**, **g** und **a** angeben, um eine Trajektorie zu spezifizieren. Dies tut man am besten mit einer Ersetzung (**/.**). Wir stellen daher eine *Liste* der Koordinaten **x**, **y** und **z** auf und setzen eine weitere *Liste* von Werten für alle Parameter außer **t** ein (**Degree** ist ein eingebauter Umrechnungsfaktor mit dem Wert **Pi/180**):

```
trajectory = {x,y,z} /.
        {g -> 9.8, vo -> 10, a -> 15 Degree, p -> 45 Degree} //N
```

```
                                                2
{6.83013 t, 6.83013 t, 2.58819 t - 4.9 t }
```

Wir können nun die Trajektorie darstellen. Wir sehen, daß **t = 1** länger als die Flugzeit ist, wenn der Boden bei **z = 0** liegt.

```
trajectoryPlot =
    ParametricPlot3D[
        trajectory, {t, 0, 1},
        PlotRange -> {-.75,.75}, BoxRatios -> {1,1,.6},
        FaceGrids -> {{0,0,-1}},
        ViewPoint -> {2.176, -2.401, 0.975},
        AxesLabel -> {"x","y","z"}
    ];
```

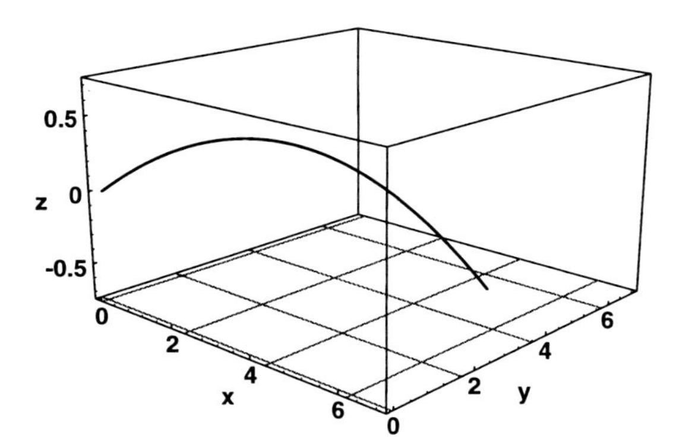

Die Option **ViewPoint** wurde dabei über die Blickpunktwahl aus *Prepare Input* im Menü *Action* bestimmt.

B.1.3 Reichweite

Wir bestimmen die Flugzeit und die *Reichweite* exakt, indem wir **z = 0** setzen und nach der Flugzeit **t = T** auflösen:

```
T = Solve[ z == 0, t ]      (* logische Gleichheit *)
```

```
         2 vo Sin[a]
{{t -> ─────────────}, {t -> 0}}
              g
```

Die Reichweite **R** erhalten wir dann durch Einsetzen des nichttrivialen ersten Elements **T[[1]]** der *Lösungsliste* **T** in den Ausdruck für **x** (s. Übg. C.1.3). Mit Hilfe des Ersetzungsbefehls **/.** erhalten wir

```
R[a_] = Sqrt[x^2 + y^2] /. T[[1]] /.
            f_ Cos[p]^2 + f_ Sin[p]^2 -> f //
            PowerExpand
```

```
     2
2 vo  Cos[a] Sin[a]
───────────────────
         g
```

Wir haben durch eine Mustersetzung eine trigonometrische Identität ausgenutzt (vgl. Übg. C.2.2) und dann die eingebaute Funktion **PowerExpand** zur Vereinfachung von **Sqrt** angewendet. Sie sollten sich jeden dieser Schritte ansehen, indem Sie die Rechnung mit dem ersten Schritt **/. T[[1]]** beginnen und zusehen, was jeweils beim Hinzufügen eines weiteren Schrittes passiert. Sie können auch das Ergebnis mit dem vergleichen, das man durch Anwendung der eingebauten Funktion **Simplify** erhält.

Anmerkung B.1.3. Die Größe **a_** ist eine Hilfsvariable, die für einen *beliebigen* Ausdruck steht, z.B. für **45 Degree** oder **a + 30**; dabei muß **a** nicht vorher deklariert werden (s. Übg. C.1.4).

Eine Liste in geschweiften Klammern {...} faßt eine Folge von Symbolen oder Ausdrücken zusammen, z.B. den Ortsvektor {**x,y,z**} oder die obige Lösungsmenge **T**.

Funktionen wie **Solve[...]** erwarten eckige Klammern; runde Klammern sind für algebraische Ausdrücke wie **(x^2 + y^2 + z^2)^(1/2)** reserviert. Doppelte eckige Klammern liefern Komponenten von Listen oder Ausdrücken, z.B. {**x,y,z**}**[[1]] == x** oder **T[[1]]**. Diese etwas strikte Syntax macht *Mathematica*-Eingaben lesbarer und eliminiert Mehrdeutigkeiten in der konventionellen Notation. Zum Beispiel ist **c[x]** eine Funktion von **x**, während **c(x)** für **c x** steht.

Wir berechnen nun die Flugzeit im obigen Beispiel und verwenden sie, um die Trajektorie darzustellen. Das Hinzufügen von **//N** liefert ein numerisches Ergebnis.

```
t /. T[[1]] /.{g -> 9.8, vo -> 10, a -> 15 Degree} //N
```

```
0.528202
```

Wir können das Ergebnis verwenden, um ein zweidimensionales parametrisches Diagramm der Bewegung in der Ebene der Trajektorie zu erstellen.

```
ParametricPlot[
    {Sqrt[x^2 + y^2], z}  /.
    {g -> 9.8, vo -> 10, a -> 15 Degree, p -> 45 Degree},
    {t, 0, %},                    (* tmax = % *)
    PlotRange -> {0,0.5},
    AxesLabel -> {" Sqrt[x^2+y^2]","z"}
];
```

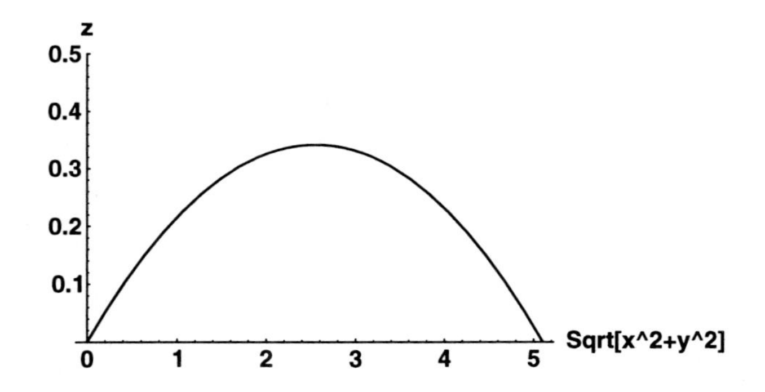

Anmerkung B.1.4. Sie können die Reichweite aus dem Diagramm abschätzen. Bewegen Sie dazu die Maus mit gedrückter **command**-Taste im Diagramm umher. Die Koordinaten des Zeigers werden im unteren Rahmen angezeigt. (Bei dreidimensionalen Diagrammen funktioniert das nicht.)

Sie können einen Punkt markieren und seine Koordinaten zur späteren Benutzung festhalten. Auf diese Weise stellen wir fest, daß die Reichweite im obigen Beispiel ungefähr 5,1 Meter beträgt. Um eine höhere Genauigkeit zu erreichen, können Sie das Diagramm vergrößern.

B.1.4 Einheiten

Die Reichweite **R** läßt sich leicht numerisch berechnen. Aufgrund seines symbolischen Aufbaus führt *Mathematica* in natürlicher Weise Einheiten mit. Zum Beispiel können wir für **a**, **vo** und **g** Werte mit Einheiten einsetzen und erhalten

```
R[15 Degree] /.
    {vo->10 meter/sec, g->9.8 meter/sec^2} //N

  5.10204 meter
```

was nahe bei unserer graphischen Schätzung liegt.

B.1.5 Maximale Reichweite

Bei Vernachlässigung des Luftwiderstandes hat **R** sein Maximum bei einem Winkel von **a = 45 Degree**. Dies zeigen wir, indem wir die Ableitung **D[R,a]** gleich Null setzen. Zunächst stellen wir fest, daß die direkte Anwendung von **Solve** keine Lösung liefert:

```
dR = D[R[a], a]

      2       2        2       2
  2 vo  Cos[a]     2 vo  Sin[a]
  ------------  -  ------------
       g                g


Solve[ dR == 0, a ]

  Solve::ifun: Warning: Inverse functions are being used by
       Solve, so some solutions may not be found.

  {}
```

Die leeren Klammern zeigen, daß keine Lösung gefunden wurde, obwohl *Mathematica* uns sagt, daß *inverse* trigonometrische Funktionen angewendet wurden. Versuchen wir, das Ergebnis zunächst mit Hilfe von trigonometrischen Regeln zu vereinfachen:

```
dR = D[R[a], a] //Expand[#,Trig->True]&
```

```
      2
  2 vo  Cos[2 a]
  --------------
        g
```

Auf dieses Ergebnis wenden wir nun **Solve** an:

```
amax = Solve[ dR == 0, a ][[1]]
```

```
Solve::ifun: Warning: Inverse functions are being used by
     Solve, so some solutions may not be found.

         Pi
{a -> --}
         4
```

Wir können dieses Ergebnis leicht durch Einsetzen überprüfen:

```
dR /. amax
```

```
0
```

Die maximale Reichweite ist daher

```
R[a] /. amax
```

```
  2
vo
---
g
```

```
R[45 Degree] /.
    {vo -> 10 meter/sec, g -> 9.8 meter/sec^2} //N
```

```
10.2041 meter
```

Die beste Möglichkeit, die Auswirkung des Winkels auf die Reichweite zu beobachten, ist die gemeinsame Darstellung mehrerer Trajektorien. Wir erstellen einfach eine Tabelle und stellen sie graphisch dar. (Sie können die Auswirkungen der Darstellungsoptionen auch einzeln untersuchen.)

```
ParametricPlot3D[
    Evaluate[
        Table[ {x,y,z} /.
            {g -> 9.8, vo -> 10., p -> 45 Degree},
            {a, 15 Degree, 75 Degree, 15 Degree}
        ]
    ],
```

```
        {t, 0, 2},
        PlotRange -> {0,5}, BoxRatios -> {1,1,.5},
        FaceGrids -> {{0,0,-1}},
        ViewPoint -> {2.176, -2.401, 0.975},
        AxesLabel -> {"x","y","z"}
];
```

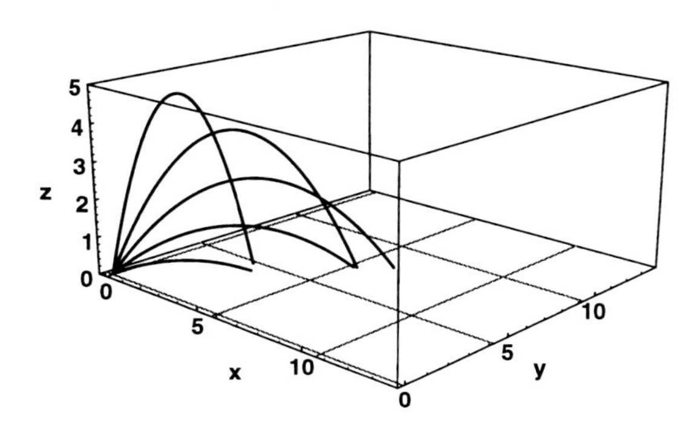

Anmerkung B.1.5. Der Effizienz halber wurde der Befehl **Evaluate** auf die Tabelle angewendet. Er bewirkt, daß *Mathematica* die Tabelle ein für allemal erzeugt, und nicht für jeden Wert von **t** neu. **Plot** und ähnliche Funktionen, wie **ParametricPlot3D**, arbeiten im allgemeinen schneller, wenn **Evaluate** auf die darzustellende Größe angewendet wird.

Die bei **ParametricPlot3D** möglichen Optionen kann man sich mit **??ParametricPlot3D** ansehen.

B.2 Geschoßbewegung mit Luftwiderstand

B.2.1 Numerische Integration

Wir können Trajektorien numerisch mit Hilfe der eingebauten Funktion **NDSolve** erzeugen, indem wir die Newtonsche Bewegungsgleichung **F == m a** als vektorielle Differentialgleichung integrieren. Sehen wir uns zunächst an, was *Mathematica* zu dieser Funktion zu sagen hat:

```
?NDSolve
```

```
NDSolve[eqns, y, {x, xmin, xmax}] finds a numerical solution
   to the differential equations eqns for the function y with
   the independent variable x in the range xmin to xmax.
   NDSolve[eqns, {y1, y2, ...}, {x, xmin, xmax}] finds numerical
   solutions for the functions yi.
```

B.2.2 Implementierung

Damit das Beispiel einfach bleibt, nehmen wir an, daß der Luftwiderstand der Geschwindigkeit proportional ist, **`Fres = -k v`**. Wir arbeiten in der x-z-Ebene der Trajektorie. Wenn wir einen skalierten Widerstandsparameter **`k`** verwenden, läßt sich die Masse aus der Bewegungsgleichung herauskürzen. Die analytische Lösung ist jedoch nicht trivial (vgl. z.B. Marion und Thornton [45]).

Wir schreiben **`F == m a`** als ein Paar von Differentialgleichungen zweiter Ordnung in den beiden kartesischen Richtungen x und z, **`x''[t] == Fx[t]`** und **`z''[t] == Fz[t]`**, und integrieren bezüglich der Zeit **`t`**.

Bei einer solchen numerischen Rechnung müssen wir immer den Parametern Werte zuweisen und die Anfangsbedingungen angeben. Die Eingabe wird klarer, wenn wir dies außerhalb der Argumentliste von **`NDSolve`** tun. Außerdem können wir dann die eingegebenen Werte überprüfen, bevor wir das Programm starten. Den Widerstandsparameter **`k`** werden wir später definieren.

Wir definieren also die Konstanten und die Anfangsbedingungen in der Ebene der Trajektorie:

```
g = 9.8;                               (* Erdbeschleunigung *)
tmax = 0.5282;                         (* maximale Zeit *)
vo = 10;                               (* Anfangsgeschwindigkeit *)
a = 15 Degree;                         (* Anfangswinkel *)
xo = 0;   vxo = vo Cos[a] //N;         (* Anfangsposition,
zo = 0;   vzo = vo Sin[a] //N;            -geschwindigkeit *)
```

Kontrolle:

```
{g, tmax}

  {9.8, 0.5282}


{xo, zo, vxo, vzo, Sqrt[vxo^2 + vzo^2]}

  {0, 0, 9.65926, 2.58819, 10.}
```

B.2.3 Berechnung

Wir sind nun bereit zur Berechnung der Trajektorie. Wir müssen nur noch den Widerstandsparameter **`k`** definieren. Wir tun das an dieser Stelle, damit wir **`k`** verändern und gleichzeitig die neue Trajektorie bezeichnen können. So können wir leicht die Ergebnisse vergleichen und verschiedene Trajektorien zusammen darstellen. Wir lassen alle Variablen mit einem **`n`** anfangen, um anzudeuten, daß sie numerische Größen sind, und um Verwechslungen mit bereits verwendeten Variablen zu vermeiden.

Anmerkung B.2.1. Sie sollten daran denken, daß *Mathematica* sich alle Zuweisungen merkt. Obwohl dies das interaktive Arbeiten stark erleichtert, wirkt es manchmal sehr störend, wenn die Sitzung lange dauert. Es könnte beispielsweise passieren, daß Sie ein Symbol **x** in anderem Zusammenhang verwenden, als es ursprünglich definiert wurde. Die Ergebnisse werden natürlich merkwürdig aussehen. In solchen Fällen hilft es meistens, durch **Clear[x]** alle vorherigen Definitionen für **x** zu löschen. Wenn aber vieles durcheinanderkommt, ist es manchmal besser, die Sitzung abzuspeichern und *Mathematica* von neuem zu starten. Die Verwendung von Ersetzungen der Form ***expr* /. *symbol* -> *new*** trägt zur Vermeidung dieses Problems bei.

```
k = 0.8;
ntrajectory[k] =
    NDSolve[
        {nx''[t] == -k nx'[t],
         nz''[t] == -k nz'[t] - g,
         nx[0] == xo, nx'[0] == vxo,
         nz[0] == zo, nz'[0] == vzo},
        {nx, nz}, {t, 0.0, 1.0}
       ][[1]]
```

```
{nx -> InterpolatingFunction[{0., 1.}, <>],
  nz -> InterpolatingFunction[{0., 1.}, <>]}
```

Das Ergebnis einer numerischen Integration ist natürlich eine Liste diskreter Daten, die Punkte auf der Trajektorie darstellen. **NDSolve** interpoliert jedoch die Datenpunkte automatisch und liefert eine kontinuierliche Funktion namens **InterpolatingFunction** (s. Übg. C.3.5). Zum Beispiel erhalten wir den letzten Punkt der Trajektorie durch

```
{nx[tmax], nz[tmax]} /. ntrajectory[k]
```

```
{4.16113, -0.0782835}
```

Wir können also auch Punkte auf der Trajektorie näherungsweise bestimmen, die nicht direkt durch die numerische Integration berechnet wurden. Zum Beispiel erhalten wir die Geschwindigkeit, indem wir die interpolierte Trajektorie ableiten. Bei **t = 0** ergibt sich z.B.

```
D[{nx[t],nz[t]}, t] /. ntrajectory[k] /. t->0
```

```
{9.65846, 2.58697}
```

Wir bekommen einen Eindruck von der Genauigkeit der Interpolation, wenn wir diese Werte mit der eingegebenen Anfangsgeschwindigkeit vergleichen:

```
{vxo, vzo}

  {9.65926, 2.58819}
```

Die numerischen Ergebnisse lassen sich durch Einstellen der Optionen von **NDSolve** verbessern. (Schauen Sie sich die Ausgabe zu **??NDSolve** an.) Wir werden gleich noch die Beschleunigung in Abwesenheit von Luftwiderstand, also für **k = 0**, berechnen.

Wir stellen unsere berechnete Trajektorie wie zuvor mit **ParametricPlot** dar:

```
ntrajectoryPlot[k] =
    ParametricPlot[
        Evaluate[{nx[t],nz[t]} /. ntrajectory[k]],
        {t, 0, tmax},
        AxesLabel -> { " x", " z"}
    ];
```

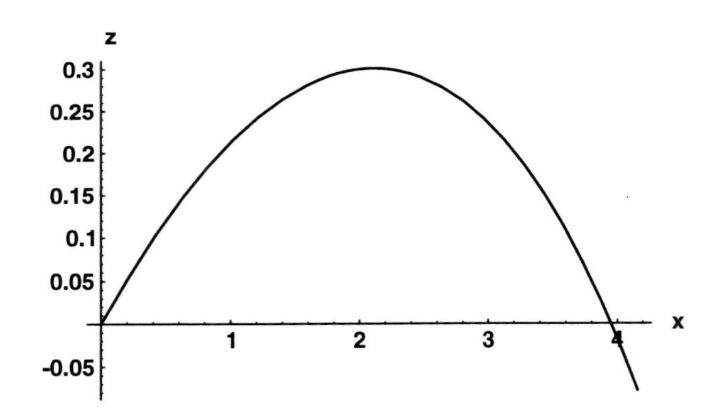

Wir ändern nun **k** und berechnen mit denselben Parameterwerten weitere Trajektorien. Durch **[k]** unterscheiden wir dabei verschiedene Versionen von **ntrajectory** und **ntrajectoryPlot**. Wir verwenden außer **k = 0.8** nun **k = 0.0** und **k = 10.0** und können die entstehenden Trajektorien dann mit Hilfe von **Show** zusammen darstellen. Der Vergleich macht den Effekt des Luftwiderstandes deutlich.

```
Show[
    ntrajectoryPlot[0.], ntrajectoryPlot[0.8],
    ntrajectoryPlot[10.]
];
```

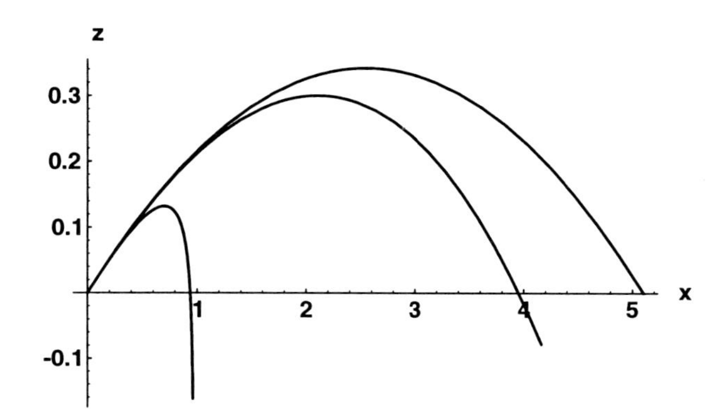

Schließlich überzeugen wir uns noch davon, daß im Fall ohne Luftwiderstand, also für **k = 0.0**, die vertikale Beschleunigung **-g** beträgt, während die horizontale verschwindet. Zu einem beliebigen Zeitpunkt, z.B. bei **tmax/3**, berechnen wir

```
D[{nx[t],nz[t]}, {t,2}] /.
    ntrajectory[0.0] /. t -> tmax/3 //Chop

{0, -9.8}
```

Dabei ersetzt **Chop** die kleine x-Komponente (Zahlen mit Betrag kleiner als **10^-10**) durch eine exakte, ganzzahlige **0** (s. **?Chop**).

C. MATHEMATICA im Selbststudium

Wir verwenden im allgemeinen nur einen kleinen Teil der in *Mathematica* eingebauten Funktionen, da wir häufig immer wieder die gleichen Operationen in verschiedenen Zusammenhängen ausführen. Die Übungen in diesem Anhang führen die meisten grundlegenden Funktionen ein und zeigen außerdem einige Tricks, die bei der Benutzung des Buches hilfreich sein könnten. Dieser Anhang ist zum gemächlichen Üben und Nachschlagen gedacht und verlangt nicht mehr von Ihnen, als die Beispiele einzugeben und sich die Ergebnisse anzuschauen. Fühlen Sie sich ermutigt, eigenständig herumzuexperimentieren. Springen Sie ruhig hin und her; wenn Sie jedoch noch keine Erfahrung mit *Mathematica* haben, sollten Sie vielleicht zuerst die beiden vorangehenden Anhänge und dann Übg. C.1.1-C.1.9 durcharbeiten.

Abschnitt C.2 über Algebra liefert den Hintergrund zu manchen der für dieses Buch entwickelten und in Anhang D abgedruckten Pakete. Übung C.2.2 behandelt trigonometrische Vereinfachungsregeln und eine im Paket **Quantum`Trigonometry`** definierte verbesserte Version der Funktion **TrigReduce**. In Übg. C.2.3 werden Ideen zur Umkehrung der eingebauten Funktion **PowerExpand** entwickelt; das Ergebnis ist die im Paket **Quantum`PowerTools`** definierte Funktion **PowerContract**. Übung C.2.4 erweitert die eingebaute Funktion **Conjugate** auf symbolische Ausdrücke und bildet damit die Grundlage des Pakets **Quantum`QuickReIm`**. In Übg. C.2.5 werden Regeln für die eingebaute Funktion **NonCommutativeMultiply** und das zur Definition quantenmechanischer Operatoren geeignete Paket **Quantum`NonCommutativeMultiply`** entwickelt. Übung C.2.7 behandelt schließlich Integrationsregeln für Gauß- und Exponentialfunktionen und die Pakete **Quantum`integGauss`** und **Quantum`integExp`**.

Weitere Informationen finden Sie in den vorangehenden beiden Anhängen und in dem *Mathematica*-Handbuch von Wolfram [63]. Viele der hier behandelten Ideen werden in dem Buch von Maeder [44], *Programming in Mathematica*, genauer ausgeführt. In letzter Zeit sind viele sehr gute Bücher und Handbücher über *Mathematica* erschienen, aber vielleicht fängt man am besten an, indem man *Mathematica* selbst benutzt. Denken Sie daran, daß Sie **?** ***anything*** eingeben können, um Informationen über ***anything*** zu erhalten, z.B. **?D**.

Inhalt

C.1 Funktionen

C.2 Algebra

C.3 Berechnungen

C.1 Funktionen

Übung C.1.1 (Grundlegende Operationen). Vergleichen Sie die Reihenfolge der Operationen in den folgenden Beispielen. Wir verwenden freizügig Leerzeichen und leere Zeilen, um unsere Gleichungen lesbar zu halten. Verwechseln Sie nicht kompakte Programmierung mit gedrängter Eingabe.

```
{2/3 5, 2/(3 5), 2/3/5}

 10   2   2
{——, ——, ——}
 3   15  15


{5 f/g + 2 a/h g, 5(f/g + 2 a/(h g))}

 5 f   2 a g      f   2 a
{——— + —————, 5 (- + ———)}
 g       h        g   g h
```

Übung C.1.2 (Ersetzungen). Im allgemeinen ist es besser, temporäre Ersetzungen zu verwenden, um Variablen einen Wert zuzuweisen, als globale, bleibende Zuweisungen mit = vorzunehmen. Die letztere Variante führt zu Problemen, wenn wir nicht mehr daran denken und die Variablen in einem anderen Zusammenhang verwenden.

Das folgende Beispiel zeigt eine globale Zuweisung und eine Gauß-Funktion:

```
ko = 2;     xo = 1;             (* Globale Zuweisung. *)
E^(-ko (x - xo)^2)

                 2
 -2 (-1 + x)
E
```

Vielleicht wollen wir aber später andere Werte verwenden. Betrachten wir z.B. eine ebene Welle:

```
E^(I ko (x - xo))

 2 I (-1 + x)
E
```

Es ist besser, eine temporäre Ersetzung mit `/.` (Schrägstrich, Punkt) vorzunehmen:

```
Sqrt[x^2 + y^2] /.{x -> 3, y -> 4}

5
```

Wir können auch die Ersetzungen stapeln und hinterher mit **//** (doppelter Schrägstrich) Funktionen anwenden:

```
{x, y} /.
    {x -> r Cos[t], y -> r Sin[t]} /.
    {r -> 5, t -> Pi/8} //
    N

  {4.6194, 1.91342}
```

Übung C.1.3 (Listen, Ausdrücke und Indizes). Das folgende Beispiel zeigt das Herausgreifen von Elementen aus Listen und Ausdrücken:

```
list = {aa,bb,cc,dd,ee}                  (* Eine Liste.*)

  {aa, bb, cc, dd, ee}


{list[[1]], list[[{1,2}]]}               (* Elemente.*)

  {aa, {aa, bb}}


list[[2]] = xx                           (* Neue Elementzuweisung.*)

  xx


list                                     (* Die neue Liste.*)

  {aa, xx, cc, dd, ee}


expr = Sin[k x] E^(I w t)/Sqrt[x^2 + y^2]
                                         (* Ein Ausdruck.*)

   I t w
  E      Sin[k x]
  ----------------
          2    2
   Sqrt[x  + y ]


{expr[[2]], expr[[2,1]], expr[[2,1,1]]}
                                         (* Elemente.*)

          1           2    2   2
  {-------------, x  + y , x}
          2    2
   Sqrt[x  + y ]
```

```
expr[[2]] = r^-1                        (* Neue Elementzuweisung.*)

   1
   -
   r


expr                                    (* Neuer Ausdruck.*)


    I t w
   E       Sin[k x]
   ----------------
           r
```

Übung C.1.4 (Hilfsvariablen). Schauen wir uns nun Blank-Symbole wie **x_** an, mit denen man eine Funktion **f[x_]** einer beliebigen Variable **x** definieren kann. Das Symbol _ (Unterstreichung), dem hier die Bezeichnung **x** gegeben wird, ist eine Hilfsvariable, die für nahezu alles stehen kann. Betrachten wir z.B. eine Funktion, die Kubikwurzeln zieht, ähnlich der eingebauten Funktion **Sqrt**.

Wenn wir versuchen, diese Funktion ohne **x_** zu definieren, beispielsweise durch

```
cubeRoot[x] = x^(1/3)

    1/3
   x
```

so wird sie für kein Argument außer **x** ausgewertet.

```
cubeRoot[27]

   cubeRoot[27]
```

Dieses Problem können wir beheben, indem wir in der Definition **x_** verwenden:

```
cubeRoot[x_] = x^(1/3)

    1/3
   x
```

Jetzt erhalten wir z.B.

```
cubeRoot[-27]

           1/3
   3 (-1)
```

```
% //N                                          (* Hauptwert.*)

  1.5 + 2.59808 I
```

Wir verwenden **f[x_,y_]** zur Definition einer Funktion von zwei Variablen **x** und **y**; eine beliebige Anzahl von Variablen kann in der Folge der Argumente auftreten. Statt dessen können wir auch weitere eckige Klammern verwenden, um bestimmte Variablen auszuzeichnen. Zum Beispiel könnten wir eine Partialsumme einer Fourier-Reihe mit **nmax** Termen wie folgt definieren:

```
partialSum[z_][nmax_] := Sum[c[n] Sin[n z], {n,1,nmax}]

partialSum[w t][4]

  c[1] Sin[t w] + c[2] Sin[2 t w] + c[3] Sin[3 t w] +

    c[4] Sin[4 t w]
```

Die Zuweisung **:=** (**SetDelayed**) wird in der nächsten Übung besprochen.

Übung C.1.5 (Funktionsdefinitionen). Eine gewöhnliche Zuweisung wie **f[x_] =** *expr* (in Worten **Set**) wertet *expr* sofort aus und ruft eine unmittelbare Antwort von *Mathematica* hervor. Dagegen verschiebt eine Zuweisung wie **f[x_] :=** *expr* (Doppelpunkt, Gleichheitszeichen, in Worten **SetDelayed**) die Auswertung von *expr* auf der rechten Seite auf den Zeitpunkt, zu dem die Funktion **f[x]** verwendet wird; in diesem Fall gibt *Mathematica* keine Antwort aus.

Oft ist der Unterschied nicht wichtig, so daß man entweder **:=** oder **=** verwenden kann. Zum Beispiel können wir **psi[x_]** den Ausdruck **Sin[x]** entweder durch **psi[x_] = Sin[x]** oder durch **psi[x_] := Sin[x]** zuweisen.

Es gibt jedoch Situationen, in denen eine der Möglichkeiten sinnvoller ist als die andere. Zum Beispiel haben wir **partialSum** in der vorangehenden Übg. C.1.4 für eine beliebige Anzahl Terme **nmax** mit **SetDelayed** definiert. Wenn wir aber nur eine Version dieser Summe mit sechs Termen haben wollen, um Darstellungen für verschiedene Werte von **w** zu erzeugen, können wir diese Summe ein für allemal mit **Set** auswerten:

```
pS6[w_] = partialSum[w t][6] /. c[n_] -> 1/n^2

                Sin[2 t w]   Sin[3 t w]   Sin[4 t w]
  Sin[t w] + ---------- + ---------- + ---------- +
                    4            9            16

    Sin[5 t w]   Sin[6 t w]
    ---------- + ----------
        25           36
```

Dabei haben wir mit einer einfachen Mustterersetzung einen bestimmten Satz Entwicklungskoeffizienten **c[n]** eingeführt (vgl. Übg. C.2.2).

Ebenso verwenden wir **Set** häufig, um das Ergebnis einer längeren Berechnung ein für allemal festzuhalten. Berechnen wir also z.B. die Ableitung der folgenden Funktion **f** und vereinfachen sie; anschließend speichern wir das Ergebnis als **df**:

```
f = Sin[x]/(Sin[x] + Cos[x]) (* Beispielfunktion. *)

     Sin[x]
---------------
Cos[x] + Sin[x]


D[f,x]                       (* Ableitung. *)

    (Cos[x] - Sin[x]) Sin[x]            Cos[x]
-(----------------------------) + ---------------
                           2      Cos[x] + Sin[x]
       (Cos[x] + Sin[x])


ExpandAll[Together[%,Trig -> True],Trig -> True]

      1
------------
1 + Sin[2 x]


df[x_] = %          (* Speichern des vereinfachten Ergebnisses;
                       SetDelayed funktioniert hier nicht. *)

      1
------------
1 + Sin[2 x]


D[f,x] - df[x] /. x -> Pi/8 //N
                              (* Numerische Kontrolle.*)

              -19
2.71051 10
```

Im folgenden Beispiel wird dagegen **SetDelayed** benötigt. Nehmen wir an, wir wollen einen Operator **d[fnc]** definieren, der die Ableitung von **fnc** nach **x** bildet. Versuchen wir dies zunächst mit **Set** und dann mit **SetDelayed**.

```
d[fnc_] = D[fnc,x]          (* Die Ausgabe zeigt,
                               daß es so nicht geht *)

0
```

Da die Hilfsvariable **fnc** nirgends **x** enthält, ergibt die Ableitung auf der rechten Seite sofort Null, und dieser Wert wird **d[fnc]** zugewiesen. Damit erhalten wir Null für beliebige Ausdrücke:

```
d[Tan[x]]

  0
```

SetDelayed verschiebt die Auswertung der Ableitung auf den Zeitpunkt, zu dem wir **d[fnc]** aufrufen und für **fnc** eine Funktion von **x** angeben. Eine geeignete Definition ist also

```
d[fnc_] := D[fnc,x]          (* SetDelayed *)


d[Tan[x]]                    (* Die gesuchte Ableitung.*)

         2
  Sec[x]
```

Vergleichen Sie schließlich noch die folgenden Vorgehensweisen. In unserem ersten Versuch, **plot[n]** zu definieren, führt die Verwendung von **Set** dazu, daß **Plot** sofort ausgewertet wird; dies führt zu einer Fehlermeldung, da kein Wert für **n_** angegeben wurde.

```
plot[n_] = Plot[E^(-x) Sin[n x], {x,0,5}]

                                    Sin[n x]
  Plot::plnr: CompiledFunction[{x}, --------, -CompiledCode-][x]
                                       x
                                      E
        is not a machine-size real number at x = 0..
```

Die Verwendung von **SetDelayed** behebt diesen Fehler in unserem zweiten Versuch, da **Plot** nicht ausgewertet wird, bis wir durch eine Eingabe wie **plot[3]** einen Wert für **n** angeben.

```
plot[n_] := Plot[ E^(-x) Sin[n x], {x,0,5} ]

plot[3];
```

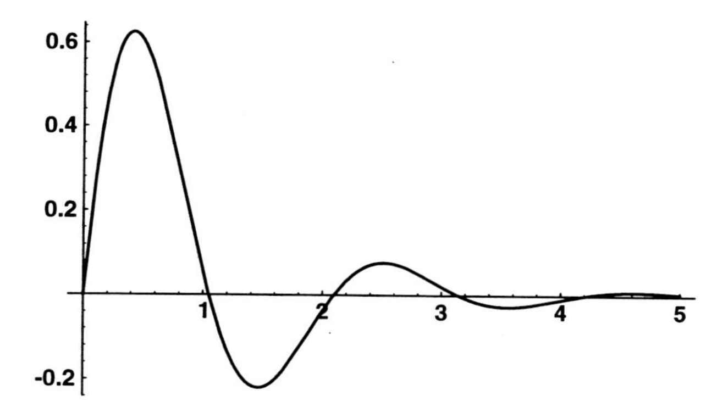

Übung C.1.6 (Mehrfachregeln). Häufig möchten wir eine Funktion mit mehr als einer Definition versehen; dies tun wir im allgemeinen mit **SetDelayed**. Zum Beispiel könnten wir die folgende zeitunabhängige Funktion eingeben:

```
psi[n_,x_] := Sin[n Pi x]
```

Zur Definition ihres zeitabhängigen Gegenstücks geben wir dann folgendes ein:

```
psi[n_,x_,t_] := E^(-I n^2 Pi^2 t) psi[n,x]
```

Mathematica merkt sich beide Definitionen und unterscheidet sie anhand der Argumente: **n**, **x** im ersten Fall und **n**, **x**, **t** im zweiten. Wir können uns bei Bedarf alle bisher eingegebenen Definitionen ausgeben lassen:

```
?psi

  Global`psi

  psi[n_, x_] := Sin[n*Pi*x]
  psi[n_, x_, t_] := psi[n, x]/E^(I*n^2*Pi^2*t)
```

Beachten Sie, daß *Mathematica* diese Definitionen nicht ändert oder eine davon löscht, wenn wir dies nicht selbst explizit tun (z.B. mit **Clear**). Bei der Fehlersuche in Definitionen ist es daher sinnvoll, alle Definitionen an einem Ort zu sammeln und davor durch **Clear** zu verhindern, daß aus Versehen vorangehende Definitionen verwendet werden. Zum Beispiel könnten wir **psi** wie folgt definieren:

```
Clear[psi]
psi[x_]     := E^(-x^2/2)
psi[x_,t_] := E^(-I t/2) psi[x]
```

Übung C.1.7 (Mustervergleich). Mit dem logischen Vergleich **==** (doppeltes Gleichheitszeichen, in Worten **Equal**) läßt sich prüfen, ob zwei Ausdrücke identische Muster sind:

```
{I == Sqrt[-1], a == b, 1 - x^2 == 1 - x^2}

  {True, a == b, True}
```

Beachten Sie, daß dieser Vergleich einfach die Gleichung zurückgibt, wenn die Muster nicht identisch sind. Wir können **===** (dreifaches Gleichheitszeichen, in Worten **SameQ**) verwenden, um auf jeden Fall entweder **True** oder **False** zu erhalten:

```
{a === a, a === b}

  {True, False}
```

Durch Einfügen eines Ausrufungszeichens (**!**) können wir die Muster auch auf logische *Verschiedenheit* prüfen:

```
{a != a, a != b, a =!= a, a =!= b}

  {False, a != b, False, True}
```

Es ist wichtig, sich klarzumachen, daß diese logischen Operatoren Muster vergleichen und nicht auf algebraische Gleichheit prüfen, was im allgemeinen schwierig ist. Zum Beispiel sind die Muster **1 + 2x + x^2** und **(1 + x)^2** verschieden (das erste enthält drei Terme, das zweite dagegen eine quadrierte Summe aus zwei Termen), obwohl sie natürlich algebraisch äquivalent sind:

```
1 + 2x + x^2 == (1 + x)^2

                 2           2
  1 + 2 x + x   == (1 + x)


% //ExpandAll

  True
```

Die Funktion **ExpandAll** muß hier statt **Expand** verwendet werden, um beide Seiten der Gleichung zu erreichen (s. Übg. C.2.1).

Übung C.1.8 (Funktionsanwendung). In der Standardform der Funktionsanwendung in *Mathematica* stehen die Argumente in eckigen Klammern hinter dem Funktionsnamen:

```
Factor[1-x^6]

                                     2                2
(-1 + x) (1 + x) (-1 + x - x ) (1 + x + x )
```

```
Expand[%/(1+x)]

         2     3     4     5
1 - x + x  - x  + x  - x
```

Die Funktionsanwendung läßt sich auch verschachteln.

```
Expand[Factor[1-x^6]/(1+x)]

         2     3     4     5
1 - x + x  - x  + x  - x
```

Postfixform. Man kann Funktionen auch von rechts auf einen Ausdruck anwenden:

```
1-x^6 //Factor

                                     2                2
(-1 + x) (1 + x) (-1 + x - x ) (1 + x + x )
```

Das hat den Vorteil, daß das Objekt, das hauptsächlich von Interesse ist, hier der Ausdruck **1-x^6**, links die Aufmerksamkeit auf sich zieht, während die *Mathematica*-Operation, die eine weniger wichtige Rolle spielt, an den Rand rückt.

Auch hier können wir mehrere Funktionen auf einmal anwenden. Wir können auch alle *Mathematica*-Umformungen auf die nächste Zeile schreiben, um sie noch stärker von der Physik abzugrenzen:

```
-1/(1-x) + 1/(1+x) //
     Together //ExpandAll

  2 x
-------
       2
-1 + x
```

Wenn wir die Optionen einer Funktion angeben wollen, fügen wir einfach eckige Klammern an und einen „Platzhalter" (**#**) für den Ausdruck, auf den die Funktion angewendet werden soll, und markieren das Ende der Funktion mit **&**. (Effektiv führen wir eine *reine Funktion* ein; s. Übg. C.1.9.) Wir können z.B. folgendes schreiben:

```
Sqrt[Pi] //N[#,50]&

   1.7724538509055160272981674833411451827975494561224
```

Beachten Sie, daß der Platzhalter in den Argumenten genau dort steht, wo normalerweise der Ausdruck auftreten würde, für den er steht. Ein weiteres Beispiel:

```
Sin[x]^2 //Expand[#,Trig -> True]&

   1   Cos[2 x]
   - - --------
   2      2
```

Präfixform. Schließlich können wir Funktionen auch von links anwenden, wie z.B. in

```
Factor @ (1-x^6)

                                    2            2
   (-1 + x) (1 + x) (-1 + x - x ) (1 + x + x )
```

Beachten Sie, daß die Klammern notwendig sind. Optionen können wir wie in der Postfixform angeben:

```
N[#,50]& @ Sqrt[Pi]

   1.7724538509055160272981674833411451827975494561224
```

Die Syntax **Q @ psi** ist besonders nützlich, wenn wir uns **Q** als Operator denken, der auf eine Funktion **psi** wirkt. Zum Beispiel könnten wir den in Übg. C.1.5 definierten Ableitungsoperator wie folgt anwenden:

```
{d @ Tan[x], d @ (1/(1+x^2))}

           2     -2 x
   {Sec[x] , ----------}
                    2 2
              (1 + x )
```

Alle drei Formen sind vollständig äquivalent:

```
{Sqrt @ 8, Sqrt[8], 8 //Sqrt}

     3/2    3/2    3/2
   {2   , 2   , 2   }
```

Übung C.1.9 (Reine Funktionen). Reine Funktionen sind ein mächtiges Instrument, das in den meisten traditionellen Programmiersprachen nicht zur Verfügung steht. Die Grundidee ist dabei, Funktionen kompakt darzustellen, ohne ihnen einen Namen geben zu müssen. Bei einer reinen Funktion geben wir nur an, welche Operationen ausgeführt werden sollen und wo die Argumente stehen sollen. *Mathematica* verwendet **#** für das Argument oder den „*Platzhalter*" einer reinen Funktion (oder **#1**, **#2**, usw. für zwei oder mehr Argumente) und **&**, um das Ende zu markieren. Reine Funktionen bezeichnet man auch als *anonyme* Funktionen. Betrachten Sie folgende Beispiele:

```
cube := #^3 &                          (* Reine Kubikfunktion.*)

{cube @ x, cube[x], x //cube}          (* Anwendung auf x.*)

   3   3   3
 {x , x , x}
```

Reine Funktionen bieten eine elegante Möglichkeit, quantenmechanische Operatoren auf eine nicht spezifizierte Wellenfunktion wirken zu lassen, die durch den Platzhalter repräsentiert wird. Ein Beispiel ist der Impulsoperator:

```
p := -I D[#,x]&

p @ (E^(I k x))                        (* Anwendung auf E^(I k x).*)

  I k x
 E      k
```

Hier sammeln wir gleiche Potenzen von **x** in einem Polynom

```
(a+x+b)^3 //Collect[#,x]&

  3       2           2     3        2                 2
 a  + 3 a  b + 3 a b  + b  + (3 a  + 6 a b + 3 b ) x +

                   2    3
    (3 a + 3 b) x  + x
```

und greifen einen der Koeffizienten heraus:

```
% //Coefficient[#,x^2]&

 3 a + 3 b
```

Das folgende Beispiel zeigt eine bequeme Art, Variablen zu separieren (beachten Sie die Verwendung von **%%**):

```
{Select[%%,FreeQ[#,x]&], Select[%%,!FreeQ[#,x]&]}

  3      2          2     3       2                   2
{a  + 3 a  b + 3 a b  + b , (3 a  + 6 a b + 3 b ) x +

                2     3
    (3 a + 3 b) x  + x}
```

Sehen Sie sich die Ausgabe zu **?Select** und **?FreeQ** an, und beachten Sie, daß **!FreeQ** die logische Negation von **FreeQ** bedeutet.

Übung C.1.10 (Mehrfache Blanks). Wir verwenden einzelne Blanks (_), um *einzelne* Ausdrücke in einer Funktionsdefinition oder in einem Muster zu repräsentieren. In manchen Fällen wollen wir jedoch eine *Folge* von Ausdrücken repräsentieren; dazu verwenden wir doppelte Blanks (__, doppelte Unterstreichung) für eine Folge, die mindestens einen Ausdruck enthält, und dreifache Blanks (___, dreifache Unterstreichung) für eine Folge von Ausdrücken, die auch *leer* sein, also gar keinen Ausdruck enthalten kann. (Dreifache Blanks sollte man mit Vorsicht verwenden, da sie leicht zu Endlosschleifen führen können; s. Wolfram [63].)

Doppelte Blanks. Definieren wir eine Funktion, die den Abstand vom Ursprung zu einem Punkt in einem **n**-dimensionalen Raum berechnet. Die folgende Funktion **distance** ist für eine beliebige Anzahl Koordinaten definiert und leistet daher die gewünschte Berechnung für beliebige Dimensionen.

```
distance[point__] := Sqrt[{point}.{point}]
                     (* Doppel-Blank *)


distance[x,y]        (* Abstand zum Ursprung in der x-y-Ebene.*)

          2    2
   Sqrt[x  + y ]


distance[x,y,z,I t]

          2     2     2     2
   Sqrt[-t  + x  + y  + z ]
```

Dreifache Blanks. Diese verwendet man häufig zum Weitergeben von Optionen an eine andere Funktion. Definieren wir z.B. eine Funktion, die die Ableitung einer Größe darstellt und alle Optionen von **Plot** verfügbar macht:

```
plotD[f_,{x_,xo_,x1_},opts___] :=
               Plot[ Evaluate[D[f,x]], {x,xo,x1}, opts ]
                    (* opts : beliebige Plot-Option.*)
                    (* Ableitung vor Plot auswerten.*)
```

```
plotD[
    E^-x^2,
    {x,-3,3}, PlotRange ->{-1.1,1.1},
    AxesLabel->{"  x","D[E^-x^2,x]"}
];
```

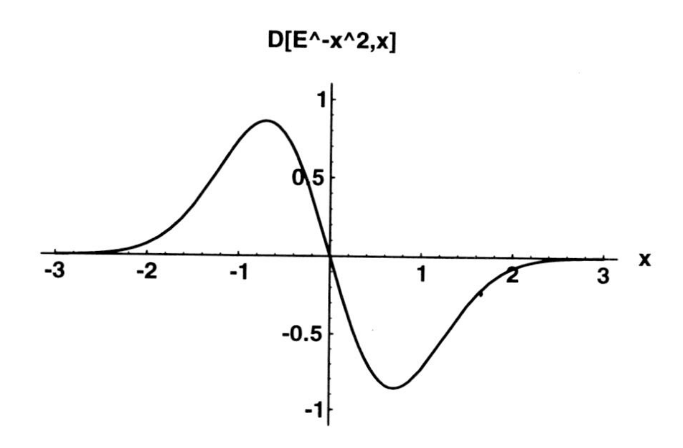

Die dreifachen Blanks erlauben es uns, die Optionen ganz wegzulassen und beispielsweise nur `plotD[E^-x^2,{x,-3,3}]` einzugeben.

Übung C.1.11 (Einschränkung von Variablen). Man kann Bedingungen an Hilfsvariablen mit `/;` (Schrägstrich, Semikolon) anfügen und Funktionsdefinitionen fast genau so eingeben, wie man sie auf dem Papier aufschreiben würde. Betrachten wir z.B. die Stufenfunktion

```
step[x_,xo_] := 0 /; x  < xo   (* /; => "wenn" oder "falls".*)
step[x_,xo_] := 1 /; x >= xo
```

Beachten Sie, daß **`SetDelayed`** (`:=`) für Funktionsdefinitionen mit **`Condition`** (`/;`) verwendet werden muß (vgl. Übg. C.1.5). Natürlich merkt sich *Mathematica* alle unsere Definitionen:

```
?step

  Global`step

  step[x_, xo_] := 0 /; x < xo

  step[x_, xo_] := 1 /; x >= xo
```

Symbolisch können wir damit nicht viel anfangen (versuchen Sie beispielsweise, diese Funktion abzuleiten), aber numerisch ist diese Definition sehr sinnvoll. Wir können sie z.B. wie folgt testen:

```
Plot[ step[x,1], {x,-5,5}, PlotRange -> {0,2.1} ];
```

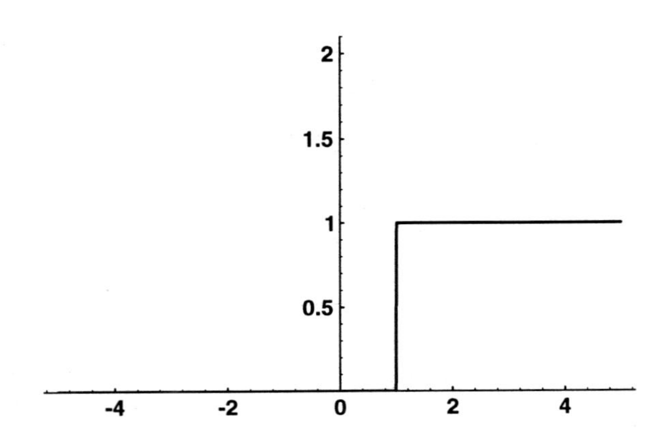

Es ist manchmal, insbesondere zum Mustervergleich, günstig, die Bedingungen mit der Syntax **x_?(*constraint*)** an die Hilfsvariable anzuhängen, wobei ***constraint*** als reine Funktion ausgedrückt sein muß (vgl. Übg. C.1.9). Die folgende Version der Stufenfunktion verwendet diese Syntax:

```
step[x_?(# <  -1 &)] := 0
step[x_?(# >= -1 &)] := 1

Plot[ step[x], {x,-2,2}, PlotRange -> {0,2.1} ];
```

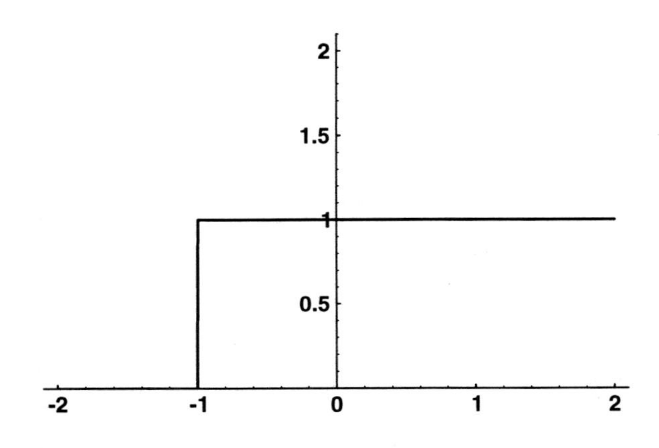

Übung C.1.12 (Vorgabewerte). Viele Funktionen haben Parameter, deren Werte man nur selten ändern möchte. Für solche Parameter kann man in *Mathematica* Vorgabewerte angeben, so daß die Parameter nur dann als Argumente angegeben werden müssen, wenn der Benutzer ihren Wert ändern will. Betrachten Sie die folgenden beiden Beispiele.

Definieren Sie eine Funktion **root**, die die **n**-te Wurzel einer Größe berechnet und davon ausgeht, daß die Quadratwurzel gemeint ist, wenn **n** nicht angegeben wird.

```
root[x_,n_:2] := x^(1/n)
                (* Doppelpunkt kennzeichnet den Vorgabewert.*)
root[x]

  Sqrt[x]


root[-32,5]

        1/5
  2 (-1)
```

Wir können nun die Eingabe der Argumente für die in Übg. C.1.11 definierte Stufenfunktion vereinfachen. Beachten Sie, daß wir zu Beginn der Eingabe **Clear[step]** schreiben, um die zuvor eingegebenen Regeln zu löschen (s. Übg. C.1.6).

```
Clear[step]
step[x_,xo_:0] := 0 /; x  < xo      (* Vorgabewert xo = 0.*)
step[x_,xo_:0] := 1 /; x >= xo
```

Hier zwei Beispiele für **xo = 0** und **2**:

```
Show[
   GraphicsArray[
      {Plot[
         step[x],      (* Vorgabewert xo = 0 verwenden.*)
         {x,-5,5}, PlotRange -> {0,2.1},
         DisplayFunction -> Identity
      ],
         Plot[
         step[x,2],                  (* xo = 2.*)
         {x,-5,5}, PlotRange -> {0,2.1},
         DisplayFunction -> Identity
      ]}
   ],
   DisplayFunction -> $DisplayFunction
];
```

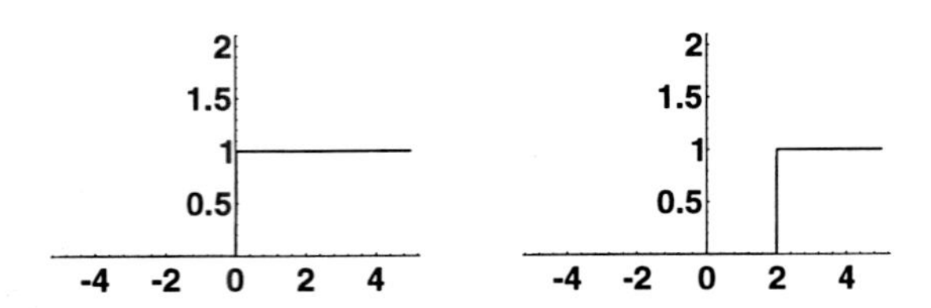

Beachten Sie, daß die Darstellung der Ergebnisse in **Plot** durch die Option **DisplayFunction -> Identity** verhindert wird; die Graphen werden in **GraphicsArray** gesammelt und durch **DisplayFunction -> $DisplayFunction** in **Show** gezeigt.

Übung C.1.13 (Etikettierung). Angenommen, wir wollen zwei Variablen **x** und **y** für unabhängig erklären, so daß beispielsweise ihre totalen Ableitungen in Bezug aufeinander verschwinden. Wir können versuchen, dies durch Nullsetzen der Ableitung der einen Variablen nach der anderen zu erreichen:

```
Dt[x,y] = 0

    Set::write: Tag Dt in Dt[x, y] is Protected.

    0
```

Das Problem ist, daß wir dem Kopf der linken Seite dieser Zuweisung, **Dt**, nicht Null (oder irgendetwas anderes) zuweisen können, da er als eingebaute Funktion schreibgeschützt ist. Da es in unserer Definition eigentlich um **x** und **y** geht, müssen wir angeben, daß die Zuweisung nicht dem Kopf gilt. Das erreichen wir, indem wir die Definitionen mit **/:** (**TagSet**) auf die Variablen **x** und **y** beziehen:

```
x/: Dt[x,y] = 0;          y/: Dt[y,x] = 0;
```

Nun erhalten wir wie gewünscht beispielsweise

```
{Dt[x,y], Dt[y,x], Dt[Sqrt[x^2 + y^2], y]}

                  y
    {0, 0, ---------------}
                 2    2
           Sqrt[x  + y ]
```

Wir bemerken am Rande, daß man auch globale Konstanten für totale Ableitungen deklarieren kann, die unabhängig von allen anderen Variablen sind, z.B.

```
SetAttributes[c,Constant]

{Dt[Sqrt[x^2 + a^2],x], Dt[Sqrt[x^2 + c^2],x]}

  2 x + 2 a Dt[a, x]          x
{-------------------, ---------------}
          2    2               2    2
 2 Sqrt[a  + x ]      Sqrt[c  + x ]
```

wobei **a** auf der linken Seite immer noch von **x** abhängen kann.
Auch andere Deklarationen sind möglich, z.B.

```
k/: IntegerQ[k] = True;          a/: Sign[a] = -1;
```

Nach diesen Definitionen erhalten wir z.B.

```
e[n_?IntegerQ] := h w (n + 1/2)

{e[0], e[k], e[2.1]}

 h w       1
{---, h (- + k) w, e[2.1]}
  2        2
```

und

```
{Integrate[1/Sqrt[a x^2 + x], x],
 Integrate[1/Sqrt[b x^2 + x], x]}

              1 + 2 a x
 ArcSinh[-------------------]
                 -1
          2 Sqrt[---] Sqrt[a]
                 4 a
{----------------------------,
            Sqrt[a]

                                          2
  Log[1 + 2 b x + 2 Sqrt[b] Sqrt[x + b x ]]
  -----------------------------------------}
                   Sqrt[b]
```

C.2 Algebra

Übung C.2.1 (Algebraische Vereinfachungen). Um Ergebnisse in der gewünschten Form zu erhalten, und vor allem um sie in einer annehmbaren Zeit zu erhalten, muß man *Mathematica* bei der Durchführung algebraischer Umformungen Hilfestellung leisten. Wir können beispielsweise immer die eingebaute Funktion **Simplify** verwenden, aber manchmal führt das nicht in die Richtung, in die wir gehen wollen. Oft können wir eine Vereinfachung schneller und mit mehr Einflußmöglichkeiten durch eine Kombination von **Factor**, **Expand** und **Together** sowie **Map[Factor,** ***expr*****]** und **Collect** erreichen. Dazu bedarf es jedoch einiger Übung, wie ja auch die Durchführung der Umformungen von Hand einiger Übung bedarf.

Betrachten wir folgenden Ausdruck:

```
expr1 =
    (a^2 + 2 a b + b^2)/(a - I b) +
    (a^2 + 2 a b + b^2)/(a + I b)

 2            2    2            2
a  + 2 a b + b    a  + 2 a b + b
--------------- + ---------------
    a - I b           a + I b
```

Mathematica vereinfacht ihn wie folgt:

```
expr1 //Simplify

             2
2 a (a + b)
-----------
   2    2
  a  + b
```

Wir können dasselbe Ergebnis mit anderen eingebauten Funktionen erreichen. Wir wenden zunächst die Funktion **Factor** an, die zuerst (durch Anwendung von **Together**) beide Ausdrücke auf einen Hauptnenner bringt und dann das Ergebnis faktorisiert:

```
expr1 //Factor

                  2
     2 a (a + b)
---------------------
(-I a + b) (I a + b)
```

Dann wenden wir **Expand** mit Hilfe von **ExpandDenominator** auf den Nenner an

```
% //ExpandDenominator

             2
2 a (a + b)
-----------
   2    2
  a  + b
```

und erhalten dasselbe Ergebnis wie mit **Simplify**.

Wir können die Funktion **Factor** daran hindern, einen gemeinsamen Nenner zu suchen, und sie statt dessen zwingen, jeden Term einzeln zu faktorisieren, indem wir sie mit Hilfe von **Map** auf jeden Term einzeln anwenden:

```
expr1 //Map[Factor,#]&

             2              2
-I (a + b)       I (a + b)
------------ + ------------
  -I a + b        I a + b
```

Schließlich bringen wir beide Terme mit der Funktion **Together** auf einen Hauptnenner, ohne das Ergebnis zu faktorisieren:

```
expr1 //Together //ExpandDenominator

     3      2          2
2 (a  + 2 a  b + a b )
-----------------------
         2    2
        a  + b
```

Den Ausdruck

```
expr2 = (d + (-n - 1)/a)^2

      -1 - n 2
(d + -------)
        a
```

„vereinfacht" *Mathematica* zu

```
expr2 //Simplify

                 2
(1 - a d + n)
---------------
       2
      a
```

Nehmen wir an, wir wollen diesen Ausdruck durch negative Potenzen von **a** ausdrücken. Dies erreichen wir mit **Collect**:

```
expr2 //Expand //Collect[#,a]&

                                      2
 2    -2 d - 2 d n    1 + 2 n + n
d  + ------------- + -------------
          a               2 a
```

Die Zähler können wir dann mit **Map[Factor,** ***expr*****]** faktorisieren:

```
% //Map[Factor,#]&

                                 2
  2   2 d (1 + n)      (1 + n)
d   - ------------ + ----------
           a               2
                          a
```

In diesem Fall erzielen wir fast das gleiche Ergebnis mit **Expand[expr2,a]**; dies multipliziert die Terme in **expr2** aus, die **a** enthalten, und läßt alle anderen unverändert:

```
expr2 //Expand[#,a]&

                                   2
  2   2 d (-1 - n)     (-1 - n)
d   + ------------- + -----------
           a                2
                           a
```

Wir sollten darauf hinweisen, daß die meisten Funktionen wie **Factor** sich nicht auf alle Einzelteile eines Ausdrucks auswirken. **Expand** läßt sich durch **ExpandAll** auf alle Ebenen eines Ausdrucks anwenden, aber um dasselbe beispielsweise für **Factor** zu erreichen, müssen wir **MapAll** verwenden.

Wenden wir z.B. **Sqrt** und **Factor** auf **expr1** an:

```
Sqrt[expr1] //Factor

                    3       2         2
                   a  + 2 a  b + a b
Sqrt[2] Sqrt[-----------------------]
               (a - I b) (a + I b)
```

Die Funktion **Faktor** hat lediglich einen Hauptnenner gefunden (mit **Together**). Wenden wir sie nun statt dessen auf alle Einzelteile an:

```
Sqrt[expr1] //MapAll[Factor,#]&

                               2
                     a (a + b)
Sqrt[2] Sqrt[-----------------------]
               (a - I b) (a + I b)
```

Wir können den Nenner mit **ExpandAll** ausmultiplizieren, aber dadurch wird auch der Zähler ausmultipliziert:

```
% //ExpandAll

                    3       2         2
                   a  + 2 a  b + a b
Sqrt[2] Sqrt[----------------------]
                       2    2
                      a  + b
```

Wir können den Nenner ohne den Zähler ausmultiplizieren, indem wir **ExpandDenominator** auf alle Einzelteile anwenden (beachten Sie die Verwendung von **%%**):

```
%% //MapAll[ExpandDenominator,#]&

                          2
                a (a + b)
Sqrt[2] Sqrt[-----------]
                 2    2
                a  + b
```

Zu diesem Ergebnis gelangt auch *Mathematica*:

```
Sqrt[expr1] //Simplify

                          2
                a (a + b)
Sqrt[2] Sqrt[-----------]
                 2    2
                a  + b
```

MapAll ist auch nützlich, wenn man die algebraische Äquivalenz zweier Muster durch logische Gleichheit überprüfen will. Zum Beispiel können wir die beiden Versionen des in Übg. C.1.5 erzeugten Ausdrucks vergleichen:

```
D[f,x] == df[x]

   (Cos[x] - Sin[x]) Sin[x]            Cos[x]                  1
-(--------------------------) + ----------------- == ---------------
                          2     Cos[x] + Sin[x]      1 + Sin[2 x]
     (Cos[x] + Sin[x])
```

Wir beweisen ihre Äquivalenz, indem wir **Together** mit **MapAll** auf die linke Seite anwenden (beachten Sie die verschachtelten reinen Funktionen):

```
% //MapAll[ Together[#,Trig->True]&, #]& //
    ExpandAll[#,Trig->True]&

True
```

Überzeugen Sie sich davon, daß **Simplify** alleine hier nicht weiterhilft.

Übung C.2.2 (Vereinfachung mit Mustervergleich). Mustervergleiche und -ersetzungen ermöglichen uns eine genaue Steuerung der algebraischen Umformungen in *Mathematica*. Nehmen wir die folgende einfache Funktion:

```
expr3 = E^(I k Sqrt[x^2 + y^2])/Sqrt[x^2 + y^2]

                2    2
 I k Sqrt[x  + y ]
E
-------------------
           2    2
  Sqrt[x  + y ]
```

Wir vereinfachen die Argumente von **Sqrt** mit der Ersetzung

```
% /. x^2 + y^2 -> r^2

                 2
  I k Sqrt[r ]
 E
 ------------------
            2
   Sqrt[r ]
```

Beachten Sie, daß sich Ersetzungen auf alle Ebenen eines Ausdrucks auswirken. Mit Hilfe von **PowerExpand** können wir weiter vereinfachen:

```
% //PowerExpand

  I k r
 E
 -------
   r
```

Der Mustervergleich ermöglicht es, Funktionen auf elegante Weise auf Teile eines Ausdrucks anzuwenden. Betrachten wir z.B.

```
expr4 = E^(-k^2/w + k/w + ko)/Sqrt[1/(a + I b) + 1/(a - I b)]

                        2
     ko + k/w - k /w
    E
 ---------------------------
            1             1
 Sqrt[--------- + ---------]
       a - I b    a + I b
```

Nehmen wir an, wir wollen den Nenner vereinfachen, ohne den Zähler zu verändern. Dies erreichen wir mit

```
expr4 /. 1/Sqrt[a_] :> 1/Sqrt[Simplify[a]]

                        2
    ko + k/w - k /w
   E
 ---------------------------
                       a
 Sqrt[2] Sqrt[-----------]
                   2    2
                  a  + b
```

Wir könnten auch **MapAt** verwenden, aber die dazu notwendige Bestimmung der Positionen der Teile kann aufwendig sein (s. **?MapAt** und **?Position** und vgl. Wolfram [63]).

Beachten Sie, daß wir **:>** (**RuleDelayed**) anstatt **->** (**Rule**) verwendet haben. Bei Verwendung von **Rule** würde die rechte Seite unserer Ersetzungsregel sofort ausgewertet werden, bevor die linke Seite mit den Teilen von **expr4** verglichen wird; es würde gar nichts passieren, da **Simplify** nur auf die Hilfsvariable **a** angewendet werden würde. Bei Verwendung von **RuleDelayed** wird die Auswertung der rechten Seite bis zur Anwendung der Regel verschoben, so daß **a** vor der Auswertung einen Wert erhält. **RuleDelayed** sollte man immer dann verwenden, wenn man auf der rechten Seite einer Ersetzungsregel Funktionen auf einen Ausdruck anwenden will, der erst beim Mustervergleich einen konkreten Wert erhält. Das Verhalten der beiden Varianten von Ersetzungsregeln entspricht genau dem von **Set** und **SetDelayed** (s. Übg. C.1.5) .

Die folgende Regel nimmt eine quadratische Ergänzung vor:

```
expr4 /. a_ x_^2 + b_ x_ + c_ :>
              a(x + b/(2a))^2 + Together[-b^2/(4a) + c]
```

```
                     2
  -((-(1/2) + k)  /w) + (1 + 4 ko w)/(4 w)
 E
 ---------------------------------------------
                1           1
          Sqrt[-------  +  -------]
               a - I b     a + I b
```

Wir überprüfen sie (viel schneller als mit **ExpandAll**) durch

```
expr4 == % /. E^q_ :> E^Expand[q]
```

```
True
```

Wir sehen auch hier, daß Ersetzungsregeln auf allen Ebenen eines Ausdrucks angewendet werden.

Ersetzungsregeln sind auch nützlich zur Anwendung trigonometrischer Identitäten und führen im allgemeinen schneller zum Ziel als die eingebaute Option **Trig -> True**. Nehmen wir z.B.

```
expr5 = expr3 /.{x -> r Cos[t], y -> r Sin[t]}
```

```
            2         2    2         2
  I k Sqrt[r  Cos[t]  + r  Sin[t] ]
 E
 ----------------------------------------
          2         2    2         2
   Sqrt[r  Cos[t]  + r  Sin[t] ]
```

Wir können die grundlegende Identität **Sin[t]^2 + Cos[t]^2 == 1** durch

```
expr5 /. c_. Sin[t_]^2 + c_. Cos[t_]^2 -> c //PowerExpand

  I k r
 E
 -----
   r
```

verwenden, wobei **c_** für gemeinsame Faktoren steht, während **c_.** genauso funktioniert, aber als Vorgabewert Eins hat. Die Regel funktioniert daher sogar für **r = 1**:

```
expr5 /. r -> 1 /. c_. Sin[t_]^2 + c_. Cos[t_]^2 -> c

  I k
 E
```

Beachten Sie, daß es in einem einzelnen Beispiel meist einfacher ist, nur einen einzigen Term in der Identität als Muster anzugeben, z.B.

```
expr5 /. Sin[t_]^2 -> 1 - Cos[t]^2 //ExpandAll //PowerExpand

  I k r
 E
 -----
   r
```

Es gibt viele Variationen dieser grundlegenden Identität, die in vielen Anwendungen zur Vereinfachung beitragen, z.B.

```
Trigrules := {
    a_. Sin[x_]^2 + a_. Cos[x_]^2 :> a,
    a_. Sec[x_]^2 + b_ Tan[x_]^2 :> a /; b == -a,
    a_. Csc[x_]^2 + b_ Cot[x_]^2 :> a /; b == -a,
    a_. Sin[x_] Tan[x_] + a_. Cos[x_] :>  a Sec[x],
    a_. Cos[x_] Cot[x_] + a_. Sin[x_] :>  a Csc[x]}
```

Wenn Sie nicht allzuviel mit trigonometrischen Ausdrücken arbeiten, können Sie Ersetzungen wie oben von Fall zu Fall vornehmen oder die eingebauten Funktionen mit der Option **Trig -> True** verwenden:

```
Sin[x] Tan[x] + Cos[x] /. Trigrules

  Sec[x]
```

```
Sin[x] Tan[x] + Cos[x] //Factor[#,Trig -> True]&

  Sec[x]
```

Wenn Ihre Berechnungen jedoch viel Trigonometrie beinhalten, ist die Funktion **TrigReduce** aus dem Paket **Algebra`Trigonometry`** hilfreich und oft schneller. Eine verbesserte Version von **Trigrules** findet sich im Paket **Quantum`Trigonometry`**, das außerdem die gesamte Funktionalität von **Algebra`Trigonometry`** aufweist (s. Anhang D). Mit diesem Paket erhalten wir z.B.

```
Needs["Quantum`Trigonometry`"]

{expr5, Sec[x] - Cos[x]} //TrigReduce //PowerExpand

    I k r
   E
  {------, Sin[x] Tan[x]}
     r
```

Übung C.2.3 (Umkehrung von PowerExpand). Wir haben in den vorangehenden Beispielen gesehen, daß eine Potenz eines Produktes nicht automatisch in ein Produkt von Potenzen umgewandelt wird:

```
Sqrt[a b c]

  Sqrt[a b c]
```

Vielmehr muß man dazu explizit **PowerExpand** anwenden:

```
% //PowerExpand

  Sqrt[a] Sqrt[b] Sqrt[c]
```

Der Grund dafür ist, daß die beiden Formen für manche Ausdrücke nicht äquivalent sind (s. **?PowerExpand**). Wenn es anwendbar ist, ist **PowerExpand** jedoch ein mächtiges Werkzeug zur algebraischen Vereinfachung. Vergleichen Sie z.B. die Formen von **Sqrt[expr1]** aus Übg. C.2.1 mit und ohne **PowerExpand**:

```
{Sqrt[expr1] //Simplify, Sqrt[expr1] //Simplify //PowerExpand}

                              2
                     a (a + b)     Sqrt[2] Sqrt[a] (a + b)
  {Sqrt[2] Sqrt[------------], -----------------------}
                      2    2                  2    2
                     a  + b            Sqrt[a  + b ]
```

Beachten Sie, daß diese Formen nur dann gleichwertig sind, wenn **a + b** nicht negativ ist.

Die Funktion **PowerExpand** wäre noch viel nützlicher, wenn es eine Möglichkeit gäbe, sie umzukehren. Beispielsweise könnten wir die zweite (rechte) Form von **Sqrt[expr1]** weiter vereinfachen, indem wir die Quadratwurzeln wieder zusammenfassen. Da es keine eingebaute Funktion gibt, die das leistet, stellen wir unsere eigenen Regeln dafür auf. Wir beginnen mit folgender Musterersetzung:

```
Sqrt[a] Sqrt[b] Sqrt[c] //. m_^q_ n_^q_ -> (m n)^q

  Sqrt[a b c]
```

Dabei haben wir einen gemeinsamen Exponenten **q_** für die Faktoren **m_** und **n_** eingeführt, um Potenzen gleichen Grades zusammenzufassen. Der Befehl **//.** (**ReplaceRepeated**) ist notwendig, damit die Regel mehrfach angewendet wird, bis sich keine Änderungen mehr ergeben.

In dieser Form bereinigt unsere Regel nur Zähler und Nenner einzeln:

```
Sqrt[a b c/d/e] //PowerExpand

  Sqrt[a] Sqrt[b] Sqrt[c]
  -----------------------
      Sqrt[d] Sqrt[e]


% //. m_^q_ n_^q_ -> (m n)^q

  Sqrt[a b c]
  -----------
   Sqrt[d e]
```

Wir brauchen eine weitere Regel, die positive und negative Potenzen zusammenfaßt. Dazu verwenden wir das Muster **m_^q_ n_^p_** mit der Bedingung, daß **q** nicht negativ ist und **p == -q** (**&&** bedeutet logisches *und*):

```
% //.{m_^q_ n_^q_ :> (m n)^q,
      m_^q_ n_^p_ :> (m/n)^q /; q >= 0 && p == -q}

          a b c
  Sqrt[-----]
          d e
```

Beachten Sie, daß **RuleDelayed** (**:>**) verwendet werden muß, wenn mit **/;** Bedingungen an die Regeln angehängt werden (vgl. Übg. C.2.2 und Übg. C.1.11). Diese Regeln entsprechen den Regeln, durch die **PowerExpand** definiert ist (s. das Paket **StartUp`Expand`**).

Potenzen von ganzen Zahlen behandelt *Mathematica* getrennt, so daß die obigen Regeln mit ganzen Zahlen nicht funktionieren:

```
PowerExpand[ Sqrt[2 a b d/c/e] ]  //.
    { m_^q_ n_^q_ :> (m n)^q,
      m_^q_ n_^p_ :> (m/n)^q /; q >= 0 && p == -q}
```

```
Sqrt[2] Sqrt[a] Sqrt[b] Sqrt[d]
-------------------------------
        Sqrt[c] Sqrt[e]
```

Wir können dieses Problem beheben, indem wir Bedingungen mit **!IntegerQ** hinzufügen, um sicherzustellen, daß die Faktoren **m** und **n** keine ganzen Zahlen sind:

```
PowerExpand[ Sqrt[2 a b d/c/e] ] //.
    { m_^q_ n_^q_ :> (m n)^q /; !IntegerQ[m] && !IntegerQ[n],
      m_^q_ n_^p_ :> (m/n)^q /; q >= 0 && p == -q &&
                                !IntegerQ[m] && !IntegerQ[n]}
```

```
                a b d
Sqrt[2] Sqrt[-------]
                 c e
```

Die Regeln funktionieren jetzt auch für unseren ursprünglichen Ausdruck:

```
PowerExpand[Simplify[Sqrt[expr1]]] //.
    { m_^q_ n_^q_ :> (m n)^q /; !IntegerQ[m] && !IntegerQ[n],
      m_^q_ n_^p_ :> (m/n)^q /; q >= 0 && p == -q &&
                                !IntegerQ[m] && !IntegerQ[n]}
```

```
                             a
Sqrt[2] (a + b) Sqrt[---------]
                        2    2
                       a  + b
```

Diese Regeln sind so nützlich, daß es sich lohnt, eine Funktion dafür zu definieren, die man als die Umkehrung von **PowerExpand** betrachten kann. Wir nennen sie **PowerContract**

```
PowerContract[expr_] := expr //.
    { m_^q_ n_^q_ :> (m n)^q /; !IntegerQ[m] && !IntegerQ[n],
      m_^q_ n_^p_ :> (m/n)^q /; q >= 0 && p == -q &&
                                !IntegerQ[m] && !IntegerQ[n]}
```

und verwenden sie im Buch ausgiebig. Diese Funktion ist im Paket **Quantum`PowerTools`** enthalten (s. Anhang D). Sie können sie z.B. wie folgt verwenden:

```
Needs["Quantum`PowerTools`"]

Sqrt[2 a b d/c/e] //PowerExpand //PowerContract

                    a b d
  Sqrt[2] Sqrt[-----]
                    c e
```

Übung C.2.4 (Komplexe Konjugation). In der Quantenmechanik müssen wir oft das komplex Konjugierte beliebiger, sowohl numerischer als auch symbolischer Ausdrücke berechnen. Da die eingebauten Funktionen **Conjugate**, **Re** und **Im** nur für Zahlen definiert sind, entwickeln wir einige einfache Regeln, um ihre Definitionen auf *symbolische* Ausdrücke zu erweitern.

Dies ist in der Physik relativ einfach, da unsere Ausdrücke im allgemeinen aus reellen Variabeln und **I == Complex[0,1]** bestehen. Wenn **z** komplex ist, schreiben wir also explizit **z = x + I y** und nehmen **x** und **y** als reell an. Dann können wir das komplex Konjugierte eines beliebigen Ausdrucks in *Mathematica* erhalten, indem wir einfach überall **I** durch **-I** ersetzen. Mit Mustervergleichen geht das schnell und wirkt sich auf allen Ebenen des Ausdrucks aus.

Betrachten wir also die Regel

```
conjugate[expr_] := expr /. Complex[x_,y_] -> x - I y
```

und die beiden Ausdrücke

```
{z = x + I y, 1/z}

                  1
  {x + I y, ---------}
              x + I y
```

Die Absolutquadrate können wir nun wie folgt berechnen:

```
conjugate[%] % //ExpandAll

    2    2        1
  {x  + y , ---------}
              2    2
             x  + y
```

Mit dieser Regel können wir auch leicht die Real- und Imaginärteile eines Ausdrucks berechnen:

```
re[expr_] := (expr + conjugate[expr])/2    //Expand
im[expr_] := (expr - conjugate[expr])/(2I) //Expand
```

Dann erhalten wir beispielsweise

```
{re[1/z], im[1/z]} //Together //ExpandDenominator

    x           y
{-------, -(-------)}
  2    2      2    2
 x  + y      x  + y
```

Wir können oft eine weitere Vereinfachung durch Anwendung der eingebauten Funktion **ComplexExpand** erreichen, die versucht, Funktionen von **I** in die allgemeine Form **a + I b** mit reellem **a** und **b** zu bringen. Wenn wir nichts anderes angeben, geht diese Funktion davon aus, daß alle Variablen reell sind (s. **?ComplexExpand**), aber im allgemeinen müssen wir die Option **TargetFunctions** angeben, um die größtmögliche Vereinfachung zu erreichen:

```
conjugate[1/z] 1/z //
    ComplexExpand[#,TargetFunctions -> {Re,Im}]& //
    Together

    1
-------
 2    2
x  + y
```

(Auch andere Funktionen können mit **TargetFunctions** angegeben werden, z.B. {**Abs,Arg**}; s. Wolfram [63], Abschn. 3.3.7.) Außerdem können wir z.B. **y** als komplex deklarieren:

```
E^z //ComplexExpand[#,y]&

 x - Im[y]                      x - Im[y]
E          Cos[Re[y]] + I E          Sin[Re[y]]
```

Bei der Arbeit mit trigonometrischen Funktionen und komplexen Exponentialfunktionen lohnt es sich oft, das Paket **Algebra`Trigonometry`** zu laden, das die Eulersche Formel **E^(I a) -> Cos[a] + I Sin[a]** enthält:

```
Needs["Algebra`Trigonometry`"]
```

Siehe **?TrigToComplex** und **?ComplexToTrig**. Betrachten wir z.B. die Überlagerung zweier einfacher Signale mit den Phasen **p1** und **p2**:

```
s = E^(I p1) + E^(I p2)

 I p1    I p2
E     + E
```

Wir berechnen die Intensität des Signals und vereinfachen mit

```
conjugate[s] s //ComplexToTrig //Simplify

          p1 - p2 2
4 Cos[-----------]
             2
```

(Versuchen Sie dasselbe ohne **ComplexToTrig**.) Wir kommen in diesem Fall auch mit **ComplexExpand** zum Ziel, wenn auch nicht so schnell:

```
conjugate[s] s //ComplexExpand //Simplify

          p1 - p2 2
4 Cos[-----------]
             2
```

Wir können zu unserem ursprünglichen Ausdruck zurückkommen, indem wir durch dessen komplex Konjugiertes teilen und **TrigToComplex** anwenden:

```
%/conjugate[s] //TrigToComplex //Together

 I p1    I p2
E     + E
```

Es wird sich als nützlich erweisen, unsere Regel zur komplexen Konjugation in einem Paket zur Verfügung zu haben. Wir laden daher **Quantum`QuickReIm`**, um die eingebauten Funktionen **Conjugate**, **Re** und **Im** auf symbolische Argumente zu erweitern (s. Anhang D).

```
Needs["Quantum`QuickReIm`"]
```

Nun erhalten wir beispielsweise

```
Conjugate[1/z] 1/z //ExpandDenominator

    1
---------
 2    2
x  + y
```

Dieses Paket ist sehr kurz und daher eine viel schnellere Version des *Mathematica*-Pakets **Algebra`ReIm`**.Wir haben einfach eine Regel für **Conjugate** angegeben und die Last der algebraischen Vereinfachung an den Benutzer abgegeben, der geeignete eingebaute Funktionen und Muster angeben muß. Das Ergebnis ist recht allgemein. Das Paket **Algebra`ReIm`** definiert dagegen Regeln zur direkten Vereinfachung verschiedener Funktionen mit **Conjugate**, **Re** und **Im** und baut **ComplexExpand** aus. Es unterscheidet sich jedoch insofern grundlegend von **Quantum`QuickReIm`**, als es davon ausgeht, daß Variablen, die nicht explizit als reell deklariert werden, komplex sind; dies ist für physikalische Anwendungen selten nützlich.

Wir bemerken am Rande, daß unser Paket **Quantum`PowerTools`** auch eine Funktion **PowerExpandComplex** definiert, die **ComplexExpand** weiter ausbaut und die Nullstellen komplexwertiger Polynome in kartesischer Form ausdrückt:

```
Needs["Quantum`PowerTools`"]

Sqrt[q + I r] //PowerExpandComplex

            2    2             2    2
  I Sqrt[q  + r  - q Sqrt[q  + r ]]
  --------------------------------- +
                 2    2 1/4
      Sqrt[2] (q  + r )

          2    2             2    2
     Sqrt[q  + r  + q Sqrt[q  + r ]]
     -------------------------------
                  2    2 1/4
         Sqrt[2] (q  + r )
```

Dies ist beispielsweise bei der Bestimmung von Größen hilfreich, die wie die Dämpfung einer Welle durch eine komplexe Wellenzahl beschrieben werden.

Übung C.2.5 (NonCommutativeMultiply). Es ist nützlich, nicht vertauschbare Operatoren formal definieren zu können, also Operatoren, deren Wirkung von der Reihenfolge ihrer Anwendung abhängt, wie bei der Multiplikation von Matrizen. Wir können das Produkt zweier solcher Größen **A** und **B** in *Mathematica* durch die spezielle Verknüpfung **A ** B == NonCommutativeMultiply[A,B]** ausdrücken, die die Reihenfolge der Anwendung von **A** und **B** beibehält. Beispielsweise verschwindet der Kommutator

```
A ** B - B ** A

  A ** B - B ** A
```

nicht automatisch, wie es bei gewöhnlicher Multiplikation der Fall ist:

```
A B - B A

  0
```

Der Allgemeinheit halber sind in *Mathematica* nur wenige Regeln für ** eingebaut, im wesentlichen nur das Assoziativgesetz, so daß z.B. gilt

```
(A**B)**C == A**(B**C)

  True
```

Insbesondere ist das Distributivgesetz nicht eingebaut:

```
(A + B) ** C

   (A + B) ** C
```

obwohl wir dies in diesem Buch gerne zu **A ** C + B ** C** vereinfachen würden, da quantenmechanische Operatoren linear sind. Stellen wir also die folgenden beiden Regeln für ** auf, um das Distributivgesetz zu implementieren:

```
NCMrules := {
    A_ ** (B_ + C_) :> A ** B + A ** C,
    (B_ + C_) ** A_ :> B ** A + C ** A}
```

Jetzt gilt z.B. wie gewünscht

```
(A + B) ** (C + D) //. NCMrules

   A ** C + A ** D + B ** C + B ** D
```

Es stellt sich aber heraus, daß Multiplikation und Division mit gewöhnlichen Zahlen immer noch nicht vereinfacht werden:

```
(2 A + B/3) ** C //. NCMrules

                   B
   (2 A) ** C + (-) ** C
                   3
```

Wir stellen daher weitere Regeln auf, die bewirken, daß ** mit gewöhnlichen Zahlen vertauscht, wie quantenmechanische Operatoren es tun (eine Ausnahme bilden antilineare Operatoren, die eine komplexe Konjugation enthalten, z.B. die Zeitumkehr):

```
NCMrules := {
    A_ ** (B_ + C_)          :> A ** B + A ** C,
    (B_ + C_) ** A_          :> B ** A + C ** A,

    A_ ** c_?NumberQ         :> c A,
    c_?NumberQ ** A_         :> c A,
    A_ ** (B_ c_?NumberQ)    :> c A ** B,
    (A_ c_?NumberQ) ** B_    :> c A ** B,

    A_ ** (B_ c_Rational)    :> c A ** B,
    (A_ c_Rational) ** B_    :> c A ** B}
```

Die letzten beiden Regeln brauchen wir, da ein Faktor wie **1/3** intern als **Rational[1,3]** dargestellt wird (geben Sie z.B. **A/3 //FullForm** ein). Wir erhalten nunmehr

```
(2 A + B/3) ** C //. NCMrules

              B ** C
2 A ** C + ------
                3
```

Beachten Sie, daß wir im allgemeinen **//.** (**ReplaceRepeated**) verwenden müssen, um die Regeln solange anzuwenden, bis sich der Ausdruck nicht mehr ändert (vgl. Übg. C.2.3).

Unsere Regel haben auch die wünschenswerte Eigenschaft, daß ein Produkt mit Null verschwindet und daß Multiplikation mit Eins die Identität ist:

```
{0 ** A, 1 ** A} //. NCMrules

{0, A}
```

Außerdem können wir Größen mit **/:** (**TagSet**, s. Übg. C.1.13) als Zahlen deklarieren:

```
h /: NumberQ[h] = True;

(h A + B) ** C //. NCMrules

h A ** C + B ** C
```

Schließlich stellen wir noch fest, daß wir für Faktoren wie **Sqrt[3]**, die intern mit **Power** dargestellt werden, getrennte Regeln zur Vertauschung mit ****** brauchen. Wir fügen daher unserem Satz zwei weitere Regeln hinzu:

```
NCMrules := {
    A_ ** (B_ + C_)          :> A ** B + A ** C,
    (B_ + C_) ** A_          :> B ** A + C ** A,
    A_ ** c_?NumberQ         :> c A,
    c_?NumberQ ** A_         :> c A,
    A_ ** (B_ c_?NumberQ)    :> c A ** B,
    (A_ c_?NumberQ) ** B_    :> c A ** B,
    A_ ** (B_ c_Rational)    :> c A ** B,
    (A_ c_Rational) ** B_    :> c A ** B,

    A_ ** (B_ c_Power)       :> c A ** B,
    (A_ c_Power) ** B_       :> c A ** B}
```

und erhalten jetzt z.B.

```
(Sqrt[2] A) ** (B ** C/Sqrt[3]) //. NCMrules

          2
    Sqrt[-] A ** B ** C
          3
```

Wir können auch eine Fuktion zur Anwendung der Regeln definieren. Das folgende Beispiel verwendet die eingebaute Funktion **FixedPoint**, um die Regeln anzuwenden und einen Ausdruck solange mit **Expand** umzuformen, bis sich das Ergebnis nicht mehr ändert (vgl. Maeder [44], Kap. 6).

```
ExpandNCM[expr_] := FixedPoint[Expand[(#//. NCMrules)]&,expr]
```

Nun können wir z.B. (mit **//** und nicht mit **//.**) schreiben

```
{(2 A + B/3) ** C, h ** A, (Sqrt[2] A) ** (B ** C/Sqrt[3])} //
    ExpandNCM

                B ** C                  2
    {2 A ** C + ------, h ** A, Sqrt[-] A ** B ** C}
                  3                     3
```

Bei der Aufstellung der Algebra quantenmechanischer Operatoren mit ****** wird es sich als nützlich erweisen, diese Regeln in Zuweisungen mit **:=** (**SetDelayed**) zu verwandeln, z.B. **A_ ** c_?NumberQ := c A**, so daß *Mathematica* sie automatisch auf alle Ausdrücke mit ****** anwendet, die ausgewertet werden. Diese Zuweisungen fassen wir sinnvollerweise in einem Paket zusammen, das bei Bedarf geladen werden kann. Nach der Eingabe von (s. Anhang D)

```
Needs["Quantum`NonCommutativeMultiply`"]
```

erhalten wir beispielsweise

```
{(2 A + B/3) ** C, h ** A, (Sqrt[2] A) ** (B ** C/Sqrt[3])}

                B ** C                  2
    {2 A ** C + ------, h ** A, Sqrt[-] A ** B ** C}
                  3                     3
```

ohne daß wir **//. NCMrules** oder **//ExpandNCM** anhängen müssen.

Übung C.2.6 (Kronecker-Delta). In vielen Anwendungen verwenden wir das Symbol **KD[n,k]** für das *Kronecker-Delta*, das für **n = k** Eins ist und für **n** $\neq$ **k** Null. Obwohl wir in manchen Fällen **KD[n,k]** explizit auswerten können, brauchen wir ein Symbol für formale Ausdrücke und Umformungen bei unbestimmtem **n** und **k**.

Zum Besipiel kann **KD[n,k]** explizit angegeben werden, wenn **n** und **k** Zahlen sind. Wir können außerdem den Wert Eins angeben, wenn **n** und **k** identische Muster sind:

```
KD[n_,n_] := 1
KD[n_?NumberQ, m_?NumberQ] := 0
```

Damit ergibt sich z.B.

```
{KD[1,1], KD[1,2], KD[1+n,1+n], KD[n,k], KD[1+n,k]}

    {1, 0, 1, KD[n, k], KD[1 + n, k]}
```

Wir können immer noch im nachhinein Werte für **n** und **k** einsetzen:

```
% /. k -> n+1

    {1, 0, 1, KD[n, 1 + n], 1}


%  /. n -> 1

    {1, 0, 1, 0, 1}
```

Schließlich ist es oft nützlich, die folgenden ungleichen Muster zu vereinfachen:

```
KD[n_ + k_,n_] := 0
KD[n_,n_ + k_] := 0
```

so daß z.B. gilt

```
KD[m+n,m+n+k]

    0
```

Übung C.2.7 (Integrationsregeln). In vielen Anwendungen der Quantenmechanik treten Gauß-Funktionen und Exponentialfunktionen auf, so daß solche Funktionen möglichst effektiv integriert werden sollten. Obwohl der eingebaute Befehl **Integrate** solche Integrale im allgemeinen ausführt, kann das bei komplizierten Integranden ziemlich lange dauern.

Mit Hilfe des Mustervergleichs können wir einen Satz spezieller Regeln aufstellen, die die gewünschten Integrationen schnell ausführen. Den Aufruf **Integrate[*integrand*,x]** kann man sich als eine Ersetzungsregel der Form **/.** ***integrand*** **->** ***integral*** denken. Schon mit einer kurzen Liste von

Regeln erhalten wir ein mächtiges Integrationsinstrument, das sich aufgrund der Fähigkeiten, die *Mathematica* zur Umformung algebraischer Ausdrücke besitzt, auf eine breite Klasse von Funktionen anwenden läßt.

Wir demonstrieren die Wirkungsweise dieser Regeln anhand des Integrals einer Funktion der Form **x^n E^(-a x^2)** über alle **x**. Ausdrücke für diese Integrale finden sich in jeder Integraltafel, z.B. in Gradshteyn und Ryzhik [29], S. 337; wir können sie uns auch mit der eingebauten Funktion **Integrate** verschaffen. Wir stellen also folgende Regeln auf:

```
integGaussRules := {
            E^(p_ x_^2 + c_.) :> E^c Sqrt[Pi/-p],
     x_^n_. E^(p_ x_^2 + c_.) :> 0 /; OddQ[n],
     x_^n_  E^(p_ x_^2 + c_.) :>
             E^c (n-1)!!/(-2p)^(n/2) Sqrt[Pi/-p] /; EvenQ[n]}
```

Nun können wir beispielsweise **x^4 E^(-a x^2)** einfach durch Anwendung der Ersetzungsregeln über alle **x** integrieren:

```
x^4 E^(-a x^2) /. integGaussRules //PowerExpand

3 Sqrt[Pi]
----------
     5/2
  4 a
```

Beachten Sie, daß dieses Integral nur für **Re[a] > 0** definiert ist, so daß unsere Regeln nur für **Re[p] < 0** gelten. Wir könnten uns vor Mißbrauch schützen, indem wir an jede Regel eine entsprechende Bedingung anhängen, doch dann würden die Regeln nicht mehr auf symbolische Exponenten angewendet werden. Die eingebaute Funktion **Integrate** funktioniert ähnlich.

Solange wir über alle **x** integrieren und daher den Ursprung beliebig verschieben können, können wir etwas allgemeinere Funktionen der Form **E^(-a x^2 + b x)** durch quadratische Ergänzung integrieren. Unter Zuhilfenahme unserer Regel aus Übg. C.2.2 erhalten wir so z.B.

```
ib = E^(-a x^2 + b x + c) /.
        a_. x^2 + b_. x + c_. :>
        a(x + b/(2a))^2 + Together[b^2/(-4a) + c] /.
        integGaussRules

    2
  (b  + 4 a c)/(4 a)        Pi
E                      Sqrt[--]
                            a
```

Wir können Integrale mit Potenzen von **x** und **E^(-a x^2 + b x)** berechnen, in dem wir **ib** nach dem Parameter **b** ableiten, um jeweils einen

Faktor **x** in den Integranden herunterzuziehen. Zum Beispiel erhalten wir das Integral von **x^4 E^(-a x^2 + b x + c)** durch

```
D[ib,{b,4}] //ExpandAll //PowerExpand //Factor
```

```
                                     2
      2           2      4     b /(4 a) + c
(12 a  + 12 a b  + b ) E               Sqrt[Pi]
-----------------------------------------------
                           9/2
                       16 a
```

Wir können dieses Ergebnis teilweise überprüfen, indem wir es im Grenzfall **b -> 0**, **c -> 0** mit unserem vorangehenden Ergebnis vergleichen:

```
% /. {b -> 0, c -> 0}
```

```
3 Sqrt[Pi]
----------
     5/2
  4 a
```

Es empfiehlt sich wiederum, diese Regeln in einem Paket zusammenzufassen, das bei Bedarf geladen werden kann. Dabei definieren wir eine Funktion **integGauss**, deren Syntax mit der von **Integrate** identisch ist, um die Regeln auf beliebige Gaußsche Integranden anzuwenden. Wir erhalten so z.B. (s. Anhang D)

```
Needs["Quantum`integGauss`"]

integGauss[x^4 E^(-a x^2 + b x + c), {x,-Infinity,Infinity}] //
    PowerExpand //Factor
```

```
                                     2
      2           2      4     b /(4 a) + c
(12 a  + 12 a b  + b ) E               Sqrt[Pi]
-----------------------------------------------
                           9/2
                       16 a
```

Ähnlich können wir eine Funktion **integExp** aufstellen, die Integranden mit Potenzen von **r** und **E^(-a r)** mit **Re[a] > 0** über die Radialkoordinate {**r,0,Infinity**} integriert (s. Anhang D). Wir laden also

```
Needs["Quantum`integExp`"]
```

und erhalten

```
integExp[r^n E^(-a r + c), {r,0,Infinity}]
```

```
 -1 - n  c
a        E  n!
```

Da die eingebaute Funktion **n!** für nichtganzzahlige und komplexe Argumente **n** den Wert **Gamma[1+n]** liefert, gilt dieses Ergebnis für beliebige **n** mit **Re[n] > -1** (s. Gradshteyn und Ryzhik [29], S. 317).

Wir überprüfen unseren Ausdruck durch Vergleich mit der eingebauten Funktion **Integrate**:

```
Integrate[r^n E^(-a r + c), {r,0,Infinity}]

 -1 - n  c
a       E  Gamma[1 + n]


% == %% /. n -> 1.1 + I //N

True
```

C.3 Berechnungen

Übung C.3.1 (Dynamische Programmierung). Die Zuweisung mittels **SetDelayed** (**:=**) ermöglicht einen kompakten Programmierstil, insbesondere wenn man ausnutzt, daß Funktionen sich in *Mathematica* selbst aufrufen können. Um diese Idee der dynamischen Programmierung zu veranschaulichen, schreiben wir eine Prozedur zur Berechnung von Fakultäten. (Nur zum Spaß; *Mathematica* hat die Fakultätsfunktionen **n!** und **n!!** bereits eingebaut; s. **?!** und **?!!**.) Wir schreiben also

```
fact[n_] := n fact[n-1]
fact[1]  := 1                         (* Randbedingungen.*)
fact[0]  := 1
```

Wir dürfen nicht die Randbedingungen für **fact[0]** und **fact[1]** vergessen, sonst jagt **fact** für immer dem eigenen Schwanz nach. Wir prüfen zunächst noch einmal unsere Definitionen nach

```
?fact

 Global`fact

 fact[0] := 1

 fact[1] := 1

 fact[n_] := n*fact[n - 1]
```

probieren sie dann aus und vergleichen das Ergebnis mit der eingebauten Fakultätsfunktion:

```
fact[30]
```

```
265252859812191058636308480000000
```

```
% - 30!
```

```
0
```

Es gibt eine nützliche Konstruktion, die ein dynamisches Programm dazu bringt, sich alle berechneten Werte zu merken. Dazu verwendet man **:=** zusammen mit **=** wie in **f[x_] := f[x] =** *rhs*:

```
fact[n_] := fact[n] = n fact[n-1]
```

Wenn wir z.B. **fact[30]** mit dieser Definition berechnen und dann **?fact** eingeben, stellen wir fest, daß alle Zwischenergebnisse gespeichert wurden. Diese Konstruktion kann somit manche Berechnungen beschleunigen, da bereits berechnete Ergebnisse aus dem Speicher abgerufen und nicht neu berechnet werden.

Wir können den Geschwindigkeitszuwachs mit Hilfe eines Pakets überprüfen, das die verbrauchte Rechenzeit mißt und ausgibt.

```
Needs["Utilities`ShowTime`"]
```

Vergleichen Sie, wie lange es dauert, 100 Werte zu berechnen und dann noch einmal zehn:

```
fact[100];
```

```
2.71667 Second
```

```
fact[110];
```

```
0.466667 Second
```

(Mit **On[ShowTime]** und **Off[ShowTime]** können Sie **ShowTime** an- und ausschalten; s. **?ShowTime**.)

Übung C.3.2 (Prozedurale und strukturierte Iteration). Wenn möglich sollte man bei der *Mathematica*-Programmierung **Do**-Schleifen vermeiden und statt dessen *strukturierte* Iteration über Listen verwenden. *Mathematica*-Code wird so kompakter und eleganter als konventionelle Programme und lenkt daher möglichst wenig von der eigentlichen Physik ab.

Anhand der folgenden Beispiele vergleichen wir konventionelle prozedurale Iteration mit guter *Mathematica*-Programmierung.

```
list = {aa,bb,cc,dd,ee}          (* Beispielliste.*)

  {aa, bb, cc, dd, ee}
```

Prozedurale Iteration. Dies ist die konventionelle Methode, die *Mathematica* ebenfalls unterstützt.

```
squarelist = {};                 (* Leere Liste initialisieren.*)
Do[ AppendTo[ squarelist, list[[n]]^2 ], {n,1,5} ]
                                 (* Jedes Element quadrieren und
                                      zur Liste hinzufügen.*)
squarelist                       (* Ergebnis ausgeben.*)

     2    2    2    2    2
  {aa , bb , cc , dd , ee }
```

Strukturierte Iteration. Die folgende Vorgehensweise ist besser, da eingebaute Iterationsmechanismen ausgenutzt werden.

```
Table[ list[[n]]^2, {n,1,5} ]

     2    2    2    2    2
  {aa , bb , cc , dd , ee }


#^2 & /@ list        (* Bilde reine Funktion auf Liste ab.*)

     2    2    2    2    2
  {aa , bb , cc , dd , ee }


list^2                           (* Listbarkeit.*)

     2    2    2    2    2
  {aa , bb , cc , dd , ee }
```

Mit der folgenden Konstruktion wird eine Funktion **g** nur auf die **y**-Werte im Datensatz angewendet:

```
data = {{x1,y1,z1},{x2,y2,z2},{x3,y3,z3}};

{#[[1]],g[#[[2]]],#[[3]]} & /@ data

  {{x1, g[y1], z1}, {x2, g[y2], z2}, {x3, g[y3], z3}}
```

echende Platzhalter einführen, können wir auch die **y**-
ınd transformieren, oder auch Paare bilden, die wir dann
veitergeben können.

```
data
```

```
], g[y3]}
```

```
3]]]} & /@ data
```

```
}, {x2, g[z2]}, {x3, g[z3]}}
```

erschachtelung von Operationen). Sehen wir uns die
ıden Übung eingeführte strukturierte Iteration mit rei-
ınauer an. Wir wollen wiederum eingebaute *Mathematica*-
ıden und wenn möglich strukturierte Iteration durchführen.
Nest, **NestList** und **FixedPoint** werden oft verwen-
ifen und Abhängigkeiten von der Anzahl der Gleichungen
. vermeiden. Ein gutes Beispiel hierfür ist das Paket **Run-
geKutta** Maeder [44]. Das folgende Beispiel ist Abschn. 4.3.3 dieses
Buches entnommen.

Wir verwenden die Newtonsche Iterationsformel **(xold + r/xold)/2 -> xnew**, die, ausgehend von einem Anfangswert **xi**, die Quadratwurzel einer Zahl **r** berechnet. Wählen wir **r = 2**:

```
r = 2

  2
```

Prozedurale Iteration.

```
x = N[1,60]                 (* Initialisierung mit x = 1 und
                               60 signifikanten Stellen.*)

  1.

Do[x = (x+r/x)/2; Print[x], {6}] (* sechsfache Iteration.*)

  1.5
  1.41666666666666666666666666666666666666666666666666666666667
  1.41421568627450980392156862745098039215686274509803921568627
  1.41421356237468991062629557889013491011655962211574404458491
  1.41421356237309504880168962350253024361498192577619742849829
  1.41421356237309504880168872420969807856967187537723400156101

x - N[Sqrt[r], 60]                (* Vergleich mit Sqrt.*)

                   -49
  2.8592838433 10
```

Strukturierte Iteration. Wir iterieren nunmehr mit den eingebauten Funktionen **Nest** und **NestList**, wobei wir die Newtonsche Formel als reine Funktion ausdrücken. Zuerst mit **Nest**:

```
?Nest

   Nest[f, expr, n] gives an expression with f applied
   n times to expr.


Nest[(# + r/#)/2 &, N[1,60], 6]        (* Initialisierung mit x=1,
                                          sechsfache Iteration.*)

   1.41421356237309504880168872420969807856967187537723400156101
```

Dann mit **NestList**:

```
?NestList

   NestList[f, expr, n] gives a list of the results of applying
      f to expr 0 through n times.


NestList[(# + r/#)/2 &, N[1,60], 6]  (* Liste der Ergebnisse.*)

   {1., 1.5,
     1.41666666666666666666666666666666666666666666666666666666667,
     1.41421568627450980392156862745098039215686274509803921568627,
     1.41421356237468991062629557889013491011655962211574404458491,
     1.41421356237309504880168962350253024361498192577619742849829,
     1.41421356237309504880168872420969807856967187537723400156101}
```

Schließlich verwenden wir noch **FixedPoint**, um im wesentlichen dasselbe zu erreichen. Der Unterschied besteht darin, daß **FixedPoint** weiterrechnet, bis sich das Ergebnis nicht mehr ändert.

```
?FixedPoint

   FixedPoint[f, expr] starts with expr, then applies f repeatedly
      until the result no longer changes. FixedPoint[f, expr, n]
      stops after at most n steps.


FixedPoint[(# + r/#)/2 & , N[1,60] ]

   1.41421356237309504880168872420969807856967187537694807317668
```

Wir können immer noch die einzelnen Iterationen verfolgen, indem wir **Print[#]** mit einem Semikolon in die Definition der reinen Funktion einfügen und das Ganze mit **(...)&** umschließen:

```
FixedPoint[ (Print[#]; (# + r/#)/2 )&, N[1,60] ]
```

```
1.
1.5
1.41666666666666666666666666666666666666666666666666666666667
1.41421568627450980392156862745098039215686274509803921568627
1.41421356237468991062629557889013491011655962211574404458491
1.41421356237309504880168962350253024361498192577619742849829
1.41421356237309504880168872420969807856967187537723400156101
1.41421356237309504880168872420969807856967187537694807317668
1.41421356237309504880168872420969807856967187537694807317668
```

Übung C.3.4 (Anpassung an Daten). Wir betrachten als einfaches Beispiel die Anpassung von Lorentz-Funktionen an einen Datensatz, den wir erzeugen, indem wir eine Summe von Lorentz-Funktionen mit kleinen Zufallszahlen „verrauschen". Diese Daten könnten z.B. Photonen- oder Teilchenspektren darstellen (vgl. auch die *Mathematica*-Pakete **Statistics`LinearRegression`** und **Statistics`NonlinearFit`**).

Betrachten wir z.B. drei Lorentz-Funktionen derselben Breite, deren Maxima bei **y = -1**, **1** und **3** liegen. Wir addieren diese drei Funktionen mit verschiedenen Amplituden:

```
data =
    Table[
        {y,
         0.5/(1+(y+1)^2) + 0.9/(1+(y-1)^2) + 0.2/(1+(y-3)^2) +
         0.09 (Random[]-0.5)},
        {y,-5.,5.,0.2}
    ];
```

Die Ausgabe haben wir durch **;** unterdrückt; wir stellen sie lieber graphisch dar:

```
plotdata = ListPlot[data, AxesLabel -> {" y","data"}];
```

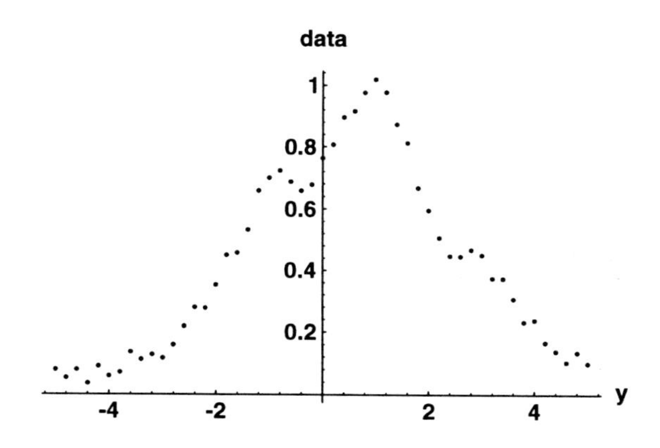

Wir können nun mit Hilfe der eingebauten Funktion **Fit** eine beliebige Liste von Funktionen von **y** mit der Methode der kleinsten Quadrate an diese Daten anpassen. Die Anpassung ist insofern linear, als **Fit** lediglich die besten Koeffizienten in einer Linearkombination der gegebenen Funktionen bestimmt. Insbesondere berechnet **Fit** nicht die Positionen oder Breiten unserer Funktionen; diese müssen wir selbst anpassen (vgl. jedoch **Statistics`NonlinearFit`**).

Um das Beispiel einfach zu halten, verwenden wir einfach unsere drei Lorentz-Funktionen und tun so, als wüßten wir nicht, wie der Datensatz erzeugt wurde. Wir erhalten so die beste Linearkombination der drei Lorentz-Funktionen (vgl. **?Fit**):

```
fitdata =
    Fit[
        data,
        {1/(1+(y+1)^2), 1/(1+(y-1)^2), 1/(1+(y-3)^2)},
        y
    ]
```

```
  0.212267              0.880855              0.501506
--------------- + --------------- + --------------
             2                 2                2
1 + (-3 + y)      1 + (-1 + y)      1 + (1 + y)
```

Die mit **Fit** bestimmten Koeffizienten liegen nahe bei den Werten, die wir zur Aufstellung des Datensatzes verwendet haben. Natürlich können wir das Ergebnis als kontinuierliche Funktion von **y** auftragen

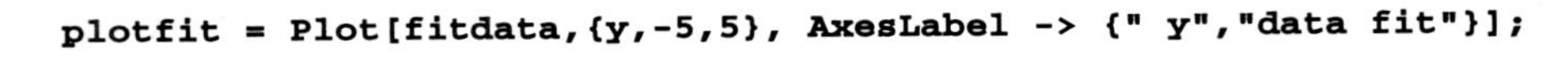

```
plotfit = Plot[fitdata,{y,-5,5}, AxesLabel -> {" y","data fit"}];
```

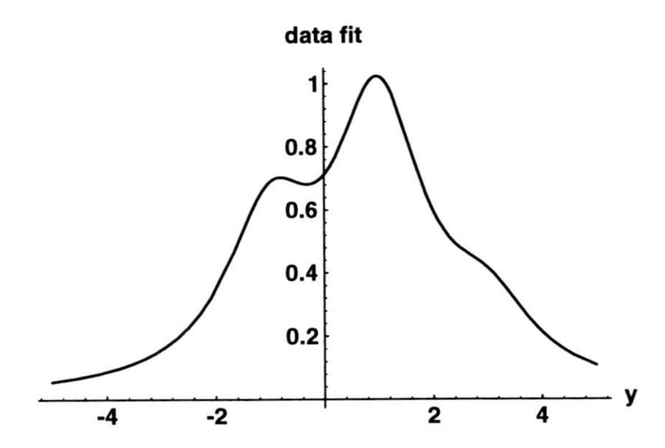

und mit den ursprünglichen Daten vergleichen:

```
Show[plotfit, plotdata];
```

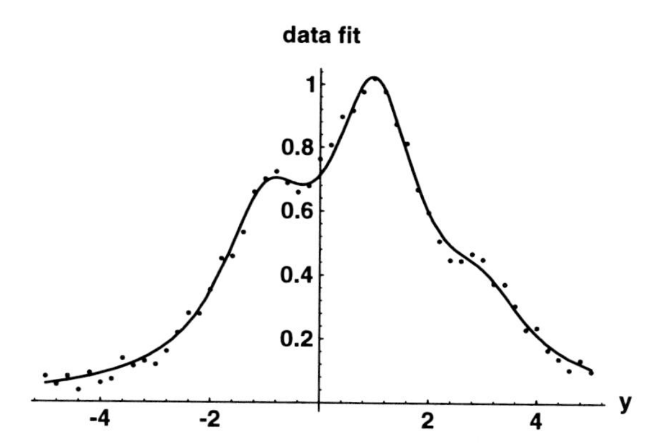

Übung C.3.5 (Interpolation von Daten). Wir können unsere Daten aus der vorangehenden Übung auch mit der eingebauten Funktion **Interpolation**, die Polynome an überlappende Untermengen des Datensatzes anpaßt, interpolieren. Das Ergebnis ist eine glatte Funktion von **y**, die im Gegensatz zu der angepaßten Funktion durch alle Datenpunkte geht und außerdem dazwischen interpoliert. Wenn wir nichts anderes angeben, werden Polynome dritten Grades verwendet; das Ergebnis sind dann kubische Splines:

```
spline = Interpolation[data]

  InterpolatingFunction[{-5., 5.}, <>]
```

Das Ergebnis **InterpolatingFunction** ist eine reine Funktion, der wir ein Argument geben müssen, um einen Wert zu erhalten (vgl. **??Interpolation** und Übg. C.1.9). Das Intervall {**-5.,5.**} zeigt den Wertebereich an, für den die Interpolation durchgeführt wurde und auf dem die reine Funktion definiert ist. Zum Beispiel erhalten wir an den Maxima der Lorentz-Funktionen

```
{spline[-1.0], spline[1.0], spline[3.0]}

  {0.699465, 1.01924, 0.450112}
```

Wir können **spline[y]** auch als gewöhnliche kontinuierliche Funktion von **y** auftragen. Das geht etwas schneller, wenn wir **Evaluate** einfügen:

```
plotspline =
    Plot[
        Evaluate[spline[y]], {y,-4.99,4.99},
        AxesLabel -> {" y","splined data"}
    ];
```

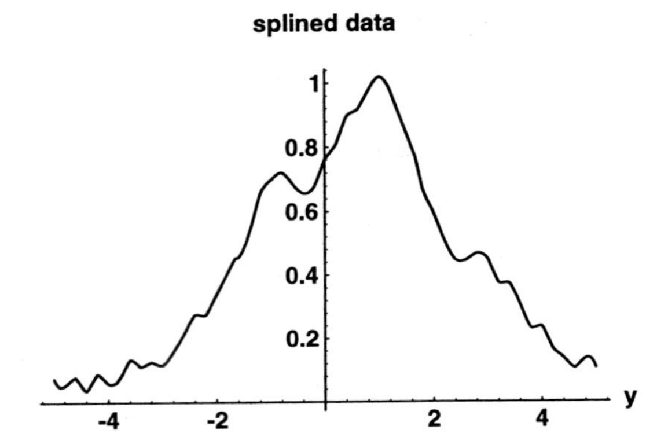

Wir können **spline[y]** auch symbolisch ableiten. Da die Interpolation jedoch mit Polynomen dritten Grades durchgeführt wurde, verschwinden die Ableitungen vierter und höherer Ordnung identisch:

```
D[spline[y],{y,4}] /. y -> 1
```

```
0
```

Obwohl kubische Splines im allgemeinen am effizientesten sind, kann man über die Option **InterpolationOrder** auch einen anderen Polynomgrad angeben (s. **??Interpolation**). Siehe auch das Paket **Graphics`Spline`**.

Schließlich können wir die Interpolation wie in der vorangehenden Übung zusammen mit den ursprünglichen Daten auftragen:

```
Show[ plotspline, plotdata ];
```

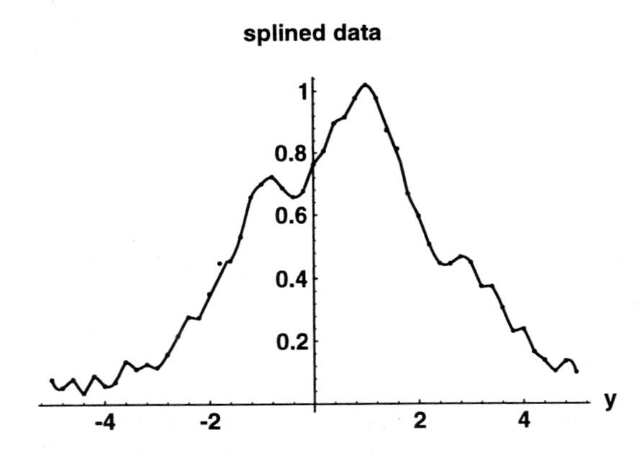

D. MATHEMATICA-Pakete

Die für dieses Buch entwickelten Pakete, die sich in dem Verzeichnis bzw. dem Ordner **Quantum** auf der mitgelieferten Diskette befinden, sind hier abgedruckt. Einige der Regelsätze werden in den Übungen in Abschn. C.2 entwickelt und diskutiert. Damit die Aufrufe dieser Pakete (die Befehle **Get** und **Needs**) funktionieren, muß **Quantum** in das *Mathematica*-Verzeichnis **Packages** kopiert werden.

Das Format dieser Pakete ist standardisiert; es wird in Maeder [44], Abschn. 2.4 im Detail beschrieben. Maeder gibt auch Beispiele zur Definition von Regelsätzen und Aufstellung von Paketen.

Inhalt

D.1 Quantum`Clebsch`

Zur Berechnung der Clebsch-Gordan-Koeffizienten und des verwandten *3j*-Symbols wird die Racahsche Formel implementiert. Die Definitionen folgen denen in Brink und Satchler [13], S. 34, Gl. 2.34 und Anh. I, S. 136. Dieses Paket basiert auf einem von S. Wolfram für Version 1.0 von *Mathematica* geschriebenen Paket. Vergleiche auch das von Paul Abbott geschriebene *Mathematica*-Paket **StartUp`ClebschGordan`**, das die eingebauten Funktionen **ClebschGordan**, **ThreeJSymbol** und **SixJSymbol** implementiert.

```
BeginPackage["Quantum`Clebsch`"]

Clebsch::usage = "Clebsch[{A,a},{B,b},{C,c}] computes the
Clebsch-Gordan coefficient for nonsymbolic arguments using
Racah's formula. Refer to Brink&Satchler, ``Angular
Momentum'', 2nd ed.(Oxford), p.34."

Threej::usage = "Threej[{A,a},{B,b},{C,c}] computes the
Wigner 3-j symbol for nonsymbolic arguments using the
proportionality with the Clebsch-Gordan coefficient
Clebsch and hence Racah's formula. Refer to Brink & Satchler,
``Angular Momentum'', 2nd ed. (Oxford), p.34, and App. I, p.136."

Begin["`private`"]

(* s. Brink&Satchler, S. 140 *)
Clebsch[{A_,a_},{A_,b_},{0,0}] :=
                          (-1)^(A-a)/Sqrt[2A+1] /; b == -a
Clebsch[{A_,a_},{B_,b_},{0,0}] := 0

f1[C_,A_,B_,a_,b_] :=
            Sum[
                (-1)^k (k! (A+B-C-k)! (A-a-k)! (B+b-k)! *
                    (C-B+a+k)!(C-A-b+k)!)^-1,
                { k, Max[0,B-C-a,A-C+b], Min[A+B-C,A-a,B+b]}
            ]  (* Max und Min verhindern negative Argumente der
            Fakultät (!) bei Ausführung der Summe uber k. *)

f2[C_,A_,B_] := (-C+A+B)! (C-A+B)! (C+A-B)! /(1+C+A+B)!

f3[C_,A_,B_,c_,a_,b_] :=
           (1+2C) (C-c)! (C+c)! (A-a)! (A+a)! (B-b)! (B+b)!

(* s. Brink&Satchler, S. 34, Gl. 2.34 *)
Clebsch[ {A_, a_}, {B_, b_}, {C_, c_} ] :=
     If[
         c!=a+b || C < Abs[A-B] || C > A+B ||
         Abs[a] > A || Abs[b] > B || Abs[c] > C,
         0,
         Block[{},
             f1[C,A,B,a,b] Sqrt[ f2[C,A,B] f3[C,A,B,c,a,b] ]
         ]
     ]

(* s. Brink&Satchler, Anh. I, S. 136 *)
Threej[ {A_,a_},{B_,b_},{C_,c_} ] :=
         (-1)^(B-A+c)/Sqrt[2C+1] Clebsch[{A,a},{B,b},{C,-c}]
End[]

EndPackage[]
```

D.2 Quantum`integExp`

Dieses Paket enthält Regeln zur Integration von Mustern der Form **r^n E^(-a r)** für {**r,0,Infinity**} (vgl. Übg. C.2.7).

```
BeginPackage["integExp`"]

integExp::usage = "integExp[integrand,{r,0,Infinity}] integrates
linear combinations of patterns of the form r^n E^(-a r).
WARNING: The requirements Re[a] > 0 and Re[n] > -1 must be
enforced by the user."

Begin["`Private`"]

rules :=
{
      E^(a_. r + b_. r + c_.) :> E^c E^((a+b) r),
r^n_. E^(a_ r + c_.) :> E^c n! (-a)^(-n-1) /; FreeQ[c,r],
      E^(a_ r + c_.) :> E^c (-a)^(-1) /; FreeQ[c,r]
}

integExp[ seq_, {x_,0,Infinity} ] :=
        Block[ {r = x}, Expand[seq] //. rules ]
End[]

EndPackage[]
```

D.3 Quantum`integGauss`

Dieses Paket enthält Regeln zur Integration von Mustern der Form **x^n E^(-a x^2 + b x + c)** für {**x,-Infinity,Infinity**}. Diese kurze Liste arbeitet schneller und liefert meist einfachere Ausdrücke als die eingebaute Funktion **Integrate** (vgl. Übg. C.2.7 und Gradshteyn und Ryzhik [29], S. 337).

```
BeginPackage["integGauss`"]

integGauss::usage = "integGauss[integrand,{x,-Infinity,Infinity}]
integrates linear combinations of patterns of the form
x^n E^(-a x^2 + b x + c) for Re[a] > 0 and integer n >= 0.
WARNING: The requirements Re[a] > 0 and integer n >= 0
must be enforced by the user."

Begin["`Private`"]
```

```
rules =
{
      E^(a_. x^n_. + b_. x^n_. + c_.) :> E^((a+b) x^n + c),
      E^(p_ x^2 + c_.) :> E^c Sqrt[Pi/-p] /; FreeQ[c,x],
x^n_. E^(p_ x^2 + c_.) :> 0 /; OddQ[n] && FreeQ[c,x],
x^n_  E^(p_ x^2 + c_.) :> E^c (n-1)!!/(-2p)^(n/2) Sqrt[Pi/-p] /;
                                    EvenQ[n] && FreeQ[c,x],
      E^(p_ x^2 + q_. x + c_.) :>
              E^c Sqrt[Pi/(-p)] E^(q^2/(-4 p)) /; FreeQ[c,x],
x^n_. E^(p_ x^2 + q_. x + c_.) :>
             ( E^c Sqrt[Pi/(-p)]/(-p) *
                D[ w/2 E^(w^2/(-4 p)), {w,n-1} ] /. w->q ) /;
                                                        FreeQ[c,x]
}

integGauss[ seq_, {y_,-Infinity,Infinity} ] :=
          Block[ {x = y}, ExpandAll[seq] //. rules ]
End[]

EndPackage[]
```

D.4 Quantum`NonCommutativeMultiply`

Dieses Paket enthält Regeln, die die eingebaute Funktion **NonCommutativeMultiply** distributiv machen und sie mit der Multiplikation mit gewöhnlichen Zahlen und Potenzen vertauschen lassen. Beachten Sie, daß die Regeln global implementiert sind und von *Mathematica* bei jeder Verwendung von ** angewendet werden (vgl. Übg. C.2.5).

```
BeginPackage["NonCommutativeMultiply`"]

Begin["`Private`"]

protected = Unprotect[NonCommutativeMultiply]

A_ ** (B_ + C_)          := A ** B + A ** C
(B_ + C_) ** A_          := B ** A + C ** A

A_ ** c_?NumberQ         := c A
c_?NumberQ ** A_         := c A
A_ ** (B_ c_?NumberQ)    := c A ** B
(A_ c_?NumberQ) ** B_    := c A ** B

A_ ** (B_ c_Rational)    := c A ** B
(A_ c_Rational) ** B_    := c A ** B

A_ ** (B_ c_Power)       := c A ** B
(A_ c_Power) ** B_       := c A ** B
```

```
Protect[ Release[protected] ]

End[]

EndPackage[]
```

D.5 Quantum`PowerTools`

In diesem Paket wird eine Funktion **PowerContract** definiert, die eine Umkehrung des eingebauten Befehls **PowerExpand** darstellt (vgl. Übg. C.2.3). Es werden außerdem Regeln zur Vereinfachung der Nullstellen komplexer Polynome sowie zur Vereinfachung von Exponenten aufgestellt.

```
BeginPackage["PowerTools`"]

PowerContract::usage ="PowerContract[expr] nests expanded
powers. Intended as an inverse to PowerExpand."

PowerExpandComplex::usage = "PowerExpandComplex[expr]
expresses roots of a complex-valued polynomial in cartesian
form. Variables are assumed to be real otherwise. Results
may need Algebra`Trigonometry` to simplify further."

FactorExponents::usage ="FactorExponents[expr] applys Factor
to exponents which appear in expr."

TogetherExponents::usage ="TogetherExponents[expr] applys
Together to exponents which appear in expr."

Begin["`Private`"]

PowerContract[expr_] := expr //.
    { m_^q_ n_^q_ :> (m n)^q /;
           !IntegerQ[m] && !IntegerQ[n],
      m_^q_ n_^p_ :> (m/n)^q /;
            q >= 0 && p == -q &&
            !IntegerQ[m] && !IntegerQ[n]}

PECRules =
    Dispatch[
      {(a_. + b_. Complex[l_,m_] )^(n_Rational) :>
                ((a + b l)^2 + (b m)^2)^(n/2) *
                ( Cos[n ArcTan[a + b l, b m]] +
                         I Sin[n ArcTan[a + b l,b m]] ),
```

```
(* Vermeiden Sie unverzögerte Zuweisungen und das Einsetzen
   von Zahlen nach Verwendung der folgenden beiden Regeln *)

            Cos[ n_Rational ArcTan[x_,y_] ] :>
                    Sqrt[(1 + Cos[2n ArcTan[x,y]])]/Sqrt[2] /;
                                        EvenQ[Denominator[n]],
            Sin[ n_Rational ArcTan[x_,m_?Negative y_.] ] :>
                   -Sqrt[(1 - Cos[2n ArcTan[x,-m y]])]/Sqrt[2] /;
                                        EvenQ[Denominator[n]],
            Sin[ n_Rational ArcTan[x_,y_] ] :>
                    Sqrt[(1 - Cos[2n ArcTan[x,y]])]/Sqrt[2] /;
                                        EvenQ[Denominator[n]],
            Cos[ArcTan[x_,y_]] :> x/Sqrt[x^2 + y^2],
            Sin[ArcTan[x_,y_]] :> y/Sqrt[x^2 + y^2]
     }
    ]
PowerExpandComplex[expr_] :=
    FixedPoint[Expand[PowerExpand[# //.PECRules]]&,expr];
FactorExponents[expr_] :=
    expr //. e_^m_ :> e^Factor[m]
TogetherExponents[expr_] :=
    expr //. e_^m_ :> e^Together[m]
SetAttributes[{PowerExpandComplex,PowerContract,
    FactorExponents,TogetherExponents}, Listable]
End[]

EndPackage[]
```

D.6 Quantum`QuantumRotations`

```
BeginPackage["QuantumRotations`"]

ReducedMatrix::usage = "ReducedMatrix[j,m,n,b]
computes the m-nth matrix element of the reduced rotation
matrix as a function of the Euler angle
b (= beta) using Wigner's sum from Brink and Satchler [12],
p.22. Result is a polynomial in Sin[b/2] and Cos[b/2].
May need TrigReduce to simplify.  Indeterminate
results of the form 0^0 may arise for some values
b = p Pi, p = integer. Such results can be avoided
by first evaluating ReducedMatrix for arbitrary b
then using /. b -> p Pi."

QuantumRotationMatrix::usage =
"QuantumRotationMatrix[j,m,n,a,b,g]
computes the m-nth matrix element of the rotation matrix
as a function of the Euler angles a (= alpha), b (= beta),
g (= gamma) using the function ReducedMatrix[j,m,n,b].
```

```
May need TrigReduce to simplify. Indeterminate results
of the form 0^0 may arise for some values b = p Pi,
p = integer. Such results can be avoided by first
evaluating QuantumRotationMatrix for arbitrary
b then using /. b -> p Pi."

Begin["`private`"]

(* Wignersche Formel aus Brink & Satchler [12], S. 22.
Das Ergebnis ist ein Polynom in Sin[b/2] und Cos[b/2]. *)

(* Keine Drehung ergibt Identitätsmatrix *)
ReducedMatrix[ j_, m_, m_, 0 ] := 1
ReducedMatrix[ j_, mp_, m_, 0 ]:= 0

(* 2Pi-Drehung kehrt Vorzeichen der Identitätsmatrix
   für halbzahliges j um *)
ReducedMatrix[ j_, m_, m_, 2Pi ] := (-1)^(2j)
ReducedMatrix[ j_, mp_, m_, 2Pi ]:= 0

(* Periodisch mit Periode {4Pi} *)
ReducedMatrix[ j_,  m_, m_, 4Pi ] := 1
ReducedMatrix[ j_, mp_, m_, 4Pi ]:= 0

(* Diese Regeln helfen zur Vermeidung undefinierter Ergebnisse
der Form 0^0 bei b=0,2Pi,4Pi. Im Prinzip brauchen wir ähnliche
Regeln für alle  b = p Pi, p ganzzahlig, da solche Werte
ebenfalls zu undefinierten Ergebnissen führen.

Die undefinierten Ergebnisse kann man umgehen, indem man zuerst
ReducedMatrix auswertet und dann /. b -> p Pi verwendet.
Einführung einer Hilfsvariablen bp mit der Regel /. bp -> b
in der Funktionsdefinition ReducedMatrix macht andere Ergebnisse
komplizierter, wenn dem Argument b bestimmte Werte übergeben
werden. *)

ReducedMatrix[ j_, m_, n_ , b_] :=
     Block[{kk},
            Expand[
                   Sqrt[ (j+m)! (j-m)! (j+n)! (j-n)! ] *
                   Sum[
                        (-1)^kk ( (j+m-kk)! (j-n-kk)!  kk! *
                        (kk+n-m)!)^-1 *
                        Cos[b/2]^(2j+m-n-2kk) *
                        Sin[b/2]^(2kk+n-m),
                       {kk, Max[0,m-n], Min[j-n, j+m]}
                   ]
            ]
     ]
```

```
(*
Eine bessere Methode wäre vielleich die Verwendung einer
auf den eingebauten Jacobi-Polynomen beruhenden Formel für
die reduzierten Drehmatrizen. Siehe Biedenharn und Louck [7],
S. 49.

Diese Formel erzeugt jedoch negative Potenzen von Sin und
Cos und erweckt daher den falschen Eindruck, die reduzierten
Matrizen seien manchmal singulär. Biedenharn und Louck geben
auf S. 50 eine andere Formel an, die die reduzierten
Matrizen immer als nichtsinguläre Polynome ausdrückt.
Diese verbesserte Formel enthält einen etwas komplizierteren
Algorithmus, obwohl sie der obigen Wignerschen Formel sehr
ähnlich ist.

Sie beruht auf der Lösung einer Differentialgleichung, die
in Gottfried [27], S. 278 diskutiert wird.

Die Lösung der Differentialgleichung ist mit einer
hypergeometrischen Funktion 2F1 verwandt und scheint daher
den Formeln zu ähneln, die Paul Abbott zur Definition der
eingebauten Funktion ClebschGordan verwendet. Vgl. Abbotts
Paket StartUp`ClebschGordan`.
*)

QuantumRotationMatrix[j_,m_,n_,a_,b_,g_] :=
    E^(-I m a) ReducedMatrix[j,m,n,b] E^(-I n g)

End[]

EndPackage[]
```

D.7 Quantum`QuickReIm`

Die eingebauten Funktionen **Conjugate**, **Re** und **Im** werden auf symbolische Ausdrücke erweitert (vgl. Übg. C.2.4). Damit diese Definitionen funktionieren, müssen alle Symbole als reell betrachtet und komplexwertige Ausdrücke explizit mit **I** eingegeben werden. Zum Beispiel muß eine komplexe Variable **z** von der Form **z = x + I y** mit reellem **x** und **y** sein.

```
BeginPackage["QuickReIm`"]

Begin["`Private`"]

protected = Unprotect[ Re, Im, Conjugate ]
```

```
Conjugate[expr_] := expr /. Complex[x_,y_] -> x - I y

Re[expr_] := Expand[ (expr + Conjugate[expr])/2    ]
Im[expr_] := Expand[ (expr - Conjugate[expr])/(2I) ]

Protect[ Release[protected] ]

End[]

EndPackage[]
```

D.8 Quantum`Trigonometry`

Dieses Paket ist bis auf die Regeln zur Erweiterung von **TrigReduce** mit dem in der *Mathematica*-Version 2.0 (und 2.2) mitgelieferten Paket **Algebra`Trigonometry`** identisch. Insbesondere wurden verschiedene Varianten der Identität **Sin^2 + Cos^2 == 1** hinzugefügt, die bei der direkten Vereinfachung von Ausdrücken helfen (vgl. Übg. C.2.2). Das Paket wurde ursprünglich von R. Maeder entwickelt.

Nur der Regelsatz **`TrigReduceRel** in dem Paket ist betroffen; die neuen Regeln stehen am Anfang des Pakets.

```
`TrigReduceRel = {

         (* Anfang der Definitionen von Feagin *)
         (* Variationen über Sin^2 + Cos^2 == 1 *)

    a_. Sin[x_]^2 + a_. Cos[x_]^2 :> a,

    a_. + b_. Sin[t_]^2 + c_ :> a - b Cos[t]^2 /; c == -b,
    a_. + b_. Cos[t_]^2 + c_ :> a - b Sin[t]^2 /; c == -b,

 a_. Sec[x_]^2 + b_ Tan[x_]^2 :> a /; b == -a,
 a_. Csc[x_]^2 + b_ Cot[x_]^2 :> a /; b == -a,

    a_. + b_. Tan[t_]^2 + b_. :> a + b Sec[t]^2,
    a_. + b_. Cot[t_]^2 + b_. :> a + b Csc[t]^2,
    a_. + b_. Sec[t_]^2 + c_  :> a + b Tan[t]^2 /; c == -b,
    a_. + b_. Csc[t_]^2 + c_  :> a + b Cot[t]^2 /; c == -b,
    a_. Sin[x_] Tan[x_] + a_. Cos[x_] :>  a Sec[x],

 a_. Sin[x_] Tan[x_] + b_  Sec[x_] :> -a Cos[x]         /; b == -a,
 a_. Sec[x_]           + b_  Cos[x_] :>  a Sin[x] Tan[x] /; b == -a,

 a_. Cos[x_] Cot[x_] + a_. Sin[x_] :>  a Csc[x],
 a_. Cos[x_] Cot[x_] + b_  Csc[x_] :> -a Sin[x]         /; b == -a,
 a_. Csc[x_]           + b_  Sin[x_] :>  a Cos[x] Cot[x] /; b == -a,
           (* Ende der Definitionen von Feagin *)
```

```
    (* the following two formulas are chosen to allow easy
       reconstruction of TrigExpand[Sin[x]^n] or
       TrigExpand[Cos[x]^n].  In these cases, Sin[n x] with
       even n does not occur.  There we use another
       formula. *)

    Cos[n_Integer x_] :> 2^(n-1) Cos[x]^n +
    Sum[ Binomial[n-i-1, i-1] (-1)^i n/i 2^(n-2i-1)
       Cos[x]^(n-2i), {i, 1, n/2} ]    /; n > 0,

    Sin[m_Integer?OddQ x_] :>
        Block[{`p = -(m^2-1)/6, `s = Sin[x], `k},
          Do[s += p Sin[x]^k;
                p *= -(m^2 - k^2)/(k+2)/(k+1),
               {k, 3, m, 2}];
          m s]                          /; m > 0,

    Sin[n_Integer?EvenQ x_] :>
    Sum[ Binomial[n, i] (-1)^((i-1)/2) Sin[x]^i Cos[x]^(n-i),
         {i, 1, n, 2} ]                 /; n > 0,

    Tan[n_Integer x_] :> Sin[n x]/Cos[n x],

    Sin[x_ + y_] :> Sin[x] Cos[y] + Sin[y] Cos[x],
    Cos[x_ + y_] :> Cos[x] Cos[y] - Sin[x] Sin[y],
    Tan[x_ + y_] :> (Tan[x] + Tan[y])/(1 - Tan[x] Tan[y]),

    (* rational factors, "symb" does not have a value *)
    Sin[r_Rational x_] :> (Sin[Numerator[r] `symb] /.
        TrigReduceRel /. `symb -> x/Denominator[r])
    /; Numerator[r] != 1,
    Cos[r_Rational x_] :> (Cos[Numerator[r] `symb] /.
        TrigReduceRel /. `symb -> x/Denominator[r])
    /; Numerator[r] != 1,

    (* half angle args *)
    Tan[x_/2] :> (1 - Cos[x])/Sin[x],
    Cos[x_/2]^(n_Integer?EvenQ) :>
                ((1 + Cos[x])/2)^(n/2),
    Sin[x_/2]^(n_Integer?EvenQ) :>
                ((1 - Cos[x])/2)^(n/2),
    Sin[x_/2]^n_. Cos[x_/2]^m_. :> Tan[x/2]^n /; m == -n,
    Sin[r_ x_.] Cos[r_ x_.]     :> Sin[2 r x]/2
                                            /; IntegerQ[2r]
}
```

E. Vektoranalysis

In der gesamten theoretischen Physik treten vektorielle Differentialoperatoren auf. In der Quantenmechanik ist z.B. in der Ortsdarstellung der Impulsoperator dem Gradienten (einem Vektor) und der Operator der kinetischen Energie dem Laplace-Operator (dem Quadrat eines Vektors) proportional. Um die physikalischen Symmetrien eines Systems im Einzelfall geeignet repräsentieren zu können, brauchen wir eine Methode, um solche Operatoren in verschiedenen Koordinatensystemen darzustellen.

Dieser Anhang bietet eine Einführung in die Vektoranalysis auf dem Computer und insbesondere in die Transformation vektorieller Differentialoperatoren von kartesischen in krummlinige Koordinaten. Mit den hier dargestellten Methoden lassen sich auch kompliziertere Operatoren wie z.B. Drehimpulsoperatoren von kartesischen in krummlinige Koordinaten umschreiben.

Viele der Ergebnisse, die wir hier für Gradient, Divergenz und Rotation herleiten, finden sich auch in dem *Mathematica*-Paket **Calculus`VectorAnalysis`**. Unser Augenmerk gilt jedoch hier mehr den Methoden und kompakten Ergebnissen, da zusammengesetzte Größen wie der Drehimpuls mitunter recht kompliziert werden. Wir drücken daher alles durch die totale Ableitung **Dt** und nicht durch die partielle Ableitung **D** aus (s. Abschn. E.2.1).

E.1 Vektorprodukte

Es geht zunächst darum, gewöhnliche Skalar- und Kreuzprodukte von Vektoren auf vektorielle Differentialoperatoren zu übertragen. Betrachten wir zwei Vektoren **avec** und **bvec**, deren kartesische Komponenten entlang der Achsen **x**, **y** und **z** wir der Einfachheit halber mit **1**, **2** und **3** indizieren. Für Berechnungen stellen wir die Komponenten zu *Listen* zusammen

```
avec = {a[1],a[2],a[3]};     bvec = {b[1],b[2],b[3]};
```

denen wir das Suffix **vec** verleihen. Das Skalarprodukt **Dot** ist eingebaut; das Kreuzprodukt **Cross** ist in dem Paket

```
<<LinearAlgebra`CrossProduct`
```

definiert. Wir können also Skalarprodukte (**avec • bvec**) und Kreuzprodukte (**avec** × **bvec**) wie folgt berechnen:

```
{avec.bvec, Cross[avec,bvec]}

  {a[1] b[1] + a[2] b[2] + a[3] b[3],
    {-(a[3] b[2]) + a[2] b[3], a[3] b[1] - a[1] b[3],
     -(a[2] b[1]) + a[1] b[2]}}
```

(Eine allgemeinere Version von **Cross** bietet die Funktion **CrossProduct** aus dem Paket **Calculus`VectorAnalysis`**.)

In vielen Anwendungen ist es nützlich, sich diese Vektorprodukte als Summen über bestimmte Komponenten einer Matrix zu denken. Es handelt sich dabei um eine *Tensorkontraktion*, bei der das Skalarprodukt Vektoren, die Tensoren erster *Stufe* darstellen, zu Skalaren, also Tensoren nullter Stufe, kontrahiert; wir werden jedoch auf den Tensorformalismus nicht näher eingehen. Die zugrundeliegende physikalische Idee besteht darin, mathematische Objekte zu definieren, die ein bestimmtes Verhalten unter Koordinatentransformationen aufweisen. Betrachten wir die folgende 3 × 3-Matrix:

```
Table[a[j] b[k], {j,1,3},{k,1,3}] //MatrixForm

  a[1] b[1]   a[1] b[2]   a[1] b[3]

  a[2] b[1]   a[2] b[2]   a[2] b[3]

  a[3] b[1]   a[3] b[2]   a[3] b[3]
```

Man sieht leicht, daß das Skalarprodukt **avec • bvec** einfach die Summe der Diagonalelemente dieser Matrix ist:

```
avec.bvec == Sum[a[i] b[i], {i,1,3}]

  True
```

Das Kreuzprodukt wird dagegen aus den nichtdiagonalen Elementen mit bestimmten Vorzeichen gebildet. Bei genauerem Hinsehen stellt man fest, daß die **k**-te Komponente **a[i] b[j] - a[j] b[i]** beträgt, wenn **i**, **j**, **k** eine gerade Permutation von **1**, **2**, **3** ist, und **a[j] b[i] - a[i] b[j]**, wenn es eine ungerade Permutation ist. Diese Wahl der Vorzeichen definiert man mitunter dadurch, daß man Einheitsvektoren einführt und das Kreuzprodukt als Determinante schreibt; wir können sie aber auch mit Hilfe der eingebauten Funktion **Signature** implementieren, die angibt, ob eine Permutation gerade oder ungerade ist:

```
{Signature[{1,2,3}], Signature[{3,2,1}], Signature[{1,1,2}]}

  {1, -1, 0}
```

Beachten Sie insbesondere, daß **Signature** verschwindet, wenn zwei Elemente der Folge identisch sind. Diese Funktion ist auch als *Levi-Civita-Symbol* bekannt. Das Kreuzprodukt **avec** × **bvec** ist also durch

```
Cross[avec, bvec] ==
    Table[
        Sum[Signature[{i,j,k}] a[i] b[j],{i,1,3},{j,1,3}],
        {k,1,3}
    ]

   True
```

gegeben.

Aus dieser Definition folgt unmittelbar **avec** × **bvec = - bvec** × **avec** und damit **avec** × **avec = 0**. Obwohl diese Definition auch bei der Behandlung von Koordinatentransformationen und bei der *Herleitung* von Vektoridentitäten nützlich ist, werden wir sie vor allem zur Definition vektorieller Differentialoperatoren verwenden.

Übung E.1.1. a) Zeigen Sie, daß **Signature[{i,j,k}]a[i]b[j]c[k]** über **i**, **j**, **k** summiert **avec • (bvec** × **cvec)** ergibt. Aus dieser Definition folgt sofort **avec • (bvec** × **cvec) == bvec • (cvec** × **avec) == cvec • (avec** × **bvec)**.

b) Zeigen Sie, daß **Signature[{i,j,k}]KD[i,j]** über **i**, **j** summiert für alle **k** *verschwindet*; dabei ist **KD[i,j]** das Kronecker-Delta (s. Übg. C.2.6). Zeigen Sie, daß **Signature[{i,j,k}]^2** über **i**, **j**, **k** summiert **6** ergibt.

Übung E.1.2. Man kann Vektoridentitäten, *die bereits gegeben sind*, leicht beweisen, indem man beide Seiten der Identität expandiert und die Ergebnisse vergleicht.

a) Überprüfen Sie auf diese Weise **avec • (bvec** × **cvec) == bvec • (cvec** × **avec) == cvec • (avec** × **bvec)**. Damit gilt insbesondere **avec • (avec** × **bvec) == bvec • (avec** × **bvec) = 0**.

b) Überprüfen Sie ebenso **avec** × **bvec** × **cvec == (avec • cvec) bvec - (avec • bvec) cvec**, und schließlich noch **(avec** × **bvec) • (cvec** × **dvec) == (avec • cvec)(bvec • dvec) - (avec • dvec)(bvec • cvec)**.

Übung E.1.3. Die Beträge von **avec** und **bvec** seien **a** und **b** (d.h. **a^2 = avec • avec**). Zeigen Sie, daß der Betrag von **avec** × **bvec** durch **a b Sin[phi]** gegeben ist, wobei **phi** der Winkel zwischen **avec** und **bvec** ist. (Verwenden Sie **avec • bvec == a b Cos[phi]**.)

Aufgabe E.1.1. Betrachten Sie einen Würfel mit einer Ecke am Ursprung und den Kanten entlang der Koordinatenachsen.

a) Zeigen Sie, daß der Winkel zwischen den Raumdiagonalen **ArcCos[1/3]** beträgt.

b) Bestimmen Sie die Komponenten eines Einheitsvektors, der senkrecht auf der Ebene steht, die durch ein Paar von Raumdiagonalen definiert wird.

E.2 Kartesische Koordinaten

E.2.1 Ableitungen

Der Kompaktheit halber werden wir die *totale* Ableitung **Dt** zur Definition von Differentialoperatoren verwenden. Während **Dt[f,x]** für nicht näher spezifiziertes **f** nicht ausgewertet wird, liefert die *partielle* Ableitung **D[f,x]** sofort Null:

```
{D[f,x], Dt[f,x]}
```

```
{0, Dt[f, x]}
```

Bei der Berechnung von **D** wird angenommen, daß **f** nicht von **x** abhängt, wenn die Koordinatenabhängigkeit nicht explizit angegeben wird, z.B. durch **D[f[x,...],x]** oder **D[f,x, NonConstants -> {f}]**. Das kann jedoch für unsere Zwecke sehr lästig werden; in den meisten Anwendungen ist die Koordinatenabhängigkeit von **f** klar und braucht nicht jedesmal ausgeschrieben zu werden.

Ein ähnliches Problem tritt auf, wenn wir ein mit **D** erzeugtes Ergebnis zur Definition eines neuen Ausdrucks verwenden wollen. Definieren wir z.B. zwei Differentialoperatoren, einen mit **D** und einen mit **Dt**:

```
{dx[f_] = D[f[x],x], dtx[f_] = Dt[f,x]}
```

```
{f'[x], Dt[f, x]}
```

Wir möchten diese Ausdrücke natürlich als abhängig von der ursprünglichen Funktion **f** betrachten. Eine Definiton für **f[x]** wirkt sich jedoch nicht unmittelbar auf **f'[x]** aus. Versuchen wir z.B., **dx** auf **Sin[x]** anzuwenden:

```
dx[Sin[x]]
```

```
(Sin[x])'[x]
```

Offenbar wird **f** nicht abgeleitet, sondern lediglich durch **Sin[x]** ersetzt. Das liegt daran, daß der Ausdruck **f'[x]** intern die Form **Derivative[1][f][x]** annimmt, die nirgends explizit das Muster **f[x]** enthält (s. **//FullForm** und auch Übg. E.2.1). Die Verwendung von **Dt** behebt das Problem und führt zum gewünschten Ergebnis:

```
dtx[Sin[x]]

   Cos[x]
```

Ein anderer Ausweg wäre die Verwendung von **D** in Verbindung mit **SetDelayed** (**:=**) zur Definition von Operatoren, aber dies hindert uns daran, deren Form direkt zu betrachten (s. Übg. C.1.5). Dagegen erlaubt uns **Dt**, recht komplizierte Ausdrücke herzuleiten und zu betrachten und sie dennoch später zur Definition weiterer Operatoren zu verwenden.

Die Funktion **Dt** ist mathematisch gesehen der Funktion **D** äquivalent, wenn die Koordinaten, von denen **f** abhängt, als unabhängig und Konstanten als konstant deklariert werden. Dies kann man ein für allemal durch globale Deklarationen wie **x/: Dt[x,y] = 0** und mit Hilfe von **SetAttributes[{c1,c2,...}, Constant]** erreichen. (Beachten Sie, daß es nicht möglich ist, das globale Attribut **NonConstants** zu setzen.)

Es ist günstig, eine Funktion zu definieren, die die notwendigen Etikettierungen vornimmt (s. Übg. C.1.13), um *drei* Variablen als unabhängig bezüglich **Dt** zu deklarieren:

```
IndependentVariables[x_,y_,z_] :=
    Module[{},
        x/: Dt[x,y] := 0;      x/: Dt[x,z] := 0;
        y/: Dt[y,x] := 0;      y/: Dt[y,z] := 0;
        z/: Dt[z,x] := 0;      z/: Dt[z,y] := 0
    ]
```

Damit erhalten wir z.B.

```
IndependentVariables[x,y,z];

{Dt[x,y], Dt[x,z], Dt[y,z]}

   {0, 0, 0}
```

E.2.2 Gradient

Um den *Gradienten* einer skalaren Funktion **f[x,y,z]** einzuführen, berechnen wir zunächst deren totales Differential:

```
d[f_] = Dt[f[x,y,z]]

                  (0,0,1)                      (0,1,0)
      Dt[z] f            [x, y, z] + Dt[y] f          [x, y, z] +

                  (1,0,0)
        Dt[x] f          [x, y, z]
```

Dieser fundamentale Satz der Analysis mehrerer Veränderlicher ist in **Dt** eingebaut. Wir können ihn in eine kompaktere und nützlichere Form bringen (s. auch Übg. E.2.1), indem wir folgende Regeln aufstellen:

```
ToDt = {Derivative[1,0,0][f_][x,y,z] -> Dt[f,x],
        Derivative[0,1,0][f_][x,y,z] -> Dt[f,y],
        Derivative[0,0,1][f_][x,y,z] -> Dt[f,z]}

             (1,0,0)                                (0,1,0)
      {(f_)         [x, y, z] -> Dt[f, x], (f_)          [x, y, z] ->

                             (0,0,1)
        Dt[f, y], (f_)              [x, y, z] -> Dt[f, z]}
```

Nun erhalten wir

```
d[f_] = Dt[f[x,y,z]] /.ToDt

      Dt[x] Dt[f, x] + Dt[y] Dt[f, y] + Dt[z] Dt[f, z]
```

Übung E.2.1. Ohne diese Regeln führt **d[f_] = Dt[f[x,y,z]]** zu unerwarteten Ergebnissen. Vergleichen Sie z.B. **d[Tan[x]]** vor und nach der Anwendung der Regeln. (Verwenden Sie **//FullForm**.) Beachten Sie, daß **d[Tan[x]]** ohne die Regeln einfach den *gesamten* Ausdruck **Tan[z]** für den *Kopf* **f** der Funktion **f[x,y,z]** einsetzt. Probieren Sie auch **d[Tan[#1]&]** und **d[Tan[#2]&]** aus.

Dieser Ausdruck läßt sich als Skalarprodukt des Vektors einer *infinitesimalen Verschiebung*, also des Differentials des Ortsvektors,

```
Dt[rvec == {x,y,z}]

      Dt[rvec] == {Dt[x], Dt[y], Dt[z]}
```

mit dem Vektor

```
grad[f_] = {Dt[f,x], Dt[f,y], Dt[f,z]}

      {Dt[f, x], Dt[f, y], Dt[f, z]}
```

auffassen:

```
d[f] == grad[f].Dt[rvec] /.rvec -> {x,y,z}

    True
```

Der Vektor **grad[f]** definiert den kartesischen *Gradienten* einer skalaren Funktion **f**; man schreibt ihn ∇**f**.

Beachten Sie, daß es uns **Dt** im Gegensatz zu **D** erlaubt, das Ergebnis zu sehen, ohne die Argumente von **f** explizit anzugeben. Wir wollen jedoch in manchen Anwendungen Ableitungen an anderen Punkten als **x**, **y** und **z** auswerten. In solchen Fällen können wir den Gradienten durch **grad[x_,y_,z_][f_]** definieren (s. Übg. E.2.3).

Beachten Sie außerdem, daß unsere Regel auch mit Vektorargumenten funktioniert, obwohl der Gradient für Skalare definiert ist. Das liegt daran, daß **Dt** listbar ist, d.h. automatisch auf die Elemente einer Liste angewendet wird.

Übung E.2.2. a) Zeigen Sie, daß der Gradient von **r = Sqrt[x^2 + y^2 + z^2]** der *Einheitsvektor* **rvec/r** ist.

b) Zeigen Sie **grad[V[r]] = V'[r] grad[r]** für eine beliebige Funktion **V[r]**.

c) Zeigen Sie, daß der Gradient von **avec • rvec** durch **avec** gegeben ist, wenn **avec** ein konstanter Vektor ist.

Übung E.2.3. Bilden Sie aus den Ortsvektoren **rvec[i]** = {**x[i], y[i], z[i]**} zweier Teilchen den Relativkoordinatenvektor **Rvec = rvec[1] - rvec[2]**, und erweitern Sie die Definition des Gradienten derart, daß **grad[x_, y_, z_][f_]** Ableitungen bezüglich irgendeines Punktes **x**, **y** und **z** berechnet. (Erklären Sie die Vektorkomponenten mit einem Satz von Regeln der Form **x/: Dt[x[i_],y[j_]] = 0** für unabhängig.)

a) Zeigen Sie, daß der Gradient von **R = Sqrt[Rvec • Rvec]** bezüglich **rvec[i]** für **i = 1** der Einheitsvektor **+Rvec/R** ist und für **i = 2** der Einheitsvektor **-Rvec/R**. Zeigen Sie außerdem **grad[V[R]] = V'[R]grad[R]** für eine beliebige Funktion **V[R]** (vgl. die vorangehende Übung).

b) Berechnen Sie den Gradienten von **avec • Rvec** bezüglich **rvec[i = 1,2]** für einen konstanten Vektor **avec** (vgl. die vorangehende Übung).

E.2.3 Taylor-Entwicklung

Als ein wichtiges Beispiel betrachten wir die Taylor-Entwicklung einer *skalaren* Funktion **c[rvec + avec]** um den Punkt **rvec**. Wenn wir mit **Series** die ersten Terme der Entwicklung um **avec = 0** berechnen, erhalten wir

```
Series[c[x + ax,y + ay,z + az], {ax,0,1},{ay,0,1},{az,0,1}] /.
    ToDt //Normal //Expand
```

```
c[x, y, z] + ax Dt[c, x] + ay Dt[c, y] + az Dt[c, z] +

          (0,1,1)                    (1,0,1)
  ay az c        [x, y, z] + ax az c        [x, y, z] +

          (1,1,0)                       (1,1,1)
  ax ay c        [x, y, z] + ax ay az c        [x, y, z]
```

Die eingebaute Funktion **Normal** macht das Ergebnis zu einem gewöhnlichen algebraischen Ausdruck. Aus der ersten Zeile des Ergebnisses schließen wir, daß in erster Ordnung in **avec** gilt

$$\texttt{c[rvec + avec] == c[rvec] + avec} \cdot \texttt{grad[c[rvec]] +} \ldots \tag{E.2.1}$$

(Man kann zeigen, daß sich insgesamt die *Exponentialreihe* für **avec • grad** ergibt.) Die Änderung **c[rvec + avec] - c[rvec]** von **c** ist somit maximal, wenn **avec** zu **grad[c]** parallel ist (da dann der Kosinus des Winkels zwischen **avec** und **grad[c]** maximal ist). Der Gradient gibt also die Steigung der Funktion in Richtung ihres *stärksten* Anstiegs vom Punkt **rvec** an.

Aufgabe E.2.1. Betrachten Sie die Funktion **v = -1/Sqrt[x^2 + y^2 + (z+R/2)^2] - 1/Sqrt[x^2 + y^2 + (z-R/2)^2]**, die ein zweizentriges Coulomb-Potential darstellt und in Abb. E.1 für **y = 0** und **R = 10** aufgetragen ist.

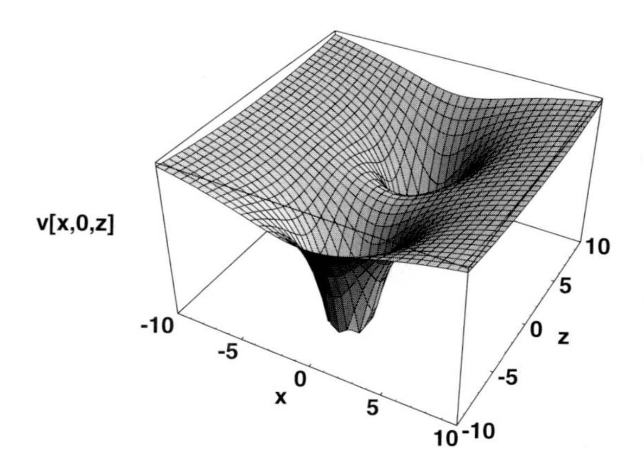

Abb. E.1

a) Erzeugen Sie ein Konturdiagramm von **v** für **y = 0** und **R = 10**, und vergleichen Sie es mit einer Darstellung des Gradienten der Funktion mit Hilfe von **PlotVectorField** aus dem Paket **Graphics`PlotField`**. (Kommen Sie möglichst den Singularitäten bei **z =** ±**R/2** nicht zu nahe.) Beachten Sie, daß die Gradientenpfeile in Richtung des maximalen Anstiegs zeigen, d.h. senkrecht zu den *Äquipotentiallinien* im Konturdiagramm. (Hinweis: Richten Sie die beiden Darstellungen aneinander aus, und erzeugen Sie eine Animation.)

b) In Abbildung E.1 erkennt man, daß der Punkt **rvec = 0** ein *Sattelpunkt* ist. Zeigen Sie, daß **v** in **x**, **y** und **z** hyperbolisch ist, mit negativer Krümmung entlang der z-Achse und positiver Krümmung senkrecht dazu. Entwickeln Sie dazu **v** bis zur zweiten Ordnung in **x**, **y** und **z** um **rvec = 0**, und berücksichtigen Sie die Auswirkungen der *zylindrischen* Symmetrie um die z-Achse. (Entwickeln Sie zuerst nach **z**, um die Quadratwurzel richtig zu erfassen.)

Vergleichen Sie die Koeffizienten von **x**, **y** und **z** für **avec • grad[v]** und **avec • grad[avec • grad[v]]**, wobei **avec = {ax,ay,az}** ein *konstanter* Verschiebungsvektor ist.

E.2.4 Divergenz und Rotation

Es liegt nahe, das Skalar- und Kreuzprodukt des Vektoroperators **grad** mit einem Vektorfeld **fvec = {fx,fy,fz}** zu betrachten, wobei jede einzelne Komponente von **fvec** eine Funktion von **x**, **y** und **z** ist. Auf diese Weise definieren wir die *Divergenz* und die *Rotation* von **fvec**, also ∇ • **fvec** und ∇ × **fvec**.

In Analogie zu den im vorangehenden Abschnitt definierten Skalar- und Kreuzprodukten für gewöhnliche Vektoren betrachten wir also nun die aus den Ableitungen der Komponenten von **fvec** gebildete Jacobi-Matrix, die wir mit **grad** erzeugen:

```
grad[{fx,fy,fz}] //MatrixForm

    Dt[fx, x]   Dt[fy, x]   Dt[fz, x]

    Dt[fx, y]   Dt[fy, y]   Dt[fz, y]

    Dt[fx, z]   Dt[fy, z]   Dt[fz, z]
```

Übung E.2.4. Zeigen Sie, daß diese Matrix auch durch ein als **Outer** eingebautes äußeres Produkt von **{fx,fy,fz}** und **rvec** gegeben ist, wobei die Ableitung die Multiplikation ersetzt.

Wir definieren also die Divergenz und die Rotation als die folgenden Summen über Elemente der obigen Matrix:

```
div[{fx_,fy_,fz_}] = Sum[ grad[{fx,fy,fz}][[i,i]], {i,1,3} ]

  Dt[fx, x] + Dt[fy, y] + Dt[fz, z]
```

```
curl[{fx_,fy_,fz_}] =
    Table[
        Sum[
            Signature[{i,j,k}] grad[{fx,fy,fz}][[i,j]],
              {i,1,3},{j,1,3}
        ],
        {k,1,3}
    ]

  {-Dt[fy, z] + Dt[fz, y], Dt[fx, z] - Dt[fz, x],

      -Dt[fx, y] + Dt[fy, x]}
```

Die Einfachheit dieser Ergebnisse rührt daher, daß die Koordinatenachsen in kartesischen Koordinaten raumfest und die entsprechenden Einheitsvektoren daher ortsunabhängig sind:

```
eRep = {ex -> {1,0,0}, ey -> {0,1,0}, ez -> {0,0,1}};
```

Die Ableitungen dieser Vektoren verschwinden daher. Die Einheitsvektoren sind zusammen mit dem Ortsvektor in Abb. E.2 dargestellt.

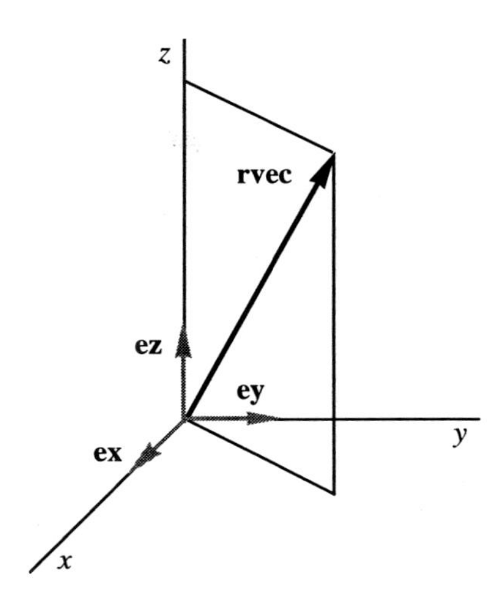

Abb. E.2

Im allgemeinen arbeitet man jedoch mit Koordinatenachsen und Einheitsvektoren, die sich der *lokalen* Form eines *krummlinigen* Koordinatensystems anpassen, das man aufgrund der physikalisch relevanten Symmetrie wählt. Die Ableitungen der Einheitsvektoren verschwinden daher im allgemeinen nicht. In diesem Zusammenhang stellen wir fest, daß man ∇ • **fvec** und $\nabla \times$ **fvec** auch berechnen kann, indem man zuerst **fvec** durch die Einheitsvektoren ausdrückt, dann ableitet und dann erst das Skalar- bzw. Kreuzprodukt bildet:

```
div[{fx,fy,fz}] ==
    ex.Dt[ex fx + ey fy + ez fz, x] +
    ey.Dt[ex fx + ey fy + ez fz, y] +
    ez.Dt[ex fx + ey fy + ez fz, z] /. eRep

  True
```

```
curl[{fx,fy,fz}] ==
    Cross[ ex, Dt[ex fx + ey fy + ez fz, x] ] +
    Cross[ ey, Dt[ex fx + ey fy + ez fz, y] ] +
    Cross[ ez, Dt[ex fx + ey fy + ez fz, z] ] /. eRep

  True
```

Wie wir sehen werden, beruht auf dieser Idee die Berechnung der Divergenz und der Rotation in krummlinigen Koordinaten.

Wie schon der Name andeutet, ist **div[fvec]** ein Maß dafür, inwieweit das Vektorfeld **fvec[rvec]** am Punkt **rvec** divergiert. Ebenso ist die Rotation **curl[fvec]** ein Maß für die Wirbel in **fvec[rvec]** um den Punkt **rvec**. Die Richtung der Rotation ist dabei durch die Rechte-Hand-Regel gegeben: Die Finger zeigen entlang der Wirbel von **fvec**, und der Daumen gibt die Richtung der Rotation an.

Übung E.2.5. Verwenden Sie die Funktion **PlotVectorField** aus dem Paket **Graphics`PlotField`**, um die drei durch **{x,y,0} = rvec[z=0]**, **{1,1,0}** und **{-y,x,0} = Cross[{0,0,1},rvec]** definierten Vektorfelder darzustellen. Interpretieren Sie Ihre Ergebnisse, indem Sie Divergenz und Rotation dieser Vektorfelder berechnen.

E.2.5 Laplace-Operator

Divergenz und Rotation enthalten sämtliche Ableitungen *erster Ordnung*, die wir mit ∇ berechnen können. Durch zweifache Anwendung von ∇ lassen sich fünf verschiedene Differentialoperatoren *zweiter Ordnung* konstruieren. Bei weitem der wichtigste davon ist der *Laplace-Operator*, der als die Divergenz des Gradienten eines *skalaren* Feldes **f** definiert ist, d.h. durch $\nabla \cdot \nabla$**f**.

```
laplacian[f_] = div[ grad[ f ] ]

  Dt[f, {x, 2}] + Dt[f, {y, 2}] + Dt[f, {z, 2}]
```

Wir prüfen nun leicht die wichtigen Aussagen nach, daß die Rotation des Gradienten, $\nabla \times \nabla$**f**, und die Divergenz der Rotation, $\nabla \cdot \nabla \times$ **fvec**, *immer* verschwinden:

```
{curl[grad[f]], div[curl[{fx,fy,fz}]]}

  {{0, 0, 0}, 0}
```

Der Gradient der Divergenz, ∇ ($\nabla \cdot$ **fvec**), hat keinen besonderen Namen, da er in physikalischen Anwendungen selten auftritt. Die Rotation der Rotation, $\nabla \times \nabla \times$ **fvec**, bringt nichts Neues, da sie (in Analogie zum zweifachen Vektorprodukt) zu ∇ ($\nabla \cdot$ **fvec**) - $\nabla \cdot \nabla$ **fvec** äquivalent ist:

```
curl[curl[{fx,fy,fz}]] ==
    grad[div[{fx,fy,fz}]] - laplacian[{fx,fy,fz}] //
        ExpandAll

  True
```

Dieses Beispiel belegt auch, wie einfach es ist, Identitäten der Vektoranalysis zu beweisen, *wenn sie bereits gegeben sind.* Es gibt jedoch, wie auch für Vektoridentitäten, direktere und einfachere Methoden.

Wir könnten noch weitermachen und die *dritten* Ableitungen betrachten, doch in nahezu allen physikalischen Anwendungen reichen die Ableitungen erster und zweiter Ordnung aus.

Übung E.2.6. a) Zeigen Sie **div[rvec] = 3** und **curl[rvec] = 0**. Zeigen Sie außerdem **laplacian[1/r] = div[rvec/r^3] = 0**, wobei **r** der Betrag von **rvec** ist.

b) Zeigen Sie **curl[Cross[nvec, rvec]/2] = nvec**, wobei **nvec** ein konstanter Vektor ist.

Übung E.2.7. Wiederholen Sie die vorangehende Übung mit dem Relativkoordinatenvektor **Rvec = rvec[1] - rvec[2]** statt **rvec**. Wie in Übg. E.2.3 müssen Sie die Definition der Divergenz und der Rotation dahingehend erweitern, daß **div[x,y,z][fvec]** und **curl[x,y,z][fvec]** Ableitungen nach einem Punkt **x**, **y** und **z** berechnen.

Übung E.2.8. Es sei **gvec = g[r] rvec**, wobei **r** der Betrag von **rvec** ist. Zeigen Sie, daß **g[r] = *constant*/r^3** folgt, wenn wir fordern, daß **div[gvec]** verschwindet. Zeigen Sie **curl[gvec] = 0** für beliebiges **g**.

Übung E.2.9. Überprüfen Sie die folgenden Identitäten:

a) ∇ (**avec • bvec**) = **avec** × (∇ × **bvec**) + **bvec** × (∇ × **avec**) + (**avec** • ∇) **bvec** + (**bvec** • ∇) **avec**;

b) ∇ • (**avec** × **bvec**) = **bvec** • (∇ × **avec**) - **avec** • (∇ × **bvec**);

c) ∇ × (**avec** × **bvec**) = (**bvec** • ∇) **avec** - (**avec** • ∇) **bvec** + **avec** (∇ • **bvec**) - **bvec** (∇ • **avec**).

E.2.6 Notation

Im folgenden müssen wir, insbesondere wenn wir krummlinige Koordinaten verwenden, Vektoren und Operatoren in verschiedenen Darstellungen unterscheiden können. Zum Beispiel wird der Ortsvektor in kartesischen Koordinaten, **rvec** = {**x, y, z**} (s. Abb. E.2), in Kugelkoordinaten entlang der entsprechenden Koordinatenachsen durch {**r, 0, 0**} dargestellt, mit **r = Sqrt[x^ 2 + y^2 + z^2]**.

Beachten Sie insbesondere, daß wir sowohl die Koordinaten als auch die Achsen angeben müssen, anhand derer wir die Komponenten eines Vektors ausdrücken. Zum Beispiel können wir {**r, 0, 0**} auch auf die kartesischen Achsen beziehen:

```
{r,0,0} -> {r Sin[t] Cos[p], r Sin[t] Sin[p], r Cos[t]}
```

(E.2.2)

Dabei sind **t** (= θ) und **p** (= ϕ) die Kugelwinkel (s. Abb. E.4). Die Grundidee besteht darin, einen Vektor durch einen neuen Satz von Einheitsvektoren auszudrücken. Wenn wir Vektoren als Listen schreiben, ist jedoch nicht immer klar, auf welchen Satz von Achsen oder Einheitsvektoren wir uns gerade beziehen.

Übung E.2.10. Zeigen Sie, daß **r** der Betrag von {**r Sin[t] Cos[p], r Sin[t] Sin[p], r Cos[t]**} ist.

Obwohl sich der richtige Bezug meistens aus dem Zusammenhang ergibt, ist es günstig, bei der Arbeit mit verschiedenen Darstellungen entsprechende Bezeichnungen einzuführen. Wir bezeichnen daher z.B. den Ortsvektor mit

```
rvecC = {x,y,z};
```

wenn wir ihn auf die kartesischen Achsen beziehen und mit

```
rvecS = {r,0,0};
```

wenn wir ihn auf die Achsen der Kugelkoordinaten beziehen. Wenn wir zusätzlich explizit die Koordinatenabhängigkeit angeben wollen, hängen wir das Suffix **xyz** oder **rtp** an und schreiben z.B. **rvecCxyz** oder **rvecCrtp**.

Dieses Schema erlaubt die Unterscheidung der verschiedenen Möglichkeiten, z.B.

```
{rvecSxyz = {Sqrt[x^2 + y^2 + z^2], 0, 0},
 rvecCrtp = {r Sin[t] Cos[p], r Sin[t] Sin[p], r Cos[t]}};
```

Beachten Sie, daß die Bezeichnung **vec** wegfällt, wenn *Beträge* gemeint sind:

```
{rxyz = Sqrt[x^2 + y^2 + z^2], rrtp = r};
```

und daß die Bezeichnungen **C** und **S** für Skalare keinen Sinn machen.

E.3 Krummlinige Koordinaten

Wir betrachten nun eine Koordinatentransformation von einem kartesischen in ein anderes Koordinatensystem. In diesem Abschnitt skizzieren wir, wie sich diese Transformation für einen allgemeinen Satz *krummliniger* Koordinaten durchführen läßt, die wir mit **u**, **v** und **w** bezeichnen. Da alle Größen nur von **u**, **v** und **w** abhängen, lassen wir das Suffix **uvw**, das die Koordinatenabhängigkeit anzeigt, weg.

Die Transformation wird durch Angabe der kartesischen Komponenten des Ortsvektors **rvec** als Funktionen von **u**, **v** und **w** definiert:

```
rvecC = {x[u,v,w], y[u,v,w], z[u,v,w]};
```

Obwohl wir in diesem Abschnitt nicht viele konkrete Rechnungen durchführen, ist es günstig, diese neuen Koordinaten als unabhängig zu deklarieren (s. Abschn. E.2.1):

```
IndependentVariables[u,v,w]
```

Wiederum ist es nützlich, einige Regeln zur Vereinfachung der Ableitungen bei Anwendung der mehrdimensionalen Kettenregel einzuführen:

```
ToDt = {Derivative[1,0,0][f_][u,v,w] -> Dt[f,u],
        Derivative[0,1,0][f_][u,v,w] -> Dt[f,v],
        Derivative[0,0,1][f_][u,v,w] -> Dt[f,w]};
```

Nun können wir z.B. das totale Differential einer Funktion von **u**, **v** und **w** berechnen und vereinfachen:

```
d[f_] = Dt[f[u,v,w]] /.ToDt

   Dt[u] Dt[f, u] + Dt[v] Dt[f, v] + Dt[w] Dt[f, w]
```

E.3.1 Einheitsvektoren

Um einen allgemeinen Vektor in diesen Koordinaten auszudrücken, brauchen wir einen Satz von Einheitsvektoren entlang der Richtungen, in denen **u**, **v** und **w** *zunehmen*. Diese Vektoren erzeugen wir, indem wir die Änderung von **rvec** mit jeder der Koordinaten berechnen, d.h. indem wir **rvecC** nach **u**, **v** und **w** ableiten. Über **rvecC** wird dabei die Verbindung zu **x**, **y** und **z** hergestellt:

```
{su = Dt[rvecC, u] /.ToDt, sv = Dt[rvecC, v] /.ToDt,
 sw = Dt[rvecC, w] /.ToDt}

   {{Dt[x, u], Dt[y, u], Dt[z, u]}, {Dt[x, v], Dt[y, v], Dt[z, v]},

     {Dt[x, w], Dt[y, w], Dt[z, w]}}
```

Diese Vektoren sind noch nicht normiert; vielmehr definieren ihre Beträge *Skalenfaktoren* entlang der Richtungen **u**, **v** und **w**. Es bietet sich an, diese als einen Satz von Ersetzungsregeln einzuführen (das Suffix **rep** steht im folgenden für Ersetzungsregeln):

```
hrep =
    {hu -> Sqrt[su.su], hv -> Sqrt[sv.sv], hw -> Sqrt[sw.sw]}

                          2            2             2
   {hu -> Sqrt[Dt[x, u]  + Dt[y, u]  + Dt[z, u] ],

                          2            2             2
     hv -> Sqrt[Dt[x, v]  + Dt[y, v]  + Dt[z, v] ],

                          2            2             2
     hw -> Sqrt[Dt[x, w]  + Dt[y, w]  + Dt[z, w] ]}
```

Im allgemeinen hängen diese Faktoren von den Koordinaten ab. Ihre Quadrate sind die Diagonalkomponenten des sogenannten *metrischen Tensors.* Wir definieren nun die kartesischen Komponenten eines Satzes von Einheitsvektoren, bezogen auf die kartesischen Achsen:

```
eCrep = {eu -> su/hu, ev -> sv/hv, ew -> sw/hw}

          Dt[x, u]  Dt[y, u]  Dt[z, u]
{eu -> {---------, ---------, ---------},
             hu        hu        hu

           Dt[x, v]  Dt[y, v]  Dt[z, v]
  ev -> {---------, ---------, ---------},
             hv        hv        hv

           Dt[x, w]  Dt[y, w]  Dt[z, w]
  ew -> {---------, ---------, ---------}}
             hw        hw        hw
```

Wir können z.B. leicht nachprüfen, daß diese Vektoren normiert sind:

```
{eu.eu, ev.ev, ew.ew} /.eCrep /.hrep //Together

{1, 1, 1}
```

Diese Einheitsvektoren sind im allgemeinen nicht orthogonal; wir beschränken uns hier jedoch auf Koordinatensysteme, in denen sie es sind. Solche Systeme heißen *orthogonal* und zeichnen sich durch einen *diagonalen* metrischen Tensor aus.

Die Abhängigkeit der Einheitsvektoren von **u**, **v** und **w** bedeutet, daß sie im Gegensatz zu ihren kartesischen Gegenstücken ihre Richtung ändern, wenn sich **rvecC** ändert (s. Abb. E.3). Die Einheitsvektoren definieren somit einen Satz krummliniger Achsen, der sich bei Änderung von **rvecC** dreht und die lokale Form des Koordinatensystems beschreibt. Es ist oft nützlich, die

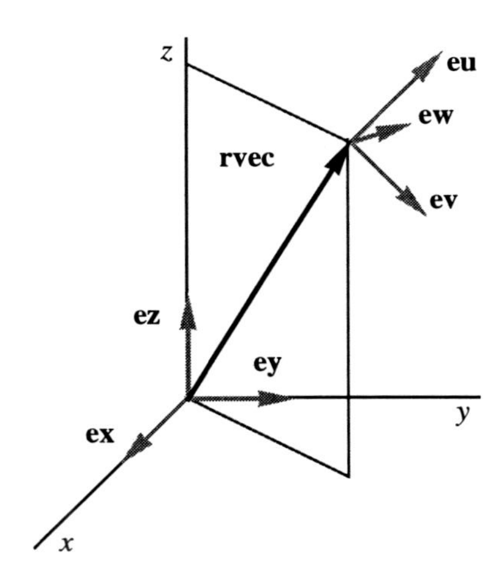

Abb. E.3

Einheitsvektoren auf die krummlinigen Achsen zu beziehen, die sie definieren. In diesem Fall gilt offenbar:

```
eGrep = {eu -> {1,0,0}, ev -> {0,1,0}, ew -> {0,0,1}};
```

Übung E.3.1. Betrachten Sie als Beispiel die triviale *Identitätstransformation*, für die die krummlinigen Koordinaten gerade die kartesischen Koordinaten sind. Leiten Sie die Skalenfaktoren **hx**, **hy** und **hz** und die auf die kartesischen Achsen bezogenen Einheitsvektoren **ex**, **ey** und **ez** her.

E.3.2 Krummliniger Gradient

Die Skalenfaktoren geben die Längen infinitesimaler Verschiebungen entlang der Richtungen **u**, **v** und **w** an. Das Volumenelement ist folglich

```
d[vol] = hu Dt[u]  hv Dt[v]  hw Dt[w]

  hu hv hw Dt[u] Dt[v] Dt[w]
```

Der allgemeine infinitesimale *Verschiebungsvektor* ist dagegen durch

```
d[rvec] = hu eu Dt[u] + hv ev Dt[v] + hw ew Dt[w]

  eu hu Dt[u] + ev hv Dt[v] + ew hw Dt[w]
```

gegeben. Wie in kartesischen Koordinaten ist dies das Differential des Ortsvektors:

```
Dt[rvecC] == d[rvec] /.ToDt /.eCrep

  True
```

Wir definieren also den Gradienten durch

```
grad[f_] = eu/hu Dt[f,u] + ev/hv Dt[f,v] + ew/hw Dt[f,w]

  eu Dt[f, u]   ev Dt[f, v]   ew Dt[f, w]
  ----------- + ----------- + -----------
      hu            hv            hw
```

so daß das Skalarprodukt mit **d[rvec]** das Differential einer Funktion **f** der krummlinigen Koordinaten liefert:

```
d[f_] = grad[f].d[rvec] /.eGrep

  Dt[u] Dt[f, u] + Dt[v] Dt[f, v] + Dt[w] Dt[f, w]
```

Dabei haben wir mit **eGrep** sichergestellt, daß das Koordinatensystem orthogonal ist. Schließlich können wir noch die Komponenten des Gradienten entweder auf die kartesischen oder auf die krummlinigen Koordinaten beziehen. Entlang der krummlinigen Achsen definieren wir z.B.

```
gradG[f_] = grad[f] /.eGrep

   Dt[f, u]   Dt[f, v]   Dt[f, w]
  {--------, --------, --------}
      hu         hv         hw
```

Um die Transformation auf krummlinige Koordinaten zu vervollständigen, müssen wir noch die Divergenz und die Rotation berechnen. Die Grundidee besteht darin, die Abhängigkeit der Einheitsvektoren von den Koordinaten **u**, **v** und **w** zu berücksichtigen; das bedeutet, daß die Einheitsvektoren abgeleitet werden müssen. (Erinnern Sie sich, daß die Einheitsvektoren in kartesischen Koordinaten raumfest sind und ihre Ableitungen daher verschwinden.) Dies ist einfach, wenn wir die kartesischen Komponenten der Einheitsvektoren kennen. Wir verschieben daher die Berechnung der Divergenz und der Rotation, bis wir eine spezielle Wahl krummliniger Koordinaten getroffen haben, wie im nächsten Abschnitt.

In diesem Zusammenhang weisen wir darauf hin, daß Divergenz und Rotation sich mit Hilfe des *Gaußschen* bzw. *Stokeschen* Satzes sehr elegant durch die oben definierten Skalenfaktoren allgemein ausdrücken lassen. Davon wird in dem *Mathematica*-Paket **Calculus`VectorAnalysis`** Gebrauch gemacht, das Sie sich einmal ansehen sollten.

E.4 Kugelkoordinaten

Als Beispiel einer Transformation auf krummlinige Koordinaten berechnen wir nun Gradient, Divergenz und Rotation in den Kugelkoordinaten **r**, **t** und **p**. Dabei ist **r = Sqrt[x^2 + y^2 + z^2]** der Betrag von **rvec**, **t** (= θ) ist der *Polarwinkel* zwischen **rvec** und der z-Achse, und **p** (= ϕ) ist der *Azimutwinkel* zwischen der x-z-Ebene und der von **rvec** und der z-Achse aufgespannten Ebene. Die Intervalle {**t,0,Pi**} und {**p,0,2Pi**} umfassen also die gesamte Einheitskugel mit **r = 1**. Diese Koordinaten sind in Abb. E.4 dargestellt. Per Konvention liegt **t = 0** entlang der positiven z-Achse und **p = 0** entlang der positiven x-Achse.

Um Vektorkomponenten in Bezug auf die kartesischen Achsen und in Bezug auf die Achsen des Kugelkoordinatensystems zu unterscheiden, werden wir wie in Abschn. E.2.6 beschrieben die Bezeichnung **C** bzw. **S** verwenden. Da in diesem Abschnitt alle Größen von den Kugelkoordinaten abhängen, lassen wir das Suffix **rtp**, das die Koordinatenabhängigkeit anzeigt, weg.

Da wir viel mit trigonometrischen Funktionen rechnen werden, laden wir zur schnelleren Vereinfachung der Ergebnisse unsere verbesserte Version der Funktion **TrigReduce** aus dem Paket **Quantum`Trigonometry`** (s. Übg. C.2.2). Gleichzeitig stellen wir sicher, daß die Funktion **Cross** definiert ist.

```
Needs["Quantum`Trigonometry`"]
Needs["LinearAlgebra`CrossProduct`"]
```

E.4.1 Einheitsvektoren der Kugelkoordinaten

Wir definieren die Transformation auf Kugelkoordinaten, indem wir die *kartesischen* Komponenten des Ortsvektors **rvec** durch **r**, **t** und **p** ausdrücken. Diese können wir in Abb. E.4 ablesen:

```
rvecC = {r Sin[t] Cos[p], r Sin[t] Sin[p], r Cos[t]};
```

Um mit Hilfe von **Dt** partielle Ableitungen berechnen zu können, müssen wir **r**, **t** und **p** als unabhängige Koordinaten deklarieren. Dazu verwenden wir die in Abschn. E.2.1 definierte Funktion:

```
IndependentVariables[r,t,p]
```

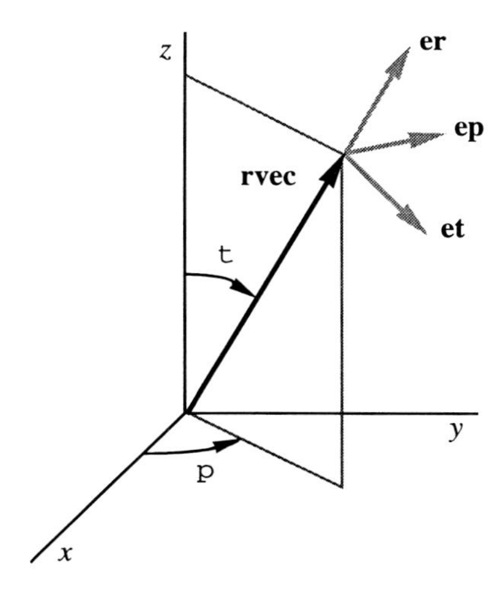

Abb. E.4

Entsprechend dem allgemeinen Rezept aus dem vorangehenden Abschnitt erzeugen wir als nächstes Vektoren entlang der Richtungen, in denen **r**, **t** und **p** *zunehmen*:

```
{srC = Dt[rvecC,r], stC = Dt[rvecC,t], spC = Dt[rvecC,p]}

  {{Cos[p] Sin[t], Sin[p] Sin[t], Cos[t]},
    {r Cos[p] Cos[t], r Cos[t] Sin[p], -(r Sin[t])},
    {-(r Sin[p] Sin[t]), r Cos[p] Sin[t], 0}}
```

Wir müssen die Beträge dieser Vektoren berechnen, um die Einheitsvektoren der Kugelkoordinaten zu bestimmen. Wir berechnen also folgende *Skalenfaktoren*, die die Quadrate der Diagonalelemente des *metrischen Tensors* sind:

```
{hr, ht, hp} =
    {Sqrt[srC.srC], Sqrt[stC.stC], Sqrt[spC.spC]} //
        TrigReduce //PowerExpand

  {1, r, r Sin[t]}
```

Übung E.4.1. Zeigen Sie, daß **srC**, **stC** und **spC** orthogonal sind. (Das bedeutet, daß die nichtdiagonalen Elemente des metrischen Tensors verschwinden.)

Übung E.4.2. Zeigen Sie, daß das Volumenelement in Kugelkoordinaten das Volumen **Dt[r] Dt[t] Dt[p] srC** • (**stC** × **spC**) eines Parallelepipeds ist.

Wir können nun die Einheitsvektoren **erC**, **etC** und **epC** der Kugelkoordinaten in Bezug auf die kartesischen Achsen definieren. Es bietet sich an, dies in Form eines Satzes von Ersetzungsregeln zu tun:

```
eCrep = {er -> srC/hr, et -> stC/ht, ep -> spC/hp}

  {er -> {Cos[p] Sin[t], Sin[p] Sin[t], Cos[t]},
    et -> {Cos[p] Cos[t], Cos[t] Sin[p], -Sin[t]},
    ep -> {-Sin[p], Cos[p], 0}}
```

Beachten Sie, daß **er** gerade **rvec/r** ist. Wir brauchen diese Vektoren auch in Bezug auf die Achsen des Kugelkoordinatensystems:

```
eSrep = {er -> {1,0,0}, et -> {0,1,0}, ep -> {0,0,1}}

  {er -> {1, 0, 0}, et -> {0, 1, 0}, ep -> {0, 0, 1}}
```

Übung E.4.3. Zeigen Sie, daß **er**, **et** und **ep** eine *orthogonale Triade* bilden, d.h. **er** × **et = ep** und die entsprechenden zyklischen Permutationen.

Drücken wir als Beispiel einen beliebigen Vektor **avec**, ausgehend von seinen Komponenten **ax**, **ay** und **az** in kartesischen Koordinaten, durch die Einheitsvektoren der Kugelkoordinaten aus. Die gesuchten Koeffizienten sind natürlich gerade die Projektionen von **avec** auf die Achsen des Kugelkoordinatensystem: **avec • er**, **avec • et** und **avec • ep**. Da die kartesischen Komponenten von **avec** gegeben sind, berechnen wir diese Projektionen mit Hilfe der kartesischen Komponenten der Einheitsvektoren der Kugelkoordinaten:

```
avecC = {ax,ay,az};
avec  =  avecC.(er /.eCrep) er + avecC.(et /.eCrep) et +
              avecC.(ep /.eCrep) ep

  ep (ay Cos[p] - ax Sin[p]) +

    et (ax Cos[p] Cos[t] + ay Cos[t] Sin[p] - az Sin[t]) +

    er (az Cos[t] + ax Cos[p] Sin[t] + ay Sin[p] Sin[t])
```

Die Komponenten **avecS** erzeugen wir nun, indem wir die Einheitsvektoren der Kugelkoordinaten in diesem Ergebnis auf die Achsen des Kugelkoordinatensystems beziehen:

```
avecS = avec /.eSrep

  {az Cos[t] + ax Cos[p] Sin[t] + ay Sin[p] Sin[t],

    ax Cos[p] Cos[t] + ay Cos[t] Sin[p] - az Sin[t],

    ay Cos[p] - ax Sin[p]}
```

Wir können diesen Vektor überprüfen, indem wir seinen Betrag berechnen:

```
Sqrt[avecS.avecS] //Expand //TrigReduce

            2      2      2
  Sqrt[ax   + ay   + az ]
```

Übung E.4.4. Beziehen Sie als zusätzliche Kontrolle die Einheitsvektoren auf die kartesischen Achsen, so daß Sie wieder **avecC** erhalten.

E.4.2 Dreidimensionale parametrische Diagramme

Wir erzeugen nun ein dreidimensionales parametrisches Diagramm eines Vektorfeldes **fvec** als Funktion von **t** und **p**. Wir beschränken uns auf eine einfache Funktion der Form **fvecS = {fr,0,0}**, wobei **fr = fr[t,p]** auf der Einheitskugel mit **r = 1** definiert ist; dennoch erhalten wir interessante Diagramme. Zum Beispiel können wir eine Familie selbstdurchdringender Schüsseln mit **fr = Sin[t](2 + Cos[p/n])** erzeugen, wobei die ganze Zahl **n** den Bereich **{p,0,2Pi n}** festlegt.

Wir erzeugen das Diagramm mit der Funktion **ParametricPlot3D** aus dem Paket **Graphics`ParametricPlot3D`** (diese scheint schneller zu sein als die eingebaute Funktion **ParametricPlot3D**). Beachten Sie, daß diese Funktion als Argument die *kartesischen* Komponenten des darzustellenden Vektorfeldes erwartet (vgl. **?ParametricPlot3D**). Wir können jedoch leicht von **fvecS** zu **fvecC** übergehen, indem wir unsere Herleitung von **avecS** im vorangehenden Beispiel zurückverfolgen. Wir verwenden zuerst **eSrep** und dann **eCrep** und definieren somit für **n = 4**

```
fvecS = {Sin[t] (2 + Cos[p/4]), 0, 0};
fvecC = fvecS.(er /.eSrep) er + fvecS.(et /.eSrep) et +
          fvecS.(ep /.eSrep) ep /.eCrep
```

```
               p             2                p             2
{(2 + Cos[-]) Cos[p] Sin[t] , (2 + Cos[-]) Sin[p] Sin[t] ,
               4                              4

              p
  (2 + Cos[-]) Cos[t] Sin[t]}
              4
```

Wenn wir dies als Argument von **ParametricPlot3D** verwenden, ergibt sich Abb. E.5. Um die Schüssel zu öffnen, beschränken wir **t** auf die untere Halbkugel, d.h. auf den Bereich **{t,Pi/2,Pi}**. Dabei ist **Pi/12** die Schrittweite, die effektiv die Anzahl der dargestellten Punkte festlegt. (Wir hätten auch die Option **PlotPoints** verwenden können.)

Dasselbe Diagramm hätten wir auch direkt mit **fr** erzeugen können, und zwar mit Hilfe der Funktion **SphericalPlot3D** aus demselben Paket. Unser Beispiel sollte die Arbeitsweise dieser Funktion und der verwandten Funktion **CylindricalPlot3D** verdeutlichen.

Übung E.4.5. Die Einheitsvektoren **er**, **et** und **ep** ändern mit **rvec** ihre Richtung, so daß ihre Ableitungen nicht verschwinden. Leiten Sie für die Ableitungen nach **r**, **t** und **p** den folgenden Satz von Regeln her:

```
Needs["Graphics`ParametricPlot3D`"]

ParametricPlot3D[
    Evaluate[N[fvecC]],
    {t,Pi/2,Pi,Pi/12}, {p,0,8Pi,Pi/12},
    Axes -> None, Boxed -> False
];
```

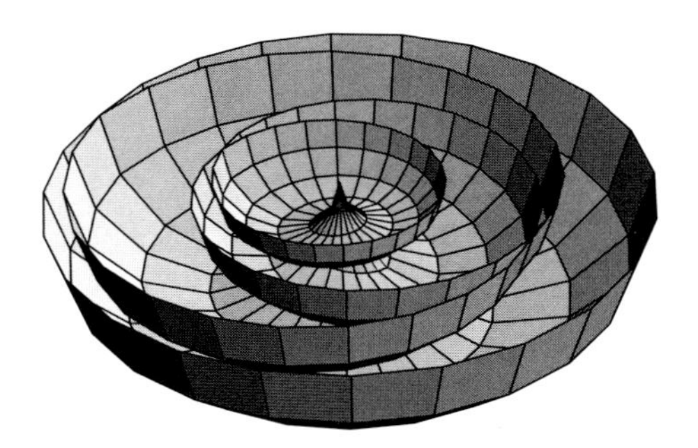

Abb. E.5

```
deRep =
{Dt[er, r] :> 0, Dt[er, t] :>  et, Dt[er, p] :>  Sin[t] ep,
 Dt[et, r] :> 0, Dt[et, t] :> -er, Dt[et, p] :>  Cos[t] ep,
 Dt[ep, r] :> 0, Dt[ep, t] :>   0, Dt[ep, p] :>
  -Cos[t] et - Sin[t] er};
```

Hinweis: Verwenden Sie **eCrep**, und führen Sie Ersetzungsregeln ein, um beispielsweise **(f_. et /.eCrep) -> f et** zu erkennen.

E.4.3 Eulersche Winkel

Unser Transformationsbeispiel **avecC -> avecS** am Ende von Abschn. E.4.1 erlaubt eine allgemeinere Sichtweise. Durch **er** sei die z'-Achse eines neuen Koordinatensystems $x'y'z'$ definiert, und durch **et** und **ep** die x'- bzw. y'-Achse, wie in Abb. E.6 dargestellt. Die Komponenten von **avecP** sind dann die von **avec** in Bezug auf die neuen Achsen (**avecC -> avec -> avecP**):

```
ePrep = {er -> {0,0,1}, et -> {1,0,0}, ep -> {0,1,0}};
avecP = avec /.ePrep

  {ax Cos[p] Cos[t] + ay Cos[t] Sin[p] - az Sin[t],
    ay Cos[p] - ax Sin[p], az Cos[t] + ax Cos[p] Sin[t] +
     ay Sin[p] Sin[t]}
```

Die Verallgemeinerung besteht darin, daß man sich das neue Koordinatensystem aus dem alten durch eine Drehung um die Winkel **t** und **p** erzeugt denken kann. Diese Winkel entsprechen einem Satz *Eulerscher Winkel* **a** (= α), **b** (= β) und **g** (= γ), die zur Beschreibung einer allgemeinen Achsendrehung verwendet werden. Um von einem kartesischen Koordinatensystem zu einem anderen überzugehen, reichen immer drei unabhängige Drehungen in einer bestimmten Reihenfolge aus. Die Eulerschen Winkel sind als die entsprechenden drei Drehwinkel definiert und definieren ihrerseits eine geometrische Drehmatrix **R[a,b,g]**, die die beiden Komponentensätze **avecC** und **avecP** für allgemeine Drehungen miteinander in Beziehung setzt.

Die Reihenfolge der Drehungen ist nicht eindeutig festgelegt; zwei Möglichkeiten, die Eulerschen Winkel zu wählen, sind in der Physik verbreitet: die x-Konvention und die y-Konvention (s. Goldstein [26], Kap. 4). Die x-Konvention, die in der klassischen Mechanik verwendet wird, ist in Abb. E.7 dargestellt. Man dreht zuerst die ursprünglichen Achsen xyz um den Winkel **a** gegen den Uhrzeigersinn um die z-Achse. Die x-Achse wird dadurch in die x-y-Ebene gedreht und legt dort die sogenannte *Knotenlinie* fest. Die zweite Drehung erfolgt gegen den Uhrzeigersinn um den Winkel **b** um die Knotenlinie (die gedrehte x-Achse) und dreht die z-Achse in ihre endgültige Position als neue z'-Achse. Die Knotenlinie ist somit die Schnittgerade der ursprünglichen x-y-Ebene mit der neuen x'-y'-Ebene. Schließlich wird die x-Achse durch eine Drehung gegen den Uhrzeigersinn um den Winkel **g** um die z'-Achse in ihre endgültige Position als neue x'-Achse gebracht.

Die Drehmatrix **Rx[a,b,g]** in der x-Konvention kann somit als Produkt dreier Drehmatrizen berechnet werden, die je einen der drei Schritte darstel-

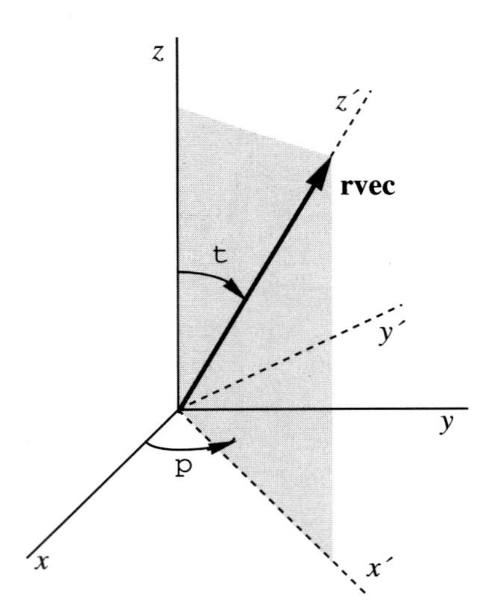

Abb. E.6

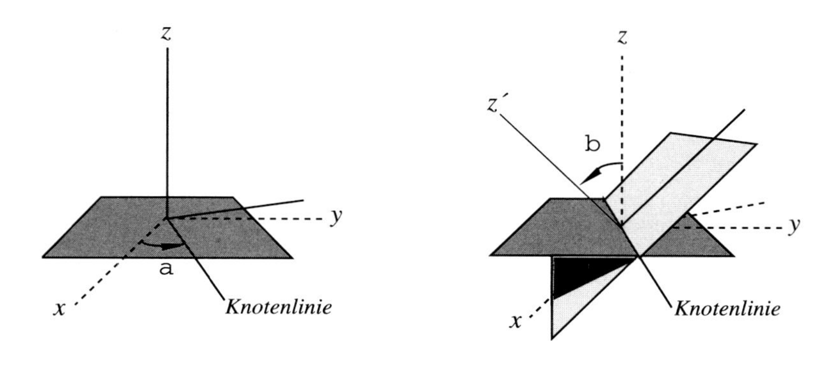

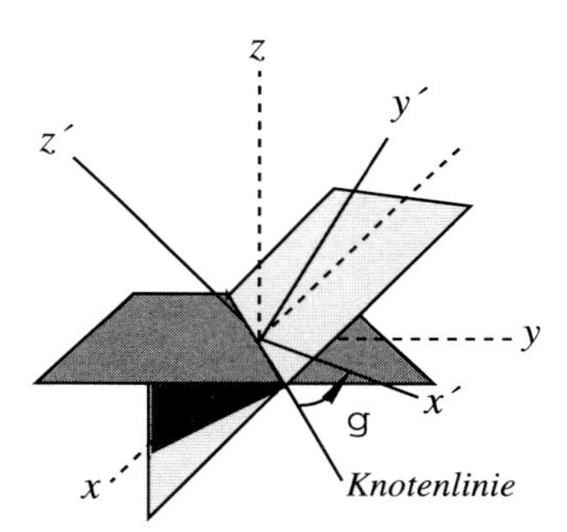

Abb. E.7

len und jeweils eine einfache zweidimensionale Drehung um die entsprechende Achse bewirken:

```
R1 = {{Cos[a],Sin[a],0}, {-Sin[a],Cos[a],0}, {0,0,1}};
R2 = {{1,0,0}, {0,Cos[b],Sin[b]}, {0,-Sin[b],Cos[b]}};
R3 = {{Cos[g],Sin[g],0}, {-Sin[g],Cos[g],0}, {0,0,1}};

Rx[a_,b_,g_] = R3.R2.R1 //Expand;
Rx[a,b,g] //MatrixForm
```

```
Cos[a]Cos[g] - Cos[b]Sin[a]Sin[g]      Cos[g]Sin[a] + Cos[a]Cos[b]Sin[g]   Sin[b]Sin[g]

-(Cos[b]Cos[g]Sin[a]) - Cos[a]Sin[g]   Cos[a]Cos[b]Cos[g] - Sin[a]Sin[g]   Cos[g]Sin[b]

Sin[a]Sin[b]                           -(Cos[a]Sin[b])                     Cos[b]
```

Diese Matrix stimmt mit der in dem *Mathematica*-Paket **Geometry`Rotations`** definierten Matrix **RotationMatrix3D[a,b,g]** überein. Man prüft leicht nach, daß dies eine *spezielle orthogonale* Matrix ist, d.h. daß ihre Determinante **+1** und ihre Inverse gleich ihrer Transponierten ist (s.

Übg. E.4.6). Damit ist sichergestellt, daß rechtshändige Koordinatensysteme in rechtshändige Koordinatensysteme überführt werden und daß Skalarprodukte (also insbesondere die Längen von Vektoren) bei der Drehung erhalten bleiben.

Die y-Konvention erhält man aus der x-Konvention, indem man die zweite Drehung statt dessen um die y-Achse ausführt. Der Winkel **b** behält also seine Bedeutung bei, während **a** nunmehr der Winkel zwischen der y-Achse und der neuen Knotenlinie (der Zwischenstufe der y-Achse) und **g** der Winkel zwischen der Knotenlinie und der neuen y'-Achse ist. Zwischen den Winkeln in den beiden Konventionen bestehen somit die Beziehungen **ax = ay + Pi/2**, **bx = by** und **gx = gy - Pi/2** (s. Goldstein [26], Anh. B), so daß die Drehmatrix in der y-Konvention folgendermaßen aussieht:

```
Ry[a_,b_,g_] = Rx[a+Pi/2, b, g-Pi/2] //TrigReduce;
Ry[a,b,g] //MatrixForm
```

```
Cos[a]Cos[b]Cos[g] - Sin[a]Sin[g]      Cos[b]Cos[g]Sin[a] + Cos[a]Sin[g]    -(Cos[g]Sin[b])

-(Cos[g]Sin[a]) - Cos[a]Cos[b]Sin[g]   Cos[a]Cos[g] - Cos[b]Sin[a]Sin[g]    Sin[b]Sin[g]

Cos[a]Sin[b]                           Sin[a]Sin[b]                         Cos[b]
```

Diese Wahl der Eulerschen Winkel hat sich in der Quantenmechanik durchgesetzt (s. z.B. Brink und Satchler [13] und die dortigen Literaturangaben).

Wir kehren zu unserem Beispiel zurück und legen in der y-Konvention durch die Ersetzungen **a -> p**, **b -> t** und durch **g = 0** die neuen x'- und z'-Achsen in der z-**rvec**-Ebene fest (s. Abb. E.6):

```
Ry[p,t,0] //MatrixForm
```

```
Cos[p] Cos[t]   Cos[t] Sin[p]   -Sin[t]

-Sin[p]         Cos[p]          0

Cos[p] Sin[t]   Sin[p] Sin[t]   Cos[t]
```

Wir können dieses Ergebnis schnell kontrollieren, indem wir nachprüfen, daß die Einheitsvektoren **er**, **et** und **ep** im neuen System die gewünschte Form annehmen:

```
{Ry[p,t,0].et, Ry[p,t,0].ep, Ry[p,t,0].er} /. eCrep //
    TrigReduce
```

```
{{1, 0, 0}, {0, 1, 0}, {0, 0, 1}}
```

Die Normierung ist offenbar erhalten geblieben. Damit können wir **avecP** wie folgt berechnen:

```
avecP == Ry[p,t,0].avecC

  True
```

Wir bemerken am Rande, daß wir die Transformation von Vektoren hier in der *passiven* Sichtweise betrachtet haben. Das bedeutet, daß wir die Matrix **R[p,t,s]** auf die Komponenten von **avec** im ungestrichenen System anwenden, um die Komponenten im gestrichenen System zu erhalten. In dieser Sichtweise bezieht sich die Matrix nur auf das Koordinatensystem und läßt den Vektor **avec** unverändert. In der *aktiven* Sichtweise dreht die Matrix dagegen den Vektor **avecC** in den Vektor **avecP**, wobei *beide Vektoren im gleichen Koordinatensystem ausgedrückt werden.* Die beiden Sichtweisen sind mathematisch äquivalent und werden gleichermaßen in physikalischen Anwendungen verwendet.

Übung E.4.6. Zeigen Sie, daß **Rx** und **Ry** *spezielle orthogonale* Matrizen sind, d.h. daß ihre Determinanten **+1** betragen und ihre Inversen gleich ihren Transponierten sind. Überzeugen Sie sich davon, daß die inverse Drehung durch **Rx[-g,-b,-a]]** gegeben ist, wie man in Abb. E.7 erkennt. Prüfen Sie also **avecC == Transpose[Ry[p,t,0]].avecP == Ry[0, -t,-p]].avecP** nach.

E.4.4 Gradient

Mit Hilfe der Skalenfaktoren **hr**, **ht** und **hp** können wir leicht den Gradienten aufstellen. Gemäß dem allgemeinen Rezept aus Abschn. E.3.2 definieren wir

```
grad[f_] = er/hr Dt[f,r] + et/ht Dt[f,t] + ep/hp Dt[f,p]

  ep Csc[t] Dt[f, p]                        et Dt[f, t]
  ------------------ + er Dt[f, r] + -----------
          r                                     r
```

und erhalten so

```
d[f_] = grad[f].Dt[rvecC] /.eCrep //Expand //TrigReduce

  Dt[p] Dt[f, p] + Dt[r] Dt[f, r] + Dt[t] Dt[f, t]
```

wobei der infinitesimale Verschiebungsvektor durch

```
Dt[rvecC] == hr er Dt[r] + ht et Dt[t] + hp ep Dt[p] /.
    eCrep

  True
```

gegeben ist.

Wir können den Gradienten auf die Achsen der Kugelkoordinaten beziehen, indem wir einfach die entsprechenden Einheitsvektoren einsetzen:

```
gradS[f_] =
    er/hr Dt[f,r] + et/ht Dt[f,t] + ep/hp Dt[f,p] /. eSrep

                 Dt[f, t]  Csc[t] Dt[f, p]
{Dt[f, r],  ---------, ----------------}
                    r              r
```

Dies ist die übliche Form des Gradienten in Kugelkoordinaten; wir können ihn aber auch auf die kartesischen Achsen beziehen. Effektiv wenden wir die *Kettenregel* auf die kartesischen Ableitungen **Dt[f,x]** usw. an:

```
gradC[f_] =
    er/hr Dt[f,r] + et/ht Dt[f,t] + ep/hp Dt[f,p] /. eCrep

 Cos[p] Cos[t] Dt[f, t]    Csc[t] Dt[f, p] Sin[p]
{---------------------- - ---------------------- +
           r                         r

      Cos[p] Dt[f, r] Sin[t],

  Cos[p] Csc[t] Dt[f, p]    Cos[t] Dt[f, t] Sin[p]
  ---------------------- + ---------------------- +
            r                         r

      Dt[f, r] Sin[p] Sin[t],

                          Dt[f, t] Sin[t]
  Cos[t] Dt[f, r] -  ---------------}
                               r
```

Da die Skalenfaktoren für **r -> 0** oder **t -> 0** verschwinden, sind **gradS** und **gradC** am Ursprung und entlang der z-Achse nicht definiert. Dies gilt folglich auch für **div**, **curl** und **laplacian** in Kugelkoordinaten.

Aufgabe E.4.1. Zeigen Sie, daß man **gradC** erhält, wenn man die Kettenregel auf {**Dt[f,x],Dt[f, y],Dt[f,z]**} anwendet. Berechnen Sie also **Dt[f[r,t,p],x]** usw., und vergleichen Sie mit **gradC**. Hinweis: Am einfachsten erhält man die Ableitungen **Dt[r,x]**, **Dt[t,x]**, usw., indem man die Transformationsgleichungen {**x,y,z**} **== rvecC** direkt ableitet und dann nach den Ableitungen auflöst.

Als Beispiel können wir nachprüfen, daß für einen konstanten Vektor **avec** gilt **grad[avec . rvec] = avec** (s. Übg. E.2.2). Wir verwenden **gradS** und erhalten

```
avecC = {ax,ay,az};  SetAttributes[avecC, Constant];

gradS[avecC.rvecC] //Expand //TrigReduce

  {az Cos[t] + ax Cos[p] Sin[t] + ay Sin[p] Sin[t],
    ax Cos[p] Cos[t] + ay Cos[t] Sin[p] - az Sin[t],
    ay Cos[p] - ax Sin[p]}
```

Dies ist jedoch gerade der gegen Ende von Abschn. E.4.1 berechnete Vektor **avecS**:

```
% == avecS

  True
```

Unsere Kontrolle ist jedoch überzeugender, wenn wir mit **gradC** arbeiten:

```
gradC[avecC.rvecC] //Expand //TrigReduce

  {ax, ay, az}
```

Übung E.4.7. Überzeugen Sie sich davon, daß für **gradS** und **gradC** gilt **grad[r] = rvec/r = er** und **grad[1/r] = -er/r^2** (vgl. Übg. E.2.2).

E.4.5 Divergenz und Rotation

Wir berechnen nun Divergenz und Rotation eines Vektorfeldes **fvec** anhand seiner Komponenten {**fr,ft,fp**} entlang der Achsen des Kugelkoordinatensystems. Wir gehen dabei in Analogie zu unserer Vorgehensweise bei den kartesischen Koordinaten in Abschn. E.2.4 vor.

Bei der Transformation von kartesischen Koordinaten auf Kugelkoordinaten (oder allgemein krummlinige Koordinaten) treten zwei neue Gesichtspunkte auf. Erstens müssen wir natürlich Ableitungen mit Hilfe der Kettenregel auf Kugelkoordinaten transformieren. Wie wir in Aufg. E.1.3 gesehen haben, können wir dies mit **gradC** tun. Zweitens müssen wir berücksichtigen, daß die Einheitsvektoren der Kugelkoordinaten im Gegensatz zu ihren kartesischen Gegenstücken von den Koordinaten (nämlich den Winkeln **t** und **p**) abhängen und ihre Ableitungen daher nicht verschwinden. Die einfachste Methode, diese Ableitungen und gleichzeitig die von **fvec** zu berechnen, besteht darin, zunächst die *kartesischen* Komponenten von **fvec** zu bestimmen und diese dann an **gradC** weiterzugeben. (Beachten Sie insbesondere, daß wir mit den Komponenten **fvec** entlang der Achsen des Kugelkoordinatensystems nicht das richtige Ergebnis bekommen würden.) Wir definieren also

```
fvecC = fr er + ft et + fp ep /.eCrep

  {ft Cos[p] Cos[t] - fp Sin[p] + fr Cos[p] Sin[t],

    fp Cos[p] + ft Cos[t] Sin[p] + fr Sin[p] Sin[t],

    fr Cos[t] - ft Sin[t]}
```

Dann berechnen wir wie bei den kartesischen Koordinaten **div** und **curlC** (die Berechnung von **curlC** dauert ungefähr zwei Minuten):

```
Clear[div]

div[{fr_,ft_,fp_}] =
    Sum[gradC[fvecC][[i,i]], {i,1,3}] //
        Expand //TrigReduce

  2 fr   ft Cot[t]   Csc[t] Dt[fp, p]                   Dt[ft, t]
  ---- + --------- + ---------------- + Dt[fr, r] + ---------
   r         r              r                            r


curlC[{fr_,ft_,fp_}] =
    Table[
        Sum[
            Signature[{i,j,k}] gradC[fvecC][[i,j]],
            {i,1,3},{j,1,3}
        ],
        {k,1,3}
    ] //Expand //TrigReduce

                                     Cos[p] Cot[t] Dt[fr, p]
  {-(Cos[p] Cos[t] Dt[fp, r]) + ----------------------- -
                                            r

    Cos[p] Dt[ft, p]   ft Sin[p]   Dt[fr, t] Sin[p]
    ---------------- - --------- + ---------------- -
           r               r               r

                                Cos[p] Dt[fp, t] Sin[t]
    Dt[ft, r] Sin[p] + -----------------------,
                                      r

   ft Cos[p]   Cos[p] Dt[fr, t]
   --------- - ---------------- + Cos[p] Dt[ft, r] -
       r              r

                                  Cot[t] Dt[fr, p] Sin[p]
    Cos[t] Dt[fp, r] Sin[p] + ----------------------- -
                                          r

    Dt[ft, p] Sin[p]   Dt[fp, t] Sin[p] Sin[t]
    ---------------- + -----------------------,
           r                      r
```

```
fp Csc[t]   Cos[t] Dt[fp, t]   Dt[fr, p]   Cot[t] Dt[ft, p]
--------- + ----------------- - --------- - ----------------- +
    r               r               r               r

  Dt[fp, r] Sin[t]}
```

Dabei haben wir zunächst die alte Definition von **div** in kartesischen Koordinaten gelöscht. (Wenn wir beide Definitionen gleichzeitig brauchen, können wir die Bezeichnung **divrtp** verwenden; s. Abschn. E.2.6.) Beachten Sie, daß wir **Set** (=) und nicht **SetDelayed** (:=) verwendet haben, damit **div** und **curlC** ein für allemal berechnet werden (s. Übg. C.1.5).

Bedenken Sie, daß die Komponenten von **curlC** sich auf die *kartesischen* Koordinaten beziehen; das führt zu der komplizierten Form dieses Ausdrucks. Wir können ihn erheblich vereinfachen, indem wir ihn auf die Achsen des Kugelkoordinatensystems beziehen. Wir berechnen also **curlS** in Analogie zu unserer Berechnung von **avecS** aus **avecC** gegen Ende von Abschn. E.4.1:

```
curlCf = curlC[{fr,ft,fp}];
curlf  = curlCf.(er /.eCrep) er + curlCf.(et /.eCrep) et +
                  curlCf.(ep /.eCrep) ep;

curlS[{fr_,ft_,fp_}] = curlf /.eSrep //Expand //TrigReduce
```

```
 fp Cot[t]   Dt[fp, t]   Csc[t] Dt[ft, p]
{--------- + --------- - ----------------,
     r           r               r

      fp                   Csc[t] Dt[fr, p]   ft   Dt[fr, t]
   -(--) - Dt[fp, r] + ----------------, -- - --------- +
      r                        r           r        r

  Dt[ft, r]}
```

Unsere Ergebnisse für **div** und **curlS** findet man in ähnlicher Form in jeder Tabelle von Identitäten der Vektoranalysis; *Mathematica* führt jedoch alle Ableitungen so weit wie möglich aus, so daß weniger kompakte Ausdrücke entstehen (vgl. Übg. E.4.12). Vergleichen Sie z.B. unsere Ausdrücke mit den direkt aus den Skalenfaktoren **hr**, **ht** und **hp** berechneten Ausdrücken aus dem *Mathematica*-Paket **Calculus`VectorAnalysis`**. Beachten Sie jedoch, daß **gradCrtp** und **curlCrtp** in diesem Paket nicht bereitgestellt werden.

Als Beispiel wiederholen wir Übg. E.2.6 mit Kugelkoordinaten und **rvecS = {r,0,0}**. Wir berechnen fünf Größen zusammen in einer einzigen Liste. Dabei ist **avecS** der *konstante* Vektor aus dem vorangehenden Abschnitt.

```
{div[{r,0,0}], div[{1/r^2,0,0}], curlS[{f[r],0,0}],
 curlC[{f[r],0,0}],
 curlC[Cross[avecS,{r,0,0}]/2] //Expand //TrigReduce}
```

```
{3, 0, {0, 0, 0}, {0, 0, 0}, {ax, ay, az}}
```

Übung E.4.8. Zeigen Sie, daß **div[avecS]** und **curl[avecS]** in Kugelkoordinaten für einen konstanten Vektor **avecS** verschwinden. (In kartesischen Koordinaten ist diese Übung natürlich trivial.)

Übung E.4.9. Zeigen Sie, daß **curl[grad[f]]** und **div[curl[fvec]]** in Kugelkoordinaten identisch verschwinden (vgl. Abschn. E.1.2).

Übung E.4.10. Wenden Sie **div** und **curlC** auf die Vektoren {**x,y,0**} **= rvec(z = 0)**, {**1,1,0**} und {**-y,x,0**} **= Cross[**{**0,0,1**}, **rvec]** aus Übg. E.2.5 an.

Aufgabe E.4.2. Leiten Sie **div** und **curlS** für einen allgemeinen Vektor **fvecS =** {**fr,ft,fp**} her, indem Sie **fvecS** explizit durch die Einheitsvektoren der Kugelkoordinaten ausdrücken, die Ableitungen nach **r**, **t** und **p** berechnen, **deRep** aus Übg. E.4.5 verwenden und dann das Skalar- bzw. Kreuzprodukt bilden. Leiten Sie schließlich **curlC** aus **curlS** her.

Aufgabe E.4.3. Leiten Sie **div** in Kugelkoordinaten her, indem Sie die Kettenregel direkt auf **Dt[fx,x] + Dt[fy,y] + Dt[fz,z]** anwenden, wobei **fx**, **fy** und **fz** die kartesischen Komponenten von **fvecS** sind (vgl. Aufg. E.1.3).

E.4.6 Laplace-Operator

Schließlich leiten wir noch den Laplace-Operator in Kugelkoordinaten her. Wir verwenden **gradS**, da **div** das Argument in Bezug auf die Achsen des Kugelkoordinatensystems erwartet.

```
laplacian[f_] = div[ gradS[f] ]

                                                   2
2 Dt[f, r]    Cot[t] Dt[f, t]    Csc[t]  Dt[f, {p, 2}]
---------- + ---------------- + ----------------------
    r               2                     2
                   r                     r

                          Dt[f, {t, 2}]
  + Dt[f, {r, 2}] + -------------
                             2
                            r
```

Als einfaches, aber oft nützliches Beispiel wenden wir den Laplace-Operator auf eine Funktion **f** an, die nur von **r** abhängt. Beachten Sie, daß keine Ableitung erster Ordnung mehr auftritt, wenn wir **f[r]** als **u[r]/r** schreiben:

```
{laplacian[f[r]], laplacian[u[r]/r] //Expand}

 2 f'[r]                u''[r]
{------- + f''[r],  -------}
    r                    r
```

Dieses Ergebnis zeigt noch einmal, daß **laplacian[1/r]** für **r** $\neq$ **0** verschwindet (s. Übg. E.2.6).

Übung E.4.11. Zeigen Sie, daß für einen konstanten Vektor **avec** gilt **laplacian[avec . rvecC] = 0**. Erklären Sie.

Übung E.4.12. Zeigen Sie, daß unser Ausdruck für **laplacian** der folgenden üblicheren und kompakteren Form äquivalent ist:

```
      2
Dt[r   Dt[f, r], r]     Dt[Sin[t] Dt[f, t], t]     Dt[f, {p, 2}]
-------------------- + ------------------------ + ---------------
          2                   2                              2
         r                   r  Sin[t]             (r Sin[t])
```

Aufgabe E.4.4. Zeigen Sie, daß die eingebauten Funktionen **SphericalHarmonicY[l,m,t,p]** *Eigenfunktionen* des Laplace-Operators sind. Zeigen Sie dazu, daß für festes **r** gilt **laplacian[SphericalHarmonicY[l,m,t,p]] == l(l+1)/r^2 SphericalHarmonicY[l,m,t,p]** mit **l = 0**, **1**, **2**, **3** und **Abs[m]** $\leq$ **l**.

Aufgabe E.4.5. Leiten Sie die Transformation auf *Zylinderkoordinaten* **r**, **p** (= ϕ) und **z** her, die durch die Beziehungen **x == r Cos[p]**, **y == r Sin[p]** und **z == z** definiert sind.

a) Bestimmen Sie die Skalenfaktoren und die Einheitsvektoren. Zeigen Sie, daß die Einheitsvektoren eine orthogonale Triade bilden. Leiten Sie dann **gradC[f]** her.

b) Leiten Sie Divergenz und Rotation für ein allgemeines Vektorfeld **fvecCyl = {fr,fp,fz}** her. Zeigen Sie **laplacian[f] ==**

```
Dt[r Dt[f, r], r]     Dt[f, {p, 2}]
------------------ + --------------- + Dt[f, {z, 2}]
        r                   2
                           r
```

Aufgabe E.4.6. Leiten Sie die Transformation auf *parabolische* Koordinaten **u**, **v** und **p** her, die durch die Beziehungen **u == r + z == r (1 + Cos[t])**, **v == r - z == r (1 - Cos[t])** und **p == p** definiert sind. Dabei nehmen **u** und **v** Werte im Bereich **{0,Infinity}** an; **p** liegt im Bereich **{0,2Pi}**. (Die Koordinaten **u** und **v** entsprechen den Koordinaten ξ und η in Bethe und Salpeter [6], S. 27, bzw. η und ξ in Schiff [60], S. 95.)

a) Die Kurven mit konstantem **u** sind (für alle **p**) Parabeln um die z-Achse mit Öffnung in Richtung der positiven z-Achse (also **t = 0**) und dem Brennpunkt im Ursprung. Die Kurven mit konstantem **v** sind ebensolche Parabeln, die sich jedoch zu negativem z (also **t = Pi**) hin öffnen. Diese Koordinaten sind der Grenzfall der in der nächsten Aufgabe eingeführten elliptischen Koordinaten für große **R**.

Erzeugen Sie einen Satz zweidimensionaler parametrischer Diagramme zur Darstellung der Kurven mit konstantem **u** bzw. **v**. Sie können aber auch **ParametricPlot3D** verwenden.

b) Bestimmen Sie die Skalenfaktoren und die Einheitsvektoren, und vereinfachen Sie mit **PowerContract** aus dem Paket **Quantum`PowerTools`**. Prüfen Sie nach, daß die Einheitsvektoren eine orthogonale Triade bilden und daß das Volumenelement durch **(u+v)/4 Dt[u] Dt[v] Dt[p]** gegeben ist. Zeigen Sie **gradC[f] ==**

```
  2 Sqrt[u v] Cos[p] Dt[f, u]   2 Sqrt[u v] Cos[p] Dt[f, v]
{---------------------------- + ---------------------------- -
            u + v                          u + v

  Dt[f, p] Sin[p]   Cos[p] Dt[f, p]   2 Sqrt[u v] Dt[f, u] Sin[p]
  ---------------, --------------- + ---------------------------- +
    Sqrt[u v]         Sqrt[u v]                u + v

  2 Sqrt[u v] Dt[f, v] Sin[p]   2 u Dt[f, u]   2 v Dt[f, v]
  ----------------------------, ------------ - ------------}
             u + v                 u + v          u + v
```

c) Leiten Sie Divergenz und Rotation für ein allgemeines Vektorfeld **fvecP = {fu,fv,fp}** her. Zeigen Sie **laplacian[f] ==**

```
4 (Dt[u Dt[f, u], u] + Dt[v Dt[f, v], v])   Dt[f, {p, 2}]
------------------------------------------ + -------------
                 u + v                           u v
```

Aufgabe E.4.7. Leiten Sie die Transformation auf die zweizentrigen *elliptischen* Koordinaten **l** (= λ), **m** (= μ) und **p** (= ϕ) her, die durch die Beziehungen **R l == r[1] + r[2]**, **R m == r[1] - r[2]** und Abb. E.8 definiert sind, mit **{l,1,Infinity}**, **{v,-1,1}** und **{p,0,2Pi}**. (Zur Kontrolle Ihrer Ergebnisse können Sie die mit **ProlateEllipsoidal** bezeichneten Koordinaten **xi** (= **l**), **eta** (= **m**) aus dem Paket **Calculus`VectorAnalysis`** heranziehen.)

a) Anhand der Abbildung erkennt man leicht **r[i=1, 2] == Sqrt[r^2 + (R/2 ± z)^2]**, mit **r == Sqrt[x^2 + y^2]**. Zeigen Sie **x == r Cos[p]** und **y == r Sin[p]** mit **r == R/2 Sqrt[(l-1)^2 (1-m)^2]**; zeigen Sie außerdem **z == R/2 l m**. (Hinweis: Verwenden Sie die eingebaute Funktion **Eliminate**.)

b) Wenn wir uns aus der Geometrie an die Definitionen der *Kegelschnitte* erinnern, sehen wir, daß die Kurven mit konstantem **l** (für alle **p**) Ellipsen

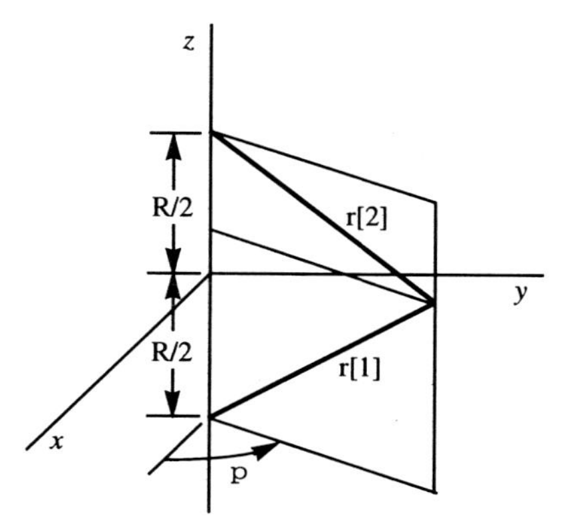

Abb. E.8

mit Brennpunkten bei **z = ±R/2** sind, während die Kurven mit konstantem **m** Hyperbeln um die z-Achse sind, deren Brennpunkte ebenfalls bei **z = ±R/2** liegen und die sich vom Ursprung weg öffnen. Die Flächen mit konstantem **p** sind wie im Kugelkoordinatensystem Ebenen durch die z-Achse.

Erzeugen Sie einen Satz zweidimensionaler parametrischer Diagramme zur Darstellung der Kurven mit konstantem **l** bzw. **m**. Wenn Sie möchten, können Sie auch **ParametricPlot3D** verwenden.

c) Bestimmen Sie die Skalenfaktoren und die Einheitsvektoren **el**, **em**, **ep**, und vereinfachen Sie. Zeigen Sie

```
                 2    2                       2    2
                1  - m                       1  - m
          Sqrt[--------] R             Sqrt[--------] R
                     2                            2
                -1 + l                       1 - m
{hl -> ------------------, hm -> ------------------,
                 2                            2

                2         2
       Sqrt[(-1 + l ) (1 - m )] R
 hp -> --------------------------}
                   2
```

Zeigen Sie außerdem, daß bezogen auf die kartesischen Achsen gilt:

```
                        2                      2                           2
                  1 - m                  1 - m                      -1 + l
{el -> {l Sqrt[--------] Cos[p], l Sqrt[--------] Sin[p], m Sqrt[--------]},
                 2    2                  2    2                    2    2
                l  - m                  l  - m                    l  - m

 em ->
                  2                           2                           2
            -1 + l                      -1 + l                       1 - m
  {-(m Sqrt[--------] Cos[p]), -(m Sqrt[--------] Sin[p]), l Sqrt[--------]},
              2    2                      2    2                    2    2
             l  - m                      l  - m                    l  - m

  ep -> {-Sin[p], Cos[p], 0}}
```

Prüfen Sie nach, daß die Einheitsvektoren eine orthogonale Triade bilden und daß das Volumenelement durch **`R^3/8 (l^2 - m^2) Dt[l] Dt[m] Dt[p]`** gegeben ist.

d) Berechnen und vereinfachen Sie die Ableitungen der Einheitsvektoren nach **`l`**, **`m`** und **`p`**, und beziehen Sie diese dann auf die Einheitsvektoren. Stellen Sie wie in Übg. E.4.5 einen Satz **`deRep`** von Ersetzungsregeln für die durch die Einheitsvektoren ausgedrückten Ableitungen auf, und zeigen Sie

```
                                    2                                    2
                               1 - m                               -1 + l
                     em m Sqrt[--------]                 em l Sqrt[--------]
                                   2                                    2
                             -1 + l                               1 - m
{Dt[el, l] -> ---------------------------, Dt[el, m] -> ----------------------,
                          2    2                               2    2
                         l  - m                               l  - m

                                                                      2
                                                                 1 - m
                                                      el m Sqrt[--------]
                          2                                           2
                     1 - m                                      -1 + l
 Dt[el, p] -> ep l Sqrt[--------], Dt[em, l] -> -(-------------------------),

                       2    2                                 2    2
                      l  - m                                 l  - m

                               2
                         -1 + l
                el l Sqrt[--------]
                               2                                          2
                          1 - m                                     -1 + l
 Dt[em, m] -> -(-------------------------), Dt[em, p] -> -(ep m Sqrt[--------]),

                         2    2                                      2    2
                        l  - m                                      l  - m

 Dt[ep, l] -> 0, Dt[ep, m] -> 0,

                              2                      2
                        -1 + l                  1 - m
 Dt[ep, p] -> em m Sqrt[--------] - el l Sqrt[--------]}
                          2    2                 2    2
                         l  - m                 l  - m
```

Bestimmen Sie die Divergenz eines allgemeinen Vektorfeldes **fvecE =** {**fl,fm,fp**}, indem Sie **fvecE** explizit durch die Einheitsvektoren ausdrükken, mit Hilfe von **deRep** die Ableitungen nach **l**, **m** und **p** berechnen und dann das Sklalarprodukt berechnen, wie in Aufg. E.2.1. Zeigen Sie schließlich noch **laplacian[f] ==**

```
                                   2
(4 (2 l Dt[f, l] + (-1 + l ) Dt[f, {l, 2}]) +

                                   2
    4 (-2 m Dt[f, m] + (1 - m ) Dt[f, {m, 2}]))/

   2    2   2            4 Dt[f, {p, 2}]
 ((l  - m ) R ) + ---------------------------
                          2         2  2
                  (-1 + l ) (1 - m ) R
```

e) Diese Koordinaten sind nützlich zur Beschreibung zweizentriger molekularer Coulomb-Symmetrien. Transformieren Sie die in Aufg. E.1.2 verwendete Funktion in elliptische Koordinaten, und zeigen Sie **v = -4 l/(R (l^2 - m^2))**. Zeigen Sie, daß **laplacian[v]** verschwindet außer für **l = 1** und **m =** ±**1**. Erklären Sie (vgl. Übg. E.2.6).

Aufgabe E.4.8. Betrachten Sie eine Funktion der Form **f[R,rvec]**, wobei **rvec =** {**x,y,z**} durch elliptische Koordinaten ausgedrückt ist und daher parametrisch von **R** abhängt (s. Aufg. E.2.6). Zeigen Sie, daß für festes **rvec** gilt **Dt[f[R,rvec],R] ==**

```
             2                     2
   l (-1 + l ) Dt[f, l] + m (1 - m ) Dt[f, m]
-(------------------------------------------) + Dt[f, R]
                   2    2
                 (l  - m ) R
```

mit **f = f[R,l,m,p]**.

Literaturverzeichnis

1. Abramowitz, M., und I. A. Stegun (Hrsg.), *Handbook of Mathematical Functions*, National Bureau of Standards, Washington, D. C., 1964.
2. Aharonov, Y., und L. Susskind, Phys. Rev. **158**, 1237 (1967).
3. Alber, G., und P. Zoller, Phys. Rep. **199**, 233 (1991).
4. Arfken, G., *Mathematical Methods for Physicists*, Academic Press, Orlando, 1985.
5. Beckmann, C. E., und J. M. Feagin, Phys. Rev. A**36**, 4531 (1987).
6. Bethe, H. A., und E. E. Salpeter, *Quantum Mechanics of One- and Two-Electron Atoms*, Springer, New York, 1957.
7. Biedenharn, L.C., und J. D. Louck, *The Racah-Wigner Algebra in Quantum Theory*, Encyclopedia of Mathematics and Its Applications, vol. 9, Addison-Wesley, Massachusetts, 1981.
8. Blatt, J.M., und V. F. Weisskopf, *Theoretical Nuclear Physics*, Springer, New York, 1979.
9. Boas, M. L., *Mathematical Methods in the Physical Sciences*, 2. Auflage, Wiley, New York, 1983.
10. Bohm, D., *Quantum Theory*, Prentice-Hall, New York, 1951.
11. Brandt, S., und H. D. Dahmen, *The Picture Book of Quantum Mechanics*, Springer, New York, 1994.
12. Brandt, S. und H. D. Dahmen, *Quantenmechanik auf dem Personalcomputer*, Springer, Berlin Heidelberg, 1993.
13. Brink, D. M., und G. R. Satchler, *Angular Momentum*, 2. Auflage, Clarendon Press, Oxford, 1968.
14. Caves, C. M., Phys. Rev. D**26**, 1817 (1982).
15. Caves, C. M., K. S. Thorne, R. W. P. Drever, V. D. Sandberg und M. Zimmerman, Rev. Mod. Phys. **52**, 341 (1980).
16. Cohen-Tannoudji, C., J. Dupont-Roc, und G. Grynberg, *Photons and Atoms: Introduction to Quantum Electrodynamics*, Wiley, New York, 1989.
17. Dirac, P. A. M., *The Principles of Quantum Mechanics*, 4. Auflage, Clarendon Press, Oxford, 1958.
18. Engel, V., H. Metiu, R. Almeida, R. A. Marcus und A. H. Zewail, Chem. Phys. Lett. **152**, 1 (1988).
19. Engel, V., R. Schinke, S. Hennig und H. Metiu, J. Chem. Phys. **92**, 1 (1990).
20. Fano, U. und A. R. P. Rau, *Atomic Collisions and Spectra*, Academic Press, New York, 1986.
21. Feagin, J. M. und J. S. Briggs, Phys. Rev. Lett. **57**, 984 (1986); Phys. Rev. A**37**, 4599 (1988).
22. Fearn, H. und W. E. Lamb, Phys. Rev. A**46**, 1199 (1992).
23. Fearn, H. und W. E. Lamb, Phys. Rev. A**48**, 2505 (1993).
24. Fleck, J. A., J. R. Morris und M. D. Feit, Appl. Phys. **10**, 129 (1976).
25. Friedrich, H., *Theoretische Atomphysik*, Springer, Berlin Heidelberg, 1994.

26. Goldstein, H., *Klassische Mechanik*, 11. Auflage, Aula, 1991.
27. Goldstein, H., Am. J. Phys. **43**, 737 (1975); Am. J. Phys. **44**, 1123 (1976).
28. Gottfried, K., *Quantum Mechanics*, Benjamin, Massachusetts, 1974.
29. Gradshteyn, I. S. und I. M. Ryzhik, *Table of Integrals, Series, and Products*, korrigierte Auflage, Academic Press, New York, 1980.
30. Griffiths, D. J., *Introduction to Electrodynamics*, 2. Auflage, Prentice-Hall, Englewood Cliffs, 1989.
31. Gutzwiller, M. C., *Chaos in Classical and Quantum Mechanics*, Springer, New York, 1990.
32. Hamming, R. W., *Numerical Methods for Scientists and Engineers*, 2. Auflage, McGraw-Hill, New York, 1973.
33. Heintz, W. H., Am. J. Phys. **42**, 1078 (1974).
34. Home, D. und M. A. B. Whitaker, Phys. Rev. A**48**, 2502 (1993).
35. Jackson, J. D., *Classical Electrodynamics*, 2. Auflage, Wiley, New York, 1975.
36. Johnson, B. R., J. Chem. Phys. **67**, 4086 (1977).
37. Kalos, M. H. und P. A. Whitlock, *Monte Carlo Methods*, Wiley, New York, 1986.
38. Koonin, S. E., *Computational Physics*, Addison-Wesley, Redwood City, 1986.
39. Kosloff, R., J. Phys. Chem. **92**, 2087 (1988).
40. Kulander, K. (Hrsg.), *Time-Dependent Methods for Quantum Dynamics*, Comput. Phys. Commun. **63**, (1991).
41. Lanczos, C., *Applied Analysis*, Prentice-Hall, Englewood Cliffs, 1956.
42. Landau, L. D. und E. M. Lifschitz, *Quantum Mechanics: Non-Relativistic Theory*, 3. Auflage, Pergamon, Oxford, 1977.
43. Leforestier, C., R. H. Bisseling, C. Cerjan, M. D. Feit, R. Friesner, A. Guldberg, A. Hammerich, G. Jolicard, W. Karrlein, H.-D. Meyer, N. Lipkin, O. Roncero und R. Kosloff, J. Comput. Phys. **94**, 59 (1991).
44. Maeder, R., *Programming in Mathematica*, 2. Auflage, Addison-Wesley, Redwood City, 1991.
45. Marion, J. B. und S. T. Thornton, *Classical Dynamics*, Harcourt Brace Jovanovich, Orlando, 1970.
46. Merzbacher, E., *Quantum Mechanics*, 2. Auflage, Wiley, New York, 1970.
47. Misner, C. W., K. S. Thorne und J. A. Wheeler, *Gravitation*, Freeman, San Francisco, 1973.
48. Morrison, M. A., T. L. Estle und N. F. Lane, *Quantum States of Atoms, Molecules, and Solids*, Prentice-Hall, Englewood Cliffs, 1976.
49. Morse, P. M., Phys. Rev. **34**, 57 (1929).
50. Morse, P. M., und H. Feshbach, *Methods of Theoretical Physics*, zwei Bände, McGraw-Hill, New York, 1953.
51. Park, D., *Introduction to the Quantum Theory*, 3. Auflage, McGraw-Hill, New York, 1992.
52. Pauli, W., Z. Physik 36, 336 (1926).
53. Pauling, L. C. und B. E. Wilson, *Introduction to Quantum Mechanics with Applications to Chemistry*, McGraw-Hill, New York, 1935.
54. Peierls, R., *More Surprises in Theoretical Physics*, Princeton University Press, Princeton, 1991.
55. Press, W. H., B. P. Flannery, S. A. Teukolsky und W. T. Vetterling, *Numerical Recipes*, Cambridge University Press, New York, 1986.
56. Rau, A. R. P., Science **258**, 1444 (1992).
57. Redmond, P. J., Phys. Rev. **133**, B1352 (1964).
58. Rost, J. M. und J. S. Briggs, J. Phys. B**24**, 4293 (1991).
59. Saxon, D. S., *Elementary Quantum Mechanics*, Holden-Day, San Francisco, (1968).

60. Schiff, L. I., *Quantum Mechanics*, 3. Auflage, McGraw-Hill, New York, 1968.
61. Schrödinger, E., Naturwiss. **28,** 664 (1926).
62. Thompson, W. J., *Computing for Scientists and Engineers*, Wiley, New York, 1992.
63. Wolfram, S., *Mathematica*, 2. Auflage, Addison-Wesley, Bonn, 1992.

Sachverzeichnis

A: Aufgabe, Ü: Übung

F. Schwabl

Quantenmechanik

4., verb. Aufl. 1993. XV, 399 S. 118 Abb., 16 Tab.
(Springer-Lehrbuch) Brosch. **DM 42,-**; öS 327,60; sFr 42,-
ISBN 3-540-56812-3

Die vom Autor verbesserte 4. Auflage dieses immer mehr zur Standardlektüre werdenden Lehrbuchs stellt neben den Grundlagen und vielen Anwendungen auch neue Aspekte der Quantentheorie und deren experimentelle Überprüfung dar.

Durch explizite Ausführung aller Zwischenrechnungen wird die Quantenmechanik dem Studierenden transparent gemacht.

Im Anhang finden sich mathematische Hilfsmittel zur Lösung linearer Differentialgleichungen sowie ergänzende Formeln.

Kapitel zur supersymmetrischen Quantenmechanik und zur Theorie des Meßprozesses in der Quantenmechanik sind für alle die von Interesse, die tiefer in die Thematik eindringen möchten.

S. Flügge

Rechenmethoden der Quantentheorie

Elementare Quantenmechanik. Dargestellt in Aufgaben und Lösungen

5., verb. Aufl. 1993. X, 319 S. 110 Aufgaben mit 34 Abb. (Springer-Lehrbuch) Brosch. **DM 42,-**; öS 327,60; sFr 42,-
ISBN 3-540-56776-3

Rechenmethoden der Quantentheorie wurde in nun mehr als 40 Jahren zu einem Klassiker der Quantenmechanik.

Die 5. Auflage wurde vom Autor akribisch durchgesehen und korrigiert. Die Rechenmethoden sind nach wie vor ein unentbehrlicher Begleiter zu Vorlesungen der Quantenmechanik und eine praktische Anleitung zur Bewältigung quantenmechanischer Probleme.

Mit 110 Aufgaben und deren vollständigen Lösungen ist das Buch auch zum Selbststudium geeignet.

Preisänderungen vorbehalten

Tm.BA95.02.02

Springer-Verlag und Umwelt

Als internationaler wissenschaftlicher Verlag sind wir uns unserer besonderen Verpflichtung der Umwelt gegenüber bewußt und beziehen umweltorientierte Grundsätze in Unternehmensentscheidungen mit ein.

Von unseren Geschäftspartnern (Druckereien, Papierfabriken, Verpackungsherstellern usw.) verlangen wir, daß sie sowohl beim Herstellungsprozeß selbst als auch beim Einsatz der zur Verwendung kommenden Materialien ökologische Gesichtspunkte berücksichtigen.

Das für dieses Buch verwendete Papier ist aus chlorfrei bzw. chlorarm hergestelltem Zellstoff gefertigt und im pH-Wert neutral.

Druck: Mercedesdruck, Berlin
Verarbeitung: Buchbinderei Lüderitz & Bauer, Berlin